智能建筑技术培训教材

智能建筑/居住小区 综合布线系统

吴达金　编著

中国建筑工业出版社

图书在版编目(CIP)数据

智能建筑/居住小区综合布线系统/吴达金编著 .—北京：
中国建筑工业出版社,2002
智能建筑技术培训教材
ISBN 7-112-05248-3

Ⅰ.智…　Ⅱ.吴…　Ⅲ.①智能建筑-布线-技术培训-教
材②居住区-布线-技术培训-教材　Ⅳ.①TU855②TU241

中国版本图书馆 CIP 数据核字(2002)第 097071 号

本书系统全面地介绍了智能建筑和智能化居住小区综合布线系统的内容,包括概述、标准、规划、配合、设计、施工和监理共七章。编写内容力求简明扼要,具有系统性和实用性等特点,在每章均有思考题,以满足教学和自学的需要。

本书既可作为信息技术培训教材或自学读物,也可供与智能建筑或智能化居住小区有关单位的工作人员参考或大专院校师生作为辅导资料使用。

* 　* 　*

责任编辑　王雁宾　马　鸥

智能建筑技术培训教材
智能建筑/居住小区综合布线系统
吴达金　编著

*

中国建筑工业出版社 出版、发行(北京西郊百万庄)
新 华 书 店 经 销
北京市彩桥印刷厂印刷

*

开本：787×1092 毫米　1/16　印张：27¼　字数：657 千字
2003 年 2 月第一版　2003 年 2 月第一次印刷
印数：1—3,000 册　定价：**42.00** 元
──────────────────
ISBN 7-112-05248-3
TU·4907(10862)

本社网址：http://www.china-abp.com.cn
网上书店：http://www.china-building.com.cn

出 版 说 明

近年来,我国智能建筑技术迅速发展,提升了传统建筑产业的科技含量,呈现了巨大的市场潜力。为提高智能建筑从业人员的技术水平和能力,近年来建设部干部学院智能建筑技术培训办公室围绕智能建筑技术发展的热点和难点问题组织了几十期专题技术培训,并且与建设部建筑智能化系统工程设计专家委员会、建设部住宅产业化促进中心、广州市房地产业协会、新疆勘察设计协会、青岛市建委住宅办、上海同济大学、河南省智能建筑专业委员会、杭州市智能建筑专业委员会等单位合作,举办了一系列技术交流和研讨活动,受到各地相关单位和学员的普遍欢迎和好评。

为了适应智能建筑技术发展的形势,满足智能建筑设计、施工、管理和科研以及系统集成商、产品供应商等专业技术人员业务素质提高的需要,我们组织业界部分资深专家编写了这套教材。这些专家具有深厚扎实的专业理论功底和丰富的工程实践经验,有些专家参与了有关智能建筑国家和地方标准、规范的编写,有些专家经常主持和参与各地建筑智能化工程招投标及评标工作。为了突出继续教育的特点,这套教材着重介绍了智能建筑先进的和比较成熟的技术,适当增加了工程实例、实践经验的内容和相关产品的介绍,力求突出教材的实用性和指导性。

这套教材将由中国建筑工业出版社陆续出版,主要包括:

(1) 居住小区智能化系统与技术

(2) 智能建筑/居住小区综合布线系统

(3) 智能建筑综合布线工程实例分析

(4) 智能建筑楼宇自控系统

(5) 智能建筑/居住小区信息网络系统

(6) 智能建筑安全防范与保障系统

(7) 智能建筑视讯与广播电视系统

(8) 智能建筑网络工程测试与验收

由于智能建筑技术还在不断发展,并限于时间的仓促,这套教材不可避免地存在不足之处,敬请业界专家、广大读者提出批评意见。我们将根据技术发展、市场需求以及读者意见,不断完善和扩充教材的内容,为智能建筑技术发展做出新的贡献。

智能建筑技术培训教材编委会

2002 年 9 月

智能建筑技术培训教材编委会名单

主编单位：建设部干部学院智能建筑技术培训办公室
中国建筑工业出版社

主　　任：齐继禄

副 主 任：沈元勤　陈芸华

编　　委：（按姓氏笔画排序）

丁　玫　马　鸥　王志军　王　健　王家隽
王雁宾　元　晨　申新恒　戎一农　朱立彤
汤怀京　陈　龙　吴达金　李　刚　李阳辉
张文才　张　宜　徐晋平　程大章　韩晓东

前　言

进入 21 世纪，随着信息化社会和全球经济一体化的迅速发展，以及现代化的通信技术不断进步，促使智能建筑和智能化居住小区的出现是必然的。因此，人们对各类房屋建筑提出了智能化的功能和科学化的管理等各种要求，综合布线系统是它们的重要基础设施和神经系统，且是整个信息网络系统不可分割的组成部分。近年来，综合布线系统在国内开始迅速发展，已成为工程建设中的要点，深受人们的关注。

为此，对于从事和关心信息网络系统布线专业的人员来说，更应跟上发展形势，学习和掌握，甚至发展这项先进的应用技术。

本书是以现行的国内外标准为依据，吸取国外先进技术，紧密结合我国国情和实际工程经验教训编写的，本书分为概述、标准、规划、配合、设计、施工和监理共七章。编写内容力求简明扼要，具有系统性和实用性等特点，在每章均有思考题，以满足教学和自学的需要。

由于综合布线系统的技术发展速度较快，且尚有不少课题需继续深入探讨和开拓研究，今后必然会逐渐完善和提高。此外，因编写时间仓促，限于作者的业务素质和技术水平以及实际经验，在书中难免有疏忽、遗漏或错误，有些内容纯属作者抛砖引玉之见，恳请读者提出宝贵意见和建议，以便今后改进和修正。

在本书编写过程中，曾得到关心本书的北京金网捷达信息科技有限公司等单位和同志的支持和帮助，朱抗争同志负责编写第三章和第七章中的管理内容部分，万藩成同志参与部分章节的抄写清稿，在此表示感谢。

作　者

2002 年 6 月于北京

目　　录

第一章 概　　述

第一节 智　能　建　筑

1.1.1　智能建筑的定义、系统组成和基本功能

20 世纪 80 年代以来,随着科学技术的不断发展,国民经济持续飞速增长,各种新型的高层建筑和现代化公共建筑逐渐涌现,它们的服务功能日益增多,客观要求不断提高,尤其是作为现代化信息社会象征之一的智能建筑,必须率先建成。它是以计算机、通信、自动控制技术和图形显示技术(即 4C 技术)多种学科相互融合、系统集成装备组成整体。因此,大大提高房屋建筑的自动化程度,真正具有高度智能化功能,成为智能建筑。

1. 智能建筑的定义

智能建筑具有多门学科互相融合,且需要系统集成等显著特点,由于发展历史较短,但涉及范围较广、进展速度很快,国内外对于智能建筑的定义都有各种描述和不同理解,所以没有统一的确切概念和论述标准。

美国有些机构将智能建筑定义为"根据建筑结构、建筑系统、建筑设施(服务设施)和建筑管理 4 个基本要素以及它们之间的内在关系的最优化配合,能提供一个投资合理,但又拥有高效优质服务,使人们工作和生活舒适便利的环境"。上述 4 个基本要素与综合布线系统的关系是很密切的,其主要内容和关系是:

(1) 建筑结构　建筑结构的选择对于综合布线系统的灵活性和缆线敷设条件都是极为重要的,具体有竖井位置、设备间大小、楼层高度、敷设缆线的环境(如吊顶、墙体结构和地板等)和条件(如有无暗设管路、线槽和预留孔洞等)。

(2) 建筑系统　主要是综合布线系统与其他系统的协调配合(如防火、电力照明、供暖、通风和监控等系统),它涉及统一布置、安全方便、经济实用和今后维护管理等各个细节。

(3) 建筑设施的服务质量　主要是指综合布线系统设备和装置的具体位置和数量、缆线敷设路由和连接方式等,要求做到既便于日后使用,又节省工程造价和减少维护管理工作,且要适应今后新技术和业务发展的需要。

(4) 建筑管理　要使综合布线系统能与其他系统共用,易于维护管理,力求通过一个综合布线系统和相应的设施,能统一集中进行科学管理。

近期,国家质量技术监督局和建设部于 2000 年 7 月联合批准和发布了国家标准《智能建筑设计标准》(GB/T 50314—2000)中,对智能建筑的定义为:"它是以建筑为平台,兼备建筑设备、办公自动化及通信网络系统,集结构、系统、服务、管理及它们之间的最优化组合,向人们提供一个安全、高效、舒适、便利的建筑环境。"

综合国内外的叙述,智能建筑是将房屋建筑、通信、计算机网络和自动监控等各方面的先进技术相互融合,系统集成为最优化的整体,具有工程投资合理、设备高度自控、信息管理

科学、服务优质高效、使用灵活便利和环境安全舒适等特点,是能够适应信息化社会发展需要的现代化新型建筑。因此,它是不断以先进的技术和装备进行配置的房屋建筑。

在国内有些场合常把智能建筑统称为"智能大厦",从实际工程分析,这一名词的定义不太确切,因为高楼大厦不一定需要高度智能化,相反,不是高层建筑却需要高度智能化。例如航空港、火车站和沿江海的客货运港区以及智能化住宅建筑等。此外,我们目前所述的智能建筑,只是在某些领域具备一定的智能化程度,其水平是不一样的,同时,智能化本身的内容是随着人们的客观需求会逐步增加,科学技术的不断发展也会继续延伸或拓宽。因此,智能化程度是会不断发展和继续提高,它是一个无止境的目标。我国近期在国家标准中已明确称为智能建筑,本书为了统一起见,均以智能建筑命名来进行叙述。

2. 智能建筑的系统组成和基本功能

智能建筑的系统组成和基本功能主要是由三大部分组成,即大楼自动化(又称建筑自动化、建筑设备自动化或楼宇自动化,缩写为 BA)、通信自动化(缩写为 CA)和办公自动化(缩写为 OA),这 3 个自动化通常称为"3A"。它是智能建筑中最基本的,且必须具备的。目前有些房地产开发公司为了突出某项功能,以提高建筑等级,又提出防火自动化(缩写为 FA)和信息管理自动化(MA),由此形成"5A"智能建筑。甚至有的又提出保安自动化(SA),出现"6A"智能建筑,但从国际惯例来看,FA 和 SA 均放在 BA 中,MA 已包含在 OA 内,通常只采用"3A"的提法,不宜提 4A、5A、6A 的说法。为此,本书以"3A"智能建筑为准。

(1) 大楼自动化(BA)

主要是对智能建筑中所有机电和能源设备实现智能化管理,它是以中央计算机或中央监控系统为核心,对建筑内设置的供水、电力、空调、冷热源、防火、防盗及电梯等各种设备的运行情况进行集中监测控制和科学管理,能够提供一个适宜的温度、湿度、亮度和空气清新的工作和生活环境,达到高效、节能、舒适、安全、便利和实用的要求。根据智能建筑的管理对象和设备功能,大楼自动化系统应具有以下基本功能:

1) 安全保安监控功能　具体有以下几种:

① 智能建筑内重要场所的保安监视闭路电视设备以及各种特种保安监控设备等(包括告警显示和录制设备);

② 与外界相连开口部位(如门窗)的警戒和人员出入的识别等装置(包括门锁钥匙管理和磁卡门、电脑识别系统);

③ 紧急报警、处警和联络设施。在发生紧急事故时,可立即传送音、光等报警信号和利用广播呼叫或通信联络(如对讲电话)等手段处理。

2) 消防灭火报警监控功能

① 烟火(包括有害气体)探测传感装置和自动告警控制系统,以便及早发现火灾告警;

② 联动启闭消防栓、自动喷淋及卤代烷等灭火装置和设备;

③ 自动排烟防烟、疏散人员通道(包括控制消防电梯和卷帘防火门的关闭)和事故照明电源等的监控系统。

3) 公用设施监控功能

公用设施监控功能是大楼自动化中最核心的部分,它是智能建筑服务质量优劣的关键,因此必须加以保证。主要有以下几项:

① 高低压变、配电和一般照明电源等设施的监控;

② 给水、排水和卫生等设备的监控;

③ 采暖、通风和空调等设施的监控;

④ 时钟和各种传感器等低压装置的监控;

⑤ 电梯、锅炉以及公用饮水等设施的监控;

⑥ 停车场出入自动管理系统的监控。

大楼自动化是对智能建筑中各种设备进行集中监控管理,既要确保设备安全运行,又能节约大量人力和能耗。

(2) 通信自动化(CA)

通信自动化是智能建筑的基础部分之一,通常是以程控数字电话交换机等通信设施为核心,组成智能建筑内部的信息网络系统,有时又称通信网络系统,它们又与计算机网络系统(包括软件)融合,有机地构成整体。这些通信设备和传输系统组成的通信网络,与智能建筑外部的通信设施联网,应用各种先进的通信技术进行信息传输,高速、优质地为用户提供各种通信手段,及时、准确地处理话音、图文和数据等各种信息。

通信自动化部分如从系统特点和传输方式等角度细分,一般有以下信息分类和相应的系统。

1) 话音信息(又称语音信息)

① 电话通信系统;

② 移动通信系统;

③ 无线呼叫系统(又称无线寻呼系统)。

2) 数据信息

① 计算机网络系统;

② 数据传输系统。

3) 图文信息

① 电子邮件信箱系统;

② 传真通信系统;

③ 可视图文系统。

4) 视讯信息

① 卫星电视系统;

② 会议电视系统(包括多媒体通信);

③ 民用闭路监视电视系统;

④ 有线电视系统。

5) 通信广播

① 公共广播系统;

② 应急广播系统;

③ 同声传译系统;

④ 背景音乐系统。

在智能建筑中配备的通信设施,应根据建筑功能和客观需要等因素,合理配置,以免造成在技术和经济上均不合理的结局。

(3) 办公自动化(OA)

办公自动化是在通信自动化的基础上建立起来的系统,包括日常事务处理和支持管理及决策系统。它是利用先进的计算机、通信等高新技术,使人们的日常办公业务活动简化,组成高效、优质服务的人机信息处理系统。其目标是能充分利用信息资源、支持管理决策,提高办公效率和工作质量。

办公自动化通常以计算机为中心,配置传真机、电话机、各类终端、文字处理机、复印机、打印机和声音、图像存储装置等一系列现代化的办公和通信设备及相应软件。办公自动化所能提供的基本功能按业务性质来分,主要有以下三部分:

1)电子数据处理和视听系统

电子数据处理系统主要用于处理日常办公中的大量事务性工作,如发送通知、打印文件、汇总报表和组织会议等。将这些日常繁琐事务由文字处理机等设备来完成,从而提高办公效率和节省劳力。

2)信息管理系统

信息管理系统主要对信息流进行控制管理,一般是把各种独立的信息经过信息交换和资源共享等方式相互联系而得到准确、快捷、优质的服务效果,其基本功能有文档资料管理、电子邮件和电子数据交换等。

3)支持管理决策系统

先进的办公自动化可以根据预定目标提供辅助决策功能,从低级到高级(或从中层到上层)逐步建立领导办公服务支持决策系统,在整个决策过程中从提出问题开始,参与收集信息、拟定方案、分析研究、评价选定等一系列的活动。

综上所述,因智能建筑是现代化信息、建筑工程和自动控制等技术融汇集成为整体的高新科技建设项目,它具有多种学科之间,既有独立存在,又有互相结合的特征。随着计算机、通信、自动控制和图形显示等技术,日益紧密结合,相互促进发展,今后建筑工程对通信功能、信息种类和自动控制等业务要求,必然会不断提高。同时,人们对于其需要也会逐渐增加,促使智能建筑的智能化程度和自动化水平必然随之增长。

现将智能建筑内的各个系统主要组成和其基本功能在图1.1中所示。

由于智能建筑有各种类型,其基本功能要求不会相同,配置的系统也会有所差异,同时科学技术的迅速发展和人们对客观的要求也会日渐增多。因此,如图1.1中的系统组成和其基本功能也必然会发生变化。这里图1.1仅是一个智能建筑的示例,并不是惟一的和标准的不变模式,这点是需要注意的。

1.1.2　智能建筑的类型和特点及发展趋势

1. 智能建筑的类型和特点

(1)智能建筑的类型

随着信息化社会的需要和科学技术的发展,信息网络系统的覆盖范围不断扩大,各种公共建筑和重要的房屋建筑将建成为具有不同基本功能的智能建筑,可以适应其本身需要和客观发展的形势。因此,今后智能建筑的适用场合也会逐渐增多,遍及社会的各个系统和各种部门。目前,由于房屋建筑的使用功能,业务性质,工程范围和客观需要等各不相同,按房屋建筑的使用功能划分,主要有以下几种类型已经陆续或今后将会建成智能建筑。

1)交通运输类型　这一类型中有航空港、火车站、长途汽车客运枢纽站、沿海或内河客货运港区、公共交通指挥调度中心(包括出租车指挥调度中心等)。此外,民航和铁路系统都有票务管理中心等重要建筑。

智能建筑			
大楼自动化(BA)	公用设施监控功能		停车场车库出入口自动管理监控系统
			送排风和换气设备监控系统
			电梯锅炉等设备监控系统
			时钟传感器低压装置监控系统
			采暖和空调监控系统
			给排水监控系统
			高低压电源的监控系统
	消防灭火报警监控功能		自动排烟疏散通道事故照明等监控系统
			联动启闭防火装置系统
			烟火探测装置和自动告警系统
	安全保安监控功能		紧急报警处警和联络系统
			门锁管理系统和电脑人员出入识别系统
			保安监视闭路电视设备和特种保安设备
通信自动化(CA)	通信广播		背景音乐系统
			同声传译系统
			应急广播系统
			公共广播系统
	视讯信息		有线电视系统
			民用闭路监视电视系统
			会议电视系统
			卫星电视系统
	图文信息		可视图文系统
			传真通信系统
			电子邮件信箱系统
	数据信息		数据传输系统
			计算机网络系统
	话音信息		无线呼叫系统
			移动通信系统
			电话通信系统
办公自动化(OA)	支持管理决策		支持管理决策系统
	文档管理,资料管理,电子函件,电子数据,交换日常行政管理(包括物业管理等)		信息管理系统
	文字处理,电子账票,电子显示通告,会议电视,同声传译		电子数据处理和视听系统

图 1.1 智能建筑系统组成及其基本功能

5

2) 信息事业类型 主要有广播电台、电视台、新闻通讯机构、书刊出版社、报社、邮电通信局所等的业务大楼。此外,如以通信系统中的通信枢纽局站划分,又有邮政通信枢纽(包括邮件自动分拣中心),电信通信综合楼、国际通信局、长途电信枢纽楼、市内电话局、无线通信局(包括卫星地球枢纽站、移动通信局等)和邮政局站等房屋建筑。其他系统如细分也有类似情况。

3) 文教卫生类型 包括文化娱乐、教育、科研、体育和医疗卫生机构等,具体内容见表1.1中所列。

文教卫生类型的分类

表 1.1

序号	分 类	分类具体内容	可能建成智能建筑的房屋	备 注
1	文化娱乐类	文化宫、图书馆、科技馆、展览馆、博物馆、影院、剧场、会议中心、社会活动中心等	前述各场馆的办公楼、业务楼、会议中心和展览中心等	文化馆和社区文化中心不在内
2	教育类	小学、中学、中专、高等学校(包括公办、民办)、各级进修学院、党校、成人教育机构等	教学楼、办公楼和实验研究楼以及图书馆等	托儿所、幼儿园不在内
3	科研类	各级各种科学研究机构(包括工业企业、集团公司内部的科研院所、实验机构)	科研楼、实验楼和办公楼以及各种对外的科研发展公司楼	不包括一般的科研科室
4	体育类	体育馆、健身馆、高级体育中心以及体育部门的管理机构,特大型体育场等	办公楼、特大型体育场、体育馆、业务楼等	不包括小型体育场
5	医疗卫生类	医院、疗养院、检疫中心、急救中心、医疗管理机构等	办公楼、病房楼、门诊大楼、业务楼等	保健所、防疫站等不在内

4) 商业贸易类型 主要有高级商业城,购物中心,大型超级市场,商业贸易批发中心和商易公司等大型房屋建筑。

5) 金融财经类型 主要有省、市人民银行、各种专业或商业银行、保险公司、股票证券交易中心和票据结算中心以及各种投资公司等。

6) 旅游事业类型 主要包括各类星级宾馆、高级饭店和酒楼、度假村、娱乐城等大型房屋建筑。

7) 行政办公类型 包括各级党政机关、群众团体、公司总部等办公大楼;办公、贸易和商务兼有的综合业务楼或租赁商厦等大型房屋建筑。此外,还有海关、税务、进出口检验等机构的办公或业务楼。

8) 公用事业类型 主要有气象中心,地震监测中心,防汛指挥中心,公共交通管理中心(包括车辆管理机构),消防中心和电力调度楼等大型公用事业的房屋建筑。

9) 社会活动类型 这种类型的房屋建筑在首都和直辖市中较多,其建筑性质极为重要,对国内或外事都有极大影响。因此,对于智能化和自动化的技术要求极高,例如人民大会堂、政协礼堂、国际会议中心、国际展览中心、国家剧院、国家级大型活动场馆等场合,并包括其附属的办公楼或业务楼等房屋建筑。

10）军事公安类型　主要包括军队、武警、国家安全部门和公安部门等主要管理机构的办公楼、信息中心楼和重要的科研业务楼等。

11）工业企业类型　主要包括各类工业企业内部的办公楼、生产调度中心、科研业务或实验楼以及产品开发设计等房屋建筑。

此外，还有一些新兴事业的房屋建筑需要建成为智能建筑，例如地下铁路、高架铁路或城市高速公路的调度管理枢纽楼等。因此，对智能建筑的适用场合难以估计，随着时代的发展会不断扩展。

（2）智能建筑的特点

上述各种类型的智能建筑，因其使用性质有显著差异，即使在同一类型中的智能建筑，也有很大区别，但它与一般（非智能）的房屋建筑相比有极大相同，有其特殊性，因为智能建筑都具有很高的技术含量，优良的服务效果，能够满足人们日益增长的客观需要。各种类型的智能建筑，通常有以下相同或类似的特点。

1）一定的工程建设规模

智能建筑绝大部分为6层以上的中、高层房屋建筑，其工程规模较大，总建筑面积都很多。有一些智能建筑虽然不是中、高层大厦，例如航空港、火车站、长途汽车客运枢纽楼和江海港区客运房屋建筑等，但它们的每个楼层平面面积大，总建筑面积都不少。因此，凡属于智能建筑其工程建设都有相当规模。

2）具有重要性质或特殊地位

智能建筑在其所在城市或客观环境中，一般都具有重要性质，例如广播电台、电视台、报社、军队、武警和公安等指挥调度中心，通信枢纽楼和急救中心等。有不少智能建筑不仅其性质重要，且有特殊地位，例如党政机关的办公楼、各种银行及其结算中心等。有些主要的支持产业对于当地国民经济发展和提高人民生活水平有着密切关系，例如当地著名的工业企业、商业贸易和旅游事业各个类型中的智能建筑。

3）应用系统比较齐全和配套

在智能建筑中除与一般房屋建筑相同有上下水、电力照明、电话、燃气等必备的常规公用系统或设施外，因其性质重要，环境要求和业务需要等特殊性，必须采用各种高科技或必要的应用系统，例如计算机网络系统，门禁安全保卫管理系统，民用闭路监视电视系统和火灾自动报警系统等，并采取一系列相应的先进技术措施，以提高它的服务质量和功能水平。因此，这些智能建筑都具有应用系统成龙配套，服务功能完善齐全等显著的特点。

4）技术性能和服务功能要求较高

由于智能建筑本身的使用性质决定其重要性和特殊性，对于它所在城市起到保证社会稳定，发展经济建设和提高人民生活水平等作用。因此，对于智能建筑采用各种应用系统的技术性能和服务功能的要求必然要高，才能保证智能建筑能够真正发挥其高度智能化和自动化程度。这是与一般房屋建筑有着显著差别的地方。

5）总体结构复杂和配合协调较多

在智能建筑中除房屋建筑本身及其常规的管线外，还有众多的高新科技应用系统组成庞大的系统工程。因此，它的总体结构极为复杂，它们既有互相交叉渗透和有机融合的要求，又有彼此需要密切配合和综合协调的课题。所以从工程建设到投产运行的全过程中，都有必要从智能建筑的整体性和全系统来考虑，调整各个应用系统之间的关系，防止应用系统之间互相矛盾和产生脱节等现象发生,保证各种应用系统的服务功能质量不受影响,使得智能建筑有可能充分发挥其应有的总体效果。

2．智能建筑的发展趋势

在智能建筑中由于大量采用高新科技的应用系统,因此,在某种意义上赋予了房屋建筑更强的生命力,提高了其使用价值。例如其集中控制系统具备了模拟人化操作功能,在日常运行管理和处理突发事件时,能够全面协调各个应用系统的工作,同时,能够及时处理和排除各种事故,从而使得智能建筑能够充分发挥其总体效果,此外,在日常管理过程中可大大降低维护运营费用和人力,并达到以下目的:

(1) 提供安全,舒适、快捷、高效的优质服务和良好环境。

(2) 建立技术先进、科学管理和综合集成的高度智能化管理体制。

(3) 节省能源消耗和降低维护费用以及人力,从而使日常运营成本大为降低。

随着全球经济一体化和科学技术的飞速发展,我国加入WTO后,世界各国与我国在经济贸易方面的联系更会广泛和拓宽,彼此相互依赖关系不断深化,与此同时以计算机和通信为核心的信息网络系统将蓬勃兴起,必然促使智能建筑能在各行各业中加快发展和涌现,完全有可能比前面所述的类型更多更普遍。应该看到在智能建筑中目前不少使用的系统,随着科学技术的进步,必然会进一步完善和发展,这些在智能建筑中的应用系统所包含的智能化水平和自动化程度也会大大提高。

根据我国原邮电部规划邮电通信事业从2000年到2010年的总体战略目标和"十五"计划的发展要求,要加快发展以光纤接入为主的接入网建设方式,根据国内各地的通信网络现状,分别采取光纤到大楼(FTTB),光纤到路边(FTTC),光纤到小区(FTTZ),有条件的甚至采取光纤到家庭(FTTH),光纤到桌面(FTTD)等技术方案。这些光纤引入连接方案都直接与智能建筑有着密切关系。今后,在我国直辖市、省会城市和沿海开放城市中,应基本实现光纤到办公楼,尤其是党、政、军、群众团体、财经金融、商业贸易、租赁办公、高等院校、信息中心、科研机构和企事业单位的办公楼、科研楼等房屋建筑,应结合形势的发展,积极建成智能建筑,尽快满足客观发展需要。从上所述,可以预料智能建筑是具有广泛使用的前景,其必然的发展趋势是客观需要所决定。此外,因智能建筑的大量建成,也促使智能化建筑群体(又称智能化广场)和智能化小区的发展,这是由点到面逐步形成的必然规律,随着社会的飞速发展和人民生活水平提高,客观要求信息数量增多和传送速率提高,智能建筑一定会向智能化小区发展,甚至逐渐建成智能化城市,这是信息化社会的发展所需要的客观要求。

第二节　智能化小区

1.2.1　智能化小区的概念、定义和形成

1．街坊和小区的概念以及类型

城市市区是由很多街坊(又称街区)组成的,街坊是指由有路名的道路或自然分界线(如河流、城墙、公园、铁路、高速道路和绿化带等)围合、划分的建筑用地。街坊的类型是以房屋建筑(或建筑用地)的使用功能或业务性质来区分,目前,在国内城市中有居住区街坊、商业区街坊(又称商贸区街坊)、商住区街坊、文教区街坊、工业区街坊和特殊区街坊等几种类型。根据建设部有关部门的调查分析,街坊一般出现在旧市区,它是被城市道路分割、用地大小

不定,无一定规模的地块。尤其是居住区街坊的用地规模大小不一,在城市建设规划中,很难将满足居民生活所需的配套设施直接与街坊用地挂钩。同时,它与城市的行政管理体制(居民委员会等)也不能很好协调。为此,目前,街坊一词以在旧城市市区或其他性质的街区时使用较为适宜,在新建的居住区时一般不提街坊,为此,本书以居住区或居住小区进行叙述。

(1) 居住区(居住小区或社区)

居住区又称居民区或住宅区,它是城市居民生活居住的聚居地。区内除主要有满足城市居民居住生活基本需要的住宅建筑外,还必须有配套建设与居住人口规模相应的公共建筑、区内道路、公众休息场所和绿化地带等服务设施,以适应居民基本的物质生活和文化娱乐休息的需要。根据我国国家技术监督局和建设部于 1993 年联合发布的《城市居住区规划设计规范》(GB 50180—93)中规定,居住区的规模按居住户数和居住人口数分为居住区、居住小区和居住组团三级。建设部于 2002 年 3 月对上述规范进行局部修订,并发布公告自 2002 年 4 月 1 日起施行,其中对城市居住区的各级标准控制规模规定如表 1.2 所列。

城市居住区分级控制规模　　　　　　　　　　　　表 1.2

规　　模	居　住　区	居　住　小　区	居　住　组　团	备　注
户数(户)	10000～16000	3000～5000	300～1000	分级规模与配套设施应一致
人口(人)	30000～50000	10000～15000	1000～3000	

在城市建设规划时,可根据不同性质城市和市区特点可有不同组成的组织结构,一般有居住区——居住小区——居住组团;居住区——居住组团;居住小区——居住组团和独立式居住组团等多种类型。目前,居住小区有时简称小区或称社区,所以本书所述的智能化小区是以智能化居住小区为主的。

(2) 商住区(商住区街坊)

商住区一般在城市旧市区的繁华街道或新建市区的区域中心附近,该区的四周分界线有一边或多边是城市中的主干道路,其两侧都是商业、贸易和金融等公共建筑,平时人口和车辆极为密集,且流动频繁。在区域的其他边界道路两侧和区域内不是商业等公共建筑,却有大量城市居民居住的住宅建筑。因此,商住区是由部分商业区和部分居住区混合组成的。商住区一般没有或很少配套建设与居住人口规模相适应的公共建筑、区内道路、公众休息场所和绿化地带等设施,这是因为繁华地区土地珍贵、人口稠密,尤其在城市旧区,改建极为困难的缘故。

(3) 文教区(文教区街坊)

文教区一般位于城市的边缘地区或安静市区,区内基本为高等学府、科研院所和医疗机构等大型单位,通常由上述一个或几个单位组成。在区内除主要有教学楼、科研楼和医疗病房楼等公共活动和业务需要的大型房屋建筑外,在区内还布置有上述单位的生活区和居住用房(如食堂、浴室和学生宿舍等),且有配套和完备的公共建筑(如图书馆、体育馆、电影院、俱乐部和会议厅等)、区内道路和绿化地带等设施,在高等学府中一般都有体育场等活动场所。因此,文教区用地范围较大、总平面布置较为整齐合理,工作、学习和生活环境都极为宁静整洁,尤其是国内近期新建城市和规划市区更具有突出的代表性。

(4) 商贸区(商贸区街坊)

商贸区一般均处于城市中心最繁华的区域,其四周分界线都为城市的主干道路,道路两侧和区内建有商业、金融和宾馆等大型公共建筑。因此,在区内基本没有或很少有居民的住宅建筑。

(5) 工业区(工业区街坊)

工业区是工业城市的重要组成部分,由于工业企业的生产性质、工艺流程、建设规模和用地范围各不相同,厂区布置有很大差别,多数工业企业都将生产厂单独建成工业区,尤其是特大型或大型工业企业(如钢铁、化工和煤炭等)一般都将工业生产区和职工居住区(有时称职工生活区)分开,组成两个及以上的互相邻近或相距不远的区域。因此,对于工业生产区按工业区对待;对职工居住区按居住区考虑。

(6) 特殊区(特殊性质的街坊)

特殊区的情况比较复杂,一般是在当地城市中具有独立性和重要地位,或是公用设施的公共建筑组成。例如长途汽车枢纽站、火车站、航空港、沿海或内河客货运港区(包括码头等)、公园、政府机构和名胜古迹等重要建筑。

此外,目前出现了经济开发区、高新科技区、工业园区和商务中心区以及金融街区等新型区域,在这些区域中商业贸易、财经金融、科研开发、高新技术生产企业等各类公共房屋建筑和工业建筑鳞次栉比,且建设规模很大,各方面的要求极高。因此,这种区域不同于上述各区,更与居住区有很大区别,需要根据它们的业务性质和具体特点特殊对待和处理。

2. 智能化小区的定义

目前,智能化小区在国内外都处于初步发展阶段,即使最早提出 PATH(智能住宅技术合作联盟)的美国也处于示范、发展和完善的历程。此外,与智能化小区建设密切相关的计算机、通信与网络和自动控制等技术正在日新月异地飞速发展,处于不断变化的过程,这些都存在很多不确定因素,似乎条件还不成熟。因此,目前,国内外对智能化小区尚无统一的明确定义,且其适用范围和场合也无法明确,应该说目前国内所述的智能化小区是以居住区为主,其他性质和类型的区域因情况较为复杂,难以统一描述。

我国建设部住宅产业化办公室于 1999 年 1 月对智能化小区有一个初步的下述定义。

"智能化小区就是利用现代 4C(即计算机、通信与网络、自动控制和 IC 卡)技术,通过有效的传输网络,将各种信息服务和管理、物业管理与安全防卫、住宅智能化系统集成,为智能化小区的服务与管理提供高新技术的自动化和智能化手段,以期实现快捷、优质、高效和超值的服务与管理,创造一个安全、舒适、方便和优美的居住环境(或称家居环境)。"

从上述定义可以看出,智能化小区是对具有一定智能化程度的居住小区笼统称呼,它是指采取科学管理模式和先进技术措施,将客观环境、应用系统、各种设备和服务管理以及居民需求进行优化组合,达到预期效果的目的。所以这一个定义应该说只适用于智能化居住小区(或称智能化住宅小区),对于其他类型的智能化小区,例如高新科技开发区、国际化商务中心区、工业园区等智能化小区是不适用的。

3. 智能化小区的形成和发展

智能化小区的形成和发展在国内主要有以下几点因素:

(1) 由于全球经济一体化和科学技术的迅猛发展,我国的国民经济处于持续、健康、稳步的前进阶段,2001 年又成为 WTO 组织成员,传统的物质流贸易和各种商务活动已转变成先进的信息流贸易和电子商务来往。因此,在我国的沿海地区和经济发达的城市,除大中型智能建筑外,不少商务贸易公司组成小型化的组织结构;从事商务贸易业务的人员逐渐趋向流动化和分散化,要求在任何时间或地点与外界联系获得所需的各种信息,消除在外工作和家中生活的界限,使信息普遍化和家庭化。因此,对住宅建筑提出不仅是居住,还要在这个空间工作和学习,获取国内外各种信息的更高要求。这种小型办公和家庭办公族(简称SOHO)在国内的发展规模日渐增大,人数也逐渐增多,例如从事金融、保险、证券、法律、文化、艺术、教育、商业、科技和各种咨询以及其他服务的人员,多数无需固定的工作场所,但需要及时进行信息交换(包括利用传真、电子邮件等),以便各种业务活动,这就要求具有通信自动化和办公自动化设施的房屋建筑,才能满足其基本需要。

(2) 我国国民生产总值增长速度较快,居民家庭收入增加,随着人民生活水平日益提高,改善生活质量的需求不断产生。目前,国内各地实行房改政策使住宅商品化,居民购房已成当前消费的热点。同时,知识经济的发展和高新科技的应用,现在已经进入信息化时代,从而改变居民生活和工作习惯,人们的需求也发生很大变化。对于住宅建筑的要求,不再只是舒适、宽敞的居住条件和一般的居住功能。此外,还要求居住环境安全清静、地理位置优越便捷、设备功能完善有效、信息交流畅通无阻和物业管理优质高效以及社区服务设施齐全。因此,住宅建筑智能化已经提到议事日程,成为提高居民生活质量的重要手段和基本要求。

(3) 据国内有关部门资料公布,不少城市中的人口结构已处于老龄化社会,绝大多数家庭是独生子女,其父母工作和业务极为繁忙,没有时间和精力照顾老人和子女,这是城市中极为普遍性的现象。因此,智能化小区中的住宅建筑急需建设信息网络系统和自动化控制系统,以便与外界和社区服务事业联系,及时为他们提供快速、良好的各种服务,这是社会不断进步和发展的要求。

当然,我国在相当长的时期内仍然是发展中国家,其主要国情之一是幅员辽阔、人口众多、各个地区经济状况和人民生活水平差距较大,发展极不平衡,分别处于不同的发展阶段。因此,上述发展的过程是有区别,且是漫长的,不能用同一个时间或同一个目标来要求。即使在同一个地区,因居民的工作性质和文化素质不一,对外的信息联系也有显著差异,在家从事办公和业务活动的客观因素和具体条件有着不同限制。目前,这方面的发展趋势尚未充分体现。但是应该看到我国是世界上最大消费市场,智能化小区的住宅建筑的社会需求量将会日渐增大,从随着我国国民经济不断发展和科学技术日渐进步以及提高工作效率的形势来分析,智能化居住小区在国内逐渐普及和广泛发展是有可能的,因为它是社会经济、文化高度发展的必然产物,带有先进时代的特征,这是向现代信息化社会发展的必然趋势。

1.2.2 智能化小区的类型和基本功能及等级划分

1. 智能化小区的类型

从理论来说,智能化小区是一个广义范围的统称,应该说其包含的实际内容是极为广泛的。但目前,我国智能化小区是专指智能化居住小区(又称智能化住宅小区或智能化居民小区),通常简称智能化小区,所以目前讨论的重点就在这个极为狭义的范围。根据目前国内外的发展状况,尤其结合国内现状来分析,智能化小区有以下几种类型,它们各有不同特点,且都属于刚刚起步和开始发展的阶段,现在还难以估计今后发展状况,在这里只能简单地予以叙述。

(1) 智能化居住小区(或称智能化住宅小区)

智能化居住小区的主要特点如下:

1) 智能化居住小区内的房屋建筑的使用性质单一,以住宅建筑为主,其楼层数有低层、多层、中高层到高层的不同类型。其他为配套设置的公用建筑(如社区医院),数量较少,且建设规模小,区内建筑物的平面布置紧凑有序,并有相应的区内道路、公众休息场所和绿化地带等设施,区内禁止机动车频繁穿越通行,力求环境较为安静。

2) 对区内的给水、排水、电力、燃气、电视、通信、暖气和自控系统等公用设施的要求极高,如要求服务时间长,且稳定可靠,尤其是晚间和节假日。由于住宅建筑布置遍及整个小区,其区内各种公用设施的管线系统覆盖范围也遍及整个小区。因此,互相交叉或平行的情况较多,且极为复杂,维护管理较为困难。

3) 要求区内环境安静清洁、布置宽敞美化、以满足居民休息和生活的需要。

(2) 智能化校园小区

智能化校园小区又称智能化校园区,简称校园区。其主要特点如下:

1) 智能化校园小区内的房屋建筑使用性质以行政办公和教学科研为主,其建筑物相对集中布置。其他有配套设置的公用建筑分布较为分散,区内有一定数量的学生集体宿舍楼,但住宅建筑的数量较少。区内整个平面布置安排整齐有序,一般还有相应的区内道路、公众广场、公共绿地和体育场所等设施。在区内除少数行政办公楼为高层建筑外,大部分房屋建筑为多层或低层房屋建筑。

2) 对于区内各种公用设施要求较高,如应稳定可靠。尤其是对计算机和通信组成的信息网络系统与区内外的联系,必须畅通无阻,以满足教学和科研需要。此外,其他自动控制系统等设施都应符合规定要求,其功能必须保证教学和科研工作正常进行,为此,智能化程度和自动化水平的要求极高。

3) 校园区内要求环境安静整洁、布置美观宽敞、教学区和生活区的布置合理,有利于师生教学和科研活动的开展。

(3) 智能化商务中心小区

智能化商务中心小区又称商务中心区,这是目前我国为了适应全球经济一体化和国际商业贸易活动的需要,尤其是我国加入世界贸易组织(WTO)这一新的形势,在首都、特大城市或沿海大、中城市中设置的区域,由于这种区域刚刚筹建,很多因素尚未考虑或无法估计,目前其主要特点有以下几点:

1) 区内的房屋建筑大都为中高层或高层建筑,工程建设规模大,其分布密集、鳞次栉比。区内道路和绿化地带布置紧凑有限。区内的用户性质主要是商业贸易、金融保险的跨国公司、总部组织或集团公司等大型领导机构。

2) 各幢智能建筑内配置的各种系统和公用设施的智能化水平和自动化程度很高。因此,各种设施成龙配套、设备技术性能优良;尤其是对于由计算机与通信结合的信息网络系统更加要求较高,必须保证对区内外的信息联系畅通无阻、稳定可靠。此外,对于消防系统、公共交通和周围道路等都有更高的要求,以适应突发事件的需要。同时,为了满足业务活动的要求,在区内应设有工商行政管理、税务、海关、进出口检验和银行等相关的配套机构。

此外,在首都和特大型直辖市的城区中设有金融街区,在区内密集布置国内外主要著名的银行和保险公司等金融机构。其业务性质和功能要求,基本与商务中心区相同或类似。

（4）智能化高新科技开发园区

智能化高新科技开发园区又称高新科技开发区、高新科技园区，有时称经济开发区。目前，在国内特大型城市或沿海的大、中城市内因发展境内外经济需要而设置的区域。其主要特点如下：

1）区内多为高新科技开发事业或生产企业以及科研机构，房屋建筑具有多样化、建设规模不一，区内有少数高层建筑，多数为低层或多层及中高层房屋建筑。区内房屋建筑的平面布置按生产企业的需要安排，要求整齐有序，合理分布，不过于集中或分散，以利于管线系统的布置。区内道路、生产广场和绿化地带分布紧凑、整齐、合理，环境清静美观整洁。

2）区内的行政办公、科研机构和重要生产的房屋建筑，应根据生产和科研等需要，需配备相应的公用设施，且要求其具有高度智能化和自动化，一般与商务中心区类似或相同。

（5）智能化工业园区

智能化工业园区简称工业园区，目前，在国内沿海的少数大、中城市中设置，其性质主要是属于高新科技生产企业。因此，其特点与高新科技开发园区相似或相同。

2．智能化居住小区的基本功能

目前，智能化居住小区（简称智能化小区）在国内处于开始发展阶段，由于它是一项跨行业、多学科的高新科技系统工程项目，现在还缺乏较为成熟的工程经验，需要经过不断探索、继续开发、逐步拓宽和总结提高的过程。鉴于智能化小区是以住宅建筑为主体，其他少量的公共服务设施的房屋建筑组成。智能化小区的服务和使用对象主要是城市居民，所以，其基本功能应坚持"以人为本、物为人用"的原则，从实际需要出发考虑，不能像智能建筑一样的求高要全，过多地采用技术功能高超的应用系统，或配置标准过高的设备和部件，使工程建设造价大大提高。因为智能化水平和自动化程度的高低，与基本功能多少和高低有着密切关系，它直接影响住宅建筑的建设造价和销售价格，也涉及今后物业管理和维护检修费用。这就要求在确定基本功能时（它决定选用的技术方案），必须考虑居民的经济承受能力和对功能的实际需要程度，做到既要满足居民的客观实际需要，又要重视工程造价经济合理和减少物业管理和日常维护费用，力求统一协调和同时妥善处理。

根据建设部最近发布的《国家康居示范工程智能化系统示范小区建设要点与技术导则》（修改稿）中规定，智能化小区的基本功能和相应的系统配置为三个子系统，具体要点如下：

（1）安全防卫子系统

1）住宅报警装置；

2）访客对讲装置；

3）周边防越报警装置；

4）闭路电视监控装置；

5）电子巡更装置。

（2）管理与设备监控子系统

1）自动抄表装置；

2）车辆出入与停车管理装置；

3）紧急广播与背景音乐；

4）物业管理计算机系统；

5）设备监控装置。

(3)信息网络子系统

1)电话网;

2)宽带接入网;

3)有线电视网;

4)控制网。

应该说上述智能化小区的基本功能是以系统配置为基础来描述,所以较为粗略,不够详细。此外,随着科学技术、物质生产的迅速发展和人民生活水平、文化素质的不断提高,上述基本功能和系统配置都会有所变化和增减。在具体应用时,还应该考虑到智能化小区的类型不同、各地经济状况和客观条件以及人民生活习惯等差异,其基本功能的内涵和要求也会有所不同,智能化小区的基本功能和系统配置必然成为多样化,将随着人们的客观需要而发展,逐步符合完善、合理和实用的要求。

3. 智能化小区的等级划分

按照《国家康居示范工程智能化系统示范小区建设要点与技术导则》(修改稿)的规定,为了使不同类型、不同居住对象和不同建设标准的居住小区合理配置智能化系统。因此,智能化小区应按不同的基本功能、技术含量和经济投入等因素综合考虑来划分等级,具体三个等级为:

① 一星级(普及型又称经济型、符号★、下同);

② 二星级(提高型又称先进型、符号★★、下同);

③ 三星级(超前型又称领先型、符号★★★、下同)。

三个等级的具体划分和实施细则的要点如下:

(1)一星级

它是最基本的功能和配置,属于低级标准的普及类型,简称普型。

1)安全防范子系统

在智能化居住小区的周围边界、重点部位和住宅建筑内部安装以下安全防范的装置,并由居住小区物业管理中心统一管理,以提高居住小区的安全防范能力。

① 住宅报警装置

在住宅建筑内安装家庭紧急求助报警装置。居住小区物业管理中心应实时处理和记录报警事件。

② 访客对讲装置

在各幢住宅建筑各单元的入口处安装楼宇防盗门控制和语言对讲装置,通过访客与被访用户对讲认可后,由被访用户可直接遥控开启楼宇防盗门。

③ 周边防越报警装置

在封闭式管理的智能化居住小区,其周围边界应设置越界探测装置,并与居住小区物业管理中心联网使用,以便及时发现非法越界者,并能实时显示报警区域或路段以及报警时间,自动记录和保存报警信息。

④ 闭路电视监控装置

根据智能化居住小区安全防范管理的需要,在居住小区的主要出入口及公建重要部位安装摄像机进行监控。居住小区物业管理中心可自动/手动切换监控系统图像,可对摄像机的云台及镜头进行遥控,必要时可对所监控的重要部位进行长时间录像,以便备查。

⑤ 电子巡更装置

智能化居住小区内安装电子巡更系统,保安巡更人员按设定的路线进行值班巡查,到达巡更站点进行记录。巡更站点与居住小区物业管理中心联网,计算机系统可实时读取巡更所登录的信息,从而实现加强对保安巡更人员的有效监督管理。

2) 管理与设备监控子系统

① 自动抄表装置

在住宅建筑内部安装供水、电力、燃气、热力等具有信号输出的计量表具,并将表具测得的计量数据信息远传至居住小区物业管理中心,实现自动抄表。装置的计量表具应得到权威的计量部门验证认可,其显示数据才可作为计量依据。此外,应定期对远传的采集数据进行校正,达到精确计量。上述表具也可采用 IC 卡表具。

② 车辆出入与停车管理装置

智能化居住小区内车辆出入口可采用 IC 卡或其他形式进行有效管理或计费收费。实现车辆出入及存放时间的记录、查询,同时对区内车辆实现有效的存放管理等。

③ 紧急广播与背景音乐

在智能化居住小区内安装有线广播装置,由居住小区物业管理中心集中控制。在特定分区内进行业务广播、会议广播或通知等;在特定的时间(如节假日或平日早晚)播放音乐。在发生紧急事件时,可强制切入改变为紧急广播使用。

④ 物业管理计算机系统

智能化居住小区物业管理中心配备有计算机或计算机局域网,配置实用有效、简便可靠的物业管理软件。实现小区物业管理计算机化和智能化,要求区内的安全防范子系统,供水、电力、燃气、热力等计量表具的自动抄表装置、设备监控装置等要与居住小区物业管理中心联网运行和便于集中管理,有利于及时对报警信号和其他信息做出响应和处理,以提高物业管理水平和工作效率,更好地为居住小区的居民服务。

⑤ 设备监控装置

在居住小区物业管理中心或分控制中心内应具备以下功能:

a. 给排水设备故障报警;

b. 蓄水池(包括消防水池)、污水池的超高低水位报警;

c. 电梯故障报警、电梯内被困人员求救信号指示或语音对讲;

d. 变配电间设备的故障报警;

e. 饮用蓄水池过滤、杀菌设备的故障报警等。

3) 信息网络子系统

智能化居住小区内的信息网络子系统是由电话网、宽带接入网、有线电视网和控制网等所组成。在有条件时,提倡采用多网融合技术。具体要求如下:

① 居住小区内的电话网、宽带接入网、有线电视网和控制网等,目前如各自成系统,可采用多种布线方式,但要求科学合理、经济适用。

② 智能化居住小区如采用宽带接入网时,可采用以下所列的接入方式之一或其组合:

a. 铜线电缆和 xDSL 技术接入方式

铜线电缆接入方式与 xDSL 技术组合后,又称高比特率数字用户线或高速数字用户环路。因为能充分利用现有音频电缆线路网的资源,在国内各地已将这一方式作为首选(x 可为 A、S、V、H 等)。

b. 光纤光缆和同轴电缆混合接入方式(HFC)

光纤光缆/同轴电缆混合接入方式(HFC)是在有线电视(CATV)网络的基础上发展,将光纤光缆逐渐向用户端延伸的一种经济合理、比较实用的技术方案。

c. 光纤光缆接入方式

光纤光缆接入方式有多种多样方案,具体在智能建筑和智能化居住小区较为适用的有光纤到小区(FTTZ)、光纤到路边(FTTC)、光纤到楼宇(FTTB)、光纤到楼层(FTTF)、光纤到办公室(FTTO)、光纤到家庭或到户(FTTH)和光纤到桌面(FTTD)等。

d. 其他类型的数据网络接入方式

③ 智能化居住小区宽带接入网应提供以下系统和具有的服务功能:

a. 提供管理系统,具有支持用户开户、销户、暂停、用户流量时间统计和流量控制以及用户访问记录等管理功能,使用户生活在一个安全方便的信息平台之上;

b. 提供安全可靠的网络保障体系;

c. 提供本地计费或远端拨号用户认证(RADIUS)的计费功能。

④ 每个住户应配置不少于两对电话线、两个电视插座和一个高数据接口。

(2) 二星级

它是在一星级的基础上有较大提高,属于中等标准配置,所以称为提高型。

1) 安全防范子系统

具备一星级的全部功能,安全防范子系统和信息网络子系统等的建设,在功能和技术水平上应有较大的提高。具体实施的要求如下:

① 住宅报警装置

住户的户门安装防盗报警装置;依据用户实际需要在阳台窗外安装防范报警装置;住户内部应安装燃气泄露自动报警装置。

② 访客对讲装置

访客对讲装置可采用联网型可视对讲装置,居住小区的主要出入口安装访客对讲装置。

③ 周边防越报警装置

在居住小区物业管理中心内设置电子地图,并配置声、光信号提示,以便指示报警区域,及时处理和有效防范。在居住小区四周边界采用闭路电视实时监控或采取周边防越报警装置与闭路电视监控装置联动方式。同时,应根据居住小区的实际情况预留对外报警接口。以便需要时增设,提高安全防范性能。

④ 闭路电视监控装置

根据居住小区的实际情况,对区内的主要通道、停车场、电梯轿厢(中、高层或高层住宅建筑时)等场合或关键部位,适当设置摄像机,达到有效的监视目的。闭路电视监控装置的组成方式以居住小区的实际需要来确定。

⑤ 电子巡更装置

智能化居住小区的所有巡更站点与区内物业管理中心联网,计算机可实时读取巡更人员所登录的信息,从而实现对保安巡更人员的有效监督管理。

2) 管理与设备监控子系统

① 自动抄表装置

供水、电力、燃气和热力等计量表具的数据可以远传到相应的水、电、气和热等职能部门。住户也可在居住小区内部的宽带网或 Internet 网等网络查看表具数据或在网上支付费用。

② 车辆出入与停车管理装置

车辆出入口与停车管理装置采取和居住小区物业管理中心的计算机联网使用方式,以提高管理水平和工作效率。

③ 紧急广播与背景音乐

基本与一星级相同,平时在规定时间内播放背景音乐。

④ 物业管理计算机系统

智能化居住小区内建立 Internet 网站,住户可在网上查询物业管理信息。要求区内的安全防范子系统,供水、电力、燃气和热力等计量表具的自动抄表装置、车辆出入与停车管理装置、设备监控装置等都与居住小区物业管理中心的计算机系统联网运行。在居住小区内可采用"一卡通"技术。

⑤ 设备监控装置

在居住小区物业管理中心或分控制中心内应具备下列功能:

a. 变配电设备状态显示、故障警报;

b. 电梯运行状态显示、查询、故障警报;

c. 场景的设定及照明的调整;

d. 饮用蓄水池过滤、杀菌设备的监测;

e. 对园林绿化地带浇灌实行控制;

f. 对所有监控设备的等待运行维护实行集中管理;

g. 对区内集中供冷或供热设备的运行与故障状态进行监测;

h. 公共设施监控信息网络与相关部门或专业维修单位联网。

3) 信息网络子系统

控制网中的有关信息,通过小区内的信息网络系统(包括宽带接入网)传送到物业管理中心的计算机系统,以便于统一管理和及时处理,取得高效和准确的预期效果。

(3) 三星级

应具备二星级的全部功能,且要适当超前,所以称超前型。要求采用技术先进、便于系统集成、操作简单、容易维护和可扩充性好的设备和产品。智能化系统中的管网、设备与电子产品安装以及防雷与接地等设计和施工应严格按国家标准和行业标准或国际标准执行。如目前暂无标准遵循的,可按生产厂家自行制定的企业标准实施。

三星级的智能化系统在以下方面之一可有突出的技术优势或较高功能。

1) 智能化系统的先进技术应用方面:如采用多种网络融合技术,智能化住宅控制器和 IP 协议的智能终端设备等。

2) 智能化系统为物业管理和住户提供服务方面:建立居住小区 Internet 网站和数据中心、提供物业管理优质服务项目、发展电子商务、VOD、网上信息查询与各种服务,远程医疗和远程教育等增值服务项目。

随着科学技术的飞速发展,人们生活水平不断提高和人际交往日益密切频繁,智能化居住小区的服务项目和基本功能会逐步增多,技术装备和性能要求也日趋提高。由于智能化居住小区是以计算机、通信和自动控制以及众多高新科技产品装备而形成整体,目前对上述各种科技方面的今后发展状况还难以估计,面对 21 世纪信息化时代的到来,前面所述的等级划分和基本配备完全有可能改变或增删。更主要的是我国各个地区的经济发展状况、人民生活水平、文化素质和风俗习惯以及客观环境条件差别极大,不宜采取同一标准和模式,在具体工作中,应结合当地实际需要考虑,应该允许有不同类型的等级划分和设备配置以及基本功能,以满足经济发展不同的地区、各种居民结构层次和组成以及各种差异因素而产生的多种需要。从智能化居住小区的发展和满足居民的生活需要等总体需求来说,智能化居住小区(或社区)或智能化住宅建筑应该为人们逐步提供和不断创造一个具有"安全稳定的客观环境、生活舒适的居住条件、简便快捷的信息联系、温馨周到的社区服务"等理想的境界,这是我国广大城市居民向往的目的和要求。为此,就要优化居民的居住环境、提高住宅建筑的科技含量,增加居住小区的使用功能、改善居民的生活质量。这些都要求各级政府和有关部门对智能化居住小区的建设加强监督管理,以求加快建设进度和提高工程质量。

第三节 信息网络系统

1.3.1 信息网络系统的含义和组成

1. 常用名词的含义

在通信领域中常用的名词较多,且使用普遍,但国内有些书籍和资料在采用时,常常出现错用。因此,这些名词的含义混淆不清,使人产生错误理解,甚至与本意相反,这点常被忽略,应该引起重视为好。为便于阅读和理解本书的内容,特将目前与信息网络系统有关,且较常用的名词含义予以介绍。

(1) 信号、信息

1) 信号 信号是信息的携带者,通常是指用来传递信息或命令的光、电波、声音和动作等;或在电路中用作控制其他部分的电流,电压或无线发射设备发射出的电波。因此,有时又称电信号,也就是说凡是携带信息的电流、电压、无线电波都是电信号。

2) 信息 音信、消息,俗称通风报信。

信息是指对接受消息者来说预先不知道且有一定价值的报道,例如,广播天气预报时,收听消息者预先不知道明天天气是阴、雨、或晴,更不知天气会由阴转晴或雨转多云等动态信息,这些报道对收听者来说是具有一定价值的信息。如果所广播的是已知的昨天天气情况,那就没有什么价值,也就不是信息了。如果天气预报愈详细则信息的分量愈多,也愈有价值。

信息是客观存在,但一般是无形的,它是直接或间接反映客观世界中各种事物的特征及其发展变化的情况。信息具有以下的特征:

① 共享性 信息是客观存在的,任何人都可根据自己需要,采用相应的方式予以接受或收集,一般说别人无法阻挡。信息的传递与实物的传递有着本质的不同和显著的区别,实物传递或互相转移意味着拥有者的改变(即实物的所有权的改变)。信息传递它不涉及所有权,它并不意味着信源因发出了某一个信息给信宿,使它拥有或掌握后,信源会失去了对该信息的所有与掌握的权利。

② 扩充性 世界上任何客观事物都随着时间的推移会不断变化,因此,反映客观事物的信息也将会随着它的变化,不断地得到扩充或改变。

③ 压缩性 由于信息是极为广泛而大量的,人们可根据自身需要,对信息进行收集、整

理、概括、归纳、精简、加工使信息达到完善和精炼的要求,符合人们所需要的内容。

④ 扩散性　信息可以无限扩散,它可以利用某种形式的传输媒介(又称传输媒质),在两点之间直接传递扩散,也可以由一点发送,向多点传递信息,使之迅速扩散,例如广播或电视等信息。

从上述可以看出,人类是有意识地对信息进行采集和加工并传递,从而形成了各种消息、情报、指令、数据及信号等。显然,信息的含义范围远比信号广泛,这是应该区别的,不宜予以混淆乱用。此外,随着社会的发展,势必不断发展信息,成为人类认识世界和改造世界的经验集成和知识源泉,由于人类社会的飞速发展和科学技术的不断创新,人类对信息的需求迅速增加,势必产生了信息的收集,加工、传输和处理的过程。这种全程处理必然会形成一个完整的信息系统。

当今世界各国都把信息、材料与能源一起构成为社会发展的三大要素。因此,一个国家,一个地区对信息进行收集、加工、传递和使用的规模大小,它直接或间接地反映出该国家,该地区的经济发展程度和社会生活水平以及人民素质高低。

(2) 通讯、通信

1) 通讯　一般有以下含义:

① 它是一种比消息详细和情节生动的文章,其内容主要是报道客观事物或典型人物的新闻体裁。因此,通讯是采用叙述、描写和议论等多种方法写人纪事的文学形式,一般是用来评论典型人物、推广工作经验、介绍地方风貌和阐述重大事例等。

② 在我国早期新闻出版事业极少,因此新闻报纸大都用邮信转递发送,当时对这种外埠新闻报纸统称为"通讯"例如"某地通讯",以区别电讯,因为电讯不是文章载体。通常所说的电信,它是指用电话、电报或无线电设备传播消息。所以不能把它与电讯混在一起会引起误解。所以通讯一词应该用于书面文章的场合,不应与电讯或电信混淆。

但是,通讯有时也错用在通信领域,从上述含义分析是不太适宜,建议予以区别为好。

2) 通信　一般有以下含义:

① 用书信互通信息,反映情况,交流思想等。

② 用电话、电报或其他传递信息的形式。

上述两种含义都是双向互通信息的形式,因此,可以通用。但与通讯的含义有所区别,不应混用。

(3) 电讯、电信

1) 电讯　一般是指利用电话、电报或无线电设备传播消息,所以其含义较窄,使用范围有所限制。

2) 电信　它是指利用电信号传递信息的通信方式的统称,除指通信业务中常用的电话,电报等通信方式外,在广义上还包括其他利用电信号的通信,如广播、电视、雷达、遥控、遥测和资料传送等。

从上所述可以看出电信含义的范围极为广泛已包括电讯,所以采用电信一词较电讯更加符合实际情况,在国内外均用得较为普遍。

电信是利用有线电、无线电波、光或其他电磁系统,对符号、信号、文字、图像、声音或任何性质的信息进行发送、传递和接收。它是伴随着社会信息化水平的提高而发展起来。由于它具有传递信息的速度最快、信息量大等显著特点,同时它不断克服了信息传递过程中在时间和空间上的限制,起到了扩展和延伸人身神经系统的重要作用,随着电信科学技术的不断提高,今后会在一定程度上把人类生产和经济生活以及各个方面的实力提高到一个新的水平。

目前,世界各国竞相开发信息资源,发展信息产业,电信受到社会各界的普遍重视,并得到了迅速的发展,电信已成为社会各个方面,各个领域中不可缺少的一部分。

(4) 网络、网路

1) 网络 在通信或电子系统中,由若干元件组成的用来使电信号按一定要求传输的电路或这种电路中的一部分,可统称为网络。网络的分类方法很多,具有不同的形式和功能,例如可以按接线端子的数目分成二端网络,四端网络,多端网络等;又可按网络内部是否含有电源(如电池、电子器件等)分为有源网络和无源网络,从上所述可以得出网络的名词基本上用于设备内部的电路或较小的网络系统。

2) 网路 在有些资料或书籍中常写成网路,据说其理由是指一种或多种通信手段,例如有线通信和无线通信的各种通信手段,组成纵横交错、上下贯通的组织或系统的通信网路体系,这种通信网路体系可以保障各个方向的通信,并可利用各个方向的通信对象之间的通信线路和机械设备,互相连接,形成不同的通路,进行直达或迂回通信。按其网路体系覆盖的范围可以分为国际性的、全国性的和地区性的;按其服务对象或用途来看,可以分为军用的、公用的和专用的等网路。显然这种通信网路体系是极为庞大的系统,它不同于以元器件等组成很小系统的微型网络。为了区别起见,所以采用网路或网路系统的名词术语,以免混淆。这个理由是有一定道理,但从汉字的正确释义来分析,还是以网络或网络系统命名为好。

2. 信息网络系统的含义和组成

(1) 信息网络系统的含义

信息网络系统的含义目前尚无权威性的定论,从文字表面分析,它是一个利用各种通信手段组成如网络状态的通信网络体系,能够高效优质地传送各种形式的信息(例如语音、文字、图形和信号等),以满足人类的各种客观需要。所以有时被称为通信网络系统,应该说信息网络系统较通信网络系统的含义要广泛而深远,当然,这两个名词有时混用,难以区别。

(2) 信息网络系统的组成

当今,现代化社会的迅速发展,使信息被看作仅次于物质和能源的第三资源,它在社会的各个领域(如政治、军事、经济和人民生活等)中都起着十分重要的作用。只有依赖信息网络系统才能将信息高效优质地传递给需要信息的对象,使其产生应有的价值。信息网络系统的服务本能就是快速、准确地转移各种信息。

众所周知,信息网络系统的使用范围和适用场合极为广泛,本书是以智能建筑和智能化小区为主要内容。

随着信息化社会的发展促使智能建筑必然会出现,这是一个趋势,它是以房屋建筑为平台,利用计算机技术和通信技术组成信息网络系统,以便内部和对外进行广泛密切联系,互相交流信息、传送各种信号,从而达到满足用户需要高效和便利的服务目标和要求。因此,智能建筑中的信息网络系统既是通信自动化的基本设施,又是重要的子系统之一;它既是在智能建筑中极为重要的组成部分,同时,又是本地通信网的有机组成单元。

现代化智能建筑的信息网络系统已由单纯的语音通信向包括传真、用户电报、数据通信、会议电视、卫星通信、移动通信、公共显示、综合业务数字网等在内的多元通信系统发展，其传送的信息业务朝着数字化、个人化——个人通信系统、智能化——客户驱动业务、宽带化——高保真快速信息传输、综合化——多媒体通信、移动化——无线接入形式等方向发展。目前，在智能建筑中应用最普遍的信息网络系统，其基本组成如图1.2所示。

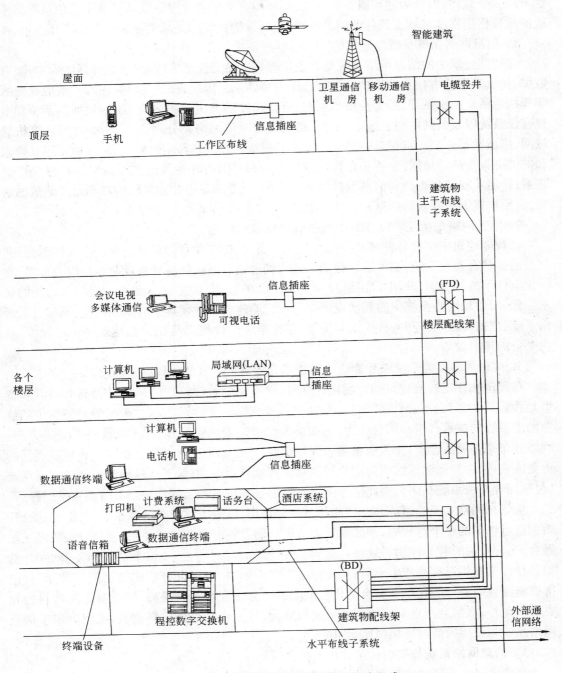

图1.2　智能建筑信息网络系统的基本组成

1.3.2　信息网络系统与智能建筑的关系

智能建筑首先应该具有"智能化"的功能,加上"房屋建筑"的基本要求,因此,对于智能建筑不仅需要楼宇设备自动化和办公自动化,更需要通信自动化(包括利用各种通信手段组成的信息网络系统,以便传送各种信息,其中由综合布线系统与计算机网络结合的信息网络系统是一个重要的子系统)。上述三个自动化组成了智能建筑的核心,它们都不能离开智能建筑这一个载体,以及为建筑服务的与能源、环境有关的各种建筑设备。其中以信息网络系统的重要作用将越来越受到各方面的重视,它与智能建筑的关系主要表现在以下几点:

1. 信息网络系统是智能建筑的"中枢神经"系统

在智能建筑中的信息网络系统是以数字程控电话交换机为核心,以语音通信为主,兼有数据、传真和图像等信息传输功能的综合性网络体系。因此,在智能建筑内部一般应设置数字程控电话交换机系统、图文及传真系统、语音邮件系统、电缆电视系统、卫星通信系统和电视会议系统以及公共广播系统等。尤其是包括与通信网络充分融合、互相结合的计算机局域网、广域网等在内。真正具备对于来自智能建筑内外的各种信息的收集、存储、显示、检索和提供决策支持的功能,要便于在智能建筑内部和对国内外各种通信对象互通信息和广泛联系,且能实现资料查询和信息资源共享等功能,充分满足智能建筑的内部和对外通信的需要,为用户提供最有效的信息和优质的服务。

2. 信息网络系统是智能建筑中必备的重要基础设施

在智能建筑中都有各种基础设施和重要设备,其中以信息网络系统是一个关键部分,尤其是通过综合布线系统,它可以将智能建筑内的通信、计算机、各种自动化系统以及设备,在一定条件下统一考虑,并相互连接,形成有机结合的整体,以实现高度智能化和自动化的要求。此外,信息网络系统中的其他设施都是在智能建筑中必须具备的基础设施,例如电话通信系统、数据传输系统和各种视讯系统等,这些系统的设施都是在智能建筑中不可缺少,且是必备的重要设施。

3. 信息网络系统是反映智能建筑的技术含量高低和智能化程度的标志之一

在衡量和评定智能建筑的智能化程度时,既不完全看建筑物的体积是否高大巍峨和造型是否新颖壮观,也不会看装修是否高级华丽和设备是否配备齐全,主要是看建筑物中的信息网络系统的技术含量和综合能力,例如设备配置是否成龙配套;技术性能是否先进完善;网络分布是否灵活合理;工程质量是否保证优良,这些都是决定智能建筑智能化程度高低的重要因素,因为智能建筑能否为用户提供高度智能化服务,有赖于传送信息的通信网络系统(包括综合布线系统在内),因此信息网络系统的技术水平和工程质量是具有决定性的作用。

从信息网络系统的组成和在智能建筑中的作用,以及上述几个关系来看,从工程建设开始到运行维护的整个过程中,都必须正确认识它们之间有机地密切关系,必须设法使之互相融合,充分发挥应有的作用和效果。对于发生的矛盾和问题,必须慎重对待和妥善处理,例如各种设施互相影响或产生矛盾,要按标准规定来解决,以保证各项设施都能正常运行,使得智能建筑中的智能化水平和自动化程度能够充分体现和不断提高,这是最主要的目的和要求。此外,从信息网络系统的基本组成来分析,智能建筑对外信息交流,主要决定于信息网络系统与公用通信网连接畅通无阻。

1.3.3　信息网络系统与智能化居住小区的关系

智能化居住小区的信息网络系统是由家庭智能化系统、区内网络布线系统和智能化居住小区综合管理中心三部分组成。其中家庭智能化系统包含有家庭智能化控制设备、家居布线系统(属于综合布线系统)和智能化的传感和执行设备三部分。区内网络布线系统就是综合布线系统的建筑群主干布线子系统。因此,信息网络系统与智能化居住小区的关系,是和上述的与智能建筑的关系有着相同或类似之处。例如它是衡量智能化小区的智能化水平和自动化程度的标志之一;是智能化小区中必须具备不可缺少的基础设施;能适应今后社会进步和信息传送的需要等。

此外,在智能化小区中采用信息网络系统是一项高新科技的综合成果,它充分体现从追求住宅建筑数量转向讲究住宅建筑质量,大大提高住宅建筑的科技含量、设备性能和使用功能,迅速改善人们的生活质量和居住条件以及客观环境,这是信息网络系统与智能化小区之间最最重要的关系之一。但是信息网络系统与智能化小区之间的关系,也有与智能建筑有所不同的地方,主要有以下几点:

1. 智能化小区是最近几年和刚刚发展的产物,它基本是以人们居住的住宅建筑为主,小区的智能化水平高低具体体现在住宅建筑的智能化。因此,国内外大都提出主要是家庭智能化(又称家居智能化或住户智能化),由于各国的经济水平、地理环境和气候条件以及人口数量的显殊差异、人民的风俗习惯、文化素质和生活方式都有所不同,这就产生不同的要求,涉及范围较为宽广,需要有一个发展过程。当前,国内外,甚至先进国家对这一课题都在探索和开发中,有关这方面的标准和规定还比较少,所以信息网络系统与智能化小区的关系,还处于刚刚开始,初步结合的萌芽状态。

2. 智能化小区主要是城市居民生活聚居的区域,其服务对象和功能需求以及具体特点,都与众多类型的智能建筑相比,有很大区别,它的服务对象主要是居住者,其功能需求和业务性质比较单一,所需的信息业务种类较少,但要求提供信息服务时间却是随机分布,有其特殊性。相反,智能建筑要求信息服务时间相对集中,信息业务种类需要有多种多样,这是它们不完全一样的地方。因此,对于智能化小区的信息服务要求和网络管理方面都有其特殊性,必须与智能建筑有所区别,例如在技术方案中应考虑灵活性和通用性,以便信息网络系统能适应信息随机分布的需要。

3. 智能化小区中的信息网络系统是极为重要的组成部分,它的建设方针必须以人为本,物为人用的原则,以便为居民提供优质、高效服务。一个现代化的智能化小区应该以居住舒适为第一要义,但还必须满足其他要求,例如环境优美、安全方便、功能匹配和经济合理等。同样,信息网络系统的建设也应服从这些需要,必须结合当地的经济发展状况,充分考虑和调查分析区内人口的各种层次、年龄结构、经济地位和文化水平的实际需求,分别采用不同等级标准的设施配置,力求成为一个符合实际、功能实用、技术先进、经济适宜的总体布线方案设计,以满足不同消费群体的需要,切忌采取强求一致、盲目追求、过高攀比或过于落后、降低要求、固步不前等方式方法。在现阶段允许在不同地区,采用不同类型或等级划分的信息网络系统技术方案。尤其是智能化小区尚有不少课题需要在今后的工程中继续探索和不断开拓,予以妥善合理解决。更重要的是信息网络系统的服务功能和组网技术在今后是会不断提高和逐步发展,必然会促进智能化小区的整体功能和物业管理相应地拓宽和完善,它们两者之间形成相辅相成、互相影响、彼此促进和关系密切的整体,才能够满足人们对今后所需信息日益增长的要求,这也是信息网络系统和智能化小区之间极为重要的关系,这是我们必须加以重视和妥善处理。

第四节 综合布线系统

1.4.1 综合布线系统的定义、特点和范围

1. 综合布线系统的定义

综合布线系统在近期从国外引入我国,各国生产的产品纷纷进入国内市场,由于各国产品类型和系列都有所区别,因此,对综合布线系统的命名和含义均有一定差异,也就难以统一。我国信息产业部于 2001 年 10 月发布的通信行业标准《大楼通信综合布线系统第一部分:总规范》(YD/T 926.1—2001)(代替 YD/T 926.1—1997)中,对大楼、布线和综合布线的定义分别是:

大楼指各种商务大楼、办公大楼及综合性大楼等,但不包括普通住宅楼。大楼可以是单个的建筑物或包含多个建筑物的建筑群体。

布线是指可以支持与信息技术设备相连接的各种通信电缆、光缆、接插软线、跳线及连接硬件组成的系统。

综合布线是指能支持多种应用系统的一种结构化电信布线系统。安装综合布线系统时,不必具有应用系统的准备知识。应用系统不是综合布线系统的组成部分。

我国国家标准《智能建筑设计标准》(GB/T 50314—2000)中对综合布线系统定义为"综合布线系统是建筑物或建筑群内部之间的传输网络。它能使建筑物或建筑群内部的语音、数据通信设备、信息交换设备,建筑物物业管理及建筑物自动化管理设备等系统之间彼此相联,也能使建筑物内通信网络设备与外部的通信网络相联"。

上面所说的定义就是通常称的建筑物与建筑群体(包括联合体的建筑物)内部的综合信息传输媒介系统,或称综合信息传输系统,简称综合布线系统。它将各方面相同或相类似的缆线,接续设备和连接硬件,按一定秩序和内部关系组合而成为整体,也就是说组成统一标准的,且通用性强的传输媒介(如对绞线对称电缆、同轴电缆或光纤光缆)系统,就成为智能建筑和智能化小区的信息网络系统的重要组成部分,它可以支持话音、数据(包括计算机)、文字、图像和视频以及自动监控等各种应用,对上述应用设备提供所需要的综合布线系统。随着今后科学技术的发展,综合布线系统会逐步提高,不断补充和达到完善,形成能够充分满足智能建筑和智能化小区通信所需的客观要求。

2. 综合布线系统的特点

综合布线系统一般是由高质量的缆线(包括对绞线对称电缆,同轴电缆或光缆),标准的配线接续设备(简称接续设备或配线设备)和连接硬件等组成。它是目前国内外公认的科学技术先进、服务质量优良的综合布线系统,正在广泛推广使用。它具有以下特点:

(1) 综合性、兼容性好

过去在建筑物中传送话音,数据和图像及控制等信号,采用传统的专业布线方式,需要使用不同的电缆、电线、配线接续设备和其他器材(包括插座等),例如,电话系统常用一般的对绞线市话通信电缆;计算机系统则采用同轴电缆和特殊的对绞线对称电缆;图像系统又需视频电缆等线材。连接上述各个系统的接续设备更是五花八门,如插头、插座、配线架和不同规格的端子板,技术性能差别极大,所以难以互相通用,彼此不能兼容。由于各种缆线敷设和接续设备安装时,产生各种矛盾,布置混乱无序,造成建筑物的内部环境条件恶化,直接

影响美观和使用。

综合布线系统的产品采用统一的设计标准,使其性能具有综合所有系统和互相兼容的特点,采用光缆或高质量的布线材料和配线接续设备,能满足不同生产厂家终端设备的需要,使传送的话音、数据和图像等信号均能高质量地传递。

(2) 灵活性、适应性强

过去在建筑物中采用传统的专业布线系统时,如果需要改变终端设备的位置和数量,必须敷设新的电缆或电线,安装新的接续设备,在施工过程中,对于正在使用的设备,有可能发生传送的话音,数据和图像信号中断或质量下降。此外,在建筑物内因房间调整或其他要求,需要增加或更换通信缆线和接续设备时,都会增加工程建设投资和施工时间,因此传统的专业布线系统的灵活性和适应性均差。

综合布线系统是根据话音、数据、视频和控制等不同信号的要求和特点,经过统一规划设计,将其综合在一套标准化的系统中,并备有适应各种终端设备和开放性网络结构的布线部件及接续设备(包括地板上或墙壁式的各种信息插座等),能完成各类不同带宽、不同速率和不同码型的信息传输任务。因此,在综合布线系统中任何一个信息点都能够连接不同类型的终端设备,当终端设备的数量和位置发生变化时,只需将插头拔出,插入相应的信息插座。在相关的接续设备上连接跳线式的装置就可以了,不需新增电缆或信息插座,所以综合布线系统与传统的专业布线系统相比,其灵活性和适应性都强,实用方便,且节省基本建设投资和维护费用。

(3) 便于今后扩建和维护管理

综合布线系统采用积木式的标准件和模块化设计,因此,设备容易更换,排除障碍方便。其网络拓扑结构一般采用星型网络,工作站是由中心节点向外增设,各条线路自成独立系统,互不影响,在改建或扩建时,也不会影响其他线路。因综合布线系统是由建筑物配线架(BD)和楼层配线架(FD)及通信引出端(TO)组成三级配线网络,且采用集中管理方式,因此对于分析、检查、测试和排除障碍均极为简便,有利于日常维护管理,节约大量维护费用和提高工作效率。

(4) 技术经济合理

综合布线系统各个部分都采用高质量材料和标准化部件,并经严格检查测试和安装施工,保证整个系统在技术性能上优良可靠,完全可以满足目前和今后通信需要。综合布线系统将分散的专业布线系统综合到统一的,标准化信息网络系统中,减少了布线系统的缆线品种和设备数量,简化信息网络结构,统一日常维护管理,大大减少维护工作量,节约维护管理费用。因此,采用综合布线系统虽然初次投资较多,但从总体上看符合技术先进、经济合理的要求。

3. 综合布线系统的范围

综合布线系统的范围从广义来说有以下两种划分方法:

(1) 以建筑工程项目的范围来决定,一般有两种范围,即单幢房屋建筑和多幢建筑组成的群体两种。

1) 单幢的智能建筑中的综合布线系统工程范围,一般是指在整幢建筑内部敷设的布线系统和相应的设施,还应包括引出建筑物与外部信息网络系统互相连接的通信线路。如再细分则有:建筑物内敷设的管路、槽道系统、通信缆线、接续设备(包括连接硬件等)以及其他相应辅助设施,例如电缆竖井和专用房间(主要有设备间或交接间等)。此外,各种终端设备(如电话机、传真机等)及其连接软线和插头等,在使用前根据用户要求随时可以连接安装,这部分为工作区布线,一般不需设计和施工。因此,在工程建设项目范围内不包括这一部分。

这里应说明一点是建筑内部的管槽系统、电缆竖井和专用房间等设施,一般与建筑工程的设计和施工同步进行,而综合布线系统工程设计和施工安装是作为工艺项目,单独进行的。所以工艺项目的工程设计和安装施工应该与建筑工程中的有关环节密切联系和互相配合。

2)建筑群体因建筑物幢数不一、规模不同、功能差别等,其工程范围难以统一划分,甚至建筑群体有时可能扩大成为整个街坊式的范围(如高等学校的校园区),但不论其建设规模如何,综合布线系统的工程范围除上述每幢房屋建筑内的布线系统和其他辅助设施外,还需包括各幢建筑物之间互相连接的通信线路和管道设施等,显然,这种综合布线系统工程范围极为庞大、涉及的内容也较单幢的智能建筑工程项目复杂。

我国通信行业标准《大楼通信综合布线系统》(YD/T 926)的适用范围有明确规定,其工程范围是跨越距离不超过 3000m,房屋建筑办公总面积不超过 100 万 m^2 的布线区域,区域内的人员数量为 50 人到 5 万人。如布线区域超出上述范围时也可参考使用。

(2)以业务管理和维护职责等因素来划分范围,它与上述从基本建设和工程管理要求考虑有所不同。因此,综合布线系统的具体范围应根据网络结构、设备布置、维护体制和管理办法等因素来划分,具体细节本书不作介绍。

1.4.2 综合布线系统的组成、类型和适用场合

1. 综合布线系统的组成

目前,各国生产的综合布线系统的产品较多(包括国内产品),其产品的设计、制造和安装中所遵循的基本标准主要有两种,一种是国际标准化组织/国际电工委员会标准 ISO/IEC 11801:1995《信息技术——用户房屋综合布线》;另一种是美国标准 ANSI/TIA/EIA 568A:1995《商务建筑电信布线标准》。上述两种标准有极为明显的差别,如以综合布线系统的组成来说,国际标准将其划分为建筑群主干布线子系统、建筑物主干布线子系统和水平布线子系统三部分。工作区布线为非永久性部分,当用户使用时,可临时敷设安装,在工程中不需设计和施工。因此,这一部分不属于综合布线系统工程的范围。美国标准把综合布线系统划分为建筑群子系统、干线(垂直)子系统、配线(水平)子系统、设备间子系统、管理子系统和工作区子系统,共六个独立的子系统。在综合布线系统引入国内之初,因大都采用美国产品,所以国内杂志、资料和书籍,甚至有些标准一般都以美国标准为基础,介绍综合布线系统的有关技术,但上述美国标准的系统组成与国际标准规定不符,且与我国国情和习惯作法都不一致,我国通常将通信线路和接续设备组成整体和完整的系统。美国标准将设备间子系统和管理子系统与干线子系统和配线子系统分离另立,造成系统性不够明确,界限划分不清,子系统过多,出现支离破碎的情况,在具体工作时感到不便,尤其在工程设计、安装施工和维护管理工作中有难以划分的问题。

此外,从长远发展来看,综合布线系统的标准应向国际标准靠拢,不能以美国标准为主,这是必然的发展趋势。

我国原邮电部于 1997 年 9 月发布了通信行业标准《大楼通信综合布线系统》(YD/T 926.1—3),该标准非等效采用国际标准化组织/国际电工委员会标准 ISO/IEC 11801:

1995《信息技术——用户房屋综合布线》。在制定通信行业标准时,对国际标准中收录的产品品种系列进行了优化筛选;同时参考了美国 ANSI/TIA/EIA 568A:1995《商务建筑电信布线标准》,并根据我国具体情况予以吸收和完善,它的组成和子系统划分与国际标准完全一致。因此,我国通信行业标准既密切结合我国国情,又完全符合国际标准的要求。在近几年的实际使用中证明是正确的。我国信息产业部在 2001 年 10 月发布了新的通信行业标准版本(YD/T 926.1—3—2001)代替 1997 年的版本,新标准版本仍与国际标准一致,综合布线系统是由三个子系统部分组成,因此,今后应按通信行业标准规定办理。综合布线系统的组成如图 1.3 所示。

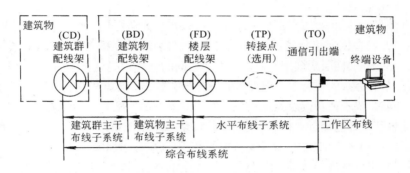

图 1.3　综合布线系统的组成

下面分别叙述三个布线子系统和工作区布线的基本情况。

(1) 建筑群主干布线子系统

建筑群是指由两幢及以上的建筑物组成的建筑群体,有时能扩大构成小区或街坊。在这个建筑群体中的某幢建筑物内装有该建筑群体的建筑群配线架(CD),以便对整个建筑群体内统一布线和互相连接。建筑群主干布线子系统是建筑群配线架(CD)到各幢建筑物内的建筑物配线架(BD)之间的通信线路,其一端连接的建筑群配线架(CD)及其机械终端、接插软线和跳线,也包括在建筑群主干布线子系统内,还包括主干缆线在建筑物配线架上的机械终端。

这里要说明一点是当只有单幢的智能建筑时,是没有建筑群主干布线子系统,如是多幢建筑物构成的建筑联合体时,为了分区或分座使用的需要,可以设有建筑群主干布线子系统,这是一种特殊情况。因此,单幢的智能建筑的综合布线系统的组成通常较为简单,只有建筑物主干布线子系统和水平布线子系统两部分。

(2) 建筑物主干布线子系统

建筑物主干布线子系统是整幢建筑中的骨干馈线线路,在高层建筑中通常是垂直敷设,但在建筑物体积宽阔的航空港、火车站或工业厂房中,有时采取横向水平敷设,它从建筑物配线架(BD)到各个楼层配线架(FD)之间的通信线路,均属于建筑物主干布线子系统。该子系统包括建筑物配线架(BD)、建筑物主干电缆、建筑物主干光缆及其在建筑物配线架和楼层配线架上的机械终端以及建筑物配线架上的接插软线和跳线等。

由于建筑物主干布线子系统是建筑物中缆线条数和对数最多、外径最粗的重要通信线路,为了便于安装施工、减少线路障碍和简化维护管理,一般要求建筑物主干电缆或建筑物主干光缆均应直接端接到相应的楼层配线架上,在其中间不应有转接点或接头。转接点又称过渡点或递减点但转接点一般不允许采用,它是指不同型式或规格的电缆或光缆相连接的地点。接头是指相同型式或规格的电缆、光缆的连接。因此,在建筑物主干电缆或主干光缆的线路上不应选用不同型式或规格的缆线品种,以免线路结构复杂。要求建筑物主干电缆或主干光缆的两端,应分别直接端接在建筑物配线架(BD)或楼层配线架(FD)上。

(3) 水平布线子系统

水平布线子系统是综合布线系统的分支部分,它是配线线路。由各个楼层配线架(FD)起,分别引到各个楼层的通信引出端(TO),又称信息插座或电信引出端为止的通信线路。该子系统还包括楼层配线架(FD)、通信引出端以及在楼层配线架上的机械终端、接插软线和跳线。

为了便于安装施工和减少线路障碍,水平电缆或水平光缆在整个敷设段落中,不宜有转接点或接头,两端宜分别直接连接到楼层配线架或通信引出端(信息插座)。如因地形限制(拐弯较多)或距离较长的限制,楼层配线架到通信引出端之间的电缆或光缆,允许有一个转接点,但要求电缆或光缆经过转接点后,不会改变电缆对数或光纤芯数,即均以相同数量按1:1互相连接,以保持对应关系。同时,要求在转接点处,所有电缆或光缆应做机械终端。当采用电缆转接时,所用电缆应符合信息产业部通信行业标准《大楼通信综合布线系统第二部分:综合布线用电缆、光缆技术要求》(YD/T 926—2,2001)中对于对称电缆使用后,应有附加串音要求的规定。

水平电缆、水平光缆在转接处一般为永久性连接,不宜为非永久性连接或作配线用的连接。

在大型的智能建筑中,如楼层平面面积较大,或水平布线子系统所管辖范围极宽,需要设置工作区的数量较多时;或有些房间为面积很大的大开间,需要有较多的工作区时;或有些场合在今后工作区有可能发生较大变化或调整时,为此需适应上述场合的变化和需要,在水平布线子系统设计中可适当考虑灵活性,允许在这些房间或有利于调整的适当部位设置非永久性连接的转接点,但转接点的对数不宜过多,要求这种转接点的对数最多为12个工作区。

转接点处只包括无源连接硬件,应用设备不应在转接点处连接。因为在水平布线子系统中,水平电缆或水平光缆如需设置转接点,一般是不同类型或规格的电缆或光缆互相连接的地方,例如扁平电缆与圆型电缆相接,它不是连接应用设备的地点。

(4) 工作区布线

工作区布线因在智能建筑综合布线系统中是最末梢,且最邻近用户端的通信线路,所以工作区布线的线对数量一般最少,但对用户使用是否灵活方便和保证通信质量,却是极为重要的环节,应该在安装、使用和维护中都需注意。工作区布线是包括用户使用的终端设备至通信引出端之间的所有通信线路(含有连接的软线和接插部件)。由于它直接为用户服务,根据需要随时有移动或变化的可能,成为难以固定敷设的一段线路,所以工作区布线一般采取非永久性的敷设方式,以适应用户使用需要。但在安装时,应注意其布线相对稳定,应采取敷设有序、合理布置、且有适当保护的固定方式,不得任意乱拉乱放,更不应在有可能损害线路的段落处敷设(例如过于邻近暖气装置或洗手水池等设施),以保证通信安全可靠。

在工作区布线中,还需考虑工作区电缆、工作区光缆的敷设长度及传输特性的要求,应按我国通信行业标准规定执行,以免影响某些系统和设备的应用。

2. 综合布线系统的类型

为了满足不同用户的实际需要,且能适应今后通信发展趋势,目前,综合布线系统可以分为三种不同类型,应该指出的是这三种类型是引用目前国际和国内外的有关规定考虑的,随着科学技术的发展,布线设施的进步和信息需求的提高,今后会可能有新的类型级别划分。目前三种类型都能在不同程度上支持话音、数据等系统,在设备配置和具体特点以及适用场合方面有所不同,但是这三种类型又有相互衔接的有机关系。因此,它们能够随着用户客观需要的变化,逐步增加、完善和提高通信功能,由低级转变到高级的综合布线系统。它们之间的主要区别有以下两点,一是支持话音和数据等系统服务所采用的方式不同;二是综合布线系统在适应用户变化(例如移动和调整布局)需要时,通信线路应变能力的灵活通融性有所区别。所以,在具体工程设计中,应根据智能建筑的性质和用户对信息的需求,选用适当类型等级的综合布线系统,要求既考虑目前用户通信需求,又应适当结合今后发展趋势。

目前规定智能建筑内的综合布线系统的类型级别、设备配置、具体特点以及适用场合可见表1.3中所列。主要是根据我国国家标准《建筑与建筑群综合布线系统工程设计规范》(GB/T 50311—2000)中的规定,综合布线系统的类型级别划分为三种,即最低配置为基本型,基本配置为增强型,综合配置为综合型。上述三种配置都能支持话音/数据等系统,能随客观发展需要由低级转向功能更高的级别,它们之间的主要区别在于设备配置水平的高低和适应变化能力的大小。总之,应根据工程特点和结合实际需要选用,如有些特殊情况都不宜采用这三种设备配置的典型时,应按工程的实际要求进行设计。

综合布线系统的类型级别、设备配置和特点及适用场合　　表1.3

序号	类型级别	设 备 配 置	特 点	适 用 场 合
1	最低配置(基本型)	1) 每个工作区一般为一个水平布线子系统,有一个通信引出端 2) 每个水平布线子系统的配线电缆是一条4对非屏蔽对绞线对称电缆 3) 干线电缆的配置,对计算机网络宜按24个通信引出端配2对对绞线,或每一个集线器(HUB)或集线器群(HUB群)配4对对绞线;对电话至少每个通信引出端配1对对绞线 4) 接续设备全部采用夹接式(或称卡接式)连接硬件	1) 能支持话音、数据或高速数据系统使用,且能支持多种计算机系统的数据传输 2) 工程造价较低,基本采用铜芯导线电缆组网 3) 适用我国目前的布线方案,较为广泛应用,且可适应今后发展要求,能逐步向高级的综合布线系统发展 4) 便于日常维护管理,技术要求不高 5) 采用气体放电管式过压保护和能够自复的过流保护	适用于目前国内大多数场合,因要求不高、经济适用,且有能适应今后发展要求,可逐步过渡到较高级别的特点,因此,目前用于配置标准较低的场合
2	基本配置(增强型)	1) 每个工作区应为独立的水平布线子系统,备有2个或2个以上的通信引出端 2) 每个工作区的配线电缆是两条4对非屏蔽对绞线对称电缆 3) 干线电缆的配置,对计算机网络宜按24个通信引出端配2对对绞线,或每一个集线器(HUB)或HUB群配4对对绞线;对电话至少每个通信引出端配1对对绞线 4) 接续设备全部采用夹接式(或称卡接式)或插接式连接硬件	1) 每个工作区有两个以上的通信引出端,不仅灵活机动、功能齐全,能适应发展需要,任何一个通信引出端都可提供话音和数据系统等多种服务 2) 采用铜芯导线电缆和光缆混合组网 3) 可统一色标,按需要利用端子板进行管理,维护简单方便 4) 能适应多种产品的要求,具有适应性强、经济适用等优点 5) 采用气体放电管式过压保护和能够自复的过流保护	能支持话音和数据系统服务和使用,具有增强功能,有能适应今后发展的余地,适用于中等配置标准的场合

序号	类型级别	设 备 配 置	特 点	适 用 场 合
3	综合配置（综合型）	1）以基本配置的通信引出端数量为基础配置 2）垂直干线电缆的配置：每48个通信引出端宜配2芯光纤，适用于计算机网络；电话或部分计算机网络选用对绞线电缆，按通信引出端所需线对数的25%配置垂直干线电缆，或按用户要求配置并适当考虑备用量 3）当楼层中通信引出端数量较少时，在规定长度的范围内，可几层楼层合用集线器(HUB)，并合并计算光纤芯数，每一楼层计算所得的光纤芯数应按光缆的标称容量和实际需要进行选用。如用户需要光纤到桌面(FTTD)、光缆可经或不经FD，直接从BD引至桌面，上述光纤芯数不包括FTTD的应用在内 4）楼层之间原则上不敷设垂直干线电缆，但在每层的FD上可适当预留一些接插件，在需要时可临时布放合适的缆线 5）接续设备采用夹接式或插接式连接硬件	1）每个工作区有两个以上的通信引出端，不仅灵活机动、功能齐全，能适应发展需要，任何一个通信引出端都可提供话音和数据系统等多种服务 2）采用以光缆为主，与铜芯导线电缆混合组网 3）统一色标利用端子板进行管理，维护简单方便 4）能适应多种产品的要求，具有适应性强经济适用等优点	具有功能齐全、能满足各种通信要求适用于配置标准很高的场合例如建设规模较大、智能化要求较高的智能建筑

注：① 表中对绞线对称电缆(简称对绞线电缆)是指具有特殊交叉方式和结构及材料,能够传输高速率的数字信号的传输媒介,不是一般的市话通信电缆。
② 夹接式(又称卡接式)连接硬件是指夹接(或卡接)的固定连接方式的接续设备。
③ 插接式连接硬件是采用插头和插座连接方式的接续设备。
④ 接续设备的连接方式,其选用宜符合以下规定:
用于电话的接续设备,宜选用 IDC 夹接(卡接)式模块;
用于计算机网络的接续设备,宜选用 RJ45 或 IDC 插接式模块。

对于需传送数据信息的场合,在选用综合布线系统的类型级别时,应能满足数据系统的传输速率要求,同时,在选用设备和器材中也应考虑选用相应等级的缆线、设备和器材,以符合传输系统特性匹配的要求。尤其是计算机系统的传输速率要求,因设备不同而不完全一样,在智能建筑的综合布线系统工程中必须加以注意和慎重对待。

3．综合布线系统的适用场合

为了适应信息化社会的需要,综合布线系统能够具有传送话音、数据和图像以及其他信息的功能,尤其是能满足当今时代出现的智能建筑需要,使综合布线系统的适用场合越来越多,服务对象日渐增加。目前,主要有以下几种类型的智能建筑都已经采用了综合布线系统,且有逐步拓宽的趋势。

（1）商业贸易类型：如商务贸易中心(包括商业大厦)、金融机构(包括专业银行和保险公司等)、高级宾馆饭店、股票证券市场和高级商城大厦等高层建筑。

（2）综合办公类型：如政府机关、群众团体、公司总部等办公大厦以及办公、贸易和商业兼有的综合业务楼和租赁大楼等。

（3）交通运输类型：如航空港、火车站、长途汽车客货运枢纽站、江海港区(包括航运客货站)、城市公共交通指挥中心,出租汽车调度中心、邮政、电信通信枢纽楼等公共服务建筑。

(4) 新闻机构类型:广播电台、电视台和新闻通讯及报社业务楼等。

(5) 其他重要建筑类型:如医院、急救中心、电力防汛指挥调度中心、抗震救灾中心、科学研究机构、高等院校和工业企业及气象中心的高科技业务楼等。

此外,在军事基地和重要部门(如公安部门)的建筑、高等院校中的校园建筑、高级住宅小区等也有需要采用综合布线系统。

随着科学技术的发展和人们生活水平的提高,综合布线系统的应用范围和服务对象会逐步扩大和增加。在 21 世纪,民用的高层住宅建筑有可能走向智能化,在这个时候,房屋建筑中有必要采用相应类型级别的综合布线系统,以便同时满足电话、数据和多媒体等通信业务的需要。当然在传输媒介方面应积极开拓和采用光纤光缆,同时,要发展和采用各种光通信的元器件以及设备,目前因光通信的元器件、光纤光缆和相关设备的价格极高,发展受到很大限制。随着科学技术的迅速发展,光通信的元器件、光纤光缆和相关设备的价格将会逐步下降,建设以光纤接入网为主的信息网络系统,是必然发展的理想方案,这在经济上是合理的,在技术上也是可行的。

光纤接入网的迅速发展,必然促使综合布线系统广泛使用。在综合布线系统中除建筑物主干布线子系统外,建筑群主干布线子系统都有可能采用光纤光缆,甚至水平布线子系统中也会采用光缆,使光纤光缆尽量延伸到靠近用户,以达到用户引入线路的距离缩短到 50~200m 左右的目标,为最终实现光纤到桌面或到家庭奠定有利的基础。

从上面所述可以看出,接入网和综合布线系统是结伴同行的一对网络系统,它们既是相辅相成、互相促进、共同发展的;它们又是整个通信网络的组成部分,彼此依赖、互相衔接的。

这里要注意的是由于我国是发展中国家,各地经济发展状况极不平衡、人民生活水平和文化素质以及风俗习惯的差距也大,所以综合布线系统必须紧密结合当地经济发展快慢的实际情况,采用不同标准的配置,不宜采取统一模式,完全一致的方案,可以适当灵活运用,采取有宽有紧的不同配置。此外,在综合布线系统的建设规划和工程设计中,对今后有可能发展的地区,除必须满足当前的通信需要外,还需适当留有一定的发展和应变的能力。

1.4.3 综合布线系统在智能建筑中的作用

由于当今的智能建筑是集房屋建筑、通信、计算机和自动控制等多种高新科技之大成,所以在智能建筑工程中包含的项目内容较多,不是过去一般的土木建筑工程可以相比的。在智能建筑中都需要设置综合布线系统,成为信息网络系统的组成部分,而且是智能建筑中的神经系统之一,它是信息网络系统的关键环节。综合布线系统在智能建筑中的主要作用有以下几点:

1. 综合布线系统是智能建筑内部联系和对外通信的传输网络

综合布线系统是智能建筑的内部和对外并重的通信传输网络,以便内部或对外进行通信。因此,除在智能建筑中是内部信息网络系统的组成部分外,对外还必须与公用通信网连接成整体,成为公用通信网的基础网络,又是全程全网最靠近用户的末梢段落。为了满足智能建筑与外界联系传输信息的需要,综合布线系统的网络组织方式、各种性能指标和有关技术要求,都应服从公用通信网的有关标准和规定要求。

2. 综合布线系统是智能建筑中连接各种设施的传输媒介

综合布线系统把智能建筑内的通信、计算机、各种自动化系统的设施以及设备,根据相互配合和有关技术要求,在一定条件下纳入(例如符合通信线路路由、设备位置和技术指标等要求)并相互连接,形成完整配套的有机整体,以实现高度智能化的要求。由于综合布线系统能适应各种设施当前需要和今后一定时期的发展,具有兼容性、可靠性、使用灵活性和管理科学性等特点,所以它是智能建筑中能够保证高效优质服务的基础设施之一。在智能建筑中如果没有信息网络系统的综合布线系统,各种设施和设备因无传送信息的传输媒介连接而无法正常运行,难以实现智能化的性能,这时智能建筑是一幢只有空壳躯体,实用价值不高的土木建筑,也就不能称为智能建筑。在建筑物中只有配备了综合布线系统,才有实现智能化的可能性,这就是智能建筑工程中的关键内容。

在智能建筑工程中因有综合布线系统,必然会增加工程建设费用,根据国内以往工程的实测数据,其投资费用约占智能建筑的总造价1%到3%,个别情况不会超过5%,其投资费用相对是较少的。但是设置综合布线系统后,必然会使建筑物增加实用功能和提高使用价值。因此,国内外的有关部门和工程各界对综合布线系统的应用和发展,都是极为关注的。

3. 综合布线系统能适应今后智能建筑发展需要

众所周知,房屋建筑工程是百年大计,其使用寿命较长,一般都在几十年以上,甚至近百年或超过百年。因此,目前在规划和设计新的房屋建筑时,应有长期性的考虑,并能够适应今后的发展需要。由于综合布线系统采用积木式结构,模块化设计,实施统一标准,具有较高的适应性和灵活性以及可靠性,能在今后相当时期满足客观发展需要和通信技术进步。为此,在新建的高层建筑或重要的公共建筑中,应根据建筑物的使用对象和业务性质以及今后发展等各种因素,积极采用综合布线系统。对于近期确无需要或因其他条件限制,暂时不准备设置综合布线系统的建筑物,应在工程中考虑今后设置综合布线系统的可能性,在主要通道或路由等关键部位,适当预留空间(包括房间)、洞孔和线槽,以便今后安装综合布线系统时,避免临时打洞凿眼或拆卸地板及吊顶等装置,且可防止影响房屋建筑结构强度和内部环境装修美观。

4. 综合布线系统是与智能建筑融合成为整体

综合布线系统在智能建筑内和其他管线一样,都是附属于建筑物的基础设施,为智能建筑的业主或用户服务。因此,综合布线系统和房屋建筑彼此既是结合形成不可分离的整体,同时也要看到它们为不同类型和性质的工程建设项目。因此,综合布线系统分布在智能建筑内部,必然会有相互融合的需要,同时又有可能产生彼此矛盾的问题。所以,在综合布线系统的工程设计、安装施工和使用管理的过程中,都应与建筑工程的设计、施工和管理等有关单位经常保持密切联系,配合协调,寻求妥善合理的方式来处理工程中的问题,以满足各方面的需要。

1.4.4 综合布线系统在智能化小区中的作用

综合布线系统在智能化小区中的作用,与智能建筑基本相同或类似,同样是成为小区内部联系和对外交流的通信传输网络;它是连接各种设施的传输媒介。这就是说综合布线系统是居住小区内的信息网络系统的主要传输通道,它最大的作用是把居住小区内所有房屋建筑和各种公用设施连接成为整体。如图1.4中所示:

根据居住小区实际需要,以信息网络系统传输通道为物理纽带,连接各个智能化子系统,通过和依托小区物业管理中心的计算机系统为中心,组成管理和服务的物理平台,向居

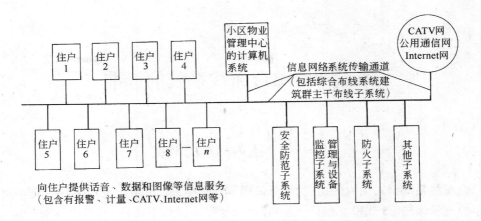

图1.4 居住小区智能化系统总体框图

住小区内所有住户提供多种功能服务,从上图中可以看出没有综合布线系统等传输通道是无法实现的,其作用是显而易见,与在智能建筑中所起作用相比,确有一定差别,主要是由于有了综合布线系统,使居住小区内各种公用设施和相关的子系统组织在一起,便于物业管理单位统一管理、提高工效,得以充分发挥整个小区所有设施的总体效果,这是综合布线系统具有关键性的作用,也体现信息网络系统蕴藏着巨大的潜在能力

思　考　题

(1) 智能建筑的系统组成和基本功能主要由几部分组成?

(2) 智能建筑有哪些特点?

(3) 智能化小区有哪几种类型? 试述智能化居住小区与综合布线系统有关的特点?

(4) 试述智能化小区信息网络子系统的划分等级?

(5) 宽带接入网适用于智能建筑和智能化小区有哪几种接入方式?

(6) 智能建筑信息网络系统包含哪些内容?

(7) 综合布线系统有哪些特点?

(8) 试述综合布线系统的组成和范围?

(9) 综合布线系统的设备配置有几个类型级别,如何配置?

(10) 简述综合布线系统在智能建筑或智能化小区中的作用有哪些?

第二章 综合布线系统的标准

第一节 国内标准的概况

综合布线系统引入国内的初期,主要采用国外标准,从 20 世纪 90 年代中期国内有关部门和单位逐步编制、批准和发布了一系列标准、规范和图集等文件,这些文件对于综合布线系统工程具有重要的指导作用,必须重视和执行。目前,国内标准主要有以下几部分,现分别予以介绍。

2.1.1 通信行业标准

我国原邮电部和信息产业部分别从 1997 年起批准和发布了以下通信行业标准。

1.《大楼通信综合布线系统第 1 部分:总规范》(YD/T 926.1—1997)已被代替,现改为 YD/T 926.1—2001;

2.《大楼通信综合布线系统第 2 部分:综合布线用电缆、光缆技术要求》(YD/T 926.2—1997)已被代替,现改为 YD/T 926.2—2001;

3.《大楼通信综合布线系统第 3 部分:综合布线用连接硬件技术要求》(YD/T 926.3—1998)已被代替,现改为 YD/T 926.3—2001;

4.《综合布线系统电气特性通用测试方法》(YD/T 1013—1999);

5.《建筑与建筑群综合布线系统工程设计施工图集》(YD 5082—99)。

上述 YD/T 926.1—3 1997~1998 的三个通信行业标准均非等效采用国际标准化组织/国际电工委员会标准 ISO/IEC 11801:1995《信息技术——用户房屋综合布线》,并对该标准中收录的品种系列进行了优选,因此,个别品种系列不予采纳。该三个标准同时参考了美国 ANSI/EIA/TIA568A:1995《商务建筑电信布线标准》。所以这三个通信行业标准是符合国际标准,更密切结合我国国情,它们对产品开发和工程设计及安装施工都有一定的指导作用。经过几年的实践和运用,证明是正确而有效的,是具有权威性的。

由于综合布线系统的技术迅速发展,国际标准化组织/国际电工委员会于 1999 年对 ISO/IEC 11801:1995《信息技术——用户房屋综合布线》发布了两个修订补充文件 AM1:1999 和 AM2:1999(版本号为 ISO/IEC 11801:1995 + A1:1999 + A2:1999,简称 ISO/IEC 11801:1999)。因此,我国信息产业部组织力量对通信行业标准 YD/T 926.(1—3)也作了修订,在修订时除依照上述国际标准外,还参考了美国 ANSI/EIA/TIA 568A—5:2000《4 对 100Ω5E 类布线传输特性规范》。修订后的通信行业标准(YD/T 926.1—3—2001)在实施之日同时代替(YD/T 926.1—3—1997~1998),并已于 2001 年 10 月 19 日批准发布,2001 年 11 月 1 日起实施。该标准与 ISO/IEC 11801:1999 国际标准的一致性程度为非等效,也符合 ISO/IEC 11801:1995 + A1:1999 + A2:1999 基本精神。它们的差异除原标准 YD/T 926—1—3—1997~1998 中已经不同部分外,还增加对称电缆 D 级永久链路及信道的指标,比 ISO/IEC 11801:1999 有所提高,并与 ANSI/EIA/TIA—568A—5:2000 的指标一致。

修订后的通信行业标准名称和标准编号均不变,但改变年份,其内容有所变化,主要有以下几点,需要加以注意。

(1) 增加"永久链路"的定义,不再用 YD/T 926.1—1997 规定的"链路"名词,规定配线电缆不包括在永久链路内。将原"链路要求"的内容修订为"永久链路和信道规范"。明确永久链路和信道两个概念,将对称电缆布线的要求按永久链路及信道分别作出新的规定。

(2) 对于布线长度中的软电缆长度,根据"交接"与"互连"两种情况分别作出不同的规定。

(3) 增加近端串音功率和、衰减串音功率和比(PSACR)、等电平远端串音功率和(PSELFEXT)及时延差的要求。

(4) 对部分术语的定义作了修订;修改一些指标;对原来标准内标有"在考虑中"的部分指标作出规定。在对称电缆布线链路试验方法中对测试步长有了新的规定。

从上述介绍可以看出,修订后的通信行业标准比原标准在内容上有所增加和充实,过去不明确的部分有了补充或加以完善,尤其是过去不少待定的指标在修订后的标准中有了新的规定。这些都说明对综合布线系统工程有更高的要求,在具体工作中应以现行的国内通信行业标准为准绳,认真贯彻执行,以便更快地提高综合布线系统工程质量和科技水平,能为智能建筑和智能化小区提供优质高效的服务。

2.1.2 国家标准

我国国家质量技术监督局和建设部于 2000 年 2 月 28 日联合批准和发布的二个国家标准。

1.《建筑与建筑群综合布线系统工程设计规范》(GB/T 50311—2000);

2.《建筑与建筑群综合布线系统工程验收规范》(GB/T 50312—2000)。

此外,由建设部会同有关部门共同制订和会审,于 2000 年 7 月 3 日经建设部批准发布的推荐性国家标准《智能建筑设计标准》(GB/T 50314—2000),该标准自 2000 年 10 月 1 日起施行。在标准中有通信网络系统和综合布线系统两部分,它们分别是根据智能建筑的使用功能、管理要求和建设投资等因素划分为甲、乙、丙三级,且各级均有可扩性、开放性和灵活性。标准内容较为原则,不够具体,应参照其他标准具体条文执行。

2.1.3 协会标准

按照国家计委授予中国工程建设标准化协会组织编制协会标准的权限,该协会曾分别于 1995 年 3 月 14 日和 1997 年 4 月批准的《建筑与建筑群综合布线系统工程设计规范》(CECS 72:95)和该规范修订本(CECS 72:97)以及《建筑与建筑群综合布线系统工程施工及验收规范》(CECS 89:97)三本规范。因有上述国家标准而被废止,不应使用。

此外,中国工程建设标准化协会于 2000 年 12 月批准的《城市住宅建筑综合布线系统工程设计规范》(CECS 119:2000)协会标准,该规范于 2000 年 12 月 1 日起实施。

上述标准规范均与综合布线系统有着直接关系,应紧密结合实际予以执行。在这里要特别提出的是因综合布线系统涉及面宽,如与本地通信网的各种线路连接以及其他设备配合等,都必须按照国内很多标准、规范的规定办理。有关这方面的资料可参见《智能化建筑(小区)综合布线系统实用手册》第二篇标准篇。

目前,国内现行的综合布线系统的国家标准和通信行业标准数量不多、内容不全,虽各有侧重,但均嫌不足。因此,难以满足我国信息事业发展的客观要求,这一问题已日趋突出,需要及早设法解决。为此,要在综合布线系统工程中,密切结合实际,不断地积累和总结经验教训。同时,要及时吸收国外的先进技术,力求充分消化、内外结合、完善提高,为我所用。对现行的标准和规范进行修正和补充,保证和提高综合布线系统工程质量。同时,要根据综合布线系统工程技术发展需要,组织力量编制或增订新的标准和规范,除设计规范外,还应有施工操作规程、维护检修标准等,以便适应今后信息事业迅速发展的趋势,做好各方面的准备。

第二节 综合布线系统的网络总体结构和主要技术要求

前面所述的综合布线系统标准,以通信行业标准《大楼通信综合布线系统第 1 部分:总规范》(YD/T 926.1—2001)最全面,且有纲领性的内容,它规定于接入网内大楼通信综合布线系统诸多要求,涉及网络总体结构、系统技术方案和缆线布线部件的选用等重大课题,且与设计、施工以及产品都有密切关系。此外,YD/T 926.2 和 YD/T 926.3 两部分都有重要规定。为此,必须对上述三部分标准的内容充分熟悉和全面了解,现将其主要部分在下面进行介绍。

2.2.1 综合布线系统的网络拓扑结构

综合布线系统是由三个布线子系统和工作区布线组成,这是 YD/T 926—1 中规定的主要内容。因此,综合布线系统的网络拓扑结构必须按布线系统组成、技术性能要求和经济合理原则以及维护检修简便等因素进行组合和配置。组合和配置包含组合逻辑和配置形式,具体来说组合逻辑是描述网络功能的体系结构;配置形式是描述网络单元的邻接关系,也就是说交换中心(或节点)和传输链路的互相连接情况,在综合布线系统中就组成为网络拓扑结构,它是描述一个网络布局的实际逻辑关系,这个网络布局中的网络单元是由各种终端设备、连接硬件、电缆、光缆等组成。

1. 常用网络拓扑结构

在综合布线系统中常用的网络拓扑结构有星型、环型、总线型、树型和网型等几何状态,如图 2.1 所示。其中以星型状态的网络拓扑结构使用最多。

在综合布线系统的具体工程中,实际采用的逻辑拓扑不一定要求网络具有同样的物理拓扑。例如一个星型网络拓扑结构可以在各级配线架上(如 BD 或 FD)对电缆、光缆以及应用设备采取适当的连接方式,由星型网络拓扑结构改变成总线型或环型等不同的网络拓扑结构。这种连接方式因在配线架上进行改接,既施工简单方便,又有利于维护检修,对今后改、扩建不会增加困难。所以这种连接方式较为常用。由星型改变成环型或总线型的连接方式如图 2.2 所示。

2. 典型网络拓扑结构

综合布线系统中最常用的是星型网络拓扑结构,在不同建设规模的智能建筑工程,能

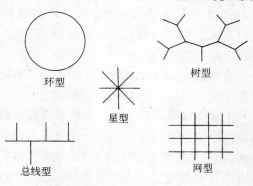

图 2.1 常用的网络拓扑结构

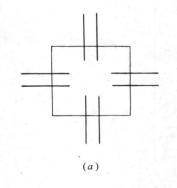

(a)

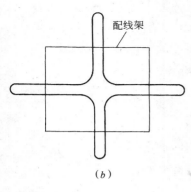

配线架

(b)

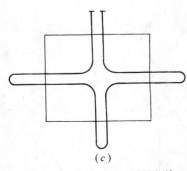

(c)

图 2.2　实现星型、环型和总
线型的系统拓扑

*(a)*星型布线拓扑实现；*(b)*由星型布线拓扑实现
环型系统拓扑；*(c)*由星型布线拓扑实现总
线型系统拓扑

派生出以下几种不同的典型应用实例，现分别予以介绍。

（1）分级星型网络拓扑结构（又称两级星型网络拓扑结构）

在中、小型单幢的智能建筑中的综合布线系统，由于工程建设规模不大，一般采用分级星型网络拓扑结构如图 2.3 中所示。

从图中可以看出这种网络拓扑结构比较简单，它是分成两级的星型网络拓扑结构。即第一级是以建筑物配线架（BD）为中心，采用建筑物主干布线子系统的缆线分别敷设到各个楼层配线架（FD）；第二级是以各个楼层配线架（FD）为中心，采用水平布线子系统的缆线敷设到楼层的通信引出端（TO）（又称电信引出端或信息插座）。

分级星型网络拓扑结构具有网络组织结构简化、设备数量较少、维护管理方便等优点，但有缆线和设备过于集中，互相调度支援困难，网络使用的灵活性差等缺点。因此，这种网络拓扑结构不适用于要求综合布线统安全可靠性和灵活使用性高的智能建筑。

（2）分级迂回星型网络拓扑结构（又称三级迂回星型网络拓扑结构

在大城市中常有多幢智能建筑互相结合采取分座或分区（例如 A 座、B 座或 A 区、B 区）组成庞大联合的建筑群体，其综合布线系统的建设规模较大，且对布线要求较高。为了便于今后维护管理和保证安全可靠，除在建筑群体内较为中心的某个分座或分区智能建筑中，设有建筑群配线架（CD）外，在其他分座或分区的智能建筑内部都设置建筑物配线架（BD），CD 和 BD 之间分别设有建筑群主干布线子系统的主干电缆或主干光缆，各个建筑物配线架（BD）各自分别采取建筑物主干布线子系统的主干电缆或主干光缆连接自身管辖的各个楼层配线架（FD），各个楼层配线架利用水平布线子系统

连接本楼层的通信引出端。这就形成三级的星型网络拓扑结构，这三级分别是以 CD、BD 和 FD 为中心的星型级连结构，如图 2.4 中所示。

为了使上述网络拓扑结构具有更高的机动灵活性和安全可靠性，且能适应今后多种应用系统的使用要求，可以在两个层次（或称级别）的配线架之间（如建筑物配线架之间或楼层配线架之间）用电缆或光缆连接，（这种连接的电缆或光缆可以称为连络电缆或连络光缆）构成分级相连，具有迂回路由的星型网络拓扑结构。如图 2.4 中在建筑物配线架之间（BD_1 与 BD_2 之间的 L_1，BD_2 与 BD_3 之间的 L_2）或楼层配线架之间（FD_1 与 FD_2 之间的 l_1，FD_3 与 FD_4

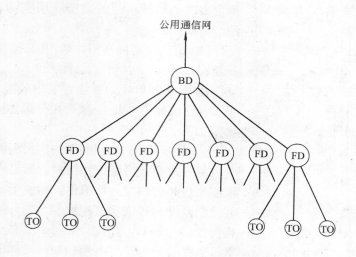

图 2.3 分级星型网络拓扑结构

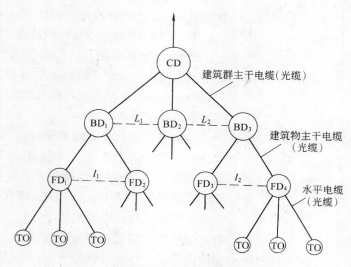

图 2.4 分级迂回星型网络拓扑结构

之间的 l_2）互相连接的电缆或光缆就是联络线路。显而易见,这种互相连接线路的增设,会使网络拓扑结构变得复杂,同时增加电缆或光缆长度和工程建设造价,对维护检修也增加工作量。因此在考虑选用综合布线系统的网络拓扑结构时,必须权衡利弊,需要经过技术和经济多方面的比较后确定。

（3）分集连接方式的网络拓扑结构（又称多路由接入的网络拓扑结构）

在特殊性质或重要的大型智能建筑群联合体,为了防止因火灾等灾害或公用通信网的缆线发生故障而使通信中断,要求综合布线系统的网络拓扑结构具有安全可靠性高,灵活使用性好等特点。因此,可以选用多路由分集连接和内部网络拓扑结构适当有冗余度相结合的技术方案,如图 2.5 中所示,多路由分集连接是指多个引入路由,既分散又集中相结合的连接方式。

图中表示智能建筑群联合体的通信线路引入路由有两条(即电缆或光缆1和2),两条路由上的电缆或光缆分别连接到各自管辖分区的建筑物配线架(BD$_1$或BD$_2$),各分区的建筑物主干布线子系统的主干电缆或主干光缆馈线到各自管辖范围的楼层配线架(FD$_1$或FD$_2$)。根据客观通信需要,在建筑物内部的网络拓扑结构中适当考虑冗余度和灵活性,可以在建筑物配线架之间(BD$_1$～BD$_2$)或楼层配线架之间(FD$_1$～FD$_2$)设有联络电缆或光缆相互连接,形成类似网状的形状,连接电缆的线对数和连接光缆的纤芯数根据通信要求来定,一般不应多于建筑物主干布线子系统缆线的线对数或纤芯数。

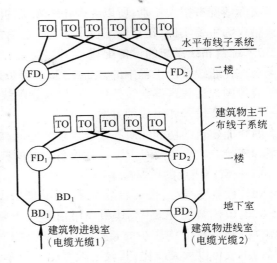

图2.5 分集连接方式的网络拓扑结构

这种网络拓扑结构确有保证通信安全可靠,且灵活机动的作用,但是应该看到这种连接方案,使网络拓扑结构复杂,配置设备数量较多,增加工程建设造价和今后维护费用等缺点。因此,应根据工程的实际需要,经过细致比较后慎重选用,也可以根据具体情况采取统一规划分期实施的方案。

(4) 模拟/数字话音业务连接的星型网络拓扑结构

在某些智能建筑中,有时设置用户电话交换机(PBX)和多路复用器(MUX)等设备。因此,模拟或数字话音业务需要连接进入综合布线系统。根据我国通信行业标准《大楼通信综合布线系统第1部分:总规范》(YD/T 926.1—2001)的规定,其网络拓扑结构可以是星型的如图2.6所示。

这里要说明的是,在实际工程中不是像图2.6中表示,在建筑群配线架(CD)和任何一个建筑物配线架(BD)或楼层配线架(FD)的位置处,都接有用户电话交换机(PBX)等设备。图中只是示意这些地方都可以连接上述设备,但是,通常只有一处,不应多处设置。在具体工程中,一般是设在网络拓扑结构的最高级别处,例如在建筑群配线架(CD)或建筑物配线架(BD),除特殊情况外,在楼层配线架(FD)处是不应连接上述设备,以免网络拓扑结构复杂,对施工安装和维护检修会增加困难。由于各种智能建筑的使用性质,建设规模和用户要求有所不同,其内部设置的通信设备和所需的信息业务以及当地公用通信

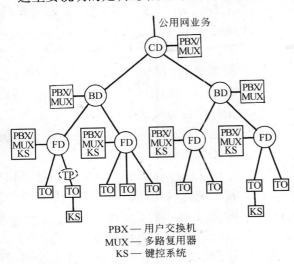

PBX — 用户交换机
MUX — 多路复用器
KS — 键控系统

图2.6 模拟/数字话音业务连接的星型网络拓扑结构

网等实际情况有很大差别,所以综合布线系统的网络拓扑结构是不会一样的。因此,上述几个典型仅为主要实例,在具体工程中还会有更好的网络拓扑结构技术方案。

2.2.2 综合布线系统的设备配置

在综合布线系统工程中的设备配置,主要是指各个布线子系统的配线接续设备的配置,其配置范围包括建筑群配线架(CD),建筑物配线架(BD)等设备。此外,还涉及相应的布线子系统的配套设置和组成的方案。

因智能建筑的功能性质和建设规模的不同,综合布线系统的设备配置也有不同的技术方案和连接方式。主要有以下几种设备配置的典型实例。

1. 一次配线点的设备配置

在建设规模很小,楼层层数不多,且其楼层平面面积不大的单幢智能建筑中,其用户对信息业务要求不论在种类和数量上均较少时,综合布线系统的网络拓扑结构组成可以大大简化,其设备配置也应简单,一般可采用一次配线点的设备配置,即只配置建筑物配线架(BD)进行配线。将建筑物主干布线子系统和水平布线子系统合而为一,成为一个布线子系统,直接从建筑物配线架(BD)引出,至各个楼层的通信引出端(TO)。这时可将各个楼层的楼层配线架(FD)均省去不设。这种配置方案设备数量最少,降低工程造价。但其网络拓扑结构要求最远的通信引出端(TO)到建筑物配线架(BD)之间的最大距离,按照标准不应超过90m。如不能满足这一要求时,不应采用这种设备配置方案,其具体情况见图2.7所示。这种典型的设备配置往往用于智能化住宅建筑中的综合布线系统。

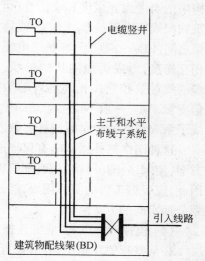

图2.7 单幢极小型智能建筑的综合布线系统

2. 两次配线点的设备配置

当独立的单幢中、小型智能建筑时,其附近没有其他房屋建筑,今后也不会形成大型的智能建筑群体,其综合布线系统中可以不设建筑群配线架和建筑群主干布线子系统。因此,可以采用两次配线点的设备配置方案,即设置建筑物配线架(BD)和楼层配线架(FD),在BD或FD上进行配线。其网络拓扑结构为两级星型网络形式,只有建筑物主干布线子系统和水平布线子系统。如图2.8所示。

从图中可以看出其网络拓扑结构比较简单。因此,这是目前采用最为普遍的,且是基本的设备配置方案。

如单幢的智能建筑中楼层面积不大,用户信息点的数量不多;或因各个楼层的用户信息点的分布极不均匀,有些楼层用

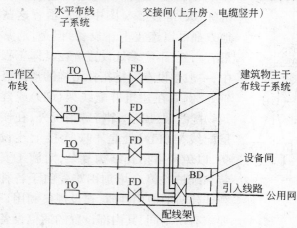

图2.8 单幢中、小型智能建筑的综合布线系统

户信息点数量极少(例如建筑物的顶部几层或地下一二层等)时,为了简化网络拓扑结构和减少配线接续设备数量,可以每层不单独设置楼层配线架(FD),采取每2~4个楼层设置楼层配线架(FD),分别供线给相邻楼层的通信引出端(TO)相连的连接方式。例如图2.9中所示的第20层和地下2层设置FD。

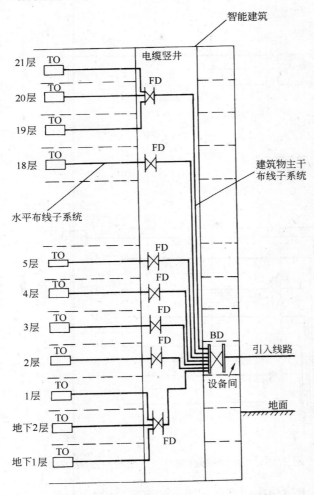

图2.9　智能建筑中间楼层设FD供线给相邻楼层

在第20层楼层设置楼层配线架(FD),分别向上、下楼层(即第21层和第19层)的通信引出端(TO)供线。这里要注意的是所有最远的通信引出端(TO)至与它连接的楼层配线架(FD)之间的水平布线的最大长度都不应超过90m,以符合标准规定,保证传输质量不会降低的要求。

当单幢的智能建筑中楼层面积较大(例如楼层的办公面积超过1000m²),用户信息点数量较多、且受到干线交接间(又称干线接线间)面积较小,无法装设容量大的配线接续设备等限制时,为了分散安装缆线和设备,有利于配线和维修,常设有二级交接间(又称二级接线间或卫星接线间)并在其房间内装设楼层配线架(FD)。在这种情况下,建筑物主干布线子系统的缆线通常是直接连接到二级交接间的配线架(FD)上,一般不经过干线交接间(又称干

41

线接线间)的配线接续设备。如图2.10中的第7层楼层所示,成为两次配线点的方案。如需经过干线交接间(干线接线间)的配线接续设备,如图2.10中的第12层楼层所示,就形成三次配线点的设备配置,势必影响信号传输质量。

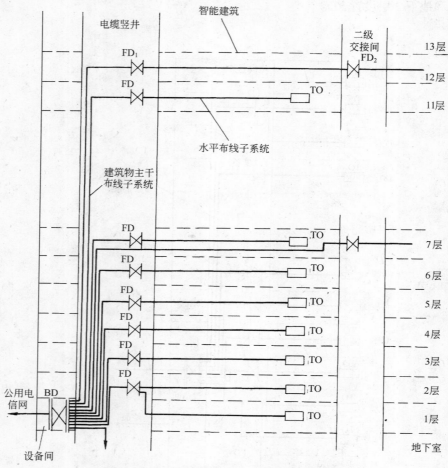

图2.10　二级交接间(或二级接线间)的连接方法

　　按照标准规定不论上述两次或三次配线点的方案,从楼层配线架(FD 或 FD$_1$)到通信引出端(TO)的水平布线子系统最大长度都不应超过90m。

　　3. 三次配线点的设备配置

　　单幢的大型或特大型(如建筑群联合体)智能建筑中的综合布线系统不像中、小型的智能建筑那样简单,且其要求也高。因为大型或特大型智能建筑的建设规模很大和建筑面积较多,常因建筑的使用性质和功能要求不同(如租赁大楼和宾馆饭店合设)其建筑立面外形或楼层的层数、层高也不相同,通常采取分座分区建筑方式,组成一幢既是建筑群联合体,又是划分区域管理的建筑物。因此,在综合布线系统工程设计时,应根据该建筑物的分区使用性质和功能要求等特点,以及楼层面积大小,用户信息点的分布密度和今后变化发展等因素来考虑。

　　一般有以下两种设备配置构成的综合布线系统,分别在不同的情况下采用。

42

(1) 按建筑群体配置设备的方案

为了便于使用和管理,可以把整幢的智能建筑看成是多幢建筑物组成的建筑群体,即把图 2.11 中的 A 座分区、B 座分区和 C 座分区看作是多幢智能建筑组成的建筑群体,这个建筑群体是互相密切彼此结合的整体,不是分散设置。

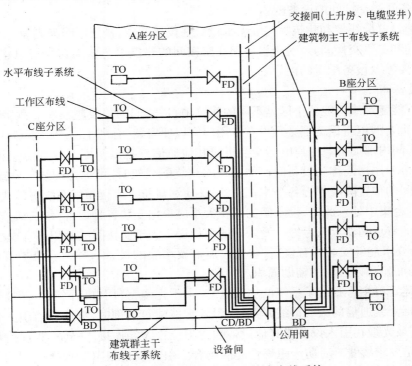

图 2.11　单幢大型智能建筑的综合布线系统

在智能建筑群体中的适当中心位置(如 A 座分区)设置建筑群配线架(CD),在各个分区的适当位置各设置建筑物配线架(BD)。其中 A 座分区的建筑物配线架(BD)可以与建筑群配线架(CD)合而为一,以节省配线接续设备的数量。这样,在整幢智能建筑中的综合布线系统包含有在同一建筑物内所有的建筑群主干布线子系统。此外,还有各个分区的建筑物主干布线子系统和水平布线子系统以及工作区布线。如图 2.11 中所示。这种综合布线系统是三次配线点的设备配置,即有建筑群配线架(CD),建筑物配线架(BD)和楼层配线架(FD),它是较为典型的设备配置方案,也是较为复杂的网络拓扑结构。

(2) 不按建筑群体配置设备的方案

单幢大型或特大型智能建筑虽然工程建设规模和楼层平面面积均很大,但目前用户信息点分布密度较稀,需要配置设备的数量不多,如果对今后的变化和发展还难以确定时,为了节省本期工程建设投资和有利于今后应变考虑,可以暂时不按建筑群体对待,采用分区各自设置类似单幢中、小型智能建筑的综合布线系统方案,各个分区间都不设建筑群主干布线子系统,也不设置建筑群配线架(CD),这样形成各个分区独立管辖的网络拓扑结构,系统比较简单,设备相应减少。缺点是分区之间无法互相支援调度,灵活运用性和安全可靠性均差。为了保证通信网络系统安全可靠和各个分区对外通信联系,各个分区分别设置通信线路、其一端与公用通信网互相连接,通信线路的另一端引入智能建筑与各自设置的建筑物配线架(BD)相连接,并分别有各自管辖的建筑物主干布线子系统,以及工作区布线,这种网络拓扑结构较为庞大复杂,线路平均长度增加,但对今后发展或扩建以及分别管理是有利的。

如果在各个分区间采取建筑物配线架(BD)之间采用联络的通信线路连接,形成多条迂回路由,这样就组成分散和集中连接方式相结合的网络拓扑结构,如图 2.5 中所示。

4．设备间和交接间的设备配置

上述建筑群配线架和建筑物配线架都设置在设备间内;楼层配线架则设在交接间(包括干线交接间和二级交接间)。对于设备间和交接间的建筑工艺要求在与房屋建筑配合中叙述,这里主要涉及设备配置的内容。

(1) 设备间

由于智能建筑或智能化小区是不同的建设项目,它们的建设规模和工程范围有较大的区别,但其重要的枢纽设备都必须设有专用房间以便安装,有利于维护检修和日常管理。在这个专用房间内部如可装用户电话交换机或其他通信设备以及配线架等,甚至计算机系统的设备,这个专用房间称为设备间。如房间内只装配线架时,可称为配线架室或配线架间。因此,设备间的位置除应邻近各个主机房外,还应尽量位于综合布线系统对外或内部各种通信缆线的汇合集中处。此外,设备间的面积大小应根据安装各种设备(包括通信系统和其他应用系统)的特点和要求来考虑。设备间的面积通常大于交接间的面积不宜太小,一般不应小于 10m^2,要求能够安装所有设备(包括今后需要增装的设备),并留有维护管理人员维护检修的活动面积和办公用的辅助面积。

此外,建筑群主干布线子系统的主干电缆、主干光缆,公用电信网和专用通信网的电缆或光缆(包括无线通信的天线馈线等)缆线引入智能建筑内部时,都应设有引入设备。上述引入的电缆或光缆在引入设备或其他设备的适当位置终端连接,并转换为屋内用的电缆或光缆,尤其是要求缆线具有防火阻燃性能的场合。引入设备根据要求还应包括必要的保护装置。有关引入设备的设计和施工应符合相应的标准。

(2) 交接间

交接间(又称电信间有时称干线交接间或干线接线间)是建筑物主干布线子系统与水平布线子系统相互连接的指定交接点,它是安装楼层配线架的一个专用空间,也为安装必要的有源部件和设备提供相应的条件。因此,它是综合布线系统分支线路的重要地方。交接间一般不应有其他系统的管线进入,应通信专用为好,有利于保证通信安全可靠和维护管理,其面积以不小于 2m^2 为宜。交接间的位置宜尽量邻近建筑物的中心,并靠近上升电缆洞孔、上升管路或电缆竖井。同时,力求交接间的位置在各个楼层都一致,以便上下贯通,主干线路可直线敷设,既节省工程费用、减少线路长度,又便于维护使用。

2.2.3　综合布线系统的信道和永久链路及接口

1．综合布线系统信道和永久链路的定义和范围

(1) 信道和永久链路的区别和定义

1) 信道的定义

信道是任何一种通信系统中必不可少的组成部分,是指从发送设备的输出端到接收设备(或用户终端设备)输入端之间传送信息的通道。这个通道主要是通信用的各种信号传输通道,又可称为信号传输媒介(又称传输媒质),所以有时把它简称为信道。由于不同的信源形式所对应的变换处理方式不同,与之对应的信道形式也不一样。从大的类别划分,传输信

道的类型有两种,一种是使电磁信号在毫无拘束的自由空间中传输的信道称为无线通道;另一种是使电磁信号约束在某种有形(如线形)的传输媒介上传输的信道称为有线信道。在综合布线系统中的信道是有线信道。

信道的范围目前有两种定义方法:

① 狭义信道:是指传送信号的传输媒介,其范围仅指从发送设备到接收设备之间的传输媒介,不包括两端设备,传输媒介有电缆、光纤光缆以及传输电磁波的自由空间等。

② 广义信道:所指的范围较狭义信道要广,除狭义信道的传送信号传输媒介外,还包括各种信号的转换设备,显然还包括两端终端设备,例如发送设备、接收设备、调制或解调设备等。

2) 永久链路的定义

在通信行业标准 YD/T 926.1—2001 中增加永久链路的定义,明确在综合布线系统中"是两个配对的接口间传输途径,它是对链路进行验收试验的一种配置"。因此,永久链路同样是信号传输通道,但其范围较信道要小,永久链路中不包括设备电缆、设备光缆、工作区电缆、工作区光缆和设备中的所有连接方式(包括交接或互连),也不包括两端的设备。

(2) 综合布线系统的信道和永久链路的范围

由于综合布线系统中的水平布线有对称电缆和光纤光缆两种传输媒介实施的例子。因此,信道和永久链路的范围如图 2.12 中所示。

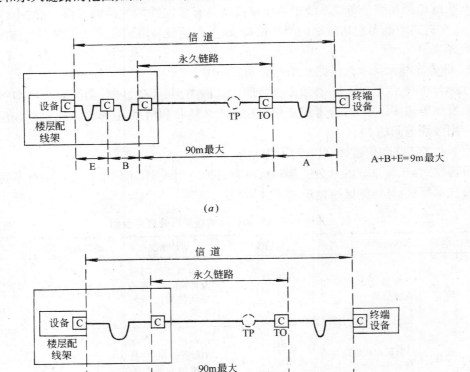

图 2.12　对称电缆和光缆的水平布线实施典例(一)

(a)对称电缆水平布线(采用交接方式);(b)对称电缆水平布线(采用互连方式)

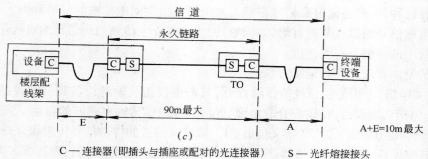

C — 连接器(即插头与插座或配对的光连接器)   S — 光纤熔接接头

注:
1 所有长度均为机械长度。
2 关于信道和永久链路的技术参数见本章各节

图 2.12   对称电缆和光缆的水平布线实施典例(二)
(c)光缆布线(采用互连方式)

根据上述规范规定,综合布线系统中的信道范围是以狭义信道来设定的。信道和永久链路的范围可从图 2.12 中看出它们的不同点:

综合布线系统的信道是包括设备电缆或设备光缆和工作区电缆或工作区光缆,但不包括两端设备(包含有终端设备在内);

永久链路是在综合布线系统中两个接口间具有规定性能的传输通道,它的范围比信道小得多,在链路中既不包括两端的终端设备,也不包括设备电缆或设备光缆和工作区电缆或工作区光缆。

2. 综合布线系统永久链路和信道级别及应用

在综合布线系统工程中,必须根据智能建筑的类型、业务性质、功能要求和实际条件以及今后发展等诸多因素,综合考虑选用相应的永久链路和信道,它涉及永久链路和信道级别以及应用级别等问题。

(1)永久链路和信道级别以及应用级别

目前,综合布线系统的永久链路和信道有五种应用级别,不同的应用级别有不同的服务范围及技术要求,具体的区别情况如下表所列:

综合布线系统链路和信道的级别以及应用级别   表 2.1

序号	级别	永久链路和信道名称	应用级别	应用情况	规定到的频率	备 注
1	A 级	A 级永久链路和 A 级信道	A 级:支持 A 级应用的对称电缆永久链路和信道	包括语音频带及低频应用,它是最低传输速率的级别	规定到 100kHz	有关应用实例见下面各表所列
2	B 级	B 级永久链路和 B 级信道	B 级:支持 B 级应用的对称电缆永久链路和信道	包括中比特率的数据应用,它是中速传输速率的级别	规定到 1MHz	同上
3	C 级	C 级永久链路和 C 级信道	C 级:支持 C 级应用的对称电缆永久链路和信道	包括高比特率的数据应用,它是高速传输速率的级别	规定到 16MHz	同上

46

序号	级别	永久链路和信道名称	应用级别	应用情况	规定到的频率	备 注
4	D级	D级永久链路和D级信道	D级:支持D级应用的对称电缆永久链路和信道	包括甚高比特率的数据应用,它是超高速传输速率的级别	规定到100MHz	同上
5	光纤级	光纤级永久链路和信道	光纤级:支持光纤级应用的光纤永久链路和信道	包括高和甚高比特率的数据应用,它是高速和超高速传输速率的级别	规定支持10MHz及以上的应用	同上

在上述表中对于对称电缆的永久链路或信道,规定了应用级别和传输特性要求。但要注意的是一个给定级别的永久链路和信道,也支持更低级别的应用。例如 B 级永久链路和信道除支持 B 级应用级别外,也支持 A 级应用级别,因为 A 级永久链路和信道是最低级别。其他都相同,C 级永久链路和信道支持 C 级、B 级和 A 级应用;D 级永久链路和信道支持 D 级、C 级、B 级和 A 级应用。

C 级和 D 级永久链路和信道级别分别对应于按水平布线子系统设计,其传输媒介可采用三类或五类对绞线对称电缆,组成相应类别的水平布线子系统,以服务于相应的应用级别。

光纤永久链路和信道分别按单模光纤和多模光纤规定其参数和相应的技术指标,其参数和技术指标可见下面所述。

3．综合布线系统信道的传输距离(长度)

在综合布线系统中的信道传输距离(即信道长度)是极为重要的技术指标,为了便于在工程中使用,在表 2.2 中列出永久链路信道和级别与传输媒介的相互关系,还列入可以支持各种应用级别的信道传输距离(信道长度)。

传输媒介可达到的信道长度 表 2.2

最高传输速率	链路级别	传输媒介						应用举例	来源	附加名称	年份	线对数或光纤数
		对称电缆				光 缆						
		三类100Ω	四类100Ω	五类100Ω	五类150Ω	多模	单模					
		信道长度(m)										
100kHz	A	2000	3000	3000	3000			PBX(用户电话交换机)	国家标准要求			线对数1～4
								X.21/V.11	ITU—TX.21/V.11		1994	线对数2
1MHz	B	200	260	260	400			S0—总线(扩展)	ITU—TI.430	ISDN 基本接入(物理层)	1993	线对数2～4⑤
								S0—点对点	ITU—TI.430	同上	1993	线对数2～4⑤

47

续表

最高传输速率	链路级别	传输媒介 对称电缆 三类 100Ω	四类 100Ω	五类 100Ω	五类 150Ω	光缆 多模	单模	应用举例	来源	附加名称	年份	线对数或光纤数
					信道长度(m)							
1MHz	B	200	260	260	400			S_1S_2	ITU—TI.431	同上	1993	线对数2
								CSMA/CD 1BASE5	ISO/IEC—8802—3		1993	线对数2
16MHz	C	100①	150②	160②	250②			CSMA/CD10BASE—T	GB/T 15629.3		1993	线对数2
								令牌环 4Mbit/s	GB/T 15629.5		1992	线对数2
								令牌环 16Mbit/s⑥	GB/T 15629.5		1992	线对数2
100MHz	D			100①	150②			令牌环16M bit/s⑥	GB/T 15629.5		1992	线对数2
								ATM (TP)⑦	ITU—Tand ATM论坛	B-1SDN		线对数2
								TP—PMD⑦	ISO/IEC 9314—XX	对绞线 CDDI		线对数2
								100BA SE—T	（IEEE 802.3U)	快速以太网	1995	线对数2
								100BAS E—T_4	（IEEE 802.3U)	同上	1995	线对数4
								100BAS E—T_2	（IEEE 802.3U)	同上	1995	线对数2
								1000BA SE—T	（IEEE 802 3ab)	吉比以太网	1999	线对数4
	光缆					2000④	3000③	CSNA/CD FOIRL	GB/T 15629.3	对内部中继链路	1993	光纤数2
								CSMA/CD10 BASE—F	GB/T 15629.3AM14		1994	光纤数2

最高传输速率	链路级别	传输媒介						应用举例	来源	附加名称	年份	线对数或光纤数
		对称电缆				光缆						
		三类100Ω	四类100Ω	五类100Ω	五类150Ω	多模	单模					
		信道长度(m)										
100MHz	光缆					2000④	3000③	100BASE—FX	(IEEE 802 3U)	快速以太网	1995	光纤数2
								令牌环	ISO/IEC TR11802—4	对工作站装置	1994	光纤数2

注：① 100m 距离包括 90m 长度的永久链路和最大允许的 10m 的软电缆,用于接插软线或跳线、工作区和设备连接硬件(又称连接器)。

② 水平布线子系统中对称电缆长度超过100m时,需核对具体应用的有关标准。

③ 对于单模光纤光缆 3km 的限制是因 YD/T 926.1 通信行业标准的应用范围所决定,它不是单模光纤光缆允许长度的极限。

④ 对于 2km 多模光纤链路的最小模式带宽见下面表 2.18 中所列。有些多模光纤应用的距离会短于 2km。对于距离的限制参见具体应用的有关标准。

⑤ 第 3 和第 4 对按 ITU—T 规定用于电源 2 和 3 选用。

⑥ 为支持 16Mbit/s 速率的令牌环应用,使用有源集线器的 C 级链路的衰减串音比(ACR)值至少应比近端串音衰减中规定值大 6dB。不支持无源集线器。

⑦ YD/T 926.1—2001 标准出版时,对称电缆上的 ATM 接口和 TP—PMD 还未标准化,但综合布线系统已考虑,并支持这些应用的预期传输要求。

虽然综合布线系统能支持上表中所列国际标准的各种应用。但这个内容并不完整,许多未列入的应用,也可被综合布线系统支持。例如由于串音、地电位差和电磁兼容等原因,所以不建议在综合布线系统使用不平衡的传输方式。然而,一些低速率的不平衡传输方式(V.24/V.28)却被广泛使用。当满足以下要求时,也可用于综合布线系统:

——电缆导线的信号分配能使信号间耦合为最小。

——通过低阻抗互连接地系统,使链路末端间可能的信号地电位差保持在一定的限制值(例如 1V 峰—峰值)以下。

4. 综合布线系统的接口

综合布线系统是由建筑群主干布线子系统等组成,每个布线子系统的端部都有相应的接口,用作连接有关设备,即在各个布线子系统之间需互相连接时,均设有配线接续设备,以便互相连接或交接使用(简称互连或交接)。例如建筑群配线架、建筑物配线架、楼层配线架和通信引出端,它们都可能具有相应接口。这些设备上除各个子系统相接外,也可以连接有关设备或对外联系的通信电缆或光缆(即外部业务电缆或光缆),其连接方式视具体情况来定,即可用互连,也可用交接。综合布线子系统的接口情况如图 2.13 所示。

外部业务电缆或光缆引入智能建筑内部的引入点到建筑群配线架的距离多少,有可能影响综合布线系统的运行质量,在工程设计时应尽量缩短这段距离,且宜将这段电缆或光缆的特性加以考虑和计算在内,尤其是这段距离很长,其影响更大。

(1)公用电信网接口

当智能建筑或智能化小区需使用公用电信网的通信业务时,综合布线系统必须与公用

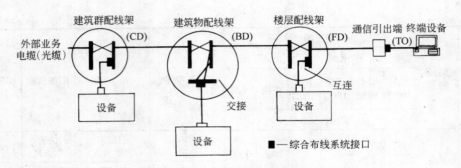

图 2.13 综合布线系统的接口

电信网接口相连接。因此,公用电信网接口是公用电信网和专用网(或用户驻地网)之间的分界点。在多数情况下,公用电信网接口就是公用电信网设备与综合布线系统的连接点,形成完整的传输网络系统。如果公用电信网的接口没有直接连接到综合布线系统的接口时,也就是说在上述两个接口之间有一段中继线路,因此,在工程设计中应认真考虑和详细核算这段中继线路的性能。有关与公用电信网连接方式和接口位置以及有关设备等具体细节,均应按相关标准规定办理。

用户电话交换机或远端模块和 DDN 专线、ISDN 或分组交换、以太网接口等与公用电信网的接口均应按有关标准的规定执行。

(2) 永久链路和信道的接口

1) 永久链路的接口

永久链路的性能是指分别在任意两个配线接续设备上两个配对接口之间链路的性能。例如在图 2.13 中 CD和 BD 间、BD 和 FD 间、FD 和 TO 间的永久链路,链路两端的接口也包括在内。在水平布线子系统中有可能有转接点(TP),其永久链路如图 2.14 中所示。

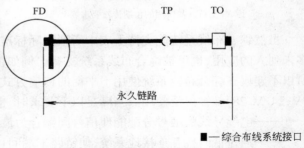

图 2.14 水平布线子系统永久链路

在永久链路中有源和无源应用的专用硬件在标准中未做规定。

在大型的多幢智能建筑组成的建筑群联合体中,如综合布线系统中包含有建筑群主干布线子系统和建筑物主干布线子系统,且都采用光缆时,其布线系统的链路由两部分组成,即光纤光缆永久链路和对称电缆永久链路两部分。从图 2.15 中可以看出从一个工作区的终端设备到主机的整个布线部分,传送信息需通过两条永久链路。一条是光纤光缆永久链路,从建筑群配线架(CD)到楼层配线架(FD),包含有建筑群主干布线子系统和建筑物主干布线子系统两部分;另一条是对称电缆永久链路,从楼层配线架(FD)到通信引出端(TO),包含有水平布线子系统。这两条永久链路在楼层配线架(FD)处装有光电转换器进行连接,整个布线系统中共有四个接口,即光纤光缆永久链路的两端各有一个接口。它们分别设在建筑群配线架(CD)的引出处和楼层配线架(FD)的引入处;对称电缆永久链路的两端也各有一个接口,其中一个接口是在楼层配线架(FD)处应用设备(图中为光电转换器引出端)连接到水平布线的那一点,另一个接口是通信引出端的出口处。如图 2.15 所示。

50

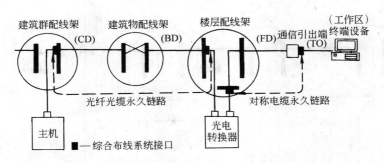

图 2.15　布线链路示例

从上图中可以看出工作区布线和设备布线均不包括在链路中,也不涉及应用系统的有源硬件和无源硬件。显然,图2.15中整个综合布线系统除两端的主机设备和终端设备外,整个布线通道就是信道。

这里还要注意的是光缆永久链路在建筑物配线架上是采取交接方式联成整体。

在图2.16中显示工作区中的一个终端设备与主机连接时,需通过在建筑物配线架上直接相连的两条光纤光缆永久链路(简称光纤永久链路)和一条对称电缆永久链路的典型例子。光纤光缆永久链路和对称电缆永久链路之间接有一个光电转换器,采用一个交接装置和两条设备电缆把它们连接在一起。永久链路的每一端都是布线的接口。还规定通信引出端(TO)和应用的专用设备与布线的连接点也是布线的接口。工作区电缆、工作区光缆、设备电缆和设备光缆都不属于永久链路。配线电缆也不包括在永久链路内。

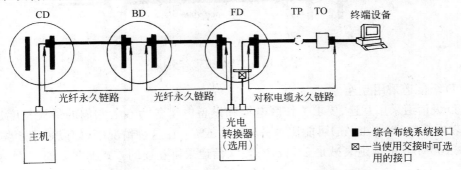

图 2.16　布线接口的位置和联合永久链路的范围

2) 信道接口

在通信行业标准中规定信道特性就是信道的接口间的特性,信道两端的接口也包括在内。信道布线元件只包括电缆、光缆、连接硬件、工作区电缆、设备电缆和配线电缆等无源部分。在图2.17中表示工作区中的一个终端设备与主机连接时,需通过一条光纤光缆信道和一条对称电缆信道的典型例子。光纤光缆信道(简称光纤信道)和对称电缆信道之间接有一个光电转换器。在光纤光缆信道和对称电缆信道的两端都有信道接口。设备上的连接器(连接硬件)不是信道组成部分。

工作区电缆、工作区光缆、设备电缆、设备光缆、配线电缆和配线光缆是包括在信道中。

在通信行业标准中对于水平布线子系统采用对称电缆时,规定对称电缆永久链路的布线长度极限是按已安装有90m电缆和两个连接器计算的。对于D级信道的实现分别有带

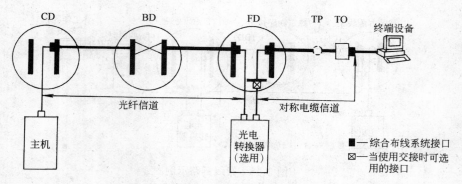

图 2.17　布线接口的位置和联合信道的范围

有交接或采用互连两种方式,它们有所不同。

① D 级信道带有交接的实例

D 级信道带有交接是在楼层配线架中有一次交接,且带有三个连接器,假设使用软电缆的衰减(dB/m)可能比水平布线大 50%。在这种情况下,工作区电缆(A)、设备电缆(C)和配线电缆(B)的最大长度是 9m。如采用衰减特性更好的软电缆,有可能达到更长的长度,也就是说衰减值减小,使缆线的长度增加。D 级信道带有交接可见图 2.18 中所示。

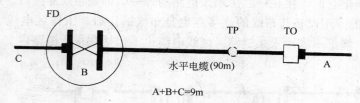

图 2.18　D 级信道带有交接

② D 级信道采用互连

当 D 级信道采用互连,要求工作区电缆和设备电缆各为 5m,它们的最大长度是 10m,如使用软电缆的衰减(dB/m)可能比水平布线大 5%。在这种情况下,如以采用 5 类元部件计算,在 100MHz 的信道衰减是 23.9dB。D 级信道采用互连的方式如图 2.19 中所示。

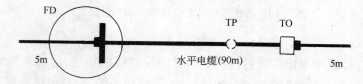

图 2.19　D 级信道采用互连

近期,国外不少生产厂商推出超五类(即 5E 类)以上的六类、超六类,甚至七类等双绞线(又称对绞线)新产品,但这些产品目前在国内因需求不多、价格过高,且其产品标准尚未制订,所以在国内市场尚未形成销售规模。

按照我国通信行业标准《综合布线系统电气特性通用测试方法》(YD/T 1013—1999)在双绞线布线链路分类中对增强型五类(即超五类)链路和六类链路(即宽带链路)均有所规定。具体是:

① 增强型五类链路

要求使用 5E 类缆及同类别或更高类器件(接插硬件、跳线、连接插头、插座)进行安装，5E 类连接链路的最高工作频率为 100MHz。

② 宽带链路

要求使用 6 类缆及同类别器件(接插硬件、跳线、连接插头、插座)进行安装,链路的最高工作频率不低于 200MHz。

这里要注意的是上面所述工作频率是指工作带宽。当用户在五类或增强型五类链路上同时使用 4 个线对按全双工传输数据时,工作频率虽为 100MHz,对链路性能应按宽带予以要求。

此外,当智能建筑中的综合布线系统采用光纤布线链路,其水平布线子系统和建筑物主干布线子系统的链路是由多模光纤构成时,在以下的标称波长时,可以提供传输数据使用的带宽分别为:

850nm 波长　　带宽不低于 100MHz。

1300nm 波长　　带宽不低于 250MHz。

有关链路和信道的测试方法、布线连接方式和测试参数以及技术指标可见上述通信行业标准(YD/T 1013—1999)。

2.2.4　综合布线系统缆线的最大长度

众所周知,在传输媒介(又称传输媒质)传送电信号的过程中,必然会有电阻,电容,电感和电导四个相互独立的参数产生影响,尤其是电阻是造成信号能量损耗,也就是使电信号传输衰减的主要因素,目前传输媒介常采用铜、铝等金属材料来制作传输媒介的导体。因此,在实际工作中都设法减少电信号传输衰减(又简称传输衰减或衰减),电信号传输衰减越少,通信质量越好。由于传输衰减多少是与导体直径的粗细和其传输距离远近有关,当采用缆线的直径粗细确定后,其关键是传输距离,即传输衰减与通信线路长度有关,所以在有线通信工程中都要求每段缆线的长度越短越好,它不仅能节省工程建设投资,更重要的是可以保证通信质量符合传输要求。同样,在综合布线系统中,对于它的全程和各段缆线的长度都有严格的要求,在工程中必须按照通信行业标准中规定执行,具体规定和要求如下所述。

1．综合布线系统全程和各段缆线的最大长度

综合布线系统中的全程和各段缆线的最大长度(即最远传输距离,包括对称电缆或光纤光缆),按照通信行业标准 YD/T 926.1—2001 的规定,必须符合图 2.20 所示的要求,这是因为通信网的传输特性等有所限制,以求保证通信质量。

根据图 2.20 中所示各个布线子系统缆线的最大长度有所不同,且与连接方式有关,具体内容和要求分别在下面叙述。

2．水平布线子系统的最大长度

在图 2.12 和图 2.20 中,水平布线子系统的电缆或光缆的最大长度(即永久链路的长度)都为 90m。这是指在楼层配线架(FD)上电缆和光缆的机械终端到通信引出端(TO)之间的电缆或光缆长度,另外有 10m 软电缆长度,它包含有工作区电缆等长度在内,由于连接方式不同,各种典型例子有所区别。根据图 2.12 中所示分别叙述:

(1) 对称电缆水平布线(采用交接方式)

在图 2.12(a)中,表示工作区电缆、设备电缆和配线电缆的最大总长度为 9m,这是考虑到软电缆比水平布线的衰减大 50%,且在楼层配线架上有一次交接,所以总长度适当减短。

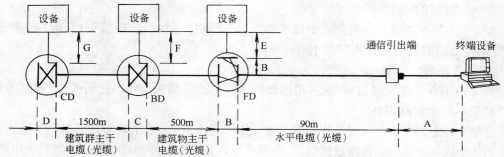

(A+B+E)≤10m 水平布线子系统中工作区电缆、工作区光缆、设备电缆、设备光缆和接插软线或跳线的总长度。

(C和D) ≤20m 在建筑物配线架或建筑群配线架中的接插软线或跳线。

(F和G) ≤30m 在建筑物配线架或建筑群配线架中的设备电缆、设备光缆。

注：软电缆有关要求见YD/T 926.2。

图2.20　综合布线系统各段缆线的最大长度

（2）对称电缆水平布线（采用互连方式）

在图2.12(b)中，表示工作区电缆和设备电缆的最大总长度为10m，这也是考虑到软电缆比水平布线的衰减大50%，且楼层配线架上有一个互连。因此，总长度适当增长。

在图2.12(a)和(b)中，两种对称电缆水平布线情况下，转接点(TP)都是可选用的。如果设置转接点后，要求水平布线的传输特性不得因有转接点而有所下降。此外，要求只有一次转接点，即在水平布线子系统中不允许设置多个转接点，而且整个水平电缆最大长度90m的传输距离应保持不变，因为转接点过多或超过最大长度，都必然会使电缆的传输特性恶化而降低通信质量。

在较大的办公房间中如划分多个工作区，且需设置非永久性连接的转接点(TP)时，在转接点处允许用工作区电缆（即水平电缆，其长度为90m－l）直接连接到终端设备，这时要求转接点(TP)到楼层配线架(FD)之间的水平电缆的长度不应过短，至少15m(l≥15m)，但要求整个水平电缆的最大长度90m应保持不变。

（3）光缆布线（采用互连方式）

在图2.12(c)中光缆水平布线典型中给定光缆的最大长度和连接器(插座)的位置，与对称电缆水平布线典型不同的是在楼层配线架(FD)上没有接插软线(软电缆)，连接器(插座)也减少，只有两个。在光缆水平布线典型中链路的两端各有一个熔接点(S)和一个连接器(插座C)。

3．主干布线子系统的最大长度

在图2.20中，从楼层配线架(FD)到建筑群配线架(CD)之间的主干布线子系统的最大长度（即最远距离），不应超过2000m；楼层配线架(FD)到建筑物配线架(BD)间的距离不应超过500m。当超过上述距离时，可以采取分区进行布线，即将楼层配线架到建筑群配线架或建筑物配线架之间的距离缩短，使每个分区的建筑物主干布线子系统的最大长度满足要求。

在这里要注意的是规定最大长度不一定适用于传输媒介和应用系统的任意组合。在传输媒介选型前，应查阅有关应用系统的标准，并与生产设备的厂商或系统产品供应商联系，了解设备和产品的特点和要求，同时参考表2.2中传输媒介可达到的信道长度和表中所列内容。

在主干布线子系统中采用对称电缆时，如支持高速率系统的应用，其长度应有限制，不宜超过规定的最大长度，否则宜选用多模光纤光缆或单模光纤光缆。如采用单模光纤光缆，楼层配线架到建筑群配线架之间距离可以延长到 3000m,虽然单模光纤光缆允许端到端的距离到达 60km,但这种长距离已不属于综合布线系统的范围。

在智能建筑中如设置有用户电话交换机等通信设备,通常在建筑群配线架或建筑物配线架处直接连接。这时,要求其设备电缆或设备光缆的最大长度不宜超过 30m,当直接连接的设备电缆或设备光缆超过 30m 时,主干电缆或主干光缆的长度宜相应减少,并应符合主干布线子系统缆线最大长度的要求。

同时,在建筑群配线架或建筑物配线架中,所用的接插软线和跳线的长度不宜超过 20m。超过 20m 的长度应从允许的主干布线子系统的最大长度中扣除。

此外,有些智能建筑需有延伸业务,这种延伸业务不一定从有线信道中取得,有可能是通过无线信道的天线接收,从远离建筑物配线架的地方,引入智能建筑或建筑群体。这时,上述延伸业务的引入点(如天线架设处)到连接延伸业务的建筑物配线架之间的距离,应包括在主干布线子系统的最大长度之内。如有延伸业务接口,与延伸业务接口位置有关的特殊要求也会影响这个距离。因此,应对所用传输媒介的型号和长度进行分析。必要时,还应与延伸业务的有关单位协商对策,以求统一考虑,并采取相应措施解决。

如采用的国外产品不能满足我国通信行业标准规定的最大长度要求时,应设法采取技术措施,进行切实有效的调整和解决。

2.2.5 综合布线系统的布线部件

1. 布线部件的品种和类型及一般要求

综合布线系统中布线部件的品种和类型不多,如按布线部件的外形、功能和特点粗略分为两大类型,即传输媒介和连接硬件(包括配线接续设备);如按布线部件的装设位置和部件结构以及技术性能等分类,比较详细。为了便于叙述,分别以传输媒介和连接硬件两大类型,结合它们的技术性能和装设位置以及部件结构等各方面的特点和要求一并介绍。

(1)传输媒介

目前,国内在综合布线系统中最常用的传输媒介有对绞线(又称双绞线)、对绞线对称电缆(简称对称电缆或对绞电缆)和光纤光缆(简称光缆)3 种。

1)对绞线和对绞线对称电缆

根据我国通信行业标准《数字通信用对绞/星绞对称电缆》(YD/T 838.1～4　1996～1997)、《大楼通信综合布线系统》(YD/T 926.1～3　2001)和《数字通信用实心聚烯烃绝缘水平对绞电缆》(YD/T 1019 1999)等标准的规定,对在综合布线系统中采用的对绞线和对绞线对称电缆的品种和规格等均有明确要求。

这里要说明的是上述几个系列通信行业标准之间的关系密切,尤其是 YD/T 838.1～4 和 YD/T 926.1～3 两个系列标准,它们互相补充和完善,但两者各有其适用范围。前者是一个通用性的电缆产品标准,且所覆盖的范围较大,电缆品种中有一些并不属于综合布线系统的范畴,所以标准的内容较宽广。后者的标准主要是综合布线系统的内容,有些要求是前面通信行业标准中没有包括的内容。因此,在后面的标准中(YD/T 926)除另有规定的条款外,综合布线系统中所用的电缆也应符合《数字通信用对绞/星绞对称电缆》(YD/T 838)的规定。

此外,通信行业标准(YD/T 926.2:2001)与国际标准和通信行业标准(YD/T 926.2:1997)等文件相比有所不同。主要是以下几点:

① 该标准对应于国际标准化组织/国际电工委员会标准 ISO/IEC 11801《信息技术——用户房屋综合布线》1995＋A1：1999＋A2：1999（简称 ISO/ICE 11801：1999），同时在修订中还参考了美国 ANSI/EIA/TIA—568—A—5：2000《4 对 100Ω5E 类布线传输特性规范》。因此，该标准与 ISO/IEC 11801 的一致性程度为非等效，如符合本标准，也符合 ISO/IEC 11801：1999 国际标准。但有以下的主要差异是：

a．未列入星绞电缆品种与特性阻抗为 120Ω 的电缆品种。

b．增加了 5E 类电缆的品种，规定了 5E 类电缆的电气特性要求。

② 该标准与通信行业标准（YD/T 926.2：1997）相比，其主要变化如下：

a．增加了 5E 类电缆的品种。

b．修订了部分指标。

c．修订了对称电缆试验方法的测试步长。

上述通信行业标准中有关主干、水平和工作区的对绞线和对绞线对称电缆的品种和规格以及主要性能具体规定如下所述：

① 电缆分类

a．按绝缘材料分为聚烯烃、聚氯乙烯、含氟聚合物及低烟无卤热塑性材料绝缘电缆，但工作区对绞电缆无含氟聚合物绝缘材料；实心聚烯绝缘水平对绞电缆分为实心聚烯烃、低烟无卤阻燃聚烯烃和聚全氟乙丙烯材料绝缘电缆。

b．按绝缘结构分为实心绝缘和泡沫皮绝缘电缆，但工作区对绞电缆均为实心绝缘。

c．按有无总屏蔽分为无总屏蔽电缆和带总屏蔽电缆。工作区和水平对绞电缆均有屏蔽线对和非屏蔽线对两种，主干对绞电缆均为无屏蔽线对。

d．按护套材料分为聚氯乙烯、含氟聚合物及低烟无卤热塑性材料护套电缆。工作区对绞电缆无含氟聚合物护套；实心聚烯烃绝缘水平对绞电缆的护套材料还有低烟阻燃聚氯乙烯和低烟无卤阻燃聚烯烃两种。

e．按特性阻抗分为 100Ω 和 150Ω 两种电缆，我国通信行业标准规定在综合布线系统中不推荐采用 120Ω 阻抗的电缆品种及星绞电缆品种，国内不允许生产 120Ω 阻抗的电缆品种。

f．按规定的最高传输频率分为 100Ω 电缆有 16MHz（3 类）、20MHz（4 类）、100MHz（5 类）和 100MHz，且具有支持双工应用（5E 类）四种电缆；150Ω 电缆规定的最高传输频率为 100MHz（5 类）。实心聚烯烃绝缘水平电缆的 100Ω 电缆，除前面所述的 16MHz（3 类）、20MHz（4 类）和 100MHz（5 类）外，还有 200MHz（6 类）；150Ω 电缆不分类，其最高传输频率为 300MHz。

② 电缆规格

数字通信用的对绞电缆（又称对称电缆）规格较多，其导线直径范围和电缆对数等数据可见表 2.3 中所列。

对绞电缆的规格 表 2.3

缆线名称	主干对绞电缆		水平对绞电缆		工作区对绞电缆	
特性阻抗	100Ω	150Ω	100Ω	150Ω	100Ω	150Ω
导体直径(mm)	0.50～0.65	0.60～0.65	0.40～0.65	0.60～0.65	0.40～0.60	0.40～0.60
线对数量(对)	≥8	$2n(n=1、2、3\cdots\cdots)$	4、8	2	2、4	2、4

数字通信用实心聚烯烃绝缘水平对绞电缆的导线直径和电缆对数与上表有所不同,现将其电缆规格列于表2.4中。

表 2.4

实心聚烯烃绝缘水平对绞电缆规格

特 性 阻 抗	100Ω								150Ω
电缆类别	3		4		5		6		
导体标称直径(mm)	0.4	0.5	0.5	0.6	0.5	0.6	0.5	0.6	0.64
标称线对数量(对)	4	4	4	4	4	4	4	4	2
	/	8	8	/	8	/	8	/	
	/	16	16	/	16	/	/	/	
	/	25	25	/	25	/	/	/	
备　注	线对可以是非屏蔽线对或屏蔽线对								表中为屏蔽线对,如用户要求时,也可采用其他对数或采用非屏蔽线对

当多对(即两对以上)对绞线组成电缆结构时,即成为对绞线对称电缆。根据电缆结构中是否采用屏蔽措施(包括屏蔽线对和屏蔽护套等),又可分为非屏蔽对绞线对称电缆(UTP)和屏蔽对绞线对称电缆。根据屏蔽措施和采用材料的不同,又可分成各种型号,如FTP(纵包铝箔)、STP(每对芯线采取屏蔽措施和电缆绕包铝箔,加铜编织网)和SFTP(纵包铝箔、加铜编织网)等屏蔽对绞线对称电缆。

UTP是无屏蔽层结构的非屏蔽缆线,它具有重量轻、体积小、弹性好、使用方便和价格适宜等特点,所以使用较多,甚至在传输较高速数据的链路上也有采用。但是,它的抗外界电磁干扰的性能较差,在施工安装时,因受到牵拉和弯曲使得电缆线对的均衡绞度容易发生移位而遭到破坏。因此,不能满足电磁兼容性(EMC)的规定,在传输信息时会向外辐射,容易泄密、所以在党、政、军和金融等重要部门的综合布线系统工程中不宜采用。

FTP、STP和SFTP等屏蔽对绞线对称电缆都是有屏蔽层的屏蔽缆线,具有防止外来电磁干扰和向外辐射的特性,但它们都存在重量重、体积大、价格贵和不易施工等问题。在施工中要求综合布线系统工程中完全屏蔽和正确接地,才能保证屏蔽特性效果。如果在安装过程中稍有不妥,便会影响屏蔽效果,使网络的效能降低,甚至有可能比没有屏蔽更差。因此,在是否选用屏蔽缆线时,应根据综合布线系统所在环境、用户性质、信息要求和今后发展等因素,综合分析研究、慎重选用。

2) 光纤光缆

① 光纤分类

目前光纤光缆使用的光导纤维(简称光纤)根据所采用的材料成分、光纤的制造方法、光纤的传输模式(或称传输总模数)、光纤横断截面上的折射率分布和工作波长等可以划分不同的类别。

根据国际电工委员会 IEC 60793—1—1(1995)《光纤第 1 部分总规范》中规定光纤的分类方法,如按光纤所用材料、折射率分布形状、零色散波长等因素,光纤分为 A 类和 B 类两大类型,A类为多模光纤,B 类为单模光纤。表 2.5 中各项分别列出两大类型光纤的特点和有关数据。

传输模式和光纤类别		材 料	光纤名称	特 性
多模光纤	A1	玻璃纤芯/玻璃包层	渐变型(梯度型)光纤	渐变型折射率(纤芯折射率分布参数 g)$1\leqslant g<3$
	A2.1		突变型(准阶跃型)光纤	突变型折射率(纤芯折射率分布参数 g)$3\leqslant g<10$
	A2.2		突变型(阶跃型)光纤	突变型折射率(纤芯折射率分布参数 g)$10\leqslant g\leqslant\infty$
	A3	玻璃纤芯/塑料包层	突变型(阶跃型)光纤	突变型折射率(纤芯折射率分布参数 g)$10\leqslant g\leqslant\infty$
	A4	塑料纤芯/塑料包层		
单模光纤	B1.1		普通型光纤(又称非色散位移光纤)	1300nm 附近零色散,工作波长 1300 和 1550nm,$\lambda_c<1300$nm
	B1.2		截止波长位移光纤	在 1300nm 波长区不是单模,在 1550nm 工作波长时为低损耗单模光纤
	B1.3		波长段扩展的非色散位移光纤	零色散波长标称值为 1300~1324nm,工作波长标称值为 1300、1360~1530、1550nm
	B2		色散位移光纤	1550nm 附近零色散,最佳工作波长 1550nm(1300nm$\leqslant\lambda_c<1500$nm)
	B3		色散平坦光纤	1310 和 1550 附近零色散,最佳工作波长为 1300nm 和 1550nm
	B4		偏振保持光纤(非零色散位移光纤)	零色散为 <1530nm 或 >1625nm,工作波长标称值为 30~1625nm
	B5		非零色散光纤	非零色散

② 光纤参数

按照我国通信行业标准《大楼通信综合布线系统第 1 部分:总规范》(YD/T 926.1)中对综合布线系统采用的光纤光缆有以下规定:

a. 推荐采用的光缆形式是光纤为《通信用多模光纤系列》(GB/T 12357—1990)中规定的 A1b 类,$62.5\mu m/125\mu m$ 多模光纤光缆;

b. 允许采用的光缆形式是光纤为《通信用多模光纤系列》(GB/T 12357—1990)中规定的 A1a 类,$50\mu m/125\mu m$ 多模光纤光缆,也可采用光纤为《通信用单模光纤系列》(GB/T 9771.1—2000)中规定的 B1.1 类的 $8.3\mu m/125\mu m$ 单模光纤光缆。

现以综合布线系统中最常用的光纤光缆按其工作波长、传输模式和光纤纤芯直径等几种因素来划分,并作简要的介绍。

a. 按工作波长划分

a)短波长区(第一窗口)$0.85\mu m(0.8\sim0.9\mu m)$;

b)长波长区(第二窗口)$1.30\mu m(1.25\sim1.35\mu m)$;

长波长区(第三窗口)$1.55\mu m(1.53\sim1.58\mu m)$。

b. 按传输模式划分

a)多模光纤(MMF)它包括渐变型(又称梯度型、缓变型)和突变型(又称阶跃型)两种。$0.85\mu m$ 短波长多为多模光纤,在 $1.30\mu m$ 长波长区内有多模光纤,也有单模光纤。

b)单模光纤(SMF)一般为突变型,在 $1.55\mu m$ 长波长区中均为单模光纤。

c.按光纤纤芯直径和包层直径划分

a）50μm/125μm（光纤纤芯直径/包层直径）折射率为渐变型的多模光纤；

b）62.5μm/125μm 折射率为渐变型的增强多模光纤；

c）8.3μm/125μm 折射率为突变型的单模光纤。

目前以渐变型增强多模光纤使用较多，因为它具有光纤纤芯直径较大、光耦合效率较高、在安装施工时光纤连接的对准要求不高，容易达到标准，且配备设备较少。此外，对于光缆微小弯曲或较大弯曲，其传输特性一般不会有太大的改变，因此优点较多。

为了便于在综合布线系统工程中参考查阅，分别将多模光纤 A1a 类和 A1b 类两种的传输性能和结构尺寸参数以及应用场合；单模光纤 B1.1 类的传输性能、结构尺寸参数以及应用场合列于表 2.6 和表 2.7 中。B1.1 类单模光纤即为表 2.5 中的普通型光纤或称常规单模光纤（国际电信联盟称为 ITU-TG652A 或 G652B）。

多模光纤的传输性能、结构尺寸参数及应用场合　　　　　　表 2.6

光纤类型	纤芯标称直径/包层标称直径（μm）	纤芯直径/包层直径（μm）	结构尺寸参数					传输性能				应用场合
			纤芯/包层同心度（μm）	纤芯不圆度（%）	包层不圆度（%）	包层直径（未着色）μm	包层直径（着色）（μm）	工作波长（μm）	带宽（MHz）	数值孔径	衰减系数（dB/km）	
A1a	50/125	50±3/125±2	≤3	≤6	≤2	245±10	250±15	0.85 1.30	200～1500	0.20～0.24	0.8～1.5	数据链路局域网
A1b	62.5/125	62.5±3/125±3	≤3	≤6	≤2	245±10	250±15	0.85 1.30	300～1000	0.26～0.29	0.8～2.0	数据链路局域网

B1.1 类单模光纤的结构尺寸参数、传输性能及应用场合　　　　　　表 2.7

光纤类别	结构尺寸参数							传输性能					应用场合
	1310nm模场直径（μm）	包层直径（μm）	1310nm纤芯同心度误差（μm）	包层不圆度（%）	涂覆层直径（未着色）（μm）	涂覆层直径（着色）（μm）	包层/涂覆层同心度误差（μm）	截止波长 λ_{cc}（nm）	零色散波长（nm）	工作波长（nm）	最大衰减系数（dB/km）	最大色散系数（ps/nm·km）	
B1.1	(8.6～9.5)±0.7	125±1	≤0.8	≤2	245±10	250±15	≤12.5	λ_{cc}≤1260 λ_c≤1250 λ_{cf}≤1250	1310	1310或1550	1310nm<0.40 1550nm<0.35	1310nm:0 1550nm:17	最广泛用于数据通信和模拟图像传输媒质，其缺点是工作波长为1550nm时色散系数高达17ps/nm·km阻碍了高速率、远距离通信的发展

(2) 连接硬件

连接硬件是综合布线系统中的重要组成部分,它是配线架(柜)和各种连接部件等设备的统称。配线架(柜)等设备有时称配线接续设备,又简称配线设备或接续设备。连接部件包括通信引出端(又称信息插座)主件的连接器(有时又称适配器)、成对连接器及接插软线,但不包括某些应用系统对综合布线系统用的连接部件、有源或无源电子线路的中间转接器或其他器件(例如阻抗匹配变量器、终端匹配电阻、局域网设备、滤波器和保护器件)等。

现行的我国通信行业标准《大楼通信综合布线系统第3部分:综合布线用连接硬件技术要求》(YD/T 926.3—2001)已代替 YD/T 926.3—1998,是对应于国际标准化组织/国际电工委员会标准 ISO/IEC 11801《信息技术——用户房屋综合布线》1995 + A1:1999 + A2:1999(简称 ISO/IEC 11801:1999),在修订 YD/T 926.3—1998 原行业标准时,参考了美国 ANSI/EIA/TIA—568—A—5:2000《4 对 100Ω 5E 类布线传输特性规范》。因此,现行通信行业标准(YD/T 926.3—2001)与 ISO/IEC 11801 的一致性程度为非等效,如符合现行通信行业标准 YD/T 926.3—2001 时,也符合国际标准。但有以下的主要差异处:

① 未采用特性阻抗为 120Ω 的电缆连接硬件。

② 增加了 5E 类电缆连接硬件的品种,规定了 5E 类电缆连接硬件的电气特性要求。

③ 明确连接硬件的近端串音衰减等传输特性要求应在全频带进行扫频测量。

④ 对通信引出端可靠性的要求和试验方法要求采用 IEC 60603—7—1996 和 IEC 60807—8—1992 的有关规定。对连接硬件检验规则进行了补充。

现行标准(YD/T 926.3—2001)与原标准(YD/T 926.2—1997 和 YD/T 926.3—1998)相比,主要有以下变化:

① 增加了 5E 类电缆连接硬件的品种,规定了 5E 类电缆连接硬件的电气特性要求。

② 修订了部分指标,增加或提高了对回波损耗的要求。

由于连接硬件在综合布线系统中是一个重要部件,具有品种类型繁多,技术要求极高、网络地位重要、遍及所有系统等特点。为此,对各种品种类型的部件,要充分熟悉和详细了解其性能和要求,以便在实际工作中选用。

1) 连接硬件的分类

由于综合布线系统中的连接硬件类型和品种较多,且因它们的连接缆线、使用功能、连接方式(又称接续方式)、装设位置、外壳材料、组装结构、安装方式、具体用途和特殊要求有所不同,所以分类方法也有区别,一般有以下几种:

① 按连接硬件在综合布线系统中连接的缆线有所不同来划分:

a. 100Ω 电缆布线用连接硬件;

b. 150Ω 电缆布线用连接硬件;

c. 光纤光缆用连接硬件。

上述三类连接硬件中均包括通信引出端(即信息插座)等连接硬件。

② 按连接硬件在综合布线系统中的使用功能来划分:

a. 配线设备:如配线架(柜、箱)等;

b. 交接设备:如交接间的交接设备和屋外装设的交接箱等;

c. 分线设备:有电缆分线盒、光纤分线盒和各种通信引出端(即信息插座)等。

③ 按连接硬件的连接方式(又称接续方式)来划分:

a. 焊接接续方式:将通信缆线的导体与连接硬件的接线端子采用焊锡或其他方法焊接或熔接。

b. 绕接接续方式:将通信缆线的导体有次序地绕在连接硬件带有棱角的针状接线端子上,这种连接方式目前较少采用;

c. 压接接续方式:利用连接硬件上的接线螺钉,将通信缆线的导体和接线端子紧紧压接在一起;

d. 卡接接续方式:有时称为夹接接续方式,它是利用专门的卡接工具,把导体压嵌入接线端子的接续簧片缝中,导体的绝缘层被簧片割开,使金属导体与簧片紧密接触,形成与外界隔绝的不暴露接触点。因此,它是目前综合布线系统中较为广泛使用的一种连接方式;

e. 插接接续方式:它是配套使用的连接硬件,如适配器和通信引出端均是利用特定的插座和插头等来连接,在综合布线系统中是极为广泛使用。

上面所述的接续方式可以单独使用,但有些配线接续设备的接续方式兼有上述中的两种接续方式。例如配线架兼有焊接和卡接两种接续方式;又如通信引出端(即信息插座)兼有卡接和插接两种接续方式。在通信引出端内部的接续模块采用卡接方式,通信引出端与工作区布线的连接是采用插接方式。

④ 按连接硬件在综合布线系统中的线路段落或装设位置来划分:

a. 终端连接硬件:如总配线架(柜、箱和盒)、终端安装的终端设备(如电缆终端盒、光缆终端盒)以及通信引出端;

b. 中间连接硬件:如中间配线架(盘)和中间分线设备等。

⑤ 按连接硬件的外壳材料和组装结构来划分:

a. 按连接硬件采用的外壳材料分有金属体(如钢板、铝合金等)和非金属体(如工程塑料或其他纤维合成材料等);

b. 按连接硬件的组装结构来分有铁架式、柜式、箱式和盒体式;又有敞开式和密闭式两种结构方式;

⑥ 按连接硬件的安装方式来划分:

a. 配线接续设备有机架(柜、箱)的落地安装方式和机架(柜、箱)的壁挂安装方式;

b. 通信引出端(即信息插座)有明装或暗装方式两种,且有在墙上、地板和桌面(或家具上)等多种安装方式。

⑦ 按连接硬件的具体用途和在综合布线系统中的地位来划分:

a. 在建筑群体中的建筑群配线架(CD);

b. 在建筑物内部的建筑物配线架(BD);

c. 各个楼层中安装的楼层配线架(FD);

d. 分布于建筑物内各个地方的通信引出端(即信息插座);

e. 因网络系统连接需要,设在相关地方的各种配线设备(如中间配线架)和连接硬件(如多用户通信引出端)。

⑧ 按连接硬件的特殊要求不同来划分:

a. 按连接硬件有无屏蔽结构等特殊要求可分为有屏蔽结构的连接硬件和无屏蔽结构的连接硬件。

b. 按连接硬件在综合布线系统的安装场合来划分:

a）连接硬件（或称连接器）在配线架和通信引出端上都可安装，其形式相同，且符合相应的通信引出端连接硬件的要求，不分安装场合，均统称为通信引出端连接硬件（有时称连接器件）；

b）与通信引出端不同形式的连接硬件，统称为非通信引出端连接硬件。

上述连接硬件的分类方法虽然繁多，但各有其侧重面和具体特点，它们适用于不同的场合，通常不会同时使用或混合引用。

2）连接硬件的一般要求

综合布线系统用的连接硬件，其基本功能是用来连接两条电缆（或光缆）、或两个电缆单元（或光缆单元）的器件、或器件组成设备的连接用部件。因此，连接硬件的一般要求是适用于所有的连接硬件、它包括通信引出端、配线接续设备、转换连接器以及各种接续模块等连接部件。其一般要求如下：

① 安装位置

在综合布线系统中配线接续设备主要是建筑群配线架（CD）、建筑物配线架（BD）、楼层配线架（FD）和通信引出端（TO）等，这些连接硬件在综合布线系统中的装设位置，具有相对集中、点多面广，且均装在重要地位等特点，分别与建筑群主干布线子系统、建筑物主干布线子系统和各楼层的水平布线子系统连接，成为综合布线系统中的关键部件。因此，要求连接硬件必须具有先进的技术性能、合理的部件结构，才能保证有优良的服务效果，即有高效、优质的通信质量。

② 服务功能

服务功能是连接硬件重要的技术要求，它的优劣主要决定于先进的设计思想和生产技术，其中以连接硬件的设计技术更为主要。为此，对连接硬件的设计，有以下几点要求：

a. 利用交接跳线、接插件软线和其他接插部件，可以方便地进行灵活布线、能为电缆、光缆和应用设备在配线架（箱、柜）上提供互相连接（包括交接）的条件。

b. 具有适当实用的明显识别标志，便于安装施工和维护管理，满足综合布线系统的总体需要。

c. 连接硬件的安装方式极为简单方便，布置井然有序，便于对电缆或光缆维护检修和日常管理。

d. 便于连接测试仪表，有利于对综合布线系统检查和测试。

e. 为了切实有效地防止外界人为的机械损伤和污染物质（包括气体、液体和尘埃）的侵入，应采取适当的防护措施（如在连接硬件外加装防尘保护罩等），避免使连接硬件产生障碍而影响通信质量。

f. 要充分利用有限的空间，使接线端子密集程度较高、且布置合理，有适当的操作空间，以便布线安装施工和维护检修。

g. 满足综合布线系统的屏蔽和接地等的要求。

h. 连接硬件应具有标准化、通用性强、互换性好等特点，可以适用于综合布线系统中各种互相连接的场合，例如要求连接硬件既可在 CD、BD、或 FD 等配线架（柜、箱）上使用，又能在通信引出端（即信息插座）上使用，这种连接硬件可以互相通用，其使用性能和技术要求也是相同的，所以能满足所有连接场合的需要。

③ 工作环境

连接硬件的工作环境温度通常是 $-10 \sim 60 ℃$,或按用户实际使用要求确定,在一般情况下电缆和光缆的工作环境温度为 $-20 \sim 60 ℃$,在此温度范围内应能正常可靠地工作。当工作环境温度超过 $60 ℃$ 的高温时,应考虑综合布线系统的性能能否满足标准要求,为了考核综合布线系统的高温性能,必须估计和推算出在最恶劣的情况下的链路性能,能否符合通信要求。同时,还需要考虑到经过 10 年到 15 年的使用期后,综合布线系统各种连接硬件和缆线本身老化的影响(例如绝缘电阻下降等),因而使通信质量有所下降,所以在现场链路测试和竣工验收时,应适当留有一定的余量。

此外,连接硬件应有切实有效的保护措施,以防外界对它的物理机械损伤,其装设位置应避免选在直接安装于有液体渗漏而长期潮湿或有其他腐蚀性气体的环境中。目前,连接硬件的保护措施有采用结构合理的小型保护外壳或防尘封套;也有采用密封柜、箱等整体结构来加以保护。连接硬件的装设位置应选择在环境安全、通风、干燥、清洁的地方,且不受外界影响或干扰为好。

④ 安装方式

由于综合布线系统的连接硬件类型、品种和规格有所不同,且智能建筑本身有不同类型,又处于各种客观环境,提出不同的使用要求和安装条件。因此,要求连接硬件的安装方式要有多种多样,并具有灵活性(如连接硬件采用模块化、组合式等),以便能适应各种具体环境需要。目前,国内外生产的综合布线系统的连接硬件,都是比较常常采用的品种,结合各种场合的具体条件,可以分为装在墙壁上或埋在墙壁内(即明装或暗装两种),也可装在标准尺寸的通用机架上或各种类型的配线架以及固定的安装位置上,如办公桌面上或某些办公家具上。

⑤ 交接跳线和接插件软线

配线接续设备上的交接跳线和接插件软线都属于非永久性的线路,一般都是临时连接和安装的。为了保证综合布线系统的功能,其连接应用设备的交接跳线、接插件软线和其有关的电缆或光缆的最大长度,应按照我国通信行业标准《大楼通信综合布线系统第 1 部分:总规范》(YD/T 926.1)的有关规定。接插件软线的插头和相应的插座都应符合我国通信行业标准《大楼通信综合布线系统第 3 部分:综合布线用连接硬件技术要求》(YD/T 926.3—2001)的规定。

在建筑群配线架(CD)、建筑物配线架(BD)和楼层配线架(FD)上采用的交接跳线和接插件软线为软电缆或软光缆时,其主要技术性能应符合我国通信行业标准《大楼通信综合布线系统第 2 部分:综合布线用电缆、光缆技术要求》(YD/T 926.2)或有关的产品标准的规定。在综合布线系统中的同一条链路上,应采用同样类型和规格的电缆或光缆,例如不允许将不同的标称特性阻抗的电缆互相连接,以保证同一条链路的技术性能一致性,能够确保通信质量优良,不致因阻抗不匹配而下降。

⑥ 安装操作

在综合布线系统工程的安装施工过程中,施工操作方法和工艺流程是否正确、完善,对于保证综合布线系统的工程质量和有利于今后维护管理都是极为重要的。在敷设或安装电缆或光缆时,应按照安装施工操作规程规定的要求,对有可能发生障碍的部位要加以注意,妥善采取保护措施。例如拉放牵引电缆或光缆时,不应紧拉猛拽,产生极大的张力而损害电缆或光缆;也不应在安装施工中出现急弯(俗称小弯),或捆扎缆身过于束紧而产生较大的应力,这些都应设法避免和防止发生。

在安装连接硬件时,应保证做到以下几点,以求施工质量优良和符合标准规定。

a. 当综合布线系统中采用屏蔽结构的对称电缆时,如所采用安装连接硬件的终端连接操作工艺不正确(如电缆线对顺序编排错误或屏蔽结构没有连续等不符合标准施工),除造成信号损失外,还可能产生环形天线效应,使信号电平的发射超过规定的要求。因此,终端连接应按标准或生产厂家的要求正确操作,以求信号损失最小,并能得到有效的屏蔽功能。

b. 连接硬件安装时,应预留适当的通道和便于整理电缆或光缆的操作空间,并应考虑到与各种应用设备连接方便。

c. 在布线通道和连接硬件附近,电缆或光缆的弯曲半径应符合通信行标准 YD/T 926.2 中的规定要求。

d. 对称电缆的线对终端连接到连接硬件时,电缆护套应按标准只宜剥除终端连接所需的最小长度。在终端连接时,线对松开扭绞的长度不应超过 13mm,这是标准的规定,是要求在终端连接时,为了使扭绞发生变化最少,对传输特性的影响最小,从而提高信息传输质量,它并不是对电缆或跳线的线对互相扭绞节距长度的限制。

e. 综合布线系统如采用屏蔽对称电缆时,布线用的连接硬件的接地要求和屏蔽连续性要求均应符合通信行业标准(YD/T 926.1)中的规定。

⑦ 标志与代码

为了保证连接硬件与相关的电缆或光缆元件终端连接的正确对应关系,必须采用统一而标准的标志或代码。标志或代码可用颜色、阿拉伯字母、编号、字符串或其他方法。

在同一个布线子系统中,如使用不同的性能类别的接插软线或连接硬件(又称连接器)时,应在显著地位要有清楚的标志与代码,加以区分,具体要求可见通信行业标准 YD/T 926.1 中的规定。

2. 布线部件的应用

(1) 传输媒介

在我国通信行业标准《大楼通信综合布线系统》(YD/T 926.1 2001)中,对综合布线系统的各个布线子系统所用的传输媒介品种和适用场合,都有明确规定和推荐意见,传输媒介主要是对称电缆和光纤光缆。在表 2.8 中列出推荐使用的传输媒介品种,供实际工作中参考使用。

推荐在综合布线系统使用的传输媒介　　　　　　　　表 2.8

布线子系统	传输媒介	使 用 说 明	备 注
水平布线子系统	光 纤 光 缆	数 据	在特定条件(例如环境电磁干扰较大的条件)或有保密要求等原因,水平布线子系统中的缆线也可考虑采用光纤光缆
	对 称 电 缆	音频和数据	
建筑物主干布线子系统	光 纤 光 缆	中、高速数据	当建筑物主干布线子系统的缆线主要用于音频、或低速数据时,可以采用对称电缆,一般不用光纤光缆
	对 称 电 缆	主要用于音频和中、低速数据	
建筑群主干布线子系统	光 纤 光 缆	多数场合采用光纤光缆	在建筑群间因客观环境条件较复杂时,可以采用光纤光缆,以克服地位电差,或其他电磁干扰的影响等有碍通信的弊病
	对 称 电 缆	不需要宽带特性时(如用户电话交换机线路)按用户要求	

上表中水平布线子系统采用传输媒介有光纤光缆和对称电缆、分别使用于数据、或音频和数据,其具体使用可见表2.9和表2.10。

应用标准和光缆布线的关系　　　　　　　　　　　表2.9

应用标准	光纤类别			光链路类别								
				水平			建筑物主干			建筑群主干		
	A1b	A1a	B1.1	A1b	A1a	B1.1	A1b	A1a	B1.1	A1b	A1a	B1.1
ISO/IEC8802—3:FOIRL	支持	可用		支持	可用		支持	可用		支持	可用	
GB/T 15629.3AM14:10BASE-FL&FB	支持	可用		支持	可用		支持	可用		支持	可用	
GB/T 15629.3 PDAM14:10BASE-FP	可用			可用			可用					
ISO/IEC TR 11802—4: Token Ring Fibre	可用			可用			可用	可用		可用	可用	
ISO/IEC 9314—3FDDI PMD		可用		支持	可用		支持	可用		支持	可用	
ISO/IEC 9314—4 FDDI SMF-PMD			支持			支持			支持			支持
ISO/IEC 9314—9 FDDI LCF-PMD	可用	可用		可用	可用		可用	可用		可用	可用	
ISO/IEC 11518—1:HIPPI PH												
ITU-T 1.432:ATM	可用	可用	可用	可用	可用	可用	可用	可用	可用			
ISO/IEC 14165:FC	待批	待批	待批	待批	待批	待批	待批	待批	待批	待批	待批	待批

注:1."支持"表示所列标准正规支持该媒介。

2."可用"表示所列标准中有关于使用该媒介的信息。

3."待批"表示所列国际标准尚未完成其批准手续。

应用标准和对称布线的关系　　　　　　　　　　　表2.10

应用标准	布线类别				应用级别							
	3类	4类	5类		A 级		B 级		C 级		D 级	
	100Ω	100Ω	100Ω	150Ω	100Ω	150Ω	100Ω	150Ω	100Ω	150Ω	100Ω	150Ω
POST/PBX(用户交换机)	可用	可用	可用		可用			可用		可用		可用
X.21/V.11	可用	可用	可用					可用		可用		可用
SO-总线 ISDN基本速率	支持	支持	支持					支持		支持		支持
SO-Pt-Pt ISDN基本速率	支持	支持	支持					支持		支持		支持
S₁ISDN 基群速率1.5Mbit/s	支持	支持	支持					支持		支持		支持

应用标准	布线类别				应用级别							
	3类	4类	5类		A 级		B 级		C 级		D 级	
	100Ω	100Ω	100Ω	150Ω	100Ω	150Ω	100Ω	150Ω	100Ω	150Ω	100Ω	150Ω
8802—3:1BASE5	支持	支持	支持						支持		支持	
8802—3:10BASE-T[1]	支持	支持	支持						支持		支持	
8802—5:4Mbit/s	支持	支持	支持	支持					支持	支持	支持	支持
8802—5:16Mbit/s		支持	支持	支持					支持	支持	支持	支持
FDDI TP-PMD			待批	待批							待批	待批
ATM(TP)												

注：1.“支持”表示所列标准正规支持该媒介。

2.“可用”表示所列标准中有关于使用该媒介的信息。

3.“待批”表示所列国际标准尚未完成其批准手续。

1) GB/T 15629.3 10BASE-T 要求波速比 0.585c。

在表2.10中的布线类别栏内列出了应用标准与布线类别以及应用级别的相互关系。如满足通信行业标准《大楼通信综合布线系统第2部分：综合布线用电缆、光缆技术要求》（YD/T 926.2—2001)规定的电缆，能用于较长的距离，但必须查阅各自的应用标准，以便正确使用。

在表2.9和表2.10中列出了每一种应用的传输媒介标准与每一种布线标准的对应关系，每一行对应的应用标准分别是：

① 正式国际标准或关于国际标准的已通过的工作文件；

② 适用的规范或标准草案；

③ 在技术上与 YD/T 926.2—2001 标准一致。

在通信行业标准《大楼通信综合布线系统第1部分：总规范》（YD/T 926.1—2001)，对于在工程设计中的传输媒介选用，分别作出水平布线子系统和建筑物主干布线子系统选用缆线的规定，具体内容如下：

1）水平布线子系统的水平电缆、水平光缆形式的选用。

① 推荐采用的电缆、光缆型式是：

a.100Ω 对绞线对称电缆（简称对称电缆）；

b.62.5μm/125μm 多模光纤光缆（光纤为 GB/T 12357 规定的 A1b 类）。

② 允许采用的电缆、光缆型式是：

a.150Ω 对绞线对称电缆（简称对称电缆）；

b.50μm/125μm 多模光纤光缆（光纤为 GB/T 12357 规定的 A1a 类）；

c.单模光纤光缆（光纤为 GB/T 9771.1 规定的 B1.1 类）。

在采用对绞线对称电缆（简称对称电缆），根据工程要求可以选用非屏蔽电缆或屏蔽电缆。

2）建筑物主干布线子系统的主干电缆、主干光缆型式的选用。

目前，在标准中规定可供选用的传输媒介为四种，在一个主干布线子系统中可以采用这四种传输媒介的一种或几种，这四种传输媒介是：

① 100Ω 对绞线对称电缆（推荐采用）；

② 150Ω 对绞线对称电缆;

③ 单模光纤光缆;

④ 多模光纤光缆。

如采用对绞线对称电缆作为主干布线时,应根据工程需要可以选用非屏蔽电缆或屏蔽电缆。此外,屏蔽电缆还分别为带有总屏蔽或没有总屏蔽结构的对绞线对称电缆两种类型,在选用时要有所区别。

此外,在考虑选用传输媒介时,应注意以下几点:

① 在同一个布线链路中,应尽量选用同一类别的布线部件,例如同为 5 类或 5E 类的对绞线对称电缆及其连接硬件,以求统一的传输性能。如需使用不同类别的布线部件时,该链路的传输性能只能由最低类别的布线部件来决定。

② 在同一个布线链路中,不应混合选用标称特性阻抗(如 100Ω 或 150Ω)不同的对称电缆和连接硬件,也不能混用光纤芯径(如 $50\mu m/125\mu m$ 或 $62.5\mu m/125\mu m$)不同的光缆。在布线系统中不应有桥接接头。

在永久链路和信道中使用的对称电缆的特性阻抗和光纤光缆的传输特性要求,均应符合通信行业标准《大楼通信综合布线系统第 2 部分:综合布线用电缆、光缆技术要求》(YD/T 926.2—2001)中的规定。

(2) 连接硬件

在综合布线系统中的连接硬件主要是配线接续设备(如配线架、柜等)和通信引出端,配线接续设备的配置和应用已在前面叙述,这里主要介绍通信引出端的应用。在通信行业标准(YD/T 926.1)中对通信引出端的应用有以下规定:

1) 通信引出端的安装方式有多种多样,可安装在墙壁上、地板上或工作区的其他地方,例如在家具(如桌面上)的适当位置,总之,其安装位置要便于使用和维修。

2) 通信引出端可单个安装或成组安装。每个工作区中一般有两个或两个以上的通信引出端。如需要提高综合布线系统的灵活性,以便适应信息点的变化需要,这时,可根据工程的具体情况和客观需要,适当增加通信引出端的数量,并合理分布配置,以满足用户使用要求。在一个面积较大的房间内如有多个较小的工作区时,允许将这些工作区的通信引出端集中安装在一起,但要注意用户使用时简便。

3) 每个工作区至少有一个通信引出端应连接到 4 对 100Ω 5 类或 5E 类对称电缆,通信引出端应采用 8 位模块式通用插座。工作区中其他的通信引出端连接的缆线,应是符合通线行业标准 YD/T 926.2 的 100Ω 或 150Ω 对称电缆或光缆。在上述的每种电缆或光缆必须满足对应的通信引出端的要求,且都应符合通信行业标准 YD/T 926.3 中的规定。

当通信引出端与对称电缆相连接时,对称电缆可以采用 4 对(100Ω)或 2 对(150Ω),要求其电缆的全部线对均应在通信引出端上终端连接。上述两种线对配置有不同的效果,4 对 100Ω 电缆布线具有较大的通用性。采用 2 对时,由于线对连接位置可能会与某些应用系统的实际使用位置不一致,这就可能影响布线系统的通用性。

4) 每个通信引出端都要设有明显的永久性标牌(即标志)。其线对分配以及今后所有的变化都应按照通信行业标准 YD/T 926.1 中的管理要求,详细填写记录,以便查考和管理。当通信引出端因不同应用,所连接的线对少于 4 对时,应专门加以标记。由于不同的应用或新的应用,其所需的线对数及其接触件分配参见表 2.11 和表 2.12。

局域网(LAN)应用						
100-BASE-T	100-BASE-T	100-BASE-T	1000-BASE-T	DPAM	DPAM	DPAM
－TX	－T4	－T2		－4UTP	－2STP	－2UTP
2 对	4 对	2 对	4 对	4 对	2 对	2 对
5 类或 150Ω	3 类	3 类	5E 类	3 类	150Ω	5 类

应　　用	接触件 1 和 2	接触件 3 和 6	接触件 4 和 5	接触件 7 和 8
用户交换机	A　级[1]	A　级[1]	A　级	A　级[1]
X.21/V.11		A　级	A　级	空
S_0-Bus	[2]	B　级	B　级	[2]
S_0-点对点	B　级[2]	B　级	B　级	B　级[2]
S_1/S_2	B　级	[2]	B　级	[3]
1BASE 5	B　级	B　级		
10BASE-T	C　级	C　级		
令牌环 4Mbit/s		C　级	C　级	
令牌环 16Mbit/s		C　级[4]	C　级[4]	
令牌环 16Mbit/s		D　级	D　级	
ATM(TP)	D　级			D　级
TP-PMD	D　级			D　级

1) 由供应方选择。

2) 电源 2 和 3 选用。

3) 供屏蔽连接选用。

4) 见表 2.2 的注⑥。

对于某些需要使用的平衡变量器和阻抗匹配器等器件的应用系统,应将这些器件放在通信引出端之外。在通信引出端外面的,允许使用带分支的接插软线进行线对的再分配。

5)通信引出端在不同的应用或新的应用时,通常有以下情况,应予以注意:

① 在通信行业标准(YD/T 926.1)出版时,又发表了许多 100Mbit/s 新的应用,现设通信行业标准规定的链路性能能够满足这些应用的要求。已知这些应用对线对的要求见表 2.11 中所列。有些应用可能对各线对间的时延差有更严格的限制。

此外,同轴布线不是该标准的组成部分,所以该标准不涉及 10BASE5 和 10BASE2 之类的同轴链路。

② 表 2.12 中所列各种应用的接触件/线对分配情况。

3. 布线部件的技术要求

(1) 传输媒介

在通信行业标准《大楼通信综合布线系统第 2 部分:综合布线用电缆、光缆技术要求》(YD/T 926.2—2001)中对用于综合布线系统的对称电缆和光纤光缆有较详细的规定,该标准中规定了综合布线系统中的水平布线子系统和主干布线子系统所用电缆和光缆的主要技术要求、试验方法和检验规则以及工作区和接插软线用的对称软电缆的附加要求。该标准也适用于对称电缆和光纤光缆的设计、生产和选型等工作。如为光电综合缆,缆中的电缆和光缆应分别按标准中有关要求办理。

1) 对称电缆的技术要求

对称电缆的技术要求按特性阻抗可分 100Ω 和 150Ω 两种,每种对称电缆的技术要求是包含主要电气特性和机械物理性能两部分,现分别叙述。

① 100Ω 对称电缆的机械物理性能

100Ω 对称电缆的机械物理性能见表 2.13 的规定。100Ω 对称软电缆的机械物理性能和电气特性另行规定,不属于表中内容。

100Ω 对称电缆的主要机械物理性能　　　　　　　　　表 2.13

序　号	机械物理性能	主 干 电 缆	水 平 电 缆
1	导体直径[1]	0.50～0.65mm	0.40～0.65mm
2	绝缘外径[2]	≤1.4mm	≤1.4mm
3	线对导体数	2	2
4	线对屏蔽[3]	不 适 用	可 选
5	单位中线对数	≥4	2 或 4
6	电缆线对数	≥8	≤20
7	单 位 屏 蔽[3]	可 选	可 选
8	电 缆 屏 蔽[3]	可 选	可 选
9	电缆外径[4]	≤90mm	≤20mm
10	无机械损伤的温度范围[5]	安装:0～50℃ 运行:−20～60℃	安装:0～50℃ 运行:−20～60℃
11	安装牵引时的最小弯曲半径[6]	$8d$	$8d$
12	安装后的最小弯曲半径	$6d$(暂定)	$8d$(暂定)
13	可承受张力[7](单位 N)	50S	50S
14	燃 烧 等 级	见 YD/T 838.4	见 YD/T 838.2
15	色 谱	见 YD/T 838.4	见 YD/T 838.2
16	电 缆 标 记	见 YD/T 838.4	见 YD/T 838.2

1) 导线直径小于 0.5mm 时,可能与某些型式的接头不兼容。

2) 当满足所有其他要求时,绝缘外径可以到 1.6mm。这种电缆可能与某些型式的接头不兼容。

3) 如果使用带屏蔽的电缆,连接硬件需要为终端屏蔽专门设计的。

4) 宜尽量减小电缆外径,以便充分利用管道和配线架。这些参数对地毯下电缆不适用。

5) 在一定条件下(例如:在寒冷季节布线),可能要求具有 −30℃ 低温弯曲性能的电缆。

6) d—电缆直径。

7) S—电缆中所有铜导体横截面积,单位为 mm^2。

② 100Ω 对称电缆的电气特性

100Ω 对称电缆在 20℃ 时的电气特性见表 2.14。有些电气特性可能随温度变化;有些普通的绝缘材料也可能会使电气特性随温度呈非线性变化。因此,当温度超过 40℃ 时,可能需要采用特殊绝缘材料的电缆。电缆电气特性的温度系数应由生产厂家或产品标准规定。

序号	电气特性	单位	MHz	电缆类别			
				3类	4类	5类	5E类[5]
1	特性阻抗	Ω	≥1	100 ± 15	100 ± 15	100 ± 15	100 ± 15
2	最大直流电阻[1]	Ω/100m	d.c.	9.5	9.5	9.5	9.5
3	衰减	dB/100m	1~100	$2320\times\sqrt{f}+0.238\times f$	$2050\times\sqrt{f}+0.043\times f+\dfrac{0.057}{\sqrt{f}}$	$1.967\times\sqrt{f}+0.023\times f+\dfrac{0.050}{\sqrt{f}}$	
4	传播相速度[2]		1	$0.4c$	$0.58c$	$0.58c$	$0.58c$
			10	$0.6c$	$0.6c$	$0.61c$	$0.61c$
			100	—	—	$0.62c$	$0.62c$
5	近端串音衰减	dB/100m	1~100	$41.3-15\times\lg f$	$56.3-15\times\lg f$	$62.3-15\times\lg f$	$65.3-15\times\lg f$
5a	近端串音衰减功率和[3]	dB/100m	1~100	$41.3-15\times\lg f$	$56.3-15\times\lg f$	$62.3-15\times\lg f$	$62.3-15\times\lg f$
5b	等电平远端串音衰减	dB/100m	1~100	$38.8-20\times\lg f$	$54.8-20\times\lg f$	$60.8-20\times\lg f$	$63.8-20\times\lg f$
5c	等电平远端串音衰减功率和[3]		1~100	$38.8-20\times\lg f$	$54.8-20\times\lg f$	$60.8-20\times\lg f$	$60.8-20\times\lg f$
6	最大电阻不平衡	%	d.c.	2.5	2.5	2.5	2.5
7	最小纵向变换损耗	dB	0.064	45(在考虑中)	45(暂定)	45(暂定)	45
			1~100	在考虑中	在考虑中	在考虑中	在考虑中
8	最大线对对地电容不平衡	pF/100m	0.001	330	330	330	330
9	最大转移阻抗(仅适用于屏蔽电缆)	mΩ/m	1	50	50	50	50
			10	100	100	100	100
			100	—	—	在考虑中	在考虑中
10	绝缘电阻[4]	MΩ·km	d.c	5000			
11	介电强度	kV	d.c	1kV,1min 或 2.5kV,2s			
12	最小结构回波损耗	dB/100m	1~10	12	21	23	28
			10~16	$12-10\times\lg f(f/10)$	$21-10\times\lg(f/10)$	23	28
			16~20	—	$21-10\times\lg(f/10)$	23	28
			20~100	—	—	$23-10\times\lg(f/20)$	$28-10\times\lg(f/20)$
13	时延差	ns/100m	1~16	45	45	45	45
			16~20	—	45	45	45
			20~100	—	—	45	45

1）如果能满足其他所有指标要求,其直流电阻允许增大到 14.8Ω/100m。

2）为电磁波在真空中的传播速度,$c=299792458$m/s。

3）只对 4 对以上的 3、4、5 类电缆及 5E 类电缆考核串音衰减功率和。串音衰减功率和的计算见对称电缆附加串音要求。

4）适用于聚烯烃、含氟聚合物。其他塑料见 YD/T 838。

5）5E 类电缆要求只适用于 4 对水平电缆。

在对称电缆测试衰减、近端串音衰减、远端串音衰减、特性阻抗和结构回波损耗时,均应采用扫频测量方法。在测试时可以用线性或对数频率间隔。扫频所取频率点的数量,对于近端串音衰减和远端串音衰减测量,均应不少于规定频率范围包含十倍频程数的 200 倍;对于其他参数均应不少于规定频率范围包含十倍频程数的 100 倍。

③ 150Ω 对称电缆的机械物理性能

150Ω 对称电缆的机械物理性能见表 2.15 的规定。150Ω 对称软电缆的电气特性和机械物理性能另有规定,不属于表中内容。

150Ω 对称电缆的机械物理性能　　　　　　　　　　　　表 2.15

序　号	机械物理性能	多 单 位 电 缆	2 对电缆
1	导 体 直 径	0.6~0.65mm	
2	绝 缘 外 径[1]	≤1.6mm	
4	线 对 屏 蔽[2]	可　选	可　选
5	单 位 中 线 对 数	2	2
6	单 位 屏 蔽[2]	有;如每个线对有屏蔽则可选	
7	电缆中单位数	≥2	1
8	总 屏 蔽[2]	可　选	可　选
9	电 缆 外 径	在 考 虑 中	≤11mm
10	无机械损伤的温度范围	安装:0~50℃;运行: -20~60℃	
11	安装牵引时的最小弯曲半径	在 考 虑 中	75mm
12	安装后的最小弯曲半径	在 考 虑 中	
13	一次性弯曲半径	在 考 虑 中	20mm
14	可承受张力[3](单位 N)	50S	
15	燃 烧 等 级	见 YD/T 838.2 或 YD/T 838.4	
16	色　谱	见 YD/T 838.2 或 YD/T 838.4	
17	电 缆 标 记	见 YD/T 838.2 或 YD/T 838.4	

1) 绝缘外径超过 1.6mm 时,可能与某些型式的接头不兼容。

2) 屏蔽要求见 YD/T 926.1—2001。

3) S—电缆中所有铜导体横截面积,单位为 mm^2。

④ 150Ω 对称电缆的电气特性

在对称电缆测试衰减、近端串音衰减、特性阻抗和结构回波损耗时,均应采用扫频测量方法。在测试时可以使用线性或对数频率间隔。扫频所取频率点的数量,对于近端串音衰减和远端串音衰减测量,均应不少于规定频率范围包含十倍频程数的 200 倍,对于其他参数均应不少于规定频率范围包含十倍频程数的 100 倍。

150Ω 对称电缆的主要电气特性见表 2.16。

150Ω 对称电缆的主要电气特性汇总表(20℃)　　　　　　表 2.16

序　号	电 气 特 性	单　位	MHz	指 标 要 求
1	特 性 阻 抗	Ω	≥1	150±15
2	最大直流电阻	Ω/100m	d.c.	5.71

序　号	电气特性	单　位	MHz	指标要求
3	衰　减[1]	dB/100m	1～100	$1.067\times\sqrt{f}+0.018\times f+\dfrac{0.18}{\sqrt{f}}$
4	最小传播相速度		1～100	$0.6c$
5	近端串音衰减	dB	1～100	$38.5-15\times\lg\left(\dfrac{f}{100}\right)$
6	最大电阻不平衡	%	d.c.	2
7	最小纵向变换损耗	dB	0.064	在考虑中
8	最大线对与地电容不平衡	pF/100m	0.001 或 0.0008	100
9	最大转移阻抗(仅适用于屏蔽电缆)	mΩ/m	1	50
			10	100
			100	在考虑中
10	绝　缘　电　阻	MΩ·km	d.c..	5000
11	介　电　强　度	kV	d.c.	1kV,1min 或 2.5kV,2s
12	最小结构回波损耗	dB/100m	3～20	24
			20～100	$24-10\times\lg(f/20)$
13	时　延　差	ns/100m	1～100	45

1) 某些电缆偏离 23℃ 时的衰减变化量由下式表示(仅供参考)：

$$\Delta\alpha=0.03\times(t-23)\times\sqrt{f}$$

式中　$\Delta\alpha$——偏离 23℃ 时的衰减变化量,单位:dB;

　　　t——摄氏度,单位:℃;

　　　f——频率,单位:MHz。

⑤ 对称电缆的附加串音要求

在同一根对称电缆中,如有传输多个信号的布线系统,会产生多种线对组合间的串音衰减的影响。为此,在标准中对于对称电缆规定需要考虑串音衰减功率和。具体规定如下:

a. 在线对数超过 4 对的电缆或主干布线子系统的电缆,或在水平布线子系统中的 4 对 5E 类对称电缆,其近端串音及远端串音均应以反映总串音能量的功率和考核。

近端与远端串音衰减功率和按下式计算：

$$PS_j=-10\log\sum_{\substack{i\neq j\\i=1}}^{n}\left[10^{\frac{X_{ij}}{10}}\right]\text{dB}$$

式中　n——线对数;

　　X_{ij}——线对 j 与线对 i 间的串音衰减;

　　PS_j——线对 j 的串音功率和。

上述公式适用于各种类型的串音衰减功率和,包括近端、I/O 远端及等电平远端串音衰减。

b. 在水平布线子系统,如对称电缆的线对数为 4 对以上,且连接到两个或多个通信引出端时,或在主干和水平布线子系统采用的综合电缆或多单位电缆的单位间以及与多个通信引出端、连接的电缆线对间,在标准中规定电缆线对间的近端串音衰减应满足标准要求。

应比表 2.14 100Ω 对称电缆的电气特性(相同类型)或表 2.16 150Ω 对称电缆的电气特性规定的近端串音衰减要求提高 ΔNEXT,ΔNEXT 按下式计算

$$\Delta NEXT = 6dB + 10\lg(n+1)dB$$

式中 n——电缆内的相邻单位数。

这一计算公式是为了使在同一护套内线对(单位)电平差引起的影响最小,此时,要求不同应用系统的功率差值不应超过 6dB。也就是说当用对称电缆支持不同方案的应用系统,即使电缆符合规定衰减功率和的要求。当最大功率差超过 6dB 时,仍不能保证在同一个护套内能正常运行。

⑥ 100Ω 和 150Ω 对称软电缆技术要求

100Ω 和 150Ω 对称软电缆和接插软线用的附加技术要求,因有不同的用途和品种类型,所以有所区别。一般有以下规定:

a. 工作区电缆应符合《数字通信用对绞/星绞对称电缆第 3 部分:工作区对绞电缆》(YD/T 838.3—1997)中的规定要求。

b. 设备电缆按《大楼通信综合布线系统第 2 部分:综合布线用电缆、光缆技术要求》(YD/T 926.2—2001)中的要求。

c. 绞合的接插软线用电缆和设备电缆的电气特性应遵照 YD/T 926.2—2001 的规定,其电气特性宜满足相同类别的 100Ω 水平电缆或 150Ω 水平电缆的电气特性要求。

d. 100Ω 和 150Ω 对称软电缆的衰减和直流电阻按其导线直径不同,分别不宜超过 YD/T 926.2 中规定值的 120%～150%。按照这种比例关系计算,10m 机械长度电缆的电气长度最大可达到 15m。对于带连接器或不带连接器的短段软电缆的等效近端串音衰减和衰减要求正在考虑中。

e. 150Ω 接插软线用电缆和设备电缆的附加机械物理性能要求,除表 2.17 中规定的外,其他机械物理性能应符合 YD/T 926.2—2001 通信行业标准中 150Ω 对称电缆的主要机械物理性能的表 2.15 内规定的相应要求。

150Ω 软电缆的附加机械物理性能　　　　　　　　　　　　表 2.17

序　　号	机械物理性能	指标要求	试验方法和标准	备　　注
1	导体直径	0.46～0.52mm	《裸电线试验方法尺寸测量》(GB/T 4909.2—1985)	
2	绝缘导体直径	≤1.9mm	《电缆绝缘和护套材料通用试验方法》(GB/T2951.1—1997)	即导体外绝缘层直径
3	电缆单位数量	1		
4	电缆外径	≤0.95mm	《电缆绝缘和护套材料通用试验方法》(GB/T 2951.1—1997)	

2) 光纤光缆的技术要求

光纤光缆的技术要求分为多模光纤光缆和单模光纤光缆两种,现分别叙述。

① 多模光纤光缆

多模光纤光缆的技术要求主要包括光纤类型和光缆传输特性要求、光缆的机械性能和环境性能要求等。

a. 光纤类型　综合布线系统中应用的光纤类型是多模渐变折射率光纤,纤芯/包层标称直径为 62.5μm/125μm 或 50μm/125μm,分别符合《通信用多模光纤系列》(GB/T 12357)

的 A1b 或 A1a 型光纤。

　　b. 光缆传输特性要求

　　光纤光缆中每根光纤应满足表 2.18 中的传输性能要求。

光缆传输特性要求　　　　　　　　　　　　　　　表 2.18

波长(nm)	最大衰减 (dB/km,20℃)	最小模式带宽 (MHz·km,20℃)	波长(nm)	最大衰减 (dB/km,20℃)	最小模式带宽 (MHz·km,20℃)
850	3.5	200	1300	1.0	500

　　c. 光缆机械性能和环境性能要求

　　屋(室)内和屋(室)外光纤光缆的机械性能和环境性能要求分别按《光缆第 1 部分:总规范》(GB/T 7424.1—1998)和 GB/T 8404 进行试验,并应符合有关通信行业标准中的规定。

　　② 单模光纤光缆

　　单模光纤光缆的技术要求主要包括光纤类型和光缆传输特性要求、光缆的机械性能和环境性能要求等。

　　a. 光纤类型　　光纤应符合《通信用单模光纤系列第 1 部分:非色散位移单模光纤系列》(GB/T 9771.1—2000)中规定的 B1.1 类光纤。

　　b. 光纤传输特性要求

　　衰减

　　规定光缆中的每根光纤的衰减在波长 1310nm 时,应小于 0.45dB/km,在波长 1550nm 时,应小于 0.30dB/km。衰减测量方法应按照《光纤总规范第 4 部分:传输特性和光学特性试验方法》(GB/T 15972.4—1998)中的有关规定进行。

　　截止波长

　　光纤的截止波长应符合《通信光缆系列第 3 部分:综合布线用室内光缆的要求》(GB/T 13993.3—2000)。

　　波长色散

　　零色散波长 λ_0 应在 1300nm 与 1324nm 之间,并且在 λ_0 处色散斜率的最大值不应大于 0.093ps/nm^2·km。

　　光缆机械和环境性能要求

　　屋(室)内和屋(室)外光缆的机械性能和环境性能要求分别按《光缆第 1 部分:总规范》(GB/T 7424.1—1998)和 GB/T 8404 进行试验,并应符合有关通信行业标准规定办理。

　　(2) 连接硬件

　　在通信行业标准《大楼通信综合布线系统第 3 部分:综合布线用连接硬件技术要求》(YD/T 926.3—2001)中对用于综合布线系统的各种连接硬件的主要机械物理性能和电气特性等技术要求作出较为详细的规定,对于连接硬件的设计、生产和选型工作具有权威性的指导作用。因此,在具体工作中应严格遵循规定执行。现对各种连接硬件分别介绍。

　　1) 100Ω 通信引出端连接器

　　100Ω 通信引出端连接器与电缆线对的连接应采用绝缘层压穿方式。在器件上按规定应标出清晰显目的可见标志,标志内容见 YD/T 926.1 或相关标准的规定,例如传输特性类别等。在 YD/T 926.3 标准中要求 100Ω 通信引出端连接器的机械物理性能和传输特性及其他电气特性应分别符合表 2.19、表 2.20 和表 2.21 中规定。

100Ω 通信引出端连接器的机械物理性能　　　　　　　　表 2.19

序 号	机械物理性能		单 位	要 求
1	接口尺寸			IEC 60603—7[1]
2	适 用 范 围			
2.1	标称导体直径		mm	0.5~0.65[2]
2.2	导体类型	接插软线/跳线		绞合导体或实心导体
		其 他		实心导体
2.3	标称绝缘外径		mm	0.7~1.4[3]
2.4	导 体 数			8
2.5	电缆外径,不大于		mm	20[4]
2.6	屏蔽性能[5]			见表 2.20 的序号 4 转移阻抗
3	燃 烧 性 能			由有关产品标准规定
4	耐 久 性 试 验			
4.1	插头与插座的插合次数		次	750
4.2	导线端接次数		次	由有关产品标准规定
4.3	锁定装置寿命试验		次	1500
5	机 械 试 验			
5.1	插入力和拔出力		N	插入力不大于 20;拔出力不小于 20
5.2	连接器连接装置的效果			50N60±5s

1) IEC 60603—7 规定的连接器最高传输频率为 3MHz。在这里规定的 100Ω 通信引出端连接器有 8 个接触件(以下简称簧片),采用与 IEC 60603—7 相同的接口尺寸。

2) 导体直径小于 0.5mm 的电缆可能需要特殊的连接硬件。

3) 100Ω 通信引出端连接器的插头,一般仅适用于端接绝缘外径 0.8mm 到 1.0mm 的电缆。

4) 100Ω 通信引出端连接器的插头,一般仅适用于端接外径 4.0mm 到 6.0mm 的电缆。

5) 采用屏蔽对称电缆布线时,应使用专门端接屏蔽的连接硬件。应注意,端接总屏蔽电缆的连接硬件与端接既有总屏蔽又有单位屏蔽的电缆的连接硬件不同。

100Ω 通信引出端连接器的传输特性(20℃)　　　　　　　表 2.20

序 号	传 输 特 性	单 位	MHz	要 求			
				连接硬件类别			
				3 类	4 类	5 类	5E 类
1	某些频率点的衰减,不大于[1]	dB	1	0.2	0.1	0.1	0.1
			4.0	0.2	0.1	0.1	0.1
			10.0	0.2	0.1	0.1	0.1
			16.0	0.2	0.2	0.2	0.2
			20.0	—	0.2	0.2	0.2
			31.25	—	—	0.2	0.2
			62.5	—	—	0.3	0.3
			100	—	—	0.4	0.4
	全频带的衰减	dB	1~100	频率 f 采用对数刻度,所有点的测量值不应高于以上各点连成的折线(以向上作为正方向)			

序　号	传　输　特　性	单　位	MHz	要　求			
2	某些频率点的近端串音衰减,不小于	dB	1	58	65	65	65.0
			4.0	46	58	65	65.0
			10.0	38	50	60	63.0
			16.0	34	46	56	58.9
			20.0	—	44	54	57.0
			31.25	—	—	50	53.1
			62.5	—	—	44	62.5
			100	—	—	40	43.0
	全频带的近端串音衰减	dB	1~100	频率 f 采用对数刻度,所有点的测量值不应低于以上各点连成的折线(以向上作为正方向)			
2a	某些频率点的远端串音衰减,不小于	dB	1				65.0
			4.0				63.1
			10.0				55.1
			16.0				51.0
			20.0				49.1
			31.25				45.2
			62.5				39.2
			100				35.1
	全频带的近端串音衰减	dB	1~100	频率 f 采用对数刻度,所有点的测量值不应低于以上各点连成的折线(向上作为正方向)			
3	回波损耗,不小于	dB	1~20	—	23	26	34.0
			20~100	—		$26-20\lg(f/20)$	$34-20\lg(f/20)$
4	转移阻抗[2],不大于	mΩ	1	100(暂定)			
			10	200(暂定)			
			100	在考虑中			

1) 进行随机连接时,3类连接硬件允许个别回路的衰减超过 0.2dB,但不得超过 0.4dB,各回路的平均衰减应 ≤0.2dB。

2) 这项要求只适用于带屏蔽的连接硬件。

注:表中规定的传输特性要求也适用于 100Ω 非通信引出端连接硬件。

<h3 style="text-align:center">100Ω 通信引出端连接器的其他电气特性(20℃) 表 2.21</h3>

序　号	项　　目	单　位	要　求
1	直流电阻,不大于	mΩ	300
2	初始接触电阻,不大于	mΩ	
	插头与插座的接点间		20
	连接器与电缆屏蔽间[1]		20

序 号	项 目	单 位	要 求
3	环境试验中间及试验后的接触电阻,不大于		
	插头与插座的接点间	mΩ	40
	连接器与电缆屏蔽间[1]		20
4	绝 缘 电 阻	mΩ	
	任一簧片对其余簧片及安装板或屏蔽间		最小 100(暂定),试验电压直流 500V
5	耐 压 试 验	V	
	簧片与簧片		直流 1000 或交流有效值 700
	所有簧片与安装板或地间		直流 1500 或交流有效值 1000
6	电冲击试验		
6.1	簧片与簧片		ITU-T K20 第 7 章,判定准则 A
6.2	插头与插座		ITU-T K20 第 7 章,判定准则 B

1) 这些要求只适用于带屏蔽的连接硬件。

2) 150Ω 通信引出端连接器

150Ω 通信引出端连接器主要用于屏蔽布线系统。这种连接器与电缆线对的连接应采用绝缘层压穿方式。在器件上按规定应标出清晰显目的可见标志,标志内容见通信行业标准 YD/T 926.1 或相关标准的规定,例如传输特性类别等。在 YD/T 926.3 标准中要求 150Ω 通信引出端连接器的各项机械物理性能和传输特性及其他电气特性应分别符合表 2.22、表 2.23 和表 2.24 中的规定。

150Ω 通信引出端连接器的机械物理性能　　　　　　　　表 2.22

序 号	机械物理性能		单 位	要 求
1	接 口 尺 寸			IEC 60807—8
2	适 用 范 围			
2.1	标称导体直径		mm	0.50～0.65[1]
2.2	导 体 类 型	接插软线/跳线		绞合导体或实心导体
		其 他		实心导体
2.3	标称绝缘外径		mm	1.1～1.9[2]
2.4	导 体 数			4
2.5	电缆外径,不大于		mm	20[3]
2.6	屏蔽性能[4]			见表 2.23 的序号 4 转移阻抗
3	燃 烧 性 能			由有关产品标准规定
4	耐 久 性 试 验			
4.1	插头与插座的插合次数		次	1000
4.2	导线端接次数		次	由产品标准规定

序　号	机械物理性能	单　位	要　求
5	机　械　试　验		
5.1	插入力和拔出力		插入力不大于 68N,拔出力不小于 36N
5.2	连接器连接装置的效果		不小于 18N,施加力的速率 5mm/min

1) 导体直径小于 0.5mm 的电缆可能需要特殊的连接硬件。

2) 导体绝缘外径大于 1.9mm 的电缆可能需要特殊的连接硬件。

3) IEC 60807—8 规定的通信引出端连接器(以下简称 150Ω 通信引出端连接器),宜用于外径 9.5mm 或以下的电缆。也可以用于具有等效截面积的扁电缆/椭圆电缆。

4) 屏蔽电缆应使用专门端接屏蔽的连接硬件。应注意,端接总屏蔽电缆的连接硬件与端接既有总屏蔽又有单位屏蔽的电缆的连接硬件不同。

150Ω 通信引出端连接器的传输特性(20℃)　　　　　表 2.23

序　号	传输特性	单位	MHz	要　求
1	某些频率点的衰减[1],不大于	dB	1.0	0.05
			4.0	0.05
			10.0	0.10
			16.0	0.15
			20.0	0.15
			31.25	0.15
			62.5	0.20
			100	0.25
	全频带的衰减	dB	1～100	频率 f 采用对数刻度,所有点的测量值不应高于以上各点连成的折线(以向上作为正方向)
2	近端串音衰减[1],不小于	dB	1.0	65
			4.0	65
			10.0	65
			16.0	62.4
			20.0	60.5
			31.25	56.6
			62.5	50.6
			100	46.5
	全频带的近端串音衰减	dB	1～100	频率 f 采用对数刻度,所有点的测量值不应低于以上各点连成的折线(以向上作为正方向)
3	回波损耗,不小于	dB	1～16	36
			16～100	$36-20\log(f/16)$

序号	传 输 特 性	单位	MHz	要　　求
4	转移阻抗[1),2)],不大于	mΩ	1	100(暂定)
			10	200(暂定)
			100	在考虑中

1) 对于不用配线电缆或交叉连接跳线提供交叉连接的连接装置(例如:用内部转换开关),衰减、输入、输出阻抗和转移阻抗不应超过相当于两个连接器及同类别的 5m 配线电缆的影响。并且,这个装置的(NEXT)近端串音衰减不应比表 2.20 序号 2 中的值坏 9dB(在考虑中)。

2) 这项要求只适用于带屏蔽的连接器。

注:远端串音衰减的要求在考虑中,表中规定的传输特性要求也适用于 150Ω 非通信引出端连接硬件。

150Ω 通信引出端连接器的其他电气特性(20℃)　　　　　　表 2.24

序号	项　　　目	单位	要　　求
1	直流电阻[1)],不大于	mΩ	在考虑中
2	初始接触电阻[2)]	mΩ	
	插头与插座的接点间		最大值≤100、平均值≤25
	连接器接点与电缆导线间		最大值≤100、平均值≤40
	插头与插座的屏蔽间		最大值≤40、平均值≤25
3	环境试验中及试验后的接触电阻[2)]	mΩ	
	插头与插座的接点间		最大值≤100、平均值≤25
	连接器接点与电缆导线间		最大值≤100、平均值≤40
	插头与插座的屏蔽间		最大值≤40、平均值≤25
4	绝缘电阻,不小于	MΩ	
	任一簧片对其余簧片及安装板或屏蔽间		100(暂定),试验电压直流 500V
5	耐压试验	V	
	簧片/簧片		直流 1850 或交流有效值 1250
	所有簧片与安装板或地间		直流 1850 或交流有效值 1250
6	电冲击试验		由有关产品标准规定

1) 直流电阻与 YD/T 926.3 标准要求的接触电阻是分别测量的。测量直流电阻是为了确定连接器传导直流与低频信号的能力,而接触电阻的测量是用于确定各个电接触的稳定性与可靠性。

2) 150Ω 通信引出端连接器的接触电阻试验方法见 IEC 60807-8。用 10 个连接器的所有测量值计算得出平均值。

3) 非通信引出端连接硬件

非通信引出端连接硬件的技术要求基本与上述通信引出端相同或类似。连接硬件与电缆线对的连接应采用绝缘层压穿的方式。此外,非通信引出端连接硬件应标出传输特性类别,其标志应清晰可见,但这种特性标志不能取代 YD/T 926.1、YD/T 926.3 或相关标准规定的其他标志。

① 机械物理性能

非通信引出端连接硬件应符合表2.25规定的各项机械物理性能要求。

非通信引出端连接硬件的机械物理性能　　　　　　表2.25

序　　号	机械物理性能		单位	要　　求	
				100Ω连接硬件	150Ω连接硬件
1	接口尺寸			由有关产品标准规定	
2	适　用　范　围				
2.1	标称导体直径		mm	0.50～0.65[1]	
2.2	导体类型	接插软线/跳线		绞合导体或实心导体	
		其　他		实心导体	
2.3	标称绝缘外径		mm	0.7～1.4[2]	1.1～1.9[3]
2.4	导　体　数			2n(n=1、2、3…)	
2.5	电　缆　外　径		mm	—	
2.6	屏蔽性能[4]			见表2.20的序号4	见表2.23的序号4
3	燃　烧　性　能			由有关产品标准规定	
4	耐　久　性　试　验				
4.1	插头与插座的插合次数		次	750	1000
4.2	导体端接次数[5]		次	200	200
5	机　械　试　验				
5.1	插入力和拔出力		N	由有关产品标准规定	
5.2	连接器连接装置的效果			由有关产品标准规定	

1) 导体直径小于0.5mm的电缆可能需要特殊的连接硬件。

2) 100Ω非通信引出端连接硬件，一般适用于绝缘外径不大于1.4mm的电缆。

3) 150Ω非通信引出端连接硬件，一般适用于绝缘外径不大于1.9mm的电缆。

4) 采用屏蔽对称电缆布线时，应使用专门端接屏蔽的连接硬件。应注意，端接总屏蔽电缆的连接硬件与端接既有总屏蔽又有单位屏蔽的电缆的连接硬件不同。

5) 或按有关产品标准规定。

② 电气特性

与非通信引出端连接硬件的电气特性有关规定分别如下所述。

a. 接插软线的电气特性(又称传输特性)要求一般由有关产品标准规定。

b. 100Ω非通信引出端连接硬件的传输特性应符合表2.20 100Ω通信引出端连接器的传输特性规定的要求。对不用接插软线和交接跳线进行交接的连接器(例如带有内部转换接点的转换连接器)，在传输时产生的衰减、直流电阻和转移阻抗(暂定)等参数值，不应超过同一类型带有两个连接器和5m软电缆的等效值。同时，要求这类100Ω非通信引出端连接器的近端串音衰减虽比表2.20序号2规定值要低，但其差值不应超过6dB(暂定)。

c. 150Ω非通信引出端连接硬件的传输特性应符合表2.23 150Ω通信引出端连接器的传输特性规定的要求。对不用接插软线和交接跳线进行交接的连接器(例如带有内部转换接点的转换连接器),在传输时产生的衰减、直流电阻和转移阻抗(暂定)等参数值,不应超过同一类型带有两个连接器和5m软电缆的等效值。同时,要求这类150Ω非通信引出端连接硬件的近端串音衰减虽比表2.23序号2规定值要低,但其差值,不应超过9dB(暂定)。

d.非通信引出端连接硬件的其他电气特性应符合表2.26中规定的要求。

非通信引出端连接硬件的其他电气特性(20℃)　　　　　表 2.26

序　号	项　　　目	单位	要　　　求	
			100Ω非通信引出端连接硬件	150Ω非通信引出端连接硬件
1	直流电阻,不大于	mΩ	300	在考虑中
2	初始接触电阻,不大于	mΩ		
	插头与插座的接点间		2.5	
	连接器与电缆导线间		2.5	
	连接器与电缆屏蔽间[1]		20	
3	环境试验中间及试验后的接触电阻,不大于	mΩ		
	插头与插座的接点间		7.0	
	连接器接点与电缆导线间		7.0	
	连接器与电缆屏蔽间[1]		20	
	连接器与电缆导线重新端接后		5.0	
4	绝缘电阻,不小于	MΩ		
	任一簧片对其余簧片及安装板或屏蔽间		100(暂定),试验电压直流 500V	
5	耐压试验	V	由有关产品标准规定	
6	电冲击试验		由有关产品标准规定	

1) 这些要求只适用于带屏蔽的连接硬件。

4)光纤连接硬件

①一般要求

除了明确指明仅应用于通信引出端的条款外,对于光缆布线系统所有的连接硬件均是适用的。因此,这些连接硬件可用于水平布线子系统和主干布线子系统的光缆线路上。

工作区中的光缆线路应采用符合《光纤和光缆连接器第 19 部分:SC-D 型光纤连接器分规范》(IEC 60874—19:1995)中规定的光纤双芯连接器(SC-D),以便与水平布线子系统连接。

对于已经安装《光纤和光缆连接器第 10 部分:BFOC/2.5 型光纤连接器规范》(IEC 60874—10:1997)中规定的连接器和适配器(BFOC/2.5)组成的布线系统,仍可继续使用,不必更换。

②标志与代码以及光纤连接硬件的连接方式

为了保证不同型号的光纤不致混淆和连接,光纤连接硬件(包括连接器和适配器)在连接时,标志与代码以及光纤连接硬件的连接方式应采用颜色标志和标签,以区分各种型号的光纤。在标准中建议用颜色标志区分连接器和适配器是用于单模光纤或是用于多模光纤,此外,还需采用其他附加颜色标志或标签来区分多模光纤的不同型号。

当光纤采用双芯光纤连接器时,为了保持极性在布线系统中一致,以求保证双芯光纤链路的正确极性,可以采用定位销或标签等适当的管理方式,也可两者都采用。极性排到见具体施工操作规定部分。

③ 机械物理性能和光学传输要求

光纤连接硬件的机械物理性能和光学传输要求见表 2.27 中规定。

光纤连接硬件的机械物理性能和光学传输要求　　　　　　表 2.27

序　号	机械物理性能		单位	要　　求
1	物　理　尺　寸			
1.1	通信引出端			IEC 60873-19,配合尺寸与量规
1.2	其他连接硬件			由有关产品标准规定
2	适　用　光　纤			
2.1	标称包层直径		μm	125
2.2	标称缓冲层直径			
2.3	光缆外径		mm	
3	耐久性试验		次	≥500
4	光　学　传　输　要　求			
4.1	接头衰减	最大值	dB	≤0.3
	其他连接硬件衰减	最大值	dB	≤0.75
		平均值		≤0.5
4.2	回波损耗	多模	dB	≥20
		单模		≥26

综合布线系统的布线部件(包括传输媒介和连接硬件)的主要机械物理性能和电气特性的试验方法等内容,可分别参见通信行业标准《大楼通信综合布线系统第 2 部分:综合布线用电缆、光缆技术要求》(YD/T 926.2)和《大楼通信综合布线系统第 3 部分:综合布线用连接硬件技术要求》(YD/T 926.3)中的规定。

2.2.6　综合布线系统的主要技术要求(技术指标和主要参数)

1. 对综合布线系统有关技术要求的规定

在通信行业标准《大楼通信综合布线系统第 1 部分:总规范》(YD/T 926.1—2001)中对主要技术要求规定的参数,其适用范围是带有屏蔽结构或非屏蔽结构的电缆元件;带有或没有总屏蔽的对称电缆的永久链路和信道。其他除非另有规定外,一般不宜使用。因此,综合布线系统的主要技术要求也就是永久链路和信道的技术要求。

在现场对采用对称电缆的布线系统进行测量时,要求使用专门测试仪器,并经过校验保证测试结果正确有效。除非另有规定外,所有对称电缆组成的布线系统(包括永久链路等)的测量方法可见 YD/T 926.1 或其他有关测试标准。

下面各表中,对于衰减、近端串音衰减、近端串音衰减功率和、等电平远端串音衰减、等电平远端串音衰减功率和等的要求,只给出所列少数频率点的数值。但是上述参数的传输要求对于所有的中间频率也应符合规定。中间频率的要求通常以频率的半对数(如近端串音衰减、近端串音衰减功率和、等电平远端串音衰减、等电平远端串音衰减功率和)或对数刻度(如衰减)由线性插值得出结果。

82

在永久链路测量时,与链路长度有关的参数,如衰减、近端串音衰减和传播时延等,在标准中规定不进行长度换算。但是不应与电缆长度的设计值以及电缆所用的材料有显著偏离,如发现差值过大,必须加以注意和测验,以防综合布线系统中存在潜伏性的缺陷或故障,达到保证通信质量的要求。

2. 综合布线系统(对称电缆)的技术指标和参数

(1) 标称特性阻抗

在综合布线系统的永久链路采用对称电缆时,其标称特性阻抗值分别有 100Ω 或 150Ω 两个系列。在一个永久链路中不应混合使用不同特性阻抗的电缆和连接硬件。

在永久链路和信道中使用的电缆,其特性阻抗应符合通信行业标准 YD/T 926.2 的要求。

(2) 回波损耗

在永久链路和信道中产生回波损耗是由于使用缆线的特性阻抗变化,或连接硬件的阻抗匹配程度偏离标准值,导致功率反射引起。这种回波损耗直接影响通信质量,通常在对称电缆永久链路和信道的任一个接口,测出的回波损耗应大于或等于表 2.28 中给出值所连成的折线。

永久链路和信道的最小回波损耗   表 2.28

频 率 (MHz)	永久链路的最小回波损耗(dB)		信道的最小回波损耗(dB)	
	C 级	D 级	C 级	D 级
$1 \leqslant f < 16$	15	17	15	17
$16 \leqslant f < 20$	—	17	—	17
$20 \leqslant f \leqslant 100$	—	$17 - 7\log(f/20)$	—	$17 - 10\log(f/20)$

(3) 衰减

由于集肤效应、绝缘损耗、阻抗不匹配和连接电阻等诸多因素的影响,信号沿着永久链路和信道传输时,产生能量损失称为衰减(又称损耗)。以永久链路来说,衰减量(又称衰减值)是由下述两部分构成:

1) 每个连接器对信号的衰减量;

2) 永久链路布线缆线对信号的衰减量。

如以信道来说,其衰减量除上述两部分外,还需增加工作区电缆、设备电缆和配线电缆对信号的衰减量。

永久链路和信道的衰减值应该小于或等于表 2.29 中给出值所连成的折线,并应与电缆长度以及所用的电缆材料相一致。

永久链路和信道的最大衰减值   表 2.29

频率(MHz)	永久链路的最大衰减值(dB)				信道的最大衰减值(dB)			
	A级	B级	C级	D级	A级	B级	C级	D级
0.1	16	5.5	—	—	16	5.5	—	—
1.0	—	5.8	3.1	2.1	—	5.8	4.2	2.5
4.0	—	—	5.8	4.1	—	—	7.3	4.5
10.0	—	—	9.6	6.1	—	—	11.5	7.0
16.0	—	—	12.6	7.8	—	—	14.9	9.2
20.0	—	—	—	8.7	—	—	—	10.3

频率(MHz)	永久链路的最大衰减值(dB)				信道的最大衰减值(dB)			
	A级	B级	C级	D级	A级	B级	C级	D级
31.25	—	—	—	11.0	—	—	—	12.8
62.5	—	—	—	16.0	—	—	—	18.5
100.0	—	—	—	20.6	—	—	—	24.0

（4）近端串音衰减

近端串音衰减是指线对——线对的近端串音衰减。它是说在一条永久链路中,处于缆线一侧的某个发送线对对于同侧的其他相邻(接收)线对,通过电磁感应所造成的信号耦合,这种耦合现象造成近端互相串扰,即为近端串扰。在传输标准中定义近端串扰值(dB)和导致该串扰的发送信号(参考值定为 0dB)之差值(dB)为近端串扰损耗(又称近端串音衰减),近端串扰损耗越大,即近端串音衰减值越大。近端串音衰减与缆线类别、连接方式和频率值有密切关系。近端串音衰减应从永久链路和信道的两端测量。永久链路和信道的近端串音衰减应该大于或等于表 2.30 中列出值所连成的折线。

永久链路和信道的最小近端串音衰减　　　　　　　　　　　　表 2.30

频率(MHz)	永久链路的最小近端串音衰减(dB)				信道的最小串音衰减(dB)			
	A级	B级	C级	D级	A级	B级	C级	D级
0.1	27.0	40.0	—	—	27.0	40.0	—	—
1.0	—	25.0	40.1	61.2	—	25.0	39.1	60.3
4.0	—	—	30.7	54.8	—	—	29.3	53.6
10.0	—	—	24.3	48.5	—	—	22.7	47.0
16.0	—	—	21.0	45.2	—	—	19.3	43.6
20.0	—	—	—	43.7	—	—	—	42.0
31.25	—	—	—	40.6	—	—	—	38.7
62.5	—	—	—	35.7	—	—	—	33.6
100.0	—	—	—	32.3	—	—	—	30.1

在信道最小近端串音衰减中不包括设备连接器产生的附加串音影响。

（5）近端串音衰减功率和(PSNEXT)

D 级永久链路和信道是对称电缆最高的应用级别,可以支持其他低级的应用级别,它能传送高比特率的数据信号。因此,对它的永久链路和信道要求较高,必须同时考虑其相邻线对间的近端串音衰减。PSNEXT 参数仅应用于 D 级。PSNEXT 按下式计算得到:

$$PSNEXT = -10 \times \log\left[10^{\frac{-x_1}{10}} + 10^{\frac{-x_2}{10}} + 10^{\frac{-x_3}{10}}\right]$$

式中　　x_1、x_2、x_3——指定线对与其余 3 个线对间的近端串音衰减。

D 级永久链路和信道的近端串音衰减功率和应符合或超过表 2.31 中的数值。

（6）等电平远端串音衰减(ELFEXT)

永久链路和信道的最小近端串音衰减功率和　　　　　表 2.31

频率(MHz)	1.0	4.0	10.0	16.0	20.0	31.25	62.5	100.0
D级永久链路的最小近端串音衰减功率和(dB)	58.2	52.0	45.6	42.2	40.7	37.5	32.6	29.3
D级信道的最小近端串音衰减功率和(dB)	57.3	50.9	44.1	40.6	39.0	35.7	30.6	27.1

等电平远端串音衰减是指线对——线对间的远端串音衰减(ELFEXT),等电平远端串音衰减应从永久链路和信道的两端测量。D级永久链路和信道的最小等电平远端串音衰减应大于或等于表 2.32 中列出的数值。

D级永久链路和信道的最小等电平远端串音衰减(ELFEXT)　　表 2.32

频　率(MHz)	1.0	4.0	10.0	16.0	20.0	31.25	62.5	100.0
D级永久链路的最小等电平远端串音衰减(dB)	60.0	48.0	40.0	35.9	34.0	30.1	24.1	20.0
D级信道的最小等电平远端串音衰减(dB)	57.4	45.3	37.4	33.3	31.4	27.5	21.5	17.4

(7) 等电平远端串音衰减功率和(PSELFEXT)

等电平远端串音衰减功率和参数仅适用于 D 级,与近端串音衰减功率和(PSNEXT)相似。

等电平远端串音衰减功率和(PSELFEXT)是由线对——线对间的远端串音衰减(ELFEXT)按下式计算得到:

$$PSELNEXT = -10 \times \log\left[10^{\frac{-x_1}{10}} + 10^{\frac{-x_2}{10}} + 10^{\frac{-x_3}{10}}\right]$$

式中　x_1、x_2、x_3——指定线对与其余 3 个线对间的等电平远端串音衰减。

D级永久链路和信道的最小近端串音衰减功率和应符合或超过表 2.33 中所示的数值。

D级永久链路和信道的最小远端串音衰减功率和　　　　　表 2.33

频率(MHz)	1.0	4.0	10.0	16.0	20.0	31.25	62.5	100.0
D级永久链路的最小等电平远端串音衰减功率和(dB)	57.0	45.0	37.0	32.9	31.0	27.1	21.1	17.0
D级信道的最小等电平远端串音衰减功率和(dB)	54.4	42.4	34.4	30.3	28.4	24.5	18.5	14.4

(8) 衰减串音比(ACR)

综合布线系统中的永久链路和信道线对间的近端串音衰减与衰减的差值,称为"衰减串音比"(ACR),以 dB 为计算单位。衰减串音比可用下式计算得到:

$$ACR = NEXT - \alpha$$

式中　ACR——衰减串音比,单位:dB;

NEXT——布线的任意线对间测出的近端串音衰减,单位:dB;

α——布线的衰减,单位:dB。

当永久链路或信道的衰减和近端串音衰减满足要求,则衰减串音比(ACR)的要求也会满足。D级永久链路和信道的最小衰减串音比(ACR)参见表 2.34 中所列。

D 级永久链路和信道的最小衰减串音比(ACR)　　　　　　表 2.34

频　率(MHz)	1.0	4.0	10.0	16.0	20.0	31.25	62.5	100.0
D 级永久链路的最小衰减串音比(dB)	59.1	47.7	39.4	34.5	32.0	26.0	16.7	8.7
D 级信道的最小衰减串音比(dB)	57.8	46.1	37.0	31.4	28.7	22.9	12.1	3.1

（9）衰减串音功率和比(PSACR)

当永久链路或信道的衰减和近端串音衰减功率和(PSNEXT)符合要求,则衰减串音功率和(PSACR)的要求也会满足。衰减串音功率和比(PSACR)可用下式计算得出:

$$PSACR = PSNEXT - \alpha$$

式中　PSACR——衰减串音功率和比,单位:dB;

　　　PSNEXT——近端串音衰减功率和,单位:dB;

　　　　　α——布线的衰减,单位:dB。

D 级永久链路和信道的最小衰减串音功率和比(PSACR)参见表 2.35 中所列。

D 级永久链路和信道的最小衰减串音功率和比　　　　　　表 2.35

频率(MHz)	1.0	4.0	10.0	16.0	20.0	31.25	62.5	100.0
D 级永久链路的最小衰减串音功率和比(dB)	56.1	44.7	36.4	31.5	29.0	23.6	13.7	5.7
D 级信道的最小衰减串音功率和比(dB)	54.8	43.1	34.0	28.4	25.7	19.9	9.1	0.1

（10）传播时延和时延差

传播时延和时延差只用于 C 级和 D 级。传播时延测试值或计算值应与布线的长度和所用材料一致。传播时延值应小于表 2.36 中所示的极限值。

永久链路和信道的最大传播时延和最大时延差　　　　　　表 2.36

频率(MHz)	$1 \leqslant f \leqslant 16$		$1 \leqslant f \leqslant 100$	
最大传播时延或最大时延差	最大传播时延(μs)	最大时延差(μs)	最大传播时延(μs)	最大时延差(μs)
C 级永久链路	$0.486 + 0.036/\sqrt{f}$	0.043		
D 级永久链路			$0.486 + 0.036/\sqrt{f}$	0.043
C 级信道	$0.544 + 0.036/\sqrt{f}$	0.050		
D 级信道			$0.544 + 0.036/\sqrt{f}$	0.050

永久链路和信道中任意两个线对间的传播时延的差值应小于表 2.36 中所示的极限值。

（11）环路直流电阻

每个级别的永久链路和信道,其线对的环路直流电阻应小于表 2.37 中的数值。测量线对的数值应与电缆长度和导体直径相一致。

（12）纵向变换损耗和纵向变换转移损耗(平衡)

根据 ITU-T G.117 建议中定义的纵向变换损耗(LCL)和纵向变换转移损耗(LCTL)测

量,其数值应大于表2.38中的值。

永久链路和信道的线对最大环路直流电阻　　　　　表2.37

永久链路和信道的级别	A 级	B 级	C 级	D 级
最大环路直流电阻(Ω)	560	170	40	40

最小纵向变换损耗和纵向变换转移损耗　　　　　表2.38

频率(MHz)	最小纵向变换损耗和纵向变换转移损耗(dB)			
	A 级	B 级	C 级	D 级
0.1	30	45	45	45
1.0	—	20	30	40
4.0	—	—	在考虑中	在考虑中
10.0	—	—	25	30
16.0	—	—	在考虑中	在考虑中
20.0	—	—	—	在考虑中
100.0	—	—	—	在考虑中

(13) 转移阻抗

转移阻抗仅适用于屏蔽结构的布线系统,对于屏蔽电缆和连接器转移阻抗的要求可见通信行业标准 YD/T 926.2 和 YD/T 926.3。关于使用屏蔽结构的布线系统有关指导原则见综合布线系统的标准中其他要求。对于已安装布线系统的转移阻抗测量的规定尚未完全解决。

3. 综合布线系统(光纤光缆)的技术指标和参数

综合布线系统中如采用光纤光缆组成永久链路和信道时,其特性要求只考虑在一个传输窗口使用一个波长。对于波分复用的应用,在设备间和工作区中会安装有专用的硬件,这些配置都不属于本标准的范围。

(1) 光衰减

综合布线系统中各个子系统的光衰减(介入损耗)应不超过表2.39中规定的数值。在表中给出的永久链路和信道衰减值已经考虑到在布线子系统的每端均有一个熔接接头和一个连接器的安装连接状态。

综合布线系统各个子系统光纤布线的光衰减　　　　　表2.39

各个布线子系统名称	永久链路和信道的长度[1](m)	衰 减(dB)			
		单模光纤		多模光纤	
		1310nm	1550nm	850nm	1300nm
水平布线子系统	100	2.2	2.2	2.5	2.2
建筑物主干布线子系统	500	2.7	2.7	3.9	2.6
建筑群主干布线子系统	1500	3.6	3.6	7.4	3.6

注:表中给出的永久链路和信道长度与衰减值使用符合 YD/T 926.2 及 YD/T 926.3 最低要求的光纤器件就可达到。如果采用其他的光纤器件有可能会有不同的长度。

(2) 波长窗口

多模光纤光缆链路和单模光纤光缆链路的波长窗口按表2.40中的规定。

多模光纤光缆链路和单模光纤光缆链路的波长窗口　　　　表 2.40

光纤光缆链路名称	标称波长(nm)	下限波长(nm)	上限波长(nm)	基准试验波长(nm)	FWHM 谱线最大宽度
多模光纤光缆链路	850	790	910	850	50
	1300	1285	1330	1300	150
单模光纤光缆链路	1310	1288	1339	1310	10
	1550	1525	1575	1550	10

（3）多模光纤模式带宽

多模光纤永久链路和信道的模式带宽应大于表 2.41 中所列的最低值。

多模光纤最小模式带宽　　　　表 2.41

波　　长(nm)	850	1300
最小模式带宽(MHz)	100	250

（4）回波损耗

光纤光缆永久链路和信道的任何一个接口测试出的光回波损耗应大于表 2.42 中所列的值。

最小回波损耗　　　　表 2.42

多　模　光　纤		单　模　光　纤	
850nm	1300nm	1310nm	1550nm
20dB	20dB	26dB	26dB

（5）传播时延

在综合布线系统中如果采用包含有多重级联的永久链路和信道时，由于网络结构较为复杂。对于某些应用，需要确定端到端的传播时延，这就要求首先确定各段光纤永久链路和信道的传播时延。为此，对光纤光缆组成的永久链路和信道的长度必须掌握，以便进行核算，这是极为重要的数据。具体计算传播时延的方法要根据通信行业标准规定和光纤光缆特性来进行。

2.2.7　综合布线系统的其他要求

在通信行业标准中对综合布线系统的其他要求是极为重要的部分，主要有屏蔽、接地和管理等几方面，这些内容对保证信息传输质量和日常维护管理有很大作用，在工程设计、安装施工等工作中都应严格执行。

1. 屏蔽要求

当在智能建筑或智能化小区的内外部环境存在电磁干扰场强度较大时，为保证通信畅通无阻和网络安全运行，必须采用具有屏蔽结构的传输媒介和连接硬件，并采取相应的接地等保护措施。在标准中主要是对布线部件等产品本身和有关的屏蔽要求，它适用于带屏蔽的对称电缆布线链路。

综合布线系统如具有完善的屏蔽性能，就能改善电磁兼容性，大大提高抗电磁干扰的能力。为此，在标准中提出以下具体屏蔽要求：

（1）在综合布线系统中的整个永久链路或信道上采取的屏蔽措施应连续有效，不应有中断或屏蔽措施不良现象。

（2）综合布线系统中所有传输媒介和连接硬件都必须具有良好的屏蔽性能，无明显的电磁泄漏现象，各种屏蔽布线部件的转移阻抗应符合有关标准要求。为此，传输媒介和连接硬件本身只具有较低的转移阻抗是不够的。要求传输媒介和连接硬件在终端连接时，必须保证屏蔽性能的有效性。终端连接方法取决于传输媒介和连接硬件的设计和结构形式。产品生产厂商的说明书应提供必须满足屏蔽终端连接要求的信息。目前，对 B 级和更高级别的永久链路确定屏蔽效果的方法正在考虑中。

（3）工作区电缆、设备电缆和有关连接硬件，都应具有屏蔽性能，并应满足屏蔽连续不间断的要求。

（4）综合布线系统中的所有传输媒介和连接硬件，都必须按照施工标准和产品说明书正确无误地敷设安装，在操作过程中应特别注意连接硬件的屏蔽和电缆屏蔽部分的终端连接。务必做到屏蔽措施切实有效，在整个永久链路和信道上不发生中断或不良现象，力求屏蔽措施真正具有完善有效的系统性和整体性。

2. 接地要求

当综合布线系统采用具有屏蔽性能的措施时，必须采取安装良好的接地措施，以保证有效的屏蔽效果。否则将会大大降低屏蔽性能，甚至会适得其反，这里的接地要求适用于带屏蔽的对称电缆布线链路和信道。对于非屏蔽的对称电缆布线链路的接地要求也应符合以下的相关内容。接地要求主要有以下几点：

（1）综合布线系统的接地设计应按《工业企业通信接地设计规范》（GBJ 79—85）和相关标准执行。接地装置的工艺要求和施工操作方法应按有关的施工规范办理。

（2）综合布线系统所有电缆的屏蔽层应连续不断，并按规定设置接地，接地部分应汇接到楼层配线架或建筑物配线架，再汇接到总的接地装置，形成完整的接地系统。

（3）接地系统的汇接设计中应保证做到以下几点：

1）接地系统的线路路由应是永久性敷设途径，并保持连续不断。如每个机架或设备需要单独设置接地或汇接时，建议单独设置接地，并应直接汇接到总的接地装置，以免汇接发生中断。

2）将所有电缆的屏蔽层互相连通，形成完善的整体，为综合布线系统的各个部分提供连续不断的接地途径。

3）接地电阻值应符合有关标准或规范的要求。例如综合布线系统采取单独设置接地体时，接地装置的接地电阻值不应大于 4Ω。如采用联合接地时，为了减少危险影响，要求总接地体的接地电阻值不应大于 1Ω，以限制接地装置上出现高电位值。

（4）综合布线系统的接地装置宜与智能建筑内部其他系统的接地汇接在一起，形成联合接地或单点接地，以免产生两个及以上的接地体之间的电位差影响。若必须有两个系统的接地体时，要求它们之间应有较低的阻抗，同时，要求它们之间的地电位差有效值应小于1V，如果不能保证地电位差有效值小于 1V 时，应采取技术措施解决，例如采用光缆等方法。

有关接地系统设计中的接地方式和接地导线的选用、接地体间的间距和接地装置的安装要求等具体细节，均属工程设计和安装施工的范围，这里予以简略。

3. 管理要求

为了使综合布线系统在智能建筑和智能化小区能够充分发挥其优越的功能，同时在使用过程中具体实现高度灵活性和广泛通用性。要达到这个目的，必须从工程设计、经安装施工,直到运行维护的全过程,都要按统一的要求,严格进行科学管理。科学管理的基本条件是要有一套完整的管理体制(包括管理制度)、科学的管理方式和先进的工作方法,它包括条理清楚、容易识别的标志;内容全面、便于查考的记录。此外,更加重要的是必须有业务素质好和管理水平高的管理人员进行管理,只有具备上述条件,才能达到预期的目的。因此,管理要求是综合布线系统的重要组成部分。

在通信行业标准中,管理要求的范围除包括标志和记录外,还涉及综合布线系统的整体,除适用于综合布线系统中各个主要布线部件、各种安装通道(如电缆竖井或暗敷管路)、设备间、交接间和其他安装空间外,标准中关于管理要求的基本概念也适用于任何应用系统的专用布线系统(包括设备)以及其他辅助设施。

(1) 标志

设置标志是为了便于管理。因此,在综合布线系统中的每个部件(包括配线架、通信引出端、电缆和光缆等)、安装通道(如电缆竖井、暗敷管路和槽道以及其他装置等)和安装空间(如交接间),均应在显著地位,设置统一规定的标志,要求易于识别。标志内容应根据所标对象,应有名称、编号、颜色、字符串或其他组合等。对设置的标志应以适当方式(如在布线部件上粘贴标签或标明)表示,电缆或光缆则在其两端粘贴标签或标明。例如通信引出端有电缆或光缆的不同连接,标志内容也有区别,宜根据具体内容来定。

1) 电缆用通信引出端:应有电缆特性阻抗、类别和引出线对数。

2) 光缆用通信引出端:应有光缆类型、光纤数量等。

(2) 记录

为了能及时查考和妥善保存记录,宜采用计算机管理。对于综合布线系统要进行完善记录,应采用统一规定的图表格式,表达方式应简单明了;记录内容应完整准确。记录内容应包括电缆或光缆的路由及规格、配线网络拓扑结构和总体布局、主要布线部件数量和装设位置、试验和验收结果等内容。记录内容还应包括全部布线部件、安装通道和安装空间的标志明细表。

此外,适当收集所支持的应用系统设备配置的有关记录,以便在今后发生问题时,容易查找故障。

保持记录的完整性和准确性对管理是极为重要的,当综合布线系统发生任何改变时,应随时更新记录。使所掌握的日常记录和有关资料,真正能够全面、准确地反映综合布线系统的真实状态。

思 考 题

(1) 综合布线系统常用的网络拓扑结构有哪几种? 试述星形网络拓扑结构的优缺点?

(2) 简述分集连接方式的网络拓扑结构主要特点?

(3) 综合布线系统的设备配置主要根据什么来确定?

(4) 综合布线系统的永久链路和信道有什么区别?

(5) 试述综合布线系统以下缆线的最大长度:

① 综合布线系统的全程最大长度?

② 水平布线子系统缆线的最大长度?

③ 建筑物主干布线子系统缆线的最大长度?

(6) 综合布线系统中主要使用的传输媒介有哪几种? 请列出它们的名称或型号?

(7) 配线设备中常用采用交接或互连两种,它们的区别在哪里? 试述它们的特点?

(8) 综合布线系统中常用的连接硬件有哪些品种或类型?

(9) 常用的屏蔽结构缆线有哪几种? 试述它们的特点?

(10) 在标准中对传输媒介和连接硬件提出哪些技术要求?

(11) 综合布线系统的技术指标和参数有哪些,可以列出主要的几种(不得少于 5 个)?

(12) 接地电阻应尽量减小其数值为好,为此,采用联合接地还是采取分别独立的接地? 其根据是什么?

第三章 综合布线系统工程的项目管理、建设规划和前期工作

第一节 综合布线系统工程项目管理

3.1.1 工程项目管理的定义、目的和作用

1．"项目"一词的应用已十分广泛，到处可见，从国际集团到国内企业都不可避免地参与或接触到性质各异，规模不一的各类项目，以国内来说有国家级（如三峡工程项目），城市（如危改小区工程项目）、部门（如高科技发展的科研项目）和企业（如技术改造项目）等不同类型的项目。这些项目促使国民经济发展、社会进步，城市繁荣和企业兴旺。尤其工程项目是最为普遍，也是最为重要的项目类型，又是各种项目管理的重点。

2．工程项目管理的定义，目前对此尚无统一的确切定义，只能以国内外一些文献对它的特征，作出抽象性的概括和描述。简略地定义为"工程项目管理是指在总体上应对该工程项目有预定的目标，并有时间、财务、人力、物质和其他限制的客观条件，为了圆满完成项目任务由多个专业单位共同协作或组成专门的组织来实施，要求达到预定目标。因此，在工程项目实施的总过程要全面地进行科学管理"。此外，任何一个工程项目管理过程都具有独立的，且是一次性，不会重复的。这是工程项目管理的显著特点，即使在形式上极为相似的项目，例如，在两栋采用相同的综合布线系统，建筑造型及结构形式完全相同的智能建筑时，也必然会存在着差异和区别，通常是它们实施的时间不同，客观环境不同，施工组织力量不同和受到限制条件不同等。所以它们之间无法等同，也无法取代。工程项目管理工作不像其他企业管理是一项独立的一次性的管理过程。

3．工程项目管理的目的和作用

（1）工程项目管理的目的

在智能建筑中的综合布线系统是一个很小的工程项目，它与智能建筑本身的工程项目来比，相差极大，它们是不同性质和类型的工程项目，工程项目管理工作也有很大的区别。但是它们又有共性的内容，即都要求争取工程项目是完全成功的，这是所有工程项目管理的基本目标。它的具体目的是在限定的时间内，在限定的资源（如资金、劳力、设备和材料等）条件下，以尽可能快的进度，且符合一定要求的工程质量标准的基础上，以尽可能低的费用（成本或投资）圆满地完成工程项目的全部任务。所以工程项目管理的目的有三个最主要的方面：即功能目标（专业、质量和生产能力等），工期目标（速度等）和费用目标（成本或投资）。这三个方面共同构成工程项目管理的目标体系。如图 3.1 所示。

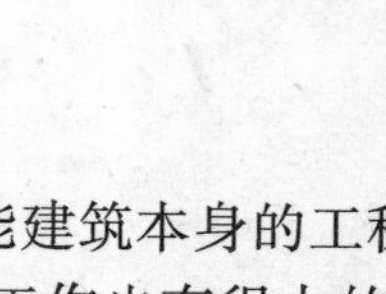

工程项目管理三大目标通常是由项目任务书、计划文件和

图 3.1 工程项目管理目标体系

工程设计以及合同协议(如工程设计协议、施工承包合同和技术咨询合同)等文件予以监督和控制。它们在整个工程具体实施过程中有以下特征：

1) 三大目标共同构成工程项目管理目标体系，它们既互相联系，又互相影响，某一个目标的变化必然引起另两个目标的变化，例如过于追求缩短工期，有可能损害功能和质量，也可能使成本或投资增加。因此，工程项目管理应力求它们三者之间鼎立，优化和平衡。

2) 工程项目管理必须设法保证三者的结构关系，具有均衡性和合理性，并要求这些特征不仅体现在工程项目的总体目标上，而且也要体现在工程项目内每个单元上，构成始终合理的基本逻辑关系。反对任何强调某一个目标，而轻视其他目标，例如所谓的最短工期(或最快的速度)、最高质量和最低成本，都难免是片面的管理思路。

3) 三大目标在工程项目的策划、设计，施工等过程中都要经历从总体到具体，由概念到实施，且要合理分解落实，以求保证工程项目得到全面实现、形成一个有条不紊的控制体系。

(2) 工程项目管理的作用

工程项目管理工作是从项目前期策划到竣工投产运行的整个实施过程中，是一个极为重要的环节。它的主要作用表现在以下几点，这也是一个成功的工程项目必须满足的要求。

1) 通过有效的工程项目管理工作，力求满足工程项目预定的使用功能要求(包括功能、质量、建设规模等)，达到预期的生产能力或使用效果。也就是达到经济、安全、高效、优质的目标，并提供完全合格能正常运行的基本条件(包括各种运行准备工作)。

2) 通过资金管理工作，能在工程预算费用(成本或投资)的控制范围内完成工程项目，尽可能且合理地降低费用消耗、减少资金投入，达到工程项目的经济合理性的要求。

3) 采取有力的工程项目管理措施，在预定的期限内完成工期项目的建设任务，及时地实现投资计划和投产目的，达到预定的工程项目总目标和及时投产的计划要求。

4) 工程项目管理的最后结果能被用户(或业主)所接受和认可，同时，又能照顾到各方面参与单位的利益，达到愉快合作，各方满意。

5) 工程项目管理后使得项目能顺利合理地进展，充分有效地利用各种资源，具有持续发展能力和前景，并能与环境协调，不致产生后患或遗留问题。

6) 在工程项目的具体实施过程中是按计划，有秩序地进行，没有发生事故和其他损失，较好地解决工程项目管理过程中的困难或问题。

当然，要体现上述工程项目管理工作的作用都能圆满做到，确实不易，这就需要从事工程项目管理工作者不断地提高本身的文化水平和业务素质，增加各种知识以及工作经验来适应现代化工程项目管理工作要求。

3.1.2 工程项目管理的内容

工程项目管理的总体目标或称基本目标是通过具体细致的项目管理工作才能实现。为了实现上述目标，必须对工程项目在实施的全过程，即从工程的前期策划开始，直到工程竣工验收和正常运行为止，要从多个方面进行科学管理，其管理的内容极为繁多，且较复杂。目前，从不同的角度来分析，工程项目管理的内容有不同的概括和描述。它们的具体内容如下：

1. 按照管理学中对"管理"的定义，如再加以拓展，工程项目管理的内容就是通过计划、组织、人事、领导和控制等职能，营造和保持一种良好的环境和氛围，使所有参加工程项目的组织都能高效率地完成既定的项目任务。

2. 按照一般管理工作的过程和事宜，工程项目管理可分为对项目的事先预测、制定决策、编制计划、实施控制和及时反馈和处理等工作。

3. 按照系统工程的工作方法,工程项目管理可分为对项目确定目标、制订方案、实施方案和跟踪检查等工作方法。

4. 按照工程项目实施过程分析,其项目管理的具体工作可分为:

(1) 工程项目的目标设计,项目范围和可行性研究;

(2) 工程项目的系统分析,其中包括项目的外部环境(又称外部系统)调查分析和项目的内部结构(又称内部系统)分析等内容;

(3) 工程项目的计划管理,包括工程项目的具体实施方案和总体计划、工期计划、成本(投资)计划、资源计划以及它们之间的优化组合;

(4) 工程项目的组织管理,包括工程项目组织机构设置、人员组成、各方面工作范围与职责分工、工程项目管理规程的制定和具体落实措施;

(5) 工程项目的信息管理,包括工程项目信息系统的建立、文档管理等;

(6) 工程项目在具体实施过程中的控制,包括进度控制、成本(投资)控制、质量控制、风险控制和变更管理;

(7) 工程项目竣工后的工作,包括项目验收、移交、运行准备、项目后评估、对项目进行总结、研究分析目标实现的程度、尚存在的问题等。

5. 按照工程项目管理工作的任务,又可分为:

(1) 成本(投资)管理

具体管理工作有对工程进行估价和核算(如工程概算和预算)、确定投资计划和支付计划、审查监督投资支出和控制成本、工程款的审核和结算等工作。

(2) 工期管理

这方面的管理工作是在工程量计算、选择实施方案以及施工准备等工作基础上进行。具体管理工作有掌握工期计划和资源供应计划并予以控制管理、对施工进度予以监督控制等。

(3) 工程管理

工程管理工作内容较多,最主要的是工程质量控制、施工现场管理和安全生产管理(包括防火和施工事故等)。

(4) 组织和信息管理

具体管理事项有建立项目组织机构和安排人事、选择和组织项目管理班子以及有关人员、制定项目管理工作流程和项目管理规范以及落实和实施各项制度(包括责、权、利的关系)、沟通内部组织成员(部门)之间和对外的信息交流和管理(如确定信息的形式、内容、传递时间和方式以及处理等)。

(5) 合同管理

具体管理工作有合同策划、招标准备工作、编写招标文件、审查和分析合同、建立合同保证体系、对合同实施和监督等管理工作。

此外,工程项目管理工作中会涉及风险或索赔等事宜。为此,有时要设置专门的职能组织机构或专职人员,以便负责处理索赔事宜和风险管理(包括风险识别、风险计划和控制管理以及事故的善后事宜等)。

3.1.3 工程项目管理的发展

当今,任何一个工程项目必然有工程项目管理,且有相应的项目管理水平与之相配套,否则是难以想象。因为在这些工程建设中一定要使所有工程活动之间有全面的统筹安排;严密的组织管理;预定的质量要求和认真的细致核算。随着时代的发展、项目规模增大、技术更加复杂、参与单位更多,受到时间和资金的限制也相应严格。为此,需要新的现代项目管理手段和方法,也伴随出现了系统论、信息论、控制论、运筹学、预测技术、决策技术和计算机技术等科学理论和先进技术,这些都对工程项目管理的发展提供了理论和方法。随着现代化社会的进步、科学技术的发展、客观要求的增多,工程项目管理工作的水平也必然要进一步提高。目前,现代的工程项目管理具有以下特点,且逐步在不断完善和继续发展。

1．工程项目管理的理论、方法、手段的科学化和先进化

这是现代工程项目管理最显著的特点,它广泛吸收和普遍采用当今最新科技成果,具体表现在以下几点:

(1) 先进的科学管理理论的应用,如系统论、信息论、控制论和行为科学等已成为管理理论的基础,且在具体实践中予以综合运用。

(2) 现代的科学管理方法的应用,如排队论、图论、预测技术、决策技术、网络技术、数学分析、线性规划和数理统计方法等已是管理工作中常用的基本方法,可以解决各种复杂、繁琐的问题。

(3) 科学的管理手段应用,最突出显著地是计算机的应用,此外,有现代图文处理技术、精密仪器的使用、利用多媒体和互联网等网络技术等。尤其是工程项目管理软件已在工期、成本、资源等的计划、控制和优化等各方面开发和使用,且日臻完善。

2．工程项目管理业务成为社会化和专业化

当今,因社会发展和建设需要,工程项目数量增多、建设规模不断庞大,客观要求大为提高,所以工程项目管理水平必须相应提高。因此,需要一批长期从事工程项目管理工作的专业人才,这就要求社会上有职业化的单位。目前,已出现专门从事工程项目管理的公司,承接工程项目管理业务,甚至包括技术咨询、工程监理等任务,提供工程建设项目全过程的专业化咨询和管理服务。因此,工程项目管理已成为一个新兴的服务行业,这是当今世界性的潮流和发展需要所致,这种先进的工程项目管理模式,为社会创造更多的投资省、进度快、质量好、效益高的工程项目。

3．工程项目管理工作的标准化和条理化(或称程序化)

任何一个工程项目都有特定的服务对象和最基本特性,一般具有建设规模大、涉及范围广、工程投资大、技术要求高、参与单位多和工期限制严格等特点,尤其是智能建筑和智能化居住小区的工程项目更为典型,如上述特点外,还有专门学科多而互相渗透和融合、技术先进、复杂和新颖。因此,工程项目管理是一项技术性强、管理复杂的工作,必须坚持标准化和条理化,才能提高管理水平和取得经济效益。

工程项目管理工作的标准化和条理化主要表现在以下几点:

(1) 在工程项目管理工作中必须按照国家或有关部门发布的法规和管理办法等文件执行。例如《中华人民共和国建筑法》、《中华人民共和国招标投标法》、《中华人民共和国合同法》、《工程建设项目报建管理办法》、《工程建设监理规定》等,尤其是与智能建筑和智能化居住小区密切有关的文件更应关注,例如《建筑智能化系统工程设计管理暂行规定》等文件,必须标准化和条理化地执行。

(2) 要按规定的工程项目管理工作流程和顺序,真正规范化地实施。

(3) 统一使用规定的合同格式和编写标准的招标投标文件。

(4) 根据规定统一划分工程项目的费用、确定工程量的计算方法和工程结算方法。

(5) 要规范信息系统的管理工作,例如信息流程和表达形式、数据格式、文档系统(包括各种工程文件和资料的标准化和条理化)和网络组织形式等。

总之,务必使工程项目管理工作具有严格的操作程序和统一的管理方法等特征。

4. 工程项目管理工作要符合国际化和通用化

由于经济全球一体化,工程项目管理的国际化趋势不仅在我国,而且在全世界越来越明显、突出,尤其是我国最近加入 WTO 后,国际合作工程项目越来越多,例如国际合作工程、国际技术咨询、国际投资和国际采购等,且项目类型和数量增多、涉及范围变宽而复杂,显然也带来工程项目管理不少困难和问题。因此,在国际合作工程项目管理工作中除应按照国际惯例外,另一方面要不断地学习外来的经验、熟悉当前国际通用的程序、通行的准则和工作方法,甚至统一的规定和文件格式,以便达到工程项目管理工作符合国际化和通用化的目标,能够完全适应与国际接轨的发展需要。

这里还应该说明一点是工程项目管理这门学科较新,且与其他学科之间有着密切联系,具有高度的系统性和综合性。为此,从事工程项目管理工作的人员,要适应今后发展形势,必须学好工程项目管理方面的知识,同时掌握与工程项目管理有关的工程技术知识。此外,还应具有管理学基础原理、工程经济学、工程估价、工程合同、计算机应用和与工程项目管理相关的法规和法律等方面知识,以便增强工程项目管理能力和提高管理水平。

3.1.4 综合布线系统工程项目管理的立项过程和程序

综合布线系统是一个由多个子系统(例如建筑物主干布线子系统和水平布线子系统等)组成,且自成网络体系。它是一个项目内容较多的系统工程。但是与智能建筑和智能化居住小区的主体本身相比,相对而言,它是一个较小的子系统工程项目,因为它附属于智能建筑和智能化居住小区的内部,也是公用通信网的基础设施的组成部分。

对于工程项目管理工作来说,不论工程项目的规模大小、投资多少和要求高低,都必须按照规定程序来具体实施。因此,综合布线系统也应按工程项目的立项过程和规定程序办理。

众所周知,综合布线系统工程是智能建筑和智能化居住小区中的一项重要基础设施,且与外部公用信息网络系统组成全程全网,成为智能建筑和智能化居住小区中的用户内外通信联络的主要手段。因此,它的地位和作用是显而易见的,必须对它的立项予以高度重视。应该说综合布线系统工程项目虽小,但其影响很大,对于智能建筑和智能化居住小区的功能和质量却是关键。

由于综合布线系统工程建设投资多,服务期限较长、技术要求较高、涉及范围广阔,是一项较大的投资举措,必须经过认真的调查研究、充分论证和评估以及考察,通过规定程序报批、立项和审批。真正做到按照国家规定程序有计划、有条理和有步骤地细致安排、具体实施。

当然,综合布线系统因是智能建筑中的一个较小的系统工程项目,其立项过程和程序与大项目相比,可以适当缩短和简化。具体过程和程序通常如下所列:

1. 对拟建综合布线系统工程项目的智能建筑和智能化居住小区进行调查研究、收集有关基础资料。

2. 一般的智能建筑和智能化居住小区的综合布线系统工程项目,可以编制工程项目建议书。对于建设规模较大或特大型的智能建筑和智能化居住小区,且其性质重要、地位特殊时,应编制初步可行性研究纲要或可行性研究报告。

3. 由主管该智能建筑或智能化居住小区的建设单位或决策部门组织有关单位或专家组,对可行性研究报告进行认真评估,对报告中所提方案和建议进行论证,提出评估报告,报送决策部门,以便立项审批。一般的综合布线系统工程项目可以适当简化,如组织专家组进行评估和论证。

4. 根据不同类型和规模的综合布线系统工程项目,按照立项审批的工作程序和负责审批部门的要求报批,提请主管部门或授权机构审批立项,并申请办理工程项目手续。以审批立项的批复文件为依据,确定综合布线系统工程项目的建设规模、主要技术方案和投资控制额以及工程的大致进度等关键问题。

3.1.5 综合布线系统工程项目的前期策划

任何一个工程项目的确立是一个极其复杂,同时又是十分重要的过程。工程项目的前期策划工作,包括项目构思、需求调查、提出目标、建议规模、可行性研究、评估论证和项目决策等,也就是从项目构思到项目批准正式立项都是属于前期策划阶段。综合布线系统工程虽然建设规模不大,其项目前期策划工作也大致相同,只是简繁程度有所区别。要使综合布线系统工程圆满成功,同样要重视项目的前期策划工作,在这个阶段要严格进行工程项目管理。

1. 工程项目前期策划工作的重要作用

工程项目前期策划阶段是工程的孕育阶段,它是新生事物的酝酿阶段,对于工程项目成功实施和效益保证非常重要,且对工程项目的整个生命期都有决定性的影响。对此应有足够的重视。工程项目的生命期是受项目的时间限制的,在这个期限内工程项目经历由产生到消亡的全过程,它包含以下四个阶段:

(1) 项目的前期策划和确立阶段。主要是对工程项目的目标进行研究、论证和决策确立。

(2) 项目的计划和设计阶段。包括制订计划、招投标、工程设计和施工前准备工作。

(3) 项目的安装施工阶段。从施工开始到工程建成竣工验收和交付使用。

(4) 项目的使用和运行阶段。

工程项目的前期策划工作主要是产生项目的总体构思、确立建设目标、对项目论证和评估,为项目的立项和审批提供依据,它又是项目的决策过程。它的重要作用主要表现以下几点:

1) 具有确定工程项目方向的作用

项目总体构思和确立建设目标等都是方向问题,如果方向错误必然会导致整个项目失败或部分受到损害,且这种失误有时是无法弥补的。工程项目的前期策划费用投入虽然较少,但对项目的影响最大。相反项目的主要投入在安装施工阶段,但对项目的影响相对来说很小。以综合布线系统工程为例,如工程项目的目标错误定位,造成技术方案存在后患或不足,设计和施工中又不做修正,必然会产生以下后果:

① 工程建成后,不能适应用户通信需要,甚至产生影响正常运行,达不到预计的使用效果。例如对智能建筑或智能化居住小区的用户性质和通信需要了解和调查不够充分,因而

选用的综合布线系统的类型级别和设备配置以及网络分布存在重大问题。

②工程建成后虽可正常运行，但运营维护费用较高，且难以保证通信安全可靠，遗留今后改建或扩建的后患。例如综合布线系统工程中选用的设备和缆线的类型级别互相不配套，在技术方案中缺乏应变能力，没有考虑今后发展余地和足够的空间等。

③由于工程项目的目标错误定位，在决定综合布线系统工程的技术标准时，配置过高或过低的设备和技术，造成标准过于超前而积压工程建设投资，或技术过于落后难以满足使用要求。

2）具有影响全局的作用

工程项目必须符合客观世界的需要，如果达不到这个要求，必然会影响相关的工程项目，甚至导致总体和全局发生问题。例如综合布线系统工程是智能建筑和智能化居住小区内的中枢神经系统，如果工程建成后，其信息网络系统因综合布线系统的技术方案、设备配置和产品选用存在诸多问题，在工程项目管理工作中又未曾及时监督和有效控制以及严格管理，产生通信系统通而不畅、信息质量无法保证，这种状态必然造成智能建筑和智能化居住小区失去"智能化"的基本功能，这就使得智能建筑和智能化居住小区的全局发生无法满足用户使用的要求。

2．工程项目前期策划过程和主要工作

综合布线系统工程项目前期策划过程和主要工作，基本与通常的工程项目相似，应按照上述的立项过程和规定程序进行。具体工作情况如下：

（1）工程项目的构思

综合布线系统工程项目构思的产生是为了解决智能建筑或智能化居住小区的通信应用需要问题，满足业主或用户信息需求的期望。为此，需要通过工程建设项目达到上述目的，基于上述目的和要求，要对综合布线系统工程项目进行构思和策划，构思的素材有用户对信息的需求程度、建设单位对工程项目的要求和今后发展的策略，落实资金计划和工期进度要求等诸多要素。经过构思的综合考虑，认为项目是有利而可行的，经过有关的权力单位认可，则项目的构思具体转化为项目目标建议。

（2）工程项目的建议书

在工程项目构思的基础上进一步分析研究了智能建筑或智能化居住小区的情况，提出初步的综合布线系统工程项目的目标设计（即总体方案设想），吸取、优化和筛选各种意见和建议，最后形成工程项目建议书的基本框架，在建议书初稿中对工程项目的基本构成、方案内容和工程范围作出较为细致的说明，经过内部讨论、审查和评估，编制正式的工程项目建议书，以供决策时考虑。

（3）工程项目的可行性研究

工程项目可行性研究一般是在项目建议书获得有关部门或归口单位审批后，必须进行的工作。如果综合布线系统工程规模较小，上述两项工作可以适当简化，合并进行。可行性研究报告是对综合布线系统工程项目进行技术经济分析认证的方法，也是工程项目立项前必须做的前期工作之一。有关可行性研究的具体内容下面详细叙述。

3．工程项目前期策划应注意的问题

在综合布线系统工程项目前期策划过程中应注意以下几个问题：

（1）在整个前期策划过程中应对工程环境和服务对象（例如智能建筑和智能化居住小

区及其周围环境等),通常进行调查研究和预测估计,以便正确提供决策的建议和意见,这些客观素材是项目的基础。

(2) 在整个策划过程中是一个互相交流和不断反馈的过程,有时要不断地进行调整、修改、完善和优化,甚至有时要否定原来的构思、目标或方案。当然必须经过慎重评估和审议才能作出不同的结论。

(3) 在前期策划过程中要邀请各方面的专家或专业人员参加(例如项目管理、财务、工程经济、工程技术咨询等方面)、集思广益、取长补短、共同讨论,这样不仅能够防止决策失误,且能保证工程项目圆满成功,提高工程项目的整体利益。

(4) 在前期策划过程中必须发扬民主讨论和平等协商的精神,创造学术民主的氛围。尤其是上层决策者参加评议,不宜急于确定项目的主要内容(包括目标、方案和措施),使其他参与讨论的人员无法申述,这就会冲淡或损害对问题的讨论、无法深入研究、难以优化筛选,妨碍集思广益和正确决策。有时对以后的可行性研究也变成流于形式。

(5) 在前期策划过程中要重视工作安排和按照程序办事。在整个策划过程中要有细致的工作计划、周密的实施方案、认真的工作作风等。反对不按科学规律和规定程序办事、不作深入、系统的调查研究、不作细致、严格的方案论证。采取毫无根据或概念抽象的定性论断,甚至为了局部利益,迎合决策者的意图,作出脱离实际的设想,错误罗列和提供不真实的数据,导致在工程项目决策上失误的结果,这是应该引以为戒的。

3.1.6 综合布线系统工程的项目建议书和可行性研究

1. 项目建议书

在较大型的智能建筑和智能化居住小区中,综合布线系统工程一般要编写项目建议书,它是在可行性研究报告前,对工程项目本身进行说明,以便向上级主管部门提出请求审批。项目建议书的内容和要求如下所述:

(1) 项目建议书的内容

综合布线系统工程项目建议书的主要内容如下:

1) 工程项目提出的依据或背景;

2) 工程项目实施的基础和有利条件以及可能受到制约的因素(例如房屋建筑设计和施工进度的配合的约束等);

3) 工程项目的建设规模和技术方案;

4) 工程项目的初步投资估算;

5) 工程项目的设备和器材的选用;

6) 工程项目各种效果的预估以及适应发展的能力推测(例如通信能力和传输特性指标等);

7) 工程项目预计投产时间和工程建设进度计划等;

8) 必要的附件和资料。

(2) 项目建议书的要求

项目建议书的基本要求如下:

1) 项目建议书对综合布线系统工程项目内容应作细化和说明,将作为今后可行性研究、工程计划和工程设计的依据,把项目构思转变成具体的实在的项目任务。在项目建议书中要提出总体方案或系统设计。

2）项目建议书是向专业技术咨询公司或负责工程设计单位提供的书面文件,它应该成为委托这些单位承担任务的责任书和具有委托性质的文件,在建议书中应有相应的明确要求,以供具体实施。

3）项目建议书中必须包括项目可行性研究报告、工程设计中所需的总体方案或系统设计的有关信息和资料以及数据。在建议书中应明确工程建设任务和范围,建议书还应留有足够的自由度和可能选用其他方案的余地等。

4）建议书中对于工程项目建成后可能达到的目标(包括近期或远期的目标要求)提出期望的指标和要求,以便在具体实施中采取相应的措施。

2．可行性研究

综合布线系统工程项目可行性研究是项目决策和设计任务书的依据,且是工程建设项目与外界商谈合同、签订协议的基础。它是从技术、经济等各方面对工程项目进行全面策划和论证,它又是对前面策划工作进行详细化、具体化,所以有利于操作和实施,它起到承上启下的作用。

可行性研究的内容与项目建议书相类似,但尚需增加财务和经济评价等内容。所以是比较全面地对工程项目进行综合评论,因此,其结论必须客观、公正和科学,达到既是务实,又有远见,既要可行,又有可能,既要有一定的创新,又不能脱离客观现实。

工程项目可行性研究的基本要求如下:

（1）在编写可行性研究报告时,要充分、大量调查研究,以第一手资料为依据(例如用户信息需求),客观地反映和分析问题,不应带有任何主观意识和其他意图。因为可行性研究的真实性和科学性通常是由调查研究的深度和广度来决定;且是论证项目是可行或不可行,不是只论证可行,这点必须明确。

（2）可行性研究报告的内容应详细、全面而具体,要求定性和定量分析相结合,用事实和数据说明客观事物和内在关系,报告内容必须实事求是地进行论述。

（3）不论项目构思、建设规模、总体设想、技术方案等都要采取多个方案比较,精心研究、充分论证,以便选用经济合理和技术先进的方案。没有比较,就没有选择,论证就失去了依据和基础。

（4）在综合布线系统的可行性研究中,有不少考虑是基于对未来的预测(例如用户信息需求、业务量的估计等),这就包含很多不确定性,因此有一定风险,必须加强风险意识,在可行性研究中就是敏感性分析。

（5）由于可行性研究是对工程项目决策之前进行调查、分析和研究,预测其经济效益和生命力,论证其在技术上是否先进,经济上是否合理,建设上是否可行的一种科学方法。为此,除经济效益评价外,要和其他效益结合起来进行综合评价,切忌以某一方面的效果作为最后结论。

因为可行性研究的报告是项目进行过程中间的决策性文件,它在立项后应作为安排计划和工程设计的重要依据,在今后对项目评审又是项目实施成果评价的依据。综合上述,可以看出可行性研究是一项极为重要的关键性工作,也是工程项目实施过程中的重要阶段。

3.1.7　综合布线系统工程项目的评估、审批和立项

1．工程项目的评估

工程项目的可行性研究报告上报后,由决策部门负责组织有关单位或委托咨询单位进行认真评估,对可行性研究报告中所提各项建议或技术方案充分论证,经过讨论审议提交评估报告,报送决策部门审批和立项。

对于综合布线系统工程来说,因建设规模较小,工程内容也较简单,通常不做单独的专项评估,一般是与智能建筑和智能化居住小区的项目同时评议,所以评议比较简单,但在评估中必须遵循以下原则:

(1) 必须符合国家规定的方针政策,严格执行各项规章制度和技术经济方面的规定。

(2) 项目评估必须在满足技术功能要求和确实可行的基础上,要求工程中所采用的设备和器材是经过有关机构鉴定或证明是合格的产品,并有可靠的保证体系。

(3) 项目评估应遵循可比的原则、效益和费用计算口径要统一。

(4) 项目评估应以动态分析为主,采用国家规定的动态指标。必要时也可采用静态指标进行辅助分析。评价指标有价值、实物和时间等指标,根据要求选用。

(5) 项目评估的内容、深度及计算指标应能满足审批立项的要求。

(6) 项目评估主要是经济评估,但也应结合工程技术等方面因素综合评价,以便选用最佳方案。

(7) 项目评估必须确保科学性、公正性和客观性,必须坚持实事求是的原则,不应以实用主义或无原则的迁就等不负责任的态度来评估。

2. 审批和立项

工程项目审批和立项必须按规定程序要求进行。综合布线系统工程项目一般都与智能建筑和智能化居住小区工程项目一并审批和立项,较小规模或有特殊原因(例如自行筹措资金另立专项)可以独立申请审批立项。此外,因综合布线系统工程项目不涉及当地城市规划、选址和地质等基础问题,通常不需当地政府有关部门审批。但在报批项目时,应提交项目建议书或可行性研究报告等文件,以便审查。经过审批和立项后,基本确定综合布线系统工程项目建设规模、主要技术方案和投资控制额等问题。为下一步委托工程设计单位进行设计、有组织地进行工程施工招投标和落实设备、材料供应等工作创造有利条件。

3.1.8 综合布线系统工程项目的招标和投标

根据我国招标投标法的规定,在境内进行的工程建设项目包括项目的勘察、设计、施工、监理以及与工程建设有关的重要设备、材料等的采购,都必须进行招标和投标。

为了保护国家利益、提高项目效益、保证工程质量,必须按照我国招标投标法执行,以规范招标投标活动。在招标投标的具体工作过程中的要求和内容,可见招标投标法。

综合布线系统工程项目的招投标工作,主要有工程设计、安装施工和设备材料供应三个环节,现分别叙述其不同实施方法。

1. 工程设计

综合布线系统工程项目的设计任务,可以采用招标方式选择设计单位,采取智能建筑和智能化居住小区工程项目一次性总的招投标,也可分单项或分专业招投标。总中标设计单位经过招标单位同意,也可将综合布线系统工程项目委托给其他设计单位分包。目前,综合布线系统工程项目更多是直接邀请信誉较好、实力较强的或以前曾有过良好合作关系的设计单位协商洽谈的办法。由于综合布线系统工程建设规模较小、任务较为单一,委托设计的合同也可简化,取费标准基本按有关部门的规定,整个程序较为简化,不像智能建筑和智能化居住小区工程项目那样复杂。

如在工程建设规模特大,且性质重要或有特殊要求的智能建筑和智能化小区,其综合布线系统工程必须实行公开招标方式,由招标单位向有承担能力的设计单位直接发出招标通知书。通常邀请招标必须在三个以上单位进行,并应邀请不同地区、不同部门的设计单位参加。

工程设计招标和投标的程序和要求如下:

(1) 工程设计招标

1) 由招标单位编制招标文件,其内容一般如下:

① 投标须知和要求;

② 经过批准的设计任务书以及有关文件(包括复印件);

③ 工程设计项目说明书(包括工程项目内容、设计范围和深度、施工图纸内容、提交文件的份数、设计进度和提交设计文件日期等要求);

④ 设计基础资料提交的内容、方式和时间;

⑤ 组织现场勘察和进行招标文件答疑的地点和具体时间等;

⑥ 合同的主要条件和要求;

⑦ 投标截止日期。

招标文件一经发出,不得擅自更改。

2) 发布招标通知书,投标单位购买或领取招标文件;

3) 招标单位对投标单位进行资格审查;

4) 招标单位组织投标单位踏勘现场,解答招标文件中的问题。

(2) 工程设计投标

参加投标的设计单位必须按照招标通知书规定的时间编制和密封报送投标申请书和投标文件,投标文件必须符合招标文件要求,其主要内容应包括以下几项:

1) 综合布线系统总体方案设计综合说明书;

2) 技术方案设计内容及有关图纸;

3) 主要的施工技术要求和施工组织方案以及建设工期;

4) 工程投资估算和经济分析;

5) 工程设计进度和收费标准。

此外,应附有设计单位简单状况说明,如单位名称、地址、负责人姓名、勘察设计资质证号码、开户银行账号,单位的业务性质、成立时间、近期主要工程设计情况、工程技术人员的数量和技术水平、技术装备以及专业配套等情况。投标书的主件必须加盖设计单位和负责人的印章,投标文件一经报送,不得以任何理由要求更改或退回。

(3) 工程设计开标和评标及定标

从发出招标文件到开标,最长时间不得超过半年。开标、评标至确定中标单位,一般不得超过一个月。招标单位应按规定对开标、评标和定标全面负责。在规定的时间和地点当众公开开标,邀请有关部门的代表和专家组成评标机构组织进行公平、公正评标。评标机构组织应根据各投标单位报送的文件进行公正评审,在评审时应根据总体设计方案的优劣(技术是否先进、功能能否符合使用等)、经济效益高低、工程设计进度快慢、投标单位的设计资质和社会信誉等因素,提出综合评标报告,推荐候选的中标设计单位,供招标单位决策时考虑。

招标单位根据综合评标报告在自己的职权范围内自主作出决策,确定中标设计单位。除性质特殊的项目须经主管部门批准外,通常其他单位或个人不能对招标单位的决策进行干预。

当决定中标单位后,招标单位应立即向中标设计单位或未中标设计单位发出中标或未中标的通知书。中标设计单位必须在一个月内与招标单位(建设单位或业主)签订工程设计合同。

上述工程设计招标和投标及定标等工作,可由建设单位或其上级主管部门主持,也可委托咨询公司或工程承发包公司代办。

工程勘察设计合同的内容,应按《中华人民共和国合同法》(1999年10月1日起施行)中的有关章节的条文规定执行。在合同中应根据工程设计项目的实际情况和建设单位的客观要求等,经过双方友好协商,明确双方互相的义务权利的关系等主要内容来签订。

2. 安装施工

我国早在1984年颁发了《关于改革建筑业和基本建设管理体制若干问题的暂行规定》,在文件中明确指出要大力推行工程招标承包制,由发包单位择优选定建筑施工安装企业。文件中对有关工程施工承包的管理都有明确和详细的规定,例如要求工程施工承包单位必须持有营业执照、资质证书、开户银行资信证明等文件,不允许无证承包、未经批准越级承包或超范围承包等非法行为。如从智能建筑和智能化居住小区的主体工程项目要求,必须按此规定办理,但是目前综合布线系统工程项目的施工安装任务,常采用以下几种形式:

(1) 由承担智能建筑和智能化居住小区工程主体的施工单位总包,再与综合布线系统工程施工单位协商分包,以合作方式共同承担责任的方法进行施工。

(2) 由建设单位直接委托施工单位承包,这种形式主要用于智能建筑或智能化居住小区早已建成,综合布线系统建设规模很小的工程。

(3) 目前,综合布线系统产品主要由国内外生产厂商供应,大都是成龙配套,并有合作认证的代理商承担施工任务。因此,通常由建设单位或施工总承包单位在产品选用时,即与有关生产厂商洽谈承包安装施工事项。

上述几种形式各有利弊,且这方面的建筑市场较为混乱无序。目前,各地电信部门虽有行业管理机构,但对综合布线系统施工单位的管理力度不够,且还未走上规范化。此外,综合布线系统工程附属于房屋建筑或智能化居住小区,因智能建筑和智能化居住小区均为建筑工程,难以统一管理,这是目前综合布线系统工程中存在的主要问题。

由于综合布线系统工程涉及面广、专业性较强、技术要求高。为此,建设单位(或业主)在工程设计会审后,应迅速编制安装施工招标文件,具体招投标组织工作可以自办,也可委托咨询公司或监理单位实施。要有目的,且有选择性地向技术力量强、保证质量体系完善和服务信誉较好的施工单位送发招标邀请文件,要求如期投标,经公开组织开标和评标等一系列规定程序,确定承包安装施工的中标单位,并要验证其施工资质等级和相关事宜,最后经协商签订承包施工合同。所以选择施工单位是极为慎重的事项。

此外,从信息网络系统的全程全网来看,应与当地电信公司加强配合协作为好,以保证综合布线系统工程质量,有利于信息传输的质量提高。

3. 设备材料供应

目前,综合布线系统工程的设备和材料的供应方法,通常由建设单位和设计单位组织优化筛选,最后决定产品供应单位。有些较大规模的综合布线系统工程,采用智能建筑和智能化居住小区中的自动化控制系统工程项目类似的招投标方法。

综合布线系统工程的设备和材料的招标投标程序比较简单,通常采取公开招标,由招标单位(如建设单位或总承包单位)按规定程序发布招标通告,各产品生产厂商或代理商购买标书,按招标文件规定的时间内完成投标报价等工作。招标单位必须在规定的时间、地点公开当众开标,经过招标单位组织的专家组或委托有关单位评标,决定中标单位,并公布投标结果,最后与设备、器材供应厂商洽谈和签订供货合同等具体事宜。

在规模较小的综合布线系统工程中采用灵活的方式,由建设单位列出所需设备品种、规格、型号和数量,分发给若干家生产厂商,要求其在规定的时间内书面报价或提出有关建议,经建设单位或邀请有关单位或专家认真地综合分析比较,选定理想的产品和其供应厂商,并商谈签订供货合同等有关事宜。

众所周知,综合布线系统工程在国内的历程较短,尤其是工程项目管理工作还处于刚刚开始阶段,经验和教训很少。但是工程项目管理对工程建设和社会发展的重要作用,已被国家和社会广泛重视,因此,工程项目管理将在各种工程领域(包括综合布线系统工程)中逐渐普及和开展,这是社会发展的必然要求。

第二节　信息网络系统和综合布线系统工程建设规划

3.2.1　规划的定义和分类

1. 规划的定义

规划就是谋划、策划,俗称打算。从规划论学术来分析和论述,它是在事先预计满足既定的要求下,按某一个衡量指标来寻求最优化的实施方案。规划论是运筹学的一个分支,它主要研究计划管理工作中有关安排和估计取得的结果。目前,我们所指的具体规划是指内容比较全面或时间较为长久的长远发展计划,例如科研发展规划、城市建设规划和十年教育发展规划等。

2. 规划的分类

规划划分类型很多,各个部门或系统都有不同的规划。这里以通信领域内常用的规划为例,简单介绍几种分类,它们是依据不同的原则和要求,划分为不同的规划类型。

(1) 按通信网络规划性质划分有:

1) 通信网发展策略规划　它体现通信网发展远景和设想,具有宏观性、方向性和策略性。一般对通信网的长期发展作出目标性和趋势性的预测和估计,进行简要的描述,给出通信网发展中需遵循的基本方针和指导准则。

2) 通信网发展实施规划　它体现通信网发展具体实施计划,在规划中指明在规划期限内通信网达到的具体目标和相应水平、网络结构布局、建设规模容量、设备配置水平和建设投资来源和途径,对通信网建设提出具体进度方案和实施计划安排。因此,具有实践性、可操作性。根据这类规划编制深度有所不同,所以有时将这种规划称为网络规划总体方案或称网络总体设计等。

(2) 按地域或管理范围划分有:

1) 全国长途电信网规划。

2）省际长途电信网规划(指各省之间的长途电信网)。

3）省内长途电信网规划。

4）本地通信网规划或本地电话网规划。

(3) 按网络所有权划分有：

1）公用通信网(包括公用电话交换网等)规划；

2）专用通信网(包括军队、公安、航天、铁路、交通、石油等部门或系统的专用通信网)规划。

(4) 按通信网功能划分有：

1）电信传输网规划，包括光缆传输网规划、卫星网规划、微波网规划和本地中继网规划等。

2）电信业务网规划　包含有电话网规划、数据通信网规划、移动通信网规划、智能网规划和综合业务数字网规划等。

3）电信支撑网规划　包括有 7 号信令网规划、数字同步网规划、电信管理网规划等。

(5) 按规划期限划分有：

1）十年或十年以上的长期发展规划。

2）有五年左右的中期发展规划，一般为具体发展实施规划，应与国民经济发展计划的时间阶段基本一致。

(6) 按规划的具体目标划分有：

1）以具体工程建设项目为主的工程建设规划；

2）以国家全局通盘研究的电信网统筹规划。

此外，还有以规划本身特点来划分的，例如线性规划和动态规划等。因此，规划分类方法难以一一列举。

在这里应特别指出的是常与智能建筑和智能化居住小区、信息网络系统和综合布线系统工程有极为密切关系的规划，例如本地公用通信网总体规划、智能建筑和智能化居住小区工程建设规划或总体方案设计等。尤其是在上述规划的指导下编制的信息网络系统建设规划设计和综合布线系统工程总体方案设计(有时称系统设计)等，都是本书叙述的主要内容。这里指的信息网络系统建设规划就是计算机通信网络，它是计算机系统和通信系统等互相结合组成的，在智能建筑和智能化居住小区中是某个单位、某个部门或当地社区自建专用的信息网络系统规划，它是重要的基础设施之一。

3.2.2　信息网络系统建设规划

1. 专用信息网络系统的定义和范围

信息网络系统是指由计算机系统和通信系统等互相融合组成的，具体任务是在网络系统内部或对外界广泛互相交流信息，通过计算机系统还具有可以对信息进行储存、加工等功能。因此，它已被当今社会的各个领域广泛应用的通信手段。

由于信息网络系统是具有一定建设规模，它可以是单幢的智能建筑内一个单位专用的局域网；也可以是覆盖一个专供智能化小区使用的园区网，例如高等学府中的校园网，甚至可以成为跨地区的广域网中的组成部分。由于信息网络系统都为自备专用，所以也有称为专用信息网络系统，显然它的定义和范围比较广泛，尤其是使用对象和覆盖范围不能简单概论。目前，国内有些地方和书籍把这种专用信息网络统称为企业网络，这种定义显然有不够全面之处,它只是从狭义上对从事生产、运输、贸易等经济活动的企业予以命名,但是它不能包括具有一定建设规模和不同信息需求,尤其是不是从事经济活动的党政机关、高等学府和科研机构以及其他行政单位(例如工商管理、税务和交通管理等)。这里所说的专用信息网络系统是泛指上述各个系统、各个部门、各个领域和各个单位的自备内部使用的所有计算机,并与外界相连能够广泛交流信息的专用网络系统,即是自建专用的信息网络系统,简称信息网络系统。

信息网络系统的范围难以作统一的规定。由于它的服务范围(或称覆盖范围)是随着信息传送范围扩展而不断变化。例如有时只是一个单位或部门内部的局域网,如因信息传送距离增加,其服务范围也相应扩大,可以成为广域网,其覆盖范围可以是几公里、几十公里,甚至与国内网或国际网互联,其覆盖范围更为广阔,达到几百、或几千公里、甚至更广。因此,专用信息网络系统应根据信息传送范围等具体情况来定其覆盖范围。但是专用信息网络系统的建设范围是按工程建设规模、所处的客观环境以及传送信息的要求来确定,一般是以计算机网络系统考虑定名,例如局域网、区域网(有时称城域网)和广域网。

2. 信息网络系统建设规划的重要性

随着21世纪的到来,在现代化信息社会中,由计算机技术和通信技术等互相融合组成的信息网络系统,所起的作用越来越显著而突出。各个地区、系统、领域(包括政治、经济、科技、文化、生活等方方面面)、行业和部门,从实践中得到了难以估计的效果,人们已经认识到有必要建立为自己服务的专用信息网络系统。随着计算机通信网络不断扩大和发展,近期,国内不少部门、系统和行业都纷纷新建信息网络系统,甚至成为与国外联系的互联网的重要组成部分,且发展速度极为迅速。

目前,国内各行各业建设的信息网络系统基本上是自行筹措,分散决策、各自实施的建设模式。应该说这种建设方法有可能造成先天不足的后果。因为在建设信息网络系统时,往往只从本单位、本系统、本部门或本地区的实际使用方面考虑较多,局限性较大,缺乏全面的综合考虑。在具体实施中,既未进行总体规划,又无统一标准,势必产生互相脱节或矛盾,在系统的整体性、连贯性和统一性等方面多少存在缺陷,必然是降低信息网络系统的服务效果。为此,必须认真编制好信息网络系统建设规划,以便在工程中指导具体实施,使信息网络系统建成后能满足客观需要。

信息网络系统是一个涉及面广、技术复杂、工程周期长的工程建设项目,因此,信息网络系统工程的建设规划中必须认真考虑和妥善解决各种主要问题。例如技术方案是否先进,网络结构是否完善,设备配置是否合理、工程质量能否保证、技术性能能否满足要求和规划设想能否适应发展等。这些课题都对于信息网络系统的性能指标和服务质量以及应变能力具有决定性的作用。

因此,信息网络系统建设规划应是智能建筑和智能化小区工程建设项目中的一项重要工作,它是极为必要的,且必须认真搞好,力求把计算机网络系统和通信系统(包括综合布线系统)组成的信息网络系统,建设成真正满足当前的用户信息客观需要,又能适应今后发展形势的系统工程。

3. 信息网络系统建设规划的基本内容和工作程序

(1) 信息网络系统建设规划的基本内容

信息网络系统建设规划属于基本建设领域中的前期工作,它是一个纲领性和指导性的文件。它从开始筹划,直到预定的工程建成,与各个方面都有着密切的关系,既直接影响工程设计、设备选型、系统集成、安装施工和工程验收,又会涉及运行使用和维护管理;此外,还要进行工程建设投资的估算和技术经济分析评价以及提供规划实施措施与建议等。因此,信息网络系统建设规划涉及范围极为广阔,具体内容也是丰富繁多。现在下面以最基本的内容进行叙述:

1) 信息网络系统建设的必要性和要求

在信息网络系统建设规划中应全面介绍工程建设项目所在客观环境和信息需要等情况,详细阐述建设专用信息网络系统的必要性和其依据,提出网络建设要达到的预期目标和具体要求。

① 通过信息网络系统将本单位的各种优势和有利条件汇聚集成,以便推动和促进本单位整体的业务素质和科技水平加快提高速度,使单位的总体水平得以发展。

② 信息网络系统具有先进的技术功能,能够及时收集和迅速处理各种信息,有利于分析研究、减少决策的错误、提高工作效率和管理水平,使本单位不断发展和扩大影响。

③ 通过信息网络系统与外界广泛沟通,使本单位的一切业务活动融合于整个社会中,不致脱离社会和落后于发展趋势,使本单位紧跟时代前进。

2) 用户信息需求的调查和分析

在进行信息网络系统建设规划前,必须熟悉和充分了解本单位的工作性质、业务范围、工作流程、互相联系的对象、所需信息的业务种类等实际情况。目的是为了提出本单位对信息网络系统的需求状况,要求必须"知己知彼","知己"是根据本单位的具体情况,提出为什么要建设信息网络系统的理由和建成什么样的信息网络系统以及有关建议;"知彼"就是了解当前本地通信网络状况、网络建设的科技水平、各种产品生产和应用现状等。通过调查研究、分析探讨,提交比较全面、情况翔实的网络建设调查分析意见,以便决策者在审定建设规划作出决定前有所参考。有关用户信息需求的内容将在下面专节详细叙述。

3) 信息网络系统建设规模和工程范围

信息网络系统建设规模和工程范围是信息网络系统建设规划中的重要内容部分,这也是工程建设项目的核心内容,它不仅是技术,又有经济。例如工程建设规模和工程范围过于庞大,必然大大增加工程建设投资;工程范围确定如不合理,会使技术方案难以满足客观需要,也可能不符合先进性的要求。因此,在信息网络系统的建设规划中,既要考虑建设规模和工程范围的正确划定,又要考虑网络系统的技术功能应满足客观要求,同时也要注意建设资金的落实程度,做到技术和经济应统筹兼顾、全面考虑。更主要的是要以建设项目本身的实际需要来确定建设规模和工程范围。同时,应根据技术先进、经济合理的基本原则,可以在规划中提出采取一次到位或分期实施的不同建设具体方案,以便审查规划和决策时考虑和选用。

4) 网络建设技术方案的基本设想

在熟悉和了解本单位的工作性质、业务范围和信息需求的前提下,提出本单位网络建设信息需求分析结论后,要结合调查和参考相同或类似性质的单位,自建信息网络系统工程建设情况,明确拟建的信息网络系统的目标和要求,初步拟定网络建设技术方案的基本设想。这个基本设想是规划的重点,务必对信息网络系统的技术方案构思,要有比较全面、能基本满足客观需求的规划要点。例如信息网络系统的组成、网络组织结构、主要设备配置、网络连接方式、信息业务种类、服务质量水平和今后适应能力等,都有一个比较轮廓性的建设规划和发展建议,以便在工程设计中进一步深化和完善。

5) 网络系统工程的集成要求

信息网络系统的集成涉及各门学科和各项科技,在具体实施过程中需要有各种专业知识和有关人员参与。但是在制订信息网络系统建设规划时,应根据用户使用需要考虑网络系统工程建设集成的内容,例如是低层次或高层次的集成;硬件或软件的集成;新建的设备和原有设备如何配合应用的技术集成等等。由于信息网络系统的业主(或建设单位)性质不同,其要求的信息网络系统的建设规模和工程范围是不一样的。如从网络系统的整体或组成来分析,它们的网络拓扑结构、科学技术的含量、主要设备的配置和具体实施的难度等方面都会有巨大的差异。同时,还应看到信息网络系统工程建设的集成,是从筹划组织实施到网络建成运行的全过程都存在的,这个全过程由方案设想、系统设计、设备选型、具体配置、网络建设、软件开发、维护管理、技术支持和业务培训等一系列过程或活动组成。显然信息网络系统工程建设的集成,是渗透在整个过程中,不应看作只是在整个建设过程中的某一部分。

此外,在制订网络建设规划时,还应对系统集成单位的现状和其能力进行调查研究,以便在规划中提出初步选择系统集成单位的建议或意见,供建设单位选择时参考。

6) 网络系统工程的评估、检测和验收

信息网络系统规划中应对网络系统工程建成后预计其实际效果,并作出事先的评估,同时要在规划中明确对网络系统工程的检测和验收的具体要求。

评估是规划中的重要内容之一,它主要从信息网络系统的建设规模和工程范围、主要技术方案的设想等重要内容进行分析和论证,事先预计工程建成后,在技术和经济上有可能充分体现其实际效果,同时,证明网络建设工程的有效性和合理性。当然,规划中的评估结论与实际工程建成后体现的效果会有差别,一般来说后者好于前者,说明这一个工程建设项目是成功的,否则是失败的或不是理想的。

此外,在规划中应对工程建设中的重要阶段作好规划和安排。例如工程施工时阶段测试和检查;竣工后的抽检和验收等,要明确提出测试要求和检测指标等意见,以便在具体实施过程中执行,可以说这是规划中比较重要的内容之一。必要时,在规划中明确要求对网络系统的关键部分分别进行调测和其达到的目标,甚至要求全系统的联合调测。上述调测的目的和要求都要在规划中有明确的安排和意见,以求网络系统工程建成后达到预期的目标。

7) 网络建设规划的具体实施

在编制信息网络系统建设规划时,应认真考虑和详细安排工程中各个具体实施细节,要求具体实施计划力求细致周详,例如实施的大致内容、时间进度和具体目标以及基本要求。规划中具体的实施内容有工程设计完成的时间和要求;与智能建筑或智能化小区主体工程以及计算机系统等其他系统工程的协调配合;设备选型和订购计划对外公开招标投标;系统集成单位的选择和工作要求;承包施工队伍组织实施和工程进度、工程竣工时间的确定;计划验收、调测和使用的具体安排等。当然在具体实施过程中因各种客观原因或外来条件的限制,需要适当改变网络建设规划中的安排,这也是允许的。

8) 网络建设投资估算和经济分析

在网络建设规划中极为重要内容之一是网络建设投资的估算和资金来源的落实以及具

体安排。为此,必须在规划中有周密筹集计划和合理分配方案,以求工程顺利进行,并取得最大的投资效果。建设信息网络系统是一项有目的的生产实践,它具有社会经济活动的本质和特性。因为进行工程建设,必然消耗一定财力、物力和人力。同时,也会产生难以估计的社会效益和经济效益。为此,需要对网络建设状况进行经济分析,对其总体效果进行认真评估。例如网络建成使用后,产生多少经济效益;今后是否还需要继续投资进行网络扩建,或将会增多运行或维护费用等。总之,在网络建设规划中应对网络投入使用,预先估计其投资产生的综合效益,且要达到或满足原定的计划目标和客观要求等要有明确的叙述。在经济分析的同时,除经济效益外,还应结合其他效益(如技术效益和社会效益等),作出必要的综合性结论。

由于信息网络系统的使用对象(或建设单位)和建设目的有所不同,它们的网络系统工程建设规模不会相同,覆盖的服范围也大小不一。因此,在编制信息网络系统建设规划时,其规划内容可以适当增加或简略,不需强求一致。前面所述的基本内容是供规划时参考。

(2) 信息网络系统建设规划的工作程序

信息网络系统建设规划的整个工作程度,一般分为构思策划和具体编制两个阶段

1) 构思策划阶段的主要工作程序如下:

① 根据本单位(部门或系统)的业务范围、工作流程等具体情况,调查网络建设的实际需要状况。

② 广泛收集信息网络系统建设规划中所需的各种资料;调查和了解与本单位相同或类似单位已建的网络建设状况,以便有目的深入到有关单位访问了解。

③ 初步策划信息网络系统建设规划的设想方案。

2) 具体编制阶段的主要工作程序如下:

① 对网络建设的实际需要状况调查了解和收集汇总各种基础资料以及有关数据,并进行分析和研究。

② 拟定网络建设规划的纲要,确定规划的大致编制内容。

③ 编制网络建设规划(初稿)。

④ 将网络建设规划(初搞)提交给决策部门或领导机构审查批准,也可组成专家组进行审查和讨论,提出评审和修改意见。

⑤ 根据评委会的评审和修正意见,对原有网络建设规划进行修改、补充和完善。最后由完成网络建设规划的单位全面负责最后定稿。

当然,网络建设规划有时要三番五次地进行讨论和修改,所以经常成为反复推敲的文件是屡见不鲜的。

4. 信息网络系统建设规划的编制要求和组织实施

(1) 信息网络系统建设规划的编制要术

信息网络系统工程建设是一项复杂的系统工程,具有涉及面较广、技术较复杂、建设周期长和功能要求高等特点。因此,对于它的建设事宜必须有一个周密详尽的建设规划进行策划和指导,以求高效优质地建成为一个比较理想和切实有效的信息网络系统,为建设单位和业主提供能满足当前客观通信需要的基础设施。因此,在具体编制信息网络系统建设规划中,必须遵循以下要求:

1) 编写规划内容提纲和确定编写格式

在编写网络系统建设规划前,应先充分酝酿构思较为全面的内容提纲和编写格式。其主要部分应包括编制网络系统建设规划的必要性和前提条件,工程建设规模和总体技术方案设想,网络系统建成后预计其总体效果,投资经济分析和综合评议结论等。

编写格式必须符合基本格局,且有规范化的表达形式。

2)成立专门组织或指派精干人员编写

为了确保规划编写质量、符合客观要求。必须成立专门的工作组织,要求编写人员精干,不宜过多。编写人员必须具备丰富的专业知识和业务素质,且要有一定的编写能力,以求提高工作效率,使编写的规划满足工程建设要求。

3)规划质量必须得到保证,具有指导实践的作用

对于网络系统建设规划的编写要求较高,因为它是指导工程建设实施的文件,必须达到编写内容全面扼要、方案论点表达清楚、重要部分明确突出、文字语句精炼通顺。力求编写的网络建设规划具有先进性、实用性、经济性和指导性等特点,有利于信息网络系统工程建设的具体实施和今后的使用管理。

(2)信息网络系统建设规划的组织实施

在信息网络系统建设规划中,应写明从编制规划至投产运行全过程的计划安排,各个阶段的时间历程和工作内容。尤其是要明确工程设计的进度和文件交付期限、设备器材订购供货所需的时间,安装施工的工程计划进度、竣工验收和调测的安排、试运行和投产前的准备以及最终正式运转的期限等。当然上述安排都只是原则性,不够具体和周密。为此,在工程建设过程中需要按照上述计划安排,结合工程的实际情况,采取具体的组织实施措施和工作方法来实现。现以主要的关键部分工作安排进行介绍。

1)由建设单位或主体设计单位组织与智能建筑或智能化小区工程建设有关的设计单位,例如土建工程、信息网络系统工程(包括计算机系统工程)和其他系统工程等的设计单位,开会研究综合协调各种工程设计中的技术方案和具体细节,例如设备间或专用机房的统一布置;电缆竖井等通道或空间采用合设或各自分设;各种管线的路由和位置等综合协调;各种工程设计和施工进度的配合计划等。

2)及时安排对信息网络系统工程设计技术方案的评议和审查,提出修正的建议或意见,以使技术方案更完整和设计质量得以得高。工程设计交付后,应及时组织工程设计和安装施工单位召开技术交底会议,解决工程难点,确定施工方案和采取的具体措施。

3)对信息网络系统工程中(包括综合布线系统工程)所需的设备和器材进行检查测试、清点验收等工作。对于设备和器材的型号、品种、规格和数量应符合工程设计要求;技术性能和主要指标都应满足工程需要。

4)对信息网络系统工程的安装施工,应根据不同的子系统的客观环境和技术要求以及工艺规程等具体情况,进行监督管理。尤其是属于隐蔽工程的关键部分,必须采取随工检验和及时签证的工程监理方式。

5)在信息网络系统工程竣工验收前,应督促施工单位会同监理单位要对各个子系统分别调测和整个系统联合调试,对于有些关键段落可采取重点抽查测试,及时发现问题,采取补救措施予以完善。

6)按照网络建设规划预定的目标和工程设计的具体要求以及各种技术标准规定,组织有关单位对工程进行竣工验收和办理交付手续等。

上述一系列的具体实施只是工程建设过程中的部分内容。此外,还有很多具体细节,例如承包施工单位的选择、招标、评标和开标的具体事宜、竣工验收时文件和资料的移交等,都是极为重要的工作。此外,还需注意工程建设项目与所在地区各方面的关系,例如城市或区域的建设规划、公用事业和市政管理等部门。因此,从信息网络系统工程出发,必须按它的内在关系和发展规律以及外部因素,在组织实施过程中应全面安排和统一考虑,力求使信息网络系统工程建成后能够充分发挥其应有的作用。

3.2.3 综合布线系统工程具体规划要求

1. 综合布线系统工程与信息网络系统的关系

信息网络系统是计算机系统与通信系统相结合的产物。综合布线系统是信息网络系统的传输系统,它是重要的组成部分,也是互相联系、彼此结合的纽带,是为智能建筑和智能化小区的通信自动化、建筑自动化和办公自动化创造有利条件和物质基础,它是一个极为重要的基础设施。信息网络系统建设规划是综合布线系统工程设计的前期工作,在规划中对网络建设规模和技术方案等核心问题进行充分论证,原则性地确定网络发展的方向和网络建设的要点。因此,对于综合布线系统工程来说,它的内容不够具体,要求较为粗略,不能具体实施。所以综合布线系统工程中应有较为周密细致的规划设想来指导,以便于具体实施。

在综合布线系统工程建设中必须根据智能建筑和智能化居住小区(有时简称智能化小区)内的实际需要和具体条件来规划,真正达到满足用户使用需要的目的和要求。

2. 综合布线系统工程具体规划要求

在综合布线系统工程建设规划中,必须根据智能建筑或智能化居住小区的实际需要进行考虑,具体规划设想应该说与工程设计中的总体设计有些类似,但后者比前者更为详细具体,可操作性较大。综合布线系统工程具体规划要求如下:

(1)根据智能建筑是单幢或建筑群体的实际情况,决定综合布线系统是由几个布线子系统组成。如果是建筑群体或智能化小区,除有屋内的各个布线子系统外,还应有建筑群主干布线子系统和其相应的地下通信管道设施等组成工程建设项目的整体,不应遗漏。

(2)要结合当地公用通信网络的现状和今后发展需要,确定接入网采用铜线接入方式(包括 xDSL 接入方式)或光纤接入方式以及与公用通信网连接方案。选用的接入网方式必须紧密地与综合布线系统配合,符合技术先进、经济合理、满足目前使用和今后发展等要求。

(3)综合布线系统的网络结构、设备配置和产品选型等规划中的重要内容,必须根据智能建筑或智能化小区的实际需要,结合今后可能变化因素(如设备的技术含量配置由低级向高级)和客观环境条件要求(例如今后电磁干扰源的增加,是否采用屏蔽系统的缆线和设备),选用相应的建设方案。要求不是盲目求高要新,防止因使用还不成熟的技术和产品,使工程建成后产生难以挽回的损失。同时,要求上述技术方案具有灵活性,能够适应今后变化的发展需要;也要避免因技术方案过于落后,造成今后大拆大改的后果。

(4)综合布线系统工程中的技术方案,要求采取适当超前的标准考虑。因为综合布线系统总体的技术性能高低,在一定程度上决定整个网络系统的使用功能。例如综合布线系统中的水平布线子系统,其缆线敷设后,它的技术性能基本决定,一般不会将它抽换改变,基本属于一次性投资,且以后也不需提高其技术性能。为此,在综合布线系统工程规划中要求采用以能达到较高的技术性能作为标准,在产品选型应选用技术性能好、适用范围宽,且能适应今后发展的产品。同时,考虑到目前科学技术发展很快、产品升级换代频繁,必须考虑前后的设备之间互相能够兼容,通用性要强。

(5) 综合布线系统具有综合性、兼容性、通用性和灵活性等特点,在理论上说是可以综合各个系统的传输信号线路,它是智能建筑和智能化小区内的神经系统和基础设施。但是从不同系统的角度观察,由于不同系统的网络拓扑结构和终端设备位置以及连接方式都有较大区别,对综合布线系统的综合应用会产生不同的要求。此外,结合我国国情和管理体制以及工程特点是难于综合,例如消防通信系统和安全防范系统等都有标准,并明确规定不与其他系统合用或同设。因此,在综合布线系统的具体规划设想和总体方案设计中,同一综合布线系统不宜,也不能综合所有系统,如过于强调高度综合,则难以符合实际需要和保证网络安全。为此,应根据各个系统的使用要求、网络结构、线路段落和具体条件等诸多因素综合考虑是否综合,怎样综合。以避免规划脱离实际,不能满足用户需要。

(6) 在智能建筑的综合布线系统工程具体规划时,应及早将房屋建筑中综合布线系统所需的管槽系统分布方案和具体要求向建筑设计单位提供,以便在土建设计中纳入。综合布线系统缆线所需的管槽系统遍及整个建筑物中,它是根据综合布线系统缆线分布状况(包括建筑物主干布线子系统和水平布线子系统),并结合智能建筑的使用性质、功能、特点和要求以及建筑结构等来考虑。由于它是智能建筑内重要的基础设施之一,又是土建设计和建筑施工中不可分割的部分,且要求同步设计和同时施工。此外,需要预先为穿放缆线留用的洞孔规格和数量以及位置都与建筑物有关。为此,综合布线系统工程的具体规划中必须重视,做到及早联系、密切配合,使管槽系统能满足综合布线系统缆线敷设和穿放的要求。

第三节　用户信息需求的调查和预测

用户信息需求的调查和预测又称用户信息需求预测,简称用户信息预测或信息预测。它是对用户了解和调查以及预测其所需的信息类型和业务量,所以有时又称业务预测。

3.3.1　用户信息需求调查预测的基本要求

1. 用户信息需求调查预测的重要性

因在智能建筑和智能化小区中的综合布线系统是重要基础设施之一,其技术性能高低和服务质量好坏,会直接影响智能建筑和智能化小区的使用功能和服务效果。为了使综合布线系统能更好地满足客观需要,除要求综合布线系统中采用的设备和器材,在技术性能和产品质量上确有保证,且设计和施工等方面都较严格执行技术规范和全面保质实施外,更主要的是要适应用户信息在业务种类、信息业务流量和信息出现的位置(主要表现在通信引出端的位置)等各方面的变化和增长的要求。为此,在综合布线系统的规划设想和工程设计前,应首先对智能建筑或智能化小区的用户信息需求进行调查和预测,它是一项重要的前期工作。

由于智能建筑或智能化小区的建设规模、工程范围、性质类型和使用功能等有所不同,即使基本相同,因业务性质、人员数量、单位结构和组成成分以及对外联系密切程度不一,也会有很大差别。同时,用户信息需求不仅需要通信等系统的各种专业知识,还涉及社会科学和人文科学等方面的知识。此外,用户信息需求的工作量大、涉及面广,且是一项非常错综复杂,又极为细致繁琐的事务性工作。

用户信息需求的最终结果,是综合布线系统工程的基础数据,它的准确和详尽程度会直接影响综合布线系统的网络拓扑结构、缆线分布格局、设备配置方案和技术性能指标等重要问题的决策,且都会涉及工程建设投资高低和日后使用及维护管理,甚至对今后发展有一定影响。因此,用户信息需求预测是非常重要的工作,它对网络建设规划、工程设计、使用运行和维护管理等方面都是一项极为重要的依据。

2.用户信息需求预测的基本要求

由于用户信息需求预测具有广泛的社会性和严格的科学性,且要求较高,为了达到用户信息需求预测结果具有准确和详实的目的,必需做到以下几点:

(1) 必须充分体现三个要素

用户信息需求发生点都包含着三个要素,即用户信息需求点出现的所在位置,出现的时间和用户信息需求点的数量,简称位置、时间和数量。任何用户信息业务类型(包括话音、数据、图像和控制信号等)都必须有这三个要素,否则无法确定配置设备的时间、规格容量和装设地点。因此,三个要素必须尽量确切、详实而具体,以便实施。

(2) 以近期需求为主,适当结合今后发展需要,要留有余地

当智能建筑和智能化小区一旦建成后,其建筑性质、使用功能、结构布局、楼层面积和楼层高度等一般都已固定,且在一定程度和具体条件下决定其使用特点和用户性质(例如办公租赁大楼或是高层住宅建筑等)。因此,在该智能建筑内近期需要的通信引出端(又称信息插座)的位置和数量,通常是固定不变的。在智能化小区的住宅建筑中设置的通信引出端,在一般情况下也不会变动。但是在用户信息需求预测中,应适当考虑今后智能建筑和智能化小区中的住宅建筑,其使用功能和用户性质可能发生变化,对原设置的通信引出端的分布位置以及数量有可能感到不能适应需要。为此,应适当留有发展和应变的余地。例如对今后有可能发展的房间或场所,适当增加通信引出端的数量,其位置也应布置较为灵活合理,能够按需要有所变化,具有较多的应变能力。

(3) 对各种信息业务终端设备要统筹兼顾,全面调查和预测

综合布线系统的主要特点之一是能综合话音、数据、图像和监控等信息,满足各种信息业务传输性能的要求,并能将各种信息业务终端设备的插头与标准信息插座互相配套使用,连接不同类型的信息业务终端设备,例如电话机、计算机和传真机等,上述这些信息业务终端设备都是用户信息需求的预测对象。因此,在用户信息需求预测中要对上述信息终端统筹兼顾、全面考虑和充分估计,不应偏废哪一种信息,而造成遗漏或欠缺的后果,产生不能满足用户信息需要的后果,综合布线系统也不能充分发挥其应有的潜力和功能。

上述几点基本要求,对于智能建筑和智能化小区中都大致相同,但有些区别。首先不同点,是智能建筑中的信息业务种类和用户信息需求数量均较智能化小区多而复杂,其次是智能化小区的住宅建筑的性质和功能,一般比较固定不会变化,相反,智能建筑的性质和功能则变化较多,因此,对于用户信息需求预测的结果,要求适应程度和应变能力,智能建筑远比智能化小区要高,也就是说灵活机动性要强,以求满足不同工程对象的实际需要。

3.3.2 用户信息需求调查预测的范围和方法

1.用户信息需求调查预测的范围

用户信息需求调查预测的范围就是综合布线系统工程设计的范围,它们应该互相一致、彼此对应的,不能脱节或互不相同。目前,用户信息需求调查预测的范围有两种含义,但它们是互相补充、互为完善的。

(1) 工程建设区域大小的范围

综合布线系统工程建设区域有单幢独立的智能建筑；或由多幢建筑物组成的智能建筑群体(包括校园式小区和智能化居住小区等)两种。前者用户信息需求预测的范围只是单幢的智能建筑内部的信息需要，所以工程建设的区域范围很小；后者是包含多幢建筑物组成的智能建筑群体内部，甚至是小区内若干幢或所有房屋建筑内部所需要的信息，也可以认为是若干栋单幢智能建筑内部的需要，使用户信息需求调查预测工作将增加若干倍，其工程建设区域的范围很大。显然，综合布线系统工程建设区域范围越大，其用户信息需求调查预测工作量也越多，且越加错综复杂。相反，工程建设区域范围越小，用户信息需求调查预测工作较为简化，也不会太复杂。

(2) 信息业务类型多少的范围

综合布线系统一般用于传送话音、数据、图像和监控信号等各种信息业务。需要注意是智能建筑和智能化小区的性质和功能各有不同类型，对于信息业务种类的需求也有区别，例如智能建筑要比智能化小区所需的信息业务类型要多些，有时，即使同样类型(如商业贸易)的智能建筑，由于建设规模和业务多少等诸多因素而不相同，其用户信息业务种类的需求也有可能增加或减少。所以，在用户信息需求预测中必须根据被预测的建设对象实际需要的信息业务种类和业务数量进行预测。因此，信息业务种类的多少通常是与工程建设区域大小互相结合、彼此关联的，往往是工程建设区域范围越大，其所需信息业务类型也会增多，尤其是在智能建筑时更为明显。相反，对于智能化居住小区来说，它们之间的关系不太明显。但对于智能化商务区和高新科技园区则另当别论，它们有可能与智能建筑有相似或类同，甚至要求有更广泛的各种信息业务。

总之，在用户信息需求预测工作中必须对上述两种范围统筹兼顾、全面考虑。最好将上述两种范围有机结合、采取实事求是和与时俱进的现实与发展相融合的工作态度来工作，其预测结果才有可能真正反映既实际，又发展的用户信息需求，达到预计的理想效果。

2．用户信息需求预测的方法

综合布线系统工程的建设主体对象是有智能建筑或智能化小区两种类型。因此，用户信息需求预测的方法也相应有两种，虽然它们的工作性质相同，但内容和含义是有差别的，现分别叙述。

(1) 智能建筑的用户信息需求预测方法

通常智能建筑的用户信息需求预测范围，一般只在单幢建筑物内部。因此，涉及范围不大，预测工作量不会太多，主要以建筑物的使用性质或类型、功能要求、建筑面积、人员数量和业务范围等基础资料为主，适当结合了解和调查、分析研究其对信息需求程度(包括信息业务种类和各种信息数量)，客观地估计和预测。

1) 根据了解智能建筑的实际需要和收集到的基础资料、结合工程建设情况，参照其他类似建设规模、建筑性质和使用功能等的智能建筑所需的信息情况，进行比较分析、估计推测，初步得出该幢智能建筑所需的用户信息需求的预测结果，其具体数据和分析结论可以作为讨论的基础或参考依据。

2) 将上述初步估计的用户信息需求的预测结果，提供给建设单位或有关部门共同商讨议论，广泛听取反映。如果这项初步估计结果是建设单位提供时，综合布线系统工程设计人员应了解该结果的基本依据和资料来源，以便参加对初步估计结果的集体商讨。在共同商讨评议时，务必做到集思广益、补偏救弊，及时进行补充和修正，使用户信息需求预测的准确程度提高,适应今后变化和发展的能力增强,更好地为工程建设创造有利的基础条件。

3)参照以往类似性质的工程中有关数据和计算指标,结合现场进行调查,分析预测结果与现场实际是否相符,有无脱节和矛盾的现象,更要避免遗漏,特别要防止丢失某个部分用户或计算时错误,这些都要力求不会发生,务必使用户信息需求预测结果详尽和准确。

这里还要指出的是在智能建筑中的用户信息需求预测结果的总数,必须按照建筑物内各个房间或部位以及场所的实际需要,予以合理分配,两者在数量上必须相符,不应有出入,要加强核对查证。

(2)智能化小区的用户信息需求预测方法

智能化小区用户信息需求预测方法既有与单幢的智能建筑用户信息需求预测方法相同之处,又有与本地市内电话用户预测相似的内容。它们不同的地方是其信息业务种类比市内电话用户预测要多,不单纯只是话音;它的预测范围仅在小区(或社区)内,其覆盖范围很小,无法与涉及整个城市范围的市内电话用户预测比较。所以从智能化小区用户信息需求预测的范围来看,是介于它们之间的,预测方法也有所区别。

由于智能化小区一般都在新建或成片改建的区域,通常是在城市建设总体规划的指导下进行小区规划建设。一般是采取以下调查预测方法:

1)全面掌握和收集智能化小区的建设规划和有关资料。其主要内容有智能化小区的性质和功能(如新建小区内住宅建筑所占比例,其他公用建筑的配套建设,如为旧区改建应有旧区改造规划或方案设想),区内道路和绿化地带的分布,房屋建筑的平面布置、楼房层数(如低层、多层、中高层或高层)、房屋结构等;此外,应收集智能化小区的人口数量、家庭数量(或户数)、每户平均人口数等基础数据。如小区内还有其他公用设施(如小学、幼儿园、社区医疗保健站、居民活动站等),应充分了解其服务内容和对信息需求程度,这些资料和数据,对于用户信息需求的估算和预测是极为有利的。

2)根据收集到的资料和数据,结合小区内的房屋建筑面积、居民户数、平均人口和其文化素质及生活水平等各种因素,估算其对信息需求的业务种类和大致数量。必要时,到小区的实际现场进行考察、分析确定。对用户信息需求预测结果应适当考虑具有一定弹性,也不宜过多,可根据智能化小区的具体条件和估算中的问题,适当增加余量,作为可能估计不到的用户信息需求。

3)为了提高智能化小区内用户信息需求预测结果的准确程度,也可采用与智能建筑相同的预测方法,将初步估算和预测用户信息需求的结果,提交给建设单位或有关部门共同商讨,征求各方面的意见和建议,力求完善,发现问题应该予以补充或修改,最后取得相对一致的结论,使得用户信息需求预测结果,比较符合目前的需要,且尽量能适应今后发展的要求。

对于其他类型的智能化小区(如商务中心区等),应参照智能建筑的用户信息需求预测方法办理。

3.3.3 用户信息需求的估算方法和参考指标

估算方法又称估计方法,它是根据某些条件或具体情况,对事物的数量和变化等做大概的推断或揣测的方法。在用户信息需求预测中有时需要用这一方法进行推测和计算,在估算时常常参照以往工程的经验数据,这些经验数据经过实践证明是较为可行,就成为参考指标。当然参考指标根据发展也应进行修正,甚至废除,不是一成不变。因此,在使用时必须注意。

1．智能建筑用户信息需求的估算方法

由于智能建筑的类型较多、其业务性质和使用对象不一，且建设规模和人员结构不同，例如行政办公和商业贸易的智能建筑，就显然有别。因此，用户信息需求的估算方法因智能建筑各种类型的区别而有多种多样。

（1）综合办公、商贸租赁和金融机构等类型的智能建筑

综合办公主要有党政机关和公司总部等；商贸租赁主要是商业贸易和商务中心等；金融机构有专业银行、保险公司和股票证券市场等类型的智能建筑。它们的用户信需求的估算方法一般有以下几种：

1）按在职工作人员的数量估计。在党政机关、金融事业、科研设计等部门，原则上每个办公人员应配备1～2个信息点（话音和数据），规模较小或工作性质不太重要的部门可以2～3个人员有1～2个信息点。在特殊性质或重要部位的工作岗位（如工程设计单位），其信息点数量可以增加到每人至少有2个，个别的重要单位甚至配备2个以上的信息点。

2）按组织机构的设置估计。在一般的行政机关、工业企业、科研设计等部门，可根据其组织机构和人员编制以及与外界联系的密切程度来考虑。例如按组织机构设置是处级或科级，其职能范围大小以及业务繁忙程度等因素，一般单位的处级因职能范围较小、人员数量不多，业务又不太忙，宜最少配置4～5个信息点，科级至少配有2个信息，也可根据实际需要和业务量多少增减信息点数量。重要单位的组织机构，因职能范围较大、人员数量较多，且业务繁忙，可以按前面在职工作人员的数量估算方法，根据信息需要予以估计，形成组合式的估算方法。

3）按单位的规模和地位以及重要程度估计。这种估计方法属于定性估算，一般用于办公租赁、商业贸易和商务中心等类型的智能建筑。例如办公租赁大楼，通常由各种公司租用，具体服务对象有时难以决定，变化较多。为此，可以根据楼层层数和其建筑面积、房间布局和具体位置等，结合租用单位的性质、规模和地位等因素综合考虑。一般说在智能建筑内部高度适宜的楼层、光线明亮的房间、显著方便的地位、装修豪华的环境，都会被国内外的著名集团公司租用，这些单位所需信息点的数量和信息业务流量都是较多的。为此，可以采取按房间布局、建筑面积和人员数量以及所在单位内的地位等因素结合的定性估算方法。例如单位高级领导层的办公房间其信息点宜有4～5个；一般主管领导（如部门经理）的办公房间信息点不宜少于2个；一般工作人员的房间可按在职工作人员数量估算其信息点数量。

（2）交通运输、新闻机构、高新科技和书报出版等类型的智能建筑

交通运输类型中有航空港、火车站、城市铁道枢纽楼、长途汽车客运枢纽站、江海航运港口楼、邮政或电信枢纽楼、公共交通指挥中心等；新闻机构类型中有广播电台、电视台和新闻通讯社以及各种新闻网站等；高新科技和书报出版类型中有科技业务楼、科研开发中心、报社和书刊出版事业等各种性质的智能建筑。上述各种类型的智能建筑大都属于公用或重要的建筑，在当地均极有影响，具有技术要求极高、信息需求量很大，对外联系广泛等特点。对于它们各种信息需求必须充分考虑，予以预测和估计。通常有以下几种估算方法。

1）按管理人员或工作人员的数量估计。根据上述单位的工作性质、业务量多少和对外联系的密切程度等因素考虑。重要单位应每个人配备一个信息点，关键岗位应增为每人两个信息点；一般单位2～3人必须配置一个信息点，关键岗位可要求每人有一个以上的信息点。

2) 按设置的工作岗位估算。一般单位(如书刊出版社)为普通工作制度,应以工作岗位数量为准,一般每人应有一个信息点;有些单位是轮班制或 24h 工作制,且业务性质重要,无时无刻需要有人值班的岗位,这种工作岗位的信息点一般不能少于 2 个;重要的工作岗位还应配备备用的信息点,以保证工作不间断,信息必须得到保证畅通无阻地传送和获取。

3) 按参与活动或来往人员的数量估算。在交通运输等类型重要的智能建筑中,如航空港、火车站、江海客运港口等场合,来往人员频繁、活动时间很长和对外联系不断。因此,参与活动的人员很多,需要就近方便的信息点,在这种类型的智能建筑用户信息需求估算时,除单位本身工作需要的信息点数量可按工作岗位进行估算外,对于参与活动或来往人员的信息点的估算,一般说上述人员多少与信息联系程度是成正比关系,依照这种估算方法估计信息点数量。但这些信息点设置的位置应考虑人员分散活动的特点,适当增加信息点数量,位置宜合理分散。

(3) 其他类型的智能建筑

其他类型的智能建筑涉及面较为广泛,也很繁多。例如有高级宾馆、星级饭店、商城大厦、购物中心、展览场馆、社会活动中心或重要会议场所、医疗机构等,它们各有其特点,业务活动和服务性质也不会相同,其估算方法除可以参照前面几种外,还可以用以下几种估算方法,也可以从中选用不同估算方法组合进行估计和推测。

1) 按工作范围和业务性质以及经营规模来估算其信息需求量。例如宾馆按房间、饭店按座位、商场按柜台、医院按床位或诊断病人数量、展览场馆按展览摊位或占用的建筑面积等作为基本计量单位进行估算。但是要注意由于上述的智能建筑本身地位(如市级或区级)、建设规模、工作性质和服务水平的差异很大,即使同一类型的高级宾馆或星级饭店,对信息需求也不会一样,在用户信息需求估算或预测时,必须区别对待。

2) 按建筑面积大小估算。由于上述智能建筑的来往人员频繁、对外联系密切、业务活动繁忙、信息需求量大,但有随时分散、频繁和流动等特点。因此,对于这种场所的信息需求量预测或估算,采用以实际使用面积的大小、办公室房间的多少、商场营业的建筑面积、商务贸易洽谈场所数量或展览摊位的使用面积等来估算。

3) 按特殊情况和具体条件进行估算。根据智能建筑的使用性质、或按建筑物中的具体单位数量估算,例如办公租赁大厦因租用单位较多,且业务性质不同,需分别估算它们不同的信息需求量;对于具有特殊情况的智能建筑,可采用相应的估算方法,例如高新科技的科研业务楼、高等学校的教学楼、重要会议场所或社会活动中心等,它们性质不同,可采用参与活动的人员数量和建筑物的使用面积或座位数量相结合的估算方法。

(4) 特殊性质或重要的智能建筑

目前,国内各个城市都有一些具有特殊性质或在当地处于极为重要地位的智能建筑。例如气象中心、急救中心、地震信息中心、防汛救灾指挥部、火警警报控制中心、城市交通管理枢纽楼和综合治安指挥部等重要单位或组织机构,对于它们的信息需求必须保证,由于它们的业务性质,都有 24h 工作制、随机性和突变性较大、且有要求急、任务重等特殊需求,所以对信息需求除各种信息业务和信息流量都要满足外,还需考虑保证畅通无阻。因此,它们的信息需求数量必须有足够的备用数量和相应的应变能力,所以不必限于上述估算方法和有关参考指标,应根据它们的具体情况,尽量满足其信息的实际需要。

以上各种估算方法还难以满足目前各种类型智能建筑的信息需求,有待于今后不断总结归纳和完善提高。

2. 智能化小区用户信息需求的估算方法

在我国智能化小区刚刚兴起,且有各种类型,其信息需求是不相同的。因此,对于智能化小区用户信息需求的估算方法目前还不是成熟,更不配套。本书只是对智能化居住小区(简称智能化小区)的用户信息需求预测和估算方法进行介绍,供使用时参考。

在智能化小区用户信息需求的调查和预测时,如因各种客观因素有些资料和基础数据欠缺不全或存在问题,但近期又难以收集取得,而对于用户信息需求预测结果会有所影响。为此,可参照其他城市中相似的新建智能化小区的有关技术经济指标或基础数据进行估算。目前,智能化小区的用户信息需求预测的估算方法有以下几种:

(1)从智能化小区的建设规划中,虽然获得有关的基础数据但数据尚不齐全,因对用户信息需求还不能直接进行估算或推测,这时必须具备估算的前提,是要将基础数据做必要的加工,获取与用户信息需求有密切相关的数据。通常有以下情况需要加工。

1)已知智能化小区的总人口数,但不知智能化小区总用地面积。可用智能化小区人均占地面积乘以智能化小区总人口数,可得到智能化小区的总用地面积。

2)与上述相反,已知智能化小区总用地面积,不知智能化小区的总人口数。可用智能化小区总用地面积除以人均占地面积,即可取总人口数。

3)如已知智能化小区的住宅建筑总面积数,但不知该小区的住宅套数。可用智能化小区的住宅建筑总面积数除以平均每套住宅建筑面积数,得到智能化小区的住宅建筑套数。

4)已知智能化小区总人口数,但没有住宅建筑套数,可用智能化小区总人口数除以每套平均居住人口数,得到住宅建筑套数。

如需要其他数据,可参照上述类似方法计算,粗略地计算出与用户信息需求有关数据,供估算时参考。以上面几个数据为例,如智能化小区的总人口数、住宅建筑套数和每套住宅建筑的平均居住人口数等数据,对于估计和预测每套住宅建筑内的用户信息需求比较简便,且较切实有用,也符合智能化小区的实际情况和客观要求。

(2)由于我国各个城市智能化小区有不同的建设规模、工程范围、人口数量和配套公共设施。因此,有不同的组织结构组成方式,例如有智能化居住区——居住小区——居住组团;居住小区——居住组团;居住区——居住组团和独立式居住组团等几种类型。在调查和估算用户信息需求时,必须分别考虑其对通信有着不同的要求,要根据对象有所区别。一般说来,智能化小区的组织结构越复杂,对通信业务的信息需求越多,要求也高;相反,智能化小区的组织结构越简单,例如只有独立式的居住组团,它的人口数量和家庭户数就很少,因此,对信息需求也会减少。此外,智能化小区的组织结构不同,配套的公共服务设施也有区别,同样,其用户信息需求的数量也不相同。在智能化居住小区的用户信息需求的估算时,必须根据小区的组成结构作出相应的估计和推测。

(3)根据我国有关部门编制的智能化居住小区的有关文件规定和参考指标,结合工程的实际情况进行估算。具体内容将在下面介绍。

3. 智能建筑的用户信息需求估算参考指标

由于智能建筑的类型较多,其建设规模、使用性质、工程范围和人员组成不同,例如综合办公楼和商业贸易楼就有所区别,因此,用户信息需求量的估算指标也会多种多样,不会相同。

此外,智能建筑是属于新兴事物,积累的工程经验和数据较少,且这些有关数据或参考指标也不是固定不变的,应随着科学技术的发展和今后客观形势的变化而不断修正、补充和完善。在使用这些参考指标或基本数据时,应结合工程现场的实际情况考虑,不宜生搬硬套,以免产生错误。

综合布线系统工程中的用户信息需求预测是包括所有信息业务,如话音、数据、图像和自控信号等。作为综合布线系统的信息点是具有综合性,其估算和预测较为复杂,到目前国内还没有较为准确反映实际的数据。这里只列出近期对一些工程中属于办公性质的场所,初步经过收集分析、汇总积累的数据,供使用时参考,不宜作为标准的依据。估算的参考指标见表3.1。

表 3.1

办公性质的智能建筑用户信息点的参考指标(单位:个)

类　别		1(一般)	2(中等)	3(高级)	4(重要或特殊)
智能建筑性质	办公室、房间面积	15m² 以下/间	10～20m²/间	15～25m²/间	20～30m²/间
	综合办公、行政办公类型	1～3	2～4	3～5	4～6
	商业贸易、租赁大楼类型	1～3	3～5	4～6	5～7
	交通运输、新闻、科技类型	1～3	2～4	3～5	4～6
	信息业务种类	话音、数据、图像	话音、数据、图像、监控	话音、数据、图像、监控、保安	话音、数据、图像、监控、保安、报警
备　注		办公室房间面积一般不少于10m²/间			办公室房间面积有大于30m²/间,本表信息点数量不适用

表3.1中的类别1、2、3、4类分别为一般、中等、高级、重要或特殊,它是指智能建筑所处的客观环境、建筑性质和使用功能等多方面来衡量的等级。例如以智能建筑所在的环境来说,一般是指行政办公楼在中等城市;中等是指在大、中城市中的办公楼;高级是指在首都或特大城市中的行政办公楼;重要或特殊是指技术要求极高、使用功能齐全,且有社会影响的国家级行政办公楼。因此,它们之间是有所差别而各有所用。

上表中所指的信息业务种类为一般情况下所包含的内容,但不是绝对的。由于智能建筑的使用性质和服务功能极为错综复杂,有时还具有综合性,例如商业贸易兼有租赁及宾馆餐饮等多种业务的智能建筑,其用户所需的信息业务各不相同,在估算和预测时应分别对待。

此外,在一个重要单位内并不是所有机构都同样重要,都需要各种信息业务;相反,在一般单位的智能建筑时,其内部也有些机构需要多种多样的信息业务。所以在用户信息需求预测和估算工作中,必须充分了解该智能建筑中的用户对信息的实际需求,调查分析,慎重确定。

表3.1中的参考指标均有上下限数字,在使用时,应根据智能建筑的实际情况分别取用上限或下限。同时,要注意的是在特殊的情况下,可以不受表中限制,适当增加或减少。

对于国内中西部地区的智能建筑,由于各方面因素的限制,在使用上述参考指标时,应结合工程实际情况,适当地增加或减少信息业务类型和信息点的数量,不宜过于追求技术功能齐全,采用超前配备标准,但也应防止过于保守,采用技术落后的配置方案,这些都是不合理的。

4．智能化小区用户信息需求估算参考指标

这里所说的智能化小区是以住宅建筑为主，其他为公共服务设施的建筑群体组成的，因此，称为智能化居住小区（本书简称智能化小区），它是与智能建筑有很大区别，其估算的参考指标也不一样。如智能化小区为高等院校的校园小区、或高新科技园区、工业开发区和商务中小区等其他类型时，因其园区中的房屋建筑使用性质和功能要求与智能化居住小区是有显著差别，不能采用这里所述的参考指标，应该参照智能建筑相类似的用户信息需求进行估算。

（1）智能化小区的住宅建筑分类

目前，智能化小区中的住宅建筑有以下几种划分类型的方法。在用户信息需求估算时，应根据需要采用相应的分类。

1）按住宅建筑的使用对象划分　住宅建筑的使用对象因其社会地位、经济收入、生活水平和人品素质等有较大差别，对于住宅建筑的要求是不会相同。按国内大多数城市中住宅建筑的使用对象来划分，有别墅式住宅、高级干部住宅、一般干部住宅和普通居民住宅，最后一种有时又称经济适用住房。由于住宅建筑的使用对象不同，与外界通信的联系频繁程度和生活方式的差异，都会使得对信息需求有很大区别。

2）按住宅建筑的房间数量或套型划分

国内各个城市对住宅建筑有不同划分，例如有的城市按每套住宅建筑中包含房间的数量来划分，有1居室型（简称1室型）、2居室型（简称2室型）、3居室型（简称3室型）和3居室以上型（简称多室型）；有的城市则按套型划分，实际上套型内含有房间数量，例如有小套（1～2居室）、中套（2～3居室）、大套（3～4居室）和特大套（4居室以上）等几种。

3）按住宅建筑的智能化程度划分　这是近期才出现的分类方法，它是由建设部住宅产业化促进中心主编的《国家康居示范工程智能化系统示范小区建设要点与技术导则》（修改稿）中确定。其划分原则是按其硬件配置功能要求、技术含量、经济合理等划分为一星级、二星级和三星级三种类型。它们分别对应于过去划分的普及型（又称经济型）、先进型（又称提高型）和领先型（又称超前型）三种类型。从上面三种类型分析都是以智能化的程度高低为衡量标准来划分的，但都属于智能化住宅建筑的范畴。此外，还应该看到国内各个城市中还有不少原有或刚建成的住宅建筑，大都是没有装备智能化设施，较为普遍的是有普通电话机和电视机，计算机进入很少数的家庭。因此，这种大量的非智能化住宅建筑应定为无星级。随着国民经济和科学技术的发展以及人民生活水平提高，这些大量的非智能化住宅建筑也会逐步改造，从无星级向有星级的智能化住宅建筑迈进，从低星级发展到高星级的智能化住宅建筑。

（2）智能化住宅建筑用户信息需求的参考指标

智能化住宅建筑中的用户信息需求估算时的参考指标，有以下几种估算：

1）按住宅建筑的套型大小分成不同级别的信息需求。

2）按住宅建筑每套包含的房间数量分别估算信息需求。

3）按每套住宅建筑的使用面积多少估算信息需求。

4）按住宅建筑的智能化程度高低而分级估算信息需求。

在实际工作中，可以根据具体情况分别将上述估算方法进行合理组合，采取综合性估算，有时会提高估算的准确程度。

此外,智能化小区中的公共服务设施的房屋建筑(如幼儿园、小学、中学、社区医疗机构和社区服务管理中心等),如需要智能化的信息服务设施时,应根据其服务性质、建筑面积、人员数量和对信息的需求程度等分析研究,估算其所需的信息业务类型和信息数量,以便在综合布线系统工程设计中作为重要的依据。

现将智能化小区各种住宅建筑用户信息需求数量的参考指标和相应类型列于表 3.2 中。

智能化小区住宅建筑用户信息需求数量的参考指标　　　　　　　　表 3.2

居住对象住宅分类	别墅式住宅	高级干部住宅	一般干部住宅	普通居民住宅
住宅建筑套型	特大套型	大套型	中套型	小套型
房屋使用面积(m^2)	不作限制	不少于 70	不少于 50	不少于 40
房间数量(不包括厅)	4 居室以上	3 居室~4 居室	2 居室~3 居室	1 居室~2 居室
智能化星级	三星级	二星级~三星级	一星级~二星级	一星级
智能化程度类型	领先型、超前型)	先进型(提高型)~领先型(超前型)	普及型(经济型)~先进型(提高型)	普及型(经济型)
用户信息点数量(个)	5 以上	4~5	3~4	2~3
信息业务种类	具有所有的智能化功能,且有开发性的前景	话音、数据、视频、监控、报警、保安、计算机联网	话音、数据、视频、监控、报警、保安、计算机联网	话音、数据、视频、监控、报警、保安
备　　注	有些国内、外产品和资料将智能化小区的智能化程度分为二级或三级,与本表有所不同,本表是以国内建设部的有关资料为主,应以国内规定执行为好,目前尚无统一标准			

表 3.2 中是将各种估算的参考指标一并列入,供在不同的情况参考使用。表中凡有上下限的数值,或有两种情况的描述,这说明在使用时,可有一定程度和在具体范围内来选择,由于有一定的灵活应用范围,较为方便实用。在用户信息需求估算时,应根据智能化小区的实际情况来取定和选用。

第四节　综合布线系统的产品选型

综合布线系统是在智能建筑或智能化小区内的基础设施之一。从国内以往综合布线系统工程建设项目的实施过程调查分析,实践证明应把综合布线系统的设备器材和布线部件的选型作为关键环节,它是综合布线系统工程的规划或设计中极为重要的工作内容,它对于技术方案的优劣、工程造价的高低、满足信息需要的程度,能否适应日常维护管理和今后发展要求等都密切相关。此外,从国内总结过去综合布线系统工程经验教训来看,产品选型工作宜早不宜晚,最好在规划时同时考虑,以便有个初步选型的方案,对于房屋建筑工程设计中,便于考虑预留洞孔、线槽等规格尺寸,也有利于综合布线系统工程设计。因此,从整个综合布线系统工程项目来看,产品选型是一项具有决定性作用的工作,不仅是技术,也涉及经济。在国内有些综合布线系统工程,因设备器材和布线部件选型不对,使安装施工、使用维护和日常管理都增加困难,既浪费工程建设资金,又使综合布线系统难以发挥其应有的技术性能和使用功能,不能充分体现其优势和特点,也不能适应今后业务发展的需要。为此,必须重视综合布线系统工程的产品选型。

3.4.1 综合布线系统产品选型的前提条件

在综合布线系统产品选型前,必须有一定的前提条件,作为产品选型的主要依据或参考因素。事实证明没有前提条件,将使选型工作困难和得不到理想的效果。产品选型前必须充分掌握的前提条件有以下几点:

1. 对智能建筑和智能化小区的性质、功能和环境等基本情况必须充分了解。首先要熟悉所在城市的级别(如是省会还是中等城市)、地位和重要程度。现以智能建筑为例,要分清是重要的高新科技含量高的智能建筑,还是一般性的办公用普通智能建筑;是国家重要的标志性特殊建筑,还是属于地方行政部门的一般办公建筑;是信息业务大量集中的枢纽性重要建筑,还是信息业务不多的普通性建筑;该幢智能建筑是位于首都或特大城市中,还是在一般中小城市或边远城镇等地方。如以智能化小区来说,要分清在小区内是居住建筑为主,还是以其他公用建筑为主;对于智能化小区的功能要求必须以居民实际需要为准,充分调研后得出正确的判断。显然对于智能化小区和智能建筑的不同特点必须明确,同时要求把它们之间的区别分清,以便分别处理,不应混淆不清,以免今后发生难以估计的问题。

2. 智能建筑和智能化小区的建设规模(是单幢建筑或多幢建筑物组成建筑群体的校园区、房屋建筑的分布状况和平面布置以及建筑面积多少等)和具体工程进度计划。例如房屋建筑是高层,还是多层,建筑物内部装修标准和要求,各种管线系统的配置、工程设计和安装施工的进度计划等。

3. 在智能建筑和智能化小区中近期需要的信息业务种类(如话音、数据、图像和控制信号等信息业务)、信息点的数量和分布以及其他的特殊要求(如需要专用线路),并估计今后信息业务的发展动向。同时,要适当考虑今后有无可能会发生变化的因素。例如建筑物的使用性质和功能要求等有所改变,使信息业务种类和通信数量的增加或减少;信息点数量和分布的变化,对信息传输质量的要求提高,上述各种因素,必然会影响综合布线系统选用的产品有所变化。

4. 对智能建筑和智能化小区所在的客观环境变化或因今后发展要求等因素应充分注意,例如由单幢的智能建筑向智能化小区要求较高的商贸中心区发展的可能性;智能建筑的使用性质和功能要求的改变;由一般的地区改变成经济开发区;客观环境今后可能有较强大的电磁干扰源的存在等等。这些变化因素都会与综合布线系统工程的产品选型和有关部分的设计密切相关。例如因电磁干扰源的存在是否需要采用屏蔽结构的布线系统;由于综合布线系统的网络拓扑结构不同,配线接续设备的配置也有所区别。这些都直接影响产品选型中的类型、规格和数量等具体细节。

上述前提条件除与综合布线系统的总体方案有密切关系外,对于综合布线系统选用哪种产品具有决定性作用。它对工程建设规模大小和范围、网络拓扑结构的组织形式和应变能力、各种设备器材的选用和配置等主要问题均有直接影响。为此,取得应有的前提条件是一个关键。

3.4.2 综合布线系统产品选型的原则和要求

1. 综合布线系统产品选型的原则

目前,国内外生产综合布线系统产品的厂商不少,尤其是国外生产厂商较多,其产品均已进入我国市场。在综合布线系统工程规划和设计时,面对众多的产品,一定要遵循以下原则来选择产品。

(1) 必须符合工程实际需要的原则

选择综合布线系统产品的目的是为了更好地为满足用户信息需要服务,因此,必须紧密结合工程的实际情况,主要根据智能建筑或智能化小区的主体性质、所处地位、功能要求、建设规模和客观环境等具体特点,从满足用户对信息需要考虑。同时,采用技术经济分析比较的方法,选择合适的综合布线系统产品,务必要达到符合工程建设和日后使用要求的目的。

(2) 必须符合我国国情和有关的产品标准

在综合布线系统工程中应选用符合我国国情和有关技术标准(包括国际标准和我国的国家标准以及行业标准等)中规定的定型设备和器材,所有国内外产品均应以我国发布的标准为准则进行检测和鉴定。未经我国有关部门质量监督检验机构鉴定合格的设备和布线部件,或我国标准中规定不许采用的产品(如120Ω阻抗电缆品种和星绞电缆品种),均不应在工程中使用。工程中所用的综合布线系统产品(包括缆线、布线部件和主要辅助部件等)的型号、规格、性能和质量除必须符合上述要求外,还应符合设计要求,未经设计单位同意,不应采用其他产品。

(3) 应该按近期和远期相结合的原则

在综合布线系统产品选型时,首先应根据近期用户信息业务和网络拓扑结构建设等需要,适当考虑今后信息业务种类和业务流量增加的可能,且要预留一定的发展余地(包括技术性能的增加和设备容量的扩增等),选用合适的综合布线系统产品,以便能适应今后相当一段时期的客观需要。但是在考虑近期和远期相互结合时,不应强求一步到位和求大要全,一定要按照各种信息的特点和用户需要程度,结合具体工程客观需要和建设资金投入可能等条件,可以采取统筹兼顾、因时制宜、逐步到位、分期形成的方法。在具体实施中还应注意科学技术的飞速发展和是否符合今后实行的标准规定。因为综合布线系统和其他系统的科学技术都在不断提高和迅速发展,各项技术标准也必然随着发展继续制订、补充和完善,先进的产品必然会代替原有的产品。所以不宜以某些生产厂商所谓承诺产品的保质期限很长,作为决定选用产品的主要因素,从技术发展来看,这种思想观点是不可取的。

(4) 要按照系统特点服从工程整体的原则

为了解决在智能建筑中各种信息系统采用不同布线部件难以灵活通用等问题,才产生综合布线系统。因此,它具有较强的系统性和整体性,但是目前由于国内外生产的综合布线系统产品较多,在部件结构、容量配置、规格尺寸、技术性能和可靠程度等方面都存在一定差异,各有特点。不足的是除RJ45插座等个别部件外,其他部件互相兼容性差,不太适宜互换或通用。因此,在产品选型时,应根据综合布线系统的特点,服从工程整体的原则,从全局考虑选用其中一家符合现行国内标准,且认证合格、允许入网、成龙配套的产品,不应选用多家产品(如具有互换性的部件可不限一家),以免在技术性能和可靠程度等方面互相不匹配而达不到要求,直接影响综合布线系统工程的整体效果。

此外,在综合布线系统产品选型时,必须符合相同类别和统一标准的一致性原则。例如所选用的各种缆线(包括跳线及连接线)选用五类标准的产品,则布线部件(包括连接硬件)等全系统产品都必须采用五类标准,必须使所选定的产品类别或措施都一致,才能保证综合布线系统具有五类标准的技术性能。

此外,在智能建筑和智能化小区的综合布线系统中的某个段落,因有电磁干扰源的存在,需要采取屏蔽措施。在选用具有屏蔽性能的产品时,为了保证屏蔽效果,要求综合布线系统所有布线部件都应选用具有屏蔽性能的产品,且应按屏蔽系统要求设计,做好各种屏蔽措施(包括缆线屏蔽层的连接和良好接地等),以求整个屏蔽系统切实有效。

(5) 应该符合技术先进和经济合理互相统一的原则

目前,我国已有符合国际标准的通信行业标准,在标准中明确规定对综合布线系统的技术性能和其总体效果,应以系统指标来衡量。

在综合布线系统产品选型时,通常要求所选各种设备和布线部件的各项技术性能指标一般都应高于系统指标的要求,这样在工程竣工后,才能保证满足全系统的技术性能指标,综合布线系统工程的总体效果才能得以体现。但是技术性能指标不是惟一的,所谓越高越好,如果所选产品的技术性能指标太高,将会大大增加工程造价,在经济上是不合理的。但产品的技术性能指标过低,不能满足用户实际需要,也就不能体现其技术先进性。因此,在产品选型时,对于技术性能指标应遵循技术先进和经济合理互相统一的原则。

此外,在产品选型时,如技术性能相同,又在符合国内现行标准规定的前提下,国内生产的产品可以使用,且有可靠的售后服务时,应尽量优先选用,以降低工程建设投资,促进国内生产厂家的产品改进和提高,扩大国内厂商的知名度影响、加快企业的发展速度,有利于保护国家的总体利益。

上面几个原则是相辅相成、互为补充完善,不能孤立或对立看待,在产品选型中必须按以上原则综合考虑而全面执行。

2. 产品选型时的要求和应注意的事项

在综合布线系统产品选型时,除应按上述原则外,还必须注意以下要求和事项。

(1) 综合布线系统应满足所支持的电话和计算机等系统的信息业务需要。为此,所选用的各种设备和布线部件必须符合上述系统有关标准中的规定要求。例如为了满足所支持的计算机系统(包括数据通信)的传输速率要求,应根据其客观需要,选用相应类别或等级的传输媒介和接续设备(包括各种连接硬件)。当计算机系统为局域网络,需要采用光纤光缆时,因传输距离较短,可以选用多模光纤光缆,既能满足使用要求,也符合经济合理的原则;但是当计算机系统网络作为公用通信网的一部分网络时,由于传输距离较长,要求有利于光纤连接,使网络传输系统的传输媒介统一匹配,应采用与公用通信网一致的单模光纤光缆,以免出现互相脱节等矛盾,不利于信息传输。

(2) 在综合布线系统工程设计中,选用的对绞线对称电缆、光纤光缆等传输媒介和接续设备、布线部件以及连接硬件等产品,应符合我国通信行业标准《大楼通信综合布线系统第1部分:总规范》(YD/T 926.1—2001)、《大楼通信综合布线系统第2部分:综合布线用电缆、光缆技术要求》(YD/T 926.2—2001)、《大楼通信综合布线系统第3部分:综合布线用连接硬件技术要求》(YD/T 926.3—2001)或各个生产厂商的有关企业产品标准的规定。

此外,在我国通信行业标准《大楼通信综合布线系统第1部分:总规范》(YD/T 926.1—2001)中明确规定了不推荐采用 ISO/IEC 11801 中允许的 120Ω 阻抗电缆品种和星绞电缆品种。因此,国内不允许生产 120Ω 电缆和星绞电缆以及相应的连接硬件,除目前已建或在建的工程中已选用国外 120Ω 的电缆和星绞电缆产品外,今后所有新建工程中不允许再选用 120Ω 电缆和星绞电缆以及相应的布线部件(包括连接硬件)。

同时,要求综合布线系统中由传输媒介和连接硬件构成的永久链路和信道,必须符合《大楼通信综合布线系统第1部分:总规范》(YD/T 926.1—2001)中的规定。

(3) 在综合布线系统选用产品时,除必须符合国内有关标准的定型产品外,还需经过国内产品质量监督检验机构测试鉴定合格允许入网才能用于工程,不符合上述要求的产品不应使用。

目前有些国外生产厂商的产品只有国外的认证,却没有我国的认证,这些认证由于执行的技术标准不一,其认证的有效性也值得有关部门和产品选型时加以考虑。上述现象是在综合布线系统刚刚引入国内时所发生的,这是不正常的。从1997年9月9日起,我国发布了通信行业标准《大楼通信综合布线系统》第1部分至第3部分:总规范和分规范(YD/T 926.1—3),这些标准现已改为YD/T 926.1—3—2001,在上述标准中对综合布线系统和主要布线部件的技术要求和验收方法,均有明确的规定和要求,它也是对所有进入国内工程建设市场的产品进行认证的依据和准则。为此,对于目前国内外的产品是否符合上述国内的通信行业标准,应该由我国有关部门或单位(包括第三方认证)进行质量检测,并应由我国有关主管部门确认审批和发给认证文件,以保证综合布线系统产品质量符合标准要求,满足国内的智能建筑和智能化小区中信息网络系统的发展需要。

同时,在综合布线系统产品选型时,要求选用的布线部件既要有兼容性,又要有互换性,以保证今后网络系统升级换代或维修更换布线部件有较灵活通用的选择余地。但目前有的生产厂商过分强调其产品的特点,采取"一揽子方案",且其产品与其他厂商生产的产品毫无互换性,对于今后维护检修更换部件有较大限制,有可能影响使用。这些问题在综合布线系统产品选型时,应加以注意和认真考虑。

(4) 按照我国通信行业标准《大楼通信综合布线系统第1部分:总规范》(YD/T 926.1)中的规定,不论对称电缆布线链路或光缆布线链路,在一条布线链路中不应使用不同类别的布线部件(如三类、四类、五类和超五类等);也不应混合使用标称特性阻抗不同的电缆(如100Ω或150Ω),或混合选用光纤芯径和模数不同的光纤光缆。若同一条布线链路中选用了不同类别或电气特性的缆线或布线部件时,该布线链路的传输性能应按最低类别或电气特性的布线部件来决定。

此外,在同一条布线链路中不允许有屏蔽性能和无屏蔽性能的缆线和连接硬件混合使用,如混用应视为无屏蔽性能的通路来使用。同样,混用不同的光纤芯径和模数的光纤光缆时,应视为光纤细芯径和多模数的光纤光缆对待。

由于传输媒介和布线部件的选用与综合布线系统的链路级别有关,所以在综合布线系统产品选型时,还应充分考虑到不同链路级别的不同要求,选用相应等级的缆线和连接硬件。有关这方面的内容可见通信行业标准(YD/T 926.1)。

(5) 2002年6月美国电信工业协会(TIA)正式出版TIA/EIA—568B2—1 6类布线标准,作为商业建筑综合布线系列标准TIA/EIA—568—B中的一个附录,且被国际标准化组织(ISO)批准,标准号为ISO 11801—2002,美国TIA的6类布线标准在以下几方面有所完善。

1) 6类布线标准明确永久链路(ISO)和信道模型(TIA/ISO),取消基本链路模型(TIA),使两个标准在测试模型上取得一致。

2) 标准规定测试频率为1~250MHz,以保证在实际应用时,其带宽达到200MHz的要求,带宽性能为 5 类布线(100MHz)的两倍。

3) 标准同时对缆线和连接硬件的平衡性能提出要求,以确保整个布线系统具有良好的电磁兼容性。

4) 标准要求 6 类布线系统必须具有向下兼容 3 类、5 类和超 5 类产品的技术性能,以保证以前安装的低级别产品能支持 6 类产品。但不同级别的元器件与 6 类混用时,其传输效果只能满足最低级别的系统性能,且要求不同厂商的 6 类产品必须互相匹配。

近期,国外生产厂商纷纷推出 6 类产品,个别厂商提出超 6 类,甚至 7 类产品。因此,在选用产品时应持慎重态度。其理由是:

① 6 类产品标准刚刚出台,其使用历程在国外不长、国内更短。目前国内标准(包括设计和施工)对其使用的具体细节均未做规定,在工程实施中还无章遵循。由于布线系统级别提升、传输性能要求提高、产品本身特点不同、设计和安装的难度增多。如不合理的设计和不规范的施工,都会影响 6 类布线的传输性能和实际效果。

② 由于智能建筑和智能化小区有不同类型、各地通信网络状况不一,且用户信息需求都有显著差别。因此,选用布线系统的类别应有不同,不需相同的带宽。尤其是国内各地经济水平发展极不平衡,不应均以 6 类为准。何况 6 类布线的价格远高于 5 类,在工程中增加很多投资显然是不合理的。同时,应该看到科学技术发展是无止境,且速度较快。例如近期光纤价格下降较多,吹光纤系统技术成熟、光电器件不断开发,通信领域中全光网络的发展速度定会加快,都会直接影响铜缆系统能否长期使用。

③ 按标准规定在一条永久链路中所有部件要求必须同一类别,如混合使用不同类别元器件,应按元器件的最低类别考虑。由于目前各地通信网络存在差别,布线系统采用的部件(如连接硬件、跳线等)受到客观条件限制不能匹配,尤其是不同厂商的产品不能完全兼容,这会降低布线系统的传输质量。

3.4.3 综合布线系统产品选型的具体步骤和工作方法

由于综合布线系统产品选型是一项技术要求较高、内容复杂细致、涉及方面广泛和工作性质重要的具体任务,不少工程证实,必须精心组织、周密安排、以求选择符合工程要求的优质价廉的产品。

由于智能建筑和智能化小区的性质功能和使用对象有所不同,建设规模和工程范围不一,建筑物也有新建或是改造等种种情况。因此,选用综合布线系统的主要设备和布线部件,不论品种、规格、容量和数量都会有些差异,产品选型工作必然会有繁有简,这里所述的具体步骤和工作方法,可根据建设项目的工程规模、工程内容的繁简程度和工程实施的具体计划等情况,予以增加或精简某些环节和工作程序,以适应工程的实际需要。

1. 掌握前提条件和收集有关资料,作为产品选型的主要依据或参考因素

综合布线系统产品选型的前提条件的内容已在前面叙述,主要有工程建设项目的建筑性质、使用功能、建设规模、工程范围、客观环境、信息业务种类和今后发展要求等。同时要收集建筑物的结构布局、平面布置、楼层面积、内部装修、其他系统和各种公用基础设施等的配备(包括上下水、电气、暖气、通风、空调和燃气等管线的敷设方法)以及有关资料,以便考虑综合布线系统各种缆线敷设方法(如明敷或暗敷,暗敷采用的保护方式等)和设备安装位置。这些情况和资料是与产品的外形结构、规格容量、安装方式和缆线长度以及预留设备或其他布线部件所需的洞孔规格和数量,都是有着密切相关的,有时成为产品选型的主要依据

和决定因素。

2．全面了解产品信息和广泛收集产品资料，便于初步筛选

在综合布线系统产品选型中，全面了解产品信息和广泛收集产品资料是一项工作量极大、涉及面较广、且是细致繁琐的具体工作，它是产品选型的基础工作之一。全面掌握前提条件是"知己"，充分了解产品情况和市场供应状况是"知彼"，俗话说"知彼知己，百战不殆"。

为了全面了解和掌握产品信息，在产品选型前，应采取各种方法或利用多种渠道进行调查了解。例如专人外出调查或发函去电向生产厂商索取产品资料；通过向业界人士咨询或有关新闻媒体介绍各种产品的概况；利用参观展览会或参与技术交流活动调查产品实际状况等。在全面掌握各种产品的性能、规格和价格后，还应了解已经使用上述产品的单位，以便专程访问、深入调查其使用效果和各种反映。在充分掌握各种产品信息和有关情况后，应集中分析研究产品质量的优劣、评议使用效果的利弊，认真筛选出 2～3 个初步入选的产品，并排列产品的候选顺序，以便进一步评估和考察。

3．公正客观地通过技术经济比较和全面评估，选出理想的产品。

为了搞好产品选型，一般宜与综合布线系统规划或设计同时进行，宜早不宜晚，这样可以密切结合综合布线系统总体技术方案进行综合考虑，对于选择适宜的产品和配置合理的设备都是有利无弊的。同时，在综合布线系统产品选型的整个过程中，不应掺杂任何外来的干扰因素，坚持实事求是、公正客观的态度，对初步入选的产品认真评估议论，结合综合布线系统的总体技术方案，进行技术经济分析比较。在技术方面，例如有初选产品是否符合国内外标准规定，执行的是国际标准，还是国内标准；产品系列是否完整无缺、部件能否成龙配套；技术性能高低是否真实可靠；产品供应时间是否确保可信；产品质量保证期限的长短和售后服务的承诺等。从经济方面，一般有产品价格是否适宜；施工和维护费用是否增加；各种配件和备品供应是否保证；产品能否适应今后发展需要，有无可能发生经济不合理的现象等。在分析比较时，将初选产品的所有优缺点和存在问题一一罗列，经过广泛讨论、反复分析产品的优劣，认真对比使用的利弊，对每个初选产品要有一个比较公正客观的综合评价，以便提供最后决定选型的依据。

在技术经济比较过程中，必须遵循近期与远期相结合、局部服从整体、技术经济应该统一、经济效益和社会效益并重等原则来选用产品。在必要时，可邀请专家、聘请有关行家参加讨论，对初选产品进行综合评估；也可向有关单位或业内专家技术咨询，以求集思广益，为选用技术先进、经济实用、满足今后需要的理想产品做好基础工作。

4．重点考察生产厂家和了解产品使用效果以及用户反映

对初步入选的产品进行技术经济比较或综合评估后，可从初选产品中选择某个较为理想的候选产品。为了进一步了解该产品实际情况，除国外产品的生产厂家外，对于国内产品（包括中外合资经营的厂家）可以到该产品的生产厂家重点考察，例如生产厂家的技术力量和生产装备、生产流程和工艺水平、质量保证体系和售后服务措施、产品使用后的用户反映和今后拟改进的方案等。此外，了解生产厂家在近期能否提供符合更新的技术标准的先进产品等可能情况，以便适当考虑今后产品能否兼容等问题。

同时，对已使用该产品的用户单位，登门访问，进一步深入了解产品使用后的反映，具体的内容有产品质量是否可靠；安装使用是否方便；维修工作是否简易；现有产品有无应该改进的意见等，这些内容对于最后确定是否选用是较为重要的素材和参考依据。如有可能，在

得到对方单位同意,选择某些基本技术性能进行实地检测,可以收集到更加确切的第一手基础数据。这些实地调查了解工作,都有助于产品选型取得良好的效果。

5. 决定选用的产品型号和办理具体订货事项

经过对产品生产厂家重点考察和向使用产品单位实地访问后,对所选产品有比较全面的综合性的认识和较明朗的评议,结合工程的实际需要和客观条件,坚持实事求是、公正客观的态度、遵循经济实用,切实可靠的准则,提出最后选用综合布线系统产品的结论,其内容应包括产品选用后其全系统的技术性能指标、需要工程投资额度、满足当前信息需求的预计要求和适应今后发展的应变能力等,并对所选用产品的主要依据做必要的申述,提请建设单位或有关领导部门最后审定。

当确定选购产品后,应将本工程中综合布线系统所需的主要设备、各种缆线和所有布线部件的型号、规格和数量进行计算、汇总制作清单,以便与生产厂家商谈时提交给对方。在与厂家商谈订购产品时,应注意各项细节,尤其是产品的型号、规格和数量、技术性能、产品质量、特殊要求、备品备件、供货日期、交货地点和付款方式等,这些都需在订货合同中予以明确,以保证综合布线系统工程能按计划顺利进行。

从以上综合布线系统产品选型工作内容和具体步骤以及工作方法可以看出,这项工作是极为重要,且要严密细致的,不单在网络建设规划时需要及早重视,且与工程设计、安装施工和维护管理都有密切关系,甚至要考虑适应今后发展需要。因此,在产品选型时,必须从以上几方面的要求考虑,谨慎处理。尤其是在网络建设规划设想中拟初步选用的产品和工程设计中拟选用的产品应尽量互相衔接、彼此配合,以提高产品选型的工作效率和实际效果。

3.4.4 综合布线系统产品订购和签订合同

当确定产品选型后,必须与产品生产厂家或供应商进行商谈订货细节和签订购货合同。这项工作虽然不是单纯技术内容,但是与技术有密切关系的经济业务活动和具体工作,应该加以重视和认真对待,切勿草率从事。

1. 综合布线系统产品订购商谈的基本原则

综合布线系统产品订购商谈简称为商务谈判,其目的是为了少花钱、多办事,办实事和办好事。商务谈判是指具有独立资格的买卖双方,为了达到各自的目的和实现其所需要求,双方围绕转移货物的所有权,且涉及双方自身利益,进行沟通、协商,最终达成双方一致认可和共同遵守的过程。

在买卖双方商谈过程中,因双方都受到本身利益所驱,必然会出现既有相斥,又有共融;既有矛盾,又需磨合;虽有分歧,又要统一;虽有进攻,又需让步等现象。所以谈判的气氛会有多种多样,错综复杂反复变化等情况,这是商务谈判的特点和规律。

商务谈判与其他经济活动一样,在商谈过程中,双方都应按以下原则来指导自己,作为商谈活动的行为准则。

(1) 诚实信用原则

诚实信用原则简称诚信原则,它是参与商谈双方必须遵循的最基本原则之一,这是商务谈判的重要基础和根本要求,真正做到以诚相见,以信对人。因此,它是商务活动中的第一信条,即是必须遵循的信守准则。

遵循诚实信用原则并非原原本本地把自己的谈判意图和基本要求告诉对方,而是要站在对方立场,将其希望和应该了解到的情况坦率相告,以免对方认为我方没有诚意。在商务谈判中,务必使对方感到我方诚挚可信、讲究信誉,表现出"言必信、行必果"的精神风貌和崇高气质,要在人格和尊严上使对方信赖。遵循诚实信用原则不是不要谈判策略或技巧,在商谈中也需观察对方是否确有诚心实意和应有的信誉程度,以免造成不良后果或不必要的损失。

(2) 实事求是原则

凡事都要实事求是,说话要有根据,这就是实事求是、言之有据的原则。在商务谈判过程中,无论是申述和维护我方的观点,或是对对方观点提出异议,都要从事实出发,讲清道理,以理服人,这是商务谈判成功的必要基础,切不可有虚假内容的言词,使对方难以信任。另一方面要及时准确地洞察对方意图,发现问题及时指出,令其信服,真正使商务谈判正常进行,取得商务谈判成功的结果。

为了做到实事求是言之有据的原则,要求参与谈判者在谈判前,充分了解和熟悉掌握各种丰富翔实的资料,不仅对我方情况了解清楚,更重要的是对对方的基本情况也要清楚,真正做到"知己知彼",掌握较为全面的情况,才有可能掌握商务谈判的主动权。

(3) 平等自愿原则

在整个商务谈判过程中,要求双方坚持平等自愿的原则,不论买卖双方都是彼此地位平等、在互相自愿合作的基本条件下,进行友好洽商,建立商务谈判关系。双方都不得歧视,更不应恶言中伤,盛气凌人,使商务谈判难以正常进行。必须双方互相尊重、通过平等协商、公平交易来实现双方的权利和义务的对等,这是商务谈判中必须遵循的最基本原则之一。

(4) 互利互惠原则

互利互惠原则是商务谈判最终的理想结果。要求商谈过程的最后结果是对于双方在适应对方需要的情况下,互通有无,使得双方都能得到利益和满足其自身要求,真正符合互利互惠原则,最终实现等价交换、双方满意的结果。

(5) 友好协商原则

在整个商务谈判过程中,双方都应始终从共同利益和一致目标出发,遵循友好协商,求同存异原则,进行建设性的磋商,寻求一致,以求达到商务谈判成功。

(6) 合法约定原则

商务谈判中要求双方都应依法进行谈判活动,务必从内容到形式都要合法。合法约定原则要求谈判的最终结果应形成符合法律规定的经济合同,它要求双方当事人在订立和履行合同过程中,应遵守国家法律、行政法规(如遵守合同法等),尊重社会公德,不得扰乱社会经济秩序,损害社会公共利益。因为订立合同是一种法律行为,只有合法,才能具有法律约束力。如是不合法、不符合社会公共利益的合同,就是无效的合同,是不受法律保护的。因此,签订合同就是以法的形式将双方权利和义务关系确定下来;当出现不依约定履行合同的情况时,违约的一方应依法承担相应的责任,双方协商未果时,可进行仲裁甚至诉诸法律。

合法约定原则是一项合同有效的前提,它连同前面所述的诚实信用原则、平等自愿原则、互利互惠原则等共同构成了合同法的基本原则,贯穿了合同从签订到终止的全部过程,也是每一方合同当事人均要遵守,不得违反的基本原则。只有双方都能按照上述基本原则,从友好协商开始到合同终止结束的整个过程中都始终坚持,才能使所订合同得到圆满结果,真正创造合作顺利成功的范例。

2．产品订购商谈的主要内容和要求

（1）产品订购商谈的主要内容

由于综合布线系统的产品品种较多、技术性能复杂，涉及面较宽、专业知识要求极高。为此，在产品订购商谈过程中，必须抓住主要内容，一般包括产品的名称、型号、规格、数量、性能、质量、价格、日期、验收和责任等关键部分。具体内容较多，这里是提纲挈领进行叙述。

1）产品的名称和型号

在商谈过程中，对于产品的名称和型号，必须按规定或标准办理，要求产品名称和型号规范化，应以国家或有关部门统一命名的产品名称和标准规定的型号为准。如果没有统一的产品名称和规定型号，应由双方友好协商确定，并在所订合同和今后实施过程中以此为准，不宜随意命名或更改。如属于最近开发的新产品，除双方协商命名确定，且在合同上明确认可外，必要时，应保存样品，以便交货时对照检验。

2）产品的规格和数量

产品的规格和数量是订购商谈的重点内容之一。要求产品规格必须符合标准规定和使用要求，数量应该准确无误，这样才能保证工程顺利进行。在商谈过程中应明确产品的具体规格（如设备的容量、缆线的对数、部件的尺寸大小等）和准确数量（包括零配件或附件），要求规格完整详细，数量准确无误。如果没有科学而准确的产品规格和数量的约束，商谈双方的权利、责任和义务均难以确定和实施，商谈的结果也无法认定是圆满的。

3）产品的性能和质量

综合布线系统产品的性能和质量是工程的核心部分，因此，它是订购商谈的关键内容，必须重视，谨慎对待。如果这部分发生问题，将会使工程留下重大隐患和严重后果，是无法满足用户信息需求，也是工程建设资金的最大浪费。为此，在商谈过程中，必须明确提出产品的性能和质量都必须符合技术标准规定要求，绝对不应松动或妥协，必须对生产厂商提出严肃要求，严格掌握。务必做到所订购的产品在当前和今后一定时期，应满足工程实际需要和能够适应今后发展要求，绝对不能使性能欠缺、质量低劣的产品用于工程。

4）产品的交货细节

产品交货内容和具体细节较多，且极为繁琐，它涉及产品的包装（包括包装材料、包装方式、包装费用等）、运输（包括运输方式、运输标志、运输费用等）和交货（包括交货地点、交货日期、交货方式等）等各个方面。在订购商谈中对上述内容必须一一明确谈定，不应有含糊其辞或责任不清的内容。以免今后发生误差，影响工程进度，造成不必要的损失或留下一定后患。

5）产品的价格和结算方式

产品的价格和结算方式是商务谈判中的最关键的内容，它往往也是谈判成功或宣告失败的重要环节。产品的价格又常常会涉及各种问题。主要有产品质量、技术性能、产品规格、数量、单价、折扣（包括优惠）、服务、包装、运输、储存期、交货期等。可以看出上述问题，既有技术性，又有经济性；既有正式的单价，又有派生的折扣（包括优惠）等，内容繁多，且较复杂，有不少是随意性，毫无规范化约束。因此，在商务谈判时，在价格方面的条款中必须明确规定产品的实价、作价方法和成交总额等。对于支付货款方式的条款中，必须明确结算方式、结算使用的货币币种（当选用国外生产的产品尤其重要）、结算的时间和结算地点等具体细节。当产品货款较多，双方商定采取分成若干次的支付方式时，应明确分期支付次数、首次支付货款数,每次支付货款数的比例和最后结算的日期及结清方式等。

6) 产品的交货和验收

产品交货的要点是日期、地点和方式。交货日期是指在什么时间内供货;交货地点是指在什么地方交货,对具体工程来说有在生产场地或工程现场交货,也可以由业主指定地点交货;交货方式是指业主自己提走、或由生产厂商送货上门,还是由生产厂商委托运输部门托运到约定地点等。这些都应在商务谈判时明确规定,且在合同中清楚写明。

产品的验收或检验是指对产品的品种、规格、质量和数量以及包装等进行检查和验收,也包括对产品做必要的技术性能抽查测试,并最终确定是接受,还是拒收。例如在检查电缆盘包装时发现有严重破损情况,有可能伤及电缆外护套,为此,应对电缆进行绝缘电阻等指标测试,如不合格,应采取检修等措施,如难以修复,应予以拒收。此外,产品验收还包括验收方式和验收后提出异议的期限等内容。

7) 双方的责任和索赔及仲裁

在商谈过程中,如上述基本内容均已达到互相认可和达成一致后,还应就双方的权利和义务,有可能引起争议以及其他因素产生的分歧或问题,由此产生的索赔和仲裁进行充分磋商,并作出双方应明确的自身责任。为此,在签订合同中予以明确规定,以便约束双方行为或便于妥善解决纠纷。

(2) 产品订购商谈的要求

为了保证综合布线系统工程中所需的产品订购商谈能够顺利进行,以求商谈目标得以实现和取得满意的理想结果,必须按照以下要求执行。

1) 必须组织好商务谈判班子。要求参与谈判的人员精明强干,并有各方面(如领导干部、工程技术人员、经济管理干部和法律律师等)人员组成商务谈判班子,以便充分发挥各有所长,互相补充的优势,力求使商谈取得全面、完美和圆满的结局。

2) 在商务谈判前,要求所有参加谈判的人员,事先应该明确达到的理想目标,注意适当松动的尺度和掌握好轻重主次的关系。具体说是要明确谈判最终达到的理想标准、预期成果和基本结局;同时,也要注意灵活运用一定弹性尺度;并要根据谈判形势,合理掌握和区别对待轻重关系和主次矛盾,以便参加人员帮助领导决策,保证商务谈判顺利发展和圆满成功。

3) 在商务会谈过程中,一定要有集中统一的意向,要按照讨论内容的安排顺序进行,会谈过程时要抓住商谈重点,掌握会议进度,排除一切干扰,提高谈判效率,力求做到会谈内容安排有序、商谈问题主次分明,讨论时间紧凑适宜、会谈气氛友好和善,达到预期的目的和要求。

3. 签订购货合同

综合布线系统工程中所需产品订购商务谈判的最终目的和成果,应该是为了与产品生产厂家或供应商签订购货合同,即形成符合法律规定的经济合同,以法的形式将双方的责任、权利和义务予以确定。合同要求双方全面、按时、按约履行合同中所确定的内容,享受权利,承担义务,不无故拒绝履行合同义务,也不无故放弃合同权利。否则,任何一方违反合同的约定,都要依法承担合同及法律所规定的责任。例如,违约应承担违约责任等。

根据《中华人民共和国合同法》的规定,通常采用的产品购货合同(又称产品订货合同)的内容一般有以下几部分:

（1）合同名称，应写明本合同的全称。

（2）合同编号，按合同签订单位的规定或惯例进行编号。

（3）合同签订单位，通常写明双方单位的全称，分别为供方（又称甲方）和需方（又称乙方）。

（4）合同签订地点，签订合同的地点或场所。

（5）产品名称和型号、规格和数量，交货时间和交货数量以及购货合同总金额等。

（6）产品的质量要求、技术性能标准、供方对产品质量的承诺和保证、产品保证的条件和期限以及售后服务具体措施等。

（7）产品交货（提货）方式。

（8）运输方式及到达站（港）的费用负担。

（9）包装标准、包装物的供应与回收和费用负担以及职责（包括因包装标准欠妥造成的产品损坏等）。

（10）随机备品、配件、工具数量和供应办法。

（11）系统安装调试和验收的内容和要求。

（12）合同费用和结算方式（包括合同总费用和支付办法）及结算期限。

（13）双方的权利、义务与责任。

（14）违约责任。

（15）不可抗力的说明（双方在签订合同时，所不能预见的事件，例如火灾、台风、地震等事件）。

（16）争议的解决和仲裁以及解决合同纠纷的方式，在仲裁期间，双方应继续履行合同中的非争议部分。

（17）其他约定事项（例如合同份数）。

（18）合同附件（例如合同设备和器材清单等）。

（19）合同双方的有效联系地址、邮政编码、电话和传真等。

（20）合同双方法人代表的签名。

（21）合同双方单位应加盖单位公章。

（22）合同签订日期。

由于产品购货合同是一种买卖经济合同，且是有偿合同，它是一方向另一方移转标的物的所有权，另一方则向一方给付价金。两项给付，互为对价，这就是买卖合同最基本的特征。

同时，买卖合同是双务合同，合同双方的权利和义务是彼此对应的，一方的权利，正是另一方的义务，反之亦然。因此，它是双向的，这就是双务合同的含义。为此，签订合同的双方都不得违背，必须承诺和执行。

第五节　综合布线系统工程的集成和管理

综合布线系统工程的集成和管理是在智能建筑中的信息网络系统建设规划的重要部分，且是建设前的前期工作中不可缺少的，必须予以重视。由于这项工作比较新颖、缺乏经验，涉及面广泛，且技术含量高，是目前较难处理的工作。这里仅从理论概念为主，提出一些想法供工作时参考。

3.5.1 系统集成的基本概念

1. 系统集成的含义

在智能建筑和智能化小区的工程建设中常常会遇到一个较为常用,且很热门的名词,即"集成"两字。集成的确切含义目前尚无统一的解释,也无标准的内涵,但从字面分析可以说是集中组合(或集中组成),也可以说有合成、综合、整合成为一体的意思,就是把分散而独立存在,且各不相同的部分有机地综合形成关系极为密切、互相融合渗透,具有高效率、多功能等特点的新整体。系统是指为了实现某一个目标而形成的一组元素的有机结合,也可以是不同类型或同一类型的事物按一定的关系组成的整体。系统集成是指为了实现某一个应用目标,将组成系统的各种部件或子(分)系统,采用系统工程的科学方法进行综合集成,从提出全面解决方案,组织实施到具体组成的全过程,最后形成一定功能、最佳性能和满足使用要求的系统。以计算机网络系统集成来说,它包括硬件集成、软件集成、网络集成和信息集成等。如以智能建筑的系统集成来说,主要是通过综合布线系统和计算机网络系统,构成智能建筑内的各个主要子系统具有开放式结构、标准化的协议和接口,能将各自分离的设备、功能和信息等集成到相互关联和统一协调的大系统之中,达到资源可以充分共享,并实现集中式和规范化管理。因此,系统集成的全过程是整个系统建设过程;是实现应用目标技术方案的具体过程,也是各种技术或各种产品能够有机地结合的过程,又是从建设到运行逐步实现预计结果的过程。

2. 系统集成的目标要求

对于智能建筑和智能化小区,要求系统集成达到创造工作和生活方便、安全而舒适的环境;且便于维护管理和提高工作效率以及节约各项费用(包括节约能源和减少维护费用等)的目标。具体的目标内容和要求是:

(1) 提供高度共享的信息资源,确保工作质量和提高工作效率,促进各方面加快发展。

(2) 创造生活舒适、工作方便,且确保安全的客观环境。

(3) 各种公用系统和基础设施运行稳定、安全可靠,且高效优质为用户服务。

(4) 有效节约能源和动力(包括给水、电力和燃气等),减少管理人员和维护费用以及用户负担。

(5) 适应今后发展形势,具有较灵活的适应性和一定的应变能力,能够应付各种变化需要。

(6) 工程造价适宜合理,且能满足较长时期的要求。

总之,通过系统集成后,必须使得智能建筑和智能化小区真正具有安全可靠、环境舒适、工作方便和经济适宜等特点,为广大用户提供高效、优质、价廉和安全等服务效果,这是系统集成的最终目标。

3. 系统集成的分类

目前,系统集成的分类方法各一,且其内涵不同,尚无统一说法。但较常用的有按系统集成等级划分、或按系统集成组成划分两种,现分述如下:

(1) 按系统集成等级划分

由于智能建筑的智能化程度高低,是与其配置的系统和设备有关,更与系统集成的涉及范围和复杂程度有着密切关系,一般按系统集成等级来划分为三个等级,并予以描述。

1) 低级系统集成

如在智能建筑或智能化小区中,仅仅以建筑自动化(即机电设备等控制系统自动化)为基础,将楼宇内的机电设备控制系统进行较大的系统集成。因此,其网络拓扑结构较为简单,通常采用总线型以实现智能建筑中的控制功能系统集成,所以其集成范围小、技术功能少,是属于低级别的系统集成。

2) 中级系统集成

如在智能建筑或智能化小区中,将建筑自动化的机电设备等控制系统和保安监控系统以及消防监控系统进行系统集成,其集成范围较大、技术功能增加,实现机电设备控制、保安监控和消防监控等多种功能的系统集成。

3) 高级系统集成

如在智能建筑中将建筑自动化(又称大楼自动化)、通信自动化和办公自动化三大系统通过高速网络系统统一与建筑管理系统(IBMS)进行系统集成,以实现全面的综合管理功能。由于它高度集中,全面优化,不但提高了智能建筑的管理水平,且可降低工程建设投资。当然,高级系统集成也会带来对安全可靠性和技术功能要求高等问题。因此要采取双机并行运行,互为热备份等技术措施,也必然会增加工程建设投资和维护费用等问题。

(2) 按系统集成组成划分

系统集成是具有高度综合性的一项重要工作。目前,通常按系统集成组成完整的内容有以下几个类型,即应用功能的集成、支撑系统的集成和产品集成。对于综合布线系统、计算机系统和建筑自动化系统等集成的信息网络系统,还有一个与其他系统集成的组成部分,即测试检验的集成。现以计算机网络系统为例,结合与综合布线系统的相互关系来叙述系统集成的各个组成部分。

1) 应用功能集成

计算机网络系统必须按照用户要求来组成,它应该是一个能够满足用户应用功能需要的完整系统。例如常见的应用功能有查询、储存、检索、收发信息、分析计算和加工处理等。为此,它必须备有网络系统平台,作为网络系统平台支撑系统之一的综合布线系统,其功能要求和性能指标必须符合计算机网络系统和用户所需信息要求,在系统集成过程中必须确认其合理性和可实现性,以保证实现符合其功能需求的完整系统,这就是应用功能集成的基本内容。

2) 支撑系统的集成

支撑系统又称支持系统。支撑系统的集成是指为了实现用户的应用需求和功能要求,必须建立的支撑系统环境的集成。例如计算机网络系统的用户需要远程查询功能,则不仅要为用户解决远程访问的通信手段,即需要有对外联系的信息网络系统(它包括综合布线系统);以便与公用通信网相连接,而且还要建立供查询用的信息库和相应服务器。于是就有网络系统平台、信息数据库平台和服务器平台,它们共同组成了这个远程查询应用系统的支撑平台,这就是支撑系统环境,它是由上述支撑系统集成组成,它是与现代信息网络系统互相关联的部分。系统集成要使它们之间能互相协调,一致配合而正常工作,以保证整个系统的总体性能达到优良。

3) 技术集成

为了保证计算机网络系统的功能集成任务顺利完成,就需要有足够的技术集成保证。当今的系统集成的项目规模都较大,包含有硬件平台、数据库平台、网络系统平台和应用系统,技术比较复杂。因此,必须有丰富的工程经验和能对各系统进行集成的能力(即技术系统集成)来保证,对此必须予以重视。例如综合布线系统与接入网关系极为密切,且与计算机网络系统相连接。因此,对于上述各个系统之间的连接技术必须通盘考虑,采取切实有效的技术集成具体措施。

4)产品集成

当计算机网络系统中所用的产品与综合布线系统的产品需要集成时,应首先充分了解上述产品特点和技术性能,并进行测试检查,要按标准规定或设计要求验收。除要求上述产品保证本身产品质量外,还必须考虑产品之间的互相协调配合,尤其是采用不同类型和品种的产品时,应考虑它们之间互相衔接和连接技术等,采取一系列切实有效的产品集成措施(包含有技术集成措施),以免产生矛盾而造成整个系统运行困难,真正达到系统集成的目的和要求。

5)测试检验的集成

在信息网络系统(包括综合布线系统)的建设过程中以及竣工后,要对它进行分阶段或整个系统的测试和检验,即测试检验的系统集成,以保证信息网络系统的性能优良、畅通无阻。测试检验的项目集成内容应根据系统工程每个阶段的测试项目和具体要求不同而有所区别。测试检验的项目集成包括连通性测试、稳定性测试、连续性测试、满负荷测试和异常测试等。更重要的是由综合布线系统为主组织的信息网络系统全程全网测试。此外,上述每个测试检验的项目集成中还有不同的性能指标和技术参数。因此,测试检验工作极为复杂繁琐,且工作量较大,必须认真细致对待。当然,对于信息网络系统的全程全网的测试检验工作,应由主管电信网络部门负责较好。只有这样的系统集成,才能确保信息网络系统(包括综合布线系统)的传输质量符合技术要求。

在这里还有一点需要特别提出的是对于各类相关的设计标准、产品标准、技术规范和施工规范以及验收规范等的集成,以保证切实执行。以目前计算机网络系统和综合布线系统为例,包括整个系统检测验收标准、网络设备检测验收标准、应用软件系统检测验收标准、技术支持及维护管理标准等。把这些标准、规范的建立列入系统集成的范畴,不仅是由于它们在系统集成工作中具有重要性,更重要的是上述所列的各种标准或规范虽已见诸有关文件,但在实际的系统集成工作中,并未能真正完全有效地实施和具体运用。因此,能否真正全面地正确实施这些标准和规范,已成为业主或用户考察和衡量系统集成单位技术水平的重要根据和业务能力的基本标准。

3.5.2 综合布线系统工程的系统集成

1.综合布线系统工程的系统集成基本要求

(1)综合布线系统工程系统集成的作用

在智能建筑和智能化小区中信息网络系统是极为重要的组成部分,它就是通信自动化。为了实现通信自动化系统集成的功能需要,必须要以网络系统集成为主,尤其是依靠综合布线系统形成物理网的网络集成来实现。综合布线系统是按用户各种信息需求,将各种缆线、接续设备和连接硬件进行优化组合,合理配置,系统集成,建设成为高效实用、经济合理、性能优良,安全可靠、运行稳定和使用方便的信息网络系统,完全满足用户信息需要的使用要求。所以综合布线系统工程的系统集成的过程是从方案设计开始,经设备选型、网络建设到最后维护运行的整个历程。显然,综合布线系统工程的系统集成是始终渗透在整个建设过程中而最终达到预期的目标。

当综合布线系统工程在更大范围要与计算机网络系统和建筑自动化监控系统等工程进行系统集成时,由于集成范围广阔、技术性能增多、功能要求更高,集成程度复杂,作为综合布线系统是系统集成中的神经枢纽系统,应按智能化建筑和智能化小区的业主使用和应用系统的特定需要,进行最佳配置和优化综合,实现信息自动化处理,优化监控和管理以及人力资源与高新科技的最佳组合,真正建设成能满足用户需要的应用系统,使得系统集成后,取得整体的高效率和高效益的系统效果。

系统集成除有对降低工程造价、提高工作效率和经济效益的重要作用外,系统集成后还应保证各个系统日常运行的可靠性,便于今后维护检修和日常管理的可操作性以及实用性。只有真正具有上述几方面的效果,系统集成才能给用户带来真正有益的价值和成果。

（2）综合布线系统集成的基本要求

综合布线系统是信息网络系统的组成部分,在系统集成过程中,必须自始至终地贯彻以下基本要求,力求经过系统集成后,能够达到符合系统集成既定目标,真正充分体现系统集成后的优良效果。

1）技术先进性　经过系统集成后,技术上只有进步提高,不致落后降低,真正反映和体现现代化的技术先进性,既能满足日益增长的用户信息需要,又能够适应今后一段时期的发展要求。

2）系统开放性　综合布线系统集成的总体网络布局和主要技术方案,不论目前和今后都能够与其他应用系统兼容,具有通用性和互换性,使整个系统具有开放性的特点,使网络结构和布线部件均有较大的灵活通用性和应变能力。

3）操作安全性　综合布线系统集成后,必须保证网络运行安全可靠,网络拓扑结构和各种设备布置以及缆线连接方式等,都做到便于维护检修,且操作工艺简便,人为障碍极少发生。

4）经济合理性　综合布线系统集成的重要目标之一是要降低一切费用。为此,必须在建设过程中要大力减少工程造价,采取先进的技术集成措施和科学管理方法,降低能源消耗（如电源消耗）和管理费用以及提高工作效率。

5）管理科学性　在系统集成过程中,优先采用现代化的管理模式和工作方法以及管理手段（如计算机管理）。做到管理过程条理化、工作制度规范化、管理方式科学化、运作方法程序化的要求。

6）扩充简化性　对于综合布线系统工程的扩充极为简单,其网络系统适应性强,应变能力高,不会因扩充或改建而增加技术难度或出现经济不合理等现象,也就是要求综合布线系统经过集成后,具备一定的弹性能力和发展余地。

当在系统集成后能达到上述基本要求,就是有效和圆满地完成系统集成的任务。

2. 综合布线系统系统集成的基本范围和工作顺序以及具体要求

（1）综合布线系统集成的基本范围

由于综合布线系统是在智能建筑或智能化小区中的基础系统,它又是智能建筑的信息网络系统内的一部分,其集成的工作可由总的系统集成单位来完成,也可以作为一个独立的系统工程,由布线系统集成单位来完成。目前,综合布线系统集成范围有综合布线系统集成的服务对象范围和信息业务范围两种。

1) 综合布线系统集成的服务对象范围

综合布线系统各个子系统,其缆线和布线部件都分布在智能建筑和智能化小区内部,遍及各个角落。因此,从理论上说,综合布线系统可以成为整个建筑物或小区内所有服务对象的通信线路(包括各个系统的传输信号线路),但是综合布线系统的缆线分布基本为星型网络拓扑结构,而其他系统的网络拓扑结构通常采用总线型或环型,所以它们的缆线路由和连接方式显然不同而无法充分利用。此外,通信系统和计算机系统的终端设备是电话机和计算机,与其他系统的终端设备或装置(如信号探测报警器和监视控制设备)的位置都不相同,综合布线系统的传输线路无法利用。因此,综合布线系统主要提供给通信系统和计算机系统使用的传输通道,它们两者是可以进行综合。所以,在综合布线系统集成或综合时,主要根据智能建筑和智能化小区的具体条件和客观需要考虑,不宜过于综合或强调集成,反而造成不合理的现象,既不能达到综合服务的目的,又增加工程建设投资,这是不可取的。

从上所述,综合布线系统集成的服务对象范围,应根据工程的实际情况,结合缆线分布的具体条件确定服务对象的范围。

此外,根据我国国家标准《火灾自动报警系统设计规范》(GB 50116—98)中对消防通信系统有明确规定,要求智能建筑和智能化小区中的专用消防通信应为独立的通信系统,不得与其他通信系统合用。所以综合布线系统中不应包含有消防通信系统的缆线部分,在综合布线系统集成的服务对象范围也不应包括消防通信系统。但是在实际工程中,根据缆线分布状况,它们可以作为互为备用的通信系统,在技术方案中适当采取技术集成的措施,如采用联络的应急电缆,在突发灾情事件时,可临时连接形成备用的应急通道,以保证智能建筑和智能化小区的信息网络系统正常运行或应急通信的需要。

2) 综合布线系统集成的信息业务范围

综合布线系统中采用缆线类型和品种主要有对绞线、对称电缆、同轴电缆和光纤光缆几种。它们都有各种类型和规格,且各有不同的组成结构和电气特性以及适用场合,它们传送的信息业务也有区别,即使同一类型的对称电缆也有不同的类别,它们传输特性有所不同。目前,综合布线系统传送信息业务主要是话音、数据、图像和控制信号等几种。为此,在综合布线系统集成时,应根据通信线路所在信息网络系统的段落和采用缆线的类型及品种,决定集成信息业务范围,例如对绞线对称电缆的传输频带较窄,一般只能集成话音和低速数据;对于同轴电缆可以传送视频图像和数据等信息,因此其集成信息业务范围可以扩大有数据和图像信息;如果采用光纤光缆,由于光学特性好、传输频带宽,可以传送各种信息业务,甚至可以传送宽带信息。因此,它的集成信息业务的范围最宽,可以传送所有信息。

此外,除考虑信息业务外,还需考虑传输距离的因素。因综合布线系统中采用的对绞线或对绞线对称电缆,分为有屏蔽性能和无屏蔽性能两种结构,使它们的传输特性和电磁干扰能力不会一样,且传输距离也有很大差别。例如采用非屏蔽(UTP)对绞线,当传送数据时,因其抗电磁干扰能力差,最大安全传输距离只有100m。如采用同轴电缆,目前可分为粗缆和细缆两种,据有关资料采用细同轴电缆,最远传输距离为185m;如采用粗同轴电缆,传输距离可达到500m。如果采用光纤光缆,因传输频带宽、传输速率快、抗电磁干扰能力强,在综合布线系统中通常采用多模光纤光缆,其传输距离达到2km;如采用单模光纤光缆传输信息,传送距离可达到几十公里。从以上所述,因采用的缆线的品种和结构不同,它们的传输距离有很大差别。所以,在综合布线系统集成时,必须同时考虑所采用的缆线类型和品种以及最大传输距离,统一研究系统集成方案。

(2) 综合布线系统集成的具体工作顺序和要求

目前,在国内的智能建筑和智能化小区中的综合布线系统集成工作,还处于摸索研究、不断总结的过程。当前主要系统集成的具体工作要求有以下几点:

1) 收集和分析以及综合各个系统的基础数据,例如计算机系统的数字传输速率、通信系统的传输衰减、用户信息业务量等重要的基础数据。

2) 综合各个系统的功能和要求,对用户所需的要求进行分析研究,结合工程实际情况进行全面考虑,提出能满足用户需要的技术方案和总体设想。

3) 对综合布线系统的设备或接口之间(例如与计算机系统和接入网之间的连接),采取硬件或软件的具体措施,要求达到互相衔接、共同协作的正常工作状态,力求取得整体的良好效果。

4) 面向建设单位和用户使用以及物业管理单位的需要,提供高效、方便、实用和科学的管理硬件和软件,有利于今后运行和维护管理。

5) 收集、汇总、分类和综合各种基础资料和原始数据,进行分析整理成切实有用的文件档案,为今后物业管理、设备管理和其他管理创造条件。

目前,综合布线系统集成的工作顺序较为粗略,从总体上大致可分为方案设计、具体实施和测试检验三个小阶段。

① 方案设计 它是系统集成中最最重要的工作内容。其具体工作有调查研究用户客观应用的需要、系统集成内容和范围的初步设想、系统集成规划的策划和制订、系统集成方案设计的最终确定等。在系统集成的方案设计中必须充分体现和贯彻执行下面六个基本要求,即技术先进性、系统开放性、操作安全性、经济合理性、管理科学性和扩充简化性。它们都是相辅相成,不能偏废的。

② 具体实施 按照系统集成的方案设计具体实施,它是一个极为具体和细致的工作阶段。它的主要工作内容有软件开发(包括监控和应用程序的开发、收集和分析各种信息处理等)、硬件配置和使用(包括接口的转换)、系统集成后各个界面的划分(主要是维护检修的界面,以便分清职责范围)、以及售后服务、维护支持和培训等一系列具体工作和活动等。显然,上述内容说明系统集成不但渗透在网络系统工程建设的整个过程中,且与今后运行和维护管理均有关。

③ 测试检验 测试检验是综合布线系统集成的特殊内容,它是以满足用户信息需求为最终的目标,对整个系统进行集成式的测试检验,它的目的是测试检验系统集成后的真正实际效果。目前,系统集成的测试检验有系统集成功能的测试检验和系统集成性能的测试检验两方面的内容。它们的主要点各有侧重,但是从系统工程分析,它们之间有着互相密切联系的内在关系,应该说系统集成后的性能指标如达不到标准要求,必然影响系统集成的功能效果。相反,系统集成后的功能效果极佳,那么,系统集成的性能指标一般是符合或接近标准要求。所以,它们两者之间是相辅相成,互相支持的。它们的具体要求分别如下所述。

a. 系统集成功能的测试检验 根据建设单位(或业主)和用户对系统集成提出的功能(例如显示功能、告警功能等)需求,分别进行测试检验,各种功能要求的实现情况均应符合标准规定;如有差别或不符合规定要求,应做适当调整或改进,务必完全达到满足用户需求为止。

  b．系统集成性能的测试检验 对系统集成后的性能测试检验,应包括软件的性能的完善、各种硬件的运行速度、工作稳定性和安全可靠性等技术指标,要求达到标准规定的要求,力求整个系统经过集成后,其基本性能指标不应降低,否则,将会影响功能要求。

  (3) 综合布线系统集成的功能要求

  综合布线系统主要是传输线路,因此,它的传输媒介通常是以对绞线对称电缆和光纤光缆为主,它们是综合布线系统,甚至是信息网络系统传送信息的关键环节。为此,在综合布线系统集成时,应注意其功能要求必须满足传送信息的客观需要,能为智能建筑和智能化小区的用户服务。功能要求主要有以下几点:

  1) 经过系统集成后,必须使智能建筑和智能化小区内局域网的各种信息传输功能得到确实保证,且稳定可靠。例如满足计算机网络系统能传输高速率数据信息的功能需要,例如能支持100Mbit/s以上,甚至更高。同时,具有较强的抗电磁干扰能力、稳定可靠性高、安全保密性好等功能。

  2) 要求智能建筑和智能化小区中的所有用户都需通过综合布线系统的基础设施组成的信息网络系统,对国内外联系和传送各种信息。为此,综合布线系统必须与公用通信网进行连接,并与其他地区相连组成广域网,甚至更大范围与国内外的网络系统互联。因此,在公用通信网中传送各种信息时,必须符合公用通信网有关规定的技术功能要求(例如传输特性要求、接口标准要求等)。如不符合全程全网传输信息标准的规定,就不可能满足通信传输需要。在综合布线系统集成时,必须根据公用通信网的技术体制和有关的传输标准来考虑,严格按照标准规定执行,且采取切实有效的系统集成方案。

  3) 由于在智能建筑和智能化小区中设有各种管线和自控系统,它们各有特点,且有独立的和一定范围的网络系统。尤其是各种自动化控制系统都有信号线或控制线,当它们在某些局部段落或个别场合需利用综合布线系统的各种缆线和通信设备时,在考虑系统集成方案过程中,必须结合这些系统所传送信息的具体特点和功能要求(例如小电流或低电压的信号),在保证综合布线系统安全可靠的前提下,尽量满足它们的功能需要和使用要求。同时,要考虑今后有无可能产生特殊情况,如有无可能产生高电压和大电流等事故,势必会影响综合布线系统的安全可靠性,在综合布线系统集成的方案中应采取切实有效的保护措施,以确保信息网络系统的安全。

  总之,综合布线系统通过集成后,其整体技术功能要求不得降低,通信传输质量必须保证不受影响,用户的所需信息都能顺利交流和传递,这是系统集成方案的核心和要点,也是必须追求和达到的目标。

3.5.3 系统集成的管理

  1．系统集成的现状

  目前,国内因智能建筑和智能化小区的建设形势发展迅速,采用综合布线系统的工程建设项目日渐增多。由于智能建筑和智能化小区的工程项目是一个涉及面宽广、技术门类多、建设周期长、功能要求高的系统工程。综合布线系统是属于它们的基础设施,且是它们内部信息网络系统的组成部分,它的工程质量优劣直接影响主体项目的服务效果好坏。为此,应予以足够的重视。但是综合布线系统进入国内的时间不久,工程建设经验极为缺乏,且建设市场较为混乱,尤其是系统集成的管理更是薄弱环节,规范化的管理力度不够,有些产品生产厂商或个别设计单位为了谋取利益,不顾及工程质量和其企业信誉,虽然存在严重先天不足,后天有限等问题,却大言不惭,自称能够"真正系统集成",鱼目混珠的现象极为普遍。因此,国内不少的智能建筑和智能化小区工程建设项目建成后,其效果并不理想,且遗留不少问题,造成工程建设投资不少,但没有达到预期的目的和理想效果,甚至有的工程已经造成严重损失而无法弥补。当然上述现象不完全是系统集成所造成,例如有产品质量欠佳、技术方案不妥和施工操作缺陷以及监理检查不严等等因素而综合导致上述结果。但有不少工程是因系统集成问题而形成。因此,对于综合布线系统的集成管理工作必须重视。

2. 综合布线系统集成管理的要点和具体管理

综合布线系统集成管理必须重视和加强,其管理要点和具体管理工作分别叙述。

(1) 综合布线系统集成管理的要点

1) 综合布线系统集成的总体方案设计是一个最重要的要点,必须充分体现前面所述的六个基本要求。要抓住系统集成的方案中的技术方面和经济方面以及两方面结合的要求。例如在技术方面有选用的技术和设备是否先进,选用的系统是否标准化的,系统集成后的功能要求是否满足,有无具有良好的开放性、灵活性和可扩展性;在经济方面有系统集成方案的价格是否合理、性能价格比是否较好和今后扩建和维护管理的费用是否增加等。可以看出其核心是要有一个各方面比较理想的系统集成总体方案,所以对总体方案设计必须加强管理和审定。

2) 承担综合布线系统集成的单位,必须具有真正能够系统集成的工作能力和管理能力,并经我国有关主管部门审查批准,有相当资质级别的证明,才允许承担上述任务。不符合上述要求的单位,不应负责系统集成的工作。

目前,我国系统集成资质等级分为三级。即智能化建筑系统工程设计资质(它是智能建筑的设计最高资质)、智能化建筑系统集成资质和智能化建筑子系统集成资质。上述资质由国家建设部审查批准。在系统集成管理中必须对系统集成单位进行调查了解和考察审查,经过招投标的过程,选择较为理想的单位承担系统集成任务。

3) 对于综合布线系统与公用通信网之间的配合部分,涉及当地接入网的接入方式,它是系统集成方案设计的主要内容,是一个要点,应主动与当地电信公司联系,将上述有关系统集成的内容以书面材料报送,请对方帮助审阅有无不妥欠缺之处,如有矛盾、脱节或严重缺陷,应及时商讨研究,采取更好的方案来修正,使上述网络系统之间的配合部分和系统集成的有关内容补充完善,以保证全程全网的传输质量优良。

(2) 综合布线系统集成的具体管理

综合布线系统集成的具体管理应从规划开始直到建成,始终都要坚持进行。有时也可以与工程监理工作互相结合进行。具体管理有:

1) 根据智能建筑和智能化小区用户需要,结合工程现场的实际情况,经过分析研究,提出综合布线系统集成的初步构思和基本设想。例如系统集成的范围、系统集成的基本内容以及集成的要点等。

2) 选择系统集成单位是集成管理工作的关键工作。通常采取以下工作步骤和选择方法:

① 深入调查和考察系统集成单位的各方面状况和资料,例如单位人员的组成,其主要优势和不足等情况,对各种性质的系统集成单位有一个基本了解。

② 发布系统集成工程的招标方案,对初步拟定约请的系统集成单位发出投标邀请,被

邀请的单位如期提交系统集成的投标文件。

③ 对各系统集成单位的投标文件(包括系统集成方案)进行评议,确定初步中标单位的先后排列顺序,以便从中选择较为适宜的单位。

④ 经过对初步中标的系统集成单位进行审查,通过筛选和对比,必要时可进一步详细考察最后选择和决定较为理想的系统集成单位。在选择决定单位时,不应排除各种专业公司组合的可能性。例如可以选择布线系统公司负责系统布线工程;计算机集成公司负责计算机系统;网络集成公司负责网络系统的互联。这样可以充分发挥它们各自的技术优势,互相弥补各自的不足。当然,也存在较大的缺点是缺乏中心主持人(或主持单位)全面负责,难免会影响系统集成工作进度。因此,最好建设单位或业主要更加全面地负责和督促以及管理,使各个参与单位在统一的指导下进行工作,必要时,在各个单位中推举出全面负责的主持单位进行组织,加强系统集成管理工作。

3) 审定系统集成总体方案是集成管理工作中的关键环节。由建设单位组织有关单位或聘请专家小组对系统集成单位提交的系统集成方案设计进行评议和全面审查,提出修改和完善的意见和建议,最后由系统集成单位按照评审意见和结论进行修正和补充。

4) 确定和具体实施系统集成方案中的具体工作,通常有以下几项:

① 与施工、监理和系统集成单位共同对与系统集成有关的产品的选型和对外有关签订协议等具体细节进行落实。

② 在安装施工中的有关系统集成的调试和检查等工作,应和监理单位共同付诸实施和管理,以保证工程质量。

5) 协同监理和施工单位对系统集成工程部分进行测试检验,其测试检验项目和具体要求等内容应按有关标准或规范中的规定办理。

最后,应该看到综合布线系统集成的管理在国内还缺乏经验,需要摸索总结和不断提高。根据国外考察报告和国内现实情况分析,应该注意的是过于片面强调高度系统集成,不利于我国的智能建筑和智能化小区的健康发展。相反,会增加大量的不必要的建设资金,维护检修工作和日常管理难度,甚至因为过分要求高度系统集成,导致各个子系统不能稳定可靠地正常运行。

根据国内有些综合布线系统工程成功的经验是应以具体工程的实际需求为主来考虑,将相关的子系统,而且技术较为成熟的部分进行有机的联动和合理的集成,而不是简单地把各个子系统的设备堆砌或技术功能全部汇总组成。目前,国内智能化建筑和智能化小区的综合布线系统工程中的产品质量、设计和施工的水平与国外相比之下是有一定差距,工程的实际效果不太理想。当然,其不成功的因素是有多种多样的。但是应该看到,目前连不少子系统尚未完全过关,过大过高或过于集中的系统集成,就会更容易发生混乱等不良后果。因此,在综合布线系统工程设计和施工中,应切实保证各个子系统的内在质量和发挥其应有的技术功能,并根据工程的实际条件和使用需要,以实事求是的原则为主,确定与其他系统的有关部分进行系统集成,使系统集成后,真正能切实有效地充分发挥其应有的效果,以满足用户信息需求的客观要求,这才是综合布线系统集成的理想目的。

思 考 题

(1) 工程项目管理的目标包含哪些内容? 工程项目管理的作用体现在哪些方面?

（2）试述工程项目管理的主要内容？今后将向哪些方面发展？

（3）简述综合布线系统工程项目的立项过程和规定程序。

（4）综合布线系统工程项目的前期策划工作主要有哪些？

（5）综合布线系统工程的项目建议书和可行性研究有哪些区别？

（6）综合布线系统工程项目的招标和投标工作，主要有几个，试述它们的不同点？

（7）信息网络系统建设规划的基本内容有哪些？试述它与综合布线系统的关系？

（8）综合布线系统工程的具体规划要求有哪些？简述其大致内容。

（9）用户信息需求预测必须满足的几点基本要求是什么？虽然在智能化建筑智能化小区大致相同，但有区别，简述它们的主要差异。

（10）用户信息需求预测的方法，主要是哪几种。在智能建筑和智能化小区中，其预测方法也有区别，试分别叙述它们大致的内容。对智能化建筑或智能化居住小区的预测方法有无改进和提高的建议。

（11）你对本书提出办公性质的智能化建筑和智能化小区内各种住宅建筑的用户信息需求数量（参考指标）有无意见或有更好的建议？

（12）综合布线系统产品选型的几条原则是什么？为什么必须综合考虑而全面执行？

（13）在商务谈判中必须以几条行为准则来参与，试述这几条原则大致内容。

（14）签订购货合同应按国家规定的内容编写，试述合同的基本结构和内容要点。

（15）系统集成的目标和要求的内容是什么？请简单叙述。

（16）系统集成有哪几种分类方法？试将各种分类方法简要地介绍。

（17）综合布线系统集成有哪几种？

（18）综合布线系统集成的基本要求有哪几项？

（19）综合布线系统集成主要工作内容是什么？简单叙述它们的要点。

（20）试述综合布线系统集成管理的要点？具体管理工作有哪些？

第四章　综合布线系统与外界的关系和配合

在智能建筑或智能化居住小区内都配备有各种公用设施(例如给水、排水、电力、燃气、热力、电视、通信、管线和计算机网络等系统)和相应设备(如建筑自动化控制系统和设备),它们都是附属在房屋建筑或居住小区内的基础设施,为在建筑物或居住小区内的用户服务,起到保证生产活动,居住生活和公共服务等能正常进行的重要作用。作为信息网络系统的组成部分和联系纽带——综合布线系统,与当地建设规划、房屋建筑、计算机网络和电视等其他系统有着极为密切的关系,它们在同一个整体内,既是相辅相成、彼此结合的统一体,又有各自独立的不同性。因此,在综合布线系统工程的总体规划、工程设计和安装施工时,都必须与外界配合协调、采取通盘考虑和妥善处理,以保证达到正常使用的目的和要求。

此外,由于智能建筑和智能化居住小区是不同的建设对象和客观环境,它们有着明显的差别。因此,其综合布线系统与外界的关系和配合也有所区别,应分别采取相应的处理方式,不宜一致对待。

第一节　与所在拟建设区域规划的配合

所有的智能建筑和智能化居住小区的建设项目,都必须按照所在建设区域的规划执行。例如有智能建筑的平面布置、建筑高度和立面体型等必须服从所在拟建设区域的规划要求;智能化居住小区内的住宅建筑的平面布置、区内道路和绿化地带等设施都应按照居住小区的整体规划进行建设。因此,综合布线系统必然也要遵照所在区域规划的要求考虑,具体内容因为智能建筑和智能化居住小区有所不同,现分别进行叙述。

4.1.1　智能建筑

因智能建筑一般为新建房屋建筑工程,都具有建设规模和建筑面积很大、房屋立面和外观造型极为美观、内部装修和设备配备十分讲究、建筑内部的管线设施繁多;对于信息网络系统需要达到通信业务品种较多、技术功能齐全先进,网络建设要求较高(例如美观、隐蔽、安全和方便)和信息交流快捷畅通等目标。因此,对通信线路有以下要求:

1. 通信线路(包括综合布线系统的建筑群主干布线子系统)引入智能建筑内部的段落(简称引入段落)要求隐蔽化,地下化,应采用地下通信管道敷设方式。进入屋内后应直接与终端接续设备连接,这种引入方法又称为直接引入法,具有隐蔽美观、安全可靠、保证通信线路不受外界因素影响。因此,它适用于各种类型的新建智能建筑。

直接引入智能建筑的方法,如按在屋内的进线方式细分,又可分为以下三种:

(1) 地下室进线方式　地下通信管道引入智能建筑内的地下室(或专设地下电缆进线室),电缆引上后与配线接续设备连接,其连接引入方法与一般电话局内相同。这种方式适用于较大型的智能建筑,其引入的通信电缆条数很多,业务性质较为重要、且要求适应今后发展需要。因此,中、小型的智能建筑较少采用。

（2）电缆地槽进线方式　地下通信管道引入智能建筑后，与建筑物内部的电缆地槽相连接，电缆引入屋内电缆地槽后可设有或不设电缆接头，视具体情况来确定。这种方式适用于大、中型的智能建筑，因其引入的通信电缆条数较多，今后有可能增加和更换缆线，安装的电缆地槽在屋内部分有可开启的盖板，较为方便，有利于维护管理和检修。

（3）屋内管道进线方式　地下通信管道引入智能建筑后，直接敷设到配线接续设备的底座处，电缆从管道中引上到配线接续设备上连接，这种引入方式一般不设电缆接头，有利于通信传输和减少线路障碍。这种方式适用于小型的智能建筑，其引入的通信电缆条数不多，今后变化较少。直接引入到智能建筑内部的两种进线方式见图 4.1 中所示。地下室进线方式可参见本地电话网中引入电话局的进线方式。

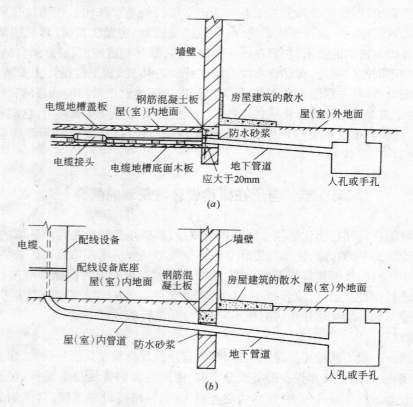

图 4.1　直接引入房屋建筑的方法
(a)电缆地槽进线方式的示意；(b)屋(室)内管道进线方式的示意

2．由于智能建筑的平面布置和外观体型都受到城市用地规划、日照卫生标准、区内道路系统、绿化地带分布的约束和限制。因此，通信线路在引入智能建筑内的位置或地点，不应在建筑物的正面或显殊场合，因为这些区域都是智能建筑平面布置的重要地带，或出入口的交通通道(包括广场)，必须远离或避让，且对今后维护管理也有利。通常通信线路的引入处宜设在智能建筑的两个侧面或后面为好，这些地带比较隐蔽而不明显，也便于地下通信管道引入路由布置和安排管道位置等。

3．对于智能建筑的建设规模、平面形状和建筑面积的多少以及建筑物附近的布置等，这些都是所在拟建设区域规划中需要考虑的重要因素，且会对通信线路的引入路由和数量以及布置有所影响。因此,综合布线系统的技术方案必须结合规划统一考虑,应予以密切配合,以符合建设规划的总体要求。

4.1.2 智能化居住小区

在智能化居住小区内综合布线系统设计中,必须按照以下原则进行,以满足居住小区的总体建设规划和整个信息网络系统的要求。

1. 智能化居住小区本身建设是一个很大的系统工程,它是由房屋建筑、区内道路、绿化设施、市政工程、文教事业、各种管线和信息网络以及商业服务等子系统组成,并由居住小区的总体建设规划作为指导性的建设纲要。同样,综合布线系统中的建筑群主干布线子系统必须服从居住小区的总体建设规划,应主动与主管小区建设部门或建设单位配合协调,尤其是综合布线系统的整体布局和各种缆线的建筑方式,应根据居住小区总体建设规划对环境美化和平面布置的要求,通信线路和相应设备要力求隐蔽化和地下化,如目前条件所限,应采取逐步实现的措施。

2. 综合布线系统工程的技术方案中应根据居住小区建设规划中用户信息需求的数量和分布,适当结合发展的可能,选用网络拓扑结构、缆线类型、线对数量(或光纤芯数)和连接部件等具体技术细节。要求综合布线系统建成后,既能保持相对稳定、安全可靠、经济合理,又要有一定的灵活通融性,能够适应今后的变化和发展需要。

3. 综合布线系统的总体布局应紧密结合小区建设规划中各幢房屋建筑的平面布置、区内道路和绿化地带分布、各种地下管线设施和地面构筑物等具体情况,确定网络分布、缆线路由和具体位置等,要求符合有关技术标准规定,例如与其他各种地下管线和地面构筑物之间的最小净距应执行各种管线综合协调的规定和原则,以免出现互相矛盾和产生后患等现象。

4. 居住小区内的综合布线系统的建筑群主干布线子系统,是小区内整个信息网络系统的组成部分,且是公用通信网的末梢。因此,必须遵循公用通信网的标准和要求,同时要服从居住小区建设规划考虑的信息网络系统的基本方案和建设要点。例如系统性能指标、设备配置方案和缆线连接方式等,要求做到小区内部和对外网络互相衔接、彼此匹配、全面统一、形成整体。决不能产生脱节或矛盾,力争符合全程和全网的传输标准要求。

5. 综合布线系统的技术方案,要根据"以人为本、结合实际"的基本原则,从建设规划中提到的客观环境条件、科学技术水平、人民生活习惯、当地经济状况和物业管理能力等实际情况考虑。不要过高地采用高新的技术、配备齐全的设备、或过早地追求先进设施。要求技术方案真正符合实际需要、经济实用、适当超前,在今后一定时期中能适应今后发展变化的可能。

从上面所述,不论是智能建筑或智能化居住小区,它们的综合布线系统(包括小区内的建筑群主干布线子系统),都必须服从所在区域建设规划的总体要求,尤其是小区内的建筑群主干布线子系统的各种缆线和辅助设施,其建筑方式、路线走向、具体位置和与其他管线之间的间距等,都要符合小区建设规划。例如通信线路尽量隐蔽化和地下化;在符合技术要求的前提下与其他管线设施综合化,达到区内环境美观、布置有序、减少矛盾和有利管理的目的。

第二节　与房屋建筑的配合

由于智能建筑或智能化居住小区内的综合布线系统,都会有与房屋建筑发生关系和必须配合的课题。不同的是智能化居住小区中的房屋建筑是住宅建筑,而智能建筑则有不同类型或不同性质的房屋建筑,前者比较单一,后者则错综复杂,且要求极高,所以不能等同。虽然上述两种房屋建筑是有显殊区别,但与综合布线系统的关系和配合却有些类似或基本相同。为了便于叙述,现以智能建筑为主线进行介绍,同时,附带介绍智能化居住小区内住宅建筑的内容。

4.2.1 通信线路的引入部分

这里所指的通信线路是包含有公用通信网或智能化小区内部的网络布线系统(包括建筑群主干布线子系统)的通信线路,它们分别引入智能建筑或智能化小区的住宅建筑内的所有通信缆线,这些缆线是对外通信联系不可缺少的传输媒介。

单幢的智能建筑为了便于对外联系,其内部的综合布线系统应有通信线路与公用通信网连接。从公用通信网来看,通信线路引入房屋建筑,在综合布线系统的建筑物配线架(BD)上终端连接,这一段通信线路就是引入部分,通信线路可以采用电缆,也可采用光缆。

当具有建筑群体(包括智能化居住小区)性质时,综合布线系统有建筑群主干布线子系统,其所有缆线的两端分别引入相关的建筑物中,并直接在建筑群配线架(CD)或建筑物配线架(BD)上终端连接,这样在两处建筑物都有引入部分。因此,它是综合布线系统与房屋建筑配合的重要部分,必须与建筑设计和施工部门密切联系,互相配合协调,以保证通信安全可靠和便于今后维护管理。引入部分的主要内容有以下几点:

1. 引入路由数量

由于智能建筑的平面布置形状和建筑面积多少以及用户信息点的分布,都会直接影响引入路由数量,通常有以下几种典型:

(1) 当智能建筑平面布置形状简单、楼层层数和建筑面积不多、用户信息点较少时,一般采用单一路由的引入方案。

(2) 当智能建筑平面布置形状复杂(如多歧形)、建设规模很大、楼层层数和建筑面积均较多,且用户信息点很多时,通常采用多个路由的引入方案,这种方案有利于今后改扩建时分开是极为方便的。

(3) 塔式高层住宅建筑或带有中低层配楼(又称裙楼)的高层公用建筑、因楼层层数和建筑面积均多、用户信息点也较密集时,应根据客观环境的具体条件,采用多个路由引入,以保证网络安全可靠。但客观条件限制时,不必过于强调多个路由引入,可以采用单一路由引入方案。但要适当考虑增多引入管道的管孔数量,以适应今后变化和发展需要,增加应变能力。

2. 引入的路由和位置

引入智能建筑的通信线路通常采用地下管道引入方式,它是综合布线系统中极为重要的部分,因为它是保护包括与公用通信网连接的所有缆线的具体措施,它的引入路由和具体位置与房屋建筑设计和施工有着密切关系,应协商确定,所以在确定上述问题时,要特别注意以下几点:

(1) 在建筑物外敷设的地下管道引入部分,其路由、位置和埋设深度应按小区地下管线建设规划中规定考虑,同时,也应与当地公用通信网的地下管道互相衔接和协调配合。引入建筑物中的路由和位置,应以房屋建筑的结构布局和平面布置、与其他地下管线之间有无矛盾以及建筑物配线架的位置等因素来考虑。

(2) 引入管道的屋外和屋内路由部分应尽量取成直线,要求短捷,避免采用弯曲管道以利于穿放电缆或光缆。

(3) 引入管道的位置应安全可靠,不应过于邻近易燃、易爆或易受机械损伤的地方(如锅炉房、油机房或汽车库等);也应避免过于邻近有害于通信线路的地下管线(如电力电缆、燃气管、热力管、给水管和污水管等)敷设。如无法躲让时,应视其对通信线路的危害程度,采取相应的保护措施。在一般情况下,应按管线之间的最小净距规定办理。

(4) 引入管道的路由和位置应尽量选择在邻近终端的建筑物配线架和综合布线系统的主干路由处,通常是设备间或配线架室附近,以便连接汇集屋内通信线路,使屋内、外线路长度最短、有利于保证信息传输质量。

(5) 引入管道的位置不应选择在房屋建筑的伸缩缝附近,应尽量避免穿越建筑物的主要结构或承重墙等关键部位以及其他设备的基础。如不得已必须穿越时,为了防止引入管道长期承受压力产生管材损坏或管孔错口等现象,应与建筑设计或施工单位研究,采取切实有效的技术措施,如在管道上增加钢筋混凝土过梁或采用厚壁钢管等管材,也可在管道外加筑厚度为不少于 8cm 的混凝土包封形成整体结构,上述措施可增加管道的机械强度、提高管材的耐压能力,以保证通信线路安全运行。

3. 引入管道的规格和数量以及预留洞孔尺寸

引入管道的规格(包括管材品种和管孔内径等)和数量(一般指管孔数量)或预留洞孔尺寸(备以后引入管道用的洞孔)都是确定引入管道的要素,应注意以下几点:

(1) 引入管道的管孔数量和管孔内径以及预留洞孔尺寸大小,应根据智能建筑的不同类型、业务性质和其终期需要考虑,适当预留备用量(备用管孔至少为 1~2 个),为今后发展和适应变化创造条件。

(2) 管道的规格和数量以及预留洞孔尺寸,应结合管群的组合考虑,一般宜用矩形,但是有时为了使缆线布置和引入方便,管孔也可排成平排的型式。引入管道的管孔数量一般不宜少于 2 孔。应根据不同管材,选择相应的管孔内径,管孔内径一般不应大于 90mm,但也不宜小于 50mm。

4. 引入管道部分的施工配合

引入管道部分的施工配合主要指引入管道和房屋建筑的同时施工,一般应注意以下几点:

(1) 引入管道或预留洞孔部分的施工,应与房屋建筑施工同步进行,特别是高层建筑,且是模块式整体结构,或有地下室建筑时,务必采取施工配合的技术方案,这样可以保证工程的整体性,有利于提高工程质量和施工效率。

(2) 引入管道与屋外的地下通信管道最好同时施工敷设,如不能同步施工时,要求引入管道应先随房屋建筑同时施工。

为便于施工连接和今后维护,屋外的地下通信管道和引入管道互相衔接处应设置人孔或手孔,作为施工部分的分界点,这样不会影响工程进度,且能保证施工质量。

当引入管道和房屋建筑施工不能衔接时,可采取预埋引入管道的管材方法。如预埋引入管道的管材时,管道应埋出建筑物,离其散水坡的边缘 1m 以外,以便与屋外后建的地下管道人孔或手孔相接。同时,必须注意确定配合时间和其他应互相联系的问题(包括设计和施工的分界点等)。

(3) 为保证通信安全和便于维护管理,要求房屋建筑的施工单位,对于引入管道或预留洞孔的四周,应做好防水和防潮等技术措施。空闲的管孔或预留洞孔都应使用防水材料和防水水泥砂浆封堵严密,防止有渗水和潮气从管孔或洞孔的四周缝隙进入屋内。必要时,邻近建筑物与引入管道相接的人孔或手孔内,引入管道的另一端的管孔或管道四周,均要采取防渗和防潮措施,有利于切实有效地保护。

4.2.2 设备间部分

1. 设备间的设置

在智能建筑或智能化居住小区中,因工程建设规模和区域范围有较大的区别,综合布线系统的组成和配置也不相同。例如有无设置建筑群配线架;如有设置是与建筑物配线架合而为一或单独设置等方案,但不论采取哪种方案,都必须设有专用房间,以便安装重要的枢纽设备,有利于维护检修和日常管理。这个专用房间称为设备间或配线架间,通常处于智能建筑内的中心地位或邻近场所;或在智能化小区内综合管理中心附近地区。具体设置位置必须与建筑设计单位或规划部门协商确定。

如在智能建筑中,设有用户电话交换机、计算机系统主机或配套的配线架等设备时,为了节省房间面积和减少线路长度,便于维护管理,综合布线系统的建筑群配线架或建筑物配线架可与上述主机设备合用一个房间。如必须分开设置,应力求主机设备机房离设备间的距离不宜过远,以减少设备间和上述机房相互连接的线路长度,也有利于提高信息传输的质量。

2. 设备间的位置和面积

设备间(或配线架间)的理想位置,必须位于综合布线系统内外线路的汇合集中处或网络中心,力求与各个主机房、引入管道和电缆竖井邻近,通常位于建筑物内的一二层,并要求网络接口设备与引入管道处的间距不宜超过15m。以减少房屋建筑中的管道和线路长度,降低工程建设造价,同时也有利于安装施工和维护管理。

设备间的位置必须选择在环境安全、条件良好(如干燥、通风和清洁以及光线明亮等)和便于维护管理的地方。设备间的上面或附近不应有渗漏水源及存放腐蚀、易燃、易爆物品,且应远离有电磁干扰源等事故隐患的场所和设施。此外,设备间的位置应便于安装接地装置,要结合智能建筑的具体条件和通信网络的技术要求,按照接地标准规定选用切实有效的接地方式。设备间内因装有各种设备和配套设施,为便于装运设备,设备间的位置宜适当邻近电梯间,同时注意电梯内的面积大小和净空高度以及电梯载重的限制,务必满足运装设备的要求。

设备间的面积主要根据智能建筑中的综合布线系统工程建设规模、网络拓扑结构和设备配置数量以及今后扩装需要等因素综合考虑。根据目前国内工程中的实践经验,设备间的面积不宜过小,一般不应小于$10m^2$,要求能安装所有设备(包括今后需扩装的设备),并留有一定的维护操作空间和人员活动的面积。如设备间内需安装主机设备时,应根据上述主机设备所需面积考虑,且应考虑其维护管理人员值班维修和办公用的辅助面积。必要时办公室可安排在邻近设备间的房间,比较灵活机动,有利于分隔管理和今后扩建。

3. 设备间的布置和工艺要求

设备间是一个安装各种设备的专用房间,且对内部环境等技术要求较高,其内部布置和工艺要求等应与机房相同。主要有以下几点:

(1)设备间内应有良好的气温条件,以保证通信设备和维护人员能够正常工作。为此,要求房间内的室温应保持在 10～30℃,相对湿度应保持在 20%～80%,有时也可按设备生产厂家的标准要求。

(2) 在设备间内不得有燃气管、给水管和下水管等管线设置,以免对通信设备有所妨碍。如必须经过,要求建筑设计和施工单位应采取严密包封等保护措施,确保无气体和液体渗漏,防止影响通信设备运行而产生事故。

(3) 设备间应按国家有关的防火标准规定,配置相应的防火自动报警系统。设备间的门户应向外开启,并使用防火防盗门。房间内部墙壁不允许采用易燃材料,要求具有至少能耐火 1h 的防火墙。从地面或楼板到顶棚均应涂刷阻燃漆或防火涂料,所有缆线穿放管材和洞孔以及线槽的空隙处都应采用防火堵料堵严密封。

(4) 设备间内如安装程控数字用户电话交换机或计算机主机时,其安装工艺要求分别按照上述设备规定的工艺要求标准进行设计和施工。在同一房间内两者工艺要求如有不同,应以较高的工艺要求为准。

(5) 设备间的内部装修和空调设备的选用等均应满足通信机房的工艺技术要求,上述设施的安装施工应在工艺设计中明确提出,并要求在装设通信设备前进行,以免对通信设备的损害和施工时互相干扰。

设备间内部装修用的所有装饰材料(包括吊顶材料等)均应符合《建筑设计防火规范》中的规定,采用难燃或非燃材料,且能防潮、吸声、不起尘和抗静电等性能。如采用活动地板时,要求具有抗静电性能,根据工程经验其系统体积电阻率应在 $1 \times 10^7 \sim 1 \times 10^{10} \Omega \cdot cm$ 之间。活动地板建成后的地板表面应平整稳定、光洁干净和防尘防潮。

(6) 设备间内应有良好的防尘措施,允许尘埃含量的限值参见表 4.1 的规定,并要求灰尘粒子应是不导电的、非铁磁性和非腐蚀性的。此外,设备间内应防止有害气体侵入(如 SO_2、H_2S、NH_3、NO_2 等),其限值参见表 4.2 中的规定。

允许尘埃的限值　　　　　　　　　　表 4.1

灰尘颗粒的最大直径(μm)	0.5	1.0	3.0	5.0
灰尘颗粒的最大浓度(粒子数/m³)	1.4×10^7	7×10^5	2.4×10^5	1.3×10^5

有 害 气 体 限 值　　　　　　　　　　表 4.2

有害气体	二氧化硫(SO_2)	硫化氢(H_2S)	二氧化氮(NO_2)	氨(NH_3)	氯(Cl_2)
平均限值(mg/m³)	0.2	0.006	0.04	0.05	0.01
最大限值(mg/m³)	1.5	0.03	0.15	0.15	0.3

注:本表是按程控数字用户电话交换机房的要求。

(7) 设备间的净高(包括吊顶到地板间)必须保证不应小于 2.55m(无障碍的空间),以便安装的设备进入。门户的大小要求保证设备搬运和人员出入顺利畅通,一般要求门的高度应大于 2.1m;门宽应大于 0.9m。地板的等效均布活荷载应大于 5kN/m²。

(8) 设备间的光线要求明亮。为了便于安装和维护人员工作,要提供足够的光照度,通常设有一般照明。按照规定在水平工作面距地面高度为 0.8m 处、垂直工作面距地面高度为 1.4m 处,被照面的最低照度标准应为 150lx。

在设备间内应配置数量足够、且位置适当的交流电源插座,以满足日常维修的需要。因此,在设备间内应根据具体布置设有可靠的不少于两个交流 50Hz、220V、10A 带保护接地的单相电源插座。必要时,可设置备用电源和不间断电源设备。如设备间内安装计算机主机时,应根据计算机主机电源的需要,可设置电源设备和有关设施,并按其要求考虑。

上述这些工艺要求适用于新建或扩建的智能建筑(居住小区可参照办理),都应在建筑设计中考虑。为此,应及早提交给土建设计单位,以便统一研究和协调配合。

对于原有房屋建筑改建工程应根据具体情况参照执行。此外,这里所述的工艺要求是以综合布线系统工程中安装的配线接续设备等所需的客观环境和具体要求为主,适当考虑安装少量计算机网络系统等设备制订的。如与程控数字用户电话交换机和计算机网络系统等主机以及配套设备合装在同一房间内,其工艺要求应按《电子计算机机房设计规范》(GB 50174—93)或《电信专用房屋设计规范》(YD 5003—94)以及相关规范中的相应规定办理。

4.2.3 主干布线部分

在智能建筑中的综合布线系统,其建筑物主干布线子系统都是采取在上升管路(槽道)、电缆竖井和上升房等辅助设施中敷设或安装。这些辅助设施均为房屋建筑设计中的内容,为此,应与房屋建筑设计单位互相协商,共同研究确定。如果综合布线系统的主干布线子系统缆线需利用其他管线的竖井敷设时,还应与合设的其他管线单位综合协调研究决定。

由于上升管路(槽道)、电缆竖井和上升房等辅助设施有所不同,在设计中与土建设计单位协商的内容也有区别,它们分别如下所述:

1. 上升管路(槽道)

上升管路(槽道)方式较为简单,与房屋建筑设计和施工单位协商确定的课题主要有以下几点:

(1)上升管路(槽道)的安装方式是明设或是暗敷;上升管路的路由是单一或多个,与房屋平面布置有无矛盾等。

(2)上升管路(槽道)的品种、规格(管孔内径和槽道内部尺寸)和起讫段落以及有无特殊要求(如防火或防电磁干扰等)。

(3)上升管路(槽道)的具体安装问题,如支承件的安装间隔、防尘措施和固定方式以及防火措施等。

2. 电缆竖井

综合布线系统中的建筑物主干布线子系统缆线一般在专用于弱电线路的电缆竖井中敷设较为有利,与土建设计单位必须商定电缆竖井合用或专用、电缆竖井大小和总体布置,敷设缆线的位置、各种缆线之间的间距、采用的安装方式和防火措施以及有无设备等,其中主要的要点是电缆竖井的大小和总体布置与土建设计有着密切关系。如在合用的电缆竖井中敷设时,其考虑的因素较为复杂,除上述各点外,还涉及今后的维护管理制度和具体措施。此外,由于各种管线合用同一个竖井,其防火和保护等措施要求也相应提高,这就要求在设计中与土建设计单位充分商讨,妥善处理。

3. 上升房

上升房一般为综合布线系统专用的房间,有利于保证通信安全和维护管理。为此,上升房的设置应事先提出要求,提请土建设计及早统一考虑。尤其是上升房是一个上下贯通、位置一致的专用空间,必须在房屋建筑的各层平面布置有一个全面的总体设想。同时,要求上升房应有单独门户和相应的防火措施,以保证安全和方便管理。

4.2.4 水平布线部分

在智能建筑的综合布线系统中,以水平布线子系统最为复杂繁琐,它几乎覆盖或遍布建筑物内各个楼层。因此,具有分布极广、涉及面宽等特点,在建筑设计和施工中出现矛盾和发生争议也较多。为此,综合布线系统设计和施工都必须予以协作,互相配合和协调解决。通常水平布线部分主要的配合内容有以下几点:

1. 水平布线子系统缆线敷设方式

目前,主要有在顶棚(或吊顶)内或地板下敷设两种类型。为此,在综合布线系统设计中应根据各个楼层高度、用户实际需要和有利于维护检修等因素,选用适宜的敷设方式,并及早提供给房屋建筑设计单位考虑,以便在土建设计中设法设置上述两种类型设施,为今后敷设缆线创造条件,并要求上述设施既能保护缆线正常运行,又达到隐蔽、美观、安全和稳定以及便于维护检修的目的。

2. 暗敷管路或槽道的路由和位置以及规格

暗敷管路或槽道的路由必须依据水平布线子系统的要求来分布,其位置要符合标准,且尽量减少与其他管线之间的矛盾;管路和槽道的规格(包括管孔内径、槽道内部尺寸)要求既能满足目前用户需要,又要为今后发展留有充分的余地。上述内容应与土建设计单位研究商定,以利于在土建设计中列入。

3. 通信引出端的位置和数量

综合布线系统设计中必须根据各个楼层的信息需求点的分布和数量,与土建设计单位商定,通信引出端的具体位置,预留安装的洞孔大小和数量以及与管路衔接结合的细节,这些因素的考虑和配合要求都要结合所选用的设备型号和缆线规格,必须互相吻合,且要满足实际安装要求,以免综合布线系统工程施工发生困难或互相脱节。

4. 安装施工的配合协调

由于水平布线子系统部分都在建筑物内部施工,为此,必须注意与建筑物内部其他部分,施工互相配合协调,力求减少互相干扰和发生矛盾。由于智能建筑的类型、性质和规模有所不同,其内部装修标准和具体施工要求有着显著区别,尤其是内部装修标准较高的公用场所(如会议厅、会客室等),其装修极为华丽,技术要求极高。因此,综合布线系统工程的施工时间必须与建筑内部装修工程统一协调安排、互相密切配合,以免在施工过程中互相影响和干扰。

目前,在有些智能建筑的综合布线系统工程土建施工时,根据设计文件和施工图纸规定的要求,先按照选用的通信引出端的底座(或称盒体)规格尺寸大小预留洞孔,并将通信引出端的底座埋装在墙内洞孔,要与管路连接固定牢靠。通信引出端的面板和接续模块可在内部装修工程施工完毕后,由综合布线系统工程的施工单位负责安装。这样的施工安排,可以避免施工中互相干扰,且可防止内部装修施工中损坏通信引出端的面板和接续模块。根据上述安排,实践证明,安装施工中的互相配合协调极为重要,有利于整个工程建设和保证信息网络的部件完好无损。

第三节 与计算机网络系统的配合

在智能建筑和智能化居住小区内的用户需要与外界联系得到各种信息。为此,通信系统(包括综合布线系统)和计算机网络系统必须结合,其技术要互相渗透、彼此融合,组成同一物理网,即信息网络系统,以满足客观需要,实现传送信息的任务。因此,在综合布线系统工程设计和施工安装中,必须与计算机网络系统(简称计算机网)的策划单位密切配合。由于计算机网络系统的技术较为复杂,具有内容独特、涉及面广等特点,计算机网络系统的详细内容可见其专业书籍。这里仅以与综合布线系统工程的有关部分予以叙述,供使用时参考。

在智能建筑和智能化居住小区中的综合布线系统和计算机网络系统都是其附属的重要设施,它们的工程建设规模和网络拓扑结构等具体情况是依据建设对象的客观需要来决定的。由于智能建筑和智能化居住小区的建设规模、工程范围、使用对象和业务性质等具体情况有所不同,计算机网络系统的网络结构、设备配置和缆线敷设等也会有些差异。同样,作为基础设施之一的综合布线系统也会随之不同,它们之间的配合协调也有些差别。但是通信系统与计算机网络系统是相辅相成,互相配合,才能使信息网络系统充分发挥其应有的作用。不论它们之间存在多少差别,但是都需要在设备装设位置、通信线路的配备和选用以及通信线路敷设方式等问题,均应密切配合、采取妥善合理的解决措施、力求信息网络系统具有统一的整体性和公认的实用性。

4.3.1 各种主机设备的设置方案

在小型的智能建筑中,因其工程建设规模和房屋建筑面积均很小,且对智能化程度要求不高,计算机主机和通信用的用户电话交换机的容量均较小时,为了节省建筑面积和便于维护管理,可将计算机主机和用户电话交换机合设在同一个专用机房内;如果智能建筑的平面布置确有条件可以分开安排,也可根据具体情况分别在各自的专用机房中装设。在智能化水平很高的特大型智能建筑或建筑群体的智能化小区中,由于综合布线系统的建设规模较大、信息业务种类较多和覆盖范围广泛时,应将计算机主机、用户电话交换机和其他自动控制系统等设备,分别设置在各自的专用机房。但这些机房的位置宜尽量靠近通信系统的主要机房,例如用户电话交换机房、建筑物配线架(BD)的设备间或建筑群配线架(CD)的配线设备机房等,以便与通信系统和综合布线系统的设备互相连接,以利于提高信息传输质量和减少各种缆线的长度。如技术方案许可且有条件时,也可把与综合布线系统极为密切相关的连接硬件或接续设备(如计算机网络系统中的路由器)、放在通信系统的机房或设备间内,这样既便于缆线连接,又有利于维护管理。

在建筑群体的智能化居住小区,应根据区内计算机网络系统和通信系统(包括综合布线系统)的各种缆线分布状况,从便于安装施工和维护管理以及区内房屋建筑的平面布置等因素综合考虑,选择位于小区内的地域中心处的房屋建筑内,装设计算机主机和用户电话交换机。对于是否采用合用机房或分设机房的方案,其考虑的原则和因素与智能建筑基本类似或相同。但必须对合设或分设的各种方案,经过技术经济综合比较后决定取舍。

4.3.2 通信线路传输媒介的选用和配备

计算机网络系统需与外界联网时,必须配备通信线路。这就涉及通信线路传输媒介的选用、通信线路的数量和配备等具体问题。

计算机网络系统的通信线路传输媒介的选用,应首先满足计算机系统的传输速率要求。目前,国内较常使用的计算机系统的传输速率见表 4.3 中所列。

传 输 速 率 要 求   表4.3

计算机型号和规程	传输速率要求(bit/s)	计算机型号和规程	传输速率要求(bit/s)
RS-232	≤20K	10BASE-T	10M
DCP	100K	16M Token Ring	16M
Star LANI	1M	TP-PMD/CDDI	100M
IBM 3270	1M~2.35M	100BASE-T	100M
4M Token Ring	4M	ATM	155M/622M

注:本表摘自《建筑与建筑群综合布线系统工程设计规范》(GB/T 50311—2000)

在选用综合布线系统的类型时,应同时在设备和器材以及缆线的选型中选用相应等级,以符合信息网络传输标准和有关规定。对于需要传送数据系统信息的场合,尤其是计算机系统的传输速率要求不一样(如上表中所列),具体情况也有所区别。

因计算机的类型较多、网络拓扑结构不同、且线路使用段落和传输速率要求不一,计算机网络系统采用通信线路的传输媒介也有不同品种。目前,常用的有对绞线(又称双绞线)、对绞线对称电缆、同轴电缆和光纤光缆等几种。

1. 对绞线和对绞线对称电缆

对绞线有时称双绞线,它是由两根铜金属导线(外包塑料绝缘层并有色标作为标记)按一定扭距互相绞合在一起的,它类似普通电话线的传输媒介。这种对绞线不同于普通的市内电话通信电缆。为了使对外电磁辐射和遭受外部电磁干扰减少到最小,对绞线对除扭距不一样外,其线对数量和缆线结构也有较大差别。对绞线按其电气特性不同,采取分类予以区别,我国通信行业标准《大楼通信综合布线系统第2部分:综合布线用电缆、光缆技术要求》(YD/T 926.2—2001)对应于国际标准,对各类对绞线的最高传输频率分别做了规定,具体内容可见本书第二章中有关部分。

在综合布线系统工程中对绞线和对绞线对称电缆(又称对绞电缆)是最常用的传输媒介。对绞线的直径一般为0.4mm到0.65mm,常用的是0.5mm线径。如是多对对绞线时,外套护套构成对绞线对称电缆,其相邻线对间以不同的绞距扭绞,使线对间的互相干扰最小,以保证通信传输质量。由于它是没有屏蔽结构,所以称为(UTP)非屏蔽对绞线,具有重量轻、体积小、弹性好和价格适宜等特点,所以使用较多,甚至在传输较高速数据的链路上也有采用。但是UTP对绞线只能保护缆线不被磁场干扰,不能防止电场干扰,而客观环境中都是电磁场。因此,它的抗外界电磁干扰的性能是较低的。此外,在施工过程中因牵引敷设的拉力过大或弯曲半径过小,也会使对绞线的均衡扭绞度遭到破坏,在实际测试中有可能难以满足电磁兼容性规定的要求。在传输信息时有可能向外辐射,易被拦截盗窃,因此,在政府、军事、金融等部门的重要单位不宜采用非屏蔽对绞线(UTP),通常采用屏蔽对绞线,它是包括铝箔屏蔽对绞线(FTP)、铝箔/铜网双层屏蔽对绞线(S-FTP)和屏蔽对绞线(STP)的统称。它们都具有防止向外辐射及抗外界电磁干扰的性能,但要求屏蔽对绞线需在全程中均完全屏蔽和按规定正确接地,才能防止向外辐射及抗外界电磁干扰。

2. 同轴电缆

同轴电缆是计算机网络系统常用的传输媒介,它的结构是由内部导体(或称中心导体)、环绕绝缘层以及金属屏蔽层(网)或空心的外圆柱导体(外导体)和最外层的护套组成。这种结构中的外导体可防止中心导体向外辐射电磁场,也能防止外界电磁场干扰中心导体传输的信号。由于中心导体与外导体之间用绝缘层隔开,其频率特性比对绞线好,能进行较高速率的信息传输。又因其屏蔽性能较好,抗电磁干扰能力较强,所以,同轴电缆经常用于基带传输。在计算机网络系统中常用的同轴电缆有基带同轴电缆和宽带同轴电缆两种类型。现分别叙述:

(1) 基带同轴电缆

基带同轴电缆根据其外径粗细分为粗同轴电缆(其外径约为 13mm)和细同轴电缆(其外径为 6.4mm)。它们的特性阻抗均为 50Ω(平均特性阻抗为 50±2Ω),通常用于以太网。

1) 粗同轴电缆 有 RG-8 和 RG-11 两种型号,通常用于粗缆以太网。由于粗同轴电缆的屏蔽层是用铜做成网状的结构,具有重量大、缺乏挠性和价格较高以及安装施工难度较大等缺点,因而其使用受到限制。

2) 细同轴电缆 有 RG-58 一种型号,通常用于细缆以太网。具有安装施工简单和工程造价低等优点,但因安装时需要切断缆线,存在接头过多和容易产生接触不良的隐患。

(2) 宽带同轴电缆

常用的宽带同轴电缆有以下两种:

1) RG-59 同轴电缆,其屏蔽层是用铝箔冲压制成的,一般用于电视节目或宽带数据传输,其特性阻为 75Ω。

2) RG-62 同轴电缆,一般在 ARCnet 局域网中使用于 IBM3270 终端和 IBM 主机相连的段落,其特性阻抗为 93Ω,所以在网络连接时,电缆的两端必须用 93Ω 的电阻或终接器终接,使其网络阻抗匹配。

3. 光纤光缆

随着用户信息需求的增多,计算机网络系统传输数据速率的迅速提高,当数据要求高速传输到 155Mbit/s 以上的速率时,对绞线或同轴电缆等传输媒介难以满足客观要求,采用光纤光缆是势在必行。由于光纤光缆传输信息是光信号,不是电气信号,不会遭受外界电磁干扰影响,也不会向外辐射。更重要的是光纤传输的功率损失小、传输衰减小、带宽较大和传输距离长,这些优点是其他传输媒介无法与之相比的。所以光纤光缆不仅是目前极为经济实用,且能适应今后发展需要,必然会广泛使用的传输媒介。因此,在智能建筑的综合布线系统中,建筑物主干布线子系统可以使用光纤光缆,尤其是在建筑群体或智能化居住小区的建筑群主干布线子系统,或校园区的主干传输网上使用更加适宜。此外,在特大型的智能建筑时,其用户所需信息的品种和质量均要求较高,在综合布线系统工程中的水平布线子系统采用对绞线等支持桌面工作站的应用,感到已不能满足客观需要,将逐步改用光纤光缆连接到桌面的应用设备,这时应考虑选用光纤光缆。随着计算机网络系统和通信系统的科学技术飞速发展、光纤光缆的使用范围也必然会日趋拓宽。目前,在综合布线系统工程中常用的光纤光缆按我国通信行业标准《大楼通信综合布线系统第 1 部分:总规范》(YD/T 926.1—2001)和《大楼通信综合布线系统第 2 部分:综合布线用电缆、光缆技术要求》(YD/T 926.2—2001)中规定有以下几种划分方法:

(1) 按工作波长划分

1) 短波长区(第一窗口)0.85μm(0.8~0.9μm);

2) 长波长区(第二窗口)1.30μm(1.25~1.35μm);

长波长区(第三窗口)$1.55\mu m(1.53\sim1.58\mu m)$;

(2) 按传输模式划分

1) 多模光纤(MM) 它包括缓变型(又称梯度型、渐变型)和突变型(又称阶跃型)两种。

在 $0.85\mu m$ 短波长区为多模光纤;在 $1.30\mu m$ 长波长区内有多模光纤,也有单模光纤。

2) 单模光纤(SM) 一般为突变型(又称阶跃型)。在 $1.55\mu m$ 长波长区中均为单模光纤。

(3) 按光纤纤芯直径划分

按通信行业标准以光纤纤芯直径和包层直径表示其分类,并按标准推荐采用和允许采用的顺序进行叙述。

1) $62.5\mu m$(光纤纤芯直径)/$125\mu m$(包层直径)缓变型多模光纤。其标称波长为 850nm 或 1300nm(《通信用多模光纤系列》GB/T 12357 规定的 A1b 类),它具有较高的光耦合效率,施工时光纤对准的要求不太严格,对微弯曲或较大弯曲时,其光能量损耗不太灵敏,影响较少,有利于安装施工和维护检修等优点,目前,在国内、外的标准中均认为它是局域网中使用较为适宜的传输媒介予以推荐采用。因此,目前,在不少智能建筑或智能化小区中的综合布线系统上采用,通常在工程设计时首先选用这种光纤光缆。

2) $50\mu m$/$125\mu m$ 缓变型多模光纤(《通信用多模光纤系列》GB/T 12357 规定的 A1a 类),由于它的允许传输最大距离远小于 $62.5\mu m$/$125\mu m$ 缓变型多模光纤,因此,其使用范围受到限制,一般只限于短距离传输或原有光缆的光纤直径为 $50\mu m$/$125\mu m$ 需要匹配,或用户特别需要的场合必须使用等情况。

3) $8.3\mu m$/$125\mu m$ 突变型单模光纤(《通信用单模光纤系列》GB/T 9771 规定的 B1.1 类),其标称波长为 1310nm 或 1550nm,由于光纤的纤芯直径较小,与综合布线系统中最常用的半导体发光二极管(LED)驱动数据链路器件耦合时,会发生物理不兼容的问题,所以只有经过技术经济比较后,确认适宜时才能采用。

在综合布线系统工程设计时,应根据智能建筑或智能化小区的类型、用户性质、信息传输要求、计算机网络系统需要和所在环境状况等,选用相应的品种、型号和结构的缆线。当要求通信必须保密,需要抗外界电磁干扰时,可选用具有屏蔽结构的对绞线对称电缆;对于通信保密要求很高或需有抗强大的电磁干扰能力,应选用不含有金属加强件型的光纤光缆(有时称全介质光缆);如需传输频带宽和耐化学腐蚀的场合,可选用一般的光纤光缆;在宽带通信中如采用对称电缆,为了避免因随温度变化而对通信传输产生影响,一般宜选择温度补偿型的电缆,必要时也可选用光纤光缆,以保证传送信息质量;当在智能建筑或智能化小区的内部或周围环境有强大的电磁干扰源,且无法远离时,其内部综合布线系统应采用具有屏蔽性能的对绞线对称电缆,主要的骨干线路应选用光纤光缆;对于需同时传送通信系统的话音、计算机网络系统的数据和视频图像信号的场合,其通信线路的传输媒介,宜选择适用于宽带通信网络的同轴电缆,或采用相应传输模式的光纤光缆。

从上所述可以看出,综合布线系统工程设计时,必须同时结合计算机网络系统的实际情况,在选择缆线的品种和型号应统一地通盘考虑,以便满足各方面的需要。

在智能建筑和智能化小区中一般都有计算机网络系统,它必须与外界联系。为此,需配备通信线路并要与公用通信网相接。通信线路的数量和设置方式等都需根据计算机网络系统对外业务的流量和流向的多少等情况来确定。在大型的智能建筑(包括具有重要性质的高层智能建筑)中,因计算机网络系统对外信息业务交流数量极大,信息来往的方向较多,通信工作时间很长,且对信息传输质量要求特高时,其对外的通信线路可以自备专用,或采取租用专线通道,也可以采用与通信系统的线路合用的方式,线路的具体数量应按通信业务量来配备。

当计算机网络系统每日对外通信业务联系时间比较固定,且所需时间较长(例如超过2h),这时宜配备自备专用的通信线路,也可经过技术经济比较后,选择租用通道的方式。为了保证通信系统和计算机网络系统能够保持畅通无阻地对外联系,且确保信息传送安全可靠程度提高,可以采取自备专用通信线路与租用实时线路相结合,形成双回路系统;也可以采取自备专用通信线路与通信系统的一般线路相结合,互为备用的方式,以保证通信安全运行。上述通信线路配备和设置方式,在重要部门或特殊性质的大型智能建筑以及区域范围较大的智能化小区时更需考虑。如果工程建设规模较小、智能化程度不高、计算机网络系统每日工作时间较短,且信息业务流量很小时,一般可使用通信系统的交换链路进行传送信息,这时可考虑与通信系统的线路合用,以节省工程建设投资和日后维护检修费用。

4.3.3 通信线路的敷设要求

在智能建筑或智能化小区中的综合布线系统如与计算机网络系统采取联网时,必须遵循通信行业或计算机系统的有关技术标准和要求进行考虑,以满足双方的实际需要。

通信线路敷设和安装的具体细节如下所述:

1. 从外面引入智能建筑内部的弱电缆线(包括通信系统和计算机网络系统的通信线路),要求在缆线引入处设有具备防止雷电袭击或接触电力的保护性能设备和相应的技术措施。引入建筑物内的弱电缆线必须经过这些防护设备和技术措施,才允许进入屋内与综合布线系统连接。同时,要求引入屋内的缆线应单独敷设,一般不宜采用与其他缆线合用管路(尤其是电力电缆)的敷设方式,以保证通信系统的线路安全运行和传送信息质量优良。

2. 通信系统和计算机网络系统的所有缆线安装敷设位置,不应过于靠近其他系统的缆线敷设(如长距离相邻平行敷设或合用槽道及桥架等方式),以保证通信安全和信息传送质量。在不得已时,应采取切实有效的防干扰措施。如双方均为电缆时,其间距不小于 0.5m 为好。重要的骨干通信线路(例如建筑物主干布线子系统的缆线)一般不宜直接明敷,应采取穿放暗管或在槽道中敷设,以免遭受外力的机械损伤。

3. 在高层、大型的智能建筑中如设有电缆竖井或上升房时,建筑物主干布线子系统的缆线宜在电缆竖井或上升房内敷设,并应有一定的保护措施(如在槽道中敷设)。在电缆竖井或上升房内应统一合理安排,要求通信缆线与电力电缆等有碍于通信安全的管线不应相邻布置,以防干扰或引起危险等事故。

4. 计算机网络系统中的信息干线电缆与连接设备接口之间的距离以及其他技术要求,应符合计算机网络系统设计标准规定,例如在大型计算机网络系统要在每个楼层设置安装连接硬件或服务器等设备的专用房间,一般可与综合布线系统的交接间(或称接线间)合用,以节省房屋建筑面积,也有利于通信系统与计算机网络系统的缆线互相连接。

5. 通信系统和计算机系统的终端设备——通信引出端(或称信息插座)的位置,应便于用户使用和维护管理,宜设在距离顶棚一定距离或离地面 0.3m 处,也可根据用户需要设在便于用户使用操作的地方,不宜与其他接线盒(如照明插座或电力接线盒)相邻或共用。通信引出端应有话音或数据的明显标志,以便区别。对于暂时不用或备用的通信引出端,应加封印和覆盖,以免误用或尘土等污物进入影响今后使用。

6. 通信系统和计算机网络系统的各种传输媒介(如电缆或光缆)在线路中间或非终端设备处应尽量减少接头,最好不应有接头,以提高线路本身质量。如不同规格或结构的传输媒介必须连接时,应根据网络系统的技术要求采取相应措施。例如电缆宜采用电缆匹配器转接,电缆接头应为防水型的专用接头。

7. 在高层智能建筑内部设有的电缆竖井或上升房中,敷设有综合布线系统的主干电缆或主干光缆时,应对每个楼层穿过缆线的洞孔处,按照防火标准规定要求,采取分层隔断或严密堵封的防火措施,以防火灾扩大,缩小事故的范围。

8. 为了有利于维护管理,通信系统和计算机系统的各种传输媒介和设备器件上最好设置明显标志,以便区别。

第四节　与公用通信网的配合

21 世纪是现代化的信息社会,作为信息的重要载体和传输途径的通信系统和计算机网络系统(包括局域网、广域网和网间网等),必然会充分发挥其巨大的作用。为此,尽快建设信息网络系统,有利于把各种信息传送到千家万户,及时满足人们对通信和信息日益增长和提高的需要。

4.4.1　综合布线系统在全程全网中的地位和作用

公用通信网是我国"信息高速公路"的国家骨干网络,它是连接全国所有省市的通信网,且与全球各个国家和地区的国际通信网相连接。由于智能建筑和智能化小区中的用户需与国内、外的用户通信联系和信息交流,必须利用综合布线系统,经过公用通信网互联形成通路,才能与对方进行通信和交流信息(包括互相传递图文信息)。因此,对于综合布线系统在全程全网中所处的地位和所起的作用,应充分认识和了解,不应忽视。

1. 全程全网的基本概念

(1) 全程的形成

在一个通信回路上传送任何一种信息(例如话音、数据、文字和图像等信息)时,在这个回路的两端都必须分别安装终端设备,该终端设备均能承担发送或接收信息的任务。此外,在两个终端设备之间必须设有传送信息的传输媒介,即通信线路(为了简化网络结构和便于叙述,这里暂不把中间的交换设备等列入),组成通信回路的全程。在传送信息过程中,在整个通信回路上,必然是一端的终端设备承担发送信息职责,另一端的终端设备应有接收信息的功能,中间的通信线路是传递信息的途径和通道。这样从发送端设备,经过传输媒介到接收端设备的传送信息过程称为全程。在这个全程中的任何一个环节都起着相应的作用,缺少任一环节,传送信息是无法形成而失败,例如传输媒介必须是全程质量优良,且保证不发生中断。

(2) 全网的概念

由于人们因工作联系、生活需要和交流活动等要求,必须进行通信联络或信息交流,这种通信联络或信息交流一般不受时间、地点和通信对象的限制,具有全方位和多方面的特点,通信联络产生的因素是多种多样的和出现的机会是随机分布的,且通信对象是任意组合。因此,随着社会不断进步和经济迅速发展,人们的通信联络将会日益增多、广泛和频繁,必然会出现千头万绪、纵横交错和极为复杂,且是变化莫测的连接关系。为了适应这种不是固定不变而是千变万化的联络状态,必须建设相应的既经济合理、切实有效,又可灵活调度、任意组合的信息网络系统(也就是通信系统和计算机系统结合组成的信息网络系统),以便为人们通信需要服务。所以目前有人说,通信和信息的本身就是一个网络,这也是一种全网概念的描述。

从通信网的物理网来看,它是由用户终端设备、交换系统和传输系统等部分组成的实体结构,缺少任何部分都不能成为全程,更无法组成网络。同时,我们所说的综合布线系统在整个通信网中属于传输系统中的一部分,且是最邻近用户端的末梢部分。从全网来分析,综合布线系统是公用通信网的组成部分,也是其物质基础中的关键环节。

在这里强调全程全网的整体性和系统性,其主要内涵也是从通信本身的特点来说明其重要性和特殊性。

2. 综合布线系统在全程全网中的地位

我国公用通信网的整体主要是由全国长途通信网(包括有线通信网和无线通信网)和各地的本地通信网组成。在近期我国将公用通信网分成固定通信、移动通信、寻呼通信和卫星通信四种业务范围和相应网络,分头进行经营和管理。但从国家的总体通信网络结构分析,它们都是全国信息网络系统的组成部分,是一个完整的系统,并不是彼此分离,而是互相密切联系的整体。

综合布线系统在本地通信网中是一个重要组成部分,它是在智能建筑和智能化居住小区建设中不可缺少的基础设施之一。它又是公用通信网中最邻近用户的末梢部分,也是通常称为最重要的最后 100m 的段落,应该说综合布线系统是处于公用通信网的固定通信部分的最基础,且是极为重要的地位。也可以认为它是公用通信网的细胞网络和神经末梢。

随着国民经济的飞速发展和科学技术的不断进步以及人民生活水平的日趋提高,使得智能建筑和智能化居住小区的建设将与日俱增,智能化的程度和自动化的水平会逐渐提高,综合布线系统的发展目前还难以估计,对它的技术要求必然增多,同样,它在全程全网中的地位也会日益受到人们重视。

3. 综合布线系统在全程全网中的作用

在智能建筑和智能化居住小区中的综合布线系统是属于本地通信网中的用户线路部分范围,它在全程全网中的作用,主要表现在以下几点,且它们之间是互相密切相关的。

(1) 保证全程全网的通信质量优良

综合布线系统不论在本地通信、国内长途通信甚至国际通信的过程中都必须参与,才能实现和完成通信任务。由于综合布线系统是最邻近用户的一段通信传输通道,在所有信息传送过程中,都是发送或接受信息回路中不可分割的两个终端部分传输通道。整个回路的通信质量能否满足需要,决定于通信全程中的所有传输媒介和通信设备的技术性能指标,要求必须满足全程全网传送信息的需要,以保证通信质量优良。因此,在综合布线系统的工程建设和维护运行中,都必须按照全程全网的规定要求,保证达到其技术性能和传输质量等指标,以求满足传送信息的客观需要,这是保证全程全网传输信息质量优良的重要措施之一。

(2) 促进信息技术互相协调和不断进步

综合布线系统是本地通信网的组成部分,对于本地通信网的科技水平的提高有极大影响。当今,通信技术日新月异地飞速发展,综合布线系统应与本地通信网中的有关部分协调发展,互相配合、共同促进和不断进步。例如本地通信网的接入网部分采用光纤接入方式,逐步向用户端延伸,这时,如综合布线系统相应地建成光纤到桌面(FTTD),成为全光纤网络的技术方案,对于本地通信网能够及早向数字化网络发展是有利的,促使整个通信网迅速建成综合数字网(IDN),并在这个基础上加快发展成为综合业务数字网(ISDN),甚至促进宽带综合业务数字网(B-ISDN)的发展进程。

(3)适应现代社会客观发展需要

随着信息化社会的不断发展和科学技术的迅速进步,智能建筑和智能化小区是当今时代发展的必然产物,它适应了社会信息化和经济国际化的客观需要,综合布线系统在智能建筑和智能化小区中是一项极为重要的设施,它在信息网络系统中与计算机技术相互渗透和融合,是一项新的应用技术。众所周知,由于智能建筑和智能化小区的工程建设都是百年大计的项目,其使用寿命较长,且技术要求较高。因此,都必须有一个较长远的时期来考虑,以便能适应今后的发展需要。由于综合布线系统在技术性能具有一定的先进性和超前性,在使用时又有较高的灵活性和通用性,因而能够适应今后相当时期的发展形势,满足社会的客观要求,这对整个通信网的使用和发展也是有利的。

以上所述可以看出综合布线系统在本地通信网中的地位是一个重要环节,其作用也极为明显,不应忽视。所以在信息网络系统建设规划,综合布线系统的工程设计和安装施工中都必须从全程全网的总体考虑,充分协调、互相配合。此外,在日常的维护运行和使用管理工作中,应精心维护和科学管理,务必使综合布线系统在信息网络系统中充分发挥其技术性能和实际效果,真正做到保证全程全网的通信质量优良和传送速度高效。

4.4.2 接入网(AN)

1. 接入网(AN)的提出和基本概念

当今社会已进入信息化时代,随着国家经济的发展和人们生活水平的提高,对信息数量需求日益扩大和通信业务种类逐渐增多(例如数据传输、电子信箱、可视图文和可视电话等),这就对通信网络系统提出更高的要求。

按照我国公用通信网的划分,是由长途通信网(各地长途端局以上部分)和本地通信网(各地长途端局以下部分,即长途端局与市话局之间、各市话局之间和市话局到用户间)两大部分组成,最近国际上已把长途通信网、本地通信网中的长途端局与市话局之间和各市话局之间的中继网合并在一起称为核心网。相对于核心网的其他部分则统称为接入网,接入网的主要功能是将所有用户接入核心网。因此,接入网是公用通信网中最广泛和最重要的组成部分。如果进一步对我国接入网的现状分析,接入网的范围即是用户通信线路,又称用户通信环路(以下简称用户线路或用户环路),如图4.2中所示。

接入网不但在电信网络中,而且在未来的通信网(包含信息网)中具有极其重要的地位,对今后的发展起着关键作用。这就对用户线路提出要实现数字化、宽带化、且要灵活运用、安全可靠,易于管理等要求。尤其是各种用户环路新技术的开发与应用特别活跃,如各种复用设备、数字交叉连接设备、用户环路传输系统、无源光网络技术等的应用,增强和提高了用户环路的功能和能力,但是也使网络结构变得更加复杂,用户环路已由单一的传输功能逐渐变成具有交叉连接、传输和管理等多项功能,逐步形成了"网络"的雏形,原有的"用户环路"的名词已不

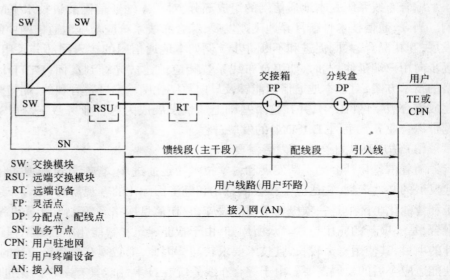

SW: 交换模块
RSU: 远端交换模块
RT: 远端设备
FP: 灵活点
DP: 分配点、配线点
SN: 业务节点
CPN: 用户驻地网
TE: 用户终端设备
AN: 接入网

图 4.2　接入网物理参考模型

能适应当前和未来通信网的发展要求,在这种情况下,"接入网"这一个概念便应运而生。

2.接入网的地位和作用

接入网是近期出现的全新概念,它是泛指本地通信网的电话交换机与用户设备(包括用户驻地网)之间的实施网络(包括设备和线路),它可以部分或全部替代传统的本地用户线路网。接入网是目前国际和国内通信网络建设热点之一,其地位和作用是显而易见的,主要体现在以下几个方面:

(1)它是电信网和通信信息网中最大的组成部分,据国内有关单位的资料,其建设费用约占整个建网总费用的二分之一左右,投资如此巨大,其地位和作用也就显然突出。

(2)接入网是较邻近用户一侧,直接面对广大的用户和各种应用系统,它的服务质量和内容直接影响信息网络系统的发展。在实际运行中,大部分的信息业务只需由接入网承担,不必通过核心网就可以迅速完成。

(3)接入网是承担话音、数据、文字和图像(包括活动视像)等各种通信业务综合(又称全业务综合)的最主要部分和必经的路径。因此,接入网也是目前通信和信息领域中高新技术发展最快、市场竞争最剧烈的部分。

(4)我国长期采用传统的铜线接入方式,所以接入网的建设已成为我国建成国家信息基础结构(NII)的关键部分,也就是要建成能把电信系统、有线电视和计算机系统等多种信息行业中的话音、数据、图像(包括静止和活动的视讯业务)等信息业务融合为一体的公共通信信息宽带接入网,它具有多媒体、全业务特性的网络,真正成为国家信息基础结构(NII)的根基设施。

3.建设接入网的重要性和必要性

众所周知,社会的进步,高新科技的发展,人类对信息业务的需求增多和提高,加快建设接入网是势在必行,其重要性和必要性如下所述。

(1)建设接入网的重要性

近期,我国通信事业进入了高速发展的时期,从模拟信号向数字信号、从窄带网络向宽带网络、从单一语言向多媒体、全业务的发展格局已定,通信(信息)网络逐步向数字化,宽带化、智能化和个人化的方向发展。但我国在本地用户线路网上仍采用的是传统的铜线导体的音频电缆,网络拓扑结构多为星型,信息业务功能为单一的话音,且机线设备年久陈旧,已成为限制向现代化的电信网发展的"瓶颈"所在,其发展状态也越来越显出严重和突出。因此,建设先进的接入网对于我国的通信和信息事业、为满足用户日益增长的各种新的业务需求,促进加快信息化社会的进程是极为重要的。

(2) 建设接入网的必要性

加快建设接入网对我国通信网和信息网都是极为重要的举措,它可以满足各方面的需求,也是通信(信息)技术发展的必然过程。建设接入网的必要性主要体现在以下几方面。

1) 多种信息业务接入的要求

目前,通信网已从单一业务向综合业务发展,仅以提供电话的服务已经无法满足人们的客观要求,多种信息业务接入的需求已经摆在议事日程,必须设法解决。以下几种具体的接入需求更加迫切,都放在面前,亟待妥善解决。

① 远程用户的接入

随着城市市区的不断扩大和近郊农村经济发展、卫星城镇建设事业蓬勃涌现,远离都市的用户迫切需要通信服务和信息交流。

② 集中业务的接入

随着智能建筑和智能化小区的建设日渐增多和不断发展,这些建筑物或小区内均采用综合布线系统,其主要特点是用户众多,且较密集,通信业务量大而集中,对新的业务需求更为迫切、技术性能要求较高。

③ 综合业务的接入

我国加入WTO,国内经济发展较快,各种类型的用户对信息业务的需求种类逐渐增多,且其信息的数量和质量日益提高。因此,希望信息网络系统建成统一的,且具有综合性,能够提供话音、数据、文字和图像等多种信息。较好地满足用户当前的多媒体信息需要。

2) 高速数据和多媒体通信日渐发展

由于智能建筑和智能化小区的日渐增多,计算机网络系统的迅速发展,对高速数据通信的要求不断增加,尤其是多媒体通信促使计算机技术和通信技术更加紧密结合和互相融合,改变了传统的通信方式。目前,各种新业务不断出现,诸如会议电视、远程教学、远程医疗、在家办公和影视点播等宽带业务已经提到议事日程,这些信息需求的业务逐渐在智能建筑和智能化小区中作为基本的需要。显然,在我国大量存在的传统普通电话铜线线对构成的用户环路,只能用于传送 $300 \sim 3400Hz$ 的模拟话音或低速率的数据,是无法承担宽带通信业务。因此,我国要根据各地的具体情况和客观条件,尽快建设宽带接入网。

3) 网络向数字化发展的需要

所有用户之间的通信联系和信息交流,都必须经过接入网才能实施和完成。目前,国内的长途通信网和本地通信网的骨干网络和交换设备均已实现数字化,惟独用户环路部分,仍采用以传统的铜心对绞线线对的市话电缆进行模拟传输方式,这就成为限制全网数字化发展的"瓶颈"和"症结"。因此,尽快采用数字传输方式的接入网已是实现全网数字化的必要条件。

4) 运营和维护的要求

由于用户线路网的建设投资较高,据国内有关单位的统计资料,约占全网的建设总费用的一半左右,运营和维护费用约为总运营和维护费用的四分之一左右。因此,降低用户线路网的工程建设投资和运营维护成本是提高全网经济效益的关键。作为传统的铜线传输线路,由于其本身条件限制,无法摆脱各种实际困难(包括所处的客观环境条件造成的问题),确实难以解决降低运营和维护费用。因此,采用先进的通信技术装备和建设接入网,以提高全网的经济效益是很有必要的。

随着今后智能建筑和智能化小区的逐渐增多,综合布线系统将会广泛使用,多种多样的接入网技术也会逐步采用,其中光纤宽带接入网很有发展远景。因为它具有通信容量大、传输质量高、技术性能稳定、抗电磁干扰能力强和保密性较好等一系列优点,这些优点在主干线路的通信方面已得到充分证明,同样,它在全业务宽带接入网将会发挥巨大的作用,具有独特的发展优势。按照我国信息产业部的规划,今后将加强和尽快建设光纤接入网,采取光纤到路边(FTTC)、光纤到小区(FTTZ);有条件的地方采用光纤到大楼(FTTB)和光纤到家庭或户(FTTH),甚至光纤到桌面(FTTD)等各种光纤接入方式,这是接入网的发展方向。从上面所述,可以得出的结论是我国的宽带接入网和综合布线系统将结伴而行,互相促进和共同发展。

4. 接入网的定义和范围

接入网是我国公用通信网的组成部分,且是全程全网中重要的基础网络。根据我国原邮电部技术规定(内部标准)《接入网技术体制》(暂行规定)(YDN 061—1997)中对接入网的定义与定界如下所述。

"接入网(AN)是由业务节点接口(SNI)和相关用户网络接口(UNI)之间的一系列传送实体(诸如通信线路设施和传输设备设施)所组成的为传送电信业务提供所需传送承载能力的实施系统,可经由 Q_3 接口进行配置和管理(在过渡时期允许采用简化的 Q_3 接口)。传送实体提供必要的传送承载能力,对用户信令是透明的,不作解释。换言之,接入网是由网络侧 V 或 Z 参考点与用户侧 T 或 Z 参考点之间的所有机线设备所构成"。

图 4.3 表示了接入网的定界,也就是它的大致范围。

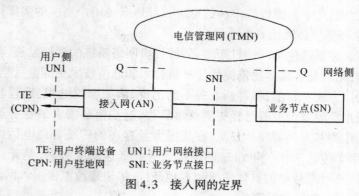

图 4.3　接入网的定界

从图 4.3 可以看出接入网所覆盖的范围是由三个接口定界,即网络侧经业务节点接口(SNI)与业务节点(SN)相连接,用户侧经用户网络接口(UNI)与用户终端设备(TE)或用户驻地网(CPN)相连接,管理方面经维护管理接口(Q)与电信管理网(TMN)相连接。业务节点接口(SNI)是接入网(AN)和业务节点(SN)之间的接口,业务节点(SN)是提供业务的实体,它是一种可以接入各种交换型和/或永久连接型电信业务的网络单元(例如本地通信网的电话交换机等)。用户网络接口(UNI)是接入网(AN)和用户终端设备(TE)或用户驻地网(CPN)之间的

162

接口,有时也可以说是用户和网络之间的接口。用户驻地网(CPN)可以是智能建筑或智能化小区的内部网络,也就是综合布线系统或它与计算机系统组成的自备专用信息网络系统。

接入网三种主要接口类型是用户网络接口(UNI)、业务节点接口(SNI)和维护管理接口(Q)。它们包含的具体内容如下所述。

(1) 用户网络接口(UNI)

主要包括模拟二线音频接口、64kbit/s 接口、2048kbit/s 接口、ISDN 基本速率接口(BRI)和 ISDN 基群速率接口(PRI)等。

(2) 业务节点接口(SNI)

业务节点接口(SNI)主要有两种,一种是对电话交换机的模拟接口(Z 接口),它对应于UNI 的模拟二线音频接口,可以提供普通电话业务或模拟租用线业务。另一种是数字接口(V$_5$ 接口),它又含有 V$_{5.1}$接口和 V$_{5.2}$接口,以及对节点机的各种数据接口或针对宽带业务的各种接口。

(3) 维护管理接口(Q)

维护管理接口有时简称管理接口,它是电信管理网(TMN)与电信网各部分连接的标准接口。接入网是公用通信网的一部分,也应该通过电信网(Q)接口和电信管理网(TMN)相连接,以便电信管理网实施管理功能。

上述各种接口类型的具体内容很多,可见《接入网技术体制》(YDN 061—1997)和有关接口的技术规范。

5. 接入网的物理参考模型

接入网的物理参考模型如图 4.2 所示。图中灵活点(FP)和配线点(又称分配点、DP)是接入网内两个最重要的信号分路点,它们大致对应于传统的铜线用户线路中的交接箱和分线盒。在实际应用和设备配置时,可以有不同程度的简化形成各种配置方案。例如最简单的情况是距离端局不远的用户,通常采取用户与端局直接相连接的方案,这样在接入网中没有 FP 和 DP 两个信号分路点,设备大为减少。但是在多数情况时是介于上述两种极端的设备配置方案之间,这是由网络组织结构和用户距离端局远近等因素来决定。

从图 4.2 中表示接入网(AN)是指业务节点(SN)和用户终端设备(TE)或用户驻地网(CPN)之间的部分。对于目前的电话交换网(有时称电话通信网或电信网)来说是指端局本地电话交换机或远端交换模块(RSU)至用户终端设备(TE)或用户驻地网(CPN)之间的网络部分。图中远端设备(RT)可以是数字环路载波系统(DLC)的远端复用器或集中器,其位置比较灵活,可以设在灵活点(FP)处或其他位置。远端设备(RT)对应的局端设备在图中没有表示,远端交换模块(RSU)和远端设备(RT)应根据网络需要或其他因素来决定是否设置。图中用户终端设备(TE)或用户驻地网(CPN)均属于用户的内部设备或内部网络,它们都不应在接入网标准的规定范围内。

6. 接入网与综合布线系统的关系

在智能建筑和智能化小区中的综合布线系统都为用户自备专用的内部网络和设备。从接入网的定义和定界来看,图中的用户驻地网(CPN)就是综合布线系统,它是接入网标准中规定的界外的网络部分,不属于接入网的范围。但是智能建筑和智能化小区的所有对外通信,都必须由综合布线系统经过接入网(AN)与公用通信网相连接才能实施,也必然涉及用户驻地网(CPN,也就是综合布线系统)和接入网(AN)之间采用的传输方式和有关连接技术要求等具体问题。因此,在综合布线系统工程设计中,需根据所在地区公用通信网的实际情况考虑,务必互相协调配合。这就是说综合布线系统与接入网两者之间有着极为密切的关系。其具体表现在以下几点。

（1）保证通信传输质量

任何一次通信联系或信息交流的顺利完成,都是所有网络共同承担,其中包括接入网和综合布线系统。因此,它们任一个部分网络的技术性能达不到规定要求,都会影响整个网络的通信质量,使另一部分网络难以正常发挥其作用。所以这两部分网络均需从保证整个网络的总体传输质量来考虑。

（2）优化网络组织结构

由于综合布线系统是最邻近用户的末梢部分,如水平布线子系统的长度仅 100m。当接入网采用光纤接入方式,且逐渐向用户端延伸,必然促使综合布线系统加快向全光纤的网络发展,显然它们之间的密切配合、互相协调,有利于优化网络组织结构和宽带通信业务的开拓。

（3）必须统一维护管理

目前,接入网和综合布线系统两部分相当于传统的本地通信网用户线路。因此,综合布线系统和接入网之间一般设有接续设备互相连接成完整的传输通道,以利于在接续设备作为维护管理的分界点,但综合布线系统为用户内部网络,所以必须采取统一维护管理的体制和技术维修标准,以保证通信能正常进行。

从长远发展来看,只有接入网和整个公用通信网一样同步发展,才能使整个网络形成宽带化、数字化、智能化和个人化。作为智能建筑和智能化小区的用户内部网络——综合布线系统也要具备上述基本条件,成为国家信息网络的基本设施。为此,综合布线系统必须与接入网同步发展,才能实现理想的高速率、多媒体和全业务的信息网络传输系统。

7. 接入网接入方式的类型划分

根据通信网的传输通道方式的不同,接入网粗略可分为有线接入网、无线接入网和综合接入网三种类型。如果详细区分,有线接入网可分为铜线接入网、光纤接入网和光纤/同轴电缆混合接入网;无线接入网有固定无线接入网和移动无线接入网;综合接入网有交互式数字图像系统(SDV)、有线与无线混合接入网等。上述各种传输方式的具体实施技术又有多种多样,且各具特色。接入网的分类可见表 4.4 中所列。从表中可以看出,接入网的分类极为繁多,即使是同一种类型的铜线接入网,因采用的技术和使用线对的数量不同而有区别,其实际效能(包括传输信息质量和传输距离)都有差别。同理,其他类型的接入网也是相似的。有关各种接入网的详细内容(包括各种标准)极多,可参见接入网的技术专著和规范,本书仅作简略介绍。

接入网的类型和系统划分 表 4.4

接入网类型		系统划分和说明	备注
传输通道	传输媒介和终端		
有线接入网	铜线接入网	对绞铜线(POTS),它是传统的传输方式,在国内外使用很普遍的普通电话业务,同轴电缆以往有线电视采用的传统传输方式,目前尚继续使用 数字线对增容(DPG),采用话音压缩技术,在一对铜线对上扩大为 4、8、16 个通路的传输方式高比特率数字用户线路(HDSL),在两对以上铜线对上传送 2Mbit/s 全双工信息,既能扩容,又传送宽带信息,不对称数字用户线路 $\left(\begin{array}{l}\text{ADSL、VDSL}\\\text{MDSL、XDSL}\end{array}等\right)$,在一对铜线上实现扩容和传送宽带信息	

164

接入网类型		系统划分和说明	备　注
传输通道	传输媒介和终端		
有线接入网	光纤接入网	采用 Z 接口的用户环路载波系统(SLC),但在局端和用户端需经模/数与数/模转换 采用 V5 国际标准接口的数字环路载波系统(V_5-DLC),不需经模/数转换提高传输质量 采用 V5 国际标准接口的无源光网络(PON)采用无源光器件,网络内部无源具有全数字特点 模拟视频图像传输系统 $\left(VSB_{-FM}^{-AM}\right)$ $\begin{matrix}调幅\\调频\end{matrix}$ 方式 传送节目多、距离短　节目占用带宽小 传送节目少、距离长　节目占用带宽大	光纤到路边(FTTC) 光纤到小区(FTTZ) 光纤到大楼(FTTB) 光纤到户（家庭）(FTTH) 光纤到桌面(FTTD)
	光纤铜线混合接入网	光纤/同轴电缆混合接入传输系统(HFC)是在传统的同轴电缆 CATV 基础上发展起来	
无线接入网	固定终端	卫星直播系统(DBS),通常使用的同步卫星的电视广播系统 同步卫星通信系统(SSC),采用 C 或 Ku 波段 甚小孔径终端卫星系统(VSAT),用于小容量数据或话音的传输 单区制无线接入,传统接入方式适用于用户较少的郊区或农村 一点多址微波通信系统(DRMA),又称微波点对多点通信系统(MARS),适用于用户小集中、大分散地区本地多点分布业务系统(LMDS),可传送高速数据,广播视频、视频点播和电话业务 多点多路分布业务系统(MMDS),与 LMDS 类似,传送距离较远	
	移动终端	无线寻呼系统,即通常使用的 BP 机系统 无绳电话系统(CT),用于用户密集服务半径小的区域屋内约为 100~300m(包括 CT_1、CT_2、DECT、PHS) 集群通信系统,用于生产、管理、公安、消防、交通等方面的调度系统 蜂窝移动通信系统(TACS、AMDS、DAMPS、GSM、CDMA、DCS1800 等) 同步卫星移动通信系统,主要用于海上,在世界上已使用多年 公共陆地移动通信系统(FPLMTS),正在研究开发中 低轨道卫星移动通信系统(LEO),星体小,寿命较低	
综合接入网	有线无线综合固定移动综合	交换式数字图像系统(SDV),是将数字电信传输和模拟视频图像综合而成的系统 光纤无线混合系统(HFW),组合方式较多,应用的场合也不一致 个人通信系统(PCS),指任何人在任何时间和任何地方与世界上任何人进行通信	

8．与综合布线系统配合的有线(铜线)接入网

在前面介绍了接入网的类型有有线(传输通道)接入网和无线(传输通道)接入网两大类。

众所周知,科学技术的飞速发展和信息社会的需要增加,对于通信技术提出全方位、快速率、高质量、全业务的要求日渐迫切,致使传统的局域网和各类网络设备因有线传输通道(有时称有线信道)受到布线环境和通信距离等情况的限制,例如房屋建筑布置分散、地形比较复杂或城市规划不允许布线等,无法实现可移动的通信联系和信息交流。因此,无线(传输通道)接入网在这种情况下才应运而生。它克服了传统的有线通信网络系统的不足,实现了可移动的通信联系和信息交流,为局域网开辟了一个崭新的技术和应用领域。

但是应该注意的是目前,国际和国内对此标准尚未完全制订,需要不断补充和完善,从实际应用来分析,无线局域网还有不足之处,例如,无线频带资源有限,不宜无限扩大使用;它还不能完全脱离有线网络,只能是有线网络的延伸或替补,而非取而代之。与有线网络相比,主要存在以下几个问题。

① 易受外界干扰和各种影响,传输质量无法保证达到预期效果。

② 网络产品价格昂贵,组网建设费用过高,市场需要目前难以开拓。

③ 传输速度较慢,带宽有所限制。以目前以太网来说可以实现 1Gbit/s 的传输速度,甚至更快,而局域网的传输速度被限制在 10Mbit/s 左右,其带宽还达不到 2MHz,这是最大的弱点。

在智能建筑和智能化小区中的综合布线系统各种缆线都属于有线的传输媒介,为了便于与公用通信网相连接,通常采用的是有线接入网。因此,本书主要介绍与综合布线系统密切有关的内容,以便于在实际工作中予以配合。

(1) 铜芯导线电缆接入方式

铜芯导线电缆接入方式简称铜线接入方式。我国本地电话交换网(又称本地通信网)的用户线路长期采用铜芯对绞线市话通信电缆(简称市话电缆),至今已有相当庞大的规模,为了充分利用这部分资源,今后还将继续使用。随着通信事业的发展、科学技术水平的提高和人们对通信的质量以及需要的内容增多,这种传统的铜线接入方式必须改进和提高。

传统的铜线用户线路的接入网结构如图 4.4 中所示。

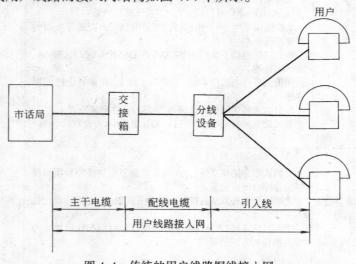

图 4.4　传统的用户线路铜线接入网

从市话局至用户端的用户线路铜线接入网是本地通信网的重要组成部分,其中用户线路的工程造价较高,几乎占接入网机线设备的总投资的 50% 以上,主干电缆占用户线路的工程造价约 70% 左右。此外,用户线路接入网的传输信息质量对于全程全网的影响是举足轻重的。传统的用户线路接入网具有以下特点:

1) 市话局的服务区域和覆盖范围面积不同、且电话用户的分布密度不一,从市话局到用户之间的用户线路长度参差不齐,距离从几十米至十几公里长短不等,但多数在 2~4km 左右。

2) 在本地通信网中用户线路采用电缆的铜芯导线线径不同,一般从 0.4mm 至 0.65mm,少数局所也有采用 0.32mm 或 0.9mm。在多局制的情况,用户线路电缆导线线径较细,通常为 0.4mm 或 0.5mm。

3) 用户线路接入网的分布范围较大、涉及面又较广阔,且客观环境复杂,容易发生障碍,维护工作和消耗费用均较大。

4) 从市话局至用户间的电缆因有可能使导线线径不一致,或有时复接线对或装设加感线圈,导致用户线路接入网的传输性能产生变化,造成用户线路全程的传输性能不一致性。

由于上述特点使在实际应用时,产生以下问题,需要考虑解决。

① 由于用户至市话局间的用户线路长度不同,受到客观环境限制条件差别较大,且导线线径不一致使阻抗失配,影响信息传输质量。

② 因铜芯导线对绞成对,且长距离紧密扭绞敷设,在传送信号中其高频成分的电磁感应容易产生线对之间的串音,并使衰减增大;其低频部分的相位频率特性呈非线性,产生群时延失真,造成码间干扰。以上这些现象都会严重影响通信质量。

③ 市话通信电缆因其本身结构等因素,其传输频带较窄,使用场合受到一定限制。

目前,为充分利用现有的本地通信网的缆线资源,使其能够传输高速率、宽频带的信息,需采取切实有效、安全可靠和经济合理的先进技术。现在已有数字线对增容(DPG)、高比特率数字用户线路(HDSL)和不对称数字用户线路(ADSL)等技术,它们都可在不同程度上提高原有缆线的传输能力,满足传送信息的需要。

(2) 数字线对增容(DPG)

数字线对增容(DPG)技术是最早应用的一种改进原有铜线传输技术的方法,它是充分利用在电话交换机与用户间的原有市话通信电缆,实现系统增容,传送多路电话复用信号的一种传输方式,它主要借助于采用 TDMA 的数字传输技术、高效话音编码技术、高速自适应信号处理技术等,较好地均衡整个频段的线路衰减,消除串音,抵消回波,从而达到提高用户线路传输能力的目的,可在一对用户线上对双向传送 160~1024kbit/s 的信息,其传输距离可达 3~6km。

数字线对增容(DPG)较常用的设备有 0+2、0+4、0+8 几种,如果同时采用高比特率数字用户线路(HDSL)技术,则可实现 0+15 的系统规模。数字线对增容与一般的用户环路载波相比,其突出优点是能够充分利用原有的电话线路实现系统的增容,且可将 8~16 套线对增容传输系统集成装在一个机架内。它的体积较小,抗干扰能力较强、通信质量好。

数字线对增容(DPG)系统网络结构主要由 DPG 系统局端设备、远端设备以及用户线路的市话通信电缆中的对绞线线对组成,如图 4.5 所示。

DPG 系统的局端设备,其主要功能是将电话交换机输出的用户模拟话音信号转换成数字话音信号。此外,向 DPG 系统远端设备发送、接收或检测各种信令和信号,必要时,还可

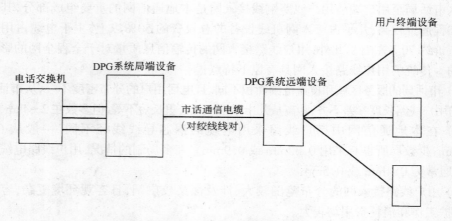

图 4.5　数字线对增容(DPG)系统结构

向 DPG 系统远端设备供电。DPG 系统远端设备的主要功能是将 DPG 系统局端设备送来的数字话音信号转换成模拟话音信号。此外,检测、接收和转发各种信令和信号,分别进行编码向 DPG 系统局端设备或用户终端设备发送。

在图 4.5 中所示连接 DPG 系统局端设备和远端设备之间的传输线路要求均不加感,且线对在 80kHz 时的衰减不应超过 40dB,线路传输阻抗为 135Ω,传输距离为 5km,要求用户线路的线径为 0.5mm,全程无复接线对,通信采用全双工方式。

DPG 系统中的局端设备由电话交换机的供电系统供电,DPG 系统远端设备可采用远供方式供电或当地供电,用户终端设备可由 DPG 系统远端设备供电或当地就近解决。

(3) 高比特率数字用户线路(HDSL)

上述传统的铜芯导线电缆接入网因技术和装备较为落后,阻碍公用通信网的发展,它已形成"瓶颈"效应,无法满足客观需要。为此,DSL 和 xDSL 技术应运而生,且是接入网主要的常用应用技术,按其上行和下行的速率是否相同,又分为速率对称型和速率非对称型两种。高比特率数字用户线路(HDSL)属于速率对称型铜线接入网技术,较为先进,且已较成熟,国际上已制定相应标准,因而在国内外使用广泛,发展迅速。其主要特点如下:

1) 适应性强　可以充分利用现有各种市话通信电缆(包括不同线径的电缆连接,或对绞和星绞线对,或有无屏蔽结构等),但要求电缆上无加感线圈;如有复接线对时,最多不超过两个,其每个复接长度不宜超过 500m。如满足上述条件时,可在线对上以全双工传输方式,传送高达 1.544Mbit/s 或 2.048Mbit/s 的数字信号。从上所述,它对用户线路的质量差异要求并不严格,其适应性和兼容性均较好。

2) 经济实用　HDSL 系统的传输距离与电缆芯线线径、利用的线对数量和传送信号传输速率有关,如表 4.5 所示。

HDSL 的传输距离　　　　　　　　　　　　　　　　　　　　　　　表 4.5

传　输　距　离 (km) 导线线径(mm)	2 对线对系统 1168kbit/s	3 对线对系统 784kbit/s	4 对线对系统 512kbit/s
0.4	3.5	4.0	4.6

传输距离（km） 线对数和速率 导线线径(mm)	2对线对系统 1168kbit/s	3对线对系统 784kbit/s	4对线对系统 512kbit/s
0.5	4.5	5.0	5.5
0.6	6.0	5.6	6.5
0.9	7.2	7.8	9.0

从表4.5中可以看出即使采用两对0.4mm线径的线对传输，HDSL系统也能以1Mbit/s的速率把信息传送到3.5km处，这一距离远大于用户到电话交换机之间的平均距离。如需增加传输距离，按表中所列只需增加线对数量。

3）不需要加装中继器或其他设备　当传输距离不是太长时，在铜线线径为0.4～0.6mm的线路中间可不装中继器或其他设备，实现无中继传输3～6km，大大节省工程建设费用。

4）技术性能好使传输质量高　采用了先进的数字信号自动均衡技术和回波抵消技术，消除传输线路中的近端串音、脉冲噪声、电源噪声以及因线路阻抗不匹配而产生的回波对信号的干扰。因此，使传送的信息质量提高。

5）误码率较低　HDSL系统的线路传输码型，主要有2BIQ码和CAP码（无载波调幅调制）两种。2BIQ码的传输特性与模拟信号在铜线上的传输特性相同，技术简单成熟。但因其功率谱中除基带（0～392kHz）外，还存在有许多旁瓣，一直延伸至1.5MHz以上；此外，在基带中的低频成分，也容易造成群时延失真，这些都会引起码间干扰。CAP码因没有旁瓣产生和群时延失真较小，都有利于减少码间干扰，误码率较2BIQ码有所改善，平均误码率可达1×10^{-11}，但其技术要求也高。

6）应用灵活广泛　HDSL系统除可传输普通电话业务外，还可应用于传送ISDN基本速率信号、分组数据、$n \times 64$kbit/s、成帧和不成帧的2Mbit/s业务以及租用线路业务等。此外，HDSL系统还可连接局域网（LAN）和广域网（WAN），传送数据和图文等信息；还可用于无线通信系统和网络管理系统中。

但是，HDSL系统必须采用两对用户线，最多需4对线，这对于一般用户是不可能的。因此，HDSL系统是适宜在智能建筑或智能化小区的局域网接入使用，一般利用综合布线系统对外连接的通信线路；例如现有用户线路的铜线电缆（即市话通信电缆）。

HDSL系统的基本结构见图4.6。

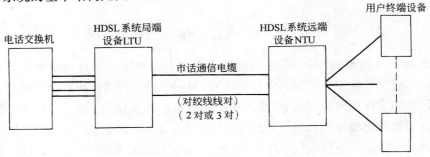

图4.6　HDSL系统的基本结构

图 4.6 中显示的是 HDSL 系统使用 2 对（或 3 对）线路情况，当 HDSL 系统提供同时发送和接收的全双工数据传输时，如是以美国标准的 TI 线路（用于对远程设施、长途专用线的专用本地接入以及用于常规的本地业务或与当地电话交换机互联的线路，每对线的传输速率为 784kbit/s 两对线可传输 1.544Mbit/s），需要使用两对线；如是 EI 线路（它是一种按照欧洲标准开发的通信线路，主要将 30 个话音信道和 2 个控制信道并入一个通信线路中，EI 线路使用 256 位帧，并以 2.048Mbit/s 速率传输），则要使用 3 对用户线。

图 4.6 中 HDSL 系统的线路终端单元（LTU）是局端设备，它是提供电话交换机与系统网络侧的接口，将来自电话交换机的信息流透明地传送给系统网络远端用户侧的 NTU 远端设备，NTU 是提供系统网络远端用户侧的接口，将来自电话交换机的下行信息传送给用户终端设备。同时将用户终端设备发出的上行信息，以上述的相反方向，经各种接口和通信线路传送到电话交换机，完成全双工的信息传送任务。

HDSL 系统一般采用本地供电方式，即 HDSL 系统局端设备（LTU）由本地电话局供电，远端设备（NTU）则由远端电话局或用户（例如智能建筑或智能化小区的有关设备）供电，也可根据系统的传输线路的具体条件，采取远端供电。

（4）不对称数字用户线路（ADSL）

不对称数字用户线路（ADSL 系统）是只用 1 对用户线路传输信息，在频谱上可分三个频带，它们对应于三种业务，即普通电话业务（POTS）；上行信道一般可通过 64～384kbit/s（最高可达到 800kbit/s）的控制信息（如选择节目）；下行信道一般传送 1.5～6Mbit/s（最高可达到 9Mbit/s）的数字信息（如高清晰度电视节目）。ADSL 与 HDSL 系统相比，其主要优点是 HDSL 系统要用两对或三对用户线路，虽然它能够开通较多的电信业务，但对大多数用户来说，因只拥有 1 对用户线路而无法实现。ADSL 系统为只具有一对用户线路，除要求电话业务外，又希望有宽带视频业务的分散用户提供服务。ADSL 系统配备有局端设备和远端设备，就能实现宽带业务的传输，其基本结构见图 4.7。

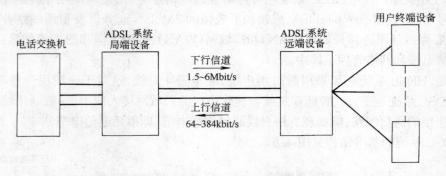

图 4.7　ADSL 系统的基本结构

ADSL 系统中所说的"不对称性"是指上行和下行信道传送信息速率的不对称。一个是上行低速控制信号，从用户传输到电话交换机；另一个是下行高速视频信号由局方传送到用户，且允许它们实现双向控制信令，使用户能交互控制输入信息。此外，通过安装 POTS 分离器（包含无源低通滤波器和变压器式分离器）接入 ADSL 的通路中，将数字信号分开。当用户使用电话通信时，不影响数字信号的传输。即使 ADSL 系统出现设备故障，也不影响普通电话正常运行。这是因为 ADSL 系统不仅吸取了 HDSL 系统的技术优点，且采用在信号调制、数字相位均衡和回波抵消等方面更加先进的元器件和动态控制技术。ADSL 系统采用的编码调制方式有离散多音频(DMT)技术和无载波调幅调相(CAP)技术两种,且优先采用 DMT 技术,因其下行信息速率已能达到 9Mbit/s。

图 4.8 是显示一个典型的 ADSL 系统框图。

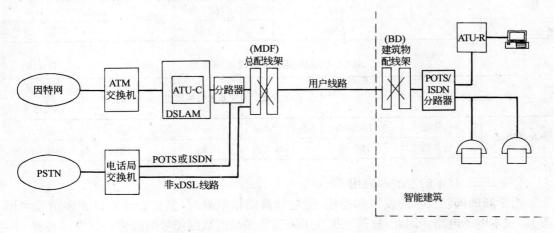

图 4.8　典型 ADSL 系统框图

图中表示铜线接入线路可连接到不同的网络,包括公用电话交换网(PSTN)和数据通信网(即因特网或媒体服务器)。在框图中可以看出通过分路器(由两个频率滤波器组成,一个用于滤除高频,另一个用于滤除低频),使 ADSL 系统能够结合和分离低频信号(POTS 或 ISDN)。DSL 调制解调器分别装于电话局的 ADSL 收发信机单元(ATU-C)和远程的智能建筑内的 ADSL 收发信机单元(ATU-R)中。数字用户线路接入模块(DSLAM)通过总配线架(MDF)连接用户线路。总配线架(MDF)是将用户线路连接到电话局的终止点。

经过以往工程的实际测定,影响 ADSL 系统最重要的参数是传输衰减。传输衰减是随铜线线路的长度和传输速率的增加而加大,随着铜线线径的加粗而减少。因此,ADSL 系统传输信号的最远距离因导线线径的粗细、信号传输速率的高低而有所不同。它们的关系列于表 4.6 中。

ADSL 系统的传输距离　　　　　　　　　　　　　　　　　　　　　表 4.6

传输数据速率(Mbit/s)	1.5	2.0	6.0	
铜导线线径(mm)	0.5	0.4	0.5	0.4
传输距离(km)	5.5	4.6	3.7	2.7

ADSL 系统的不对称速率传输,非常有利于因特网用户使用,因这种用户一般需要下行速率高,如下载某些软件,且能满足将来广播电视、视频点插(VOD)等,而使用上载却很少。ADSL 系统目前尚无统一的国际标准,但已有商品进入市场使用。此外,ADSL 系统目前存在的主要缺点是容量尚小,不适应目前模拟电视机的要求等。

目前,ANSI-TIE1.4 工作组建议的 ADSL 系统传输业务分类如表 4.7 中所列。同时提出相应的业务功能及所需带宽如表 4.8 中所列。

ADSL 系统传输业务分类   表 4.7

类　　别	单工(视像)(Mbit/s)	双工(数据)(kbit/s)	基本电话业务(kHz)
1	6.144	160~576	4
2	4.608	160~384	4
3	3.072	160~384	4
4	1.536	160	4

ADSL 系统提供的业务及所需带宽   表 4.8

业　务　种　类		电　视	电视点播	交互式可视游戏	电视会议	N-ISON 基本速率
所需频带	下行信道	3~6Mbit/s	1.5~3.0Mbit/s	1.5~6.0Mbit/s	384kbit/s	160kbit/s
	上行信道	0	16~64kbit/s	低	384kbit/s	160kbit/s

（5）xDSL 技术的发展和应用

由于新的调制技术的发展和使用,能进行高级信号处理(例如回波消除和多信道解调等)低成本电子电路。因此,显著地提高了铜线传送高速数据信号的能力。开发出各种 xD-SL 技术的目的是要满足特定的通信市场用户需要和解决信息传送技术难题。xDSL 技术是将模拟用户线路改造成数字用户线路(DSL),使现有的铜线线对上可以提供高达每秒数兆位的传输速率,这对目前主要利用本地通信网接入因特网的用户是一个佳音。xDSL 技术最初是在对绞线对上提供视频点播和交互 TV 等设计的。以后开发的主要市场动力在于:向后兼容(能同时使用模拟信号和数字信号)、高速数据传输、在恶劣的条件还可在用户线路上运行,实现无中继设备时传输距离最大以及安装使用简便。因此,近期 xDSL 技术得到迅速发展和逐步推广。xDSL 技术中的"x"表示某一种技术,都是从 HDSL 和 ADSL 的基础上派生出来的,目前 xDSL 技术较多,例如 SDSL、IDSL、RADSL、VDSL 等。现分别简述如下:

1）SDSL

单用户线对高速数字用户线路(SDSL)又称对称数字用户线路,它的技术与 HDSL 系统一样,主要区别 SDSL 可以只用 1 对铜线,而 HDSL 系统要用两对铜线,且传输距离有限,一般为 3km 左右。SDSL 技术提供两个方向(即上行、下行信道)可以同样的数据传输速率(传输速率可以调整)传送信息,它主要用于电视会议和因特网的接入等。SDSL 技术的标准目前尚未定稿,因此,今后有无变化尚难估计。

2）IDSL

综合数字业务用户环路技术(IDSL)又称 ISDN 数字用户线路(ISDN-DSL),它是 ISDN 和 DSL 技术的结合,但要注意的是 ISDN 为交换技术,IDSL 是网络技术,两者显然不同。IDSL 技术与 HDSL 系统相同,可以在铜线线对上提供 ISDN 的基本速率(2B＋D)或基群速率(30B＋D)的双向传输业务。

3）RADSL

自适应速率非对称数字用户线路(RADSL)是 ADSL 技术的一种,传输速率与 ADSL 系统相同,但它可根据用户需要,具有动态改变带宽的附加功能。例如传输数据的带宽和速率可能因通信线路质量的优劣和传输距离的远近自动调整,也可能因为提供服务增加了某些限制(如不同的业务应用不同速率)而发生变化。所以 RADSL 能用不同的速率将不同的线路连接起来,因而具有很高的灵活性。RADSL 技术可以使因特网用户避免在强噪声条件下中断通信,因为它能自适应地降低传输速率而保证通信畅通无阻。用户也可根据需要调整传输速率,因传输速率不同,使用费用也有区别。

4) VDSL

甚高比特率数字用户线路(VDSL)又称甚高速数字用户线,它是近期(2000 年初)使用的速度最快的 xDSL 技术,VDSL 技术提供下行传输速率为 13~52Mbit/s,上行传输速率为 1.5~2.3Mbit/s。VDSL 技术属于 ADSL 技术的范畴,所以支持与 ADSL 技术相同的应用,但其传输速率却是 ADSL 技术的 10 倍以上,达到 52Mbit/s。因此,甚高比特率可以适应因特网的发展需要。然而 VDSL 系统的高速传输速率只能在有限的距离工作,有效范围限制在 0.3~1.4km 之间,一般不超过 1.5km,VDSL 系统能传送高清晰度电视(HDTV)。

此外,还有 CDSL、HDSL2 等技术。开发用户数字用户线路(CDSL)或通用 ADSL 技术的目的是克服 ADSL 系统安装分路器的难题,CDSL 又称 ADSL-lite 或 G. Lite,采用 CDSL 技术后,不需安装分路器,但是需装一个微型滤波器,其传输速率较低,上行信道约为 384kbit/s,下行信道为 1.5Mbit/s,无法传送高速数据信息。

HDSL2 是于 1998 年开发出的 HDSL 下一代技术,其主要功能有对电缆中的其他线路的干扰最小,使用范围得到扩展、数据传输速率加快,且能在 1 对用户线路上进行数据传输,为实现以上功能,其线路编码(调制类型)与其前身 HDSL 和 SDSL 有所区别,技术也就比较复杂。

随着通信技术的发展,今后有可能开发出更多的 xDSL 技术,但技术的基本体制不会超出 HDSL 或 ADSL 的范畴。各种 xDSL 技术的比较见表 4.9。从表中说明每种技术都需要进行权衡。通常,距离越远则数据传输速率越低。但是如使用高级的信号处理技术,也可以取得远距离传送较高的数据传输速率。

各种 xDSL 接入技术的比较 表 4.9

序号	英文简称	技术名称	传输速率	线对数(对)	传输距离(km)	传输媒介	业务类型或主要用途
1	56k Modem V.90	模拟宽带技术	上行:33kbit/s 下行:54kbit/s	1		任何电话线	Email/远程局域网访问/Internet 访问
2	HDSL	高比特率数字用户线路(平衡用户数字环路)	上下行:均为 768kbit/s 上下行:均为 1168kbit/s 上下行:均为 784kbit/s 上下行:均为 1.544Mbit/s 或　　2.048Mbit/s	1 2 3 2 3	≤3.657 ≤4.5 ≤5.0 ≤0.46	0.5mm铜线对绞线对	局域网扩展/各种专线连接 PBX 系统 Internet 接入等
3	ADSL	不对称数字用户线路(非平衡用户数字环路)	上行:64~384kbit/s 下行:1.5~6Mbit/s	1	3.7~5.5	0.5mm铜线对绞线对	Internet、VOD、局域网等接入可视电话等业务

序号	英文简称	技术名称	传输速率	线对数(对)	传输距离(km)	传输媒介	业务类型或主要用途
4	SDSL	单用户线对高速数字用户线路（对称数字用户线路）	传输速率可调 上下行同速 384kbit/s、1.544Mbit/s 或2048Mbit/s	1	3.05~4.6 2.7	0.5mm铜线对绞线对 0.4mm铜线对绞线对	局域网扩展/各种专线等
5	IDSL	综合数字业务用户环路技术（ISDN数字用户线路）	基本速率(2B+D) 基本速率(30B+D) B:64kbit/s D:16~64kbit/s	1	≤5.5	0.5mm铜线对绞线对	Internet访问/远程局域网访问/视频会议/事务处理、低速数据、话音等
6	RADSL	自适应速率非对称数字用户线路	上行:1Mbit/s 下行:7Mbit/s	1	不确定，取决于传输速率 一般为3.7~5.5	0.5mm铜线对绞线对	Internet接入、VOD和局域网访问等
7	VDSL	甚高比特率数字用户线路（甚高速数字用户线）	上行:1.5~2.3Mbit/s 下行:13~52Mbit/s	1	依赖于传输速率，如 13Mbit/s 1.5km 26Mbit/s 1.0km 52Mbit/s 0.3km	0.5mm铜线对绞线对	高清晰度电视（HDTV）、多媒体、局域网接入Internet访问等
8	CDSL	用户数字用户线路	上行:384kbit/s 下行:1.5Mbit/s	1	≤5.5	0.5mm铜线对绞线对	与ADSL系统相同

从上表中可以看出各种 xDSL 接入技术各有特点,相比之下,在 xDSL 技术中以 ADSL 发展最快,其主要优点是使用线对最少,容易利用现有铜线资源,且技术已经成熟,在国外已大规模推广使用,成为目前宽带接入较为理想的方式。我国使用 xDSL 技术刚刚起步,各地都在积极试验采用,例如广州和上海等地已将 ADSL 技术作为首选,向用户提供视频等宽带业务,效果较为良好。由于国内原有铜芯对绞线网络大量存在,xDSL 技术必然会向前发展,当 xDSL 技术得以广泛应用,必然使现有的市话通信电缆的铜线资源焕发新的生命光辉。所以,对于 xDSL 技术的发展和应用前景,目前还难以估计。在智能建筑和智能化小区中的综合布线系统,如与公用通信网现有市话通信电缆相接时,首先要根据用户信息的实际需求,遵循"统一规划、合理布局、分清缓急、量力而行"的原则,本着适度超前、多种技术模式

并举的精神。考虑到目前国内用户实际需求的带宽还相对有限,应根据线路的具体情况,选用相应的铜线 xDSL 接入技术,充分利用现有资源,应付目前电信业务快速增长的需要。从长远发展和宽带业务增多的形势来看,对于迫切需要宽带信息业务的智能建筑和智能化小区,尤其是商业中心区、经济开发区和高科技园区应作为建设重点,要提高光纤光缆引入智能建筑和智能化小区的比例,甚至提供光纤到桌面和光纤到用户的宽带接入方案。为此,在综合布线系统工程中,应积极创造条件,结合公用通信网的现状,尽量及时采取光纤接入方式为好。

9. 与综合布线系统配合的光纤接入方式

光纤接入网是指传输媒介是光纤,且是利用光波作为光载波传送信号的传输网络。由于目前用户终端设备都属于电气设备(如电话机、电视机和计算机以及数据终端等),因此,在传输通道的两端均要进行光电转换,但目前光电转换设备的价格还较昂贵,这就使光纤接入网的应用受到了限制。

随着今后智能建筑和智能化小区的不断涌现、计算机与通信技术的互相融合和发展,综合布线系统工程技术的成熟和完善,必然促进光纤接入网(OAN)的推广和应用,实现传送用户急需的各种信息。

(1) 光纤接入网的特点

1) 传输频带很宽,据估计可以达到数万 GH_2 以上,通信容量很大,可以提供多种信息业务,甚至未来的宽带交互型业务等。

2) 防电磁干扰能力强,既防外来串音干扰,又不向外电磁辐射,保密性能好,安全可靠性高,保证传输的信息质量优良,更适用于有电磁干扰的场合、对通信要求很高的要害部门和重要单位。

3) 传输衰减很小,有利于提高信息质量和增加传输距离,由于传输距离增加,一般不需要中继设备,使通信设备减少和简化网络结构,降低工程造价和有利于维护管理。

4) 光纤纤芯细、重量轻、抗腐蚀、节约有色金属和其他原材料,光缆柔软可挠,便于施工和运输,满足经济合理和有效实用的需要。

因此,光纤接入网的应用范围较为广泛,其技术成熟和发展形势都较快。但是,应看到其不足之处,主要有以下几点:

① 光纤的机械强度不如金属导线,不能承受较大的拉伸力和侧压力。因光纤具有脆性容易产生折裂等障碍,要求运输和施工时,必须注意保护光纤不受外力损伤。

② 施工技术要求较高,都必须严格按施工操作规程要求执行。例如光纤连接较难、分路耦合都不方便,光缆施工和安装时,在技术上要求其弯曲半径不宜过小,牵引光缆时的牵引力不应过大等,以保证光纤不受损伤。

③ 工程建设投资较高,光电器件价格过于昂贵,使用受到限制。

④ 网络管理和维护检修等要求严格,需配备相应的设备和装备,提高日常维护费用。

⑤ 在较大的网络中,如远端设备需要远供电源时,较其他网络更加困难。

当前,光纤接入网(OAN)的开发和建设的主要目标和服务对象有以下几个基本点:

① 为各种类型企事业和各个部门以及住宅用户所设计,所以包括有智能建筑和智能化小区中的用户需要的各种信息服务。

② 光纤接入网(OAN)既能适应与现有模拟和数字电话交换机兼容,甚至可以与今后新

的数字电话交换机兼容,就是说能与各个厂商和各种类型的交换设备配合并协调工作。

③ OAN 应能提供原有铜线网络现在所有的业务,且能为将来可能升级换代提供新的数据和图像等宽带业务。因此,光纤接入网 OAN 的市场前景无限,应用范围广阔。

(2)光纤接入网的基本结构

光纤接入网的基本结构如图 4.9 所示。

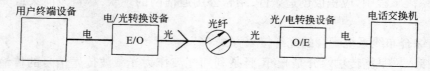

图 4.9 光纤接入网的基本结构

从图 4.9 中可以看出,光纤接入网的传输媒介是光纤,传送的是光信号,网络两端的电话交换机和用户终端设备都是属于弱电系统的电气设备,它们的交换信号、发送信号和接收信号均是电信号。因此,在电话交换机和用户终端设备的两端均需采用光/电转换设备,采取光/电(O/E)或电/光(E/O)信号的变换,使电话交换机和用户终端设备发送或接收均为电信号,在光纤中则是实现光信号的传输。

(3)光纤接入网的网络拓扑结构

网络拓扑结构是指通信线路和节点的几何排列图形,它表示了网络中各个节点的相互位置与相互连接的布局情况。光纤接入网的网络拓扑结构的选用是否合适,对于网络系统技术功能的优劣、通信设备配置数量的多少、工程建设投资的高低和网络安全可靠的程度都有极大的关系,必须予以重视。光纤接入网有三种最基本的网络拓扑结构,它们是星型、总线型和环型。由此,又可派生出树型、双星型和环型—双星型等多种组合的应用方式,它们各有其优点和缺点,也可互相补充和完善。在选用时,应根据网络设备配置、用户分布状况和具体实际情况来确定。必要时,应做多个方案进行技术经济比较来优化选择。现将几个基本网络拓扑结构进行介绍。

1)星型网络拓扑结构

星型网络拓扑结构属于并联型结构,各用户终端设备都必须通过中央节点进行信息交换。因此,不存在损耗累积、容易实现升级和扩容,各用户之间相对独立,互不影响、保密性好,业务适应性强。缺点是因各个用户均需单独设置光纤,工程建设费用较高,组网灵活性较差,用户之间无法调度,对中央节点的安全可靠性要求极高,也就是要求中央节点必须保证正常运行,否则整个网络无法工作。

2)总线型网络拓扑结构

总线型网络拓扑结构是以光纤作为公共总线(即母线),各个用户终端设备通过耦合器与总线直接相连构成总线型网络拓扑结构,这种结构属于串联型结构。其优点是共享主干光纤,大大节省光纤光缆线路的建设投资,容易增加和删去节点,用户之间彼此干扰较少。缺点是有损耗累积、用户接收设备的动态范围要求极高,对于主干光纤光缆的依赖性太强,也就是要求主干光纤光缆不能发生故障,以免影响整个网络系统的通信畅通。

3)环型网络拓扑结构

所有用户节点共同使用一条光纤链路,光纤链路的首尾互相连接,形成封闭环路的网络拓扑结构。这种结构的最大优点是可以实现自愈，无需外界干预，网络在较短的时间内自动从发生故障失效中恢复所传送的业务功能。其缺点是在单环网络拓扑结构时，所连接的用户数量有限，如采用多环互通的网络拓扑结构，则显得过于复杂，技术要求也高，也不适于分配性业务。

4）树型网络拓扑结构

树型网络拓扑结构类似树枝形状，呈分级结构，最高级的节点具有很强的控制和协调能力，在交接箱和分线盒处采用多个光分路器，将信号逐级向下分配。这种结构可以看成是总线型和星型拓扑结构的结合，主要适用于广播性业务，目前在光纤电缆混合系统(HFC)和无源光网络(PON)中用得较多。其主要缺点是功率损失较大，双向通信难度较大，在上行信息流有可能产生"漏斗"效应而影响通信质量。因此，这种结构需要传送交互式信息时，上行信道需对信息加以处理，才能确保交互式的通信质量，这就增加技术难度和工程费用。

5）双星型网络拓扑结构

双星型网络拓扑结构的主要特点是在单星型网中的每一条线路中设置远端分配节点，在该节点上配置远端分配单元，且能完成交换功能，并将信息分别送给所连接的各个用户。

按双星型网络拓扑结构的远端分配单元是由有源或无源的器件组成又可分为两种网络。

① 远端分配单元由无源光器件(如光分路器)组成，称该网络为无源双星型网络。

② 远端分配单元由有源器件(如电复用器)组成，称该网络为有源双星型网络。

双星型网络拓扑结构的优点是使得各个用户能共享部分线路和设备资源，因而可大大降低了网络建设费用，且容易维护管理，也便于升级，所以有较好的应用前景。

如果将它进一步推广至多星型网络拓扑结构，能更有效地充分利用光纤的带宽，降低建设成本，可吸引更多的用户入网。当然多星型网络拓扑结构也较复杂，会增加相应的维护费用和管理工作。

6）混合型网络拓扑结构

混合型网络拓扑结构是将上述几种结构，分别进行组合而成。例如环型——星型、环型——双星型等。由于采取将各种结构有机结合，取长补短，充分发挥各自特点，其效果显得更好。

现将上述各种网络拓扑结构列于图4.10中。

在表4.10中列出总线型、星型、环型和树型各种网络拓扑结构在日常运行、维护检测和业务管理等方面的比较。从表中可见每种网络拓扑结构都各有其特点和适用范围，在实际应用时，应根据具体情况，全面地综合考虑选用，以满足技术、经济、标准和用户等各方面的要求。

（4）光纤接入网的应用方式和应用类型

1）光纤接入网的应用方式

光纤接入网是以光纤作为传输媒介，并以光信号传送，在用户端需利用光/电转换设备(O/E)进行光/电转换，即将光信号恢复成电信号后，送到用户终端设备。上面所述在用户端安装的光/电转换设备通常称为光网络单元(ONU)，在局端安装的电/光转换设备通常称为光线路终端(OLT)。

根据光纤向用户端延伸的距离和到达的位置，也就是确定光网络单元(ONU)装设的具体位置，由于有多种多样的安装位置就产生不同的接入方案，使光纤接入网相应有各种应用方式。目前，光纤接入网的应用方式如表4.11中所列。其中，目前在智能建筑和智能化小

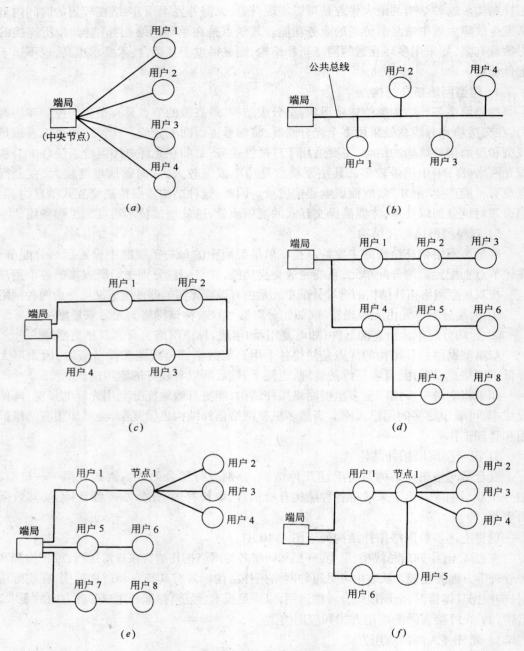

图 4.10　各种网络拓扑结构

(a)星型网络拓扑结构;(b)总线型网络拓扑结构;(c)环型网络拓扑结构;
(d)树型网络拓扑结构;(e)双星型网络拓扑结构;(f)环型—星型网络拓扑结构

各种网络拓扑结构的性能等比较　　　　　　　　　　　　　　　　　表 4.10

序号	比 较 内 容	总 线 型	星 型	环 型	树 型
1	建设投资(光缆及电子器件)	低	最 高	低	低
2	维护和运行	测试比较困难	消除障碍所需时间长	较 好	测试困难需光功率分配器和光网络单元

序号	比 较 内 容	总线型	星 型	环 型	树 型
3	安全性能	很安全	安 全	很安全	很安全
4	可靠性	比较好	最 差	很 好	比较好
5	用户规模	适用于中等规模	适用于大规模	适用于有选择性的用户	适用于大规模
6	新业务要求	容易提供	容易提供	向每个用户提供较困难	向每个用户提供较困难
7	带宽能力	高速数据	基群接入视频	基群接入	基群接入和视频高速

区使用较多,且是主要的应用方式是表中前面五种,常用的光纤接入网应用方式,即是光纤到路边(FTTC)、光纤到小区(FTTZ)、光纤到大楼(FTTB)、光纤到家庭或到户(FTTH)和光纤到桌面(FTTD)。其他应用方式可从属于上面几种应用方式。

光纤接入网的应用方式　　　　　　　　　　　　　　　表 4.11

序号	简 称	英 文	说 明	备 注
1	FTTZ	Fibre to the Zone	光纤到小区	
2	FTTC	Fibre to the Curb	光纤到路边	
3	FTTB	Fibre to the Building	光纤到大楼	
4	FTTH	Fibre to the Home	光纤到户(家庭)	
5	FTTD	Fibre to the Desk	光纤到桌面	也可以将光纤引到家具上
6	FTTSA	Fibre to the Serving Area	光纤到服务区	
7	FTTN	Fibre to the Neighbourhood	光纤到邻里	
8	FTTR	Fibre to the Remote Unit	光纤到远端单元	
9	FTTD	Fibre to the Door	光纤到门	
10	FTTF	Fibre to the Floor	光纤到楼层	
11	FTTO	Fibre to the Office	光纤到办公室	

2) 光纤接入网的应用类型

上述各种的光纤接入网应用方式的主要区别在于光网络单元(ONU)放设的位置有所不同,而其中最典型的应用方式是三种,即 FTTZ 和 FTTC,FTTB,FTTH。

① FTTZ 和 FTTC

光纤到小区(FTTZ)和光纤到路边(FTTC)基本相似,主要都是为智能化小区服务,其基本结构见图 4.11 中所示:

从端局接出的光纤光缆经过各种线路设备(如光耦合器、光分支器、人孔和管道等,图中为了简化均未表示)后,到达靠近用户群的小区或路边。光网络单元(ONU)根据现场情况,一般放置在小区的适当位置、或路边的人孔内,或在电杆上的分线盒(DP)处,有时也可放置在交接箱(FP)处。光信号在光网络单元(ONU)中经过光电转换,变成电信号,从光网络单元分别引出同轴电缆,用于传输宽带图像业务。为了充分利用原有铜线的市话通信电缆,可

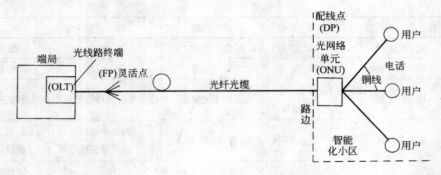

图 4.11　FTTZ 和 FTTC 的基本结构

用于传送窄带信号和普通电话业务。

② FTTB

光纤到大楼(FTTB)的基本结构与 FTTZ 和 FTTC 相似,主要区别是光网络单元(ONU)通常不放置在路边,而是放在大楼内,一般放在一层或二层。光纤到大楼(FTTB)的应用方式,主要是为智能建筑的用户服务。因此,FTTB 比 FTTZ 或 FTTC 的光纤化程度提高,将光缆进一步延伸和扩展,使光纤已敷设到最邻近用户的附近,可向用户提供各种信息服务。FTTB 的基本结构应是点到多点的方式,如图 4.12 中所示,从图中可以看出光信号经过光网络单元(ONU)的光电转换,变成电信号,从光网络单元引出铜线电缆,分别接到大楼内各个用户作为传送电信号的传输媒介。

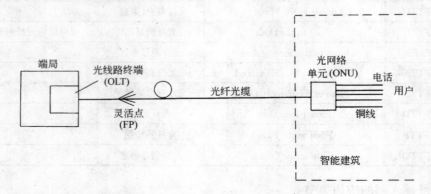

图 4.12　FTTB 的基本结构

因此,光纤到大楼(FTTB)更适用于用户密度很高,信息需求量极大的智能建筑,由于光纤很邻近用户,能够适应今后长远发展的需要。

③ FTTH

光纤到户(家庭)的基本结构为点到多点的方式,如图 4.13 所示。

在光纤到小区(FTTZ)和光纤到路边(FTTC)的智能化小区中,如果将设置在路边的光网络单元(ONU)换成无源光分路器,把光网络单元(ONU)移装到住宅建筑的用户家中,成为光纤到户(或到家庭)(FTTH),甚至把光纤引接到桌面(或家具上)(FTTD)的应用方式,这种网络拓扑结构是接入网的最终解决方案。从图 4.13 中可见,从端局电话交换机附近的光线路终端(OLT)到用户家内光网络单元(ONU)的全程都是采用光纤,中间没有介入铜

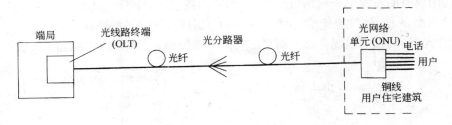

图 4.13　FTTH 的基本结构

线,也没有有源电子设备,形成一种全透明的网络拓扑结构。这种结构对任何一种传输制式都没有限制,从而为智能化小区中所有用户提供传送各种信息业务(包括新业务),其潜在的容量和效能很大,是用户接入网的发展方向。此外,因采用光纤光缆线路,可以防止外界电磁干扰和向外辐射以及避免雷电袭击,这对于提高通信质量和防止缆线发生障碍是极为有利的。

由于目前用户与端局之间的平均距离较短,对于传输性能的要求,不如长途干线光缆的要求高,带宽的要求也一般较低,因而可以采用成本较低的元器件,以便降低建设费用。端局到用户之间都没有任何有源设备,对于供电方案也较易解决,光网络单元(ONU)可由用户家中供电,成本较低、故障减少、维护方便,这些都是光纤到户(到家庭)的主要优点。

光纤到户(FTTH)的主要缺点是目前光线路终端(OLT)和光网络单元(ONU)的成本还比较高,如每个用户需要一套时,用户的负担费用较多,难以承受。但随着光纤通信的迅速发展,光纤光缆和各种光元器件的价格将会逐步下降,加上各类用户对宽带信息业务的需求日渐增多,估计今后发展光纤到户的前景和速度将会临近和加速。

此外,上述光纤接入网的应用类型还可以根据实际需要不断拓宽,例如将光网络单元(ONU)装设在智能建筑中(例如商业租赁大楼或金融机构的办事场所)的各种大开间的办公室或其他业务房间内。因其用户信息点分布较密,且需宽带信息业务较多,为了满足上述客观需要,可以组成光纤到办公室(FTTO)的结构。同样,可把光网络单元(ONU)放置在智能建筑中的各个楼层的中心附近,从光网络单元到各个用户均采用铜线,形成光纤到楼层(FTTF)的结构。

总之,光纤延伸到用户端越近,对通信质量的提高是有利的,但对充分利用原有铜线资源有其不足的缺点,应密切结合实际情况,充分权衡利弊再选择为好。

10.与综合布线系统配合的光纤光缆/同轴电缆混合接入方式

光纤光缆/同轴电缆混合接入方式(HFC)(有时简称 HFC 网)是在传统的有线电视(CATV)网络的基础上发展起来的,它是一种综合应用模拟和数字传输技术,同轴电缆和光纤光缆技术及射频技术,且高度分布式智能型接入网络,是本地通信网和有线电视网相结合的产物,也是将光纤光缆逐渐向用户端延伸的一种经济合理、比较实用、较为先进的技术方案。目前,我国有线电视(CATV)通过同轴电缆已进入千家万户,在此基础上,如充分采用 HFC 设备和技术,并经过一定升级,可以为用户提供电话、数据、有线电视和影视点播等业务。

由于我国有线电视发展的特殊情况,存在有线电视网络的资本构成和产权归属各地不一等问题,例如不少新建小区或工业企业内部的有线电视网络产权不归当地有线电视台。

因此,利用现有的有线电视网络发展 HFC 的应用范围,尚有不少困难。

(1) 光纤光缆/同轴电缆混合接入网(HFC)的典型网络拓扑结构

光纤光缆/同轴电缆混合接入网(HFC)的典型网络拓扑结构如图 4.14 所示。

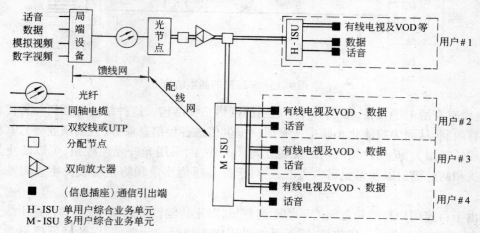

图 4.14　HFC 系统的典型网络拓扑结构

HFC 系统的典型网络拓扑结构的特点是:

1) 将综合业务单元(ISU)分成单用户(H-ISU)和多用户(M-ISU)两类,为适合网络配置的要求,M-ISU 一般可分成多个等级。综合业务单元(ISU)的配置,可以根据网络系统的需要进行配置设备,比较灵活多样。例如在网络配置设备时,可以同时具有单用户(H-ISU)和多用户(M-ISU),也可以在网络中只有单用户(H-ISU),或只有多用户(M-ISU)。

2) 电信业务和有线电视(CATV)业务在光纤中的传输方法有两种:

① 不同的光纤中传输方法

采取上行信号和下行信号分别在不同的光纤中传输。这样互相不会干扰,提高传输信息的质量,缺点是需要两根光纤,有时客观条件受到限制而无法实施。

② 在同一根光纤中传输方法

在同一根光纤中进行传输时,可采用波分复用(WDM)方式。当上行信号和下行信号采用粗波分复用方式传输时,下行信号使用 1550nm 波长区,上行信号使用 1310nm 波长区。

3) 综合业务单元(ISU)有多种可供选择的接口,如二线模拟话音接口、2B＋D 接口、$n \times 64$kbit/s($n = 1,2,\cdots\cdots31$)和 2.048kbit/s 接口。

4) 典型网络拓扑结构中各种模块的功能

在图 4.14 中 HFC 的典型网络拓扑结构的各种模块,都各有其功能,具体功能分别如下所述:

① 局端设备的功能

a. 对各种业务节点完成接口功能。

b. 对各种业务射频信号混合。

c. 提供监控接口功能。

d. 将电信号转换成光信号,以便在光纤中传送到用户侧的光节点处。

② 光节点的功能

a. 将光纤传送来的光信号转换成电信号,以便向用户端传输。

b. 将各种业务射频信号混合。

c. 提供监控接口功能。

d. 对综合业务单元(ISU)供电。

③ 综合业务单元(ISU)的功能

a. 对各种业务终端完成接口功能。

b. 提供监控接口功能。

c. 对电信业务提供断电保护。

(2) 光纤电缆/同轴电缆混合接入网(HFC)的频谱分配

光纤光缆/同轴电缆混合接入网(HFC)是采用副载波频分复用方式,有时又称副载波调制(SCM)系统。它是将多个基带信号分别调制不同频率的电载波,即电的频分复用,把这些经过频分复用的电信号群对一个光源(光载波)进行调制,然后进入光纤进行传送。也就是说在发送端要经过两次调制,第一次是电调制,再经过一次光调制。在接收端,先由光电检测器检出电频分复用电信号群,再用电的方式把各路电载波分开,经过解调,恢复原来的各个基带信号。整个通信方式的全过程要经过两次调制和两次解调。在发送端是两次调制,而在接收端是两次解调。第一次调制的是电载波,第二次调制的是光载波。我们一般把电载波称为副载波,把这个通信方式简称为副载波复用(SCM)方式。SCM技术的最主要的优点是可以充分利用已成熟的微波技术,容易实用化;每一个副载波所传送的信号与另一个副载波所传送的信号都不相关,互相独立,所以可以实现模拟信号和数字电话、图像和各种数据业务的兼容。此外,其价格较低廉,还同时可实现宽带业务传输,能适应今后一定时期的信息业务需求,逐步向光纤到家庭(FTTH)过渡。

由于HFC网将模拟信号或数字信号经过适当的调制和解调都可在光纤中传输。因此,如何合理地安排和分配频谱极为重要。图4.15中给出HFC网的频率分配情况。

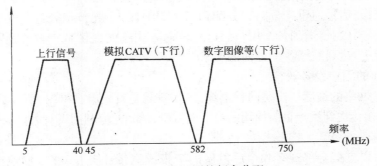

图4.15 HFC网的频率分配

在图4.15中可以看出整个信号的通频带为750MHz,其中5～40MHz留给上行信号使用,称它为回传通道(有时又称上行通道),主要用来传递电视、非广播业务以及电信业务信号;45～750MHz留给下行信号使用,称它为正向通道(有时又称下行通道),主要用来传输CATV信号,其中45～582MHz频段主要用于传输模拟CATV信号,由于每一通路的带宽为6～8MHz,所以可传送60～80路电视节目,582～750MHz频段主要用于传送附加的模拟CATV或数字CATV信号,特别是视频点播业务(VOD)。如采取适当的调制方式,在582

～750MHz 的带宽内至少可以传输约 200 路的 VOD 信号,当然也可用这一段带宽传输其他业务。在表 4.12 中列出 HFC 网的具体频率分配。

HFC 网的具体频率分配 表 4.12

序号	波 段	频率范围(MHz)	业 务	备 注
1	R	5.00～30.0	(上行)电视及非广播业务	
2	RI	30.0～42.0	(上行)电信业务	
3	I	48.5～92.0	模拟广播电视	
4	FM	87.0～108.0	调频广播	
5	A1	110.0～167.0	模拟广播电视	对 HFC 网的射频频率分配应参见我国通信行业标准《接入网技术要求——光纤同轴电缆网(HFC)》(YD/T 1063—2000)
6	Ⅲ	167.0～223.0	模拟广播电视	
7	A2	223.0～295.0	模拟广播电视	
8	B	295.0～463.0	模拟广播电视	
9	Ⅳ	470.0～582.0	数字或模拟广播电视	
10	V	582.0～710.0	电信业务(1)VOD 等	
11	Ⅵ	710.0～750.0	电信业务(2)(电话、数据)	

HFC 网络可传输多种业务,具有较为广阔的应用领域,尤其是目前绝大多数用户终端设备均为模拟设备(如电视机),从它的传输方式能够较好地兼容。

(3) 光纤光缆/同轴电缆混合接入网(HFC)的特点和应用

从前面介绍可见 HFC 网的应用范围较广,具有明显的特色,尤其是开拓宽带通信的一种较好的技术。

1) HFC 网的主要特点

① 传输频带较宽

HFC 网与对绞铜线接入方式相比,其传输带宽要宽。因 HFC 网络的主干馈线网部分采用光纤光缆,光信号通过光分路器分配到各个服务区,在光节点处进行光电转换,利用同轴电缆将电信号分别传送到各个用户。这种传输方式既能提供宽带业务所需的带宽,又节省网络建设费用,达到兼顾各个方面的要求。

② 与目前的用户设备兼容

由于 HFC 网络的最后一段是同轴电缆,其本身就是有线电视网络,所以具有兼容性。视频信号可以直接传送到用户目前使用的模拟电视机,达到充分利用现有大量的模拟终端设备。

③ 支持宽带业务

HFC 网可以支持全部现有和今后发展的窄带或宽带业务,能够方便地把话音、高速数据和视频信号经调制后传送,因此,提供了既简便又能直接过渡到光纤到户(FTTH)的传输方式。

④ HFC 网的建设投资较低

HFC 网可以在原有网络的基础上改建,根据各类业务的需求逐渐将网络升级换代。例如想在原有 CATV 业务的基础上增设电话业务,只需安装一个设备前端,将有线电视(CATV)信号和电话信号分开传送。这种改建可以随时安装,极为方便和简单,所需费用也少。

⑤ 全业务网的形成速度加快

HFC网的发展远景是能够提供各种类型的模拟通信和数字通信业务,包括有线和无线、数据和话音以及多媒体业务等。所以称为全业务网(FSN)。

2)HFC网的应用

HFC网的应用和支持业务能力分为数字业务和模拟业务两类。具体内容如下:

① 数字业务

HFC网应能开通或支持的数字业务主要有:

a. 普通电话业务(POTS)。

b. $n \times 64 \text{kbit/s}(n = 1, 2, \cdots\cdots 31)$ 租用线业务。

c. EI(成帧或不成帧)信号。

d. ISDN基本速率接口(ISDN-BRA),一次群速率接口(ISDN-PRA)。

e. 数字视频业务(如VOD)。

f. 数据:可以提供2Mbit/s以下的低速数据通道和2Mbit/s的高速数据通道。

g. 个人通信业务(PCS):当HFC网的频带拓展到750MHz以上时,可以考虑开放个人通信业务。

② 模拟业务

HFC网能够开通的模拟业务主要包括模拟广播电视和调频广播节目。

目前,国外HFC网典型使用有以下三种,即用户电话/电视的HFC系统、综合信息的HFC系统和宽带信息的HFC系统。它们各有特点,但这些结构的共同特点有以下几点:

a. 可以提供综合宽带业务;

b. 工程建设投资较低;

c. 比较容易实现。

(4)光纤光缆/同轴电缆混合接入网(HFC)的局限性

光纤光缆/同轴电缆混合接入网(HFC)是有线电视(CATV)系统的基本网络,它的光纤部分在1310nm和1550nm两个窗口的总带宽达200nm,即30000GHz,即使是同轴电缆部分,其带宽也达1000MHz。因此,HFC网的最大特点是具有很宽的带宽,它是用户宽带网的首选对象。此外,在我国有线电视网的用户很多,与电话用户相同,具有容易普及推广的优势。HFC网具有很多特有的性质,在一定的时期和条件下,具有较大的应用价值。但是HFC网也具有局限性,主要有:

1)与数字化通信发展方向不相吻合

众所周知,目前HFC网络拓扑结构和传输方式是建立在模拟频分复用基础上,从通信技术发展趋势看,未来的通信技术一定是向数字化方向发展。因此,HFC网络对未来的网络会产生一定的影响,如目前HFC网络要将数字信号通过正交调幅(QAM)调制成模拟信号,这样的转换显然与现在广泛采用的数字传输方式不相吻合,也不符合今后科学技术的发展要求,且会增加网络结构和设备配置的复杂性。

2)由单向变为双向难度较大

HFC网有单向HFC网和双向HFC网之分。单向HFC网只能传送CATV业务,或仅提供非对称式的有限宽带业务;双向HFC网可以提供CATV、话音、数据和其他交互型业务,它是一种对称式的全业务网(FSN)。单向HFC网目前正在实施,并逐步向双向HFC网过渡,要实现这一目标其难度很大,例如这方面的通信标准尚未拟定。此外,单向 HFC 网是星/树型网络拓扑结构,且是建立在模拟频分复用技术基础上。因此,其具体的网络拓扑结构、频谱分配规划、用户网络接口、网络终端设备、供电方式和数据安全以及加密技术等诸多问题,都与其他用户驻地网有所不同,其协议应适合 HFC 网的特殊情况,这样才能实现电话等业务的可靠有效双向传输。这就说明 HFC 网由单向转变为双向需要解决不少难题。

3)上行信道拥挤,无法满足信息传送要求

在一般情况下,上行信道频带容量约为 480 个 64kbit/s 信道,而 HFC 网络是在基本上不改变原有 CATV 频带划分基础上,将 5～40MHz 作为各种业务的上行信息传送频带。当其信息逐渐增加到一定程度时,上行信道必然会显得拥挤不堪,信息传送受到阻塞不畅。为了要解决这一难题,如可采取适当缩小服务区域的方法,但又会受到 HFC 网整个系统的资源不足而被限制。

4)漏斗噪音严重影响通信质量

由于 HFC 网的上行信道位于噪声干扰极为严重的低频波段,因此容易受到外界各种因素引起的非线性失真产生的噪声干扰。此外,HFC 网络本身的同轴电缆分布为树状结构,来自各个"树枝"上的噪声全部汇聚或累积到树干,从而使得上行信道信号的信噪比大大劣化,严重影响信号质量,甚至无法保证通信。这种现象称为"漏斗噪音"在具体工程中必须设法防止和解决。

5)必须解决通信安全和信息保密问题

HFC 网络同轴电缆分布呈树型结构,这就决定其频带资源对所有用户都是开放的。因此,对于重要部门和要害单位传送的数据业务和各种信息时,必须设法解决通信安全可靠和确保信息不泄漏等问题。

上述都是 HFC 网的技术难题。此外,HFC 网的主要缺点还有:与铜线接入网比较,初期工程建设费用较大,不够经济合理;能够开通的电信信道有限,难以完全满足客观要求;HFC 网的建设周期较长,如需扩大容量也有困难;网络安全可靠性较差,如网络拓扑结构中出现某一个节点发生故障,影响范围较大,使不少用户难以正常通信等。因此,国内外对 HFC 网的问题都在进行研究和设法改进,以求解决目前已经存在的问题,并尽快设法开发新的技术和设备,力图适应今后发展需要。

4.4.3 与公用通信网的配合

1. 综合布线系统与公用通信网的配合

当前,在智能建筑和智能化小区中的综合布线系统,与公用通信网的配合协调是极为重要的,其主要有以下两个方面:

(1)工程建设方面

在综合布线系统工程建设时(包括工程设计和安装施工等阶段),与公用通信网必须密切配合,相互协调有以下几点:

1)在确定综合布线系统与公用通信网的连接方案时,必须根据公用通信网的网络拓扑结构和缆线分布及设备配置,要紧密结合智能建筑和智能化小区所在区域的总体建设规划,用户对通信的需求和综合布线系统本身网络结构、工程建设规模和区域范围(如单幢建筑或建筑群体)等统一考虑。例如综合布线系统应根据公用通信网的缆线分布和品种,选用相应的接入方式(如铜线接入或光纤接入);如采用光纤接入方式,应根据光网络单元(ONU)具体装设位置,确定选用哪一种光纤接入网的应用方式(如 FTTH 或 FTTZ);对于通信线路引入智能建筑或智能化小区的技术方案时,要考虑是采用单一路由直接连接,还是采用迂回路由的环型连接,甚至是采用多路由引入的方案。

2) 在考虑连接线路的电缆线对数或光缆纤芯数以及连接方式时,应考虑在智能建筑和智能化小区内有无安装用户电话交换机和计算机主机等设备,以及它们是合设在一个房间内还是分别设有专用机房,它们之间的距离以及各个主机设备的容量多少等诸多因素,因为上述内容都会直接影响选用电缆的线对数或光缆的纤芯数以及相应设备的配置。此外,因上述缆线和设备选用的方案不同,也使连接方式和其他设备配置有所区别。在工程设计中必须加以注意。

3) 在综合布线系统工程设计中,除考虑与公用通信网连接的线路选用类型(如电缆或光缆)、规格和数量外,还要考虑其建筑方式和连接地点,必须与公用通信网的线路基本协调。例如公用通信网的光缆采用单模光纤时,综合布线系统如采用光纤接入方式,其光缆也应选用相应的单模光纤光缆;又如引入智能建筑内的通信线路采用地下通信管道建筑方式时,应确定屋内外地下通信管道的衔接结合点和彼此划分的工程范围以及施工或维护的分界点等。

4) 在综合布线系统工程建设过程中的配合协调内容较多,难以全部叙述。例如在工程设计中应确定公用通信网和综合布线系统之间的划分界线,这不但涉及工程建设费用,也与今后维护管理有关。在安装施工中对原有通信网的缆线和设备应采取保证通信不中断的具体措施,尤其在地下通信管道的连接人孔处,具体连接的施工方案和操作规程都要确保施工范围内原有缆线安全运行,采取切实有效的保护措施。

(2) 维护管理方面

由于综合布线系统与公用通信网既是密切结合的整体,但它们又分别属于单位内部自备专用和国家公共使用的网络,各有管理部门和职责范围。但为了保证全程全网的通信质量优良,网络畅通无阻,分管综合布线系统和公用通信网的单位之间必须互相配合和加强联系,并应做到以下几点:

1) 双方都要有全局和整体观念,做到既要重视全程全网的关系,又要分清各自管理的职责范围,明确划清维护管理的界限,以利于各负其责,达到加强机线设备的维护和通信业务的管理,保证通信设施安全运行,畅通无阻的目的。

2) 在统一的建设标准和维护规定以及分工负责的技术要求下,制订科学的维护管理制度和日常的检测维修计划。公用通信网和综合布线系统的双方要加强联系,互相配合,执行严格管理和精心维护的工作方法,力求不出现或尽可能减少重大的通信事故。如发生障碍,要求做到缩短检测和维修时间,使障碍很快排除,恢复正常通信,尽快地传送各种信息,满足用户通信联系需要。

3) 要公正合理地制订经济责任制度或双方签订有关协议,对于业务收入、维护成本和租用线路以及其他费用等,要按财务管理规定进行核算和合理分摊,要求达到地位平等、互利互惠的目的,不能因经济效益分配的矛盾,导致产生影响通信质量或不利于网络正常运行的事故。力求双方友好协商,共同克服困难,彼此合作支持。

4) 综合布线系统和公用通信网相连,组成在智能建筑或智能化小区内完整的信息网络系统。为了保证通信网络在传递信息的全过程中畅通无阻,综合布线系统的业主单位应配备具有一定的通信技术水平和业务工作能力的工作人员,负责单位内部信息网络系统的日常维护管理和检查测试工作,与公用通信网方面的工作人员配合,做好日常检查测试等工作,共同把信息网络系统的维护和管理工作搞好,为迅速传递信息创造有利的物质基础。

5)公用通信网方面对于从事综合布线系统维护管理或检查测试的工作人员,应加强技术业务的指导和必要的监督检查,责无旁贷地帮助解决管理工作和技术业务上存在的问题。必要时,可根据业务的实际需要,对综合布线系统单位的工作人员进行技术培训,以提高技术水平和业务能力,所需的培训费用由双方友好协商合理负担解决。

2. 综合布线系统与公用通信网的界面划分

今后,智能建筑对信息业务种类和来往信息流量的要求会不断提高,使得光纤接入网将会大量发展。尤其是采用光纤接入到智能建筑的内部(FTTB),通过内部的综合布线系统连接,或采用光纤接入到桌面(FTTD),这就能达到一步到位地解决了智能建筑所需的常规话音、数据通信,甚至各种宽带业务的信息需要。

在实现全光纤接入方式引入到智能建筑或智能化小区内部的发展过程中,会大大减少金属铜线的长度,而且提高信息网络系统的服务质量和增加技术功能。

目前,由于智能建筑和智能化小区中都有设置或不装设用户电话交换机两种情况,如采用光纤接入方式与综合布线系统相连接时,必须考虑和确定公用通信网的光纤网络单元(ONU)与综合布线系统的维护界面如何划分,它涉及工程建设范围(工程建设投资的分摊)和今后维护管理以及网络安全运行等一系列问题。

当前,在多数的智能建筑和少数智能化小区中除采用综合布线系统外,均设有自备专用的数字程控用户电话交换机,其内部的用户线路基本采用铜线电缆线路,一般采取"自维管理"方式。在基本使用铜线电缆线路的智能建筑内部,维护管理的界面划分比较简单,对维护检修也较方便,一般采取由电话局引来的电缆,敷设到智能建筑内的建筑群配线架(CD)或建筑物配线架中,将其电缆线对终端连接到预留联通局方的接线模块。如需要安装电话局的电话号码时,需经过局内的总配线架(MDF)上进行跳线连接才能完成安装事宜。其连接方式如图4.16中所示。

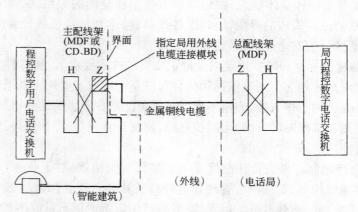

图4.16 金属铜线电缆与综合布线系统的一般连接方法

为了保护局内机械设备,防止外来的高电压或强电流进入局内,在局内总配线架(MDF)上均设具有过压和过流技术性能的保安单元,以防止过高电压或强大电流损害局内

188

机械设备,甚至引起火灾等事故。

从图 4.16 中看,是很明显地表示在智能建筑内的主配线架(MDF)或建筑群(物)配线架(CD 或 BD),是其界面划分的界限处,双方维护职责也较容易分清,有利于提高维护管理的水平。

随着通信技术的不断发展,目前,国内有些城市中的公用通信网,其程控数字电话交换机的用户级采取远端模块(RSU)或远端用户集线器(RLC)等,将用户电路延伸到用户端,这样用户电路不在电话局(母局)的总配线架(MDF)终端连接,而是将通信线路直接敷设到智能建筑内,与综合布线系统连接。如图 4.17 所示。

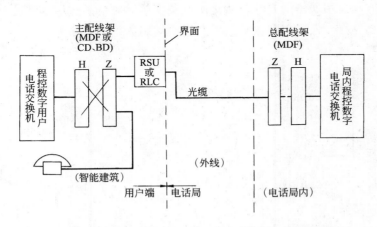

图 4.17　用户级直接连接到综合布线系统的连接方法

这种连接的方法具有跳线次数少、减少线路障碍,便于集中管理的优点。但也存在不少缺点,主要有:

(1) 不论综合布线系统的主配线架(即 CD 或 BD)和局内程控数字电话交换机的用户级设备(RSU 或 RLC)是否合设在一个房间,或是分设两处,对局方和综合布线系统用户方在维护管理上都存在难以分清职责,工作比较混乱,容易出现人为障碍,且无法判断等问题。因为在同一个主配线架上,用户可在架上跳接局方的电话号码,局方人员也可在架上对综合布线系统的内部跳线,这就形成双方人员在同一个主配线架上维护管理。

(2) 不利于检修障碍和及时排除,延长障碍历时,严重影响通信质量。因为局方在判断障碍发生的部位时,必须到综合布线系统的主配线架进行测试,要求用户予以配合,如协调配合不及时,必然延误修复障碍时间,对通信极为不利。对于重要部门或关键部位的通信尤其显得突出。

(3) 综合布线系统配置的主配线架,有些配套产品的接线模块等连接硬件有时不具备保安单元的功能,不能满足保护设备的需要。如果通信线路遭受雷击或与交流市电相接触时,其高电压或强电流进入局用或用户的程控数字电话交换机,将会造成更大的事故,如通信设备被烧的事例,在国内屡有发生。为此,综合布线系统的主配线架和接入网的连接处都有必要安装具有保护功能的保安单元,以防发生上述事故。

根据上述情况,国内有些城市中在综合布线系统工程设计时,对与公用通信网的连接方案采用把原母局的总配线架(MDF)的部分设备(现称为接入网总配线架),移装到智能建筑中,电话局和综合布线系统用户的维护管理界面仍以综合布线系统的主配线架为区界来划分,这样会增加工程建设投资和占用一定的房屋面积。从有利于维护管理来看,综合布线系统主配线架和接入网总配线架最好分别有专用房间安装,在实际工程中证明这样的分别安装较好。如果因房屋面积有限或平面布置确有困难,也可以在同一房间内安排布置,并采取分开排列和加装隔断措施。这种增装接入网总配线架的设备配置方案的主要优点是:可以各自管理和维护所负责管辖的设备,互相不会干扰和影响,双方职责范围较为明确,维护管理的界面明显清楚,有利于判断障碍和及早修复,也因彼此不受干扰而保证通信畅通无阻。此外,由于接入网总配线架分开安装,可以设置具有保护功能的保安单元。因而对于保护智能建筑的用户方和公用通信网方的电话交换设备都是有利的。这种连接方法如图 4.18 所示。

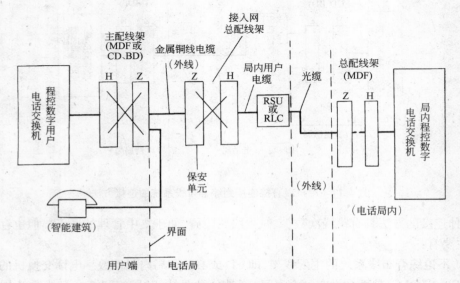

图 4.18 接入网总配线架与综合布线系统的连接方法

这一种连接方法的主要缺点是增加接入网总配线架设备和工程建设投资,且多一次跳线连接和增加障碍机会,使日常维护检修工作有所增加。应该说上述方法不是很理想的,有待于在设备功能或技术方案等各个方面改进和完善,估计今后会有较为理想的方案来代替。

当前接入网和综合布线系统都是通信技术领域中发展较快的部分,且尚在不断发展和逐步拓宽,其发展远景还难以估计。对于接入网与综合布线系统之间的配合协调和连接关系尚有不少课题需要继续探讨和研究,有些还涉及其他方面的内容,例如宽带通信的引入,有线与无线的结合等都已提到议事日程。所以在综合布线系统工程设计中,除结合目前客观需要和公用通信网的实际条件外,还要适当考虑今后科技的发展,选用适当超前的配置和先进的技术方案。

3. 与通信专业布线系统的配合

通信专业布线系统就是一般的电话通信专业布线系统,它与综合布线系统同样都属于弱电布线领域中的技术,但有较大区别。

目前在国内有几种特殊情况和某些场合,会同时存在两种布线系统。因此,在综合布线系统工程中应尽量使它们配合协调。

（1）在我国经济不发达的地区，还存在大量的非智能建筑，或有些早已建成的高层建筑，其内部通信线路一般采用以电话为主的专业布线系统。目前因房屋建筑中的部分楼层的使用性质变化，或建筑物需部分改建，要求改用综合布线系统。为了充分利用原有的专业布线系统，使用性质不变的楼层或部分建筑物不予拆改，继续使用，以减少工程建设投资。使用性质改变的楼层或部分建筑物改用综合布线系统。

（2）在有些新建的高层建筑（包括公用建筑或住宅建筑）中，其楼层数量较多，分成几部分且有不同的使用功能，如其中最高的几个楼层或地下层的用户是以电话通信业务为主，不需采用容纳多种信息业务的综合布线系统。为了节省工程投资，采用一般的电话专业布线系统。其他的楼层可根据实际需要采用综合布线系统。

（3）由高层、中高层和多层不同层次的多幢建筑物组成分座（或分区）联合体的智能建筑群体；它们的使用对象或功能要求不同，例如由高层星级宾馆、中高层的办公租赁大楼以及多层的裙楼（有时称附楼或配楼）组成，裙楼一般设有门厅、过厅、餐厅、多功能厅、茶座、咖啡屋、酒吧、商场等。此外，有些配楼还属于辅助性用房，例如厨房、值班人员宿舍、地下车库和储藏室等。因此，它们对于布线系统有着不同要求，不宜完全一致，应该有所区别地选用相应的布线设施。例如高层星级宾馆和中高层的办公租赁大楼需全部采用综合布线系统；裙楼中的门厅、商场和多功能厅等若干个地方，应主要采用综合布线系统；其他的辅助性用房则采用以电话通信为主的专业布线系统。

从以上所述，在今后一定时期内或某些特殊场合，有可能在一个建筑物中同时存在专业布线系统和综合布线系统。为了节省工程建设投资，更好地物尽其用，充分发挥各自优势，两种布线系统应分别按照各自的技术标准规定要求来考虑。同时，必须注意以下几点，以求配合协调地正常运行。

1）综合布线系统和专业布线系统，应各自成为体系，分别具有独立的系统性的网络拓扑结构，一般不应互相重叠交叉、彼此混杂渗透，以免使网络拓扑结构复杂，产生维护管理和检修测试等困难，也可能造成通路传输性能降低，直接影响通信质量和用户使用。

2）两种布线系统虽然自成体系，一般不应相混连接。但在某些短距离的段落，增设缆线极为困难，该段落另一系统的线路尚有空闲线对可以利用时，允许连接使用，但连接处应在配线接续设备上进行，以便维修管理，不宜在电缆接头中连接。上述连接情况应在配线接续设备上作好使用标志，且要作好记录资料存档备查。更主要的是这种连接，要求只能是专业布线系统利用综合布线系统的缆线或设备，综合布线系统不能利用专业布线系统的缆线和设备。

3）为了使两个系统之间的线路可以互相灵活调度，密切配合，通常可以根据具体情况在两个布线系统的主配线架之间，设置一定线对数量的联络电缆，其两端分别在两个主配线架上终端连接，联络电缆中间不得接有分支线路或配线使用，成为两个布线系统彼此相连的通路，必要时，可以调度使用。但要求联络电缆的功能类别和技术性能等应按综合布线系统的缆线考虑。为此，要求两个布线系统的主配线架装设的房间（或具体位置）应尽量邻近，以便缩短联络电缆的长度，保证信息传输质量。

4）为了便于维护管理和测试检查，在两种布线系统互相连接处（如配线架或接续设备等的两端连接处），应采用明显标志（如采用塑料卡或塑料条），内容有布线系统种类、连接缆线型号、线对顺序号码和使用对象等，以便区别和查考。此外，应作书面详细记录，并采用计算机管理,以备随时查阅。

5) 为了保证两个布线系统都能够正常运行,同时,还要应变其他突发的事故,必须采取定期的检测方式。除对两个布线系统本身缆线部分外,尤其是互相连接部分和联络电缆等关键部位或重要段落,应加强检查和测试,以防在紧急情况需要使用时,因缆线或设备存在故障而无法使用,直接影响应急的需要,产生更大的贻误。采取定期检测方式可以及早发现问题,迅速予以修复,使这些线路和设备始终处于良好的状态,以备需要时可以保证使用。

目前,我国各个地区的房屋建筑内存在大量的专业布线系统,对此必须重视和妥善解决其使用问题。

第五节　与建筑自动化系统的配合

建筑自动化又称楼宇自动化、大楼自动化或建筑设备自动化,有时称为建筑自动化系统(BAS)。它是智能建筑中的重要组成部分,也是基础设施之一。由于智能建筑的自动化水平是由建筑自动化、通信自动化和办公自动化共同予以体现。因此,在综合布线系统工程中应对建筑自动化系统有所了解,以便互相配合协调,力求搞好智能建筑的建设。

4.5.1　建筑自动化系统的概况

1. 建筑自动化系统的含义

建筑自动化系统是为了将智能建筑,或由多幢智能建筑组成的建筑群体(或小区)中的电力、照明、供水、空调、保安、运输等设备运行和能源使用等情况进行集中管理和分散控制相结合成为现实。它把建筑内的空气调节系统、给排水系统、供电系统、冷冻水、冷却水系统等集成为一个完整的高度自动化系统。它与建筑物的结构、系统、服务、管理以及它们之间的内在联系进行最优化的组合,使得智能建筑成为一个投资合理、管理科学、功能实用、环境舒适、能源节省和工作高效的办公、生活和居住的环境。建筑自动化系统涉及许多专业技术和设备配置,均由有关系统部分去考虑,在综合布线系统工程中主要是对它们所需的传输信号的线路进行通盘考虑,以便纳入工程。

2. 建筑自动化系统的范围

建筑自动化系统的大致范围已在第一章中叙述。由于目前我国的管理体制规定,对于消防、保安等系统需要独立设置。因此,建筑自动化系统的主要范围有所缩小,只有楼宇机电设备监控系统,即只具有公用设施监控功能,它包括空调通风监控系统、给水、排水监控系统、供配电系统、照明与动力监控系统和电梯及其他设备监控系统等。

3. 建筑自动化系统的组成

目前,建筑自动化系统(BAS)是以计算机网络为核心,由多种多样的楼宇设备控制子系统组成的综合性系统。因此,通常是一个集中和分散相结合的集散型,或是分布式的开放型系统,所以有时称为集散型计算机控制系统,简称集散型控制系统,又称分布式控制系统(DCS)。它是计算机技术、数字通信技术和自动控制技术等结合和发展,形成一种技术先进、实用高效的控制方法,其主要特征是"集中管理、分散控制",形成密切结合的整体控制方式,也就是通常所说的集中与分散相结合的控制方式。目前,建筑自动化系统都采用分层分布式组织结构。整个集散型控制系统分成三层,每层之间均有通信传输线路(又称传输信号线路)相互连接形成整体。因此,集散型控制系统的整个组织结构是由第一层中央管理计算

机系统、第二层区域智能分站(现场控制设备,即 DDC 控制器)和第三层数据控制终端设备
或元件三层组成。如图 4.19 所示。

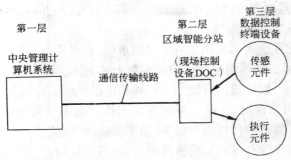

图 4.19 集散型控制系统的组成

集散型控制系统的核心结构是由第一层中央管理计算机系统和多台分散的微型计算机以及第二层智能分站(现场控制设备或称 DDC 控制器),经互联网络组成。在整个系统中,上述各个智能单元既能相互协作,完成统一的控制任务,又能分别独立工作,执行本身控制职能。因此,集散型控制系统是具有在全系统工作范围内实现资源共享和集中管理,又能动态地进行分配各自任务和分别体现其独特的功能,同时可以按分布式程序执行等特点。由于中央管理计算机系统实施集中操作、且有显示、报警、打印与优化控制等一系列功能,避免了过去采用常规仪表的分散控制方式后,人机联系困难和无法统一管理以及控制功能单一等缺点,彻底改变了过去因很多缺陷和不足产生的局限性,控制和管理功能均有显著提高。

第二层区域智能分站,即现场控制设备(DDC 控制器)的主要任务是以下几项:

(1) 对现场各个监测点的数据,按规定的周期进行采集。

(2) 对现场采集的数据进行各种技术处理,如滤波、放大或转换等各种方式。

(3) 能对现场被控制的设备进行实时监督检测、保护和控制,对其运行状态检查有无失常,能及时发现问题,迅速报警要求处理。

(4) 控制计算方法,例如连续调节和按顺序逻辑控制的运算。如发现问题能及时传送信息和请求解决。

(5) 控制和转换信息。将现场采集的各种数据及时传送到各个上位管理计算机,同时,接收各个上位管理计算机下达的实时指令或参数进行设定或修正。

第三层数据控制终端设备通常是由两类数据采集终端装置(或称元件)构成。一类为监测输入点(IP)(即传感元件),其监测对象是温度、湿度、流量、压力、有害气体和火灾检测等。另一类为受控输入点(OP)(即执行元件),其受控对象是水泵、阀门、控制器和执行开关等。各类传感元件(即传感器或探测器)对监测对象进行监督检测,及时将监测的实时状态发送,并转换成区域智能分站能够接收的小电流(4～20mA)或低电压(0～10V)的监测信号。此外,区域智能分站具有发布指令的功能,可以采用输出小电流(4～20mA)或低电压(0～10V)的控制信号给执行元件,要求执行元件接受指令,对受控制的设备进行调节或开关,使之达到预定的要求,例如调节阀门开启的大小或调整风门的敞开程度,以便控制水流的流量多少或风力的大小;甚至可以立即采取关闭水泵或阀门,停止供水或送风,以免扩大使用范围或产生其他事故。

区域智能分站与中央管理计算机系统一般采用总线型网络拓扑结构进行通信联系。因此,当整个集散型控制系统发生故障时,只要在区域范围内的网络系统正常,各个区域智能分站都还具有正常的监测和控制能力,这就是分布式监督控制的特点之一。

4. 建筑自动化系统的特点

目前,建筑自动化系统大都采用集散型控制系统,它具有以下的显著优点和新颖特点。

(1) 集散型控制系统的网络拓扑结构具有很大的灵活性和可扩展性。根据工程建设规模大小和今后客观需要,能够极为方便地组织成相应的网络拓扑结构,扩建简单方便。

(2) 网络的安全可靠性高,能保证系统正常工作。由于集散型控制系统将各种控制功能分散,使每台微型计算机的任务相对减少,功能明确、结构简单,大大提高系统的安全可靠性。此外,在整个系统中因有多台相同功能的微型计算机进行工作,且它们之间有一定的冗余量,彼此可以互相调节、灵活调度,甚至可以重新排列或分配任务,这样使整个系统的安全可靠性大大提高,确保系统正常运行。

(3) 工作速度快,提高效率。由于各个微型计算机并行分别工作,互相都不影响,采集数据和控制功能均分散到各个子系统。因此,减少集中数据和串行处理的时间,且减少信息传递次数和历程时间,显著加快工作速度,大大提高运算效率。

(4) 由于系统配置采取模块式结构,便于组装、操作和调度,这就有利于安装施工和维护检修,也便于根据今后需要灵活扩展。

(5) 设备价格低。由于功能分散,使结构简单,可以采用低、中档设备或元器件,这样使系统的设备费用大为减少。

(6) 节约能源消耗、日常运行和设备维护费用,同时可减少维护人员数量,也提高了管理水平。

5. 建筑自动化系统的监控内容和监视控制系统

(1) 建筑自动化系统的监控内容

目前,在智能建筑中设置的建筑自动化系统的监视控制内容较多,一般根据智能建筑的业务性质、使用需要和建设规模来选定,其内容多少不一,通常主要有以下几项:

1) 监控参数:对环境温度和湿度以及压差等技术参数进行监视和控制。

2) 控制方式:对各种机电和动力设备进行开启和关停的控制功能,根据实际需要可以分别采用自动或手动两种控制方式,也可两种控制方式兼备。

3) 图屏显示:为了便于维护管理,随时观察各个监控子系统的运行状态,要求每一个监控子系统均设有彩色流程图屏,在图屏中明显表示出被控制对象的技术参数和设备运行的实时状态等图像信息。

4) 计费功能:设置能量管理和计费系统,对用水量和用电量等数据逐月统计汇总,及时以报表形式输出,并对每月消耗水量、电量等数据按时计算费用,及时统计汇总打出计费单据,以便查阅和核算。

5) 报警功能:每个监控子系统应具有报警功能,如各种被控制的技术参数发生异常(超过规定的极限值或显示数值不稳定等),或被控制设备的运行状态已呈现发生异常,甚至有可能形成事故时,均应及时发出报警信号(包括声、光信号等)。

6) 采集数据:根据建筑自动化系统管理工作的需要,随时可对被监控对象(包括被监控的设备或装置)的技术数据进行采集归纳,并可用曲线图形显示或以数据报表的形式打印输出,以便管理部门查阅分析,及时采取相应措施。

7)节能控制:根据智能建筑的屋内、外环境条件和实际需要,对屋内温度等进行调节控制和自动修正;对冷热水源和空调系统的风量予以合理调节和有效控制;力求做到既能合理满足运行要求,又能节省能源消耗和降低维护运行费用。

(2) 建筑自动化系统的各种监视控制系统

目前,由于各种类型智能建筑的工程建设规模不同,且其业务性质和客观要求也有较大区别。此外,因各个地区的气候和环境以及人们的生活习惯都有差别,因此,建筑自动化系统配备的监控子系统不应相同,应根据工程的实际需要来配备。当前,主要的监控子系统有以下几种:

1)空调机组的监视控制系统;

2)新风机组的监视控制系统;

3)冷水系统的监视控制;

4)供热系统的监视控制;

5)给排水系统的监视控制;

6)变配电系统的监视控制;

7)照明系统的监视控制;

8)电梯系统的监视控制;

9)消防和喷淋系统的监视控制。

上述各种监视控制子系统都具有前面所述不同的监控功能,且它们采取的数据和技术参数也有所区别,但它们对监视、控制和报警等功能要求和处理方法都是类似的。所以,建筑自动化系统可以对智能建筑内的绝大多数机电和动力设备,采用现代计算机技术进行全面有效的监视控制和集中管理。

从图4.19中可以看出集散型控制系统是由相应的传感器中的传感元件,感应测得现场各种模拟物理量(如温度、湿度、压力和流量等),经过变换器转变为电信号,此电信号可以是电流信号,例如0~10mA,也可以是电压信号如0~5V或0~10V,电信号经过现场控制设备和其内部模拟/数字转换器A/D,将模拟量(即模拟信号)转变为数字量(即数字信号),经过通信传输线路输入中央管理计算机系统,进行分析处理传感器传送来的信息。当需要对远端被控制的设备进行自动监控时,将监视控制信号作为指令发送,经通信传输线路至执行元件,予以实施。由于建筑自动化系统中采用的设备的类型和品种较多,因此,传输信号的形式有所不同,连接方式也有区别。这些均属各种设备自动监控的专业技术,且内容极多,本书不做叙述,可见这方面的有关书籍。

4.5.2 与建筑自动化系统的配合

由于智能建筑中的综合布线系统工程进行时,必须与建筑自动化系统配合协调,其中主要是确定通信传输线路(或传输信号线路)的技术方案(包括通信传输线路的传输媒介选用)和安装施工两部分。

1. 确定通信传输线路的技术方案

在图4.19中表示集散型控制系统各层次均需有通信传输线路,否则其信号是无法传送,也就不能实现自动控制的功能。

此外,在智能化小区中的建筑自动化系统,也有采用集散型控制系统,其组成如图

4.20。从图中可以看出在各个房屋建筑之间的通信传输线路可以经过公用通信网,也可以利用综合布线系统中的建筑群主干布线子系统的主干缆线。主干缆线的终端设备可以是建筑群配线架(CD)或建筑物配线架(BD)等。

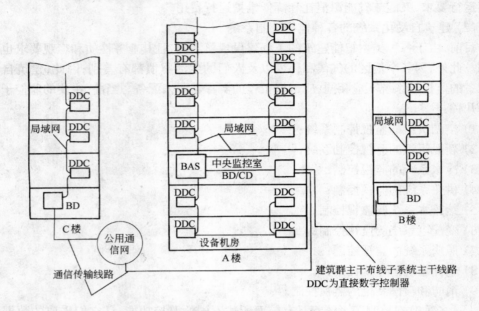

图 4.20　智能化小区集散型控制系统的组成

集散型控制系统通过局域网的缆线将分散设置在各个现场的直接数字控制器(DDC)相连,形成既有集中,又分散的自动监控系统的网络。

从图中 4.20 中可以看出综合布线系统与建筑自动化系统配合的主要部分是通信传输线路(即传输信号线路),它包括利用公用通信网和智能建筑的内部以及建筑群体之间的主干缆线。在通信传输线路的技术方案中涉及网络拓扑结构、选用缆线的类型和规格以及缆线合用等一系列的问题,必须认真研究确定。

(1) 通信传输线路的网络拓扑结构

目前,建筑自动化系统的各个监控子系统传输信号线路的网络拓扑结构,基本采用星型或总线型,其中总线型网络拓扑结构又分为设备链接和 T 型连接,如图 4.21 中所示。

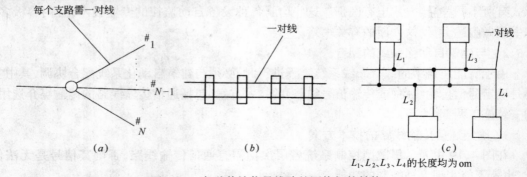

图 4.21　各种传输信号线路的网络拓扑结构

(a)星型连接星型网络结构;(b)设备链接总线型网络结构;(c)T 型连接总线型网络结构

196

显而易见星型网络拓扑结构所需的线对数量较多,工程建设投资较高。但其优点是安全可靠程度较高,且发生线路障碍时,各个支路互不影响,也容易判断和检修。相反,总线型网络拓扑结构的线路线对数量只需一对(不分设备链接或 T 形连接),工程建设投资较少,但要求保证这一线对始终安全运行难度较大。为了提高其通信网络的安全可靠程度,在综合布线系统的技术方案中,有时采用适当增设备用路由或多条路由以及采取迂回线路形成环型路由的方式,这就变成星型网络拓扑结构或环型网络拓扑结构,也必然增加工程建设投资和今后维护费用。因此,在综合布线系统工程设计中,应进行技术经济比较,综合分析各个方案的利弊,最后经优化筛选,确定较为适宜的网络拓扑结构。

(2) 通信传输线路的缆线选用

由于建筑自动化系统的各个子系统包含有各种设备或装置,其监测、控制和报警的信号和要求有所不同,且所处的客观环境条件也有区别。所以,对于它们的通信传输线路采用什么传输媒介是一个极为重要的课题。在智能建筑和智能化小区中,应根据它们所传送的数据和信号特点(如传输速率、电流大小和电压高低等)、客观环境、设备特点和工程造价等诸多因素,选用相应类型的缆线。目前,通常选用的通信传输线路的传输媒介类型和品种以及规格,多数与综合布线系统所用的缆线基本相同或类似,主要有对绞线、对称电缆、同轴电缆和光纤光缆。这些缆线是根据建筑自动化系统各种设备对传输信号的要求和本身具体特点,分别在信息传输网络的各个段落上敷设。

1) 建筑自动化系统中常用的缆线类型

目前在智能建筑和智能化小区内的建筑自动化系统各个监控子系统中常用的缆线类型,主要有电源线、传输信号线路和控制信号线三种,具体规格和品种如下:

① 电源线:一般采用铜芯聚氯乙烯绝缘线,其型号为 BV-500V,截面积为 2.5mm^2;

② 传输信号线路:通常采用 50Ω、75Ω 和 93Ω 等几种同轴电缆和对绞线或对绞线对称电缆等,且有非屏蔽结构(UTP)或有屏蔽结构(STP)两种类型。

③ 控制信号线:一般采用导线截面积为 1.0mm^2 或 1.5mm^2 的普通铜芯导线或信号控制电缆。

从上述建筑自动化系统所用的缆线类型可以看出只有传输信号线路可与综合布线系统综合利用,当考虑综合利用或合用时,应统一考虑选用相应类型和品种规格的缆线。

2) 如在智能建筑内部其距离不长的段落,且传送的数据或信号的传输速率较低,敷设的线路宜优先选用对绞线或对称电缆,其铜芯导线的直径(或截面积)应根据传输信号线路的最长距离和选定的传输速率来确定。如传输线路的距离很长,且经过屋外环境中敷设时,宜采用同轴电缆。同轴电缆的品种和规格应根据布线系统的最大允许长度、传输信号需要和客观环境的敷设条件等因素,确定选用细线径同轴电缆或粗线径同轴电缆。除考虑今后发展需要外,当细线径同轴电缆已能满足传输信号的需要时,不宜选用粗线径同轴电缆,以求节省铜金属消耗量和降低工程建设投资。在一般情况下,不宜粗、细线径同轴电缆混合使用,也不宜不同类型和品种的缆线共同使用,如因工程特殊需要或利用原有电缆时,才允许混合使用,但这种方案仅作为暂时的过渡措施。

3) 如在智能建筑或智能化小区的内部或周围环境存在电磁干扰源或因保证传输信息质量,且要求通信传输线路正常运行,可考虑采用具有屏蔽性能的缆线和相应的连接硬件以及采取切实有效的施工方法。在经过技术经济比较后,确实采用光缆合理时(如光通信的元器件价格适宜,传输网络采用屏蔽系统尚难满足要求等),应选用光缆。光缆的光纤传输模式应根据所在地区的网络需要来考虑,例如在智能建筑和智能化小区内部网络主干部分可采用多模光纤光缆;与公用通信网连接时,当公用通信网线路采用单模光纤光缆时,应选用相同类型的单模光纤光缆,以利于光纤互相连接和保证传送信息的质量。

2.通信传输线路安装施工的配合

如在智能建筑和智能化小区中,建筑自动化系统的通信传输线路与综合布线系统融合于一体时,其线路安装敷设应根据所在的具体环境和客观要求,统一考虑选用相应的建筑方式和符合工艺要求的安装施工方法。一般有以下几点:

(1)在一般性而无特殊要求的场合,且使用对绞线时,应采用在暗敷的金属管或塑料管中穿放的方式;如有金属线槽或带有盖板的槽道(有时为桥架)可以利用,且符合保护缆线和传送信号的要求时,可以采取线槽或槽道的建筑方式。若是同轴电缆或对称电缆,且有防火要求的场合,应采用具有阻燃性能或非燃材料的管材(包括塑料管或金属等)穿管敷设。所有对绞线、对称电缆和同轴电缆都不应与其他线路同管穿放,尤其是不应与电源线同管敷设。

(2)当建筑自动化系统的通信传输线路,采取分期敷设的方案时,通信传输线路所需的暗敷管路、线槽和槽道(或桥架)等设施,都应考虑适当预留发展余地(如暗敷管路留有备用管、线槽或槽道内部的净空应有富余空间等),以便满足今后扩建时敷设缆线的需要。

(3)应尽量避免通信传输线路与电源线在无屏蔽的情况下长距离地平行敷设。如必须平行安排,根据国内外的工程经验,这两种线路之间的间距宜保持 0.3m 以上,以免影响正常信号传输。如采用在同一个金属槽道内敷设时,它们之间应设置金属隔离件(如金属隔离板),予以隔开。

(4)在高层的智能建筑内,建筑自动化系统的主干传输信号线路,如客观条件允许时,应在单独设置通信和弱电线路专用的电缆竖井或上升房中敷设。如必须与其他线路合用同一电缆竖井时,在电缆竖井中与其他线路平行敷设或安装位置,应统一综合考虑,根据有关设计标准规定通信线路与其他线路的间距等要求来处理。

如果智能建筑的楼层平面面积较大(每层超过 $1000m^2$),或楼层长度超过 100m 时,建议土建设计中考虑,对于楼层平面布置在可能的条件下,宜设置两个电缆竖井,以便分开布置缆线,有利于建筑自动化系统和综合布线系统的线路安排布置和施工敷设,且可缩短缆线的平均长度和有利于今后维护管理。

(5)建筑自动化系统水平敷设的通信传输线路,其敷设方式可与综合布线系统的水平布线子系统相结合,采取相同的建筑方式,如在吊顶内或地板下两种类型敷设缆线的方法。

第六节 与有线电视系统(CATV)的配合

有线电视系统(CATV)是相对无线电视(开路电视)而言的一种新型的广播电视传输方式。它是从无线电视发展而来的一种高新科技的实用技术。由于有线电视系统克服了无线电视频道容量受到限制、接收质量无法保证等缺点,而以其图像质量高、节目频道多、服务范围广等优势,深受国内外观众关注和青睐。

随着人们对宽带传输的迫切要求日益增加,有线电视系统的传输媒介具有的宽频特性逐渐被人们重视。将现有的有线电视系统的网络适当改造,使它成为能够满足人们对宽带通信需要已是一个可行的方案。当前,光纤光缆/同轴电缆混合接入网(HFC)就是电信通信网和有线电视系统(CATV)的网络相结合的产物。

4.6.1 有线电视系统(CATV)的概况

1. 有线电视系统的分类

有线电视系统的分类方法较多,如根据其工程建设规模、干线传输方法、频道利用方式和传输分配系统或网络特性等多种分类方法。

(1) 按用户数量(相当于工程建设规模)划分

1) A 类系统:10000 个用户以上的城市有线电视系统网络。

2) B 类系统:3000~10000 个用户的居住小区或大型工矿企业生活区内的大型闭路电视网。

3) C 类系统:500~3000 个用户的居住小区、或大型智能建筑内部的中型闭路电视网。

4) D 类系统:500 个用户以内的小型闭路电视网。

(2) 按干线传输方法划分

以干线的传输媒介分为同轴电缆系统、光纤光缆系统(有时简称光缆系统)、多频道微波分配系统、卫星电视分配系统、光缆与电缆混合系统以及双向传输系统等。

(3) 按频道利用方式划分

1) 非邻频传输系统 非邻频传输系统不能利用相邻频道传输电视节目,频道利用率低,但系统比较简单,建设投资低。按工作频段又可以分为 VHF 系统、UHF 系统和全频道系统。

2) 邻频传输系统 邻频传输系统可以利用相邻频道传输电视节目,频道利用率高。按它的最高工作频率可以分为 300MHz 系统、450MHz 系统、550MHz 系统、750MHz 系统和1000MHz 系统等。

(4) 按系统交互特性划分

1) 单向广播式传输分配系统。

2) 双向交互式按需分配接入系统。

(5) 按传输的信号形式划分

1) 模拟信号传输分配系统。

2) 模拟和数字信号混合传输分配系统。

2. 有线电视系统的组成

有线电视系统是由各种互相联系的部件及设备组成的整体,它是一个传输电视的声音和图像信号的系统。一般是由信号源、前端、干线传输系统和用户分配系统等四部分组成。如图 4.22 所示。

(1) 信号源 信号源是有线电视系统电视节目的信息源头,它一般包括电视接收天线、调频广播接收天线、卫星地面站(又称地球站)或卫星电视地面接收设备、微波接收设备和有线电视自办节目设备等。

(2) 前端 前端是位于信号源和干线传输系统之间的设备,它是指有线电视系统在处理接收的和自办节目以及需要分配节目信号的一系列设备。其任务是把从信号源送来的信号进行滤波、变频、放大、加扰、调制和混合等一系列工作,使其适用于在干线传输系统中进

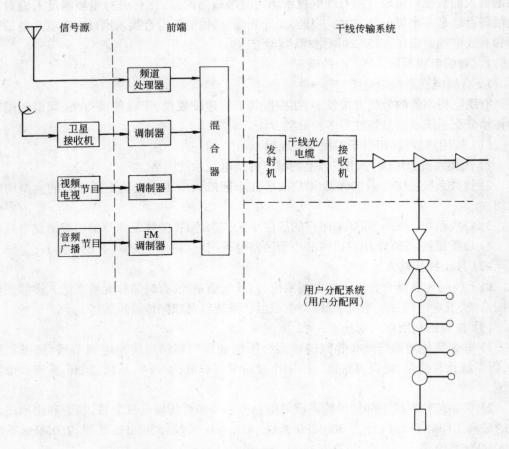

图 4.22　有线电视系统组成

行传输。由于有线电视系统的建设规模不同,其前端设备根据其作用不同,可分为本地前端、远地前端和中心前端几种。直接与本地用户分配网相连的是本地前端;从远方把信号发送到本地的前端称为远方前端;设置于服务中心,其输入来自开路无线电视信号、卫星电视信号以及其他可能信号源的前端称为中心前端。

（3）干线传输系统

干线传输系统是一个传输网络。它是由一系列把前端接收处理混合后的电视信号传送到用户分配系统的设备组成。它主要包括各种类型的干线放大器、干线电缆或干线光缆、光发射机、光接收机、多路微波分配系统和调频微波中继等。其任务是把前端输出的高频电视信号高质量地传输给用户分配网,传输媒介主要是同轴电缆、微波和光纤光缆等。它们各有利弊,具体内容如下所述。

1）同轴电缆传输方式是最简单的,具有建设成本低、设备可靠和安装方便等优点,但存在传输距离短、损耗较大而影响传输信息质量,需增加干线放大器设备和工程建设投资以及网络较难扩展等缺点。因此,一般只在小系统或大系统中靠近用户分配网的最后几公里中使用,其应用范围受到很大限制。

2）微波传输方式　它适用于地形特殊的地区,如穿越湖泊或禁止挖掘路面埋设缆线的

200

特殊情况等,具有施工较简单、建设投资少、工程期限短、获取效益快、传输质量高和容易改扩建等优点,但存在易受外界阻挡或反射等影响,产生阴影区或图像重影,且受气候条件影响极大(如雨、雪、雾等),对微波信号会有较大衰减,降低了传送信号质量,甚至严重影响收视效果。

3)光纤光缆传输方式 它具有传输距离长、频带范围宽、传输容量大、线路损耗低、信号失真小、保密性能好、抗干扰能力强和性能稳定可靠等优点。其主要缺点是建设投资高、技术难度大、工程期限长等。随着科学技术的发展,使光纤光缆和光元器件等价格会逐渐下降,将为其得到广泛应用创造有利条件。

(4)用户分配系统

用户分配系统是有线电视系统的神经末梢网络,它是最邻近用户的部分,所以又称用户分配网,其任务是把来自干线传输系统的信号分配给千家万户。它是由支线放大器、分配器、分支器、用户终端以及它们之间的分支线、用户线等组成。支线放大器是把支线中损失的信号能量予以补偿,把信号功率放大,以支持更多的用户;分配器和分支器是把信号分配给各条支线和各个用户的无源器件,都具有较好的隔离度和相应的输出电平;分支线和用户线一般采用线径较细的缆线,以便降低建设投资和有利于安装施工。

上述四个部分各有功能和要求,且应该密切配合,互相连接。因此,它们之间在技术性能的要求方面都必须互相匹配、彼此衔接,不应脱节和矛盾,且组成一个完整的整体。

3.有线电视系统的特点和发展

(1)有线电视系统的特点

1)极大改善收视质量

由于无线电视(开路电视)的电波在空间传播具有直线性,很容易受到外界干扰,例如风、雨、雷、电以及城市高层建筑的阻挡,使传播的电视信号大大减弱。此外,高层建筑不单能阻挡电波传送,还能反射电波造成图像重影或产生干扰。有线电视系统是采用电缆将电视信号送入每个用户,采用的闭路传输方式,不受地形的制约和高层建筑的影响,提高传送信号的质量,克服开路电视的电波受到地理环境的影响,改善处于不同地理位置和接收环境的用户收视效果,大大增加有线电视系统的覆盖范围,且保证广大用户能够看到高质量的电视节目。

2)充分利用频谱资源

由于有线电视系统的前端设备对邻谱信号采取了特殊的处理,有效地抑制频道之间的相互干扰,使有线电视频道大为增加。特别是随着数字压缩技术的发展,最大限度地利用频谱资源,增加用户接收的电视节目数量超过了百套,丰富了文化娱乐和科学技术等各种节目的内容,为广大用户提供各方面的信息服务。

3)普及接收卫星电视

随着卫星电视技术的发展,我国利用地球同步卫星在C波段进行广播电视传送技术极为成熟。因此,中央电视台的多套电视节目和各省市电视台的电视节目,现在都通过卫星传送到国内外,且解决边远地区收看电视节目质量差的难题。但对单个用户如要设置完整的卫星接收系统,在建设投资和日常维护等方面都是困难的,也是不合理的,在我国应以集中接收较为适宜。有线电视系统把卫星电视作为节目信号源,利用精良的接收设备把卫星电视节目信号接收,再通过前端和干线传输系统的网络送到各个用户,这样做是经济合理和切实有效的,同时,为国内的人民广泛普及收看卫星电视节目创造了有利的条件。

4) 能提供不同的服务

随着有线电视系统传送电视节目能力的不断提高,有条件为不同层次的用户提供各种专门频道和电视节目,以满足不同用户的客观需要。有线电视系统易于收费管理,实现有偿服务,改变了纯投入的无线电视开放传播方式,成为广播电视部门经济收入的重要来源。除初装费用外,有偿服务可以有按月交费收看基本频道节目的,或按频道节目交月金的,也有按节目内容以交纳小时附加费等。随着我国有线电视的发展和完善,也会实施合理的有偿服务。

(2) 有线电视系统的发展

随着有线电视系统的科学技术发展和客观需要增多,必然促使有线电视频谱的扩展和双向传输技术的开拓,逐步对现有的有线电视系统进行必要的扩建和改造,例如实现双向传送信号的技术改造工程、扩展组成多媒体的宽带接入网,充分改造成综合利用的信息网络系统,为今后发展交互式各种综合性的服务项目,创造有利的物质基础。

从信息网络系统今后发展趋势看,如能把通信网建成"一网多用、综合开发"的"信息高速公路",就能更好地满足传送各种信息(包括通信系统的话音、计算机系统的数据和有线电视系统的图像及声音等)日益增长的需要。因此,上述三种系统的"网络相互融合"已成为当今的热门话题,这确实是理想的方案。从科学技术分析,三种网络结构和服务功能(它们的共性都是传递信息)完全可以在同一物理网中实现。但是应该看到要实现这一目标,并非易事,在现阶段,国内的电话通信网、计算机信息网和有线电视网是三个独立的运营网络,每一种网络都是为其专门的业务而设计和建成,且有相当的规模和范围,它们的信息类型、传输速率、技术功能、服务方式、传播形式、网络结构和终端设备等各不相同,且互相不能兼容。现以有线电视系统的网络状况分析,可以看出有线电视系统近年发展虽然是较快的,但其覆盖面和总里程不及电话通信网,传输媒介和基础设备都是传送模拟信号,设备和技术均较落后;现有影视节目和信息资源以及终端设备均未数字化;传送节目和信息只能单向传播,没有实现交互式双向传播;网络结构规模小而分散,难以发挥整体优势,实现资源共享等。这些都说明目前有线电视系统还需进一步发展和提高。

今后随着宽带通信业务的增加,电视广播实现数字化传输,计算机网络技术的进步和多媒体通信需求的增多,三网将会融合为一体,构成多功能的综合性的信息网络系统——"信息高速公路",它是网络技术发展的最终目标。

4.6.2 与有线电视系统(CATV)的配合

根据国家技术监督局和建设部联合发布的国家标准《有线电视系统工程技术规范》(GB 50200—94)中的有关规定,如在智能建筑和智能化小区中采用综合布线系统,与有线电视系统(CATV)工程的具体配合,应注意以下几点:

1. 关于有线电视系统的基本组成结构、主要技术指标、各种设备配置、传输网络分布、机房设备布置、各种部件安装和电源系统方案等部分,均纯属于该系统的技术内容。对于传输网络中的同轴电缆等线路工程的技术要求,例如建筑物之间或建筑物内部的线路敷设等,应以综合布线系统的有关规范规定为准,如确有矛盾,需结合工程的具体条件研究解决。

2. 有线电视系统的同轴电缆引入到智能建筑内部的防雷和接地部分,应符合国家标准《工业企业通信接地设计规范》(GBJ 79—85)的有关规定。

3．有线电视系统工程中的传输信号线路安装施工的质量应按《有线电视系统工程技术规范》(GB 50200—94)进行检验。具体内容有电缆(包括所有布线)的走向、敷设路由和具体位置是否合理、美观；电缆弯曲、盘留、离地面高度、与其他管线之间的间距以及保护措施等是否符合标准的规定；架设和敷设的安装部件(包括槽道等支承结构件)是否牢固稳定、安全可靠；各种电气性能测试结果是否合乎技术要求等。在综合布线系统工程设计和施工中也需遵循该标准规定办理。

4．在智能建筑内部的同轴电缆线路路由(包括计算机通信网和有线电视网的同轴电缆)，应与综合布线系统要求一样，力求短直、稳定、安全可靠、便于维修检测。尽量远离容易遭受碰击、重压或损伤的场合或段落，减少与其他管线等障碍物交叉跨越的机会。

5．在新建的智能建筑，且内部装修要求较高的建筑物内部，同轴电缆宜利用综合布线系统预埋的暗敷管路或线槽(包括槽道或桥架)进行穿放或敷设。在原有建成的房屋建筑，且内部装修要求不高时，同轴电缆应优先采用塑料线槽敷设，如电缆采用线码或线卡固定的明敷方式时，其电缆路由和位置应尽量选择隐蔽部位。如与综合布线系统的缆线同一路由，并行敷设时，要求平直整齐，尽量利用屋内装饰物(如墙裙)掩盖做到隐蔽美观。

6．有线电视系统在屋内外的同轴电缆施工部分，基本与屋内外综合布线系统的要求相同。所用的各种安装部件通常与通信线路相同，必须实用有效、安装简便、牢固可靠和符合技术要求。

7．有线电视系统的同轴电缆不得与电力电缆在同一线槽中敷设，或在同一接续设备中安装，以保证系统安全运行。在建筑物内如各种缆线均采用明敷方式时，同轴电缆应尽量远离电力电缆(或电力线路)，如不得已，必须交叉或平行时，它们之间的间距不应小于0.3m，同轴电缆在交叉处还应采取穿管保护措施。

8．在智能建筑和智能化小区的综合布线系统工程中，既要适当考虑发展趋势，又要结合当前用户要求和工程实际情况，并与有线电视系统的有关部分进行分析研究，尽量考虑采用互相配合、彼此融合的技术方案，例如在设备和缆线的选用、确定网络组织结构和对外连接方式以及适应今后发展需要等课题，这些问题如有条件可以一次解决，也可采取逐步分期实现。

上述与有线电视系统(CATV)配合的内容应将通信系统和计算机系统互相结合成整体来考虑，务必全面分析，综合评议。对于有线电视系统工程中的具体内容，应按照国家标准《有线电视系统工程技术规范》(GB 50200—94)和国内广电行业标准《有线电视广播系统技术规范》(GY/T 106—1999 代替 GY/T 106—92)中的有关规定办理。涉及综合布线系统工程和计算机系统工程中的内容应分别按上述系统的有关标准执行。

第七节　与闭路监视电视系统的配合

在我国国家标准《智能建筑设计标准》(GB/T 50314—2000)和建设部 1999 年 12 月颁发的《全国住宅小区智能化系统示范工程建设要点与技术导则》(试行稿)中都明确安全防范系统中应配备闭路监视电视系统，在国外称为闭路电视(CCTV)。我国有关部门为了区别起见，特称为民用闭路监视电视系统，以便与军用和特殊的应用有别。有时称为闭路监视电视系统或监视电视控制系统，简称电视监控系统。

4.7.1 闭路监视电视系统的概况

1. 闭路监视电视系统的使用场合

闭路监视电视系统除军用外,一般设在民用房屋建筑或各种设施中。因此,称为民用闭路监视电视系统。其设置场合多种多样,例如有工业企业、金融机构、交通运输、商业贸易和办公租赁等智能建筑。其中工业企业因生产过程中的环境条件(如高温、高粉尘、高噪声、放射性辐射较强的生产环境),生产人员不易直接观察,为了保证产品质量、提高生产效率、确保生产设备和人员生命安全,必须在边操作、边观察的生产岗位,设置闭路监视电视系统,以求安全生产。上述其他场合主要用于防盗、防灾、监控和业务活动以及经营管理等。它在智能建筑和智能化小区中主要用于防盗、防灾、监控、查询和访客管理等。闭路监视电视系统在智能建筑和智能化小区中的具体应用和要求,在国家标准《智能建筑设计标准》(GB/T 50314—2000)中明确有以下规定:

(1)闭路监视电视系统(又称电视监控系统)应根据各类建筑物安全技术防范管理的需要,对建筑物内的主要公共活动场所、通道、电梯及重要部位和场所等进行视频探测的画面再现、图像的有效监视和记录。对重要部门和关键设施的特殊部位,应能长时间录像。应设置视频报警装置或其他报警装置。

(2)闭路监视电视系统的画面显示应能任意编程,能自动或手动切换,在画面上应有摄像机的编号、部位、地址和时间、日期显示。

(3)闭路监视电视系统应自成网络,可独立运行。应能与入侵报警系统、出入口控制系统联动。当报警发生时,能自动对报警现场的图像和声音进行复核,能将现场图像自动切换到指定的监视器上显示并自动录像。

(4)闭路监视电视系统应能与安全技术防范系统的中央监控室联网,实现中央监控室对闭路监视电视系统的集中管理和集中控制的有关技术要求,并能向中央监控室提供所需的主要信息。

由建设部住宅产业化促进中心主编的《国家康居示范工程智能化系统示范小区建设要点与技术导则》(修改稿)中对闭路监视电视系统(该稿名称为闭路电视监控,全文刊登在《智能建筑资讯》2001年第6期第24页至第29页)有以下规定:

闭路监视电视系统根据居住小区安全防范管理的需要,对居住小区的主要出入口及公共建筑的重要部位安装摄像机进行监控。居住小区物业管理中心可以用自动或手动切换系统图像,可对摄像机云台及镜头进行控制,也可对所监控的重要部位进行长时间录像。

从以上所述,要求在智能建筑和智能化小区内必须采用闭路监视电视系统。

由于闭路监视电视系统的主要功能是以同轴电缆或光纤光缆线路进行传输,在特定范围内传送图像信号,达到远距离监视控制的目的和要求。因此,闭路监视电视系统还可用于医疗机构、科研院所和高等院校等单位进行远程医疗、远程交流科技信息和远程教育等业务联系,今后应用范围和使用场合定会日渐扩大和逐步增多。

2. 闭路监视电视系统的组成

闭路监视电视系统一般是由摄像、传输、控制和显示(又称监视)等四个主要部分组成。其中摄像部分称为前端设备,传输部分称为传输系统,控制部分和显示部分有时合在一起称为终端设备或监控设备。因此,控制和显示(监视)两部分根据系统规模大小有分设或合设两种,通常两部分合设在一起,组成监控点或合设在监控室。摄像机部分是根据监视目标的照度,选用不同灵敏度的摄像机,监视目标的最低环境照度应高于摄像机最低照度的 10 倍。传输部分主要是传输信号线路,根据传输距离的远近、监视点的分布范围以及传输频带等因素,选用相应的传输媒介,如同轴电缆或光纤光缆。

由于闭路监视电视系统用于不同场合,且有不同的监视目的、监视目标的多少和监视内容各异,这就需要选用不同的设备和不同的组合方式,构成各式各样的闭路监视电视系统。在图 4.23 和表 4.13 中所示的就是最常见的几种组成方式,它们各有其特点和技术要求。

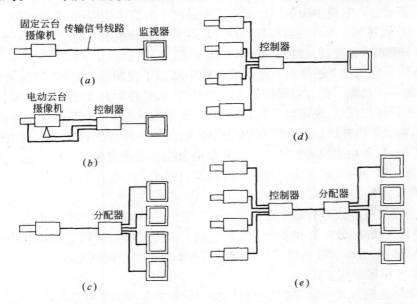

图 4.23　闭路监视电视系统的组成方式
(a)单头单尾方式(固定云台);(b)单头单尾方式(自动云台);(c)单头多尾方式;
(d)多头单尾方式;(e)多头多尾方式

闭路监视电视系统的组成方式　　　　　　　　　　　　　　　表 4.13

组成方式		应用场合	备　注	组成方式	应用场合	备　注
单头单尾方式	固定云台	用于一处,连续监视一个目标或一个区域	一般为直接传输方式	多头多尾方式	用于多处监视多个目标或区域	具有切换功能
	自动云台			多头单尾方式	用于一处,集中监视多个目标或区域	具有切换功能
单头多尾方式		用于多处监视同一个固定目标或区域				

各种组成方式的特点和工作情况如下:

(1) 单头单尾组成方式

这里所说的头是指摄像机,尾是指监视器(或称显示器)。单头单尾组成方式可见图 4.23(a),它是闭路监视电视系统中最简单的组成方式,采用视频信号直接传输方式,摄像机接收到视频信号后,经传输信号线路的同轴电缆,直接传送到终端监视器上,显示出摄像机摄取和接收的图像。这种网络拓扑结构极为简单,传输距离也较短,一般为 1km 以内。如需传送较远距离,应采用光纤光缆和相应的光元器件,显然会增加工程建筑费用,使网络设备增多,且网络结构也较复杂。

在近距离的单头单尾的闭路监视电视系统中,传输部分是 75Ω 视频电缆,由于 75Ω 视频电缆属于不对称同轴电缆,如果需利用综合布线系统中的对绞线对称电缆传输视频信号,这时应在摄像机端和监视器端都需设置阻抗匹配转换器,才能正常传输。

单头单尾组成方式根据选用的云台不同,可分为固定云台和自动云台两种监视控制方式,固定云台只能摄取对被监视目标固定角度的图像;自动云台是使摄像机具有自动转动的功能,因此,可以从不同的角度对被监视目标摄取不同的图像。因此,它们的使用功能和具体要求有较大的区别,应根据对被监视目标的监控需要来选用。

1)固定云台 它是单头单尾组成方式中最简单的基本结构,是由一台固定云台的摄像机、传输信号线路和一台终端监视器(或称显示器)三部分组成。它主要用在一处,且只能连续地监视一个固定角度的被监控目标。如图4.23(a)所示。

2)自动云台 在上述单头单尾组成方式中增加了控制器,在摄像机处增设自动云台,这样就增加不少功能。例如对摄像机焦距的长短、光圈的大小、远近距离的聚焦等都可以利用控制器进行遥控调整,还可以遥控自动云台,使摄像机上下左右运动和接通摄像机所需电源。此外,在摄像机外面加装能活动的专用外罩,以便在特殊的环境和气候条件下(如下雨雪)进行工作,这些功能的增加和自动调节都是由控制器来完成的。很显然,这种单头单尾组成方式远比前一种方式功能多而使用方便。如图4.23(b)中所示。

(2)单头多尾组成方式

单头多尾组成方式是有多个监控点需同时对同一个固定目标进行监控。它是由一台摄像机、传输信号线路、分配器和多个监视器组成。由摄像机摄取固定目标的图像信号,经传输信号线路传送,分配器将图像信号分别送到各个监视器上同时显示。如图4.23(c)所示。

(3)多头单尾组成方式

多头单尾组成方式一般用多个摄像机在一处集中监控多个分散目标的监控系统。由于它只有一台监视器(显示器)需要随时监控多个分散目标。为此,除了需要配备具有控制功能的控制器外,还需在监视器附近设置具有切换图像信号功能的切换装置,以便随时切换各个分散目标的图像信号,进行监视控制。因此,多头单尾组成方式是由摄像机、传输信号线路、切换控制器和监视器等组成。如图4.23(d)所示。

(4)多头多尾组成方式

多头多尾组成方式是一种可以任意切换和控制方式的监控系统,它具有配置设备较多,网络结构复杂,技术要求极高等特点。它主要用在需要多处监视多个目标的场合。因此,根据监控需要,结合对摄像机要有遥控功能的要求,设置多个视频分配切换设备或控制装置,有时采用矩阵网络结构,以满足每个监视器(显示器)都可以根据监控需要,随时任意选择和切换,获取所需的监控目标图像和相关信息,这种监督控制方式具有灵活性和及时性等特点,在不少场合使用,深受有关部门和某些用户欢迎。多头多尾组成方式一般由多个摄像机和多个监视器、切换分配器和控制器以及传输信号线路等组成。如图4.23(e)所示。

目前,还有一种视频报警器系统,它是将电视监控技术和报警技术相结合的一种安全防范监视报警设备。该系统是将摄像机作为遥测传感器,利用检测移动目标进入监视的视野范围所引起电视图像变化,从而产生视频报警信号,以便及时处理。所以把它称为视频运动检测器或移动目标检测报警器。视频报警器系统的控制电路分为模拟式和数字式两种类型。这种监控系统在国内还处于刚刚使用和发展阶段,所以处于摸索试用期间,目前还难以判断它的发展前景。

3．闭路监视电视系统的类型

目前,国内对闭路监视电视系统的类型划分方法多种多样,尚无统一的分类方法,根据所需要求和具体内容有所不同,目前常用的主要分类方法有以下几种。

(1) 根据闭路监视电视系统的覆盖范围或监控区域的大小,以及客观实际需要,结合工程建设规模,闭路监视电视系统可以划分为大、中、小三种类型的系统。这里所说的大、中、小系统的划分,只是在设备配置的数量多少、监视控制功能和监控质量的高低以及系统组成的复杂程度上有所差异,所有具体内容是类似的。

(2) 根据监控系统的控制方式划分。目前,国内闭路监视电视系统主要用于监视、控制、调度和电视会议等情况。对于其功能要求主要是将分散的基层观测点所摄制的图像,传送到中心控制室,中心控制室可以对各处分散的现场观测点装设的摄像机和云台等设备进行有目的和要求的远距离控制和调节。因此,闭路监视电视系统按控制方式可分单级控制、不交叉多级串并控制和交叉多级串并控制三种类型。现分别进行介绍。

1) 单级控制

这种单级控制方式只有总的中心控制室(或称总控制中心),即只设置一个控制点,所有受控设备均由总控制中心统一进行远距离遥控。这种控制方式的网络拓扑结构简单,设备集中配置而数量较少、维护和运行均较为方便。这种类型以在小型控制系统或在辐射状网络中使用较为适宜,其具体情况如图 4.24(a)所示。

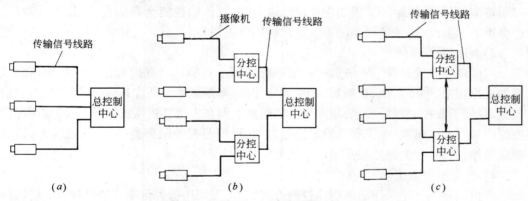

图 4.24　CCTV 系统的三种控制方式
(a)单级控制;(b)不交叉多级串并控制;(c)交叉多级串并控制

2) 不交叉多级串并控制

不交叉多级串并控制方式除设有总控制中心(设在总控制室)外,还在下面设有一级或多级分控中心,在各个级别的分控中心之间不设传输信号线路。因此,它们之间无法联系,也不能互相监视控制被监测目标的情况。例如第一个分控中心的摄像机输出的图像不能调到第二个分控中心,相反均为相同情况。如图 4.24(b)所示。

3) 交叉多级串并控制

交叉多级串并控制与不交叉多级串并控制比较是分控中心之间设有传输信号线路。因此,这种控制方式可以实现各级分控中心之间的图像能够彼此交换,就是说每一个控制中心都可以根据监控需要,调用整个监控系统摄取的所有图像,且可控制所有摄像机或其他受控设备。根据智能建筑或智能化小区的监控需要,在交叉多级串并控制方式中的总控制中心和分控中心可以是平等地位,也可以是主从关系,如图4.24(c)所示。可以看出这种控制方式的网络拓扑结构较为复杂,设备配置和传输线路都较繁多,技术要求也相应提高,对维护管理增加一定难度和维修费用。

在工程建设规模较大的智能建筑和智能化小区内,如需要大型多级闭路监视电视系统时,可以结合实际需要将上述三种控制方式进行合理组合,成为另一种混合控制方式。

(3) 根据采用的控制方法划分。目前,国内有分为直接控制、间接控制、时分控制和频分控制四种方法。选用哪种控制方法,要根据总控制中心到被监控目标中心之间的距离和被监控目标的数量多少和分布状况来选择。

(4) 根据采用不同的遥控方式来划分。目前有简单监控系统、直接遥控系统、间接遥控系统和微机控制系统等四种,它们的简况如下:

1) 简单监控系统

它是最简单的系统,由摄像机、监视器、切换控制器、电源控制装置和录像机以及传送视频信号和控制信号的传输线路组成。通常不需要遥控功能,以手动操作视频切换控制器或自动顺序切换控制器来选择所需要的被控目标图像。

2) 直接遥控系统

直接遥控系统是在简单监控系统的基础上,增设简易摄像机遥控切换器和相应的控制线路组成的,其他设备与简单监控系统相同。由于它的控制线的数量将随其控制功能的增加而增多,当摄像机距离总控制中心房间较远时,其传输性能会有所变化,且工程建设投资也会增加。因此,这种监控系统不宜在这种场合使用。

3) 间接遥控系统

间接遥控系统具备了一般监视控制系统的基本功能。与直接遥控系统相比,在系统内增加遥控切换、顺序切换、视频切换、视频分配器、遥控器等设备。其遥控部分采用间接控制方式,降低了对控制线的要求,增加了传输距离。但在大型监控系统时,因遥控功能增多、对控制线的要求也越多,如工程建设规模过大、其远程遥控的距离会越远,监视控制的困难也相应增加,因此,在大型监控系统中不太适用。

4) 微机控制系统

微机控制系统是采用矩阵切换控制方式,它可采用串行码传输控制信号,系统控制线只需两根,但系统内增加主控系统、矩阵切换设备和解码器等。微机控制系统便于在大、中型的智能建筑和智能化小区使用,因而应用较为广泛。

此外,根据工程需要,除上述闭路监视电视系统外,有时还配置通话系统。通话系统可与闭路监视电视系统各自分开设置,也可采取同步控制,在具体设计时应分别单独进行。目前,除会议电视系统采取双向通话方式,其他视讯系统都为单向通话系统,但有向着双向通话系统发展的要求,且在技术上也有可能。

随着社会进步和客观要求的提高,对于安全防范系统逐步要求增加不少功能,近期,广泛采用以视频矩阵切换器为中心的安全防范系统,它包括闭路监视电视系统和防盗报警系统等,这说明闭路监视电视系统的使用场合,将会越来越广泛,功能会逐步增多而完善,与其他技术的配合协调更加错综复杂,要求高新科技的成分也必然增多。

4. 闭路监视电视系统的传输部分(又称传输系统)

传输部分是闭路监视电视系统中的重要组成部分,且与综合布线系统有着极为密切的关系。传输系统就是将闭路监视电视系统的前端设备与终端设备互相连接的传输信号线路（即传输媒介），它将前端设备产生或接收的图像视频信号、音频信号和各种警报信号传送到总控制中心的终端设备，又把总控制中心终端设备发出的控制信号传送到现场的前端设备。因此，传输系统承担传送所有信号的传输任务。目前，上述视频信号等的传输可分为用电缆等传输媒介进行传输的有线方式；或用微波等进行传输的无线方式两大类型。我国目前CCTV的视频信号等的传输，一般都采用有线方式。根据闭路监视电视系统工程建设规模的大小、工程覆盖范围的面积、视频信号传送的距离、客观环境的具体条件、信息业务的多少、系统功能的繁简、质量指标的高低以及工程造价的要求等诸多因素，可分别选用不同的传输方式。以常用的有线传输方式来说，主要有同轴电缆、对绞线（又称双绞线）和光纤光缆等。无线传输方式有短波和微波等。它们的简况分别如下：

（1）同轴电缆传输方式

同轴电缆是目前闭路监视电视系统最常用的传输方式。一般多用于传输中、短距离的中、小型系统。主要是具有工程建设投资较少、组织网络简便容易、日常维护检修工作和维护管理费用较少等优点，因而常常被首先选用。

（2）对绞线传输方式

除对绞线外，有时还采用对绞线对称电缆传输视频信号，通常有以下两种情况。

1）标准的对绞线　发射机将 75Ω 同轴电缆上的实时视频信号转换成在标准的对绞线上传送的信号，接收机将传来的信号构成在 75Ω 同轴电缆上复原的视频信号。通常其最大传输距离为 1km，若发射机与接收机之间的距离增加时，应按标准规定的距离设置中继器。

2）普通电话线　它主要用于传送话音信号。对于视频信号必须采用"视频平衡传输方式"，才能顺利传送。为此，需要在发射机或接收机的两端进行转换。其传输距离如传送黑白图像信号可达到 2000m；彩色图像信号为 1500m，基本可以满足图像质量的要求。

（3）光纤光缆传输方式

在闭路监视电视系统中应用光纤光缆传输视频信号，且可同时传输其他控制信号。它具有很多优点，因而它是今后广泛使用和快速发展的传输媒介，如今后光电器件价格下降，一定会有很好的发展前景。

（4）无线传输方式

无线传输方式是利用自由空间进行传送信号，通常将信号调制在高频载波，通过发送设备和发送天线，将信号发送到空间，接收设备从接收天线取得信号进行解调和处理，显示出其图像。在近距离传输时，一般采用小功率无线发送设备和接收设备。在远距离传输时，常常采用微波传输方式。

除上述几种常用的传输方式外，还有射频传输方式，由于它适用于传输距离很远，且同时传送多路图像信号，因此在智能建筑或智能化小区中一般因范围不大而较少采用。此外，当今出现视频传输系统，这是国外刚刚发展起来的科学技术，且已有产品问世。但这需要采用视频图像压缩技术，并要有相应配套的设施，所以在国内还处于探索研究中，尚未正式使用。

4.7.2　与闭路监视电视系统的配合

由于智能建筑和智能化小区中的综合布线系统工程中需与闭路监视电视系统互相配合协调。为此，在具体实施过程中，应执行国家技术监督局和建设部联合发布的《民用闭路监视电视系统工程技术规范》（GB 50198—94）中的有关规定。

在综合布线系统工程中与闭路监视电视系统具体配合的主要部分是传输系统,即传输信号线路,对于这些内容双方应协商研究确定。

1. 传输信号线路的传输媒介选用

传输信号线路采用的传输媒介,应根据不同传输方式和传输距离的远近等因素,分别选用相应的缆线和设备,一般有以下要求。

(1) 如传输距离较近,可采用同轴电缆传输视频基带信号的视频传输方式。

1) 当传输的黑白电视基带信号,在 5MHz 点的不平坦度大于 3dB 时,宜加电缆均衡器,当大于 6dB 时,应加电缆均衡放大器。

2) 当传输的彩色电视基带信号,在 5.5MHz 点的不平坦度大于 3dB 时,宜加电缆均衡器,当大于 6dB 时,应加电缆均衡放大器。

(2) 传输距离较远,被监视控制点分布范围广,或需进入有线电视电缆电视网时,宜采用同轴电缆传输射频调制信号的射频传输方式。

(3) 当传输距离很长,或需避免强电磁场干扰及有特殊需要的场合,宜采用传输光调制信号的光纤光缆传输方式。如有防雷等要求时,应采用无金属结构部件的光纤光缆(或全介质电缆)。

(4) 在选用同轴电缆或光纤光缆时,应满足以下要求:

1) 同轴电缆在满足衰减、带宽、屏蔽、弯曲和防潮性能的要求下,宜选用线径较细的同轴电缆,以减少铜金属的消耗量和降低工程建设投资。

2) 光纤光缆除应满足衰减、带宽、温度特性、物理特性和防潮等要求外,如在智能建筑内部敷设时,其光纤光缆结构宜采用聚氯乙烯外护套,或其他具有阻燃或非燃性能的塑料外护套。如采用聚乙烯外护套时,应采取切实有效的防火措施。

(5) 在闭路监视电视系统中的视频电缆一般采用实芯聚乙烯同轴电缆,常用的型号为 SYV 型,为了保持视频信号具有优质的传输质量,其传输距离应有所限制。具体限制值(简称限值)因电缆型号不同而有差别,因此,在选型时应注意电缆型号。各种电缆型号具体的传输距离限值分别如下:

1) SYV-75-3 型同轴电缆不宜大于 50m。

2) SYV-75-5 型同轴电缆不宜大于 100m。

3) SYV-75-7 型同轴电缆不宜大于 400m。

4) SYV-75-9 型同轴电缆不宜大于 600m。

若采取切实有效的技术措施,能保持和提高视频信号具有较好的传输质量,甚至上述各种电缆型号的传输距离有可能增长一倍。

(6) 在综合布线系统工程中选择缆线的品种和型号时,应结合闭路监视电视系统的具体情况通盘考虑。同时,要考虑阻抗是否匹配,例如闭路监视电视系统中采用的所有缆线和设备,其视频输入阻抗和电缆的特性阻抗均为 75Ω,且同轴电缆本身又是不对称结构。综合布线系统中采用的音频设备,其输入或输出阻抗均为高阻抗或 600Ω。所以在选用缆线的品种和类型时,必须注意它们的差别,必要时应采取阻抗匹配设备来解决。

2. 传输信号线路的敷设

闭路监视电视系统的传输信号线路施工质量检验要求,应按《民用闭路监视电视系统工程技术规范》(GB 50198—94)规定验收。综合布线系统工程设计和安装施工中与该系统的配合部分,应按上述规范办理,并进行全面测试和综合评价。

由于闭路监视电视系统所用的电缆和光缆的性质和类型,与通信系统所用的线路基本相同或类似。因此,可根据通信系统的设计和施工标准办理。在具体实施过程中主要根据智能建筑和建筑群体的智能化小区中的实际需要,在综合布线系统工程设计中,尽量将闭路监视电视系统所需的缆线通盘考虑,纳入统一的传输网络系统,必要时采取相应的技术措施解决。例如在智能建筑中的闭路监视电视系统的传输信号线路,应采用穿放在暗敷管路中的方式,它与其他管线之间的间距应按通信线路的要求办理。当闭路监视电视系统的传输信号线路单独设置时,如与综合布线系统的缆线互相平行或交叉敷设,要求其间距不得小于0.1m;如与电力线路平行或交叉敷设时,其间距不得小于0.3m。此外,如在智能建筑和智能化小区中的闭路监视电视系统,采用独立的专用接地装置时,其接地电阻不得大于4Ω;如采取与智能建筑中的其他有关网络融合成为一体,并用联合接地网络时,其接地电阻应统一考虑,按国内有关标准规定,一般不得大于1Ω。

闭路监视电视系统工程中的系统设计、设备配置和设置要求、监控室位置和其他配置等具体内容均属于该系统工程的专业范围,在综合布线系统工程中都不包括,只涉及传输信号线路和有关的综合部分等问题。因此,在互相配合协调时,必须同时执行综合布线系统和闭路监视电视系统两方面的标准规定,尽量做到统一和合理。

第八节　与消防通信系统的配合

为了保证国家财产不受损失和人民生命安全,按照我国国家标准规定,要求在智能建筑中的重要场合和关键部位,必须设置火灾自动报警系统和消防灭火联动控制系统以及消防通信系统等设施。其中火灾自动报警系统和消防通信系统与综合布线系统有着极为密切的关系,但又有各自独立的特点和要求,双方必须配合和互相协调。

4.8.1　火灾自动报警系统和消防通信系统的概况

1. 火灾自动报警系统的概况

火灾自动报警系统主要是由火灾探测报警器和火灾报警控制设备以及它们之间的控制线路组成。因此,它是由各种组件和装置以及设备有机结合的庞大系统,它们共同合作,承担防灾报警的重要任务。因火灾探测报警器在火灾自动报警系统中较为重要,且与综合布线系统有关。本书简略介绍目前火灾探测报警器的概况。

(1) 火灾探测报警器的种类和线制及连接方式

火灾探测报警器俗称探头,它是火灾自动报警系统中的重要组成部分,其分布遍及整个智能建筑内部的各个重要部位,是火灾自动报警系统的"感觉器官",随时随地密切监视和探测其所在的周围环境情况。它与火灾报警控制设备互相配合,协同作战,而火灾自动报警控制设备是火灾自动报警系统的"躯体"和"大脑",也是该系统的核心,它们是相辅相成,彼此配合的不可分离的联合体。

1) 火灾探测报警器的种类

目前,国内外对火灾探测报警器(简称火灾探测器或火灾报警器)的分类方法较多,按其技术性能和使用要求分类各异,且各不相同。例如按照火灾探测报警器探测引发火灾的参数不同分类,有感烟式、感温式、感光式、可燃气气体探测式、复合式和其他方式等多种;如按其结构造型分类可分为点型和线型两类;若按其使用环境分类又可分为陆用型、船用型、耐寒型、耐酸型、耐碱型和防爆型等。上述各种类型中又可细分为不同型式。国内通常采用按引发火灾的参数分类。现归纳分类如图4.25所示。

① 感烟式火灾探测报警器

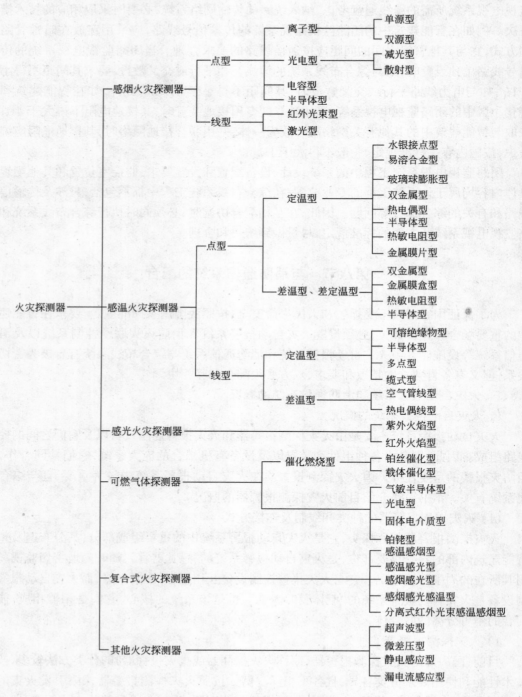

图4.25 火灾探测报警器的分类

感烟式火灾探测报警器是对探测区域内某一点或某一连续线路周围的烟参数敏感响应的一种火灾探测器。可以探测到物质初期燃烧所产生的气溶胶或气雾粒子浓度。因为气溶胶或气雾粒子浓度可以改变或减少光强,减小探测器电离子室的离子电流,改变空气电容器的介电常数或改变半导体的某些性质。因此,这种火灾探测器的特点是灵敏度高,不受外界环境的光和热的影响和干扰、使用寿命长,构造较为简单,价格低廉等。

② 感温式火灾探测报警器

感温式火灾探测报警器是对探测区域内某一点或某一连续线路周围的温度参数敏感响应的一种火灾探测器,它又分为定温、差温和差定温组合式三种。定温探测器用于响应火灾的异常高温;差温探测器用于响应火灾的异常升温速率;差定温探测器是定温和差温探测器的复合。根据探测温度方式(点或线)的特点,感温式火灾探测报警器又有点型和线型两种。目前,感温式火灾探测报警器的使用较为广泛,品种较多、结构简单、价格较低,与其他类型的火灾探测报警器比较,工作可靠性高,但其灵敏度较低。

③ 感光火灾探测报警器

感光火灾探测报警器又称火焰探测器,它主要对火焰辐射出红外、可见光和紫外谱带予以响应。其特点是及时响应、灵敏度较高、探测和保护面积较大,适用于火灾危险性较大的场合,如综合布线系统工程中的设备间或计算机主机房等。

④ 可燃气体探测器

可燃气体探测器又称气体火灾探测器,它是利用对可燃气体敏感的元件来探测可燃气体的浓度,当可燃气体超过限度时会迅速报警。主要用于易燃,易爆等场所,例如高级宾馆、邻近厨房的房间等,它起到防爆、防火、监测环境污染的作用。

⑤ 复合式火灾探测器

它是可以响应两种或两种以上的引发火灾参数的火灾探测器。

此外,还有其他火灾探测器,它们都各有其使用特点或技术要求。近期又新研制成一氧化碳火灾报警器,当物质尚未完全燃烧时,该探测器即可防火自动报警。因为当物质刚燃烧时,在未出现火苗前,就会产生一氧化碳,当它与水发生反应产生传感信号报警。因此,复合式火灾探测器具有灵敏度高、报警及时和耗电量低等特点。

2) 火灾探测报警器的线制和连接方式

在火灾自动报警系统和消防灭火联动控制系统中的火灾探测报警子系统的缆线分布最为广泛,火灾探测报警器设置位置遍及到智能建筑内部的各个部位,且和保护对象的等级相适应。因此,火灾探测报警子系统的缆线数量(即线制)和连接方式极为重要。

火灾探测报警器的线制,主要是指火灾探测报警器与控制设备之间的传输信号线路的导线数量。按照线制主要分为多线制和总线制。由于线制不同派生出来有不同的连接方式,主要有二总线制、四总线制、多线制($n+4$)和二总线制与环型网络结合等连接方式。此外,还有链式等连接方式。上述网络结构、线制和连接方式各有其特点,一般是以智能建筑内的探测报警区域范围、火灾探测报警器的配备等因素,综合考虑来选用相应的网络结构、线制和连接方式。火灾探测报警器的线制和连接方式如图4.26中所示。

① 多线制

多线制是早期的火灾探测报警器的连接方式。它的特点是一个火灾探测报警器(或若干个组成一组)构成一个回路,与火灾控制设备连接。如图4.26(a)所示。当回路中任何一

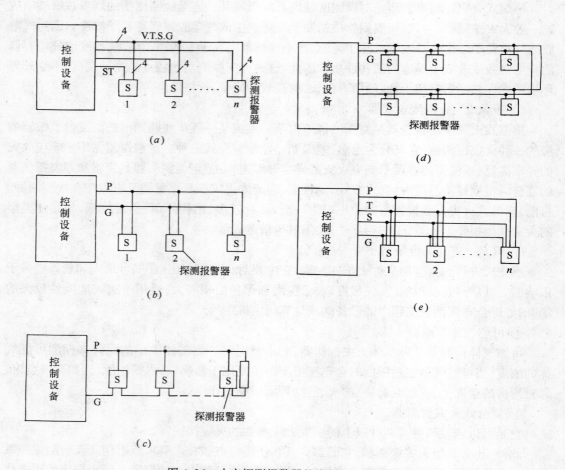

图 4.26　火灾探测报警器的线制和连接方式

(a)多线制(n+4)连接方式;(b)二总线制连接方式;(c)链式连接方式;
(d)二总线制环型连接方式;(e)四总线制连接方式

个探测器探得火情后,在控制设备上只能反映探测器的所在回路,而无法确定地探测到火情位置(即着火点),于是必须采用每个探测器增加一根单线来连接,形成多线制。多线制为 $n+4$ 线制,n 为探测器数,4 指公用线,它们分别为电源线(V、±24V)、地线(G)、信号线(S)和自诊断线(T)。此外,每个探测器设有一根选通线(ST)。只有当某根选通线处于有效电平时,在信号线上传递的信号才是该探测部位的状态信息。这种连接方式的优点是探测器的电路较为简单,观察信息较为直观,容易判断具体位置,缺点是导线数量多、配管管径较粗、穿线施工困难、线路故障也多。因此,这种线制和连接方式日渐减少使用。

② 总线制

总线制如图 4.26(b)(d)(e)所示。在图 4.26(b)(e)中是分别采用 2 根或 4 根导线构成总线回路,所有探测报警器采用并联方式,每只探测器有一个编码电路,即独立的地址电路,以便判断火情具体位置,报警控制设备采用串行通信方式访问每个探测器。这种线制和连接方式的导线数量明显减少,安装施工简便,所以广泛采用。但其缺点是一旦总线回路出现短路故障,使整个回路失效、无法正常工作,甚至损坏部分探测器或控制设备。因此,为保证系统正常运行和避免事故发生,减少造成更大损失,必须在系统中采取短路隔离措施,如分段加装短路隔离器。图4.26(e)中的4条总线分别为:P线是给出探测器的电源、编码和选址信号;T线是给出自检信号,以便判断探测部位或传输信号线路有无障碍;控制设备从S线上获取探测部位的信息;G线为公共地线。P、T、S、G四根线均采取并联方式连接。由于总线制采用编码选址技术,使控制设备能准确地判定具体探测部位,简化安装和调试,系统运行的可靠程度大大提高。图4.26(b)是二总线制,比四总线制用线量更少,但技术较为复杂,难度有所增加。在二总线制中P线为供电、选址、自检、获取信息等多种功能工作,G线为公共地线。目前,这种线制和连接方式应用较多。它的网络结构有树型和环型。图4.26(b)为树型,是多数系统常常采用的方式。图4.26(d)为环型,对于控制设备来说,变成了接入有4根线。此外,还有一种是链式连接方式,它的P线是与各个火灾探测报警器串联连接,对于每个探测报警器有3根线接入,对于控制设备来说,只有2根线接入。从上述介绍可以看出除图4.26(d)网络形成环型,对保证正常运行具有较安全可靠的条件外,其他总线制都存在总线的安全可靠性较差的缺点。

2. 消防通信系统概况与其他系统的关系

(1) 消防通信系统的设置原则

消防通信系统是智能建筑和智能化小区内的重要设施。根据《高层民用建筑设计防火规范》(GB 50045—95)、《建筑设计防火规范》(GBJ 16—87)、《火灾自动报警系统设计规范》(GB 50116—98)和《火灾自动报警系统施工验收规范》(GBJ 50166—92)等国家强制性规范的规定,消防通信系统的设置,必须遵循以下原则,以保证系统能正常运行。

1) 在高层的智能建筑(包括重要的办公楼、商业租赁大厦、高级宾馆等各种公用房屋建筑)中都应设置火灾自动报警系统和消防联动控制系统,其中专用的消防通信系统应为独立的消防灭火通信联系和指挥调度的应急措施。在发生火灾事故时,进行紧急联络呼叫,发布抢救命令和互相联系信息等过程中,必须保证畅通无阻和正常运行。为此,要求消防通信系统不得与其他通信系统合用,应成为完全独立、自备专用的消防通信网络系统。因此,在综合布线系统工程中不应包含有消防通信系统的布线部分,但是在网络结构间,它们可以互相作为备用的通信系统,以保证通信畅通无阻和正常运行。

2) 目前,消防通信系统对内和对外互相联系和及时报警的主要方式是电话通信。为此,在各种高层的公用建筑和智能建筑中,应根据实际现场的信息联络需要,遵循国家标准中的有关规定,必须设置对讲电话。在要求较高的智能建筑中还应设置对讲录音电话,以便日后查考。如因其他条件限制,或建筑群体布置分散的智能化小区(如高等院校的校园式布置),当采用有线方式有一定困难时,也可采用无线对讲电话等设施作为消防值班人员的辅助通信设备,具体配备应按实际需要确定。

在综合布线系统工程设计中,一般不考虑设置专门用于对讲电话所需的通信线路线对,但在具体布线设计中,可考虑设置能临时连接成应急通路或迂回线路(如在各个配线架上进行跳接或插接,将相关线路组合连接成信息通道),以供在火灾临时急用的对讲电话备用线路。

3) 在建设规模较小的智能建筑中仅有火灾自动报警系统,而无消防联动控制系统时,一般设置消防值班室,有的采取与经常有人值班的部门合设;设有火灾自动报警系统和消防联动控制系统的智能建筑中应设消防控制室;如建设规模较大,且有大型建筑群体或超高层的智能建筑和智能化小区内,因它们的范围广阔,一般设有两个或两个以上的消防控制室,为了有利于联合防灾灭火,这种场合应设置消防控制中心,以便统一进行控制和管理。消防控制室或消防控制中心的位置应适中,不应设在邻近或上下层设有厕所、浴室、锅炉房、汽车库等房间。在有条件时,宜设置在安装防火监控、广播和通信设备等房间附近,这有利于它们之间的布线连接、减少工程建设费用,也便于日后运行和互相支援。

鉴于消防控制室和消防控制中心都是火灾扑救的现场指挥调度中心。为了及时发布防灾灭火命令,保证消防救灾工作正常进行,消防控制室和消防控制中心都应是专用房间,都不得与其他用途的房间合用,也不允许与它们无关的管线和设备在其房间中经过或安装。

(2) 消防通信系统的通信设备

消防通信系统通信设备的配备应按以下各点执行。

1) 消防通信系统是内部联系、对外报警的重要设施,是我国目前在对于防灾灭火中的主要通信手段。为保证智能建筑和智能化小区在防灾和灭火时的需要,消防通信系统应为独立的专用网络,不得与其他通信系统合用,应单独设置和配备各种通信设备。

2) 消防控制室或消防控制中心内应设置消防专用的电话交换设备,并宜选用人工电话交换机或调度电话总机,也可采用直通对讲电话总机。

3) 要求智能建筑内的重要部位和关键场所应设置消防专用的电话分机。这些重要部位和关键场所有总值班室、消防水泵房、电梯机房、变配电室、通风空调机房、防排烟机房、自备发电机房等。此外,与消防联动控制系统有关的值班室也应设置消防专用电话分机。电话分机外壳应为红色,且是免拨号式、摘送受话机时即可呼叫通话。

4) 区域报警控制系统和卤代烷等管网灭火系统以及应急装置处(应急口、避难楼梯)等的重要场所或要害部位,应设置固定的消防专用电话塞孔或插座,以便装设消防专用电话分机或临时插接对讲电话。

手动报警按钮装置或消火栓启泵按钮等处,应根据通信联络需要,一般设置消防专用电话或对讲电话插座,以备临时插用对讲电话或消防专用电话分机,及时与各方面通信联络。

5) 消防控制中心、消防控制室、消防值班室或消防队(站)等处,均应装设向当地公安消防部门直接报警的外线电话,即连接公用通信网"119"专用火警电话的用户线路,其通信线路可以通过综合布线系统与公用通信网连接,也可以采用直接与公用通信网连接形成专用线路。在性质重要的智能建筑或建设规模较大的智能化小区,应配备上述两种通信线路,成为互相备用和彼此支援的对外通道,以有利于防灾灭火,保证在事故状态下对外通信联络畅通无阻。

6) 在要求重点防火的要害单位,且是高层的智能建筑或建筑群体组成的智能化小区(如校园式街坊)时,为了保证单位的安全,提高防灾灭火的效率,在综合布线系统工程设计中,将建筑群主干布线子系统中的部分线对作为对外通信联络和报警专用通信线路,必要时也可单独设置报警专用的通信线路。上述两种通信线路均需与所在地的公用通信网相连,并与当地的公安消防部门的"119"计算机智能平台系统和数字时分火警专用调度电话通信设备连接,纳入统一的防灾灭火的计算机网络系统,以实现全自动化、高效率的快速报警、及时处警和采取切实有效的防灾灭火措施,通过上述一系列的具体保障手段,真正达到快速高效防灾灭火的目标,大大减少火灾造成的损失。

7) 根据国家标准的规定,在智能建筑和智能化小区中设置区域报警系统,还应设置火灾警报装置;如设置集中报警系统和控制中心报警系统的智能建筑和智能化小区,更应设置火灾警报装置。火灾警报装置所用的线路不应与通信线路合用(包括综合布线系统中的缆线)。

(3) 消防通信系统与其他系统的关系

为了保证国家财产不受损失和人民生命安全,要求在智能建筑和智能化小区中,必须设置和配备具有能及时发现火灾、迅速自动报警、联动控制各种切实有效的防灾灭火设施。为此,都需要设置火灾自动报警系统、消防联动控制系统和消防通信系统,考虑到智能建筑和智能化小区的建设规模和使用对象以及覆盖范围有所不同。因此,上述三个系统的规模和内容也有差别,但是消防通信系统是必不可缺少的组成部分,它们三者相辅相成组合为整体,以便充分发挥其总体的防灾灭火的功能。所以消防通信系统应是智能建筑和智能化小区中的基础设施,必须予以重视和具体设置。目前,火灾自动报警系统与消防联动控制系统、消防通信系统等包含的各种子系统的具体内容如表4.14中所列。从表中可以看出它们之间的互相关系和密切程度。

火灾自动报警系统消防联动控制系统和消防通信系统等的子系统和内容　　表4.14

序号	子系统和设备名称	子系统和设备内容	有关子系统的关系部分	备　注
1	探测报警系统和设备	① 火灾探测报警器系统(感烟、感温、感光和可燃气体以及复合式等) ② 火灾自动报警控制系统(区域系统、集中系统、区域和集中系统、控制中心系统)	消防通信系统:通信联系 防灾灭火系统:控制功能	根据不同保护对象选用不同的系统
2	防灾灭火系统和设备	① 自动灭火系统和设备(自动洒水喷头、泡沫、粉末、二氧化碳)卤化物灭火设备 ② 手动灭火系统和设备(泡沫、粉末、灭火器)屋内外消防栓系统	火灾自动报警控制系统:控制功能 消防通信系统:通信联系	(包括水流指示器等)
3	防火排烟系统和设备	防火排烟系统(控制盘、自动开闭装置、防火卷帘门、防火门、排烟口、排烟阀、排烟风机) 空调送风机、通风管道、空气压缩机	消防通信系统:通信联系	有些设施属于房屋建筑本身工程应同时施工
4	消防通信系统和设备	① 应急通信系统(包括对讲电话、移动电话等)紧急电话 ② 一般通信系统	还有与公用通信网相连的通信线路	
5	应急避难系统和设备	应急照明系统(事故照明系统)引导灯、引导标志牌、应急口避难楼梯(消防楼梯)应急楼梯	消防通信系统:通信联系	与房屋建筑有关
6	其他消防灭火系统和设备	洒水送水设备、消防水泵(包括喷洒泵)消防水池		
7	有关配合系统和设备	电气设备监视、闭路监视电视系统、一般照明系统、消防广播系统		
8	其他报警系统和设备	手动火灾报警按钮装置、应急插座、火灾显示系统(显示盘)、电源设备、电铃、警笛、声光报警装置、紧急广播系统	消防通信系统:通信联系	

217

消防通信系统与各个子系统都有着密切配合关系,且提供信息服务,以求满足智能建筑和智能化小区防灾灭火的通信需要。此外,在防灾灭火的过程中,还必须得到当地消防部门的支援和救助,否则难以迅速控制火势和及时消灭灾害,以求减少国家和人民财产损失以及保护人员生命安全。为此,消防通信系统应该与当地公用通信网的"119"台有直接连通的通道,以便紧急状态时使用。

为了保证消防通信系统正常运行,其通信电源设备必须选用自带蓄电池组的不间断供电设备,且有一定的富余量,以适应今后的变化需要。

4.8.2 与消防通信系统的配合

由于消防通信系统规定不与其他通信系统合用,其传输信号线路一般不与综合布线系统合设。因此,双方的配合协调的场合较少,但有时为了保证消防通信工作正常进行,在某些段落适当考虑相互结合,设置备用通路。为此,对于消防通信系统的传输信号线路的要求需要了解和掌握,以便在选用传输媒介时,能选择相应的型号和规格的缆线。同时,对消防通信系统的传输信号线路安装敷设等工艺要求应该熟悉,以便设计和施工中予以配合和适当兼顾。

1. 消防通信系统传输信号线路的传输媒介

(1)传输信号线路必须保证传送信息的质量,要求缆线外护套具有必要的防火耐热措施。缆线材质优良,应采用铜芯绝缘导线或铜芯导线组成的电缆,其电压等级不应低于250V,以保证安全。

(2)传输信号线路除必须满足火灾自动报警装置的技术性能(如工作电压为24V直流)外,还必须具有一定的机械强度。铜芯绝缘导线或铜芯电缆芯线的最小截面积不应小于以下规定要求:

1)穿管敷设的绝缘导线,其芯线最小截面积不应小于 $1.0mm^2$。

2)在槽道或桥架内敷设的绝缘导线,其芯线最小截面积不应小于 $0.75mm^2$。

3)多芯电缆的芯线,其最小截面积不应小于 $0.5mm^2$。

4)由消防控制室引到接地体的专用接地干线应采用铜芯绝缘导线,其芯线最小截面积不应小于 $25mm^2$。由消防控制室接地板引到各个消防电子设备的专用接地线应选用铜芯塑料绝缘导线,其芯线截面积不应小于 $4mm^2$。

5)由火灾探测报警器到区域报警系统的传输信号线路,应采用多股铜芯耐热线,其芯线截面积不应小于 $0.75mm^2$。由区域报警系统到集中报警系统的传输信号线路应采用单股铜芯导线,其芯线截面积不应小于 $1.0mm^2$。

6)消防通信系统和火灾探测报警器的传输信号线路,在同一个工程中,应尽量减少品种和类型,但应选用不同颜色的绝缘导线,相同用途的缆线线对的绝缘层颜色应一致,接线端子应设有标志识别,以便安装施工和维护管理。

2. 消防通信系统传输信号线路的敷设

消防通信系统的网络拓扑结构一般为星型或星——树型网络拓扑结构,且不采取复接为主的连接方式。因此,它与火灾探测报警子系统的网络结构、设备配置和具体位置均不相同,在实际工程中,不采取统一考虑、综合使用的技术方案,这就保证了各自独立,且确保能安全运行。消防通信系统传输信号线路的敷设,与一般屋内通信线路相同或类似,在综合布线系统工程中,尽量与它配合协调。但从防灾灭火的特殊需要和保证安全可靠运行考虑,线路敷设应注意以下几点：

(1) 为保证传输信号线路正常运行和在火灾状态下,有一定时间的工作能力,要求对线路采取必要的防火耐热措施,从而具有较强的抵御火灾能力,即使在火灾十分严重的情况下,仍能保证消防通信系统安全可靠地工作。目前,将防火耐热措施的要求分为两种。

1) 防火措施布线要求是指由于火灾影响,屋内温度高达 840℃ 时,仍能使线路在 30min 内正常可靠的工作。

2) 耐热措施布线要求是指由于火灾影响,屋内温度高达 380℃ 时,仍能使线路在 15min 内,正常可靠的工作。

上述两种措施的布线要求选用时,应根据该智能建筑的重要程度和实际需要来确定。

对于消防控制系统、消防通信系统、火灾探测报警系统以及用于消防设备(如消防水泵、排烟机、消防电梯等)的传输信号线路,都不应采用直接明敷不加保护的布线方式,要求不论是采用防火措施或耐热措施的缆线,都应采用合适的保护措施,例如穿管保护。管材可采用金属管、硬质或半硬质聚氯乙烯塑料管(又称 PVC 管)或封闭式槽道等。但需注意的是当传输信号线路穿管敷设或暗敷于非延燃体的建筑结构内(如混凝土板或砖墙内)时,其保护层厚度不应小于 30mm。若因建筑结构构件尺寸太小受到限制需采用明管敷设时,应在金属管外采用切实有效、稳定可靠的防火保护措施。例如在管路外用硅酸钙套筒(壁厚 25mm)或用石棉、玻璃纤维隔热套筒(壁厚 25mm 保护),也可用外包阻燃材料保护。

(2) 为了保证消防通信系统正常工作,有利于消防控制系统安全可靠工作和今后对线路的维护检修,要求在智能建筑中上面所述的不同系统、不同电压等级、不同电流类别和不同防火分区的线路,不应在同一管孔内或线槽内的同一槽孔中敷设。消防通信系统的缆线,按照规范要求应采取独立专用,不宜与屋内一般通信线路合用,但可以跟随火灾探测报警系统的线路路由,敷设在单独专用的管路或线槽中。如无暗敷管路穿放,采取明敷管路又有碍环境美观时,可考虑利用综合布线系统专用的管路或槽道敷设。在电缆竖井中为保证消防通信系统缆线不受外界机械损伤,应采用穿管保护敷设、或在综合布线系统的专用槽道中敷设,不宜在电缆竖井的墙壁上直接敷设,且不加保护措施。

消防通信系统线路使用非金属材料的管材和槽道(桥架)以及附件,应采用不燃或非延燃性的材料制成,以提高防火性能和保证线路安全运行。

火灾事故应急广播系统的线路应独立敷设,不应和其他系统线路(包括通信线路、火警信号线路和消防联动系统的控制线路)在同一管孔或同一线槽槽孔以及同一洞孔中敷设。

消防通信系统所用的缆线,其绝缘层和外护套均应采用非延燃性,且具有耐高温和阻燃性能的材料制成。

(3) 为保证消防通信系统线路安全,有利于维修检查,在工程设计和安装施工中,应尽量减少与其他管线长距离平行敷设或交叉次数,避免互相影响和彼此干扰。如在智能建筑中设有多个电缆竖井时,综合布线系统和消防通信系统等的弱电线路应设在专用的电缆竖井,与强电线路分设为好。如因客观条件限制,两种线路必须合用同一电缆竖井时,强、弱电线路应分别布置在电缆竖井内的两侧,尽量增加它们之间的距离。在电缆竖井的上下两端(每层吊顶和地板)及通信线路穿越楼板的洞孔周围,应采用非燃烧性的材料或防火堵料(或防火隔板)封堵严密,以防火焰蔓延到相邻楼层。

(4) 有绝缘层的导线或电缆在管路中敷设时,其总截面积不应超过管孔内截面积的

40%;在封闭式槽道内敷设带有绝缘层的导线或电缆时,其总截面积不应大于槽道内空间的净截面积的 60%。

(5) 在槽道(或桥架)中如电缆分层排列敷设时,上下电缆之间应装设耐火材料制成的隔板,其耐火极限不应低于 0.5h,以免火灾时扩大损坏范围。对于消防通信系统用的缆线,除应标有醒目的标志或符号外,还应采用防火涂料和防火材料予以妥善保护,以便维修管理,提高防火性能和保护能力。

(6) 防盗或防火报警用的通信线路应采用金属管暗敷。若采用明管敷设时,其路由和位置应选择在隐蔽安全,不易被人发现或接近的地方,以免人为损伤。必要时,在管材外应再加保护措施。这种通信线路不应在其他不同系统的管路和槽道(桥架)中敷设。

(7) 消防通信系统在施工竣工后,应对该系统的消防通信设备(包括消防专用的电话交换设备)和通信线路等进行全面检验和系统测试,尤其是其技术性能和防火性能(如电缆竖井的防火门设置、各个楼层的堵封隔断的防火措施等)。在竣工验收时,应对消防控制室或消防控制中心与有关设备或装置(例如防火用对讲电话或专用电话插座)之间的通信线路,进行通话试验;消防控制室或消防控制中心对外的外线电话或专用线路,应与公用通信网"119"台进行试验。上述技术性能和通信质量必须保证,要求话音清楚正确、使用方便简捷。导线和电缆敷设后,应根据有关的施工及验收规范进行检查和测试,要求电缆线路对地绝缘电阻值不小于 20MΩ。

(8) 消防通信系统的屋外线路部分,其施工及验收要求,均与一般通信线路相同。因此,应根据原邮电部批准发布的《本地电话网用户线线路工程设计规范》(YD 5006—95)、《本地网通信线路工程验收规范》(YD 5051—97)、《本地电话网通信管道与通道工程设计规范》(YD 5007—95)和《通信管道工程施工及验收技术规范》(YDJ 39—90)等标准中规定执行。

在综合布线系统工程中,除本章所述与外界的配合内容外,因在智能建筑中还有公共广播、扩声音响、保安门禁等系统;在智能化小区中除上述系统外,还会涉及停车场和车库自动管理、访问对讲和电子巡更等系统,都有可能发生彼此需要互相配合协调的问题。由于涉及面不广,也不太复杂,且内容不多,所以,本书不做介绍。

思 考 题

(1) 为什么要求智能建筑或智能化居住小区都应与所在拟建设的区域规划相配合? 对于综合布线系统有什么要求?

(2) 引入建筑物线路的路由和位置以及数量应该根据哪些因素来确定? 引入管道的规格和管孔数量以及预留洞孔尺寸是由什么依据考虑?

(3) 设备间的位置和面积是根据什么要求来考虑的? 设备间的理想位置在哪里为好?

(4) 设备间的内部布置和工艺要求有哪些内容? 试简述其要点?

(5) 试述分别采用上升管路、电缆竖井和上升房三种安装建筑物内主干布线的方案,应与土建设计单位协商决定的内容? 尤其是要注意哪几个要点?

(6) 综合布线系统的水平布线子系统与房屋建筑设计和施工的配合,主要在哪几个方面要特别注意?

(7) 各种主机设备采取分设或合设的方案主要决定于哪些因素? 试述智能建筑或智能化小区中的不同点是什么?

(8) 简述计算机网络系统采用信息传输媒介有哪几种? 对于它们分别适用的场合和特点等基本内容

进行描述。

(9) 信息网络系统对外连接线路配备有哪几种方式？信息网络系统的线路敷设有哪些要求？

(10) 简述综合布线系统在全程全网中的作用。

(11) 接入网提出的意义和基本范围是什么？试述综合布线系统与接入网之间的关系？

(12) 接入网接入方式的类型有哪些？它们的主要特点和存在的问题是什么？

(13) 试述智能建筑或智能化小区分别采用哪种光纤接入方式较为适宜？其理由是什么？

(14) 说明(HFC)接入网的局限性有哪些？

(15) 综合布线系统与公用通信网的配合主要有几个方面？简要说明它们的内容和要求？

(16) 综合布线系统是否可以完全代替专业布线系统？它们之间有无配合问题？

(17) 试述建筑自动化系统的概况？在综合布线系统中必须与它配合协调的有哪几个部分？

(18) 说明有线电视系统的组成和各部分的作用。有线电视系统的主要特点。

(19) 综合布线系统与有线电视系统(CATV)的配合主要有哪几点？

(20) 我国在有关标准中对闭路监视电视系统有哪些明确规定？闭路监视电视系统主要是由几部分组成？试述各种组成方式的特点？

(21) 闭路监视电视系统与综合布线系统最为密切的是哪一部分？具体配合的内容有哪些？分别进行叙述。

(22) 火灾探测报警器有哪几种类型？简述按引发火灾的参数分类的品种和其特点；火灾探测报警器的线制和连接方式等主要内容。

(23) 说明消防通信系统设置原则。消防通信系统的通信设备主要是根据哪些要求配置？

(24) 说明消防通信系统与其他系统的关系(包括与公用通信网的内容)。

(25) 试述消防通信系统对传输信号线路的敷设有哪些要求？竣工后应进行哪些试验？

第五章 综合布线系统工程设计

第一节 综合布线系统工程设计内容和要求以及工作步骤

目前,智能建筑和智能化小区的工程范围和建设规模有很大区别,其综合布线系统组成和具体要求也就不同。因此,它们的综合布线系统工程设计内容是不一样的。但是具体技术和工作步骤大致相似。以下将详细叙述。

5.1.1 综合布线系统工程设计内容

当前,智能建筑的综合布线系统工程设计在我国处于初步阶段,过去大多由国外产品厂商或国内系统集成商代理,也有部分工程设计由国内设计单位承担。迄今国内没有统一的工程设计内容格式和具体技术要求,急需及早归纳总结,予以统一规范,以利于综合布线系统工程设计技术水平和工程质量不断发展与迅速提高。尤其是智能化小区的综合布线系统工程设计在国内正在开始启动,其工程设计内容更应及早予以规定。由于目前国内工程设计经验不多,有待于继续探讨研究,这里所列工程设计内容提要十分粗略,难免有所漏缺或不妥之处,希望通过工程设计的具体实践和工程建设的实际检验,不断总结、提高、补充和完善。更期待国内有关部门能及早制定出智能建筑和智能化小区的综合布线系统工程设计内容统一规定格式,以满足我国智能建筑内和智能化小区工程建设的客观需要。

综合布线系统工程设计内容宜包含以下要点。

1. 建设项目范围和工程设计任务的概况

(1) 建设项目范围

工程建设项目的规模和范围是综合布线系统工程设计的主要内容。首先要叙述工程建设项目的使用性质和工程范围,建设项目的使用性质是智能建筑,还是智能化小区,如为智能建筑时,其使用功能是办公租赁,或是商业贸易、金融机构等。如是智能化小区是属于居住小区,或是校园小区,高新科技区等。对于它们的建设区域范围,房屋建筑幢数、楼层数量、建筑面积、人口数量或住宅套数等基本数据,均应详细列入。如果智能化小区的工程建设规模和区域范围较大,且采取分期计划建设时,应明确说明每期工程的建设范围和房屋幢数以及建设过程的衔接等问题。

(2) 工程设计任务的概况

因智能建筑和智能化小区的综合布线系统工程设计任务的内容有所不同,现分别叙述。

1) 智能建筑的综合布线系统工程设计

在智能建筑的综合布线系统工程设计中,应对其设计任务概况的要点作简要的叙述。

① 智能建筑的使用功能和性质,例如商业贸易综合性办公楼或交通运输枢纽业务楼等,此外,对于该智能建筑的特点和其重要性应作必要的叙述。

② 目前信息需求的程度和今后信息业务发展状况以及对信息的特殊要求,充分论证采

用综合布线系统的必要性和合理性以及可行性(包括经济方面的因素)。

③ 建设单位提供委托设计的有关文件或会议纪要(包括工程设计委托任务书或双方签订的合同),在委托设计的文件中对综合布线系统工程的具体范围、建设规模、建设进度等都有明确的要求。在工程设计中应将有关的部分内容摘录,以便会审设计中参考查阅。

④ 在工程设计中应根据建设单位要求的建设计划,考虑与建筑设计和施工的进度进行具体配合协调,同时,对与其他系统工程(例如计算机网络系统工程)之间的建设计划也要进行统一的配合安排,作出具体细致配合的建议,上述内容应在工程设计文件中加以说明,力求互相密切配合协调,不会发生矛盾和脱节等现象。

⑤ 综合布线系统工程设计任务中的其他重要内容的阐述,例如工程设计进度、建设投资总额和建设单位要求信息保密等重要的必须叙述的内容。

2) 智能化小区综合布线系统工程设计

在智能化小区综合布线系统工程设计中的设计任务的概况要点如下:

① 智能化小区组成结构(即居住区、居住小区和居住组团的不同组合形式)和小区的性质及类型,例如是住宅小区或是校园小区和商务小区等。此外,对于智能化小区的特点和必要的内容也应作简单的说明(例如房屋建筑是多层或是高层、区内道路和绿化的分布状况等)。

② 智能化小区内用户信息需求的业务种类和具体数量,与智能建筑比略少,且分布较为分散。因此,智能化小区开发建设单位应在工程设计任务书中,提供较为详细翔实的基础数据和具体要求,作为采用综合布线系统的设计依据。在工程设计文件的任务概况内容中应将这些基本数据和有关要求摘录,以便设计会审时参考。

③ 智能化小区的开发建设单位提供的委托工程设计的有关文件中,应对综合布线系统工程的覆盖面积和建设范围以及建设计划等有明确的要求。此外,还应提供智能化小区内各种地下管线分布现状和综合协调等有关规定,这对于综合布线系统的建筑群主干布线子系统和地下通信管道的工程设计是极为重要的依据。

④ 智能化小区内的综合布线系统工程与房屋建筑和其他系统工程(例如计算机网络系统和有线电视系统等),在房屋建筑内部的配合协调工作,与智能建筑是基本相同。但是在智能化小区内,除上述系统工程外,综合布线系统的主干线路还需与房屋外的各种地上或地下的管线系统工程(如上下水管、电力线路、燃气管、暖气管沟等)配合协调,由此产生的工程设计部分(如合建管沟或合用杆路等),应在工程设计任务书中加以叙述。

⑤ 在智能化小区内均有配套的公共建筑(如中、小学和社区活动中心等)和其他服务设施(如物业管理机构、居民委员会和社区医疗卫生站等),它们都需要相应的信息网络系统。为此,在综合布线系统工程设计中应该予以明确。

2．工程设计的基本依据

在智能建筑和智能化小区的综合布线系统工程设计中,其遵循的基本依据主要有以下几项,它们都是为满足建设单位的客观需要和保证建设项目的工程质量的重要准则和基本要求。

(1) 智能建筑的建设单位或智能化小区开发筹建公司等提供的综合布线系统工程设计委托任务书,或双方签订的合同以及有关协议。

(2) 在智能建筑或智能化小区内的综合布线系统工程中,用户的通信引出端(又称电信引出端或信息插座)的数量和位置以及信息业务类型(如话音、数据和图像)的基本数据和有关资料(如智能化小区的住宅套数或人口数等),都是综合布线系统工程设计中,决定设备类型、容量和数量以及配置的重要依据。

如果建设单位或开发筹建公司等能够提供工程设计中所有用户信息需求的详实资料和确切数据,作为综合布线系统工程设计中的基础数据,这时可不需进行调查或预测。

(3) 在综合布线系统工程设计中,必须贯彻执行国内外现行的设计标准、技术规范或施工规定,尤其是近期发布实施的国内标准(包括国家标准和通信行业标准等)。在工程设计中应明确说明执行的标准名称和标准编号以及日期等有关内容。

(4) 对于与综合布线系统工程设计有关的文件和重要规定,尤其是国家主管建设部门或地方政府颁布的法规,应在设计文件中摘录或列入。例如智能化小区的建设规划和地上或地下各种管线系统综合布置的具体规定等。

3. 工程设计的内容

由于智能建筑和智能化小区的综合布线系统工程设计所包括的内容有所不同。例如前者一般没有建筑群主干布线子系统,网络拓扑结构比较简化,而后者必然设置建筑群主干布线子系统。但是,二者在工程设计的组成上却是基本相同的。为了便于叙述,下面合并介绍其在设计内容的不同之处,予以分别说明。

(1) 工程总体方案设计

工程总体方案设计又简称系统设计或总体设计,它是综合布线系统工程总体的技术方案,是设计内容中极为关键的部分,它直接影响智能建筑和智能化小区的智能化水平的高低和通信质量的优劣。因此,它是综合布线系统工程设计中最主要的设计内容。

在智能建筑和智能化小区的综合布线系统工程总体方案设计中,它们的主要内容基本相同或类似。都有通信网络总体结构、各个布线子系统的组成、系统工程的技术指标、通信设备和布线部件的选型和配置以及具体工程技术方案等,上述内容既有各自独立存在的特性,又有互相配合,密切相关的有机联系。但是,在智能建筑或智能化小区两种综合布线系统工程设计内容的细节,分别有不同的内涵。例如通信设备和布线部件的选型和配置,是与工程对象的建筑物幢数和分布有关,若是单幢的智能建筑的综合布线系统,一般不需要建筑群主干布线子系统,也不需配置建筑群配线架;如由多幢建筑物组成建筑群体或是智能化小区的综合布线系统,必然有建筑群主干布线子系统,并配有建筑群配线架,这说明设备的配置与综合布线系统工程的布线子系统组成有关。又如,在智能建筑综合布线系统工程设计中,除有建筑物内的通信网络总体设计外,还需同时提出建筑物内配套的综合布线系统所有缆线敷设的管槽系统工程方案,这两部分必须是互相配合、协调一致。智能化小区综合布线系统工程设计中,除各个建筑物内的通信网络配套的管槽系统总体设计外,还应有整个小区内通信网络缆线和配套的地下通信管道总体布局设计。因此,智能化小区的综合布线系统工程的设计范围较大,涉及面也广,这是两种工程设计内容明显区别的地方。

此外,在智能建筑综合布线系统的工程总体方案设计时,还应考虑其他系统工程(如计算机系统和有线电视系统以及消防通信系统等)的特点和要求,提出互相配合、统一协调的技术措施,例如各个主机房之间的线路连接,同一路由的敷设方式和保护措施等,都应在总体方案设计中有明确要求,且有切实可行的具体办法。同时,还应注意与建筑物本身(包括建筑结构和内部装修)和其他管线设施之间的配合协调,在工程总体方案设计中都必须予以考虑。

在智能化小区综合布线系统的工程总体方案设计中,除上述与智能建筑的内容基本相

224

似外,还必须考虑建筑群主干布线子系统在智能化小区与区内道路和绿化地带以及各种地上或地下管线设施(如上下水管、燃气管、热力管和电力线等)的互相配合、综合协调,主要有通信线路的建筑方式、缆线的大致走向和具体位置等内容,这些必须在工程总体方案设计中予以确定,必要时,应将有关各方签订的协议或政府有关部门批准的文件列入,作为设计会审或具体施工时备查的依据。

(2) 各个布线子系统设计

综合布线系统工程的各个布线子系统设计是设计工作内容最多,且较繁杂的部分,它直接影响用户的使用效果。按我国通信行业标准规定,综合布线系统是由建筑群主干布线子系统,建筑物主干布线子系统和水平布线子系统三部分组成,它们都需要进行设计,均属于工程范围。工作区布线是通信引出端到终端设备之间的线路,都为柔软缆线,一般不是固定敷设,用户使用时才插接,所以不需设计。上述需进行设计的布线子系统主要内容有以下几项。

1) 水平布线子系统划分的区域范围和相应段落以及与建筑物主干布线子系统的连接。

2) 水平布线子系统的配线设备(FD),通信引出端(TO)的位置和数量及采用的规格程式。

3) 水平布线子系统各个段落的通信线路的传输媒介,线对容量、缆线结构和具体长度以及连接方式等。

4) 建筑群主干布线子系统和建筑物主干布线子系统的主干布线的路由、位置和相应的建筑设施(如交接间、暗敷管路等)建设方案。

5) 各个主干布线子系线的主干布线的传输媒介,规格容量、缆线结构和具体长度以及连接方式等。

6) 建筑群主干布线子系统和建筑物主干布线子系统,各种配线架(包括 CD、BD 等)的装设位置,规格容量,设备型号和连接方式等。

7) 建筑群主干布线子系统的主干布线在屋外采用的敷设方式(如穿放在地下通信电缆管道或直埋方式),线路引入建筑物后,采取的防雷,接地和防火的保护设备及相应的技术措施。

8) 主干布线子系统的主干布线采用光缆时,应有光纤光缆、光电设备和光缆部件的选型(包括光缆的结构和芯数等),各个段落光缆的长度和敷设方式及连接要求等。

由于光缆传输系统与电缆系统有所不同,其设计还有以下具体内容:

① 光缆和连接设备及光通信设备的具体配置以及安装位置等;

② 光缆的敷设路由、位置和长度以及安装固定方法。此外,还应规定光缆的曲率半径和光纤接续的技术要求;

③ 光缆传输系统的数字接口和有关光学特性等技术指标的规定;

④ 光缆传输系统与公用通信网的连接和有关的事宜。此外,还需考虑与其他系统的连接关系(例如数据网和计算机局域网等)。

由于智能建筑的综合布线系统工程设计中,一般没有建筑群主干布线子系统,凡有与建筑群主干布线子系统有关的内容,可以删除。

(3) 其他部分设计

在智能建筑综合布线系统工程的其他部分设计中,主要有电源设计、保护设计和土建工艺要求等,具体内容为:

1) 交直流电源的设备选用和安装方法(包括计算机,用户电话交换机等系统的电源)。

2）综合布线系统在可能遭受各种外界电磁干扰源的影响（如各种电气装置、无线电干扰、高压电线以及强噪声环境等）时，采取的防护和接地等技术措施的设计。

综合布线系统要求采用全屏蔽技术时，应选用屏蔽缆线和屏蔽配线设备。在设计中应有详尽的屏蔽要求和具体做法（如屏蔽层的连续性和符合接地标准要求的接地体等）。

3）在综合布线系统中设有设备间和交换间，设计中对其位置、数量、面积、门窗和内部装修等建筑工艺提出要求；此外，上述房间的电气照明、空调、防火和接地等在设计中都应有明确的要求。

智能化小区综合布线系统工程设计中除上述其他部分设计外，还有智能化小区内的通信线路部分设计，一般有以下两种情况：

① 智能化小区内通信线路采取地下敷设方式，有地下通信电缆管道（又称地下通信管道简称地下管道）或直埋两种（电缆沟或隧道很少采用，本书中不予介绍）。

a. 地下通信电缆管道设计的内容有管道管材的选择、确定管道路由和位置、管孔孔径和数量、管道段长和埋深以及坡度、人孔或手孔的建筑方式、规格和数量以及位置，地下通信电缆管道与其他管线的间距和保护措施等。

b. 当智能化小区内通信线路采用直埋敷设时，其设计内容有电缆和光缆的选型、确定线路路由和位置，电缆或光缆的埋深和保护措施、手孔的规格、位置和数量、电缆或光缆与其他管线的间距和采取的保护措施等。

② 智能化小区内通信线路采取架空敷设方式，一般有架空杆路挂设（包括专用杆或合用杆）或墙壁敷设两种。

a. 架空杆路设计的内容有电杆杆材的选用（包括材质、杆径和杆长等）、确定杆路的路由和位置、电杆的埋深和加固措施、辅助装置的规格和要求、与其他地上各种设施的间距和保护措施。如合用杆路时，还需考虑合用线路之间的间距以及今后分工维护范围等。

b. 墙壁敷设线路设计的内容有确定电缆的型号和规格（如自承式或非自承式）、线路路由和位置、电缆长度和安装方式（包括支持点或加固点的间距）、与其他管线的间距和采取的保护措施。

智能化小区内的通信线路不论是采取地下或架空敷设方式，都有与公用通信网或其他专用网络以及与智能建筑内的综合布线系统互相连接的关系。因此，在综合布线系统工程设计中，对于它们通信线路的衔接关系（如缆线的型号、规格、线对数或纤芯数；或地下管道的连接等）和分界地点，必须认真研究考虑，达到互相配合协调，技术措施稳妥可靠的要求，务必做到具体细致，明确交待。

5.1.2 综合布线系统工程设计的要求

对智能建筑和智能化小区的综合布线系统工程设计要求虽然大同小异，但包含的范围和内容有所区别，现分别进行叙述。

1. 对智能建筑综合布线系统工程设计的要求

因在智能建筑中需要话音、数据、图像和自控等各种信息，因此，设有用户电话交换机、计算机、电视和自控等系统，这些系统的联系纽带就是综合布线系统。在综合布线系统工程设计时，一般需注意以下要求：

（1）综合布线系统是智能建筑内部的重要设施之一，它与建筑物中的其他管线（例如电气照明、给排水、暖气、通风等）一样，必须与建筑物的主体工程协调配合，尽量做到同时设计和同步施工建设。因为它是一个庞大的整体,属于系统工程范畴,所以综合布线系统工程设计应纳入建筑物的建设规划和总体设计之中。

(2) 由于智能建筑中的综合布线系统的基本功能是传输各种信息,以满足其用户要求。为此,除内部互相联系外,必须与外界联系,所以综合布线系统应与公用通信网相互连接,在综合布线系统工程设计时,应结合公用通信网的实际情况和智能建筑用户客观需要,并按接入网等有关设计标准执行,力求做到互相衔接成为网络系统的整体。

(3) 在综合布线系统工程设计时,主要根据智能建筑的用户性质、使用功能、建设规模、客观环境和通信需要,并结合远期发展等因素,确定综合布线系统总体技术方案,使之符合技术先进、经济合理的工程建设原则;产品选型和设备配置满足实际需要;具体技术措施切实可行有效;务必使整个布线系统安全可靠地正常运行,同时便于安装施工和维护使用,且能适应今后发展需要。

(4) 在智能建筑内部的综合布线系统,应与大楼自动化(BA)、通信自动化(CA)和办公自动化(OA)等系统密切结合,由主体设计单位负责统一规划综合考虑,各个系统的具体建设应分别实施。在综合布线系统工程设计中一定要按照各种信息特点和传输要求,结合工程的具体条件,可以采取统筹兼顾、因时制宜、一步建成或逐步到位,分期形成的方法。

(5) 在综合布线系统工程设计中除按国际标准外,还必须符合我国现行的通信行业标准《本地电话网用户线路工程设计规范》(YD 5006—95),《接入网工程设计规范》(YD 5097—2001),《城市住宅区和办公楼电话通信设施设计标准》(YD/T 2008—93)等相关规定。还应符合国家质量技术监督局和建设部联合批准发布的《建筑与建筑群综合布线系统工程设计规范》(GB/T 50311—2000)的有关规定。

如在设计中与其他设施有关系(如民用闭路监视电视、有线电视、火灾自动报警等系统)时,应符合我国国家标准《民用闭路监视电视系统工程技术规范》(GB 50198—94)、《有线电视系统工程技术规范》(GB 50200—94)和《火灾报警系统施工验收规范》(GBJ 50166—92)等标准中的相关规定。

2. 对智能化小区综合布线系统工程设计的要求

智能化小区综合布线系统工程设计要求在建筑物内的部分,可参照智能建筑的综合布线系统工程设计要求,在智能化小区内和建筑物外的部分有以下不同要求:

(1) 综合布线系统的建筑群主干布线子系统是智能化小区内的基础设施,它的分布和位置以及建筑方式,与区内道路,绿化地带和房屋建筑平面布置有关,尤其是需与区内各种地上构筑物或地下管线等设施密切配合,综合协调,要求符合智能化小区建设规划和区内各种地下管线综合布置规划的规定,以求井然有序地建设。为此,要求综合布线系统工程设计时,需与各种地下管线的主管单位互相配合,尽量做到在工程设计时协商一致,在施工时不发生矛盾和脱节的现象。

(2) 在智能化小区内,如综合布线系统工程中需建设地下通信管道时,必须考虑与公用通信网的地下通信管道互相衔接,主要包括管道的路由和位置、管孔规格和数量及建筑方式、互相衔接的人孔或手孔的规格和位置等。在综合布线系统工程设计中应明确工程建设的分界点、提出相应的配合时间和技术要求,例如衔接人孔或手孔内预留的管道具体位置和管道洞孔尺寸。为了防水和防潮应采取临时封堵的措施和技术要求。

(3) 智能化小区内的综合布线系统工程设计中,除应执行国家标准 GB/T 50311—

2000、GB/T 50312—2000、GB/T 50314—2000 和协会标准 CECS 119—2000 等规定外,还应执行国家标准《城市居住区规划设计规范》(GB 50180—93)、《城市工程管线综合规划规范》(GB 50289—98)中的有关规定。同时,还应符合我国通信行业标准《本地电话网通信管道与通道工程设计规范》(YD 5007—95)、《通信电缆配线管道图集》(YD 5062—98)和《通信管道人孔和管块组群图集》(YDJ—101)等的要求。

以上所述的内容均为智能化居住小区中的综合布线系统工程设计的基本要求。当智能化小区具有特殊性质,如商务中心区或高新科技园区,其客观需要和使用功能就会与一般智能化居住小区不同。对此,在综合布线系统工程设计时,应根据实际情况考虑其特殊要求。

5.1.3 综合布线系统工程设计的工作步骤

综合布线系统工程设计的主要工作步骤一般分为两个阶段,即前期工作阶段(又称准备阶段)和工程设计阶段(包括图 5.1 中的结束阶段,如细分应为三个阶段。这里为了简化和便于叙述,分为两个阶段)。虽然工作阶段可以截然把它分开,但是有时因客观因素的限制或变化,会出现在工作设计阶段内同时进行前期工作,这种工作顺序前后颠倒,上下工序互相交叉,甚至发生反复进行的现象,是难以避免的,但应力求减少。

1. 工程设计前期工作阶段

前期工作要点如下:

(1) 收集工程设计的基础资料和有关数据

1) 智能建筑

在智能建筑的综合布线系统工程设计时,首先要收集与综合布线系统有关的基础资料(例如有智能建筑的平面布置图等)和数据,力求资料和数据可靠翔实。收集的基础资料和有关数据的范围和内容应根据建设项目特点、建筑性质和功能等来考虑,主要有以下几个方面:

① 房屋建筑方面

a. 建筑物的总体高度:我国有关标准规定建筑物总体高度超过 24m 时为中高层建筑或高层建筑;多层建筑总体高度为 20m 左右;低层建筑总体高度为 10m 左右。

b. 建筑物结构体系:目前有混合结构、钢筋混凝土结构和钢结构等几大类型,如细分它们还可以分为若干种结构,例如混合结构有砖混结构和内框架结构两种;钢筋混凝土结构可分为框架结构、框架—剪力墙结构、剪力墙结构和筒体结构等体系。

c. 建筑物的总建筑面积、楼层数量和高度、各个楼层的使用功能和建筑面积等。

d. 建筑物平面布置:包括在建筑物内每个楼层(或标准层)的平面布置,尤其是重要设备安装的房间(又称技术房间例如计算机主机房和用户电话交换机机房等),此外,楼梯间或电梯间的数量和位置以及面积。为此,应收集建筑物内部的平面布置图等。如为高层的智能建筑,应了解有无技术夹层或设备层等结构,还应收集各类竖向井道(如管线竖井、电缆竖井等)的分布位置和技术要求。但有些竖向井道是综合布线系统不能使用的,例如垃圾道、排烟道和通风道等。目前,有些重要的高层智能建筑因其性质特殊需要,专门设置综合布线系统竖向井道和消防通信系统竖向井道等,以达到重要系统专设竖向井道的要求。

e. 其他技术要求较多,例如建筑物内部装修标准,防火报警要求,防噪音要求、防电磁干扰影响、防尘和防静电等要求。此外,建筑物各种接地和防雷措施的技术方案等。

② 各种管线方面

在智能建筑内部有各种管线设施较多,主要有以下几种系统:

a．建筑物内部的给水和排水系统：主要有给水管网和排水管路及通气系统（通气系统为减少排水管路噪声和有害气体，在高层建筑均需设置）。

　　b．高、低压电力照明线路系统：电力照明系统包括装设配电设备的房间和高、低压电力线路以及接地装置等，尤其是电力线路的路由和位置。

　　c．暖气和通风及空调系统：国内目前主要有水暖和气暖两种，并以集中供应的水暖为主，在建筑物中暖气管网是一个庞大的系统。在一些重要通信设备房间，例如电池室需要通风管道，设备间和用户电话交换机机房需要空调风管等。上述管道的走向、路由和位置均需注意收集。

　　③ 其他系统设施方面

　　在智能建筑中一般根据建筑性质和使用功能，设有各种系统设施，有些系统设施与综合布线系统有着密切关系。最常用的是计算机系统、民用闭路监视电视系统、有线电视系统、火灾自动报警系统和建筑自动化控制系统等。这些系统除有装置设备的房间外，还有遍布在智能建筑内部四周的各种缆线，对于它们的分布路由和起讫段落等都应了解，以便在综合布线系统工程设计中全面考虑和妥善处理。

　　上述基础资料和有关数据（包括建筑物平面布置和各种管线图）都是综合布线系统工程设计中的主要技术依据，它直接影响设计方案是否合理可行，所以收集的基础资料和有关数据必须准确可靠；资料和数据应以书面形式为主，方可作为设计依据。对于口头意见或情况一般只作设计中的参考，不能作为依据，以保证工程设计的正确性。

　　如果是已建成的建筑物，综合布线系统工程设计中所需收集的基础资料和有关数据等内容，基本与新建的智能建筑是大同小异，但是由于是原有的建筑物，必须对建筑物内各种管线设施和其他系统进行对照核实，尤其是当建筑物的使用功能等有所改变时，原有的基础资料和有关数据也会发生变化（例如房间重新划分，其使用功能和建筑面积改变等）。为此，在工程设计前，必须与负责项目建设的主管单位商讨改变的主要原则和具体细节，对于改变的内容，要用书面的方式和修改图纸作为工程设计的主要依据。

　　2）智能化小区

　　智能化小区内的各幢建筑物的基础资料和有关数据，一般与前面智能建筑中所述的相同，但在智能化小区综合布线系统工程设计前，还应注意收集以下有关资料。

　　① 智能化小区建设规划

　　新建的智能化小区通常都有总体建设规划，规划内容有小区内各幢房屋建筑的平面布局，区内道路的分布（包括道路的宽度、长度和坡度等），绿化地带的布置（包括建筑小品的布置、树木的种类等）和其他公共服务设施（如停车场）以及辅助建筑等。在规划中还应列出分期建设的具体计划和工程范围，对于预留发展的空地都应在规划中予以明确。

　　② 各种地下管线设施或地上障碍物

　　在智能化小区内都有上水、下水、雨水、燃气、热力和电力等地下管线系统，这些管线系统遍布小区各处。对于它们的管线功能、性质、走向和长度、管线规格、位置、埋深和建筑方式、各种管线检查井的位置和占用地下的断面积大致情况等应进行了解。上述管线设施宜用图纸和资料表示，以便在综合布线系统工程设计中参考使用。

　　如智能化小区建设规划中附有各种地下管线综合规划和地下断面分配的规定，应作为工程设计的重要依据。

此外，在智能化小区内拟敷设建筑群主干缆线的路由上，各种地上构筑物或障碍物的分布数量和位置都应收集，例如电杆（包括路灯杆）、变压器柜、消火栓、邮筒、各种标志（如交通标志牌等）和人行道树木等。

③ 各幢房屋建筑和辅助设施

在智能化小区中除各幢建筑物内部的内容可见前面智能建筑的所述外，应收集各幢房屋建筑的使用性质、功能要求和分期建设计划；各种辅助设施（例如小区服务中心、社区医疗机构、物业管理单位和居委会等）和配套建筑的分布位置以及具体建设等有关资料。

（2）调查和了解各方面对综合布线系统的要求

调查了解是综合布线系统工程设计中的重要手段。其重点在于调查了解和收集智能建筑和智能化小区各方面对综合布线系统的要求，其内容极为广泛和复杂，深度也有深有浅，应以满足综合布线系统工程设计需要为准，且各个工程有所区别，例如建筑规模大小、工程范围宽窄、建筑物是新建或原有、其他系统设置的多少等。现分别以在智能建筑、或智能化小区中较为常见的几个调查内容进行介绍，作为示例供工作中参考。

1）智能建筑

例如智能建筑的结构体系采取钢筋混凝土结构，其构件多为钢筋混凝土，不允许打洞凿眼，要求综合布线系统的各种缆线不应明敷，其位置和路由以及洞孔均应及早提交给建筑设计单位，以便考虑敷设暗管或槽道供穿放缆线使用。此外，还应向建筑设计单位了解，调查暗敷管槽部分设计，如管槽的路由、位置和规格及安装方式等具体方法，必要时应收集该部分有关设计图纸，便于综合布线系统工程设计中参考和使用。此外，在智能建筑中装有计算机网络系统，为此，需要调查了解其计算机主机型号、机房位置、网络结构、信息点配置和最高数据传输速率等情况，以便在综合布线系统工程设计中统一考虑缆线选型和信息插座配置等具体细节。其他如民用闭路监视电视系统、建筑自动化控制系统等也都有类似的问题，需要调查了解其与综合布线系统相关内容的要求。

2）智能化小区

对智能化小区内建筑群主干缆线（或通信线路）的路由上，有关的各种地下管线引入各幢建筑物的具体位置、管线规格和数量以及埋设深度的了解。又如对小区（级）道路和宅间小路的路面结构以及车辆通行或停放等具体情况的了解，这些都与地下通信管道设计有关，可以作为管道管材的选用，确定管道埋设深度、管线之间的间距和互相交越等保护措施的主要依据。同时，也需对地上或地下各种障碍物的或管线设施基础大小和占据地下断面积多少等进行调查，以便决定地下通信管道（包括人孔或手孔）的路由和位置以及埋设深度的参考依据，上述内容应尽量收集书面资料为好。

此外，对于小区内各种电杆（包括电力、通信和路灯杆）和其架空线路以及房屋墙壁坚固程度等具体情况（如电力电压等级、缆线种类和数量等）调查了解，有利于决定通信线路采用架空或墙壁敷设方案时参考。

（3）用户信息需求的预测估计和调查核实

综合布线系统工程设计的重要基础是用户信息需求，也就是用户信息点的数量和位置及其信息业务需要程度。对于这些基础数据和情况进行调查研究和预测估计，是工程设计前一项不可缺少的重要内容。如建设单位或有关部门能够提供上述确切资料和详实数据时，在设计前也要根据情况和具体条件进行核实，予以确认，以免发生较大的误差。

关于用户信息需求和业务需要程度的预测估计和调查核实的具体方法和要求,在前面已进行介绍,这里予以简略。

2. 工程设计阶段

不论是智能建筑或智能化小区,综合布线系统工程设计都包含有总体方案设计,各个布线子系统和其他部分的具体设计以及编制工程设计文件三部分,由于包含内容有多有少,技术含量有高有低,建设规模有大有小,设计工作有繁有简,所以应根据具体工程实际情况来定工程设计步骤,不宜过于强调一致。显然智能化小区的综合布线系统工程设计远比智能建筑综合布线系统工程设计内容要多,涉及面比较广泛,技术要求和客观环境也较为复杂,设计工作量必然增加不少。

(1) 综合布线系统的总体方案设计

综合布线系统的总体方案是工程设计中的关键部分,它主要是系统的整体设想,包含确定网络结构、系统组成、类型级别、产品选型、设备配置和系统指标等重要问题。为了提高综合布线系统工程设计质量,必须在广泛收集基础资料、深入调查研究工程实际和掌握用户客观需要等情况的前提条件下,拟定初步设想的总体方案,广泛吸取各方面意见,不断修正和完善,以提高总体方案的先进性、正确性和合理性。

(2) 各个布线子系统和其他部分的具体设计

综合布线系统除由各个布线子系统组成外,还有其他部分,主要有电源、电气保护(包括屏蔽等)、防雷接地和防火等。上述部分都是综合布线系统工程不可缺少的,与整个综合布线系统工程设计形成整体。在综合布线系统总体方案的整体设计时,应掌握这些相应部分的资料和数据,充分研究,做好各部分和布线子系统的具体工程设计。在各部分设计中都要求与左、右、上、下相关部分的内容互相配合衔接,彼此加强核对,尽量做到无遗漏、不脱节,能够成为完整的配套设计,以满足整个工程建设需要。

此外,建筑物内的管槽系统工程和智能化小区内的地下通信管道工程,这两部分设计均极为重要,且涉及方方面面较多,必须与房屋建筑和小区以及各种管线设施的主管设计的单位配合协调,这是保证工程设计质量的关键环节。

(3) 编制工程设计文件

编制工程设计文件的具体内容有编写工程设计说明、绘制设计和施工图纸及编做工程概(预)算等,概(预)算中应包括综合布线系统整个工程的投资费用(即工程总造价),工程中所需的各种设备和器材及其辅件的规格、数量清单,上述内容不能遗漏或缺少,也不应错误或矛盾百出。因为工程设计文件是作为工程建设投资费用的结算依据;它是安装施工的指导文件;又是今后使用、维护和管理的查考档案;也是设计单位总结经验教训的工程资料,它对于各个方面都是极为重要的。为此,对于编制工程设计文件,必须做到技术观点明确,文字叙述流畅,图纸清楚美观,预算数据正确。对于工程设计文件的内容除应齐全完整外,更为重要的是设计方案必须符合客观需要。

3. 工程设计基本流程

从上面所述,可以看出在智能建筑和智能化小区的综合布线系统工程设计中,其内容虽有不少相同之处,但也有明显差别,不完全等同。为了对两种工程设计有一个较直观的分析和判断,现将两种工程设计的基本流程在图 5.1 中表示。在图中把工程设计的前期工作,如网络建设规划部分也予以表示,可以看出它们之间的前后相接的关系。

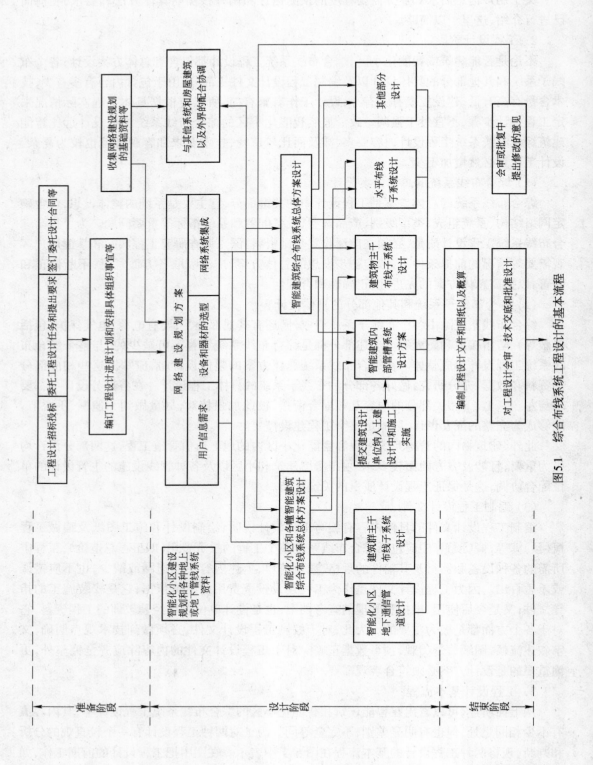

图 5.1 综合布线系统工程设计的基本流程

232

在图 5.1 中没有把工程设计的具体细节予以表示,以简化图中内容。图中有几点应注意:

(1) 网络系统集成是贯穿于网络规划和工程设计的全过程,且它们之间互相密切有关,不是单纯在网络建设规划方案一个阶段中的工作内容。

(2) 设备器材的选型就是综合布线系统产品的选型,它与规划方案和工程设计都有关。为了及早配合智能建筑的土建工程设计,产品选型应及早考虑,也有利于提供管线和设备需要预留的安装位置及洞孔规格尺寸等数据和要求,也为下步工程设计创造方便的条件。

(3) 在智能建筑内部的综合布线系统工程中所有的管槽系统设计方案,是在其总体方案基础上根据各个布线子系统的要求,全面考虑后拟定的技术方案和具体要求,提供给土建设计单位纳入其设计中,如有问题应双方协商研究解决。

(4) 如果只有智能建筑的综合布线系统工程设计时,在图 5.1 中就不包含智能化小区部分的工程设计内容。当在智能化小区的综合布线系统工程设计时,就应包含有图 5.1 的全部工程设计内容。

(5) 图 5.1 中的与其他系统的配合,包含有与计算机网络系统,公用通信网(包括接入网),建筑自动化系统,有线电视系统(CATV),民用闭路监视电视系统和消防通信系统等的配合设计,在具体工程设计中应根据实际情况予以增加或减少,不可能都完全一致。

(6) 其他部分设计包含有电源设计、综合布线系统的防护设计(如屏蔽系统和接地系统等设计)和光缆传输系统设计(如工程建设规模较大时另立,少量光缆线路部分设计可在相关布线子系统中一并考虑)等部分。

第二节　智能建筑的综合布线系统工程设计

5.2.1　总体方案设计

综合布线系统工程总体方案设计简称总体设计或系统设计,它是综合布线系统工程的整体设想,是极为重要的关键设计部分,其包含的内容都是主要的设计部分,对综合布线系统的整体性和系统性具有举足轻重、涉及全局的作用,总体设计的质量高低会直接影响智能建筑的使用功能效果大小和服务质量的优劣。

由于综合布线系统是把话音、数据、图像和信号等各种信息所需的布线系统集成在一套通用的标准化,且是开放式布线系统中,其整体性和兼容性的要求极高。所以在综合布线系统的总体设计时,必须对网络拓扑结构、技术性能指标和系统设计方案等各个方面要统筹兼顾、全面考虑、综合比较来确定。

1. 综合布线系统的组成

按照国际标准和我国通信行业标准规定,综合布线系统由建筑群主干布线子系统、建筑物主干布线子系统和水平布线子系统 3 个子系统组成,工作区布线为非永久性线路,一般不包括在工程范围内。

单幢的智能建筑中的综合布线系统通常由建筑物主干布线子系统和水平布线子系统两部分组成。由不同的楼层数量和立面外形的多幢智能建筑物组成的大型建筑联合体,因使用性质和服务对象不同,为了便于管理一般其内部分成几个分区(或称分座),这时综合布线系统可有两种组成方案,一种是与单幢的智能建筑一样是两个布线子系统;一种是把大型建筑联合体看作建筑群体,所以综合布线系统应由建筑群主干布线子系统、建筑物主干布线子系统和水平布线子系统 3 部分组成。

在总体设计时，对综合布线系统的组成需要注意以下几点：

(1) 各个布线子系统之间，它们的缆线都不应互相直接连接，其中间必须装有配线接续设备(如配线架等)，利用跳线(或称跨接线或连接线)等器材，连接成传送信号的通路，以保证系统性和完整性，使布线通路使用方便、调度灵活、检修简便和管理科学。

(2) 建筑群配线架(CD)：建筑物配线架(BD)和楼层配线架(FD)分别属于建筑群主干布线子系统、建筑物主干布线子系统和水平布线子系统。因此，在总体设计中必须对上述各个子系统之间关系分清。同时，要求它们之间互相匹配、彼此衔接，不应有矛盾和脱节，例如各种配线架的装设位置、缆线容量和技术性能等都要求从整个系统的总体考虑，务必要求使用方便、有利于维护检修和日常管理。

此外，为了对综合布线系统在日常运行中的状态及时进行监督和切实有效的管理；在综合布线系统总体设计中，应考虑设置汉显计算机信息管理系统，利用人工登录，将综合布线系统各种运行状态进行登记，以便维护检修故障和准确调度使用。人工登录的范围和内容较多，主要有设备和缆线的用途和长度、使用单位及其使用日期、网络拓扑结构的组成状况、设备装设位置、缆线的走向和技术性能等内容。上述登录的范围和内容仅是示例，应根据工程实际情况予以补充和完善。

2. 综合布线系统网络拓扑结构的选用

在综合布线系统总体方案设计中，选用合适的网络拓扑结构是极为重要的内容，其中建筑物内主干布线子系统的网络结构是一个关键性的环节。

(1) 主干布线的基本网络拓扑结构

综合布线系统的主干布线网络拓扑结构，可以看作是由一系列节点和各个节点间相连的链路组成几何图形的网络拓扑结构。一系列节点分别是建筑群配线架(CD)、建筑物配线架(BD)、楼层配线架(FD)和通信引出端(TO)等。CD 和 BD 通常设置在建筑物内的设备间，FD 是设在干线交接间(有时称接线间)，TO 是装在工作区内。在建设规模大的智能建筑中，因楼层面积极大，综合布线系统的楼层配线架(FD)所管辖范围过大，极不方便，所以在楼层配线架(FD)之后，又增加一个二级交接间(又称卫星交接间或卫星接线间)，一般设在楼层内。应该说上述网络拓扑结构的节点级过多，虽有网络调度灵活运用的优点，但也会增加缆线发生人为障碍的机会。

综合布线系统网络拓扑结构的节点有转接点和访问点两类。干线交接间的 FD、楼层中的二级交接间设备和通信引出端(TO)都属于转接节点，它们在综合布线系统全程传送信息过程中，只是转接和交换传送信息，设备间设置的主机设备和用户信息终端设备是访问节点，它们分别是信息的源节点和目标节点。

(2) 网络拓扑结构的类型和选择

网络拓扑结构因节点的连接方式不同而有区别，目前综合布线系统网络拓扑结构主要有星型、总线型、环型和树状型等多种。网络拓扑结构的选择常常与建筑物的使用性质和信息传送的控制方式有关。

目前，综合布线系统的网络拓扑结构通常都采用星型。这样每个子系统都自成相对独立的网络系统分支，彼此互相不影响。今后在维护检修和改建网络以及扩建发展时，只需在网络中的某些部位(如各级配线架)进行改接，形成总线型或环型等网络拓扑结构，显然极为简便灵活。这种开放式的星型网络拓扑结构能普遍用于各种局域网和计算机网络系统,且能支持各种信息业务的传输任务。

网络拓扑结构的选择,主要根据综合布线系统传输信息量的多少、安全可靠性、建筑结构和技术经济合理以及适应性强等因素来决定。在实际工作中,除可单独采用一种结构外,也可将两种或多种网络拓扑结构有机结合,形成混合的网络拓扑结构。在网络拓扑结构选择时应遵循以下要求:

1) 安全可靠,检测维修方便:在综合布线系统中常有两类故障,一类是个别节点或链路损坏,这只影响局部,不致危及全局;另一类故障使全系统无法正常工作,这种故障要力求避免,从网络拓扑结构上要求有较高的安全可靠性,以保证整个系统正常运行。此外,网络拓扑结构必须具备便于检测判断故障和能采取容易隔离故障的措施,使影响使用的范围尽量缩小。

2) 灵活通融,有利于增加和拆移:在综合布线系统中各个通信引出端的数量和位置发生增加、移动或拆除等变化时,很容易重新配置。如要形成不同的网络拓扑结构,在改变时,不会影响整个系统正常工作。

3) 适应性强,能满足发展需要:要求综合布线系统的各个部分均有一定的发展余地。如电缆竖井和交接间均预留有一定的发展空间;各种缆线的路由稳定安全、短捷平直、容易安装施工和今后扩建增容;采用的传输媒介既能满足目前需要,又能适应今后发展和变化,例如采用光纤光缆和高五类(或称超五类)对绞线对称电缆等。由于各方面均有一定弹性和应变能力,网络拓扑结构的变化和改建均较有利,具有极高的适应性,以应付各种变化因素和发展需要。

随着计算机技术、通信技术和控制技术的不断发展,综合布线系统本身也在发展和变化,各种科学技术互相融合、交叉渗透更加广泛,且很复杂,涉及面增宽,势必对网络拓扑结构产生影响。从目前国内工程的应用实践证明,综合布线系统比较理想、也较实用的网络拓扑结构是星型。在工程建设规模很大的智能建筑中的综合布线系统,由于网络拓扑结构复杂和技术性能要求较高,通常采用树状型网络拓扑结构。

3. 综合布线系统的设备配置方案

综合布线系统的设备配置方案是总体设计的主要内容。设备配置方案主要有各种配线架、布线子系统、传输媒介和通信引出端(即信息插座)等,它应根据所在建筑物的工程范围和建设规模的大小以及用户信息需求点的分布等因素来考虑。各种配线设备配置的原则和典型可见本书第二章所述。

关于用户信息需求的通信引出端和水平布线子系统的配置方案,在总体设计中应根据工程的实际需要,按照国家标准《建筑与建筑群综合布线系统工程设计规范》(GB/T 50311—2000)的规定来配置。在规范中将上述设备配置方案分为三个等级,即最低配置型(又称基本型)、基本配置型(又称增强型)和综合配置型(又称综合型)。其具体配置可参见第一章表1.3中所列。此外,要注意的是与建设部编制的《国家康居示范工程智能化系统示范小区建设要点与技术导则》(修改稿)中划分三个等级是指智能化小区,因此,有所不同,不宜混淆使用。

从上述配置的基本思想是对于计算机网络系统的建筑物主干布线子系统的垂直主干缆线,推荐采用光纤光缆;对于电话通信系统或部分短距离的计算机网络系统则可用对绞线对称电缆。由于智能建筑和工程实际情况极为错综复杂,不可能只采用统一的同样模式,应结合智能建筑的具体特点和实际情况,在设计中灵活运用。此外,上面所说的三种配置虽属国家标准中有所规定,但不是固定不变的,也应结合工程实际要求来考虑。总之,最低配置型、基本配置型或综合配置型只是一种配置划分,也有可能有上述三种典型配置都不适合的特殊情况,在设计时,应按实际需要确定配置方案,不限于上述三种配置型式。

近期,由于国外引入的吹光纤的施工技术在国内已经开始使用,当有时设备配置因原始资料缺乏无法确定光纤光缆的纤芯数量时,可以考虑采取在智能建筑内敷设光纤空心微管到今后预计所需的场合(例如工作区内),日后根据用户使用需要的实际情况,选用多模光纤或单模光纤和纤芯数量,吹放在光纤空心微管中以适应实际需要。

4. 总体设计中通常遇到的几个课题

在总体设计中通常会遇到一些重要课题,为此,需要根据实际情况分别予以解决。现分别叙述。

(1) 对难以确定服务对象采取的设计方案

由于各种类型的智能建筑的服务功能和业务性质以及使用对象各不相同,建设计划和安排进度难免发生矛盾,例如办公租赁型的智能建筑在筹建过程中,此时具体的购房业主或承租用户尚未确定,无法提供较为翔实的具体资料和基础数据,例如是什么业务性质的承租用户,其对外的联系需要程度等。如果上述的智能建筑需要进行综合布线系统工程设计时,会增加不少困难和目前不易解决的难题。为此,在总体设计中应根据该智能建筑的具体情况,采取相应的处理方案。一般宜按以下几种方案考虑。

1) 对于专业性较强、服务功能较明确的智能建筑类型,例如外事、航空、铁路、电力、交通、金融和通信以及新闻通讯等重要部门和企事业单位的专用建筑物。它们的特点是都需要功能比较齐全的通信和计算机等相结合的信息网络系统,且要求安全可靠性高、技术性能好和信息质量确有保证。上述建筑物内的通信引出端的数量和分布可参照相类似的智能建筑,并结合实际需要来确定。其中办公性质的房间可按一般办公楼的要求配置。重要的房间或特殊场合可分别按近期或远期估算来处理,近期应按实际需要分配和布置;远期可采取在本期工程中暂不敷设水平电缆,必要时将今后需要的缆线对数预留在建筑物配线架(BD)处,或将楼层配线架(FD)的容量结合标准规格适当放大,待今后正式确定使用对象后进行二次装修时再敷设缆线。这种方法尤其适宜在对外租赁的商贸或综合办公的智能化建筑。

对于使用对象和功能要求均已明确的智能建筑,例如党政机关、公司总部或企事业单位的办公楼或业务楼等建筑物,因其使用对象和功能要求已经固定不变,通信引出端和其布线可按前面介绍的内容来处理。

2) 对于大中型城市中的商务中心区、高新科技园区等区域中的办公楼、综合楼、科研楼和商用租赁办公楼等智能建筑,因其购房业主或租赁对象尚未明确、或今后租赁者会经常变换等无法确定的因素存在,所以通信引出端的布置和水平布线子系统的缆线不宜固定,宜采用开放式办公室的综合布线系统网络拓扑结构。目前,主要采用多个用户通信引出端(MUTO)或集合点(CP)两种方式,以满足用户需要,但须符合以下要求:

① 采用多个用户通信引出端方式

每个多个用户通信引出端所能够覆盖的服务范围应适宜合理,推荐服务范围不大于 6 个工作区,最多不得超过 12 个工作区,即包含有 12 个端口,也就是可以有 12 个通信引出端

（又称信息插座，其中已包括适当的备用量在内）。多个用户通信引出端宜安装在办公室的墙壁上或柱子等固定的建筑结构上，其位置应适中，便于插接使用。为了保证符合水平布线子系统最大长度的要求，各段缆线长度应符合表 5.1 的规定。

各段缆线长度限值   表 5.1

电缆总长度(m)	100	99	98	97	97
水平布线子系统的电缆(H)(m)	90	85	80	75	70
工作区电缆(W)(m)	3	7	11	15	20
交接间跳线和设备电缆(D)(m)	7	7	7	7	7

注：各段缆线长度也可按下式计算

$$C = (102 - H)/1.2$$
$$W = C - 7 \leqslant 20$$

式中　$C = W + D$——工作区电缆、交接间跳线和设备电缆的长度总和；

　　　　　W——工作区电缆的最大长度；

　　　　　H——水平布线子系统的电缆长度；

　　　　　D——交接间跳线和设备电缆长度。

② 采用集合点(CP)的方式

集合点(CP)和转接点(TP)都是水平布线子系统的缆线转接点(即接续点)，但不是终接点，转接点(TP)是用在水平布线子系统中不同型式或规格的电缆或光缆相连接的地点(例如扁平型电缆与圆型电缆或不同线对数的电缆相连接)，而集合点(CP)是用于开放式包含多个工作区，且面积较大的办公室。按照通信行业标准的规定，转接点处应为永久性的固定连接不做配线用，这种转接点即是 TP。只有在特殊情况下，对包含多个工作区的较大的房间，且工作区划分有可能调整时，允许在房间的适当部位，设置非永久性的灵活连接的转接点，这种转接点就是集合点(CP)，在集合点处允许用工作区电缆直接连接到终端设备。因此，在集合点处不用跳线，也不接有源设备。按照通信行业标准的规定，集合点(CP)应安装在距离楼层配线架(FD)大于 15m 的墙壁或柱子等固定的建筑结构上。此外，从楼层配线架(FD)到每个通信引出端之间的水平电缆属于水平布线子系统，要求每一条水平电缆不允许超过一个集合点(CP)，或同时存在转接点(TP)，也就是只允许有一个 CP 或一个 TP 转接点；从集合点(CP)引出的水平电缆必须终端连接到通信引出端或多个用户通信引出端上。

在上述两种方式中，可以看出它们各有特点和作用。多个用户通信引出端是在一个开放式的办公室内为多个用户提供一个单一的通信引出端(即信息插座)的组合点，它又是水平布线子系统的转接点，便于用户插接工作区布线使用。集合点(CP)是水平布线子系统中间的一个互连点，它是将水平布线子系统延长到单独设置的通信引出端或多个用户通信引出端，所以它不是水平布线子系统的逻辑终接点。

(2) 屏蔽布线系统的采用

综合布线系统本身是一种无源网络，但与各种高频网络设备连接形成系统后，就成为有源网络的组成部分。为此，对它的电磁兼容性要求也就提高，对于特定的应用系统和要求很高的场合，必须按照我国国家标准《信息技术设备的无线干扰特性的极限值和测量方法》(GB 9254—88)和与该应用系统有关标准规定执行。

综合布线系统是否采取屏蔽布线系统等防护措施的因素比较复杂，其中主要是防外来电磁干扰和向外电磁辐射。外来电磁干扰将直接影响综合布线系统正常传送信息;向外电磁辐射是综合布线系统在传送信息时,产生泄漏信息的原因。

电磁干扰是电磁场的一部分,所有载流的导线和设备都被电能场和磁能场所包围,如果是该导线和设备不需要的外来电磁场,就称为电磁场干扰。

电磁辐射是导线和设备在正常工作中泄漏其电磁场能量,造成本身传输信息不能安全可靠地传送,且对其他电路产生电磁污染。

目前,在国际上对综合布线系统是否采用屏蔽系统有不同意见。欧洲大多数生产厂家以屏蔽系统(STP)为主;而以北美为代表的其他各国则大多采用非屏蔽系统(UTP)。屏蔽系统的缆线是在普通非屏蔽系统的缆线外面,加上金属材料制成的屏蔽层,利用金属屏蔽层的反射和吸收,实现防止外来电磁干扰和向外电磁辐射的功能。由于目前采取屏蔽结构的缆线都是综合利用了对绞线的平衡原理和屏蔽层的良好屏蔽作用。因此,具有很好的电磁兼容特性(EMC),保证综合布线系统能够不产生上述问题而正常传送信息。

但是应该看到采用屏蔽布线系统后,必然增加工程建设投资和运输费用,此外,由于缆线加粗增重,对运输和安装施工中增加困难,尤其是在技术上要求更加严格,屏蔽层必须连贯不断,且要求采取 360°屏蔽措施,并应设有相应的接地系统等。过去工程中因注意不够产生很多问题,屏蔽效果不太理想,反而增加缺陷。所以在国内使用屏蔽布线系统较少。今后,在综合布线系统中采用屏蔽布线系统将会逐渐有所增多,其主要有以下三个原因:

1) 通信系统和计算机系统的传输速率都在迅速提高。由于工作频率的提高,导致容易产生向外电磁辐射和受到外来电磁干扰。

2) 电磁干扰源日渐增多,因而客观环境的传输信息条件迅速恶化。根据综合布线系统的传输信息要求,如在智能建筑内部和其周围,因有电磁干扰源,尤其是移动通信系统,它产生的电磁干扰极为严重,在这种情况下,必须采取切实有效的防护措施。

3) 网络系统安全可靠性要求提高。由于工作频率的提高,容易产生向外电磁辐射,一方面有可能使信息失密,不能保证网络安全可靠地正常运行;另一方面由于电磁辐射,影响其他系统正常工作。

由此可见,在综合布线系统工程中的总体设计时,对于是否采用屏蔽布线系统是一项极为重要的课题。因此,在综合布线系统工程中,应根据工程现场实际情况和建设单位的要求,只要用户提出上面所述中任何一个原因,需要采用屏蔽布线系统时,都应认真研究,在总体设计中应考虑是否选用屏蔽布线系统。

(3) 光缆传输系统的选用

随着通信技术和计算机系统技术的高速发展,人们对于传输信息的质量和要求日渐提高,客观环境的各种条件也有很多变化。因此,在综合布线系统中必然会采用传输速率高、线路衰减低、抗电磁干扰能力强的光缆传输系统,以适应向信息化社会发展的需要。目前,在单幢的智能建筑综合布线系统工程的总体设计中,其建筑物内部的布线系统选用缆线的技术方案是一个极为重要的内容。现在建筑物主干布线子系统和水平布线子系统选用缆线的技术方案有以下几种,它们各有其特点和利弊,在选用时必须慎重研究。

1) 全对绞线对称电缆布线方案

在智能建筑中的综合布线系统所有缆线采用全对绞线对称电缆布线方案,即其建筑物主干布线子系统和水平布线子系统分别采用对数不同的五类非屏蔽(UTP)对绞线对称电缆。

2）光纤光缆和对绞线对称电缆兼用的布线方案

在智能建筑内部的综合布线系统采取光纤光缆和对绞线对称电缆两种兼用的布线方案。其建筑物主干布线子系统采用光纤光缆，水平布线子系统采用五类非屏蔽（UTP）对绞线对称电缆。

3）全光纤光缆的布线方案

在智能建筑内部的综合布线系统均采用光纤光缆的布线方案。即建筑物主干布线子系统和水平布线子系统的缆线都采用不同纤芯数量的光纤光缆。

上面三种布线方案，在技术方面和经济方面都各有不同特点，且均有利弊及其优缺点。因此，它们都有适用或不适用的场合，可见表5.2中所列。

三种布线方案的比较 表 5.2

序号	布线方案	优点	缺点	适用场合	不适用场合
1	全对绞线对称电缆布线方案	（1）网络拓扑结构简单，网络技术比较成熟 （2）缆线品种较为统一，有利于设备和布线部件配置一致 （3）安装施工和维护管理均较方便 （4）工程建设费用较低	（1）水平布线子系统的线路长度受到限制，不宜过长（不得大于100m），否则难以保证传输信息的质量 （2）因建筑物主干布线子系统的主干缆线条数较多，且容量大，需要有一定的安装空间（如上升房、电缆竖井等）和相应装备 （3）今后发展有些不便，需要更换设备和布线部件，增加扩建的难度	建设规模不大，技术要求不高的智能建筑；信息业务种类和信息需求数量不多，且今后发展不大的场合	建设规模很大技术要求高，且今后发展较快的智能建筑；楼层多、面积广、信息需求数量大和信息业务种类多的智能建筑
2	光纤光缆和对绞线对称电缆兼用的布线方案	（1）建筑物主干布线子系统的垂直上升缆线采用光纤光缆后，使网络拓扑结构简化，减少施工和维护以及管理工作 （2）上升部分采用光纤光缆条数少，所需的安装空间较少，容易安排，有利于平面布置 （3）线路长度不受限制，有利于传输信息 （4）能适应今后发展要求 （5）维护和管理工作简化	（1）设备和布线部件费用较贵，工程建设费用较高 （2）技术要求很高，有些尚未成熟，需要继续开拓发展 （3）增加施工难度	在特殊要求的智能建筑中电磁干扰极为严重的场合可以考虑试用	建设规模和工程范围均较小的智能建筑
3	全光纤光缆的布线方案	（1）网络拓扑结构简单、有利于设备和布线部件配置一致 （2）施工维护和管理工作简便 （3）能适应今后发展需要	（1）因是全光网络，各种设备和布线部件（如光纤连接器通信引出端）、光纤配线架（箱）网络集线器等因尚未开拓，技术尚不成熟 （2）上述设备和器材以及布线部件造价较高，国内只有少数产品能生产。整个工程造价较贵，目前尚难使用 （3）技术要求高，施工和维护均有难度 （4）采用光电转换设备目前虽可降低工程建设费用，但存在今后改造问题	特殊的智能建筑	一般智能建筑

根据上表中所列比较来分析,对于智能建筑中采用哪一种布线方案,应结合实际需要,慎重研究后确定。目前,应以第一种布线方案为主;适当采用第二种布线方案,但也存在一些缺点和问题。第三种布线方案虽然技术先进,能适应今后发展需要,但存在客观限制,例如产品尚未开发商用,且工程建设投资极高等,目前还不能采用。今后,随着科学发展和技术成熟以及价格适宜,结合智能建筑的工程实际需要和建设投资可能等各种因素来决定。

从社会进步和科学技术发展来看,采用光纤光缆传输系统是一种趋势。因此,在总体设计中,应积极为选用光缆传输系统创造条件。例如在房屋建筑内部预留必要的暗敷管路和可能安装设备的空间等,以便适应今后发展需要。

5．与公用通信网的连接

当智能建筑中的综合布线系统需与公用通信网相连接;在总体设计时,应主动与当地主管公用通信网的电信公司或有关单位联系,结合当地公用通信网的接入网等具体情况,按相应的技术规范的要求办理,具体内容和要求可参见本书第四章与公用通信网的配合的内容。

智能建筑的综合布线系统工程总体设计的主要内容除上述几部分内容外,还有管槽系统设计、电源设计、屏蔽和接地系统设计等,因其内容较多,且各有特点。为此,在下面作专门介绍。在总体设计中应予以统一考虑,以便从整体出发和全面地进行设计,切勿遗漏,避免发生不应有的过错,影响到智能建筑的服务功能和用户使用。

5.2.2　管槽系统设计

在智能建筑中的综合布线系统所有缆线均需在明敷或暗敷的管路或槽道中放设。因此,上述管路或槽道系统是常用的保护措施,且是重要的辅助设施,这种明敷或暗敷的管路和槽道系统有时把它简称为管槽系统。虽然在综合布线系统中不包括管槽系统部分,但它对于缆线敷设创造了必要的基础条件。因此,管槽系统设计在综合布线系统的总体设计中是极为重要的内容,它具有涉及面较广(包括房屋建筑和其他系统)、技术要求高和工作细致繁琐等特点,所以必须重视。

1．管槽系统设计的一般要求

(1) 综合布线系统的缆线敷设方式,在新建或扩建的智能建筑时,应采用暗敷管路或槽道(又称桥架或走线架)方式,一般不采用明敷管槽方式,以免影响内部环境美观和不能满足使用要求。原有建筑物进行改造需增设综合布线系统时,可根据具体工程实际需要,尽量创造条件采用暗敷管槽系统,只有在不得已时,才允许采用明敷管槽系统。

(2) 在综合布线系统的管槽系统设计时,主要根据各种布线子系统的所有缆线分布状况,要结合智能建筑的性质、功能、特点和要求以及房屋建筑结构条件等来考虑。由于管槽系统是建筑物内的基础设施之一,又是土建设计和施工中不可分割的一部分,且要求与房屋建筑同步设计和同时施工。所以,在暗敷管槽系统设计中,对于需要预先留有的缆线敷设位置和洞孔规格及数量等,都与建筑设计和施工有关。为此,在综合布线系统缆线分布的总体技术方案确定后,必须及早向建筑设计单位提出管槽系统分布方案和具体要求,以便在土建设计中考虑和纳入。力求及早联系、密切配合,使管槽系统真正能满足综合布线系统的缆线敷设需要。

(3) 由于管槽系统在建成后,与房屋建筑结合成为整体,属于永久性的设施,且比较固定,一般不会发生变化。因此,它的使用年限与建筑物的使用年限基本上是完全一致,这就是说管槽系统的满足年限是远远大于综合布线系统缆线的满足年限。因此,管槽系统设计必须从整体出发,主要依据智能建筑内的终期需要考虑,具体说,管槽系统的规格尺寸,管孔数量和管径大小以及采用管槽的材质等都要有较长时期的要求,必要时,宜采取灵活通融性较大的技术方案,以便适应终期前的各种变化因素。

(4) 综合布线系统的管槽系统设计必须从整体出发,全面考虑。管槽系统的整体是由引入管路、上升管路(包括上升房、电缆竖井和槽道等)、楼层管路(包括槽道和部分工作区管路)和连络管路(包括连络槽道)等组成。因此,在管槽系统设计中对它们的走向、路由、位置、管径和槽道规格等,均需从整体和系统来通盘考虑。做到互相衔接,配合协调,任何部分都不应产生脱节和矛盾的现象。

(5) 综合布线系统是开放式结构,它既是在智能建筑内部的信息网络系统,又要连接建筑物外部的话音、数据和视频等系统。为此,需要与外界公用传输网络系统连接,在管槽系统设计中,必须考虑除应满足目前需要外,还要兼顾它们的发展所需的管槽规格和数量,做到近期与远期相结合,能够满足各个时期的需要。

(6) 由于综合布线系统是整个通信网的组成部分,其管槽系统是为它服务的辅助设施。且与外界地下通信管道有一定关系。因此,为了使管槽系统能与外界管线配合和连接,必要时,请当地电信公司或有关单位到现场协助解决,也可将引入部分的施工图纸送请审定,以求互相配合和协调。

2. 管槽系统设计要点

管槽系统设计有明敷或暗敷两种,明敷管槽系统一般在新建的智能建筑中很少采用,主要用于原有建筑或暗敷管槽受到限制时。所以,在智能建筑中一般是以暗敷管槽系统为主,且在总体设计中又是必须考虑的主要内容之一。

(1) 暗敷管槽系统设计要点

暗敷管槽系统设计的具体内容通常属于建筑设计部分,一般由建筑设计统一考虑,在建筑施工时同步进行。但暗敷管槽系统的总体布局、规格要求等是由综合布线系统工程的总体设计考虑,作为设计资料提供给土建设计单位,所以两者必须密切结合,统一协调,使暗敷管槽系统在今后能满足综合布线系统敷设缆线的要求。

1) 暗敷管路系统设计的基本要点

① 暗敷管路系统应在智能建筑工程中同时施工,一旦建成后,不能改变管路路由和具体位置,所以是固定不变的永久性设施。但是在暗敷管路系统上应有一定的灵活机动性,能适应相应范围内的变化。它主要体现在采取多条路由和一定的备用管孔以及连络管路,以便需要时穿放缆线,可以适应智能建筑内信息业务量(包括信息需求的位置和数量等)的变化。为此,在暗敷管路系统总体方案中,对于某些管路段落宜考虑增设备用管孔或连络管路。

② 在暗敷管路系统总体设计时,必须充分了解智能建筑内部的其他系统管线的性质、分布、位置、管径和技术要求等,以便管线综合协调时能互相沟通、彼此理解、密切配合、妥善解决工程中的问题,减少不应有的矛盾。对于确定暗敷管路系统的技术方案是极为有利的。

③ 在确定暗敷管路系统总体方案时,应根据智能建筑内部设置的用户电话交换机、计算机主机等的设备容量和装设位置,结合引入管路和上升管路(包括上升房和电缆竖井等)的具体位置。同时,要充分了解各个楼层的用户信息点的分布状况以及有无特殊要求等因素,全面研究、通盘考虑智能建筑中整个暗敷管路系统的总体方案,其具体内容有上升管路路由、各个楼层管路分布的状况、以及它们的位置和管径等具体内容。此外,在某些段落和

场合要适当考虑备用管孔和连络管路等。如在智能建筑内不装用户电话交换机时,应以建筑物配线架(BD)为枢纽,考虑暗敷管路系统分布总体方案,务必使整个智能建筑内部的暗敷管路系统总体布局合理、路由短捷、便于施工维护,既能满足目前穿放缆线的需要,又能适应今后变化发展的形势。

2) 暗敷槽道系统设计的基本要点

暗敷槽道系统设计的要点与上述暗敷管路系统基本类似。但暗敷槽道系统还有其特殊性,必须予以注意。

① 如在智能建筑中采用暗敷槽道系统时,通常是在综合布线系统的缆线容量大、缆线条数多而较为集中的段落,这些段落一般都是综合布线系统的重要主干路由和关键场所(例如设备间附近或建筑物主干布线路由等)。因此,在暗敷槽道系统设计方案时,首先要特别注意槽道的形式、材质和规格,例如综合布线系统中的垂直上升的主干缆线,经过某些楼层或特殊场合,要求槽道必须具有防火性能时,应该根据防火要求,选用具有防火性能的槽道,以保证综合布线系统的缆线能安全运行。

② 综合布线系统使用的暗敷槽道系统应以通信专用为好,一般不与其他系统合用,更不应与有可能对通信系统产生干扰或损害等恶劣影响的系统合用同一个槽道。如必须与其他缆线合用槽道时,在工程设计中应从全局出发和保证通信安全为前提,要按有关的技术标准综合协调,确定不同系统的缆线间有一定间距和采取相应的保护隔断措施。此外,在工程设计中应明确施工安装和维护管理的分界点以及双方的职责范围。

③ 当暗敷槽道系统在电缆竖井中或顶棚(即吊顶)内安装时,在总体设计中应与建筑设计单位共同研究、配合协调,决定暗敷槽道的安装方案,例如槽道的安装位置、支承加固方式和维护检修空间等具体问题,以便安装和维护以及保证安装牢固、稳定可靠。

④ 如在智能建筑内部采用暗敷槽道系统时,因为槽道本身规格尺寸较大,采取暗敷方式有时受到客观条件限制,无法解决影响内部环境美观的课题。为此,应对暗敷槽道的路由、位置和走向细致考虑,应尽量隐蔽或在较偏僻角落处,力求不影响建筑物内部环境的美观,必要时,可在槽道外面采取装饰性的遮盖措施。

(2) 明敷管槽系统设计要点

在智能建筑中采用明敷管路或槽道的安装方式较少,但目前因有些国内外生产的综合布线系统的产品,有配套的塑料槽道,其规格尺寸较小,容纳的缆线条数极少,一般只在工作区布线中采用,且都为明敷方式。在建筑物主干布线子系统和水平布线子系统中,如不得已时,需采用明敷管路或槽道系统时,应分别注意其基本要点。

1) 明敷管路系统设计的基本要点

明敷管路系统是具有便于安装和管理,建设投资较少等优点。在系统设计中它的基本要点如下所述。

① 由于在智能建筑中,暗敷管路会受到房屋结构的限制无法使用,或在建设时未估计到需敷设暗管的段落,才采取明敷管路的建筑方式。此外,今后大量非智能化的原有建筑中,如需设置综合布线系统,其缆线需要采用明敷管路保护。显然,明敷管路会使建筑物内部环境美观受到影响。因此,在明敷管路系统设计时,对明敷管路的路由、位置和走向以及支承加固方式都要采取尽量隐蔽,选择在不易被人发现的角落或部位处,这样既能保证通信管线安全可靠,又不致影响内部环境美观。如果都是较为明显的部位,如条件允许,可利用

内部装修的美化装饰部分;例如画镜线、踢脚板或木墙裙甚至吊顶等作为遮盖措施,将明敷管路暗藏起来。

此外,选择明敷管路的路由和位置时,应尽量避免接近高温、高压、潮湿以及可能腐蚀或遭到强烈机械振动的场所,例如厨房、油机房或卫生间等,以免损害或腐蚀管线。

② 应根据智能建筑中的现场情况,选用明敷管路的管材,一般情况采用管壁较厚的钢管,利用其本身能支承一定跨距和相应的机械强度,有利于安装敷设。在潮湿或有腐蚀性气体,或可能接近电力线路的段落不应采用金属管材,宜采用硬质塑料管,必要时,可在管路外面加包绝缘材料的保护措施。

此外,选用管路的管径,应充分估计今后需要穿放缆线的条数和直径,要求符合标准规定的管径利用率(或截面利用率)。

③ 采用明敷管路时,必须注意在建筑物内部固定结构(如墙壁或柱子)上的安装高度和维护空间以及与其他管线或障碍物的安全间距,除应不影响内部环境美观外,为有利于安装和维护,其安装要求应在 3m 以上,如为跨越有人通行的段落,应视具体情况适当增加高度,必须保证在明敷管路下人员能顺畅通行不受影响,以防止明敷管路可能受到直接碰撞或外力损伤。

2) 明敷槽道系统设计的基本要点

明敷槽道系统设计的基本要点与明敷管路系统基本类似,同样需注意路由和位置选择较为隐蔽安全处,以免影响建筑物内部环境美观和保证通信安全;应根据具体情况选用材料和其规格;要注意其吊装高度和维护空间等。但由于槽道容纳缆线较多,且其使用性质都属于重要的主干路由,有其特殊性和具体要求,所以有所差异,现将其特殊的部分予以补充。

① 为了保证综合布线系统正常运行,明敷槽道应选用具有保护性能和密闭性能的全封闭结构式槽道,全封闭结构式槽道以无孔托盘式槽道(简称槽式槽道)为好。它是由底板和侧边构成或由整块钢板弯制成的槽形部件,底板无孔洞眼。因此有时称它为实底型槽道,无孔托盘式槽道配有盖板后,就成为全封闭的金属壳体。由于它本身结构的特点,具有抑制外界电磁干扰,防止有害气体、液体和粉尘侵入发生腐蚀的作用。因此,它适用于需要屏蔽电磁干扰或防止外界各种气体或液体以及粉尘较多的场合。

在智能建筑内部如有防火要求的场合,应选用耐燃或非燃材料制成的耐火型全封闭无孔托盘式槽道。

② 在智能建筑中采用明敷槽道方式时,应注意其吊装高度。在屋内水平敷设时,无孔托盘式槽道距离地面高度,不应低于 2.2m。在吊顶中敷设时不受此限,可根据吊顶的装设要求来确定,但要求槽道顶部距吊顶上或其他障碍物之间的距离不应小于 0.3m。无孔托盘式槽道在吊顶中敷设时,还要考虑其盖板开启方便和维修或更换缆线的操作空间。

③ 在选用槽道规格尺寸(即横断面尺寸,它是由槽道的宽度和高度来决定),因对其内部的净空断面积大小和容纳缆线多少有关。根据国内工程经验,槽道规格尺寸应按终期缆线的对数和条数,并适当预留一定的富裕量来考虑。同时,还要符合槽道内缆线填充面积(又称缆线填充率)不应大于 50% 的要求。这里所说的槽道内缆线填充面积是指在槽道内的电缆总截面积,它不应大于槽道净空截面积的 50%,也就是在槽道内横断面的填充率不应超过 50%,且宜预留 10%～25% 的发展富裕量。

3. 引入管路设计(又称引入管道设计,可参照本书第四章第二节)

智能建筑内的综合布线系统引入部分是由引入管路和引入缆线及其终端两部分组成。它们之间是相辅相成，既有密切的关系，又有各自独立的性质。引入管路属于管路系统，引入缆线及其终端属于建筑物内部的主干布线子系统。引入管路是指从屋外的公用通信网地下通信电缆管道(又称地下通信管道或地下管道)的人孔或手孔接出，经过一段埋设后进入智能建筑内，由建筑物的外墙穿放到屋内，这就是引入管路的全部，即人(手)孔——管道——房屋建筑。在引入管路设计中应注意以下几点：

(1) 引入智能建筑内的管路，应根据其建设规模、建筑体形(例如分区建筑)和具体条件以及对信息网络系统安全可靠性的要求程度，采取一处或两处及以上的引入管路方案，以保证信息网络系统对外安全运行。

(2) 引入管路进入建筑物的位置应尽量邻近综合布线系统的设备间，其距离一般不宜超过15m。引入管路的整个段落力求不与其他管线过于接近，特别是给水管、排水管、燃气管、热力管和电力电缆等管线，以免对信息网络系统有可能产生危害。

(3) 引入管路与建筑物内的连接方式，主要根据智能建筑的建设规模和综合布线系统的具体情况，选用相应的技术连接方案，一般有以下两种：

1) 工程建设规模较小的智能建筑，一般不设地下室或只有半地下室时，综合布线系统的引入管路通常采取连接到一层房间内，分别采取与地槽连接或与走线架连接两种方法。

① 与地槽连接的方法　当在智能建筑内部设有地槽时，引入管路与地槽连接，其管路管孔的下边缘应与地槽的底面一致，或稍高于地槽底面 1～2cm，管口不应过高离出地槽底面，以利于电缆(或光缆)平直地布放。其具体情况可见本书第四章图 4.1 所示。

② 与走线架连接的方法　当在智能建筑内部不设地槽，但有半地下室，采用走线架时，综合布线系统的引入管路穿越半地下室的墙壁进入屋内，沿墙设置垂直的走线架。要求引入管路的管孔口位置尽量与走线架邻近，以便电缆或光缆布置和衔接。如引入管路为多孔管群时，管群口的边缘应做成喇叭口形状，以利于电缆和光缆从管孔中呈圆弧形状引出，再在走线架上敷设。

2) 工程建设规模很大，信息业务量较多的特大型智能建筑，由于楼层层数多、整个楼体高，一般都设有 1～3 个地下层次的地下室。这时，引入管路应充分利用地下室，与土建设计单位协商，给予部分地下室作为综合布线系统的电缆(或光缆)进线室的专用房间，这样有利于工程建设和今后维护。引入管路和电缆进线室的连接方法和内部布置要求，可以参照一般电缆进线室的工艺要求进行设计。但需注意电缆进线室应是专用房间，不应与其他设施合用，也不允许其他管线进入室内，以保证信息网络系统安全和有利于日常维护管理。

(4) 为了防止引入管路中有渗水流入屋内，引入管路应向屋外地下通信管道的人孔或手孔方向作倾斜的坡度，其要求倾斜的坡度一般为 0.3% 到 0.4%，最小不宜小于 0.25%。在靠近智能建筑物处，引入管路应有足够的埋设深度，一般为 0.8m，最少不得小于 0.5m。如穿越绿化地带，要注意其覆土层的厚度，适当加大它的埋设深度，或采取其他保护措施，如在管路外加做 8cm 厚度的混凝土包封层或在管路上覆盖钢筋混凝土板等保护措施。

(5) 当智能建筑内部的其他系统(如计算机网络系统等)对引入管路有特殊要求(如要求加大管孔内径或增加管孔数量等)时，应结合实际需要和可能，在引入管路设计中统一考虑。

4. 上升部分设计

上升部分是智能建筑内部综合布线系统的主干路由,所以又称主干部分(或垂直部分)。

在中高层或高层甚至超高层的特大型智能建筑内,因其楼层较多,综合布线系统的暗敷管槽系统必须从建筑物的底层敷设到各个楼层,直到顶层,形成暗敷管槽系统的主干路由和重要通道(有时称干线通道)。所以上升部分设计是暗敷管槽系统中极为重要的部分。

(1)上升部分的建筑结构类型

上升部分必须满足信息网络系统(包括综合布线系统)的使用要求,但是它是房屋建筑的组成部分和附属的辅助设施。由于它是房屋建筑中的通道部分,它的建筑结构形式和具体设置位置主要根据房屋的建筑结构和平面布置等具体条件以及客观需要来确定,且属于土建设计的内容和范围。因此,暗敷管槽系统设计时,对于上升部分必须与房屋建筑设计单位共同协商确定。

目前,在智能建筑中有两大类型的通道,即开放型通道和封闭型通道。开放型通道是建筑物内,从地下室直到楼顶的一个开放式的空间,中间没有楼板或任何物体将其隔开或改变通道的形状。例如电梯通道、通风通道和垃圾通道等,这些通道的特点是上下贯通、面积相同、毫无阻碍的空间。这些通道内是不能敷设综合布线系统的主干缆线和相应的配线接续设备的。

封闭型通道是建筑物内一连串从顶层到底层,每个楼层都有上下对齐的一个空间或房间,通称为电缆竖井(有时称管线井或管井)或上升房。在这些上下一连串的空间或房间中设有穿越电缆的洞孔或电缆通道,也有暗敷或明敷的上升管路或槽道以及缆线直接固定等方式,它们均穿过这些空间或房间的楼板,每个空间或房间都有能容纳这些管槽系统或固定安装所有缆线以及配线接续设备的地位,且有必要的操作空间。为了便于维护和施工,还配置相应的电源和照明设施。

在智能建筑的综合布线系统中,主干缆线均选用在带门封闭型的专用通道内敷设,即电缆竖井或上升房,以保证信息网络系统安全运行和有利于维护管理。同时,还可兼做交接间,安装楼层配线架(FD),便于与水平布线子系统连接,也有利于安装施工和维护检修。

由于智能建筑的使用性质和服务对象不同,其建筑结构体系和楼层平面布置也有很大区别。所以上升部分的建筑结构类型是不一样的,目前基本上有上升管路(又称垂直主干管路)、电缆竖井和上升房三种类型。这三种上升部分的类型各有其特点和适用场合,可见表5.3中所列。

综合布线系统上升部分辅助设施的三种类型   表5.3

序号	上升部分类型名称	容纳缆线条数	房屋使用面积	是否装设配线接续设备	特　点	适用场合	备　注
1	上升管路(垂直管路、主干管路、上升管等)	1～4条	一般不占用房屋使用面积	在上升管路附近装设配线接续设备(FD)以便于就近与楼层管路连通	(1)不受建筑面积和建筑结构限制,一般不占用房间面积 (2)工程造价低、技术要求不高、对施工和维护有些不便 (3)FD等无专用房间对通信有不太安全感 (4)适应变化和发展的能力较差 (5)影响建筑内部环境美观	信息业务量较小的场合,今后发展较为固定的中、小型智能建筑	为了保护和遮盖上升管路,可在其外面加装装饰性的保护遮挡措施(可拆卸式)

序号	上升部分类型名称	容纳缆线条数	房屋使用面积	是否装设配线接续设备	特　点	适用场合	备　注
2	电缆竖井（通道、上升通道、干线通道、竖井等）	5～8条	一般不少于 2m² 电缆竖井的面积根据实际需要来确定	在电缆竖井内或附近装设配线接续设备（FD）以便于连接楼层管路　专用竖井或合用竖井布置有所不同　在电缆竖井中可用管路或槽道等装置	（1）能适应今后变化和发展、灵活性较大，便于施工和维护　（2）占用房屋面积少和受房屋建筑结构限制因素较少　（3）采用合用竖井因与各个系统有关，维护管理应有相应制度和分工范围，竖井内各个系统的管线应有统一安排，否则无法保证通信安全　（4）电缆竖井造价较高，且需占用一定建筑面积	今后发展较为固定变化不大的场合；或大、中型智能建筑	
3	上升房（交接间、电信间、通信间、接线间、配线间等）	8条以上（特殊情况可以少于8条）	一般应大于 2m²	在上升房中装设配线接续设备（FD）可以明装或暗装　各个楼层的上升房分别与各个楼层管路连接	（1）能适应今后发展变化，灵活性大　（2）便于施工和维护，通信设备保证安全运行　（3）占用房屋面积，从顶层到底层连续占用统一布置的房间，占用使用面积较多　（4）受到建筑结构的限制因素较多，工程造价和技术要求较高	信息业务和种类较多、要求较高和今后发展较快的场合，或特大型或重要的大型智能建筑	

　　在智能建筑中的暗敷或明敷管槽系统都要求隐蔽安全、安装牢固、维护方便。尤其是综合布线系统的建筑物主干布线子系统的缆线都在上升管路、电缆竖井（有时称弱电竖井）和上升房中敷设，具有缆线条数多、容量（线对数或纤芯数）大，且较集中等特点。所以，必须采取相应的保护措施为上升缆线服务。上述三种建筑结构类型各有特点和适用场合，在综合布线系统的总体设计时，应结合智能建筑的实际情况来考虑，选用相适应的上升部分类型。

　　在特大型的智能建筑中，且楼层面积很大时，如设有多个上升部分的情况，其选用的类型可以不必一致，应根据每个上升部分的管辖范围和缆线条数多少以及具体条件等因素，分别选用不同的类型。

　　（2）上升管路的安装设计

　　上升管路又称垂直管路或主干管路，有时简称上升管或立管等。它适用于中小型建设规模的智能建筑，尤其适用于楼层面积不大、楼层较多的塔楼、或由各种功能组合成分区式的大型智能建筑联合体。由于上升管路不占用建筑面积，其管路条数和管径大小都有些限制，要求上升电缆（或光缆）条数较少，其缆线外径较细，有利于电缆（或光缆）的布置和穿放。

　　1）上升管路的装设位置

　　上升管路的装设位置应满足信息网络系统的使用和维护方便的需要，一般选择在综合布线系统缆线条数较集中的地方，且宜在较隐蔽角落的公用部位（例如走廊、楼梯间或电梯厅等附近处），在各个楼层的同一地点设置，成为上下连贯的垂直管路。

　　上升管路是综合布线系统的建筑物主干布线子系统缆线所用的专用设施，且与各个楼层的楼层配线架（FD）互相连接，又与各楼层管路衔接。因此，选择上升管路的装设位置时，必须统筹兼顾这些要求，做到布置合理、隐蔽安全和使用方便。上升管路不得在办公室或客房等房间内设置,更不宜过于邻近垃圾道、燃气管、热力管、排水管和电力线路以及易爆、易燃的场所,以免对信息网络系统造成危害或产生电磁干扰等后患。

根据上述要求,应与土建设计单位研究,结合建筑结构体系和楼层平面布置等因素,综合考虑和决定上升管路的装设位置。

在已建成的建筑物中如没有上升管路、电缆竖井、上升房等设施时,如该房屋建筑规模不大,用户信息需求量不多,其上升主干电缆条数不多(如2条及以下),可采取主干电缆或光缆直接固定在墙上的安装方法,其装设位置应选在隐蔽安全的角落。为了防止电缆或光缆遭受人为的机械损坏,应用钢管或硬质塑料管在外面加以保护,保护高度离地面不应小于2m,管子用钢管卡子等固定,钢管卡子的固定间距为1m,这种装置方式与一般通信电缆引上墙壁的保护管装置方式相同。

2) 上升管路的连接方式

上升管路的连接方式是由综合布线系统的网络总体方案和用户信息需求分布等来决定,且要与建筑物主干布线子系统和水平布线子系统互相配合,要求上升管路具有一定的适应性和灵活性,应使上升管路能满足智能建筑内部信息业务发展的最大需要。

在智能建筑的综合布线系统总体设计中,确定所需的上升管路(又称主干管路或上升管等)的数目是极为重要的,它直接影响水平布线子系统的最大长度,这就是说要符合保证通信质量的规定。所以,确定上升管路的路由数量应从其所管辖的楼层服务面积来考虑,根据国内外工程经验,结合通信行业标准的规定,如果智能建筑的楼层面积不大,所服务的通信引出端(即信息插座)都在75m范围内,宜采用单独的上升管路(即单管路的主干布线子系统)。如超过这个范围可采用两个或多个上升管路(又称双管路或多管路的主干布线子系统),也可采用经过连络管路或楼层间管路,将干线交接间和二级交接间互相连接,形成辅助的主干布线子系统,也就是把主上升管路和副上升管路相连,形成迂回通路。因此,综合布线系统采用不同连接方式,上升管路也有相应的连接方式,一般有表5.4中所列的几种型式。在选用时应根据所在的智能建筑的结构体系和综合布线系统的总体网络等具体情况来考虑。

此外,由于智能建筑中存在有无地下室或技术夹层、设备间的位置、各个主机房(即用户电话交换机机房、计算机主机房等)是合设或分设以及它们之间的距离等诸多因素,也会使上升管路的路由数量和连接方式采用不同的方案。尤其是多条上升管路时,在总体设计中必须统一考虑、全面研究、要结合智能建筑的实际情况,选用相应的连接方式。

3) 上升管路的安装设计

上升管路的安装设计是极为具体细致的工作,例如选用管材品种和确定安装方法等内容。因此,这部分设计必须与土建设计单位协商确定,以便建筑设计和其施工图中予以具体表示,并估算工程费用。

在上升管路的安装设计时,应确定选用管路的品种(如钢管或硬质聚氯乙烯管等)、管径和长度,其安装方法应根据建筑结构体系(例如钢筋混凝土结构或砖砌墙体混合结构等)、选用管路的品种和与其他系统管线关系进行考虑。当建筑结构采取现场浇筑的钢筋混凝土构件的施工方式时,在上升管路安装设计中,应详细规定上升管路的起讫段落、路由走向和具体位置以及安装方法。例如为了防止在浇筑混凝土时使上升管路产生位移,要求上升管路与附近的钢筋点焊牢固(如管材为钢管)或绑扎固定(管材为硬质聚氯乙烯塑料管),以防浇

表 5.4

上升管路的几种连接方式

序号	1	2	3	4
连接方式名称	主上升管路连续接出方式	主上升管路不连续接出方式	主副上升管路连接方式（多管路连接方式）	主上升路和楼层间连络管路连接方式
上升管路的连接方式图形	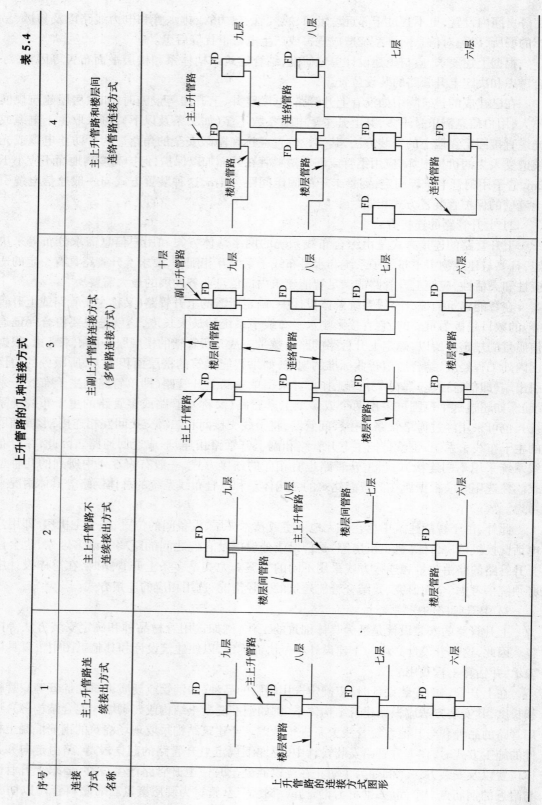			

序号	1	2	3	4
连接方式名称	主上升管路连续接出方式	主上升管路不连续接出方式	主副上升管连接方式（多管路连接方式）	主上升管路和楼层间连络管路连接方式
特点	主上升管路容量小,连续接到各个楼层,由楼层配线架(DF)连接布线,灵活通融性小,接续设备和缆线配置较少,工程造价低,楼层间不设连络管路	主上升管路容量小,各个楼层使用功能不同,信息点需求点密度分布不一,其中有些楼层因信息点少,主上升管路不接出,采用相邻楼层间管路连接,减少管线设备和工程造价灵活通融性差,不便于维护	上升管路容量大,路由多,楼层间用连络管路或楼层管路连接,能互相支援调度,管路和设备使用大,能互相支援调度,管路应适应今后发展变化,工程安全可靠,有利于施工和维护	上升管路容量大,且较集中,楼层间设有连络管路连通,灵活通融性大,在一些楼层间可互相支援调度,能适应各种形状或平面布置
适用场合	因上升主干电缆容量小,条数少,适用于中小型的智能建筑,楼层多,平面面积较小,信息点需求点不多,且分布集中,今后变化不多,比较固定的场合	适用于中小型的智能建筑,各个楼层层面面积较小,用户信息点分布不平衡,或因各个楼层使用功能不同等	适用于特大型或大型重要的智能建筑,楼层平面面积较大或平面形状较复杂的建筑,用户信息点有较大发展变化以及不平衡等情况,或要求网络安全可靠性高的场合,需要多个上升管路	主上升管路容量大,用户信息点的发展和变化较快,房屋平面面积较大或形,功能多种的大、中型智能建筑,上升管路由需要多个,但因建筑结构或其他因素限制,采取主上升管路和楼层间连络管路相结合的连接方式

筑混凝土时使管材受力移动,影响今后使用。上升管路如设在砖砌墙体中,要求其位置在砌筑时正确无误,牢固可靠,管子不应受力压损或管材产生表面凹瘪,造成今后穿放缆线困难。上升管路在楼层之间,应按规定设置中间支持安装固定点,其间距不应大于1m。支持安装点的安装支承固定的部件可以采用钢管马鞍形卡子、或角钢等材料,视建筑结构、管材品种、管子根数以及其重量等来决定,力求上升管路的位置正确、安装稳定可靠,符合标准规定和满足使用需要。

此外,对上升管路需要的防蚀和防火等特殊要求,也应按规定予以考虑。

(3) 电缆竖井内的安装设计

1) 电缆竖井内的几种安装方式

在特大型或大型的重要高层智能建筑中,一般均有安装设备和公共活动的核心区域,在这区域内通常布置有电梯厅、楼梯间、电气设备间、热水间或厕所等,为此,在这些公用部位或区域中通常设有各种上下贯通的通道或电缆竖井,以便装设各种管线或安装如电梯等设备。这些通道或电缆竖井是从地下底层到建筑物的顶部楼层,形成一个自上而下的深井。综合布线系统的建筑物主干布线子系统的缆线通常在电缆竖井中敷设。目前,有以下几种安装方式:

① 将上升的主干电缆(或光缆)直接固定在电缆竖井的墙上,在其距离楼板高度为2m以下处用保护遮盖措施。这种安装方式适用于电缆(或光缆)条数很少(2~6条)的综合布线系统;

② 在电缆竖井墙上装设槽道(或走线架、桥架),上升的主干电缆(或光缆)在走线架上或槽道内绑扎固定;如有些智能建筑对于缆线安全要求较高,且其缆线条数较多时,应安装特制的封闭式槽道,以确保缆线免受损害。这种安装方式适用于较大型的智能建筑的综合布线系统。

③ 在电缆竖井内墙壁上设置上升管路,它是主干缆线在电缆竖井中最常用的安装方式,其要求与前面上升管路基本相同或类似,这种安装方式适用于中、小型智能建筑的综合布线系统。

在电缆竖井内,如有空闲面积,且有较富裕的操作空间时,应视电缆竖井的具体环境条件和设备布置要求等因素,决定能否装设楼层配线架(FD)等设备。同时,要注意与楼层管路的衔接是否方便,应统一考虑为好。

2) 电缆竖井内的安装设计要求

在电缆竖井内的安装设计要求一般需注意以下几点:

① 在特大型或大型的重要智能建筑中,由于综合布线系统为各种信息系统服务,缆线条数较多,且要求很高。如建筑物内条件允许,应选择采取专用于综合布线系统的电缆竖井方案。由于要占用一定的建筑面积,平面布置会增加困难,且工程造价会有所提高。为此,要与建筑设计单位充分协商,要求在智能建筑的平面布置设计中作为重要的课题予以考虑。为了保证综合布线系统日后安全运行和有利于维护管理,综合布线系统不宜与其他系统合用同一竖井,尤其是有可能影响信息网络系统安全的电力线路或其他管线设施(如燃气管等)。

② 综合布线系统采取专用的电缆竖井时,其具体位置和面积大小等,应根据工程建设规模、信息点多少和平面布置以及以下要求等因素来考虑:

a．专用电缆竖井的位置应尽量选择在综合布线系统的主干路由附近，以减少管路和电缆（或光缆）的长度，符合标准规定，既保证信息传输质量，又节约工程投资费用。

　　b．专用电缆竖井的位置不应过于邻近热力管或散热量较大的排烟道，或过于潮湿的场所（例如厕所、浴室和水房等房间），以免缆线长时期受潮影响其绝缘性能，降低其使用寿命。

　　此外，为了便于主干缆线和楼层配线架（FD）等设备连接和不受外界干扰以及防震、防尘等要求，在建筑平面布置和具体条件允许时，专用电缆竖井宜避免与油机房、水泵房和库房等相邻近。

　　c．专用电缆竖井的面积大小，除必须满足安装上升管路或走线架和槽道以及楼层配线架（FD）等布置所需要求外，还应考虑工作人员在内的施工和维护的操作空间，尤其是在封闭式的楼层配线架前应留有不小于 0.6m 的设备门开启和操作维修用的地方。根据以往工程经验，专用电缆竖井内部的宽度不宜小于 1.5m，或根据客观条件和实际需要来决定。专用电缆竖井在每个楼层的外壁都应装设向外开启的房门，并配有安全可靠的门锁。为了防火，门应采用具有阻燃防火性能的材料制成，门的高度不得低于 1900mm，门的宽度不得小于 700mm。门的表面颜色应与周围环境的色彩协调，以求建筑内部环境美观，如专用电缆竖井处于公共场合附近（例如电梯间或楼梯间），其要求更高，应采取隐蔽而美观或装饰性的措施。

　　③ 在中、小型的智能建筑中，因综合布线系统的主干电缆（或光缆）的条数不多，且受建筑结构和平面布置等具体条件的限制时，不能采用专用电缆竖井，可以考虑采取与其他弱电缆线（如有线电视系统等）合用电缆竖井的方案。但综合布线系统的缆线与电力线路宜分别设置在不同的竖井内，以保证信息网络系统的安全。如因建筑条件不允许，必须与电力线路合用竖井时，为了保证综合布线系统缆线的安全运行，减少电磁干扰的影响，在竖井内不得与电力线路在同侧相邻位置敷设，应分别布置在各竖井的一侧，以便维护检修时不致互相影响。如因竖井布置条件限制，要求强、弱电线路同侧安装时，应加大它们之间的安全距离，其间距不宜小于 1.5m，或采取切实有效的隔离措施，务必保证综合布线系统的缆线安全，不致产生有碍于传送信息的后患。

　　④ 不论专用或合用电缆竖井，要求应上下贯通，一般不应将其隔断或改变断面积。但在特大型或大型的重要高层智能建筑内设有设备层或技术夹层，有可能将竖井隔断或改变竖井的断面积，这将直接影响综合布线系统缆线和设备在竖井内的布置。因此，在管槽系统设计的总体方案中，要求选用上下贯通，且断面积基本相同的电缆竖井，在专用电缆竖井内除综合布线系统的设备外，不应装置其他系统的设备，以免影响缆线的布置和楼层配线架（FD）等设备的安装。

　　在合用竖井的方案中，必须与有关系统统一协调，确定全面而合理的布置方案。

　　⑤ 电缆竖井内的布置主要是综合布线系统的缆线和楼层配线架（FD）等设备安装事宜。为此，应根据竖井内的面积大小，竖井内安排的缆线条数，有无装设楼层配线架等设备，电缆竖井是专用或合用，如合用竖井，其他管线的性质和要求要以有利于施工维护等因素来考虑。目前，对于电缆竖井中的布置应注意以下几点：

　　a．在中、小型的智能建筑中综合布线系统缆线，如在电缆竖井内采取穿放在上升管路中敷设时，为了便于今后维护和检修以及留有发展余地，根据工程实际情况，应设置 1～2 根备用上升管，作为预先估计今后需要留用的设施，备用管的管孔内径应以敷设缆线最大外径或不小于现有上升管路的内径为准。

b. 当电缆竖井的四壁或只有后壁是采用钢筋混凝土结构时，在暗敷管槽系统设计的总体方案中，应根据综合布线系统主干缆线在终期需要敷设的条数和容量，及时向建筑设计单位提出上升部分的安装方案，要求在混凝土墙体上设置固定上升管路或电缆槽道(或桥架)所需的预埋铁件，以便今后固定安装管路或槽道(或桥架)。管路或槽道在电缆竖井内墙壁上固定装置的预埋铁件间距一般为500～1000mm。

c. 在特高的高层智能建筑(如超过几十米、甚至百米及以上)中，综合布线系统的缆线在电缆竖井内敷设时，应适当采取加强固定和防火阻燃等技术措施，以保证信息网络系统安全可靠、正常运行。由于特高的高层智能建筑性质一般较为特殊，都属于当地的标志性的高层建筑，其重要性和特殊性是显然的。因此，在各方面都应加以重视。目前应考虑的因素和具体要求如下所述：

(a) 由于地震或风力等自然灾害的作用，对于特高的高层建筑顶部楼层或楼层间产生微小的变位，使上升管路和主干缆线会有所影响，尤其是对于金属管材或金属槽道(桥架)等刚性结构的影响较大。为此，除由建筑设计统一考虑防震等要求，采取措施外，对于上述管路或槽道经过楼层时，其连接方式不宜全部采用刚性的直接连接方式，应在适当的段落，少量采用柔软性的连接方式，备有伸缩余地的可能，以缓和和减少上述影响的程度。

(b) 上升管路或槽道以及主干缆线的固定方式，应考虑金属管材或金属槽道和主干缆线本身重要所带来的荷载以及电缆金属外护套等受到温度变化的影响，需要采取相适应的技术措施，例如增加固定支撑点等，上升管路或槽道与楼层管路一般不采用直接连接方式，通常都经过楼层配线架(FD)等设备连接，以适应可能变化或减少各种影响。

(c) 为了防止火灾通过电缆竖井蔓延，扩大烧坏通信缆线和其他设施的范围，在电缆竖井内每个楼层的上下楼板穿放缆线的洞孔，应按高层建筑防火标准的规定，设置阻燃材料制成的防火隔板、或采取防火堵料密封堵塞洞孔四周所有的空隙，务必达到防火安全的要求。

此外，综合布线系统的缆线应采用具有阻燃性能材料制成的外护套，或在缆线外护套上涂抹防火涂料等，以减轻火灾时对缆线的损害。

(4) 上升房内安装设计

1) 上升房的设置和其特点

在大、中型的高层智能建筑内部，其楼层平面布置通常设有电梯过厅、楼梯间和走廊等公用部分。在建筑设计中根据综合布线系统缆线敷设需要，充分利用上述公用部分的边角空余地方，划出只有几平方米的小房间可作为上升房，在上升房内的一侧墙壁和楼板交汇处预留槽洞，作为上升管路或槽道(桥架)以及缆线的通道，专供综合布线系统的建筑物主干布线子系统的缆线敷设穿放使用。

2) 上升房内上升部分采用的安装方法，应根据综合布线系统主干缆线条数的多少、上升房内的使用面积大小等来考虑。通常与电缆竖井的安装设计中的要求相类似，一般如下所述。

① 在较小型的智能建筑中综合布线系统的主干缆线条数较少，且上升房内的使用面积较小时，一般可不需设置上升管路，主干缆线直接穿放在楼板上预留的洞孔，并安装在上升房内的墙壁上，用电缆卡子固定，电缆或光缆的外径大小不受上升管路的管径限制，灵活简便，节省大量管材和安装管路的工程费用。为了保护主干缆线的安全，可在电缆(或光缆)的

外面加装保护盖板或框盒遮挡。

② 在大、中型的智能建筑中综合布线系统的主干缆线较多,且上升房内有一定的使用面积,可根据需要装设上升管路或槽道(或是桥架和走线架)。上升管路因受管子根数和管孔内径的限制,其灵活性较差,所以适用于中型的智能建筑。采用槽道(桥架)的安装方式,有利于容纳较多的缆线、便于缆线布置安排和维护管理、与楼层配线架等设备连接较为简便,且能适应今后变化需要,满足年限长、扩建简化方便,灵活机动性大。因此,在大型或特殊且很重要的智能建筑是常常采用这种安装方式。

3) 上升房是综合布线系统的专用房间,且装设楼层配线架(FD)等设备,所以有时称交接间(或接线间、配线间、电信间和通信间),使信息网络系统和配线接续设备安全隐蔽,便于维护管理和检测修理,与外界不会发生矛盾和瓜葛,有利于保证综合布线系统的传输质量。上升房内根据网络系统的需要和房内布置要求,拟装设楼层配线架(FD)时,其装设位置应便于楼层管路连接、缆线走向合理,有利于维护操作等。

但是上升房需要在智能建筑中的每个楼层占用一定的使用面积,且其地位一般处于楼层的中心部位,所以常常受到建筑结构体系和楼层平面布置的约束和限制而难以确定。同时,增加了建筑工程的投资费用。

4) 上升房的使用面积应根据其使用功能要求和安装设备多少等具体情况来决定。通常有以下几种情况:

① 上升房(又称交接间)兼作设备间时,其使用面积应按设备间标准考虑,通常不应小于10m²;如有引入光缆和安装光缆传输设备,其使用面积不应小于15m²;如果与程控数字用户电话交换机、计算机系统的主机和配套设备合装的设备间,应根据上述各种设备实际布置所需的使用面积,并要考虑维护施工的操作空间和今后可能发展需要等诸多因素确定其使用面积。

② 上升房仅为交接间的功能,其覆盖的服务范围不超过通信引出端200个时,所需的配线接续设备和其他设备,其使用面积不应少于5m²。如服务范围超过200个通信引出端,且配线电缆的长度超过90m时,在该楼层可设两个或多个交接间,并应在交接间内或紧邻处设置干线通道,当上升房与干线通道合而为一时,则可不需强调这一要求。

③ 上升房仅为干线通道,在其内部不装楼层配线架(FD)时,其使用面积最少为1.8m²(1.2m×1.5m),一般为2m²以上。

5) 上升房内的布置是安装设计的重要内容,必须注意以下几点:

① 上升房内的布置方案应根据房间使用面积大小、综合布线系统终期安装缆线的条数和其盘留所需的空间和占用面积,楼层配线架(FD)的装设位置和楼层管路的连接方法,上升管路或槽道(或桥架、走线架)的安装位置等因素来考虑,此外,还需考虑工作人员的维护和操作空间。对此,必须全面考虑、综合研究和合理布置,设计出为安装施工和今后维修创造有利和方便的布置方案。

② 上升房为综合布线系统的专用房间,因此,不允许与它无关的管线和设备在房内安装,以免对通信缆线和设备造成危害或产生干扰,且可使无关人员不得入内,保证缆线和设备安全运行,有利于维护管理和明确职责范围。

③ 为了便于在上升房内进行维护检修,在房内应设有220V交流电源设施,包括照明灯具和电源插座等必备的条件,房内照度不应低于20lx。为便于使用局部照明和使用电动工

具,房内的电源插座位置和数量应合理配置,以便提高房内照度和插接电动工具进行维修。

6) 由于上升房是高层智能建筑中的一个上下直通的整体单元结构,为了防止发生火灾时,沿通信缆线或其穿放的洞孔延燃,扩大灾害范围,造成更大的损失。应按国家防火标准的要求,采取切实有效的隔离防火措施。同时,当在智能建筑发生火灾时,综合布线系统是向外报警、指挥灭火抢险和通知人员疏散的重要传输信息的媒介,必须设法保证其不应中断、畅通无阻。因此,在上升房内安装设计中应考虑采用以下防火措施,并请建筑设计中予以考虑。

① 每个楼层的上升房内楼板上的洞孔和线槽,需要采取金属或非金属阻燃材料的板材予以隔断,金属或非金属板材上应预留足够的缆线或管路的洞孔,以便日后穿放管线。这些目前空闲的洞孔和已穿放管线的洞孔四周,均应采用非燃或阻燃性能好的材料封堵严密,牢固可靠,更不得有丝毫空隙存在。

② 上升房内的吊顶和房门等设置,不得采用易燃材料制成,均应采用阻燃或非燃性能好的材料制作。上升房的房门应向外开启,房门宽度一般不小于 0.9m,门的高度不低于2m,要求房门关闭严密、密封性能好,以满足防止火灾的规定。

为切实有效防火,上升房内的电缆槽道(或桥架)应采用全封闭式结构,除采用金属材料外,也可采用具有阻燃或非燃性能的非金属材料制成。所有槽道(或桥架)在穿过上升房上下楼板处的洞孔和缆线四周以及槽道内部,均应采用防火堵塞材料严密封堵,以免发生火灾后,扩大灾害范围、减少损失。

7) 为了使得上升房内的缆线和设备以及工作人员处于良好的环境,要求上升房间内应干燥,且有良好的通风条件,如安装有源设备时,室温宜保持在 10～30℃,相对湿度宜保持在 20%～80%。

5. 水平部分的设计

综合布线系统的水平布线子系统是在智能建筑中各个楼层的布线系统。因此,暗敷管路系统的水平部分就是楼层管路,又称配线管路。如果管路按敷设部位和使用功能细分,有楼层管路(只是本楼层中敷设)、楼层间管路(是相邻楼层或不相邻楼层之间连接的管路)和连络管路(不同的主干上升管路管辖的楼层配线架之间连接的管路)。因此,综合布线系统的水平部分的暗敷管路数量最多,分布极广,遍及整幢智能建筑内部各个楼层。所以,它与建筑设计和施工的配合关系最多,且涉及面广,是比较繁琐的工作内容,在设计中必须细致考虑。

(1) 水平部分配线管路的特点、使用功能和适用场合

水平部分配线管路的特点、使用功能和适用场合可见表 5.5 中所列。

水平部分配线管路的特点和适用场合　　　　　　　　　表 5.5

序号	管路名称	管路规格	敷设段落和起讫地点	管路的使用功能和适用场合	备　注
1	楼层管路	管孔内径一般不超过 25mm,特殊情况可加粗但不应超过 32mm	① 上升管路到楼层配线架(FD) ② 楼层配线架(FD)到通信引出端(TO),即信息插座 ③ 同一楼层的楼层配线架(FD)之间的管路	主要供同一楼层水平布线子系统的缆线穿放,是基本布线要求的管路,所有场合均适用 有时可作工作区布线使用的管路	

序号	管路名称	管路规格	敷设段落和起讫地点	管路的使用功能和适用场合	备注
2	楼层间管路	管孔内径一般不超过32mm	相邻楼层的楼层配线架(FD)之间的管路(包括两端相连接的楼层管路)	主要用作相邻楼层间互相支援和调度缆线使用,具有保证安全和灵活调度以及便于使用的特点 需要灵活调度的场合	由于经过段落不同,管径和管件应统一考虑
3	连络管路	管孔内径一般不超过32mm	① 不同上升主干管路的楼层配线架(FD)之间的管路 ② 是或不是相邻楼层配线架(FD)之间的管路(以上两种情况均包括两端的楼层管路)	在必须保证通信安全可靠的较高要求的智能建筑中使用,在不同上升主干管路和楼层间有连络调剂作用	同上,因路由增加,管线长度和工程造价较多,应进行比较后确定

在智能建筑内部综合布线系统的水平部分配线管路的设置,主要根据智能建筑中各个楼层目前需要和今后发展等情况来考虑。为了保证管路系统能够为综合布线系统提供具有灵活机动性大、安全可靠性高的基础条件,应综合考虑和合理设置楼层间管路和连络管路以及备用管路,以达到能满足信息网络系统各种变化的要求和目的。

楼层间管路和连络管路都是起到在楼层之间互相支援、灵活调度的作用,不同的是它们的灵活机动范围。楼层间管路是在同一条上升主干路由上、相邻楼层互相连接。因此,其互相支援、灵活调度的范围较小,安全可靠性也较低。连络管路一般是在不同的上升主干路由上连接,且不限于相邻楼层。因此,它的互相支援、灵活调度的范围较楼层间管路要大,安全可靠性也高。尤其是这种管路在特大型或大型重要的高层智能建筑内部使用极为有利。当其内部上升管路有多个时,为了使不同的上升管路之间互相支援、灵活调度,以便穿放缆线,在相隔一定的楼层间用连络管路沟通,从而扩大暗敷管路系统灵活调度范围、大大提高网络系统的安全可靠性。

由于楼层间管路和连络管路要在设计中列入,并与建筑物同时施工建成。因此,这部分的设计内容和要求应及早提供给建筑设计单位,以便在土建设计中考虑。

关于备用管路应在暗敷管路系统设计中统一考虑,尤其是在管路系统的主要段落(如上升管路和楼层管路)中,应根据信息网络系统的实际需要和今后可能发展以及检修时必要的备用设施等来确定,其主要内容有备用管路的起讫段落、连接方式和管孔数量等。备用管路的管孔数量可根据具体情况分段预留,但预留管孔数量不宜过多,上升管路一般不应少于2孔;楼层管路一般为1孔;连络管路通常为2孔,以便今后特殊需要时使用。

(2) 水平部分配线管路的分布方式

水平部分配线管路主要是在智能建筑内部各个楼层平面布置的,所以有时又称横向管路。它的分布方式主要决定于建筑结构体系、房屋平面布置、楼层中用户信息点的密度分布(包括数量和位置)、使用业务的性质(例如金融保险和证券市场或综合办公等)和对信息的要求等因素。由于智能建筑的业务性质和使用功能有所不同,其内部房间大小和办公家具布置都有差别。所以,对于采用水平部分配线管路的分布方式也有区别。目前,较常使用的分布方式有放射式、格子形式和分支式三种,此外,这三种分布方式的混合使用方式。现列于表 5.6 中。

配线管路的分布方式　　　　　　　　　　　表 5.6

序号	分布方式名称	特　点	优　缺　点	适　用　场　合	备　注
1	放射式分布方式(星状分布方式)	以上升管路、电缆竖井或上升房为中心,楼层管路作放射式向楼层平面分布	① 楼层管路长度短、弯曲次数少 ② 减少管路和缆线长度,节约工程投资 ③ 因分布无规则斜穿,路由较乱,易与建筑结构发生矛盾 ④ 管路敷设施工有些困难	① 各种公共建筑 ② 高层办公楼或租赁大楼 ③ 技术业务楼 ④ 楼层面积较小的建筑物	体形复杂或分区功能各异的房屋建筑不宜使用
2	格子形分布方式(包括大厅立柱式分布方式)	楼层管路有规则互相垂直或平行排列,形成格子形分布方式较有规律	① 楼层管路长度长,弯曲次数多 ② 易于安装和施工 ③ 能适应建筑结构体系 ④ 管路和缆线长度增加,工程造价高	① 高层办公楼 ② 用户信息点密集,要求较高布置固定的金融、贸易、公司等机构的办公用房 ③ 楼层面积较大的商贸大楼	楼层面积较小的塔楼建筑不宜使用
3	分支式分布方式(树状分布方式)	楼层管路较有规则,并有条理分支分布方式,呈树枝形状	① 楼层管路长度较长,弯曲角度大,且次数较多,对施工缆线不利,维修也不方便 ② 管路布置有规则,使用方便易于管理 ③ 能适应房屋建筑布置,配合方便 ④ 管路和缆线增加,弯曲次数多,增加工程造价	① 高级宾馆 ② 公共建筑 ③ 一般办公楼	楼层面积很大的办公楼或商贸公司,市场等建筑不宜使用
4	混合式分布方式	楼层管路根据建筑结构和平面形状分布,有时兼有上述形式的分布,一般无规则	① 楼层管路长度较短,弯曲次数较少 ② 适应建筑结构和平面布置,配合较好 ③ 管路和缆线布置均无规则,维修不便 ④ 管路和缆线施工较难,工程造价较高	① 体形或平面特殊的各种公共建筑 ② 交通运输、新闻机构等大楼 ③ 重要的办公商贸租赁楼	体形方正、平面整齐的建筑不宜使用,因为内部均有规则布置要求

上述几种配线管路分布方式各有特点,且适用场合不同,必须根据智能建筑的使用对象性质和建筑结构体系及水平布线子系统的具体情况考虑,应及早向建筑设计单位提出详细要求,以便对方在设计中纳入。

由于智能建筑存在立面体形、建筑结构、功能分区、使用性质和楼层平面面积以及用户信息点的分布等多种因素的差别。因此,在同一个智能建筑内部不能简单地采用统一的一种分布方式,需要根据各个楼层的不同需要情况,采用一种或多种分布方式的混合组合方式;或各自采用某种分布方式;也可采取不同的混合式分布方式。由于水平部分配线管路分布方式,对于今后使用是否灵活方便、安全可靠,工程造价的高低和适应今后发展的程度有着极为密切的关系,所以,在水平部分配线管路设计中,对于某个特殊楼层,也可拟定两个及以上的分布方式技术方案,进行对照比较,择优选用。

(3) 水平部分配线管路的具体安装设计

水平部分配线管路在智能建筑内部是一种量大面广的暗敷管路设施,它几乎遍布整个智能建筑内部的所有场合,与建筑结构体系和内部装修标准级别都有密切关系,是由建筑设计和施工单位负责具体实施。此外,由于智能建筑的类型、功能和性质差别较大,其建筑结构体系、内部装修标准和环境美观要求也有所不同,所以水平布线部分所需的配线管路安装敷设方法,因客观条件不同而多种多样。因此,这部分工作具有细小繁琐、复杂和具体等特点,这方面的具体安装技术应以建筑设计和施工单位为主负责考虑,综合布线系统的设计或施工单位予以配合,必要时共同协商确定。

随着智能建筑内部的公用设施增多,内部环境装修标准提高,各种新技术、新工艺和新材料的使用,对于综合布线系统暗敷管路会逐步提出新的相应要求。因此,暗敷管路的分布方式和安装方法必须与之相适应地改进和完善,力求在现代化的信息社会中满足用户需要。为此,在暗敷管路的设计中要及时吸取新技术,并结合工程实际提高暗敷管路安装工艺水平。

如在原有建筑物中改建进行暗敷管路设计时,应结合原有建筑物的建筑结构体系和内部装修要求等具体条件考虑,同时,必须照顾到建筑物的建筑结构强度和原有建筑风格,力求不影响建筑物的关键部分。

6. 暗敷槽道的设计

由于在智能建筑内部,综合布线系统的各种缆线较多,为了减少占用空间和合理安排,有些场合和段落常常采用暗敷槽道的建筑方式。这些场合或段落有电缆竖井或上升房中的主干路由,或设备间内主干或重要的段落,由于缆线条数较多和客观要求(如为了便于维护检修以及适应发展需要等),所以采用暗敷槽道的建筑方式较好,尤其是引入路由的主干缆线段落更是常用的建筑方式。由于智能建筑内部环境的美观要求较高,且对信息质量标准更加严格。在暗敷槽道的设计中必须注意以下几点,以保证综合布线系统缆线的施工质量和安全运行。

(1) 在特大型或大型重要的高层智能建筑中,其综合布线系统缆线较多,且较集中的主干路由的场合(如电缆竖井或上升房以及设备间内),宜采用信息缆线专用槽道,一般宜选用带盖的全封闭无孔托盘式槽道;如需要防火的场合,应选用耐燃或非燃材料制成的耐火型全封闭无孔托盘式槽道。

(2) 综合布线系统的缆线如与其他弱电系统的缆线合用金属槽道时,应尽量分层安排,并设置明显标志,予以区别以便维护。如必须同层布置,它们之间宜设置金属材料隔板,并有一定间距,以免互相干扰,也有利于各个系统维护检修和管理,确保各个系统的缆线安全运行。综合布线系统缆线与强电缆线不得在同一槽道内敷设,以保证信息网络系统不受电磁干扰和强电对通信的危害。

(3) 如槽道在建筑物内的吊顶中敷设时,要求槽道的路由和位置宜设在公用部位(如走廊等),不宜设在办公室或房间内,以便今后维护检修和扩建增容。槽道在吊顶内要有规则地整齐布置,吊挂或支承等安装件牢固可靠。为有利于维修管理,在吊顶的一定距离处设置检查孔洞,该处吊顶部分为活动安装方式,可以随时启闭方便。

(4) 直线段槽道在屋内水平敷设时,宜按荷载曲线选取最佳跨距进行支承,跨距一般为 1.0~2.0m,垂直敷设时的固定点间距不宜大于 1.5m,一般为 1.0m。必要时(如槽道净空较大,且缆线条数较多时),应对各种荷载(包括集中荷载和其他附加荷载等)进行核算,以便确定支承点或吊挂点的间距。根据以往工程经验,直线段槽道应在以下部位设置支承或吊挂固定点,使得槽道安装的稳定性加强、牢固可靠度提高。

1) 槽道本身相互接续的连接处;

2) 距离接续设备的 0.2m 处;

3) 槽道的走向改变或转弯处。

非直线段槽道的支承点或吊挂点的设置应按以下要求:

① 当曲率半径不大于 300mm 时,应在距非直线段与直线段接合处 300～600mm 的直线段侧设置一个支承点或吊挂点。

② 当曲率半径大于 300mm 时,除按上述设置支承点或吊挂点外,还应在非直线段的中部增设一个支承点或吊挂点。

在吊顶内敷设的槽道,宜采用单独的支撑件或吊挂件固定,不应与吊顶或其他设施的支撑件或吊挂件共用。吊顶内吊挂槽道的吊杆(即吊挂杆)直径不应小于 6mm。

(5) 在综合布线系统的暗敷槽道设计中,应对该智能建筑内部各种管线的走向和位置进行了解,尽量做到协调配合。电缆槽道不宜设在有腐蚀性气体管道和热力管道的上方及腐蚀性液体管道的下方,必要时,应另觅安全之处,如无法躲开,应采取切实有效的防蚀和隔热措施,以保证综合布线系统等缆线的安全。

槽道与建筑物内各种管道平行或交叉时,其最小净距根据以往工程经验数据,一般按表 5.7 中的要求办理。

槽道和各种管道间的最小净距(m)   表 5.7

管道间的情况	一般工艺管道	具有腐蚀性液体(或气体)的管道	热力管道(包括管沟)	
			有 保 温 层	无 保 温 层
平行净距	0.4	0.5	0.5	1.0
交 叉 净 距	0.3	0.5	0.5	1.0

(6) 在智能建筑内部如有几组槽道在同一路由,且在同一高度平行敷设时,各相邻的槽道之间应留有维护检修的空间距离,一般不宜小于 600mm。但与敷设电力电缆的槽道平行敷设时,其间距应尽量增加,最少为 1500mm。

(7) 综合布线系统如采用金属材料制成的槽道作为接地干线回路时,要求具有切实可靠的电气连接,并按标准设置良好的接地装置。通常应注意以下几点:

1) 槽道(桥架)端部之间的连接电阻不应大于 0.00033Ω。接地处应清除干净包括绝缘层的表层,以保证接地装置的性能良好。

2) 在槽道的伸缩缝或软连接处,为保证连接良好,应采用 16mm² 编织软铜线连接焊牢,要求耐久可靠。

3) 如另外敷设接地干线回路时,每段(包括直线段或非直线段)槽道(或桥架)应与接地干线回路至少有一点可靠的连接。如果是长距离的槽道,要求每隔 20～50m 接地一次。

(8) 暗敷槽道的设计应与房屋建筑,其他弱电系统以及有关专业密切配合,综合考虑。其具体设计内容与智能建筑的建设规模等因素有关,一般有以下几项:

1）暗敷槽道系统工程的总体方案、平面布置和重要段落的剖面设计和图纸以及必要的说明。

2）暗敷槽道系统工程中所需的槽道（或桥架）和安装件以及辅助零部件的规格、数量等材料清单。

3）特殊要求的非标准零部件的图纸和说明。

4）暗敷槽道系统工程各项费用和计算方法（如器材单价、施工费和其他费率）以及总概（预）算等。

5.2.3 建筑物主干布线子系统设计

建筑物主干布线子系统是综合布线系统的主要骨架和中枢神经，没有它无法形成整体结构和完整系统，也难以承担传递各种信息的任务。因此，它是智能建筑内综合布线系统工程设计的重要内容和关键部分。

1. 建筑物主干布线子系统的设计范围和内容以及要求

（1）建筑物主干布线子系统的设计范围

建筑物主干布线子系统是由设备间的建筑物配线架（BD）至智能建筑内部各个楼层的楼层配线架（FD）之间的主干缆线，以及建筑物配线架上的跳线、连接硬件等组成。除上述布线子系统本身设备、缆线和连接硬件外，还应包括上升管路（或电缆竖井、或上升房）等设施，但这些设施都属于土建设计和施工单位负责实施。因此，建筑物主干布线子系统工程设计的范围是由设备间和主干布线两部分组成，在设计中对于这两部分以及与水平布线子系统的有关部分，必须通盘考虑，使之互相衔接、密切配合。这里所说的综合布线系统建筑物主干布线子系统工程设计范围，是按其设备组成来划分的，但是在具体设计和施工过程与其他布线子系统不应完全截然分开。

（2）建筑物主干布线子系统的设计内容和要求

1）设备间部分的设计内容和要求

① 确定设备间的具体位置、使用面积大小和其房间的工艺要求等，要求符合工程总体方案设计。

② 设备间内各种设备的布置、缆线连接方式和统一色标管理等部分内容，要求设备布置合理、便于维护检修和满足科学管理。

③ 设备间内的各种缆线敷设，应相对稳定、安全可靠，既要布置有序，又能便于维护，也有利于今后发展。

2）主干布线部分的设计内容和要求

① 确定主干布线网络的结构型式（又称网络拓扑结构），如在总体方案设计中早已确定，则可简化。要求从系统方面考虑整体的网络结构，使传递信息更加科学合理、迅速可靠。因此，它是建筑物主干布线子系统设计的重点内容，也是综合布线系统工程的主要干线路由网络组织的技术方案。

② 确定设备间到各个楼层的主干电缆（或光缆）的路由和位置，建筑方式和规格数量等。这些都是主干布线子系统的具体实施部分，因此，技术内容较为细致而具体。

③ 确定主干布线子系统缆线的连接方法和网络维护管理方式。它涉及目前和今后的使用及日常维护检修管理。连接方法和网络维护管理方式选用是否适宜，对于工程建设和今后运行都是十分重要的。

④ 为了保证主干布线子系统的各种缆线安全可靠、稳妥牢固地安装,要求采用的各种支承、穿放和固定等装置(如固定管路或槽道)均必须切实有效,在设计中应有上述装置结构型式和具体技术措施等细节。

上述主要内容只是在一般的情况下所必须考虑的。当工程建设规模极小或很大时,其情节有些差别,且因智能建筑的类型较多,工程设计内容也就有些差异,所以在具体设计时,应根据工程实际情况适当增加或减少,但决不能随意取舍。

2. 设备间部分的设计

设备间是装设通信系统和计算机系统等网络设备和配线设备的地方,又是由公用通信网或建筑群体间主干布线的交汇点以及网络维护管理场所。因此,设备间的位置极为重要。此外,设备间的工艺要求和房间内的布线都是设计主要内容。上述内容还涉及其他系统和建筑设计,应与有关设计单位协商,尤其是设备间的位置应得到各方面认可的位置为好。

(1) 设备间的位置和面积

设备间的理想位置和使用面积等设计内容均属重要部分,在第四章的与房屋建筑的配合中已有介绍,这里予以简略。

(2) 设备间的内部装修和工艺要求

设备间的内部装修和工艺要求是极为重要的,其主要要求与机房相同,不能按一般房间处理。为此,它的详细部分在本书第四章中的与房屋建筑的配合部分已有叙述,这里予以简略不予叙述。

(3) 设备间内的设备安装和色标管理

1) 设备间内的设备安装

在设备间内设备安装设计时,其设备布置和安装宜符合以下几点要求:

① 机架或机柜前面的净空距离不应小于 800mm,机架或机柜后面的净空距离不应小于 600mm,以便安装施工和维护检修,以及人员通行。

② 壁挂式配线接续设备的底部离地面(或楼板面)的高度不宜小于 300mm,其设备的左右两边应适当预留检修维护的空间。在设备间内安装其他设备时,其周围的净空间要求,应按该设备的有关标准规定办理,且不得影响综合布线系统的维护检修工作。

③ 在地震多发区的范围内,设备间内安装的设备应按《通信设备安装抗震设计规范》(YD/T 5059—98)中的规定进行抗震加固,使得设备安装牢固稳定,以保证通信安全。

2) 设备间配线设备的色标管理

设备间内的进线终端设备和配线接续设备的缆线连接,应按规定的统一色标或设备要求色标进行标记,即在进线终端设备或配线接续设备上用不同颜色的标记,区分各种不同用途线路的配线区域,以便施工和维护及检修。

在综合布线系统中采用统一颜色的标记管理(简称色标管理),这是便于维护和管理的重要环节。标记有电缆标记、场标记(又称区域标记)和插入标记(又称接插件标记)三种,其中插入标记最最常用、量大面广。三种标记的用途和使用场合有所不同。

① 电缆标记 是在连接接续设备前,辨别电缆端别是始端或终端,即判断电缆的来源和去处的标记,以区别电缆的用途。电缆标记是用背面为不干胶的白色材料制成,可以直接贴在电缆护套外面或其接续设备的平面上,其规格尺寸和形状根据需要来定。

② 场标记 它是区别或划分接续设备连接电缆的区域范围,一般用于设备间和干线交

接间的配线接续设备,它也是用背面为不干胶的材料制成,贴在设备比较醒目的平整面上。这样形成电缆终端连接的端接场称为连接区域,有时称为管理场,所以称为场标记。

③ 插入标记　通常用在连接硬件(如接续模块)上,一般采用硬纸片制成,可以插入1.27cm×20.32cm的透明塑料夹中,透明塑料夹装在配线接续设备或连接硬件上的两个水平齿条形之间,每个插入标记都用色标说明所连接电缆的始点或用途(即说明电缆的来源和使用性质)。

在设备间、干线交接间和二级交接间均采取统一的色标规定,目前常用的规定的如图5.2和表5.8中所示。

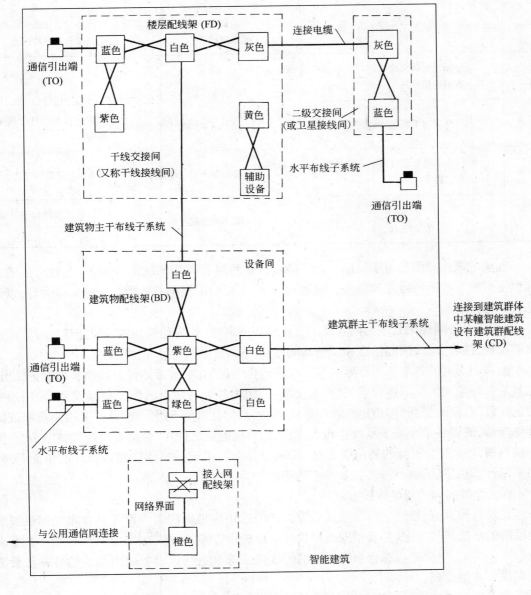

图5.2　各个接线区域的色标示意

统一色标规定   表 5.8

序号	色别	设 备 间	干 线 交 接 间	二 级 交 接 间
1	绿	网络接口的进线侧。即电话局线路或网络接口的设备侧,如用户电话交换机中继线		
2	紫	公用设备(如用户电话交换机或计算机系统)等引来的连接线路	来自系统公用设备(如分组交换型集线器)的线路	来自系统公用设备(如分组交换型集线器)的线路
3	蓝	设备间至工作站或用户终端的线路	连接输入/输出服务的终端线路	连接干线交接间输入/输出服务的终端线路
4	黄	用户电话交换机的用户引出线或辅助装置的连接线路		
5	白	建筑物干线电缆和建筑群主干电缆	来自设备间的干线电缆端	来自设备间的干线电缆端
6	橙	由多路复用设备引来或接到公用通信网的线路	多路复用器的线路	多路复用器的线路
7	灰		至二级交接间的线路	来自干线交接间的线路

这里应该注意的是由于目前的配线接续设备和综合布线系统品种较多,有些产品的色标规定可能有些不同或差异较多。对此,在一个工程中应根据具体情况统一实施为好,以便施工和维护。

此外,设备间标记管理的内容还应有建筑物的名称(如为建筑群体的智能建筑时)、建筑物的位置、楼号、缆线的起始点和服务功能等。

上表中所列的各个管理点处应根据线路连接情况,在配线接续设备处用各种标记标出,尤其是各种缆线的终端连接场(又称端接场)。因为各个管理点的配线接续设备,采用统一的色标管理,使端接场(即指定的接线模块)布置科学化和条理化。在设备上用跨接线或插接件连通,使得各个布线子系统互相连接,通信系统能灵活使用、合理安排或调整路由,并能连接到智能建筑中所有的通信引出端,实现综合布线系统的整体性和系统性的全面管理。如采用计算机系统进行管理,其效果更为明显。

(4)设备间内的缆线敷设方式

在设备间部分设计中,对于缆线敷设方式的选用应根据房间内设备具体布置和缆线敷设段落的情况慎重考虑,并及早向土建设计单位提供方案,以便在建筑设计中根据工艺要求予以同步实施,保证今后综合布线系统的缆线施工顺利进行。设备间内缆线的各种敷设方式见表 5.9 中所列。

在设备间内如楼层高度允许,也有采用在设备或机架上装设走线架或槽道的安装方式。如图 5.3 所示。

设备间内缆线的敷设方式和适用场合 表5.9

序号	敷设方式名称	特 点	优 缺 点	适用场合或段落	备 注
1	活动地板下	缆线在活动地板下面的空间敷设,目前有两种:①正常活动地板高度为300～500mm,②简易活动地板高度为60～200mm,一般在建筑建成后装设	(1)优点: ① 缆线敷设或拆除均极为简单方便,能适应线路增减变化,有较高的灵活性,便于维护管理 ② 地板下空间大,电缆容量和条数都不受限制,路由自由并可短捷,节省电缆费用 ③ 在建筑中采用,可不改变建筑结构 (2)缺点: ① 造价较高(简易式活动地板虽比正常活动地板价低些,但造价也高于其他敷设方式),在经济上受到限制 ② 会减少房屋的净高,有时可能引起某些方面的不便 ③ 对地板表面材料有一定要求(如耐冲击性、耐火性、抗静电和人员走动时感觉良好等)	正常活动地板和简易活动地板在已建成、或新建建筑中均可使用,简易活动地板下面空间较少,在层高不高的楼层尤为适用,可节省净高空间,尤其是已建成的建筑 这两种方式是较为常用的方式 一般用于程控数字用户电话交换机机房,计算机主机房,综合布线系统的设备间,且能全房间铺设	正常活动地板因下面空间较大,除敷设各种缆线外,还可兼作空调送风通道。但简易活动地板下面因空间较小,只能作缆线敷设使用,不能作空调送风通道
2	地板或墙壁内沟槽	缆线在建筑中预先制造的墙壁、或地板内沟槽中敷设。墙壁或地板内沟槽的断面尺寸大小,根据缆线终期容量来设计,沟槽上面设置盖板保护	(1)优点: ① 沟槽内部尺寸较大(但受墙壁或地板的建筑要求限制),能容纳缆线条数较多 ② 便于施工和维护,也有利于扩建 ③ 造价较活动地板低 (2)缺点: ① 沟槽设计和施工必须与建筑设计和施工同时进行,在配合协调上较复杂 ② 沟槽对建筑结构有所要求,技术较复杂 ③ 在地板沟槽上有盖板时,不易平整,会影响人员活动,且不美观和不隐蔽 ④ 沟槽预先制成,缆线路由不能变动,受到限制,难以适应变化	地板或墙壁内沟槽敷设方式只适用于新建建筑,在已建建筑中较难采用,因不易制成暗敷沟槽 沟槽敷设方式只能在局部段落中使用,不宜在面积较大的房间内全部采用 在今后有可能变化的建筑中,不宜使用沟槽敷设方式	沟槽方式因是在建筑中预先制成,因此在使用时会受到限制,缆线路由不能自由选择或变动
3	预埋管路	在建筑的墙壁或楼板内预埋管路,管路的管径和根数根据缆线需要来设计	(1)优点: ① 穿放缆线比较容易,维护检修和扩建均有利 ② 造价低廉,技术要求不高 ③ 不会影响房屋建筑结构 (2)缺点: ① 管路容纳缆线的条数少,设备布置密度较高的场所不宜采用 ② 缆线改建或增设有所限制 ③ 缆线路由受管路限制,不能变动	预埋管路只适用于新建建筑,不宜在已建成的建筑中采用,管路敷设段落必须根据缆线分布方案要求设计	预埋管路必须在建筑施工中建成,所以使用中会受到限制,必须精心设计和考虑

序号	敷设方式名称	特　　点	优　缺　点	适用场合或段落	备　注
4	槽道、桥架（走线架）	在设备（机架）上或沿墙安装走线架或槽道的敷设方式，走线架和槽道的尺寸根据缆线需要设计	（1）优点： ①不受建筑的设计和施工限制，可以在建成后安装 ②便于施工、维护和扩建 ③能适应今后变动的需要 （2）缺点： ①缆线敷设不隐蔽，不美观（除暗敷外） ②在设备（机架）上或沿墙安装走线架或槽道较复杂，增加施工操作程序 ③在机架上安装走线架或槽道会增加楼层层高，因此，在层高较低的建筑中不宜使用	在已建（除楼层层高低的建筑外）或新建的建筑中均可使用这种敷设方式，适应性较强，使用场合较多	在机架上安装走线架或槽道时，应结合设备的结构和布置等来考虑

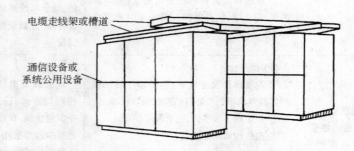

图 5.3　在设备或机架上安装走线架或槽道的方式

从上所述，设备间内的缆线敷设方式各式各样，均存在不同的利弊。因此，在选用时，不宜也不应只采用一种方式，有时可以混合使用，主要根据缆线所在段落的具体条件来决定。必要时，可以将不同敷设方式进行技术经济比较，经过认真分析、优化筛选的过程，选用既经济合理，又便于维护使用的缆线敷设方案，并尽快与土建设计单位商定。

3．主干布线部分设计

主干布线部分设计范围是从设备间到各个楼层的干线交接间之间的所有缆线，还包括设备间与网络接口之间的缆线，设备间与计算机机房间的缆线等。干线交接间到二级交接间的缆线有时在上升路由上则包括在内，如在楼层管路中，则属于水平布线子系统的设计范围。主干布线部分设计的具体内容有确定主干缆线路由、建筑方式、规格容量、缆线连接方法和网络维护管理方式等。

（1）确定主干缆线的路由和建筑方式

建筑物主干布线子系统的主干缆线路由应选择短捷平直、安全可靠、经济合理和维护简便的地段。当主干布线子系统是垂直敷设时，其建筑方式有上升管路、电缆竖井和上升房（即交接间）三种方式，它们的要求和内容已在前述。

当主干布线子系统是横向敷设时，应尽量利用地下室或技术夹层等空间敷设。

在确定主干缆线路由时,还涉及路由多少和具体位置等内容。它们是主要决定于工程建设规模大小、所要服务和管辖的楼层平面面积以及用户信息点的分布密度等因素。

在楼层面积极大或由多个功能分区组成的大型智能建筑中,需设多个上升路由,且要求在垂直方向上下连续贯通。有时因楼层分区平面布置或建筑结构的限制(如楼层高度不一)或其他因素影响无法达到时,应采用预埋管路连接;或采取分支电缆将干线交接间(又称干线接线间)与邻近的二级交接间(或称卫星接线间)互相连接形成整体。这两种方案可分别见图5.4和图5.5。

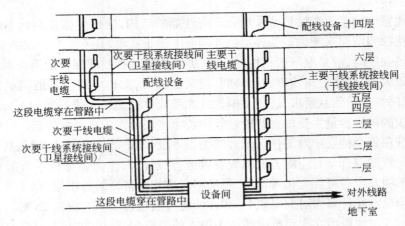

图5.4 用暗敷管路相连的主干布线子系统示意

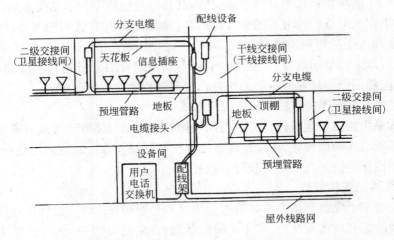

图5.5 用分支电缆相连的主干布线子系统示意

这两种连接方案在一些新建的具有特殊情况中常被采用,尤其在已建成的建筑物内因没有上下贯通房间的具体条件,因此也常常采用。

主干布线子系统的具体位置和其管辖范围,应尽量选择合理的方案,力求使主干缆线的长度最短。为此,其位置应选在该管辖区域的中间,使楼层管路到通信引出端的平均长度尽量缩短或适中,符合规范的规定,有利于保证传输信息质量和减少管线设施的费用。

主干缆线的建筑方式除有上升管路、电缆竖井和上升房(以采用槽道为主)外,应根据主

265

干缆线的实际需要、客观环境的具体要求以及建设条件,经过技术经济比较后选用合适的建筑方式。

(2) 确定主干缆线的品种和规格容量

综合布线系统的主干缆线,目前主要采用大对数的 100Ω 或 150Ω 对绞线对称电缆。在通信业务量大、传输质量要求高和今后发展较快的智能建筑中,应选用五类及五类以上的缆线,虽然目前工程造价较高、技术要求复杂,但能适应今后一定时期发展需要。只有目前主要为话音业务,且变化和发展不大的低级功能小型智能建筑中,对称电缆才可以采用传输性能较低的三类缆线。

综合布线系统的主干缆线是否采用有屏蔽性能的结构,应根据综合布线系统所在环境有无电磁干扰源等情况来考虑。如环境内外确有电磁干扰源,且不能有一定的安全间距,处于较高电磁场强度时,应采取屏蔽结构的电缆,并设有效的接地等保护措施。当智能建筑的信息业务量较大,需传输更高速率,其传输距离又较长时,对称电缆已不能满足传输信息需要时,应根据网络传输信息要求,选用多模光纤光缆或单模光纤光缆。

主干缆线的规格容量主要根据智能建筑中各个楼层所需的总对数确定。具体方法是按综合布线系统在每个楼层中对工作区配置的类型等级(如最低配置的基本型、基本配置的增强型和综合配置的综合型),应配备的缆线对数进行统计,对于数据通信等所需对数或因专用线对用途不明及今后可能变化等情况,可适当考虑较为富裕的备用量,以便作为预留今后发展需要的余地。在计算大对数电缆时,如对绞线对数超过 25 对,应按 25 对为一线束进行分组,每一个 25 对线束组在大对数电缆视为独立的一根 25 对线的电缆,这样有利于安装施工和维护管理。整幢智能建筑中的主干缆线对数是根据所有楼层需要的各种用途的总线对数,并考虑有一定的预留富裕量计算出来的,预留的富裕量一般不少于总线对数的 10%。

此外,对于主干缆线的线对数的估计或推算,难免与今后发展不相吻合,所以主干缆线不需一次性全部按终期用户需要量敷设,以减少近期工程投资,这在经济上是合理的。为此,主干缆线可以采用分期敷设,一般为 3～5 年,以适应今后业务增长和变化的需要,分期年限的长短,应随用户信息业务需要的相对稳定期限和变化程度而定。

(3) 确定主干缆线连接方法和网络管理方式

综合布线系统的主干缆线连接方法与网络拓扑结构和网络管理方式有着密切关系。关于网络拓扑结构已在前面叙述,主干缆线连接方法和网络管理方式的选用是否适宜,对于安装施工和维护检测是极为重要的。现分别叙述。

1) 主干缆线的连接方法

这里所说的主干缆线连接方法是指主干缆线本身连接与二级交接间的连接两部分。在建设规模较大的综合布线系统中,因主干缆线条数较多,且又集中,又有二级交接间,目前,其连接方法有点对点端连接(又称点对点端接或独立式连接)、分支连接(又称递减式连接)和混合式连接(即点对点端接和连接电缆相结合使用)三种。这三种方法的选用,应根据网络拓扑结构需要、信息用户性质、缆线敷设方式和设备具体配置等情况,可以分别单独使用,也可以视需要混合使用。

① 点对点端连接:这是最简单直接相连的方式,只用一根缆线独立供应整个一个楼层,其对绞线对数或光纤芯数应能满足该楼层全部用户所需的通信要求。该楼层只设一个干线交接间(兼有二级交接间功能)或另增一个二级交接间。这种连接方法的主要优点是在

主干路由上可以采用容量较小,且重量较轻的缆线独立直接供线,不必采用分配线对的接续设备。如缆线发生障碍,影响范围只是一个楼层,不涉及其他楼层,判断障碍和测试缆线均较方便,有利于维护管理和测试检修。缺点是在干线通道中的电缆条数多,占用空间大,且因各个楼层的缆线对数不同,缆线外径粗细不一,施工时安装固定的器材不同,影响环境美观和施工方法。此外,各个楼层所需缆线的长度不同,在计算时要尽量不发生错误。点对点端连接的具体方法如图 5.6 所示。

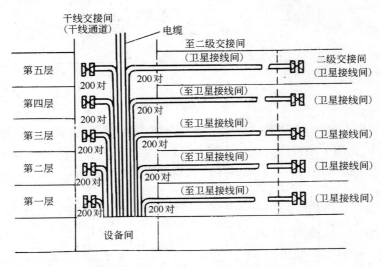

图 5.6　点对点端连接的示意

② 分支连接:主干缆线是一根对数较大的电缆,它分别供应给若干个楼层。因此,它通过接续设备分成若干根对数较小的电缆,分别供应给各个楼层干线交接间和二级交接间。分支连接又分为单楼层分支连接和多楼层分支连接两种。

a. 单楼层分支连接　将主干路由上的大对数电缆经过接续设备,分支出若干根对数不同和外径粗细不一的小对数电缆,分别供给该楼层若干个二级交接间,这种连接方法用于楼层面积很大、信息业务量大和二级交接间较多的场合。显然,这种连接方法,几乎每个楼层都要增加接续设备,所需设备数量和缆线长度均多,在技术经济比较后确实合理才允许采用。

b. 多楼层分支连接　将主干路由上的大对数电缆,以五个楼层为一组所需的对数,通过在该组五个楼层的中间楼层干线交接间中装设的接续设备,分别接出若干根对数不同的小对数电缆,各自供应给该组各个楼层(即中间楼层和上下各两个楼层)的干线交接间和二级交接间。这种分支连接方法比单楼层分支连接方法减少不少接续设备。

分支连接方法的主要优点是主干缆线条数减少、缆线集中后可节省通道的空间,它比点对点端连接的工程投资要少。其缺点是缆线过于集中,如主干缆线发生故障、波及范围较大,由于缆线分支连接经过接续设备,在判断、检测和分隔查修时都有一些困难,增加障碍历时和维护费用。分支连接的方法如图 5.7 所示。

③ 混合式连接:又称端接与连接电缆方法,它是一种在特殊情况下采用的连接法,通常用于用户要求一个楼层所有水平缆线都集中端接到该楼层的干线交接间,以便维护管理;

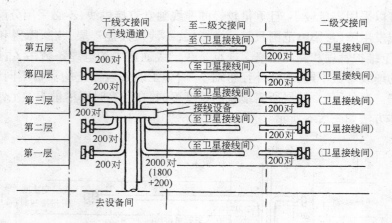

图 5.7　分支连接的示意

或因二级交接间面积太小,无法容纳传输所需的全部端接设备。为此,在干线交接间内设置完整的端接设备,在两个交接间之间以连接电缆相连,分别在两个交接间的一端设置白——灰场接口或灰——蓝场接口。它们的具体连接方法如图5.8所示。

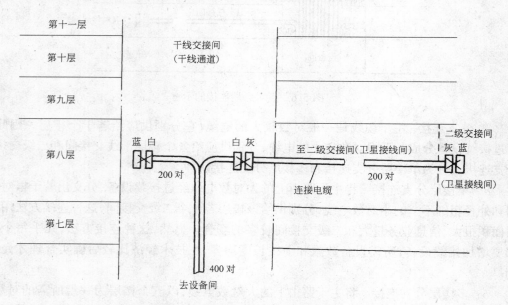

图 5.8　端接与连接电缆的示意

在综合布线系统中,为了保证网络安全可靠,均首先选用点对点端连接方法,如经技术经济比较后证明其工程造价过高,而分支连接或混合式连接的投资费用较低时,应改用分支连接或混合式连接方法。

2）网络维护管理方式

综合布线系统的网络管理方式是其主要特点之一,采用哪种网络管理方式,应根据综合布线系统的工程建设规模、网络拓扑结构、配线接续设备和工作区的数量等因素来考虑。现在以智能建筑内设有专用的用户电话交换机的网络系统为例,可以分为单点管理单交接、单点管理双交接和双点管理双交接三种网络维护管理方式。这三种方式是目前较为常用。如图5.9所示。

268

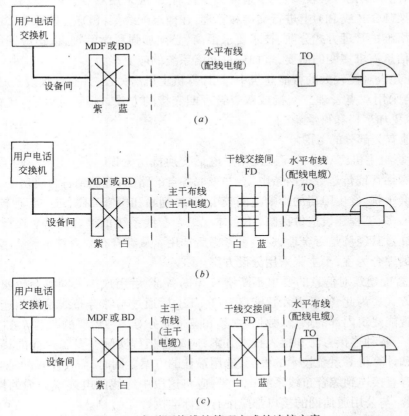

图 5.9 各种网络维护管理方式的连接方案

(a)单点管理单交接;(b)单点管理双交接(第二个交接在干线交接间FD用连接硬件实现);

(c)双点管理双交接(第二个交接在干线交接间FD上且为管理点)

上述三种网络维护管理方式各有其特点,在选用时应注意其特点,并有所区别。在一般情况下,其选用的原则如下:

① 综合布线系统工程建设规模较小、网络拓扑结构简单、用户信息点数量不多,且较分散,密度也不均匀时,一般只有少量主干缆线,甚至不设主干布线子系统和楼层配线架,直接采用水平布线子系统。这种网络宜采用单点管理单交接,即只在设备间的配线架(MDF或BD)上进行交接和管理,较为简单。这种网络维护管理方式集中、技术要求不高,且维护管理人员较少。它适用于小型或低层的智能建筑,且配置其他系统和通信业务种类以及用户信息点数量均较少的场合使用。

② 综合布线系统工程建设规模较大,其主体工程为大、中型高层智能建筑,且楼层面积较大,网络拓扑结构复杂,通信业务种类和用户信息点数量较多,分布密度集中而固定时,一般均设有建筑物主干布线子系统和楼层配线架。这种通信网络拓扑结构宜采用单点管理双交接,即在设备间的配线设备(MDF或BD)上进行交接和管理,在楼层配线架(FD)上进行第二次交接,并采取连接硬件实现,不用跳线交接和管理。

③ 综合布线系统建设规模极大,网络拓扑结构复杂、通信业务种类和用户信息点都较多,且用户分布密度不一的特大型智能建筑,或多幢建筑物组成的建筑群联合体,因使用性

质有所区别、用户变化因素较多,为了适应其变化需要,应采用双点管理双交接方式,即在设备间的配线架(MDF 或 BD)上进行交接和管理,在楼层配线架(FD)上进行第二次交接和管理。这种网络维护管理方式分散、技术要求很高,必须加强科学管理,以适应网络拓扑结构复杂和用户信息需求多变的需要,增加信息网络系统的应变能力。

此外,在建设规模较大的智能建筑中,且计算机主机房另设,并有接续设备时,为了分清职责范围,会采用双点管理三交接或双点管理四交接的方式,显然这两种连接方式较为复杂,管理要求更加严格和科学。

(4) 其他有关部分的考虑

1) 当计算机主机房和设备间以及用户电话交换机房分设,且不在同一楼层时,将主干缆线分成传送话音或传送数据两条电缆,并采取各自的路由,分别到各自机房的方案。其优点是互相不会干扰、发生障碍的影响范围较小、容易判断和检修障碍,维护管理较方便;缺点是电缆长度增多、工程建设造价提高,不能体现综合布线系统的综合优势。因此,采用缆线分设方案应注意其经济是否合理,应慎重考虑后选用。从综合布线系统的整体考虑,主干缆线应以合理的综合为主,不主张采用分设方案。

2) 随着智能建筑对信息的要求不断增长和提高,今后用户接入网将会较快发展,尤其是光纤接入方式。为此,光纤引入智能建筑(FTTB)后通过与综合布线系统相连,将能一步到位地解决智能建筑内部的话音、数据、视频和宽带业务等多种需要的课题。在主干布线部分设计中,对于各种连接方法和接入技术方案,应结合工程实际需要和可能的具体条件,适当考虑通信和计算机等系统技术的发展,选用最佳的方案。同时,需要注意的是当公用通信网的接口没有直接连到综合布线系统接口时,应将这段中继线的电缆或光缆的性能考虑在内,不应遗漏。与公用通信网的接口都应按有关标准执行。

5.2.4 水平布线子系统设计

水平布线子系统又称配线布线子系统,它是综合布线系统的分支部分,具有面广、点多、线长等特点,它是由通信引出端(TO)、楼层配线架(FD)和它们两者之间连接的水平布线电缆(又称配线电缆)以及终端设备、跳线等组成。水平布线子系统设计的范围比较分散、遍布在智能建筑各个楼层,它不单与综合布线系统的整体方案和主干布线设计有关,且与建筑结构,内部装修和屋内各种管线布置都有密切关系。此外,各个楼层的暗敷管路和槽道等设计与它也紧密相连。所以在水平布线子系统设计中注意与上述部分配合协调是极为重要的。

1. 水平布线子系统的设计依据和要求

由于水平布线子系统设计内容极为细小繁琐,量多具体,尤其是通信引出端的数量和具体位置以及传输信息要求等,所以在设计前,应充分了解和掌握有关资料和数据作为设计依据,因而要求上述资料和数据必须翔实可靠。

(1) 预计智能建筑内部近期或远期需要的通信业务种类和大致用量情况。

(2) 估计每个楼层需要安装的通信引出端的数量和具体位置以及传输信息业务的要求等。同时对终端设备将来可能发生增加、移动、拆除和调整等变化情况也要予以估计,使在设计中对上述可能变化的因素尽量在技术方案中予以考虑,力求做到灵活机动性大、适应变化的能力强,以满足今后信息业务发展需要。

(3) 了解智能建筑的建设进度和具体计划,尤其是各个楼层的建设计划和内部装修标准及具体施工方法等,对于水平布线子系统设计是有参考的依据。要求水平布线子系统近、远期互相结合,如采取一次性或分期建成,对它们各自的利弊要对比分析,作为最后确定最佳方案提供较为有力的依据。

(4) 向有关单位调查了解在智能建筑内部的其他系统(例如建筑自动化系统),因传送低压信号的需要,拟利用综合布线系统的部分缆线段落、线对数量和接续设备等情况,对它们的使用特点和技术要求更应清楚明确,以便在设计中对所需的缆线和设备以及其特殊要求进行考虑,纳入综合布线系统的方案设计,达到统筹兼顾、适当综合的目的。

总之,水平布线子系统的设计过程是一个自始至终不断调查了解和连续收集信息的过程,要随时随地予以吸收和充实,务必使设计的基础资料更加翔实可靠,对于提高设计质量是极为重要的。

2.水平布线子系统设计要点

水平布线子系统设计要点有网络拓扑结构、设备配置、最大长度、缆线选用和管理方式等,它们虽然各自分立,但在方案上又互相配合,必须予以密切结合来考虑。

(1) 网络拓扑结构

水平布线子系统的网络拓扑结构都为星型,它是以楼层配线架(FD)为主节点,各个通信引出端(TO)为从节点,楼层配线架和通信引出端之间采取独立的线路互相连接,形成以FD为中心向外辐射的星型网状态。因此,这种网络拓扑结构的线路长度较短,有利于保证传输质量、降低工程造价和便于维护使用。

(2) 设备配置

水平布线子系统的设备配置主要是通信引出端和其连接的缆线,应根据我国通信行业标准《大楼通信综合布线系统第1部分至第3部分》(YD/T 926.1—3—2001)中的规定和要求。具体内容可见第二章。

在综合布线系统设计中应根据我国国家标准《建筑与建筑群综合布线系统工程设计规范》(GB/T 50311—2000)的规定,当网络使用要求尚未明确时,宜按最低配置、基本配置和综合配置考虑。具体规定可见第一章。

在一个综合布线系统中,由于有多种信息业务,因此,应根据实际需要,可以采用各种类型的通信引出端,以满足多种信息传输要求。为了便于日后维护管理,在通信引出端的内部应根据规定的统一色标进行固定连接。

(3) 缆线选用和最大长度

水平布线子系统的配线电缆是从楼层配线架(FD)至通信引出端(TO)为止,其最大长度已在我国通信行业标准《大楼通信综合布线系统第1部分:总规范》(YD/T 926.1—2001)中明确规定采用对称电缆为90m。在保证永久链路性能的规定要求,采用光缆其距离可适当增加。

根据我国通信行业标准和设计规范,水平布线子系统应采用100Ω或150Ω对称电缆,如有传送高速率数据或图像信息时也可采用光缆。在一般情况下对配线电缆无特殊要求时,可选用普通的综合布线系统用的对绞线对称电缆。但在一些重要场合,例如有防火要求,则应选用具有阻燃或非燃性能,且是低烟、低毒、无卤等型号的电缆。

在选用缆线时,必须与相应类别的连接硬件和配线接续设备成龙配套,以便连接。

(4) 管理方式

综合布线系统的主要特点之一,是对各种缆线和所有配线接续设备以及连接硬件的使用功能等,均采取有章可循,按序分配的科学管理方式。因此,充分体现其灵活性和通用性的特色。由于水平布线子系统的连接点较多,必须很好地考虑和选用相应的管理方式。在综合布线系统工程建设规模较小、网络结构不复杂时,水平布线子系统宜采用简单的网络管理方式。通常除应根据综合布线系统的建设规模、网络拓扑结构和工作区的数量等因素综合考虑外,并要与主干布线子系统相结合,通盘研究后统一决定,一般来说,如建设规模较小宜采用单点管理双交接方式。管理方式除规定的色标和连接要求外,还包括标志与记录,并应符合标准要求。

有关通信引出端和水平布线子系统缆线的标志内容、形式和要求等,可见本书第二章中所述,这里予以简略。

此外,因通信引出端有各种品种类型和安装方法,其外形尺寸和具体结构有可能不一。所以,其标志方式也有可能差异,但必须按照我国通信行业标准 YD/T 926.1—2001 中的规定执行。

有关水平布线子系统的记录和资料极为重要,其内容主要有电缆或光缆的路由和位置及规格、通信引出端数量和位置及规格等,记录和资料必须保持准确性和完整性,以便日后查考。如发生变更应及时修正或重新记录,并注意收集和积累,要妥善保管,宜采用计算机管理。

3. 水平布线子系统的缆线敷设设计

水平布线子系统常用的缆线敷设方法除与设备间内常用的几种相同外,还有的可分为在吊顶内和地板下敷设两大类型。

(1) 吊顶内敷设缆线的方法

在吊顶内敷设缆线的方法有分区法、内部布线法和电缆槽道布线法三种,它们在新建或已建成的智能建筑内都可选用。尤其适用于较大的办公房间,因为吊顶下均设有立柱,因此,在设计应注意它们之间的配合关系,所有立柱的上端应与吊顶的洞孔连通,以便缆线从吊顶洞孔穿放,经过立柱中间到通信引出端,立柱的布置与用户终端设备位置力求配合,安排整齐,这样既能满足使用要求,又有利于合理布线。

由于三种方法都是敷设在特制的吊顶内,为此,应有足够的操作空间,以利于安装施工和维护检修以及更换缆线。但操作空间不宜过大,以免增加楼层高度和工程造价。楼层高度不够将使装设通信设备发生困难,所以吊顶内的净空应适宜。此外,在吊顶的适当地方应设置检查口,以便日后维护检修。

吊顶中三种安装方法的优缺点见表 5.10 中所列。

吊顶内的敷设方法 表 5.10

序号	敷设方法名称	敷设方法的特点	优 点	缺 点
1	分区法	将吊顶内的空间分成若干个小区域来安装敷设电缆,大容量的电缆由交接间用管道穿放敷设或电缆直接在吊顶内敷设到每个分区中心。由分区中心分出的缆线经过墙壁或立柱引向房间的各个通信引出端,也可在分区中心设适配器,适配器将大容量电缆(如 25 对线)分成若干根 4 对线的小型缆线,再敷设到用户终端设备位置附近的通信引出端	① 灵活性较大,能适应今后变化 ② 经济实用,节省工程造价和施工劳力 ③ 配线容量较大,有时可作为主干线路使用	① 如采用缆线穿放在管道中,将会限制其灵活性,只能根据管道分布来定 ② 对综合布线系统有时不太适用,因适配器等在吊顶内使用不便

序号	敷设方法名称	敷设方法的特点	优　点	缺　点
2	内部布线法	从交接间将电缆直接敷设到用户终端设备附近的通信引出端	① 灵活性最大,不受其他因素限制 ② 经济实用,不需其他设施 ③ 因缆线独立敷设不在同一电缆内,传输不同信号,所以不发生互相干扰	① 要对不同信息系统的通信引出端分别独立供线,按需要确定,缆线条数较多 ② 初次工程投资费用较分区法多 ③ 因独立供线,施工工作量较多
3	电缆槽道布线法(又称托架法)	电缆槽道是一种敞开式或封闭的金属托架(又称桥架),它是吊挂或安装在吊顶内,它由横梁式电缆槽道和分支槽道组成,结构较为复杂,在分支电缆槽道中引出缆线,经墙壁或立柱引到通信引出端 这种安装方法常用于大型和特殊型智能化建筑的综合布线系统	① 对缆线有较好的机械保护措施,安全可靠性好 ② 扩建和检修较方便	① 对缆线的路由有一定限制,灵活性不高 ② 安装施工费用较高,且技术上较为复杂 ③ 有可能增加吊顶的荷载

吊顶中敷设缆线的三种安装方法分别见图 5.10、图 5.11 和图 5.12 所示。图中有些部位予以简化未做表示。

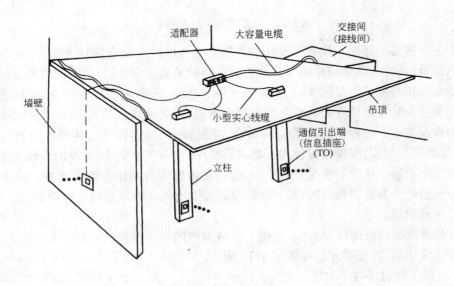

图 5.10　分区法的示意

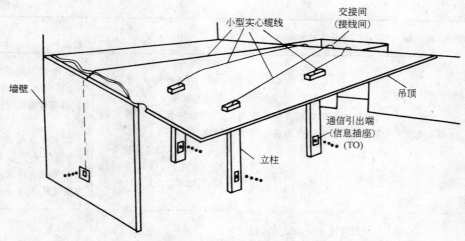

图 5.11　内部布线法的示意

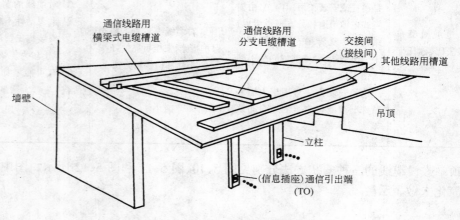

图 5.12　电缆槽道布线法的示意

　　关于主干槽道的路由和位置在设计中必须充分考虑。一般有两种方案,一种是在各房间吊顶内敷设,其优点是槽道路由与其他管线之间的矛盾较少,吊顶内空间较大,较易布置,但缺点是在维护检修或敷设缆线时,都需经过各个房间,既影响用户工作,也增加维修检查的困难。另一种是在走廊等公共场合的吊顶内敷设,到各个房间的缆线采用分支线槽或分支管路的敷设方式。这种槽道和管路相结合方案的缺点是走廊等公共场合的各种管线较多,空间位置较为紧张,安排布置较为困难,缆线分支时会产生交叉,在维护检修时难免会与其他设施发生矛盾。从总的情况分析比较,应选在走廊等公共场合敷设为好。因为走廊等公共场合一般处于智能建筑内的中间部位,至通信引出端的布线平均长度最短,节约缆线费用和提高传输质量。

　　槽道和管路相结合的敷设方式,适用于各种类型的智能建筑,其使用场合较多,它是目前比较广泛使用的,其安装方法可见图 5.13 所示。

　　(2) 地板下敷设缆线的方法

　　地板下敷设缆线的方法在智能建筑中使用较为广泛,尤其是在新建和改建的建筑中更为适宜。由于缆线敷设在地板下面,既不影响美观,又不需考虑其荷载,维护检修和安装施

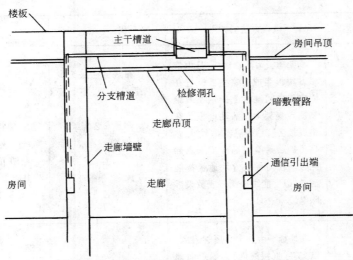

图 5.13　槽道和管路相结合的敷设方式

工均在地面,操作空间大、劳动条件好,便于维护检修,比在吊顶内敷设缆线要好。因此,它深受安装施工和维护检修人员的欢迎。

目前,地板下敷设缆线的方法,主要有地板下预埋管路布线法、蜂窝状地板布线法、高架地板布线法和地板下管道布线法等,上述几种方法有时单独使用,有时几种混合使用,例如高架地板布线法与地板下管道布线法同时使用。这些方法应根据客观环境和具体条件以及用户要求来选用,不应强求一致。地板下敷设缆线方法的情况可见表 5.11 中所列。

地板下的敷设方法　　　　　　　　　　　　　　　　　　表 5.11

序号	敷设方法名称	敷设方法的特点	优　　　点	缺　　　点
1	地板下预埋管路布线法	地板下预埋管路布线系统是由金属布线导管和金属走线槽组成。根据通信和电源布线要求,地板厚度和占用的地板空间等条件,采用一层或两层结构。图 5.14 中是一层系统,在单层平面上由布线导管和馈线导管组成;两层系统由双层结构组成,馈线导管在布线导管下面一层,采取分层敷设	① 机械保护性能好 ② 使用电源方便 ③ 提高安全可靠性、减少障碍机会 ④ 美观,隐蔽性好 ⑤ 灵活性好,便于配线	① 费用较高 ② 地板结构复杂 ③ 与房屋建筑设计和施工必须配合协调 ④ 增加地板厚度和重量 ⑤ 不适用铺设地毯的场合因随时开启地板维修
2	蜂窝状地板布线法	蜂窝状地板是由一系列供电缆穿放用的通道组成,它一般可用作电力电缆和通信电缆交替使用场合,具有极为灵活的布局,这种地板结构可由钢铁或混凝土制成,横梁式导管均用作馈线槽,将布线槽中的电缆引接到接线间,在通道上均盖活动地板,以便于维护	优点与地板下预埋管路布线法相似,但其容量较大,适用于电缆条数多的场合	与地板下预埋管路布线法相同,构件复杂且造价高,安装施工难度大

序 号	敷设方法名称	敷设方法的特点	优 点	缺 点
3	高架地板布线法	高架地板为活动地板,是由许多方块板组成。这些板搁置在固定于房间地板上的铝制或钢制锁定支架上。活动地板是在钢底板上胶粘多层刨花木板,然后再敷贴耐磨层贴砖或聚乙烯贴砖。任何一块方块地板都能活动,以便能维护检修或敷设拆除电缆	① 布线方法极为灵活,适应性强,不受限制 ② 容易安装施工 ③ 电缆容量大、条数多 ④ 美观、隐蔽性好 ⑤ 操作空间大	① 初期工程安装费用高 ② 房间净高降低 ③ 地板下空间为压力通风系统时,需采用实心电缆 ④ 在活动地板上走动会发生共鸣效应
4	地板下管道布线法	在地板下由许多金属管组成,以交接间(接线间)为始点向地板上未来的终端设备的位置(包括墙壁或立柱等处)辐射敷设,如安装足够数量的通信引出端,可以适应相对稳定的终端设备的场合(如百货公司、商场、银行、办公楼等)	① 初期工程安装费用低 ② 提高安全可靠性,减少障碍机会 ③ 美观、隐蔽性好	① 灵活性较差 ② 穿放更换电缆不便 ③ 检修维护困难

地板下敷设缆线的方法可见图 5.14、图 5.15、图 5.16 和图 5.17 中所示。

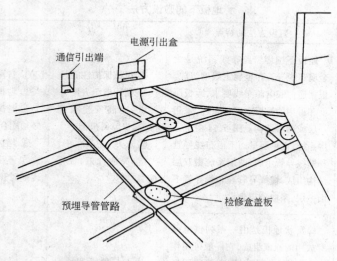

图 5.14　地板下预埋管路布线法的示意

（3）已建成的建筑物内敷设缆线的方法

对于原有已建成的建筑物改为智能建筑时,其敷设缆线的方法较为复杂和不易。应根据建筑结构体系、房间平面布置和内部装修要求等具体情况,选用适宜可行的敷设缆线方式。例如建筑结构布局较好,且原有楼层净空有一定高度时,可考虑采用槽道和管路相结合

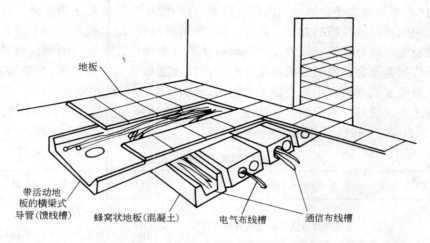

图 5.15 蜂窝状地板布线法的示意

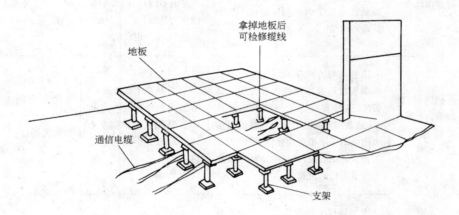

图 5.16 高架地板布线法的示意

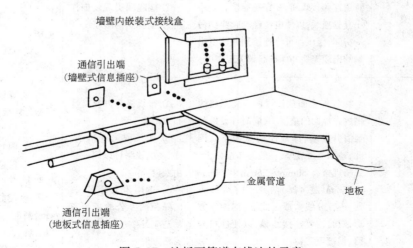

图 5.17 地板下管道布线法的示意

的方法,在走廊等公共场合的吊顶内敷设管道,有些段落不能采用暗敷管路或有困难时,可适当采用明敷管路或线槽的方法。此外,可以利用画镜线、踢脚板或木墙裙等装饰装置,在其内部敷设管道或直接把缆线敷设。在现有建筑物中选用或设计新的缆线敷设方法时,必须注意不应损害原有建筑的结构强度和影响建筑内部布局风格。目前,在原有建筑物中常用几种敷设缆线的方法有楼板上导管布线法、地面线槽布线法、护壁板电缆管道布线法和专制模压管道布线法等。它们的具体情况可见表 5.12 中所列。具体安装方法见图 5.18、图 5.19、图 5.20 和图 5.21 中所示。

已建房屋中的敷设方法   表 5.12

序号	敷设方法名称	敷设方法的特点	优 点	缺 点
1	地板上导管布线法	这种布线方法是将金属导管固定在地板上,电缆穿放在导管内以保护通信引出端一般以墙上安装为主,地板式的通信引出端应设在不影响活动的地位	① 安装迅速方便 ② 适用于通行量不大的区域(如办公室等)和不是通道的场合(如沿靠墙壁的区域) ③ 工程费用较低	① 使用场合受到限制(如主要过道或活动量大的场合不适用) ② 安全和隐蔽性均差
2	护壁板(踢脚板)以及木墙裙电缆管道布线法	这种布线方法是沿墙壁在护壁板或踢脚板以及木墙裙内敷设的金属管道,这种布线方法便于与电缆连接,通常用在墙壁上装有大量的通信引出端的中小型智能建筑;电缆管道上盖有活动盖板,通信引出端可装在沿管道附近的位置	① 容易施工和检修 ② 灵活性较大 ③ 适用于用户信息点较密集的中小型智能建筑	① 因空间较大,不能用于用户信息点较少、分布较稀的场合 ② 安全和隐蔽性较差
3	专制模压管道布线法(类似画镜线的槽道)	专制模压电缆管道是一种金属模压件,它可以固定在接近顶棚与墙壁接合处,一般在房间或过道的墙上,管道连到接线间,在穿越墙壁时是用小套管连通,以便电缆经套管穿到另一房间,模压件可将连接到通信引出端的电缆掩盖并保护起到美观作用	① 安装费用较低 ② 能起到美观装饰作用,又能保护隐蔽缆线	① 灵活性差,受到限制较多 ② 要求较高的场合不适用
4	地面线槽布线法	在楼板表面预设线槽方式是将线槽放在地面的垫层中,同时埋设地面通信引出端(即地面信息插座),因此,地面垫层较厚,一般为 7cm 以上,线槽规格有 50mm×25mm 和 70mm×25mm(宽×厚)两种,为了布线方便,还有分线盒或过线盒,均为正方形,四面均可连接线槽,以便连接分路、拐弯等需要	① 布线极为方便简捷布线距离不限 ② 如采取屏蔽措施、强、弱电线路可以同一路由敷设 ③ 适用于大开间、临时隔断的办公的场合容易适应各种布置和变化,灵活方便	① 需要设置较厚的垫层增加楼板荷载 ② 垫层设置使楼板厚度减薄,因此,容易被吊装件打中,信息点多,地面线槽多,受损机会增加 ③ 地板如为高级大理石材料时,通信引出端难以安装 ④ 工程造价较高

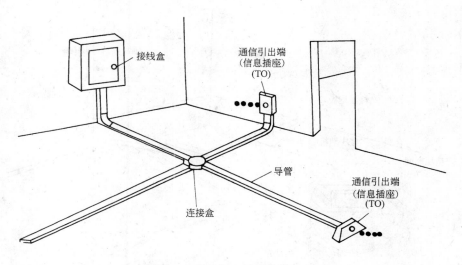

图 5.18　地板上导管布线法

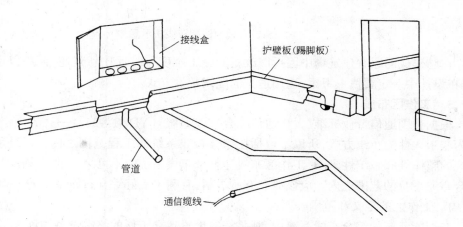

图 5.19　护壁板电缆管道布线法

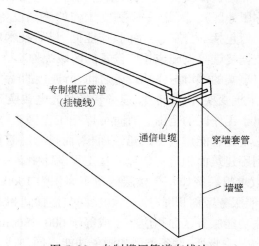

图 5.20　专制模压管道布线法

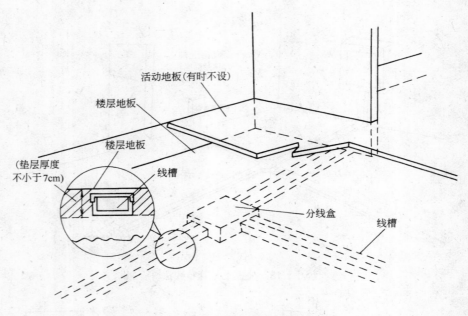

图 5.21 地面线槽布线法示意

在已建成的原有建筑物中因拆旧改新的施工难度有时远比新建还难,所以不宜大拆大改,在设计中一定要慎重考虑,选用适宜的缆线敷设方式。

5.2.5 工作区布线

根据我国通信行业标准《大楼通信综合布线系统》(YD/T 926.1—3)的规定,工作区布线为非永久性的布线方式,所以不包括在综合布线系统的工程范围之内。但是从综合布线系统的整体性和系统性来看,工作区布线是整个布线系统中不可缺少的组成部分,还是属于综合布线系统的范围之内。应该对它有所了解,有利于搞好综合布线系统的工程设计。

1. 工作区的定义和范围

在智能建筑的综合布线系统中,凡是需要设置独立工作的终端设备均称为工作站,它可以是电话机、数据终端、计算机、传真机、电视机及监视器等终端设备,其所管辖和能够服务的范围称为工作区(或称服务区)。因此,一个独立工作的终端设备服务范围有时可以划为一个工作区,工作区是泛指包括办公室、写字间、作业间、科研技术房间和各种机房等场合,需要电话机、计算机和数据终端等设施或相应设备的区域统称。因此,工作区是包括终端设备的设备电缆、从通信引出端的端口与终端设备之间,所连接的缆线和适配器在内的所有布线部件。适配器可以是阻抗变换、协议转换、速率转换和光电转换等多种类型。当适配器安装在终端设备内,就不属于工作区的范围。有时可以把工作区看作是综合布线系统支持的功能服务区,但要注意它不是智能建筑中的建筑面积,而是与建筑面积有关,在用户信息需求点不太明确时,可以利用建筑面积进行估算。在工程设计中,一般是以建筑面积为基数乘以 0.6~0.8 的利用系数求出。例如一个楼层的建筑面积为 1000m²,在确定综合布线系统对该楼层能够支持的功能服务区面积时,应扣除电梯间、楼梯间和走廊以及过厅等公共建筑面积后计算,按这种算法功能服务区面积应小于或等于 600~800m²。

由于设置终端设备的所在场所、设备类型和服务功能不同,所以有不同的功能服务范围。

以一般办公室来说,通常电话机或计算机终端设备的工作区域(服务范围)面积可按 $5\sim10m^2$ 考虑,也可以根据用户实际需要设置。对于其他场所就应区别对待。例如银行、保险、证券等金融机构以及商业贸易或商场购物中心,因计算机终端设备比较密集,且信息流量极大的场所,其功能服务区的面积应小些,可以考虑 $2\sim3m^2$ 划分为一个工作区;对于一般商城、营业厅、设备机房或生产车间等场合,应视具体情况划分,通常以 $15\sim20m^2$ 划为一个工作区,有的可能更大或更小,难以用统一的标准一致划分。因此,对于一个工作区的服务面积,应按其不同的应用场合和功能服务要求,调整其面积的大小,不宜强求一致或平均划分。

2. 工作区的设备配置

工作区的设备配置主要是通信引出端及其缆线的配置、适配器的配置等。

(1) 通信引出端及其缆线的配置

工作区内的每一个通信引出端均能支持配合、电话机、传真机、数据终端、计算机和监视器等终端设备有效地工作。

每个工作区的通信引出端及其缆线的配置应按我国通信行业标准和设计规范中有关规定办理,也可根据用户实际需要予以调整设置。

每个工作区一般宜设置两个至两个以上的通信引出端,具体数量主要根据智能建筑的使用性质和通信需要增加或减少。如需要提高综合布线系统的灵活性和通融性,且增设设备无太多困难(例如增加暗敷管路和通信引出端不会影响建筑结构)时,可适当增加工作区内通信引出端的数量。

通信引出端的具体位置应便于使用和维护,视具体环境的实际条件,可安装在墙壁上、地板上、立柱上或工作区的其他地方(如家具上)。通信引出端可以单个安装或成组安装,应视终端设备的分布和布置等来决定。如在很大的房间内有数量较多,而服务范围较小的工作区,如为了便于布线和节省缆线等因素,在不妨碍使用的前提条件下,允许将这些工作区的通信引出端集中安装在一起。

通信引出端的缆线配置应按通信行业标准和设计规范来配置。每个通信引出端都应设置明显的永久性标记,对其线对分配及以后所有变化均应详细记录,以便维护中查考。如通信引出端所连接的电缆线对少于 4 对时,应专门加以标记,以便使用和维护时有所识别。

(2) 工作区适配器的选用和配置

工作区布线的连接硬件(连接器)应配套使用,即插头应与插座匹配。在一些特殊情况(如不同类型的终端设备或连接硬件),应设置适配器,通常宜按以下要求选用和配置:

1) 在设备连接器处采用不同的插座与插头时,可以加装专用配套的适配器。

2) 当在单一的通信引出端上开通 ISDN 业务时,宜用网络终端或终端适配器。

3) 如果在工作区布线中的设备电缆类别不同于水平布线子系统所选用的电缆类别时,宜采用适配器。

4) 在连接传送不同信号的数模转换、或不同数据速率转换等相应的装置时,宜采用适配器。

5) 对于不同网络规程具有兼容性时,可采用配合型的协议转换适配器。

6) 当工作区采用不同的终端设备或其他装置时,可配备相应的终端适配器。

7) 为了便于维护检修和日常管理,各种不同的终端设备或适配器均应安装在通信引出端的外面,且宜在工作区内便于管理和维护的适当位置。

3．工作区的安装工艺要求

在工作区内对于通信引出端(信息插座)的安装位置和电源插座等的安装工艺要求应考虑以下几点：

（1）在地面上安装的通信引出端，应采用防尘、防水和抗压结构，以防灰尘、潮气或水分进入连接硬件内部，同时，要求具有一定的抗压机械强度，保证设备能正常运行。

（2）在房间内的墙壁上或柱子上安装的通信引出端，其底部距离地面高度宜为300mm，以便维护和使用。如有高架活动地板时，其离地面高度应以地板上表面计算，高度距离也为300mm。

（3）如在房间内的墙壁或柱子上安装多个用户通信引出端或集合点(CP)配线模块装置时，其底部距离地面的高度宜为300mm。如有高架活动地板时，应以地板上表面计算，高度距离也上移为300mm。

（4）每个工作区内至少应配置一个220V交流电源插座。为安全用电和保护起见，电源插座应选用带保护接地的单相电源插座，并要求保护接地与零线应严格分开。

5.2.6 其他部分设计

1．电源设计

电源设计在综合布线系统中，其内容不多，但不应忽视。在综合布线系统工程的电源设计时，应注意以下几点：

（1）综合布线系统设备间等的电力负荷等级的选定，主要根据智能建筑的使用性质、工作特点和重要地位以及要求通信安全可靠的保证程度等因素来选定相应的电力负荷类型等级。一般是与智能建筑中的程控数字用户电话交换机和计算机主机处于同一类型电力负荷等级，这样便于采取统一的供电方案设计。

（2）目前，我国供电方式大多数为三相四线制，单相额定电压(即相电压)为220V，三相额定线电压为380V，应用频率均为交流50Hz。因此，综合布线系统中所用设备需要电源时，都应符合这一供电制式的规定。如所用设备为国外产品，且不符合这一规定(如电压不同或制式不一)时，应采取专用变换装置或其他技术措施予以改变，使之能与我国供电制式一致。

（3）要求智能建筑中的供配电方式应统一考虑，以便节省设备和有利于维护管理。一般有以下几种供配电方式：

1）所在地区的电网运行稳定、供电质量确有保证，如智能建筑属于一类供电单位，供电极为可靠时，可考虑采用直接供电方式，以节省设备，减少建设投资。

2）具有两路及以上的交流电源供电条件的智能建筑，为保证通信设备安全可靠运行，计算机主机不中断工作的要求，宜采用不间断供电设备(UPS)，并配备多台设备并联运行。为了减少电源设备和工程投资，应与计算机主机房统一估算，采取合用UPS的方案，向用电设备供电，以提高整体供电的可靠程度。必要时，采用直接供电和UPS相结合的方式，不仅可减少系统之间的互相干扰，有利于维护检修，还可减少UPS设备数量，而使工程建设费用降低。

3）设备间内如装有用户电话交换机和计算机主机时，其电源的具体设计应分别按照《工业企业程控用户交换机工程设计规范》(CECS 09：89)或《电子计算机房设计规范》(GB 50174—93)等规定办理。

4）为了保证综合布线系统正常运行，设备间或干线交接间内应有切实可靠的交流50Hz、220V的电源供电，尽量不采取邻近的照明开关来控制房间内的电源插座，以减少偶然断电事故发生,尤其是设备间的供电必须保证。

5)在电子计算机主机房中的活动地板下,如电源线路和计算机的传输信号线路混合敷设时,要求两者远离,更应避免长距离平行排列敷设。如因地位狭窄无法避开时,应采取相应的屏蔽措施,例如传输信号线路选用屏蔽结构的缆线;将缆线穿放在有金属板隔开的槽道或金属管路中,以达到互相减少干扰和损害的目的。但这几种措施都会增加工程建设投资,必须进行技术经济比较后选用为好。

2.屏蔽和接地等防护设计

(1)各种缆线和接续设备的选用

如在智能建筑的周围环境中存在严重的电磁干扰源,对综合布线系统的正常运行有极大的影响时,尤其是在政府机关、军事部门、金融事业等重要单位,对于传送信息的安全性和保密性要求更加严格时,综合布线系统必须具备最小的电磁辐射和最强的抗电磁干扰能力,即符合 EMC 电磁兼容性的标准要求。为此,应采用由屏蔽的缆线和屏蔽的设备组成的屏蔽系统等防护措施,以抑制外来电磁干扰源的影响和防止本身向外电磁辐射。在防护设计时,选用缆线和设备是关键,因此,应注意以下几点:

1)了解工程现场实际情况和调查周围环境条件,为选用器材做好准备

根据建设单位的要求,对于智能建筑的内部和周围环境有可能设有或已有的电磁干扰源必须进行调查,必要时,可进行测试。例如综合布线系统的缆线与电磁干扰源的距离,电磁干扰场强度和频率范围等情况,以便合理选用缆线和设备以及采取的防护措施。

2)充分利用不同间距和接地方式,以便选用不同结构的器材

由于各种缆线和设备的结构有所区别,其抗电磁干扰能力也不一样。此外,近期国内外厂商对非屏蔽缆线或屏蔽缆线的传输性能进行测试证明,屏蔽缆线传输性较好,未见误码,相反非屏蔽缆线传输性能较差、误码率较高。此外,将上述长度相同的两种缆线与同样的干扰线路进行测试,调整不同的平行间距和采用不同的接地方式,以误码率百分比作为比较结果,屏蔽效果对比见表5.13。表中结果说明屏蔽效果与线路间距多少和有无接地系统有着极为密切关系。因此,要充分利用这些特点,以便选用相应的缆线和设备,提高综合布线系统的抗电磁干扰能力。

屏蔽效果测试对比   表5.13

电缆型号	平行间距(cm)	接地方式	误码率(%)	电缆型号	平行间距(cm)	接地方式	误码率(%)
UTP	0		37	UTP	50		4
FTP	0	不接地	32	UTP	100		1
FTP	0	发送端接地	30	FTP	0	排流线两端接地	1
UTP	20		6	FTP	0	排流线屏蔽层两端接地	0

3)缆线和设备选用的原则要求

在综合布线系统工程中应根据具体环境选用相应的缆线和配线设备,或采取防护措施,并应符合下列规定:

①如综合布线系统所在的周围环境,其电磁干扰场强度低于防护标准的规定,或综合

布线系统与其他电磁干扰源的间距符合规定时,宜采用 UTP 非屏蔽缆线和非屏蔽配线设备进行布线。

② 当综合布线系统工程所在区域内存在的电磁干扰场强度高于防护标准的规定时,或业主因信息保密对电磁兼容性有较高要求,宜采用屏蔽缆线和屏蔽配线设备。由于目前光缆和光电转换设备的价格偏高,例如多模光纤光缆与屏蔽电缆相比约高几倍;光电接口转换设备价格更高。因此,本着技术先进,经济合理、安全适用的设计原则,在满足电气防护等各项性能指标的前提下,宜首先选用屏蔽系统的缆线和设备,或采用必要的防护措施进行布线,当然也可经过技术经济比较后,采用光缆传输系统。如果今后光缆和光电转换设备的价格有望下跌时,应根据工程实际需要予以选用。

③ 在综合布线系统工程设计中,对于缆线和配线设备的选用,必须从整体和全局出发,要以系统工程考虑。在选用缆线和配线设备等硬件时,应保证其一致性和统一性。如选用屏蔽系统,则各种缆线和连接硬件都应采用屏蔽的,且应作良好的接地系统,以保证整体性,而且是完整的系统性。

④ 综合布线系统的缆线和设备选用应该考虑近远期相结合。在综合布线系统工程设计中,应根据建设单位的性质和特点,充分了解和研究用户近期和远期的信息传输实际需要,以便采取相应的防护措施,选用适宜的缆线和设备品种。此外,对不同的通信业务要求要综合考虑。应在满足近期用户通信业务要求的前提下,适当考虑远期用户的通信需要,并预留富裕量。在一般情况下,水平布线子系统缆线扩建增设较难,其布线应以远期需要为主考虑,主干布线子系统一般较易扩建,应以近期需要为主,适当考虑远期需要;在近期或远期是否采用屏蔽系统,应从智能建筑所在的环境和今后发展综合考虑确定。

4) 缆线敷设的有关防护问题

由于智能建筑内部综合布线系统的缆线或管路与其他管线系统之间,常有互相交越或平行敷设等情况,为了确保综合布线系统的管路和缆线的安全,要求它们之间应有一定间距,在墙壁内敷设时,一般按《工业企业通信设计规范》(GBJ 42—81)执行。具体规定见表5.14 中所列。

综合布线系统的缆线和管路在墙壁内敷设与其他管线的最小净距　　　　　表 5.14

其他管线系统		避雷引下线	保护地线	给水管	压缩空气管	热力管(不包封)	热力管(包封)	燃气管	电力线路
综合布线系统的缆线和管路	最小平行净距(mm)	1000	50	150	150	500	300	300	150
	最小交叉净距(mm)	300	20	20	20	500	300	20	50

　　注:① 综合布线系统的缆线与电力系统等电磁干扰源的最小间距可参见有关防护标准的部分。

　　　　② 如墙壁上敷设的缆线,其高度超过 6000mm 时,与避雷引下线的交叉净距应按下式计算

$$S \geqslant 0.05L$$

　　式中　S——交叉净距(mm);

　　　　　L——交叉处避雷引下线距地面的高度(mm)。

当综合布线系统的缆线路由上局部地段与电力线路等平行敷设,或过于接近电动机、电力变压器等电磁干扰源,且不能满足最小净距的要求时,宜采用在钢管或封闭型的金属槽道中敷设。除对该段落的缆线应采用屏蔽结构外,还要注意在采用全系统屏蔽(各种缆线、设

备均为屏蔽结构)后,必须设置良好的接地系统。

(2)接地系统设计

在智能建筑内部的综合布线系统,其接地系统主要是屏蔽保护接地、安全保护接地和防雷保护接地几部分。

1)屏蔽保护接地

当在智能建筑内部或周围环境存在电磁干扰源时,综合布线系统除选用具有屏蔽性能的缆线和设备外,且应有良好有效的接地系统,以抑制外界的电磁干扰。在接地系统设计中应按以下几点要求。

① 在综合布线系统中的主干电缆为屏蔽结构时,要求在每个楼层的干线交接间设有合格的楼层接地端,这些合格的楼层接地端有建筑物的钢结构、金属给水管或专供该楼层用的接地线等。在施工中,除电缆屏蔽层必须连续不断地连接良好外,还应按规定将电缆屏蔽层接地,接地线一般采用直径为 4~5mm 的铜线,一端在电缆屏蔽层上焊接,另一端连接到合格的楼层接地端。

② 建筑群主干布线子系统的主干电缆(包括公用通信网引入电缆)如具有屏蔽性能时,在进入智能建筑物后,将在电缆屏蔽层上焊接的 5mm 的多股铜芯接地线,连接到临近入口处的接地线装置,要求焊接牢靠。(入口处是指电缆从管道内引出处,即管道在墙壁上露出的地点),接地线装置的位置距离电缆入口处不应大于 15m,尽量接近入口处为好。

③ 如综合布线系统的所有缆线均采用屏蔽结构,且利用其屏蔽层组成整个接地网时,要求各段缆线的屏蔽层都必须保持 360° 良好的连续性连接,并应注意线对的相对位置不变。此外,应有切实有效的接地措施,要求屏蔽层接地线距离接地点应尽量邻近,一般不超过 6m。

④ 当综合布线系统为整个屏蔽系统时,其配线接续设备(包括建筑物配线架 BD 和楼层配线架 FD)处也应接地,用户终端设备处的接地视具体情况来定,两端的接地应尽量连接在同一接地体(即单点接地)。若在接地系统中存在两个不同的接地体时,其接地电位差不应大于 1V r.m.s(有效值)。这是采用屏蔽系统的整体综合性要求,每一个环节都有其特定作用,不应忽视,否则将降低屏蔽效果,甚至产生恶劣的后果。

楼层配线架都应设置接地线,采用适当截面的铜导线,单独敷设到接地体,形成并联连接,不得采用串联连接。接地导线的截面选用见表 5.15。

接地导线的选择 表 5.15

序 号	名 称	接地距离①≤30m	接地距离①≤100m
1	通信引出端的数量(个)	≤75	>75≤450
2	工作区面积(m²)	≤750②	>750≤4500
3	选用绝缘铜导线的截面积(mm²)	6~16	16~50

注:① 表中接地距离是指楼层配线架(FD)至建筑物的总接地体之间的距离。
　　② 是按工作区 10m² 配置 1 个通信引出端(信息插座),并以 75 个通信引出端计算其面积。如工作区配置 2 个通信引出端,则面积应为 375m²,以此类推,可核算出相应的面积。实际上,计算导线截面的主要依据是通信引出端的数量(1 个双孔信息插座即为 2 个通信引出端)。

通信引出端的接地线可以利用电缆屏蔽层连接到每个楼层的楼层配线架(FD),再利用 FD 的接地线连接到接地体。为了保证接地系统正常工作,接地线的截面积不应过小,应选用不小于 2.5mm² 的绝缘铜导线。

2) 安全保护接地和防雷接地

① 当智能建筑的避雷接地采用外引式泄流引下线入地时,通信系统(包括综合布线系统)接地应与建筑避雷接地分开设置,它们之间应保持规定间距,以确保通信安全。这时综合布线系统应采取单独设置接地体,保护地线的接地电阻不应大于 4Ω。

② 当智能建筑的避雷接地利用建筑结构钢筋作为泄流引下线,且与其基础和建筑四周的接地体连成整个避雷接地装置时,综合布线系统的接地无法与它分开,不能保持规定的安全间距,应采取联合接地方式。为了减少危险影响,要求总接线排的工频接地电阻不应大于 1Ω,以限制接地装置上的高电位值出现。联合接地方式的优点是当建筑物遭受雷击时,屋内各点电位分布均匀处于等电位状态,安全得到保障,占地少,不会互相发生矛盾,节省金属材料和工程建设费用。此外,在综合布线系统中的有源设备的正极及外壳应与机架绝缘,采用单独接地线引至楼地汇流排,并要求主干电缆的屏蔽层及连通的接地线都应该接地,采用联合接地方式。

③ 在智能建筑中垂直主干缆线的位置尽量选择在邻近垂直的接地导体(如高层建筑中的钢结构件),并尽可能位于建筑物内的中心部位。建筑物顶层如为平顶,其中心部位的附近遭受雷击的概率最小,其雷电流也最小,且由于主干电缆与垂直接地导体之间的互感作用,可以最大限度地减少电缆上产生的电动势。应避免把主干缆线安排在建筑物的外墙上,尤其是墙角处,因为这些地方遭受雷击的概率最大,雷电流也最大,对缆线的安全是不利的。

④ 当通信线路(包括建筑群主干布线子系统的缆线)从建筑物外面引入屋内,有可能受到雷击、电源接地、电源感应电动势或地电动势升高等的外界影响,所以应采取安全保护措施,以防发生各种损害和事故。在综合布线系统设计中应考虑对通信线路采取过压过流等电气保护和接地等措施。

如综合布线系统的缆线所在环境既有腐蚀性,又有雷击可能时,选用的电缆或光缆应具有较好的防腐蚀和防雷击的性能。当然缆线的价格也会提高,且缆线结构复杂和重量增大,对于穿放或敷设都会增加一定难度。在选用时必须慎重考虑。

第三节 智能化小区综合布线系统工程设计

通常所述的智能化小区含义较为广泛,这里是只限于智能化居住小区(又称智能化住宅小区或智能化居民小区)。因此,智能化小区综合布线系统就是国外厂商所述的智能化住宅小区电信布线系统,本书为了统一和便于叙述统称为智能化居住小区综合布线系统(以下简称智能化小区综合布线系统)。

5.3.1 智能化小区综合布线系统工程设计原则和标准

1. 智能化小区的发展概况

在新世纪到来之时,我国已进入信息化社会,人们的工作和生活与通信和信息的关系日益密切。随着信息网络时代的来临和人们生活水平的提高,智能化小区是这一时代的必然产物。它的出现适应了社会信息化和经济国际化的需要。应该说对智能化小区的需要在国内日益扩大和普及,逐渐向随时随地需要得到各种信息,从而产生信息家庭化的倾向。也就是说信息化社会在不断改变人们的生活方式和工作习惯的同时,对于住宅建筑的要求,不仅是简单的居住条件,且要求在这空间中生活、学习和工作,获得各种信息,享受所需的生活、文化、娱乐、办公和购物等各种信息服务。此外,通过通信自动化的拓宽和发展,与家庭办公自动化、物业管理自动化和社区服务自动化相结合,为人们提供更多更好的各方面功能服务,成为提高现代人们住宅建筑的生活质量的重要手段。这就是从智能建筑有向智能化居住小区发展的必然过程和流行趋势。

我国从改革开放以来,综合国力不断增强,人民生活水平显著提高、居住条件也得到明显改善。从20世纪80年代末起住宅建设标准逐步提高,1994年建设部正式提出了小康住宅的概念,并制定小康住宅设计标准,不久,国家科委和建设部又共同推出"2000年小康型城乡住宅科技产业工程"。与此同时,电话、计算机、有线电视、家庭影院等相继进入家庭,于是在小康住宅概念的基础上,以科技为先导,提高城乡居民住宅建筑的功能和质量,改善居住环境条件为目标,人们对住宅建筑提出了智能化的需求。因此,智能化居住小区的建设日渐增多,其内部的功能要求也不断提高,其中人们对各种信息业务的需求是极为需要,且很迫切,必须适应这种需求的客观发展形势。

随着公用通信网和通信科技的迅速发展以及智能化小区用户的信息需求日益增长,可以向智能化小区逐步提供性能优良、设施完善的信息网络系统。例如近期可以提供先进的接入网设备或具有窄带ISDN功能的远端模块。今后将采用各种光纤接入应用方式,主要有光纤到路边(FTTC)、光纤到小区(FTTZ)、光纤到大楼(FTTB)、光纤到家庭(户)(FTTH)和光纤到桌面(FTTD)等,根据不同用户的需要,为小区提供技术先进的信息网络系统基础平台,它可向住宅用户提供话音服务,又可提供频带宽、容量大和质量好的多媒体通信服务,完全能满足智能化小区中的社区各种信息服务和物业管理自动化系统的需要,同时智能化小区综合布线系统的技术内涵也会迅速改变和提高。

我国建设部住宅产业化办公室于1999年12月编写和发布了《全国住宅小区智能化系统示范工程建设要点与技术导则》(试行稿),经过两年多的试用,于2001年底对"导则"进行修订,"导则"修改稿也已公布。在这两个文件中将智能化小区功能要求划分为三个不同星级,即一星级(普及型,符号★下同)、二星级(提高型,符号★★,下同)和三星级(超前型,符号★★★,下同),星级越高,其自动化和智能化的程度越高,功能也越加完善,同时高星级系统必须是在低星级系统功能基础上增加新的功能或改善原有功能。这种星级划分是必要的,但是应该看到这三种类型在现阶段的选用是有所区别的,因为我国在相当长的时期内仍然是发展中国家,各个地区经济发展极不平衡,差别极大,即使在同一地区,由于人民有各个层次区别、不同年龄结构、文化素质和生活习惯的不一,人们对智能化功能的需求是受经济实力和文化水平所制约的,对信息的要求也有区别。因此,从目前我国国情分析,应该是普及型在现阶段大量存在,提高型一般不会广泛采用,仅在经济发达地区建设,超前型比较少见,只有在重要和特殊场合使用,高级智能化住宅的需求在全国范围内所占比例不会太多。在国内的广大地区,尤其是经济不发达的地区,非智能化(本书称它为无星级)住宅建筑还需长期地大量存在,改建需要有一定时间和大量资金,应该说大多数地区的居住小区采用普及型是较为普遍和长期的,这是需求的主流和服务的主要对象。所以在综合布线系统工程设计中,应根据所在的地区对功能需求的实际情况考虑,务必做到既能满足人们对信息不断增长的需要,又切实符合实际和经济合理。

2. 综合布线系统工程设计原则

由于智能化小区建设在我国属于刚刚起步阶段,历史很短,缺乏工程建设的经验。因此,在智能化小区综合布线系统工程设计中,应遵循以下设计原则。

(1) 应紧密结合我国国情和民意

当今社会正在向信息化时代迈进,信息业务的多样化和其业务量的迅速增加,这是社会发展的必然趋势,另一方面科学技术能够为我们提供多种智能化功能已成事实,这些都是极为重要的前提,但是在综合布线系统工程设计中应该紧密结合我国国情和民意予以考虑。这就是要实事求是,面向客观实际,面向广大居民,要切实调查研究用户所需的信息要求,作为设计的主要依据,以便制定相应的技术方案、配置和选用设备和缆线以及各种部件,使综合布线系统工程成为满足智能化小区的人们需要、使用方便和经济合理的基础设施之一。

(2) 应服从智能化小区的总体建设规则

信息网络系统(包括综合布线系统)是智能化小区的组成部分,综合布线系统是这个大的系统工程中的一个子系统。因此,在工程设计中拟定技术方案时,应积极与各方面协调配合,尤其是要服从和遵循智能化小区的总体建设规划要求。例如建筑群主干布线子系统的管线设施,在小区内部的分布路由和具体位置,不应破坏或影响环境美观和绿化布置;服从小区内部各种地上或地下管线的综合协调规定和整体全面布置,务必设法减少今后互相维护和管理中的矛盾,真正使智能化小区建成具有居住安全、清静舒适、生活方便和优质高效等客观条件的优美环境。

(3) 应服从逐步发展、分期实施的原则

任何一项科学技术的发展都是从低级到高级分阶段地前进,其速度有快有慢,且永无止境,不少科学技术今天看似先进,不久却已变成落后。同样,作为应用技术的综合布线系统也不例外,何况它目前还在不断开拓和继续发展,有些还需要补充完善,有些尚难估计和无法预料。因此,在综合布线系统工程设计中首先要明确是为居民的信息需求服务,必须以居民的实际需要作为基点来考虑。其次,智能化小区的住宅建筑是人们居住生活的地方,居民是以"家"为中心开展各项活动,它不同于办公或工作场所,因此,一定要坚持"以人为本、物为所用"的原则。第三,必须注意经济合理,要考虑居民在经济上能承受的能力,绝不能盲目追求或超前攀比高标准,把智能建筑中所有的高新科技项目都照搬到住宅建筑,住宅形成办公楼化或大宾馆化,这样既脱离实际和经济不合理,又违背科学技术不断发展的自然规律。总之,在工程设计中必须以用户确有需要作为设计的基本依据,同时要从科学技术发展都具有阶段性的趋势,统筹兼顾、全面考虑,采取逐步发展,分期实施来对待。力戒过早过高地刻意追求高标准、新技术等脱离实际的做法,以免造成居民无法接受和建设资金浪费等不良后果。

(4) 应遵循近期与远期紧密结合的原则

任何一个事物都是从目前向以后不断进化或发展,同样,综合布线系统工程也应经历从近期向远期发展的过程。为此,对于综合布线系统工程设计,要求必须做到既要满足近期用户对信息的需要,又要适当考虑今后可能发展,要留有余地,这两者如何合理地紧密结合是一个重要的课题。在工程设计不宜对所有管槽、缆线、设备和部件都采取统一的放宽尺度,例如都能满足十年、十五年或终期的需要,这样显然是不合理的,应根据管槽、缆线、设备和部件的特点和它们所在的具体段落以及场合等情况,采取区别对待,以不同的标准尺度和发展因素考虑,例如管槽宜按建筑物的终期需要考虑,主干缆线可按近期需要设计,有些段落近期和远期都应兼顾而密切结合和灵活运用。

只有依照上述设计原则,才有可能编制出一个切合实际、简便实用、节省投资、安全可靠的工程设计,使综合布线系统真正具有开放性、兼容性,且便于维护管理,标准适度超前等特点,成为与智能化小区的总体建设规划内容基本吻合的实施方案。

3. 智能化小区的建设标准和智能化住宅电信布线系统标准

智能化小区和智能化住宅问世很短,即使在 20 世纪 90 年代初首先出现了智能建筑的美、欧等发达国家,其历史也很短暂。据我国建设部于 1999 年 10 月组团赴美考察的报告中称到考察时为止,美国尚没有制订有关智能建筑设计的国家或行业标准,只有对某些技术作出相应的规定。智能化小区的建设标准也未见到,只有家居布线系统标准。因此,在国外这方面的标准还处于空白状态。现将近期国内外有关智能化小区和智能化住宅的布线系统标准作一个简要的介绍,这方面内容今后会与时俱进地不断发展,在工作中应该予以注意,及时熟悉和掌握,以便在设计工作中执行。

(1) 智能化小区的建设标准

智能化小区在国内外都是新生事物,尤其是在我国的历史更短,各方面对它的认识不多,且不统一。例如智能化小区的基本功能应有哪些?其功能系列划分的标准,包含的内容和范围等都有待研究确定,国外又无经验和资料,也未见有实例。为此,我国建设部和各省市的有关部门最近编写和发布了全国性或地方性的有关技术法规文件,以求统一确定智能化居住小区的具体内涵、规定功能、划分方法、设计要求、实施导则、评估项目和工程验收办法等事宜,达到规范建设市场、正确引导建设和全面监督,促进智能化小区健康发展。

近期,国内这方面的法规文件和即将出台的标准或规定不少,现简述如下:

1) 1999 年 4 月建设部颁布了《全国住宅小区智能化技术示范工程工作大纲》。在大纲中对示范工程的技术含量,按技术的全面性、先进性分为普及型、先进型和领先型三类。

2) 1999 年 12 月建设部制定和颁布了《全国住宅小区智能化系统示范工程建设要点与技术导则》(试行稿),该文件明确按功能要求、技术含量和经济合理性等因素综合考虑,划分为:一星级(普及型★,下同)、二星级(提高型★★,下同)、三星级(超前型★★★,下同)三种类型。

3) 2000 年 2 月建设部和国家质量技术监督局联合发布了国家标准《建筑与建筑群综合布线系统工程设计规范》(GB/T 50311—2000)和《建筑与建筑群综合布线系统工程验收规范》(GB/T 50312—2000)两个文件。

4) 2000 年 7 月建设部和国家质量技术监督局联合发布了国家标准《智能建筑设计标准》(GB/T 50314—2000),在标准中将住宅智能化作为其中一个章节,提出了一般规定、设计要素和基本要求。

5) 2001 年年底建设部对 1999 年 12 月颁布的《全国住宅小区智能化系统示范小区建设要点与技术导则》(试行稿),经过两年多的试用进行了修订和发布了《导则》(修改稿)。

目前,建设部与有关部门正在编制行业标准,且都已完成初稿,或正在审查和报批中,近期将会发布,这些行业标准是:

①《居住区智能化系统配置与技术要求》。该标准将小区智能化的各项功能按不同需求划分为基本配置和可选配置两类,以便供小区开发建设单位选用。

②《居住小区智能化产品应用技术要求》。

③《智能建筑检测和验收标准》。该标准发布可以便于为小区智能化系统的验收提供技术依据。

此外,中国工程建设标准化协会于 2000 年 9 月批准发布了协会推荐性标准《城市住宅建筑综合布线系统工程设计规范》(CECS 119:2000)。

上述文件和标准虽仅适用于居住小区智能化系统示范工程,但就其功能分类、工程示范方案来看是具有一般的指导、遵循作用的。

同时,在上海和四川等省市也相继制订和发布了地方性的标准和法规,例如上海市制订了《上海市智能住宅小区试点工程工作大纲》和《上海市智能住宅小区功能配置试点大纲》。四川省制订了地方标准《建筑智能化系统工程设计标准》等文件,这些地方法规和标准对于当地智能化小区的工程建设将起到规范和统一及有利于建设的作用。

由于综合布线系统是智能化小区工程中的一个子系统,且在不断发展。因此,上述法规和标准虽然有了一些规定,但内容还不够完整和详细,都必须与国内现行的其他标准或规范配合使用。

(2) 智能化住宅电信布线系统标准

目前,国内对于智能化住宅电信布线系统的标准虽然没有单独成本编制发布,但在前面介绍的智能化小区的建设标准中已有较多的内容。相反,国外却没有智能化小区方面的标准,这也可能是国内外的客观实际需要不同而有区别。

当前,国外制订的家居布线系统的标准是建立在国际标准化组织/国际电工委员会标准 ISO/IEC 11801:1995《信息技术——用户房屋综合布线》和美国国家标准协会 ANSI/TIA/EIA 568A:1995《商务建筑电信布线标准》上的,因此,它与智能建筑综合布线系统的原理基本是统一的,所用材料基本相同,其布线结构也是类似的,但具体的应用有些差异。第一个 ANSI/TIA/EIA 570 的家居布线标准,是由美国国家标准协会(ANSI)与 TIA/EIA TR—41.8 分委员会的 TR 41.8.2 工作小组于 1991 年 5 月制订。但随着新技术不断涌现,智能化住宅对通信缆线带宽的要求越来越高,该标准已日渐不能满足客观要求,迫切需有新的家居布线标准来适应新的信息技术发展形势。因此,1998 年 9 月,TIA/EIA 协会正式修订及更新家居布线标准,并重新命名为 ANSI/TIA/EIA 570A《家居电信布线标准》。制订标准的目的主要是使家居电信布线的要求标准化。标准内容主要考虑满足现在和今后一定时期的电信服务需要。在标准中电信服务标准与家居单元的布线等级相对应,要求家居布线系统应能支持话音、数据、影像、视频、多媒体、家居自动化系统、环境保护管理、安全保卫、有线电视、传感器和报警器以及对讲机等服务。该标准适用于新建、扩建和修建单个住宅建筑或建筑群体。

1) TIA/EIA 570A《家居电信布线标准》的修改内容

TIA/EIA 570A《家居电信布线标准》的主要修改内容有以下几点:

① 该布线标准不涉及商业大楼等类型的智能建筑有关内容。因此,智能建筑与智能化住宅建筑不应等同,有所区别。

② 基本规范将跟从 TIA(电信工业学会)手册中所更新的内容及标准。

③ 该布线标准制订和划分家居布线的等级。

④ 该布线标准不涉及家居布线系统中的对外通信线路数量,即与外界通信网的连接等应按有关标准。

⑤ 在家居布线系统中认可的传输媒介有光缆、同轴电缆、三类及五类非屏蔽对绞线对称电缆(UTP)。

⑥ 该布线标准规定链路长度由通信引出端(信息插座)到配线箱不能超过90m(295英尺),信道长度不能超过100m(328英尺)。

⑦ 该布线标准中包括主干布线。

⑧ 该布线标准中包括固定装置的布线,例如对讲机、火警感应器等。

⑨ 通信引出端(信息插座)和插头只适用于T568—A接线方法以及使用4对UTP电缆,端接8位模块或插头。

TIA/EIA 570A《家居电信布线标准》适用于单幢住宅建筑或建筑群体以及智能化小区的房屋建筑内的电信布线系统和相关的管线以及布线空间。这一标准规定的布线系统能在不同的住宅建筑中支持各种电信服务。标准中主要内容包括建筑物内或建筑物之间的电信主干布线的所有缆线。该标准中的详细内容可见本章智能化住宅建筑综合布线系统设计部分叙述。

2) 家居布线系统的等级

在标准中制订了两个等级系统,以便选择适合每一个家居单元相应的布线方案。等级系统的规定如表5.16中所列。

家居布线系统的等级   表5.16

序号	等级系统	满足要求	电信服务项目	配备缆线	备注
1	一级家居布线系统	满足电信服务的最低要求	电话、卫星电视、CATV和数据服务	三类4对UTP对绞线对称电缆最少1根;推荐五类缆线,以便将来升级到二级(包括连接器); 75Ω同轴电缆1根 但不用光纤光缆	星型网络拓扑结构连接
2	二级家居布线系统	满足基本、高级和多媒体的电信服务	电话、卫星电视、CATV、数据和多媒体等,且可满足今后发展需要	五类4对UTP对绞线对称电缆最少1根或2根(包括连接器); 75Ω同轴电缆1根或2根 可选用光纤光缆	星型网络拓扑结构连接

由于上述标准实施不久,感到存在一些问题。有些国外生产厂商根据国际标准和上述标准的基本精神,建议按照智能化居住小区的建设规模、建筑级别和业主需求等因素划分等级,分别提出有不同的三种级别类型的设备配置和总体布线技术方案,现将三个等级的基本情况分别进行介绍。

① 低等级(又称普及型、基本型或经济型)

这种总体布线方案和设备配置,一般适合于低等级一般公寓或中小型住宅建筑,为中下级收入的家庭使用。能支持电话(话音)、计算机(数据)和电视、每家装一个配线盒,容纳信息点最多约5个左右,每个工作区均采用在墙上暗装的四个插座孔通信引出端,其传输媒介采用75Ω同轴电缆和三类非屏蔽对绞线对称电缆。主干缆线采用三类非屏蔽对绞线对称电缆。据初步估算每家所需的材料费用约为人民币3500~4000元。

② 中等级(又称提高型、先进型或扩展型)

这种总体布线方案和设备配置,一般适合于中等级灵活性要求高的公寓或中小型住宅建筑,为中高级收入的家庭使用。能支持电话(话音)、计算机(数据)和电视,每家装一个配线盒,容纳信息点最多约 8 个左右。每个工作区均采用在墙上暗装的四个插座孔通信引出端,其传输媒介采用 75Ω 同轴电缆和五类非屏蔽对绞线对称电缆。主干缆线采用五类非屏蔽对绞线对称电缆或光纤光缆。采用光缆传输系统时,光节点可为居住小区内 600 个家庭服务,且有利于今后扩建。同时,为实现视频点播信息业务创造条件。初步估算每家所需的材料费用约为人民币 6000 元左右。

③ 高等级(又称超前型、领先型或完备型)

这种总体布线方案和设备配置,一般适合于高等级大、中型住宅建筑,或家庭办公室、高级别墅式建筑,为高收入的家庭使用。能支持电话(话音)、计算机(数据)和电视,每家装一个配线盒,容纳信息点 10 个及以上。每个工作区均采用在墙上暗装的四个插座孔通信引出端,其传输媒介采用 75Ω 同轴电缆和五类非屏蔽对绞线对称电缆以及光纤光缆。采用光缆传输系统时,光节点可为居住小区内 600 个家庭服务,由于光纤光缆作为主干缆线,目前可支持千兆位(Gbit)数据网络,又能创造有利于今后实现视频点播和多媒体通信等信息需要的基础条件。估计每家所需的材料费用约为人民币 9000 元到 1 万元左右。

这三个等级的级别类型的信息点数量如表 5.17 中所列。这里要说明的是上述国外厂商提出的三个等级与我国建设部所提的三个类型有些是相同,但有的是不一致的,所以两者划分等级并不是完全相同,但可以互相对照作为参考,以便更好地使用。

家居布线系统的级别类型

表 5.17

序号	家居布线系统的级别类型	适用场合	通信引出端插座孔数量(个)				备注
			话音	数据	电视	区域网	
1	低等级(普及型、基本型、经济型)	一般公寓或中小型住宅建筑	2	1	1~2	1	区域网包括对外数量
2	中等级(提高型、先进型、扩展型)	灵活性要求高的公寓、或中小型住宅建筑	3	2	2~3	2	同 上
3	高等级(超前型、领先型、完备型)	大中型住宅建筑、家庭办公室、高级别墅式建筑	4~5	2	3~4	3	同 上

对于智能化居住小区内的住宅建筑中的配备标准,必须根据当地的实际情况进行考虑。例如我国经济不发达的中西部地区,应该结合具体情况,适当降低标准,不宜采用统一的配备标准。对于经济发达的沿海城市和东部地区,可视具体情况适当提高配备标准。

5.3.2 智能化小区综合布线系统的网络建设方案和系统结构

1. 网络建设方案

综合布线系统是智能化小区中信息网络系统的基础,它是社区网络或园区网络中极为重要的组成部分。目前,按智能化小区信息网络系统组成的传输信息载体,其网络建设方案可分为六类,具体可分为单独专用布线网络、利用有线电视网络,通过公用通信网、利用电力网络、采取无线网和综合利用组网。

(1)单独专用布线网络

这一种方案是以局域网络采用以太网技术为基础,建设智能化小区的社区网络和住宅

建筑中的布线系统。网络建设的要点是:

1) 建筑物间采用多模或单模光纤光缆,组成社区网络主要骨干线路。

2) 建筑物内根据用户信息需求采用屋内光纤光缆或五类对绞线对称电缆为主干线路,从以太网交换机或其他配线设备分别用分支线路连接到每个住宅内。网络拓扑结构一般采用星型,但也可根据用户需要或实际情况采用其他网络拓扑结构。

3) 住宅内部采用综合布线系统,设置通信引出端,供用户使用。

这种网络建设方案要求园区中和住宅内都需单独布线,配置相应的设备。因此,工程建设投资极高,维护管理工作增加,其优点是与外界配合协调少,有利于扩建和检修简单。但从远期和整体来分析,对智能化小区和住宅建筑的建设和使用都是不利的,显然缺乏综合利用的特点。

(2) 通过公用通信网的网络建设

这一种方案只是在建筑物内仍需采用综合布线系统,其他方面都可综合利用公用通信网络。因此,大大节约了建设投资,且建设速度快。缺点是按目前现有的电话线路,尚不能满足信息网络系统发展的需要,例如实现交互式的视讯服务和高速率的数据传输等,必须进行相应的改造。

(3) 利用电力网络

这一种方案可以利用小区中和住宅内现有的电力线路,通过载波技术方式传输各种信息,可以不需布线,但是对外通信还需公用通信网或局域网,需要增设不少的配套设备,在传递信息时不能跨过变压器,在规模较大的居住小区无法使用。在某种场合还受到限制,无法使用,例如要保证信息网络系统和人员生命的安全,不会因高电压或大电流而影响安全可靠性等关键问题。

(4) 采取无线网的网络建设

这是今后有可能发展的网络建设方案,但因目前无线网络的设备和器材价格昂贵,且有些标准尚未确定,难以使用。此外,因受无线网络传输性能不够稳定,有些要求很高的信息不宜采用,使用受到限制。

(5) 利用有线电视网的网络建设

有线电视网络覆盖的用户范围较为广泛,其网络一般采用光纤光缆和同轴电缆混合网(HFC),除传送常规的广播电视信号外,还可以传送高速数据业务,实现话音、数据和图像的"三网合一",它不仅在功能上满足用户需求,且大大简化居住小区和住宅建筑内部的布线,节约大量人力和物力及资金。此外,因其频带宽,可为今后发展留有余地,减少工程建设投资。但是有线电视网是单向传输方式,目前都为模拟信号和模拟终端设备,如需双向传输数据业务,必须配置相应设备和采取必要的改造措施,这就使得网络建设资金增加,难以顺利实施,显然,目前利用有线电视网的智能化小区网络建设,并不是最佳的方案。

(6) 综合利用已建成各种网络的建设方案

综合利用现有的公用通信网、有线电视网、电力线路网和无线网,组织智能化小区和智能化住宅的网络建设来分别实现各种功能。例如通过无线网与防盗探测器、可燃气体探测报警器或烟雾探测器相连接进行监控;利用电力网采取电力载波传输方式对家用电器和照明设施进行控制;公用通信网除可专作对外通信联系的通道外,还可以与有线电视网互为备用,当有线电视网发生问题时,可以通过公用通信网及时报警或替代工作,也可作为有线电视网另一传输方向的通道。

采取综合利用现有各种网络的建设方案,各自优势均较突出,可以实现智能化小区的安保自动化、通信自动化和管理自动化,成为真正智能化的小区。利用各种网络虽可以大大简化布线系统,但要增加相应设备,且因涉及各种网络系统,其维护管理工作也变得极为复杂,技术要求也高。因此,在使用前必须进行各方面比较后才能确定,一定要慎重考虑。

2. 智能化小区网络系统结构的组成

在智能化小区内网络系统结构的组成,通常分为三部分,即各个住宅用户内家庭智能化系统、智能化小区内的网络布线系统(包括建筑群体之间的布线系统、与外界公用通信网等相连接的接入网等)和智能化小区物业综合管理中心。它们三者之间必须有机地紧密结合成为一个整体,互相配合和协作,各负其责和承担任务,以满足智能化小区中所有用户需要的各种服务要求。

(1) 家庭智能化系统

家庭智能化系统是每个住宅用户必备的设施,它是采用先进的电子传感技术、监控技术和信息传输技术,对用户提供多种功能服务和实时监控以及物业管理。该系统包括智能化的传感和执行设备、家居布线系统和家庭智能化控制设备(不同生产厂商有不同名称,如家庭智能网络控制器或家庭智能控制器等)三部分,它们各有其功能和职责,见图 5.22 所示。

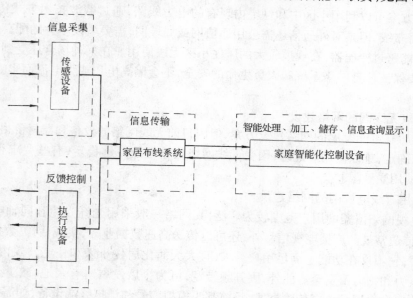

图 5.22　家庭智能化系统的组成示意

智能化的传感和执行设备是分别负责信息探测采集或按指令执行两项功能。

家居布线系统,即是智能化住宅建筑内部的综合布线系统,主要负责传输各种信息到各相关的设备。

家庭智能化控制设备主要是负责对各种信息进行整理、加工、储存等处理,并可根据用户需要提供服务(包括查询或显示等)。

上述三部分的具体内容较多,且因其功能和设备不同而有所差别,以下是以主要的内容部分进行介绍。

1) 家庭智能化控制设备　它是家庭智能化系统的核心设备,且是具体控制和实施功能的关键部分,又是智能化小区网络系统的主要节点。由于用户需求和设备产品的不同,其功能也有所区别。通常应具有以下功能:

① 保安监控报警功能(如防盗报警功能、门禁控制和楼宇对讲等)。

② 三表数据采集和远程传送功能(水、电和燃气)。

③ 火灾和烟雾监测自动报警功能。

④ 可燃或有害气体泄漏监测报警功能。

⑤ 家用电器或各种阀门自动开启关闭控制功能。

⑥ 人工紧急呼叫求助报警功能等。

上述各种功能对外都是通过家居布线系统与小区内的网络布线系统和智能化小区综合管理中心相连而具体实施,同时,在住宅建筑内部也依赖于家居布线系统和智能化的传感或执行设备来实现,它们彼此紧密相连合作完成。

2) 家居布线系统　它相当于综合布线系统,有时称家居电信布线系统。它是基于智能建筑向智能化小区发展过程中产生的。目前,国内尚无专用的家居布线标准,在设计中主要参照国外 TIA/EIA 570A 的标准,并参考我国通信行业标准(YD/T 926.1—3—2001)和中国工程标准化协会标准(CECS 119:2000)中的规定办理。

家居布线系统主要由配线接续设备、传输媒介(如光纤光缆、同轴电缆和对绞线对称电缆)和通信引出端以及连接硬件等组成。其中传输媒介应根据等级类别配置和用户信息需求来选用。对于只支持话音、低速数据信息业务时,可选用三类非屏蔽对绞线对称电缆;对于需传送高速数据或电视图像信息业务时,宜选用同轴电缆;对于今后需要支持多媒体或宽带信息业务时,传输媒介宜选用五类非屏蔽对绞线对称电缆、同轴电缆或光纤光缆。在电磁干扰较强的场合应选用具有屏蔽结构的缆线和设备。

3) 智能化的传感和执行设备　它们有时称传感器、执行装置或传感元件及执行元件,主要包括各种传感器或探测报警器(又称装置或元件),例如感温探测器、感烟报警器、红外探测报警器、磁卡门控制装置、水、电和燃气等计量装置,这些设备或装置都分散地安装在住宅建筑内部各处,它们通过家居布线系统与家庭智能化控制设备相连,形成完整的控制系统。

(2) 智能化小区内的网络布线系统

智能化小区内的网络布线系统是智能化住宅与小区物业综合管理中心之间互相连接的信息通道,也是互相联系的纽带,它实际是综合布线系统的建筑群主干布线子系统,且是智能化小区最重要的工程建设项目之一,其技术方案直接关系到工程投资费用的多少、信息网络系统的布局和传输性能质量的优劣。由于智能化小区内的网络布线系统(包括与公用通信网相连接的接入网)是一个系统工程,且与整个信息网络系统有关,即与前面所述的网络建设方案有着密切关系。前面介绍的六种方案,目前较常用的是内部自建综合布线系统(包括建筑群主干布线子系统)和通过公用通信网对外连接相结合的方式,与其他方案相比有其特点和长处,且较易建设。因此,智能化小区内的网络布线系统以这种方案建设为主,这是其优势所在。

(3) 智能化小区物业综合管理中心

智能化小区物业综合管理中心是整个小区的管理机构和服务系统的交汇点,又是小区与外界的信息网络系统的缆线汇接点和核心枢纽处。它向智能化小区内每个住宅建筑用户提供公共信息服务和对各种功能进行监控管理,所以它又是智能化小区的物业管理信息系统,通常必须有以下几个系统和相应的服务功能:

1）房屋管理和物业管理以及检修系统

主要对小区内提供房屋管理和修缮、各种设备维修、卫生保洁等服务。

2）监测控制和安全保卫系统

智能化小区内的安全防卫、周界防护和门禁巡更等监控设施的管理和维修等。

3）计量和收费系统

对小区内所有住宅建筑的水、电、燃气表进行自动计量,并代有关单位收费(包括物业管理等各种费用)。

4）信息收集和发布系统

收集和发布各种信息(如天气预报、重要新闻、价格信息、文娱信息和出门旅行信息等)以及小区或社区公益活动通知等。

5）综合查询系统

根据小区内住宅用户的要求,采取各种方式(如发布公告或公开通知、电话通知、信号呼叫和小区内公共广播等),满足不同层次的用户需要的各种信息查询(例如查询飞机航班或火车车次始发和到达的时间、订购各种门票或预约各种上门服务等)。

6）车辆出入管理和来访登记或远距离呼叫系统

采用 IC 卡(即一卡通)管理出入小区的车辆;对外来客人访问进行登记管理或设置远距离呼叫装置等。

从上面所述的智能化小区网络系统结构的组成是较为复杂的,当建设规模较大、区域范围宽广和服务功能齐全的智能化小区,其技术要求更高,必须根据服务对象及其需要全面考虑网络的建设方案。为了对上述系统结构有较为直观和明确的概念,现将系统结构以简图的形式予以表示如图 5.23。

在图中住宅建筑 #2～#20 的内部与住宅建筑 #1 相同,为了简化在图中未作表示。

5.3.3 智能化小区内网络布线系统总体设计和建筑群主干布线子系统设计

1. 网络布线系统总体设计的基本原则

在智能化小区内网络布线系统总体设计中,必须按照以下原则进行,以满足整个信息网络系统和各方面(如小区总体建设规划)的要求。

(1) 智能化小区建设是一个很大的系统工程,它是由区域规划、环境保护、房屋建筑、道路交通、市政设施、文化教育、商业服务、公用管线和通信设施等子系统组成。作为智能化小区内的网络布线系统是整个小区的信息网络系统中的一部分,它就是综合布线系统的建筑群主干子系统。因此,它的总体设计方案必须服从智能化小区总体建设规划,在设计时,应主动与主管小区的建设部门或筹建单位配合协调,注意网络布线系统的整体布局,要根据小区总体建设规划对环境美化的要求,逐步实现通信线路和设施的隐蔽化和地下化。

(2) 在网络布线系统总体设计时,应根据小区的性质和规模以及组成,用户信息需求的种类和数量以及分布,选用相应的缆线类型、线对数量(或光纤芯数),选择缆线路由和建筑方式等具体技术细节,应使网络布线系统建成后,保持相对稳定,且有一定的灵活通融性,既要安全可靠,符合需要和经济合理,又要适应今后的可能变化和不断发展,满足新的信息业务需要。

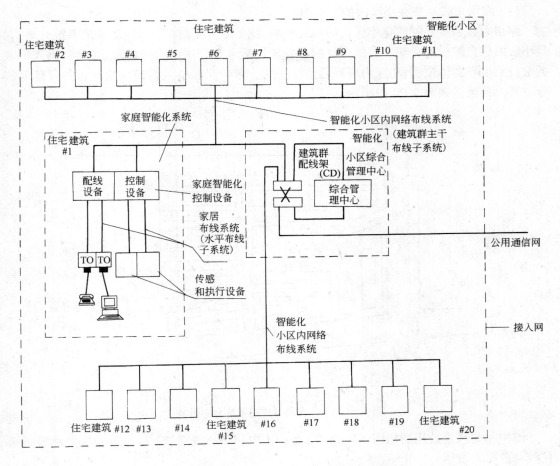

图 5.23　智能化小区网络系统结构的组成

（3）在网络布线系统的技术方案拟定时，必须紧密结合小区内各幢房屋建筑平面布置、道路分布和绿化地带的总体格局以及小区内的地上或地下的公用管线、电杆等具体情况考虑，进行全面研究，综合协调后来确定。对于网络分布、缆线路由和具体位置等技术方案的要点，都应符合有关标准的规定，例如与其他地上或地下的各种公用管线以及建（构）筑物之间的最小净距要求，以免出现互相矛盾或日后产生后患等现象。

（4）由于网络布线系统是整个小区信息网络系统的组成部分，因此，必须服从整个信息网络系统的基本方案，例如系统性能指标、设备配置、缆线连接等关键内容要做到互相衔接、彼此匹配、全面统一、形成整体，决不能产生脱节或矛盾等问题，力争符合全程全网的传输要求。

（5）网络布线系统的技术方案要根据"以人为本、结合实际"为设计的基本原则。一定要从客观环境条件、科学技术水平、人民生活标准、当地经济状况、用户实际需求和物业管理能力等实际情况出发来考虑，不要过高地采用高新的先进技术、配备齐全的各种设施，或过早地追求不具备安装条件的技术装备。务必要使设计方案真正是符合实际需要、经济实用，且能适应今后一定时期中变化发展的需求。

2. 网络布线系统在小区内的总体布局

（1）网络布线系统在小区内的一般布局

网络布线系统在智能化小区内的一般布局,就是通信线路在小区内通常的系统分布,它是小区内信息缆线的骨架。它的设计内容主要包括来自公用通信网的通信线路,引入小区的敷设路由和具体位置,小区内所有通信线路的分布状况和引入各幢房屋建筑的段落等部分。其大致情况如图5.24中所示。

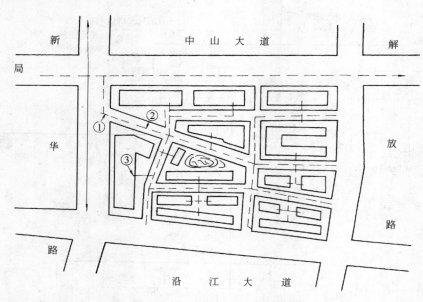

图5.24　小区内通信线路系统分布示意

图中①是来自公用通信网的线路;②是小区内网络布线系统;③是各幢房屋建筑的通信线路的引入段落。

智能化小区内的网络布线系统的布局,主要应根据小区的总平面布置,包括房屋建筑的布置、区内道路和绿化地带的分布以及各幢房屋建筑所需的信息要求(包括今后预测的数量)等情况来考虑。应该注意的是小区内通信线路系统分布格局是否良好、安全;其布线方案是否合理、灵活,对于工程建设投资高低、今后运行使用方便和有利维护检修,以及管理简化都有着极大的关系。为此,对于网络布线系统的总体布局和方案设计必须予以重视。

（2）网络布线系统总体布局的设计要点

在智能化小区内网络布线系统总体布局的设计要点,就是说在设计中应注意的几个要素,它们是对总体布局具有直接影响的作用。

1) 公用通信网线路引入小区的位置和建筑方式

公用通信网的线路进入智能化小区后,要与小区内的网络布线系统相连接,这是总体设计的一个重要环节,其引入段落的位置和建筑方式极为重要,需考虑以下几点:

① 公用通信网的通信线路引入小区的方案,必须从小区的整个网络布线系统总体布局全面考虑,它们之间应互相衔接和合理布局,尽量不出现或减少多余的回头线路,以免增加线路长度和传输衰减,既不影响信息传送质量,又可降低工程建设资金。

② 通信线路引入小区的段落和位置,应结合小区总体布置、地形条件和道路分布等状况来考虑。理想的引入位置最好选择在最邻近公用通信网的小区一角或一边道路处。同

298

时,也要适当兼顾建筑群配线架(CD)装设的位置,真正做到使引入线路与区内网络布线系统最适宜的交汇点处相互结合,有利于减少通信线路长度和便于区内网络布线系统合理分布。

③ 引入小区通信线路的建筑方式,应结合公用通信网引入线路和智能化小区内网络布线系统的缆线的建筑方式一并考虑,尽量采用相同的建筑方式和保护支撑结构,以便于互相衔接和配合,有利于今后维护管理。

2) 区内通信线路的路由和分布方案中应考虑的客观因素

在我国国内各个地区的地形和气候等客观因素有显著区别。因此,智能化小区内房屋建筑的平面排列(有时称朝向)和道路分布以及绿化地带等布置,主要根据当地的地理环境(包括地形和地貌等)、气候条件和用地规模等客观条件或自然因素考虑,此外,还与当地人民的文化素质和生活习惯等有关,这些因素形成各种各样的平面布置方案。所以,小区内的网络布线系统的缆线分布必须与它相适应,根据不同的小区平面布置、结合区内道路分布状况和用户信息需求的密度,拟定出区内网络布线系统缆线分布方案。一般说来智能化小区内的平面布置和道路分布是最主要的决定因素。目前,大致有以下几种类型。

① 智能化小区内各幢房屋建筑平面布置基本排列整齐,为了节省用地和按照日照卫生标准,房屋建筑朝向一致、道路分布和绿化布置较有规律,且地形平坦,这种小区对通信线路的系统分布较为有利,选择线路的路由方案极为简易。

② 智能化小区内各幢房屋建筑平面布置不够整齐、参差排列,但它们的朝向基本一致,道路分布状况不很规律,走向也不一致,但道路无坡度。这种小区的平面布置对于通信线路的系统分布需要考虑更多的复杂因素,选择合理的路由较为困难。

③ 智能化小区内各幢房屋建筑平面布置参差不齐,毫无一定规律,房屋建筑平面的形状和朝向因地形关系或自然条件也不完全相同。此外,因当地地形复杂,使得小区内的道路走向和分布极不规律、纵横交错,且有一定坡度。这些对通信线路系统分布和选用线路建筑方式都需要考虑很多因素,比较复杂和一定的难度(受到客观条件的限制较多)。

从上面较常见的智能化小区的平面布置方案来分析,可见通信线路的系统分布和采取的线路建筑方式因客观条件不同,是显然有所区别。在实际工作中远比上述的情况更加复杂,在总体设计时,应结合现场的客观条件,分别采用不同的布线方案,以适应客观环境的要求。

3) 区内通信线路建筑方式选用的环境条件和客观要求

在智能化小区的总体建设规划中,主要考虑便于居民生活和休息等需要,其环境要求清静。因此,小区内不允许有过境车辆通行,以减少交通车辆运行数量,免除烦杂噪声和空气污染对居民生活和休息的影响。所以在智能化小区总体建设规划中,对区内道路的设置标准不高,通常是以小区内外交通联系通而不畅,要求安全、清静的原则来考虑。根据上述要求,智能化小区内的道路一般有以下特点:

① 小区内的道路建设标准较低,道路宽度较窄,一般无人行道。最宽的小区级道路不会超过15m,通常为7m,路面结构基本是轻装沥青或素混凝土。

② 小区内的道路长度不长,直线段落较短,直线道路的长度一般不会大于120m,有的道路是尽端式,区内一般无车辆转换方向的空阔场地,较好的小区有较宽敞的停车场。

③ 小区内的道路拐弯较多,但一般不会出现生硬转弯和可以往返迂回的道路。

④ 小区内的道路除特殊地形的城市外(如山区城市),一般坡度较小,不会有过于悬殊的高度差,在小区内很少有阶梯式的道路,这会影响老人、儿童和残疾人的行走,目前国内有提倡小区内的道路应是无障碍设施的要求。

上述这些道路的特点,对于通信线路的系统分布、位置、长度和段落都密切相关,尤其是对通信线路选用建筑方式是有决定性的因素。此外,拟定区内网络布线系统的技术方案时,还需要结合小区内地上或地下各种管线和设备以及构筑物等的位置,进行综合协调,最后确定互相之间的最小净距和采取的保护措施。

4) 各幢房屋建筑引入线路的方式和位置

在智能化小区内网络布线系统的缆线,应根据各幢房屋建筑的信息需要,分别引入所需要的缆线,这些引入线路的路由数量、建筑方式、规格数量和具体位置都是重要的设计内容,在网络布线系统的总体设计都必须考虑。具体内容细节可见第四章中所述。

(3) 网络布线系统典型分布方案

在智能化小区内通常采用的网络布线系统方案,主要有以下几种典型供设计时考虑,它们所考虑的因素是便于与公用通信网连接、区内综合管理中心设置的位置、智能化小区内房屋建筑平面布置、道路分布状况和用户信息需求等来确定。在具体工程中还有其他分布方案,因此,在设计中应根据工程的实际需要来选用。

1) 小区内综合管理中心设置的位置,偏向与公用通信网连接的小区一角或一边道路附近,所有区内的网络布线系统的缆线,是以综合管理中心为始点,按小区内部道路的分布和走向敷设到整个小区的各幢房屋建筑,组成星型散射网络状态,如图 5.25(a) 中所示。从图中可以看出,网络布线系统的缆线由小区的一角或一边向整个小区散射敷设。这种典型方案的特点是在综合管理中心附近,缆线条数较多,且较集中,便于采用地下管道建筑方式,维护管理较为简化,但是它的区内线路的平均长度较长。当智能化小区面积范围较大时,从综

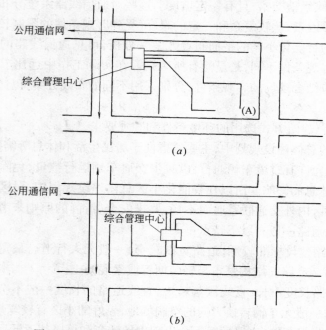

(a)

(b)

图 5.25 小区内通信线路系统分布的几种类型示意

合管理中心处的建筑群配线架(CD)到小区内另一对角最远的房屋建筑内(如图 5.25(a)中的 A 处)的建筑物配线架(BD)处,它们之间的缆线长度有可能太长,超过标准规定的最大长度。因此,必须经过实际核算小区内到各幢房屋建筑的缆线长度,确实符合标准才能选用这一方案,否则应采取其他技术措施来解决。应该说这一方案的缆线长度和工程造价均会增加。

2) 综合管理中心位于智能化小区内的中心附近,从综合管理中心分别向小区内各幢房屋建筑敷设缆线。由于综合管理中心到区内各幢房屋建筑的距离都有所减少,因此,比较容易满足标准规定最大长度的要求,可以保证信息传送的质量。同时,可以减少全网的通信线路长度和工程建设投资。但是对于与公用通信网连接的通信线路,必须深入小区内部到综合管理中心,使引入小区的线路延长。此外,部分房屋建筑的通信线路是增多的,且有回头线路,这些都会增加线路长度和投资费用。从整个网络布线系统总体布局来分析,这样的方案是较为合理的,其网络布线系统的通信线路分布情况如图 5.25(b)所示。

以上两个典型分布方案均是以一个综合管理中心为枢纽进行布线的。当智能化小区的建设规模很大、服务范围的面积很广、房屋建筑布置极为分散,采用一个综合管理中心难以工作时,在小区总体建设规划中有采用两个或两个以上的综合管理中心。这时,应将智能化小区按其房屋建筑平面布置和它们隶属关系的密切程度,划成两个或两个以上的分区,分别在各自分区适宜的位置设置综合管理中心,成为两个或两个以上的独立小区,选用相应的布线方案,以满足用户使用的要求。

从前面所述,在选择网络布线系统的分布方案时,必须结合工程实际进行分析研究、经过技术经济比较后,慎重选用。总之,在总体设计时,必须注意以下几点:

① 尽量合理减少智能化小区内通信线路总的长度,以便节省工程建设投资、减缩工程建设规模和降低维护管理费用。

② 尽量减少不合理的回头线路或迂回线路,力求网络布线系统"分布合理,切实有用"。

③ 实施小区网络布线系统方案,可以根据小区的具体条件和实际需要,采取因地制宜,切实予以实施,例如可以采用逐步分期实现,不必过于强调要求一次形成总体方案的布局,以节省本期工程投资。

(4) 网络布线系统配线设备的配置

智能化小区网络布线系统的配线设备配置是总体设计中的重要内容,网络布线系统的两端,必须要配置相应的配线接续设备,一般有以下要求:

1) 由多幢的智能建筑组成建筑群体或智能化小区,因其工程范围较大,按照通信行业标准的规定,需要设置小区内的建筑群主干布线子系统,即区内网络布线系统。在总体设计中应选择小区内某幢房屋建筑内(例如小区综合管理中心)安装建筑群配线架(CD),有时为了节约设备,减少线路长度,建筑群配线架(CD)可与该建筑物内的建筑物配线架(BD)合为一起。该房屋建筑最好位于智能化小区的中心位置或附近,成为小区内通信线路的最佳汇接点,这样既可减少通信缆线长度和工程建设投资,又可提高信息传输质量。各幢房屋建筑中各自装设建筑物配线架(BD),各有建筑群主干布线子系统的主干缆线(即网络布线系统的缆线)与建筑群配线架(CD)相连接。如图 5.26 所示。

2) 当智能化小区的建设规模和工程范围均较大,且房屋建筑幢数很多时,设置一个建筑群配线架的设备容量过大或过于集中,难以维护管理。为了使缆线平均长度减短和节省

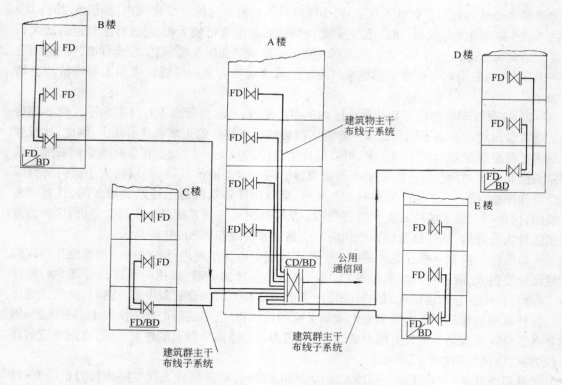

图 5.26　智能化小区的网络布线系统(一个建筑群体)

工程建设费用,在网络布线系统总体设计中,可根据小区房屋建筑的平面布置和具体条件,适当分成两个区域,形成两个建筑群体和网络布线系统范围,在各个区域内的某幢房屋建筑中分别设置建筑群配线架(CD),分区中的每幢建筑的建筑群主干布线子系统,用主干缆线均分别与所在分区的建筑群配线架(CD)相连接。为了使整个智能化小区内的通信线路灵活通融、安全可靠,可以在两个建筑群配线架(CD)之间,根据网络需要和管线敷设条件,设置电缆或光缆互相连接,形成互相支援的备用通信线路。此外两个分区的建筑群配线架(CD)分别有通信线路与公用通信网连接,使智能化小区的信息网络系统对外有两条路由,对于保证通信安全可靠度大大提高,当然其工程投资费用也必然增多。其设备配置和连接情况如图 5.27 所示。

在上述两个建筑群体区域内的综合布线系统中均包含有建筑群主干布线子系统(即区内网络布线系统)、建筑物主干布线子系统和水平布线子系统以及工作区布线几部分,在前面两个图中为了简化,均未详细表示。

此外,在网络布线系统的总体布局设计中,还应注意按照通信行业标准中有关设备配置的规定,具体内容可见本书第二章中的有关部分。

3. 建筑群主干布线子系统的具体设计

由于建筑群主干布线子系统是综合布线系统的组成部分,前面所述的智能化小区内网络布线系统就是建筑群主干布线子系统,但是网络布线系统所述内容均为方案性,且涉及全局性。这里是指建筑群主干布线子系统的具体设计内容,它们之间是有密切相关的,应统一全面考虑。

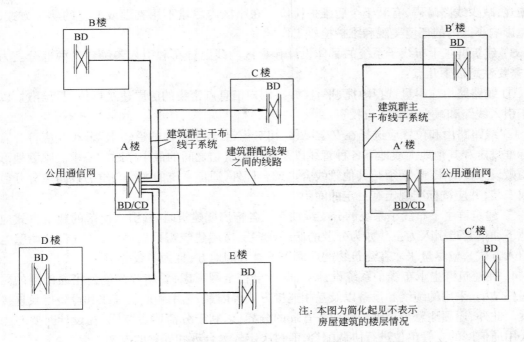

图 5.27　智能化小区的网络布线系统(两个建筑群体)

(1) 建筑群主干布线子系统的特点

1) 建筑群主干布线子系统中只有建筑群配线架(CD)等设备装在屋内,所有缆线设施都在屋外。因此,客观环境和建设条件都较复杂,易受外界影响,工程范围大、涉及面较宽,技术要求高。

2) 小区内用户与外界通信联系是通过综合布线系统与公用通信网相连接的。因此,建筑群主干布线子系统在全程全网中是不可分割的组成部分,其使用性质和技术性能都与公用通信网的要求一致。为了保证整个通信网的传输质量,必须服从全程全网的指标要求,不应降低标准。

3) 建筑群主干布线子系统是建在小区内的屋外线路,它的建设原则、建筑方式、工艺要求以及与其他管线之间的综合协调等,与城市中的通信线路要求相同,通常应按本地网通信线路的有关标准执行。

(2) 建筑群主干布线子系统的具体设计

建筑群主干布线子系统的具体设计中的原则和要求,应遵循在前面所述的规定。具体设计的内容和要求如下。

1) 在建筑群主干布线子系统设计时,必须充分了解小区总体建设规划,掌握区域性质、整体布局、建设规模、用户需求等实际情况,并根据所在地区的总平面布置和环境美观要求,采取适当地超前建设。拟定的区内网络布线系统建设方案要求做到有计划地实现通信线路的隐蔽化和地下化;通信线路建成后,在使用运行时具有一定的灵活通融性,且能满足今后相当时期新的信息业务发展需要,并留有应变的余地。

2) 建筑群主干布线子系统的建筑方式选用极为重要,尤其是环境美观要求极高的智能化小区,应以地下通信管道的建筑方式为主,使与小区的环境适应,达到小区内布置有序、隐

303

蔽美观,减少线路障碍,有利于今后维护检修。在小区内尽量不用直埋或架空的建筑方式,以免影响小区内的环境美观和维护检修工作增多。

3) 建筑群主干布线子系统的具体设计包含区内线路分布和引入各幢建筑两部分。为此,需要注意以下几点:

① 线路路由应尽量选择短捷、平直,并在用户信息点密集的房屋建筑群体附近经过,以便于引入线路和减少工程建设投资。

② 线路路由和位置应选择在安全可靠、相对稳定,较永久性的道路上敷设,并应符合有关标准规定和其他地上或地下各种管线以及建(构)筑物之间的最小净距的要求。除因地形或受敷设条件的限制,必须与其他管线合沟或合杆外,通信系统的缆线与电力线路应分开敷设或安装,并应按标准规定有一定的间距。

③ 建筑群主干布线子系统的分支缆线引入各幢房屋建筑时,其引入段落的建筑方式应以地下通信管道引入为主。如为分散的低层或多层房屋建筑需采用架空方式(包括墙壁电缆引入方式),应尽量采取在建筑物的后面等不显著的地方,且为隐蔽的引入方式。

4) 在建筑群主干布线子系统设计中,应从全程全网考虑,要结合当地公用通信网的网络拓扑结构、采用的缆线和设备以及互相连接方式等因素,选用相应的缆线和设备以及连接方案。此外,还须注意今后维护和业务管理的分界,以利于分清职责范围,在设计时要与当地公用通信网的主管单位进行协调配合,商讨决定较为合理和妥善的方案。

5) 在建筑群主干布线子系统设计中,如有多种路由分布方案,不同的建筑方式或缆线连接方式等多个技术方案时,应进行技术和经济比较后,优化筛选确定,以求降低工程建设投资和今后日常维护费用,尽量做到采用的方案既技术先进、经济合理,又切合实际、安全适用,便于施工和维护以及管理。

6) 在建筑群主干布线子系统设计中,应采用国内标准规定的定型产品,尤其是各种缆线和设备等部件,例如我国国内标准规定不允许采用 120Ω 对绞线对称电缆和星绞电缆等产品。凡是未经鉴定和检验合格的设备和材料,不应在工程中使用。当国内外产品的技术性能、指标参数和价格相近时,应优先采用国内产品。如采用国外厂商提供的产品,要求其技术性能和指标参数等,应符合我国现行的国家标准或通信行业标准以及有关规定。

有关产品选型的原则和要求可见第三章中的有关内容,务必从工程的总体要求和全程全网来考虑。

(3) 建筑群主干布线子系统的缆线敷设

建筑群主干布线子系统的缆线敷设的主要设计内容有建筑方式的选用、主干缆线的选型和保护方法等。

1) 建筑群主干布线子系统的缆线建筑方式在智能化小区中以地下通信管道中敷设为主,其他像架空和直埋方式很少使用。因此,以管道电缆为主进行介绍,其他方式不作叙述。

2) 主干缆线的选型(包括规格)

建筑群主干布线子系统的主干缆线,应首先满足用户信息业务的需要,主要根据其最高传输速率和最大传输距离以及今后发展需要等诸多因素考虑。一般选用相应类别的(如三类或五类)电缆,如不能满足信息传输要求或因防止电磁干扰等目的时,应选用更高级类别(如超五类)的对绞线对称电缆、或有屏蔽结构的电缆,甚至采用多模光纤光缆或单模光纤光缆。电缆线对对数或光缆纤芯芯数除应满足近期需要外,应根据具体环境和发展需要,适当预留一定的富裕量,以适应变化。电缆外护套的结构要根据敷设环境条件,选用相应的缆线类型,例如具有防火性能或防蚀性能的外护套。此外,电缆导线的直径粗细应根据传输要求选用,不宜过粗或过细,过细不便于施工和维护,过粗会增加工程投资和过多耗费有色金属,必须全面考虑比较后确定。

3) 主干缆线引入建筑物的保护

为了保证通信线路的安全,要求所有引入房屋建筑的通信缆线(例如建筑群主干布线子系统的缆线、专用通信网的缆线和公用通信网的缆线等),都应在建筑物内设有引入设备或连接设备(如配线接续设备),以便缆线终端连接。这些引入房屋建筑的屋外电缆或屋外光缆,经过上述设备后,转换成屋内的缆线(例如要求有阻燃性能的护套)。上述引入设备或配线接续设备均应设有必要的保护装置,例如过压或过流保护措施。一般要求电缆先进入具有阻燃性能的接头箱,再接到保护装置,经保护装置后与网络接口等设备连接,其连接情况简示于图 5.28 中。引入设备等的安装设计和施工要求都应符合有关标准中的规定。

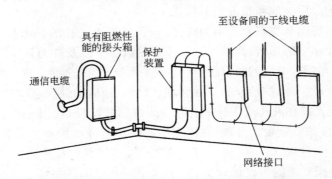

图 5.28　建筑的入口处通信线路连接示意

4) 管道电缆的敷设

建筑群主干布线子系统的缆线主要在管道中敷设,因此,管道内敷设电缆是智能化小区中最普遍采用,在设计中主要有管孔的选用和缆线在人孔内的布置及安排。

① 管孔的选用

为了便于今后施工和维护,在设计中必须选择好缆线穿放的管孔。在选择管孔时,应对本次工程和今后敷设缆线的位置,有一个整体的合理安排,缆线占用的管孔和电缆托板的相对位置应尽量配合和协调,不宜混乱交叉安排,要求同侧上下管孔的缆线应布放在对应的上下层电缆托板上,使管道电缆(或光缆)安排整齐,有条不紊。所以,在管道电缆敷设和布置的设计时,对管孔的选用有以下要求。

a. 一条电缆或光缆在各个人孔或手孔中所占用的管孔和电缆托板位置,均应前后始终保持一致,不应任意更换占用管孔或电缆托板位置,产生缆线相互交叉;也不允许由人孔的一侧跨越到另一侧的现象发生。

b. 选用管孔的顺序按规定应该先下后上,先两侧后中间,逐层使用,一般不得跳选或乱选,毫无章法。按规定重要的主干缆线应占用下层或紧靠人孔侧壁的管孔,分支的或次要的缆线宜占用上层或靠近人孔中间的管孔。

c. 按标准规定一个管孔一般只穿放一条电缆或光缆(除混凝土管的 90mm 直径管孔中穿放 3 根塑料子管,每根塑料子管中穿放一条光缆的情况外)。如管道段长较短,管孔内壁

305

光滑,因该段管孔数量较少,且放设的缆线直径较小时,允许两条电缆可合用一个管孔,但两条电缆的外径之和,不应大于管孔内径的2/3,同时要求两条电缆一起穿放。

d.管道电缆或光缆如有端别要求时,在缆线敷设前,必须予以注意和判断,应注意缆线的走向、端别的排列,不允许将相同端别的电缆或光缆在同一个人孔中连接。在设计中必须统一考虑和全面安排,以免在施工中发生错误而返工,造成更大的损失。

② 缆线在人孔内的布置和安排

在智能化小区中的建筑群主干线子系统的缆线条数不多、长度较短、外径不大。因此在设计中对它在人孔或手孔中的布置和安排应较简易,一般要求如下所述。

a.缆线应在人孔的电缆托板上布置有序、排列整齐,不允许上下层缆线重叠相压或互相交叉布放,更不准缆线从人孔的中间直穿,不搁放在电缆托板上的悬空现象,这样,工作人员进出人孔时会损害缆线,产生重大事故。在人孔中要求缆线本身和缆线接续均应平直安放在电缆铁架中间和电缆托板上,不得放置在管道进入人孔内入口处的上方或下方,更不应阻挡空闲管孔,影响今后穿放和布置新的缆线。

b.管道光缆和管道电缆在人孔中的安排,与管道进入人孔的路由数、管孔数量和排列方式、人孔内部尺寸和平面形状、缆线条数和缆线接续多少以及有无其他设备安装等多种因素有着密切关系。在管道电缆的敷设设计中,必须通盘研究、全面考虑,尽量做到在人孔内布置合理,有条不紊,便于维护检修和日常管理。此外,还应加强标志管理和日常记录。

③ 管道电缆或光缆在人孔或手孔中有时需要弯曲敷设或布置安排。为此,对电缆或光缆弯曲的曲率半径应按规定要求办理,在施工中要防止使缆线的外护套发生凹凸折痕而损伤缆线。

④ 在管道电缆或光缆的敷设设计中,对于两个人孔之间的每段长度应加以核算,不宜简单以人孔中心之间的段长为准。应考虑缆线在人孔中弯曲的实际长度、施工接续中缆线的损耗(包括测试和接续)等,其实际需要的人孔间每段长度比设计时测量的长度要长些。这主要是因为还有一些难以估计的因素,例如需要附加的预留缆线长度等。具体计算方法,除两个人孔中心之间的段长外,应根据两端设置的人孔内部的形状和规格尺寸需增加的长度来计算,还需考虑缆线在前后两端人孔中进行测试和接续等消耗,以及在人孔中应预留的长度等。

5.3.4 地下通信电缆管道设计

由于地下通信电缆管道设计内容较多,这里仅以智能化小区中主要的设计内容进行简要介绍,其他详细部分可参见本地网设计标准或与市内电话线路有关的参考书籍。

1.管材的选用(包括管材接续、管孔内径、管孔数量和管群排列)

管材的选用应以保证缆线安全、经济实用和便于施工以及有利维护为基本要求。主要需注意以下几点:

(1)在管材选用时,应根据当地客观条件和实际需要选择相应的管材。建筑群主干布线子系统常用的管材,主要有混凝土管、钢管和塑料管(包括双壁波纹管和硅芯管),普通硬质聚氯乙烯管将逐步减少使用。

(2)管材接续因所用管材不同而有区别,目前混凝土管采用平口接续和抹浆法,因此,机械强度和密闭性能较差,必须采取混凝土基础,以防不均匀下沉,使管道错口造成后患。钢管通常采用套管螺纹接续,特殊段落或管径很大时采用焊接接续。塑料管(包括实壁管、双壁波纹管和硅芯管)通常采用承插法或套管粘接法接续。

（3）管孔内径应根据智能化小区网络布线系统的实际情况考虑。目前所用对绞线对称电缆的线径较细（如 0.5～0.65mm）、对数不多，如为光纤光缆，其纤芯数量也少。混凝土管的管孔内径标准为 90mm。如采用单孔管材组成管群时，可选用小的管孔内径，以降低工程造价和减少占用地下断面积，但在决定管孔内径时，应结合远期发展需要，以适应灵活使用的要求。在一般情况下，主干管道的管孔内径不宜小于 60mm；分支或引入建筑物的管道，管孔内径不宜小于 50mm。

（4）管孔数量

智能化小区一旦建成，通常不会变化。因此，地下通信管道一般一次敷设，不宜分期，以免多次挖掘道路使居民生活、出行和交通带来不便。为此，管孔数量应按远期、甚至终期需要一次敷设。通常在管孔数量估算后，要结合选用的管材来考虑，如选用混凝土管的多孔管材，应按其标准管块的管孔数来取定（通常为六孔管）；如选用塑料管等单孔管材，取定的管孔数应便于管群排列和有利于施工。管群断面排列一般为矩形或正方形，单孔管和多孔管都应服从这一要求。如改变管群断面排列时，应注意断面排列紧凑不宜过于松散，使管群组合合理，占用地下断面积最少。

2．管道的路由、位置、段长、埋深和坡度

（1）管道的路由和位置

管道平面设计中对管道路由和位置应注意以下几点：

1）管道路由和位置应符合智能化小区总平面规划的要求，尽量按规定的区内道路分布路由和分配的平面位置敷设，不应选择在规划中未定，且今后有可能变化的道路或空地上敷设。

2）管道路由和位置应尽量避开地下管线或障碍物较多，且较为复杂，对今后维修都有困难的地段。不宜与热力管或有压力的气体或液体的管道（如燃气管和给水管）同侧平行或过于邻近敷设。如现场环境条件限制，确有困难无法分侧敷设，必须邻近敷设时，要求必须符合地下通信管道与其他地上或地下管线以及构筑物之间最小净距的规定。这里所述的最小净距是管道与其他地下管线最外缘之间的距离，不是两个管线中心线之间的距离，这点必须注意它们的差异，以免发生错误。具体最小净距的规定见表 5.18 中所列。

地下通信管道与其他地下管线和建（构）筑物之间的最小净距　　　　表 5.18

序号	其他地下管线及建（构）筑物的名称	其他地下管线和建（构）筑物之间情况	最小水平净距(m)	最小交叉净距(m)	备　　注
1	明沟沟底			0.5[①]	
2	给水管（上水管、自来水管）	管径 75～300mm 管径 300～500mm 管径 500mm 以上	0.5 1.0 1.5	0.15	
3	排水管（下水管、污水管）	排水管先施工 通信管道先施工	1.0 1.5		雨水管参照办理
		排水管在通信管道的下面敷设 排水管在通信管道的上面敷设[②]		0.15 0.40	

307

序号	其他地下管线及建(构)筑物的名称	其他地下管线和建(构)筑物之间情况	最小水平净距(m)	最小交叉净距(m)	备　注
4	热力管	热力管在土壤中埋设,通信管道不是塑料管材时 热力管在土壤中埋设,通信管道是塑料管材时	1.0 1.5	0.25	如交叉净距小于0.25m时,交越处加导热槽长度应按热力管宽度每边各长1m
5	燃气管	压力≤300kPa(≤3kg/cm²) 压力为300~800kPa(3~8kg/cm²)	1.0 2.0	0.30③	
6	电力电缆	电压≤3.5kV,在土壤中直埋 电压>3.5kV,在土壤中直埋	0.5 2.0	0.5	
		穿在管道中	0.15	0.15	
7	房屋建筑基础		1.5~1.8		以建筑基础的边缘起算
8	高压电力线杆		3.0		以电杆的边缘起算
9	道路边石		1.0		以边石的边缘起算
10	其他通信系统缆线	地下直埋敷设 穿在管道中	0.75	0.50 0.25	
11	绿化树木④	新植乔木	1.5		管道埋深应大于1.5m
		原有乔木	3.5		管道埋深应大于3.0m
		灌木或绿篱外缘	0.5~1.0		

注: ① 在与明沟交叉处,通信管道应做混凝土包封,并伸出明沟宽度两边各延长3m。
② 在与排水管交叉处,通信管道应做混凝土包封,其包封长度应按排水管宽度每边再各加长2m。
③ 如燃气管外有套管保护时,允许最小交叉净距为0.15m。在管线交叉处的2m以内,燃气管不应设有接合装置或附属设备,如不可避免时,通信管道应做混凝土包封,其长度为2m。
④ 乔木与通信管道的距离是指乔木树干基部的外缘与通信管道外缘的净距。灌木或绿篱与通信管道的距离是指地表面处分蘖,即植物靠近土壤的部分,生出的分枝枝干中最外的枝干基部外缘与通信管道外缘的净距。表中原有乔木比新植乔木的净距要大,主要考虑原有乔木的树根分布范围较广,乔木上部荷载也重。因此,通信管道不宜过于靠近乔木,在其树下挖掘沟槽和敷设。

在表中的数值是在土质较好,且地下水位不高时的要求。当在土质不好、地下水位高等不利条件时,应根据实际情况和施工需要,适当加宽距离或采取相应的保护措施;如因客观条件和不利因素限制,达不到规定数值时,应根据双方管线平行或交叉的具体情况,分别采取必要的加固、支撑、隔离或包封等防护措施,力求切实有效、安全可靠。

上表中与各种地下管线和建(构)筑物之间的最小净距,是基于保证不致影响和损害双方,做到既经济合理,又便于施工和维护来考虑的。因此,在地下通信管道平面设计中,确定管线间的最小净距,必须根据该地段的土壤性质、地下水位、建筑条件(包括施工操作空间等)、相邻管线的特点(如有无压力或有无可能危及施工人员人身安全等)和埋设深度以及施工先后顺序来考虑。其中施工先后顺序关系极大,因后挖掘沟槽时,对已建成的管道基础附近的土壤密实程度影响极大,有可能使该处土壤松动,造成日后塌陷的隐患。为此,应尽量增大管线之间的水平净距,以保证双方管线都能安全运行。

3) 在确定通信管道的具体位置时,需注意以下几点:

① 通信管道的位置应尽量选在智能化小区内道路的边侧,但不应过于邻近建筑物或其他地下管线(尤其是埋深很大的地下管线附近),应在小区总体建设规划和各种地下管线综合协调要求的前提下,选择合理的位置。

② 由于智能化小区内的道路狭窄,地下断面积有限,各种地下管线较多,因此,通信管道位置的中心线应尽量与区内道路的中心线,或房屋建筑的红线平行。不允许任意由道路的一侧穿越到道路的另一侧,使道路的地下断面全被占用,地下管线布置更加混乱无序,增加管线之间的交叉或重叠次数,这对日后维护检修是极为不利的。此外,引入各幢房屋建筑的管道位置中心线也应与道路中心线垂直。

③ 如小区内设有通信架空杆路时,通信管道应与杆路同侧敷设,以便地下缆线引上或分支,减少管线相互交叉和管道以及缆线的长度,有利于施工和维护,又可减少工程投资和维护费用。

(2) 管道的段长

通信管道的段长是指两个人孔或手孔之间的距离,通常是以人孔中心至人孔中心丈量得出。管道段长越长,可以减少人孔或手孔的数量和缆线接续以及工程建设投资。但是通信管道段长过长,对施工和维护中拉放和更换缆线不利,因为缆线承受牵引的张力是随管道段长延长而增加,且使缆线的磨损程度增加,影响其使用寿命。

智能化小区内通信缆线的线对数和纤芯数一般不会太多、缆线直径不粗,这是有利的因素。但是智能化小区内的道路,其直线长度较短,拐弯较多,分支或引入段落分布较为频繁。因此,小区内的通信管道的段长不会太长。一般以采用直线管道为好,尽量不采用弯曲管道。如因小区内道路弯曲或需绕过地上或地下障碍物,必须采用弯曲管道时,其段长应小于直线管道的最大允许段长。弯曲管道的曲率半径(又称弯曲半径)如采用混凝土管时,不应小于 36m;采用塑料管时不应小于 20m。

在智能化小区内因引入或分支的需要,道路形状、地下或地上障碍物的限制等因素,管道段长可适当减少,直线管道一般不宜超过 150m,甚至可以小于 100m。此外,管道段长还受人孔或手孔位置的约束会有较大的变化。

(3) 管道的埋深和坡度

1) 管道的埋深

通信管道的埋设深度(简称埋深)是否适宜,对于保证管道本身安全是极为重要的,它直接影响施工工期的长短和工程造价的高低等。因此,管道埋深应根据管顶荷载大小、地下水位高低、冰冻层的厚度、管道和道路的坡度和其他地下管线相邻的位置等因素考虑。设计中应考虑以下几点:

① 智能化小区内的管道埋深,可在 0.8~1.2m 的范围内取定,除特殊情况或采取特殊技术措施外,要根据采用的管材和所在段落的不同路面等条件,一般不应低于表 5.19 中的规定数值。

通信管道的最小允许埋设深度(单位:m)　　　　　表 5.19

通信管道的管材名称	管材顶面到路(地)面的最小间距			备　注
	绿化地带①	人行道路②	车行道路③	
混凝土管	0.4	0.5	0.7	考虑智能化小区中道路荷载较轻,且无强大冲击力等特点,所以表中规定的数值均比一般城市内的道路上通信管道埋深浅些
钢管	0.2	0.2	0.4	
塑料管(包括硬聚氯乙烯管、双壁波纹管和硅芯管等)	0.4	0.5	0.7	

注: ① 位于绿化地带下的通信管道,如地面标高可能有变化,较不稳定的地段,应考虑其土层变化幅度,适当增加管道的埋设深度。

② 人行道路是指其路面盖有水泥砖或其他覆盖层的路面,如为土路面道路或今后道路可能改建时,应增加埋设深度,不致因路面高程变化而影响管道埋深。

③ 车行道路是指小区内无载重车辆急速行驶的状况,对通信管道不会产生重大压力和很大的冲击力。

② 管道埋深应考虑管道敷设位置与附近其他地下管线和房屋建筑之间的间距大小。如管道邻近建筑物敷设时,应考虑避免影响建筑基础的坚固性,管道埋深可以适当浅些。

③ 管道埋深应考虑当地的地下水位高低和水质状况。如地下水位较高,且水质不好的地带,为保证管道缆线安全和节省防水措施等建筑费用,通信管道可适当埋浅。此外,在严寒地区冰冻层较深或因上层土壤为软土层,管道的埋设深度可适当增加。

④ 小区内的通信管道(除采用钢管外)与其他地下管线互相交叉,不可能达到允许的最小埋深要求时,可以改变管道埋深,但应采取混凝土包封和覆盖混凝土板等技术措施来保护通信管道,并要求管道的保护措施顶部距离路面不得小于 0.3m。

2) 管道的坡度

为了顺利排除地面或土壤中的污水或雨水渗漏到通信管道中的积水,在两个人孔之间的通信管道应有一定坡度,使管道中的积水流入人孔,以便清除排出。智能化小区内的道路不宽,且一般较平坦,其道路的纵向坡度因使用不同路面材料有些区别,一般为 0.3%～0.5%,最大纵向坡度不大于 8%。因此,通信管道的坡度一般为 0.3%～0.4%,最小不宜少于 0.25%。基本上是随着路面相同的坡度倾斜。因此,在通信管道的剖面设计中应考虑管道坡度的方向,并充分利用道路的坡度。目前,通信管道常用的管道坡度主要有一字坡、人字坡和斜形坡三种建筑方法,它们各有利弊和适用场合。由于智能化小区内道路的直线段落不长,且道路较平坦,以采取一字坡较为适宜,其次是斜形坡,人字坡较少采用。

总之,在通信管道剖面设计中,要对整个地段的管道坡度和坡度方向作全面研究和整体考虑,务必从全局出发,使每个人孔均能有排除积水的条件,不能使少数人孔中长期积水,又无法排除,造成通信缆线经常处于积水之中,有可能直接影响通信安全。

3. 引上管道和引入管道

(1) 引上管道

自人孔或手孔引出地面的通信管道称为引上管道。通信缆线从引上管道引出地面的引上点,可以是引上杆与架空缆线相接;引上点也可以是建筑物的外墙与沿墙敷设的墙壁缆线连接,视具体需要选用。

由于架空架设或墙壁敷设的通信缆线仅用于智能化小区中分散布置的低层或多层房屋

建筑等场合。在引上管道设计中需注意以下几点：

1) 引上点位置的选择极为重要，应综合考虑下面几个因素：

① 应选择在与架空缆线或墙壁缆线互相连接点(是缆线集中交汇处)的附近，尽量减少缆线长度和不必要的回头线路，也有利于缆线连接和分支以及维护检修。

② 引上管道和引上点应是永久性的设施，尽量设置在相对稳定不变的地段，避免拆迁，并考虑日后的发展需要。一般情况下，在同一处引上点，装设的引上管不宜超过两根，特殊需要时可增加引上管根数，每根引上管只考虑穿放一根电缆或光缆，不考虑多根缆线穿放。

③ 引上点与人孔或手孔之间的引上管道应尽量采取直线段落，并邻近人孔或手孔，以减少引上管道的弯曲次数和管线的长度，有利于施工和维护。

④ 在小区内的引上点位置应选择在隐蔽而安全的地方，不应设在区内道路口或公用服务设施(如车库)附近，以免妨碍交通或遭受行人或车辆碰撞，以保证通信线路安全和有利于维护管理。此外，在房屋建筑的外墙上引上时，引上点位置应选择在建筑物的侧面或后面的墙壁，使通信缆线隐蔽，也不会影响房屋立面的美观。

2) 引上管道的具体设计中应注意以下几点：

① 在小区内的引上管道的特点是管孔数量少、敷设长度短、埋设深度浅、穿放缆线的外径细，因此，一般以单孔塑料管为主，通常视管孔数量来定，有时也选用混凝土管。如穿越小区内车行道路，由于埋设深度浅，应选用钢管。如用塑料管应加做混凝土包封，增加管材的机械强度。

② 引上管道在地下埋设部分，应具有稍向人孔或手孔倾斜的一定坡度，一般为0.3%～0.4%，以便引上管道中的渗水流向人孔或手孔。同时，引上管道引入人孔内的位置不宜太高，一般距人孔上覆下表面的净距不应少于20cm。

③ 引上管道的走向应根据现场实际条件来决定。由于小区内的道路狭窄、地下断面有限、各种限制因素较多。因此，引上管道的走向宜与主干通信管道同沟敷设，引到引上管应垂直于主干通信管道的中心线。这样布置有序，有利于维护管理，且可减少挖掘土方量和节省建设投资。如引上点距离人孔不远，且不会影响地下管线断面分配布置时，引上管道可以直接斜向敷设到引上点处，以减少引上管道的弯曲次数和引上管道的长度。

④ 引上管道敷设到电杆或房屋建筑的外墙，其出土的地上部分，应采用钢管等保护。其地面上的保护高度一般不应少于2m，地下部分一般不少于0.3m。引上管的地上部分一般由90°弯曲钢管和直钢管组成。此外所有的引上管不论是否穿放缆线，在引上管的上端管口应用油麻或环氧树脂填充剂、或防水水泥砂浆等材料堵塞，以免雨水或杂物进入管内，引起管道腐蚀或堵封，影响今后穿放缆线。引上管在引上电杆或建筑物外墙上应用铁卡子和螺钉固定在电杆或墙上。

(2) 引入管道

在智能化小区中，为了保证通信缆线安全运行，引入各幢房屋建筑的通信线路一般采用地下通信管道引入方式，使通信缆线隐蔽安全，且对施工和维护均较方便。引入管道设计中应考虑的内容有引入管道的路由和位置，引入管道的管孔数量和断面组合等，这些问题与房屋建筑有极大关系。为此，必须与土建设计和施工单位配合协调，其具体内容可见本书的第四章。

4. 人孔和手孔(设置位置和规格尺寸等)

在地下通信管道平面设计时,应根据小区内通信缆线分布状况、现场客观环境条件和便于施工维护等来考虑管道段长,并选择适当地点设置人孔或手孔,同时考虑人孔或手孔的规格大小、建筑型式、荷载能力等问题。

(1)人孔或手孔的位置

在以下地方应考虑设置人孔或手孔:

1)通信缆线分支或引入房屋建筑处。

2)为避免采用弯曲管道,在适当地点(弯曲点)设置人孔或手孔,使其两边的管道形成直线,以利于施工和维护。

3)在一些特殊情况时,如地面高程相差较大(高程又叫海拔,它是指地面点的高度),宜设置人孔或手孔,以解决地面高差过大的矛盾。

4)在智能化小区内确定人孔或手孔位置时,需注意以下几点:

①因小区内道路狭窄、地下管线较多、地下断面位置极为拥挤,如通信管道与其他地下管线平行敷设时,为减少相互影响,人孔或手孔的位置与其他地下管线的检查井位置宜互相错开布置,但人孔或手孔中不允许有其他地下管线穿越。

②人孔或手孔的位置不应选择在公共服务或交通繁忙的建筑物门口或通道处(如停车场、地下车库前的出入口处等),也不得过于邻近消火栓和有可能积水的地段。

(2)人孔或手孔的规格尺寸

关于人孔或手孔的规格尺寸和建筑形式,国内有以下几套标准。

1)过去标准的常用人孔和手孔规格尺寸

过去标准的常用人孔和手孔是按照铅包纸绝缘电缆设计的。由于智能化小区内道路狭窄,地下断面有限,且所采用的缆线线对和纤芯数量较本地通信网缆线要少,一般不会装设中间设备等诸多因素。过去标准的人孔和手孔虽然内部净空尺寸较小,但因客观现场确有困难,为缓和地下断面积有限的矛盾,可以采用过去标准,有利于综合协调各种地下管线的布置安排。

过去标准的常用人孔和手孔的规格尺寸和适用场合以及形状分别见表5.20和图5.29中所示。

过去标准常用的各种人孔或手孔规格尺寸和适用场合(单位:cm)　　　表5.20

人孔或手孔型号		长	宽	高	端壁宽度		上覆厚度	四壁厚度		基础厚度	容纳管道最大孔数(孔)	铁架间隔	管道形状和偏转角度以及适用场合
					直通端	拐弯端		砖砌	钢筋混凝土				
手　　孔		120	90	110	90		12	24		12	4	65	大于40m的、或拐弯较多的引上、或引入管道
小号	腰鼓形 直通型 人孔	180	120	175	80		12	24	10	12	12	65	直线管道或两段管道相交,其偏转角的角度 ϕ<22.5°时
	腰鼓形 拐弯型 人孔	210	120	175	80	60	12	24	10	12	12	65	当偏转角 ϕ 为67.5°～90°时,或分支处
	腰鼓形 分歧型 人孔	210	120	180	80	60	12	24	10	12	12	65	当管道分布形状为丁字形、十字形的分支处
	长方形 直通型 人孔	180	120	175	120		12	37	10	12	12	65	直线管道

人孔或手孔型号		长	宽	高	端壁宽度		上覆厚度	四壁厚度		基础厚度	容纳管道最大孔数(孔)	铁架间隔	管道形状和偏转角度以及适用场合
					直通端	拐弯端		砖砌	钢筋混凝土				
大号	腰鼓形 直通型 人孔	240	140	175	100		12	24	10	12	24	65	直线管道或两段管道相交,其偏转角的角度 ϕ <22.5°时
	腰鼓形 拐弯型 人孔	250	140	175	100	80	12	24	10	12	24	65	当偏转角 ϕ 为67.5°~90°时,或分支处
	腰鼓形 分歧型 人孔	250	140	180	100	80	12	24	10	12	24	65	当管道分布形状为丁字形、十字形的分支处
	长方形 直通型 人孔	240	140	175	140		12	37	10	12	24	65	直线管道
扇形	30° 人孔	180	140	175	100		12	24	10	12	24	65	当22.5°≤偏转角 ϕ ≤37.5°时
	45° 人孔	180	150	175	100		12	24	10	12	24		当37.5°≤偏转角 ϕ ≤52.5°时
	60° 人孔	180	160	175	100		12	24	10	12	24		当52.5°≤偏转角 ϕ ≤67.5°时
特殊型人孔		220	200	180			12	37	12	12	24	65	在管道的特殊场合

注:① 表中宽度:腰鼓形人孔是以人孔中间最宽处为准。

② 扇形人孔的长度是以人孔的弦长为准。

③ 表中尺寸均以人孔内的净空为准。

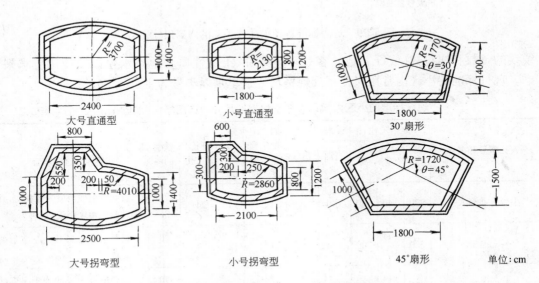

图 5.29 过去标准各种人孔或手孔的内部尺寸(一)

2) 现行标准的人孔规格尺寸

现行标准的人孔规格尺寸较过去标准要大,它是依据采用大对数全塑电缆,接续长度增加而设计的。但现行标准如在智能化小区中使用,地下断面将更加拥挤,各种地下管线之间的矛盾更加突出。因此,在选用人孔的规格尺寸时,应根据智能化小区内的实际情况、敷设

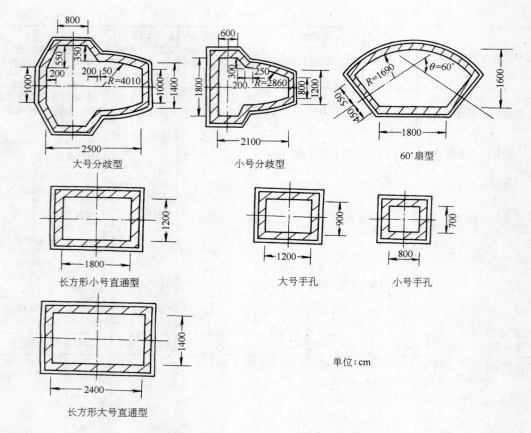

图 5.29 过去标准各种人孔或手孔的内部尺寸(二)

缆线的条数和线对数(或纤芯数)、客观环境条件、土壤性质和地下水位以及使用要求来考虑。现行标准的小区内常用人孔系列规格尺寸这里是以小号为主,见表 5.21。

现行标准的小区内常用人孔系列规格尺寸和选用场合(单位:cm)　　表 5.21

人孔型号和名称		规格尺寸			端壁宽度		四壁厚度	上覆厚度	基础厚度	容纳管孔最大孔数(孔)	铁架间隔	管道形状和偏转角度及选用场合
		长	宽	高	直通端	拐弯端						
小号直通型人孔		220	140	180	100		24	15	12	24	70 35	直线管道或两段管道相交,其偏转角的角度小于10°时
小号三通型人孔		320	144 157	200	100	100	24	15 20	12	24	70 35	当管道分布形状为丁字形的分歧处
小号四通型人孔		320	144 170	200	100	100	24	15 20	12	24	70 35	当管道分布形状为十字形的分歧处
小号斜通型人孔	15°	215 242	135	180	100		24	15	12	24	70 35	当两段管道相交,其管道的偏转角为15°时的拐弯处
	30°	216 268	141	180	100		24	15	12	24	70 35	当两段管道相交,其管道偏转角为30°时的拐弯处

314

人孔型号和名称	规格尺寸			端壁宽度		四壁厚度	上覆厚度	基础厚度	容纳管孔最大孔数(孔)	铁架间隔	管道形状和偏转角度及选用场合
	长	宽	高	直通端	拐弯端						
小号斜通型人孔 45°	240 275	142 153	180	100	100	24	15	12	24	70 35	当两段管道相交,其管道偏转角为45°时的拐弯处
60°	288	142 153	180	100	100	24	15	12	24	70 35	当两段管道相交,其管道偏转角为60°时的拐弯处
75°	288	142 153	180	100	100	24	15	12	24	70 35	当两段管道相交,其管道偏转角为75°时的拐弯处

注: ① 规格尺寸中长度有两个数据,是因小号15°~45°斜通人孔有长弦边,大的数据为长弦边数,小的数据是另一短边数,安排人孔的长度断面尺寸,应以长弦边的大数据为准。

② 规格尺寸中宽度有两个数据,小的数据是指该人孔直通部分的最宽尺寸,大的数据是该人孔的拐弯处或偏转角处的宽度,安排人孔的宽度断面尺寸,应以大的数据为准。

③ 人孔上覆厚度有两个数据为三通或四通人孔,它们的人孔上覆是由直通端部、中部和分歧端部三块组成。直通端部和中部均按15cm厚度制成,分歧端部因有人孔口圈圆洞,机械强度必须增加,为此,分歧端部采用20cm的厚度。

④ 铁架间隔分别有70cm和35cm两种尺寸,70cm为最大间隔,35cm为最小间隔,它们在所有小号人孔中都通常同时采用。有些人孔如为拐弯或分歧情况时,铁架间隔有适当变动,主要是小号三通人孔或小号四通人孔的端壁处以及小号30°、45°、60°、75°斜通人孔的拐弯端的铁架位置,其尺寸不受此限。

在选用人孔或手孔的规格尺寸和形式时,如从管块管孔数量,通常按以下情况考虑。

① 人孔(或手孔)是以适合混凝土六孔标准管块为基准来考虑,标准管块规格尺寸是管孔内径90mm,管块断面宽为360mm,高为250mm。

② 终期管群管孔数量不大于1个标准六孔混凝土管块的管道宜用手孔,主要用于引上或引入房屋建筑的管道。

③ 终期管群管孔数量大于或等于1个标准六孔混凝土管块的管道,宜用人孔。所以小号人孔最大容纳管孔数量为24孔,显然在智能化小区内使用是绰绰有余的。

因现行标准人孔品种和类型较多,但在智能化小区内使用较少,这里予以简略不列,具体内容可见《通信管道人孔和管块组群图集》(YDJ—101)。

3) 现行标准的通信配线管道手孔

信息产业部于1998年7月批准发布的通信行业标准《通信电缆配线管道图集》(YD 5062—98),该图集自1998年9月1日起实行。图集的要点如下:

① 图集中所列的配线管道以及手孔都是为配合浅埋而设计,其使用场合受到限制。一般用于智能化小区内道路边侧或人行道下敷设,其上面确无压力,且不会遭受外力破坏,也不是重要缆线的路由或段落。它是为一般配线电缆、专用缆线、有线电视电缆和用户光缆使用的保护措施。

② 配线管道的管材以采用硬聚氯乙烯塑料管为主,其标称内径系列为 $\phi25$、$\phi50$、$\phi75$ 或 $\phi100$(单位 mm)四种,也可根据当地料源和不同缆线外径来选用。在人行道上如有水泥方砖等的覆盖层时,配线管道的最小埋深可为10cm。在有冰冻层的严寒地区,应注意防水和排水,以免结冰将缆线造成损坏。

③ 配线管道手孔的结构为砖砌方式,其四壁为240mm砖墙,如因地下断面限制也可改为180mm或115mm砖墙。管道最低层管孔与手孔的底部基础之间的距离不应小于80mm。手孔规格按大小尺寸分为五种,即小号手孔(SSK)、一号手孔(SK1)、二号手孔(SK2)、三号手孔(SK3)和四号手孔(SK4)。其具体规格尺寸见表5.22中所列。

配线管道手孔规格尺寸　　　　　　　　　　　　　　　　　表5.22

手孔简称	手孔名称	规格尺寸(mm)			墙壁(mm)	手孔盖	适用场合	备　注
		长	宽	深				
SSK	小手孔	500	400	400~700	墙壁厚度有115、180和240三种	一块小手孔外盖	架空或墙壁电缆引上用	手孔盖配以相应的外盖底座
SK1	一号手孔	840	450	500~1000	同上	一块手孔外盖	可供几条缆线使用	同上
SK2	二号手孔	950	840	800~1100	同上	二块手孔外盖	可供5~10条缆线使用也可作为拐弯手孔,交接箱手孔	同上
SK3	三号手孔	1450	840	800~1100	同上	三块手孔外盖	可容纳12孔的配线管道	同上
SK4	四号手孔	1900	840	800~1100	墙壁厚度有180和240两种	四块手孔外盖	可容纳最多为24孔的配线管道	同上

上述规格尺寸的手孔内部的空间极为狭窄,净空实在有限,其设计思想是把缆线在地面接续和封焊后再放入手孔内。因此,光纤芯数极少的光缆有可能采用,光纤芯数较多的光缆两端弯曲部分需要的空间较多,对施工和维护是否方便适用应慎重考虑比较后确定。此外,上述手孔和管道均属于浅埋方式,其最小埋深仅为100mm,手孔整体埋深部分只有400~700mm;最多的只有800~1100mm。因此,在选用该标准手孔时,必须根据智能化小区的客观环境条件(包括地形)、当地治安状况、缆线的重要程度和用户对信息网络的要求等因素综合考虑,不宜随意将管道过于浅埋和选用简化结构的手孔,降低工程建设标准,标准中第三点"手孔的挖深当然愈浅愈好。但是,手孔的底部基础与最低层管孔应保持不小于80mm的距离。"应该说这句话是有问题的。没有前提条件如按此办理,有可能会造成后患。如果以标准中的全部叙述分析,按表中小手孔计算,最少埋深只有400mm,如要手孔再浅埋,只有200~300mm时,显然使管道埋深更加过浅,出现人为损害障碍的机会增多。因此,选用该标准手孔必须慎重考虑,这是需要说明的。如智能化小区内不适用浅埋手孔时,建议采用过去标准中的手孔,或另行设计相应规格尺寸的手孔,以满足需要。选用人孔或手孔的建筑型式在设计中应加以注意,当位于地下水位以下,且在土壤冰冻层以内时,砖砌人孔或手孔应采取防水措施;对于特殊地质条件,如地下水位高、冰冻层深的地区,或土质不好、交通极为繁忙,负载较大的地段等,为保证人孔或手孔能适应这种特殊情况,应采用整体的钢筋混凝土结构的建筑方式,并采取较好的防水和排水措施。

5.3.5　智能化住宅建筑综合布线系统设计

1. 单个智能化住宅建筑综合布线系统的标准示范和设备配置以及具体设计

(1) 单个智能化住宅建筑综合布线系统的标准示范

国外 ANSI/TIA/EIA 570A 的《家居电信布线标准》的修改内容和家居布线系统的等级在前面已有简要叙述。在标准中规定的典型单个智能化住宅建筑综合布线系统(有时称智能家居布线系统)的所属范围、总体布局和设备配置的情况如图 5.30 中所示。

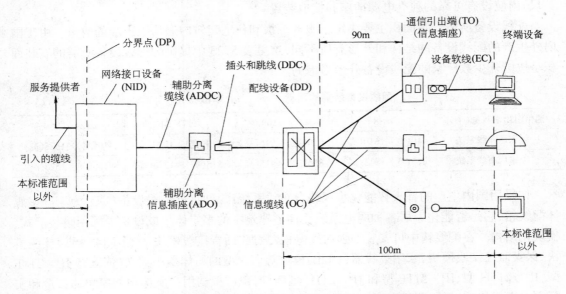

图 5.30　典型单个智能化住宅布线系统的标准示范

典型单个智能化住宅布线系统的总体布局如图 5.31 中所示。

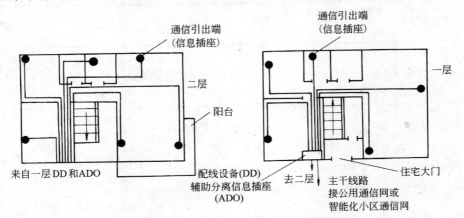

图 5.31　典型单个智能化住宅布线系统的总体布局

在图 5.30 和图 5.31 中可以看出标准已明确其所属范围,它不包括两端的网络接口设备和终端设备。智能化住宅布线系统的总体布局是以配线设备(DD)为中心,采用星型网络拓扑结构的布线方式,所有终端设备均通过通信引出端(即信息插座)和连接硬件以及设备软线(EC)进行连接,图中的分界点(DP)通常位于房屋建筑的外墙。

(2) 单个智能化住宅建筑综合布线系统的设备配置标准

1) 根据标准规定在每个住宅建筑内部应安装一个配线设备(DD),它是一个小型交叉连接的配线架,主要是提供给两边所有缆线终端连接的条件,在架上装有连接硬件和连接用的跳线,以便用户增加、减少以及改变连接的需要服务,也为服务提供者创造连接应用系统的条件。同时,为了符合家居布线系统缆线最大长度的规定要求,配线设备的安装位置应处于住宅建筑的中心附近,且便于维护使用的地方。此外,还要求在配线设备附近的 1.5m(5英尺)内应设有可靠的独立电源插座和接地装置。

配线设备所需安装面积主要决定于服务等级和住宅建筑内通信引出端的数量。由于国内外生产的配线设备的结构和外形有所不同,这里表 5.23 中提供的配线设备所需的安装面积是按国外少数厂家的配线设备外形考虑的。

配线设备所需的面积　　　　　单位:mm　　　　　表 5.23

通信引出端数量(个)	1~8	9~16	17~24	24 以上
一级家居布线系统	410(宽)×610(高)	410(宽)×915(高)	410(宽)×1220(高)	410(宽)×1525(高)
二级家居布线系统	815(宽)×915(高)	815(宽)×915(高)	815(宽)×1220(高)	815(宽)×1525(高)

如采用国内生产的普天智能化小区综合布线系统产品时,其配线设备(DD)为家庭多媒体配线箱,它是智能化家居各种弱电系统在住宅建筑中的多媒体集成设备。采用暗装形式、模块化结构。在配线箱中可安装增强有线电视/数据/话音接线模块、8 位 RJ45 插座接线模块、保安监控接线模块、家用集线器(HUB)模块等。典型的箱体从小到大,依次有 JP×211E型、JP×211H型、JP×211B型和 JP×211D型四种,也可根据用户所选功能模块的数量和实际需求进行特殊设计,制作所需的箱体。上述四种典型箱体的规格尺寸见表 5.24 中所列。

家庭多媒体配线箱的规格尺寸和洞孔要求　　　　　表 5.24

序号	产品型号	外形尺寸(mm) 长	宽	高	重量 (kg)	容 量	洞孔等要求	备 注
1	JP×211E型	270	160	93	1.5	可安装 1 个单元模块	上下两边各有三个 φ32mm 进线口;左右两边各有一个 φ32mm 进线口	如有特殊要求在订货时注明
2	JP×211H型	310	280	115	1.5	可安装 2 个单元模块	上下两边各有六个 φ32mm 进线口	
3	JP×211B型	350	350	93	4	可安装 3 个单元模块	上下左右四边均有三个 φ32mm 进线口	
4	JP×211D型	540	400	93	5	可安装 6 个单元模块	上下两边各有四个 φ32mm 进线口左右两边各有三个 φ32mm 进线口	

家庭多媒体配线箱是一个枢纽设备,它将来自外界的话音、数据和图像等信息通过家居布线系统的缆线传送到住宅建筑内的各个房间的通信引出端。

2) 辅助分离信息插座(ADO)是将应用用户和服务提供者分开的一种方式。在单个智能化住宅建筑中,辅助分离信息插座安装在屋内较合适的位置,要便于用户使用,最好把它与配线设备(DD)安装在一起,都装在一个房间内,以便使用和维护。辅助分离缆线(ADOC)是把各种服务功能从分界点延伸到辅助分离信息插座。当在多层智能化住宅楼房时,辅助分离缆线可延伸到楼层配线架(FD),与智能建筑的建筑物主干布线子系统相连接。

3) 信息缆线(OC)是从配线设备(DD)到各个房间通信引出端的传输媒介(即传送信号的通道)。其要求应与《大楼通信综合布线系统第一部分:总规范》(YD/T 926.1—2001)中的规定一致,每段信息缆线的链路长度不应超过 90m,加上跳线(或连接线)和设备软线(即设备电缆),其信道长度不应超过 100m。信息缆线的连接方式是星型网络拓扑结构。因此,在住宅建筑内某些应用系统的固定设备(例如内部对讲通话设备、监控系统的传感器或探测报警器等)需采用固定布线方式,但它们通常采用环型或链型的网络拓扑结构,这样与家居布线系统的星型网络拓扑结构是不一致的,因此,不能把它们系统集成在一起。

4) 在新建的智能化住宅建筑内要求缆线采取隐蔽敷设方式;改建的住宅建筑内尽量采用隐蔽路由或暗敷管路。暗敷管路通常采取设在墙壁或顶棚(或称吊顶)内部的建筑方法。

5) 通信引出端(信息插座)和连接器是智能化住宅建筑内布线系统的重要设备,必须与传输媒介互相匹配,且必须安装在便于使用的固定地方。在通信引出端处,如有网络或服务的特殊应用电子元器件(如分路器、放大器或阻抗匹配设备),这些元器件应放在通信引出端的外部,不应放在其内部。

6) 设备电缆(或称设备软线)是从通信引出端连接到终端设备或设备连接器;快接式跳线是用于配线设备内的直接连接或交叉连接。根据国内通信行业标准 YD/T 926.1—2001中的规定,要求永久链路和信道的长度分别不超过 90m 或 100m。因此,允许设备电缆或快接式跳线的总长度为 10m(33 英尺)。

7) 通信引出端应根据智能化住宅建筑内用户对信息需求程度,应预先设置足够数量,以便适应今后变化和发展需要。一般在每个房间至少应设有一个通信引出端。在一些有特殊使用的房间(例如有可能作为办公性质的起居室或书房等),其通信引出端的数量应适当增加,甚至适当增加富裕量,以便今后增加新的信息业务。在较大的房间(面积大于 15m^{2}时),也需适当增加通信引出端的数量。通信引出端的安装位置和高度都应便于用户使用和符合标准规定。

(3) 其他示范性的设备配置

目前,有些生产厂家将楼层配线架(FD)与辅助分离信息插座(ADO)合而为一,使网络结构简化和减少设备。有的生产厂家基于多层或多个单元的住宅建筑楼房,为了进一步简化结构和节省投资,不采用如标准示范一家一户各自配置配线设备的方案。其理由有以下几点:

1) 增加配线设备会增加建设费用。

2) 用户对配线设备维护管理有一定难度,应以小区物业管理统一负责为主,可以保证信息网络系统安全运行。

为此,仍采用类似智能建筑内设置配线间的集中布线方式。对于多层或中高层(少于10 层)的住宅建筑,建议将配线间设在地下室或在一层预留的房间设置。对于 10 层以上少于 25 层的高层住宅建筑,建议分成两部分网络,楼层在 12 层及以下的各住户用水平布线子系统汇集到地下室一层预留的房间设置的配线间;12 层以上的各住户水平布线子系统汇集到设在 12 层或楼房顶层的配线间。在配线间内设置通信设备和配线设备,在配线间内连接从公用通信网和有线电视网等引入的通信线路,所以配线间是整个房屋建筑的内外通信线路的汇集点和枢纽处。这种集中布线方式的缺点是缆线条数很多,如每个家庭的信息点数量较多时,其缆线条数和长度以及工程造价均会增加。所以这种布线方式应结合工程实际,认真考虑比较后再选用相应的方案。

由于生产厂家的产品类型和结构不同,其设备配置也有区别,所以在选用设备配置方案时,应结合设备的选用来考虑。

(4) 单个智能化住宅建筑综合布线系统的具体设计

单个智能化住宅建筑综合布线系统的典型总体布局如图 5.31 所示。但这个典型适用于独家居住单幢二层别墅式住宅,且在图中没有表示缆线条数、型号、规格等内容,在具体设计中必须写明,以便概算其材料和费用,也有利于施工。这里以一个典型布线系统设计提供参考。

1) 设计对象的概况和要求

该智能化住宅建筑是智能化小区住宅楼房中一个组成部分,是一套标准型三居室一厅的住宅,其住户有以下服务功能要求:

① 与整个智能化小区(或社区)计算机网络系统联网,以便共享互联网的信息;

② 了解智能化小区(或社区)的公开通知和有关信息;

③ 水、电、燃气等自动计量和采集数据;

④ 安全防范和自动报警。

此外,其他自动化系统的功能也应考虑。为此,对智能化住宅建筑内的布线系统有以下要求需要满足:

① 客厅或起居室和主要卧室应能看电视、通电话和用电脑(计算机);

② 其他卧室能打电话和用电脑(计算机);

③ 在客厅、卧室、厨房等地方需要装置红外线报警,并与智能化小区(或社区)的保安部门相连接,以便及时联系。

2) 具体设计

主要根据上述用户需要,结合建筑内部布置和便于使用等具体条件,其建筑内部的典型布线设计方案如图 5.32 所示,图中对引入建筑物的各种信息缆线未作详细表示,予以简化。

从图中可以看出有以下要点:

① 配线设备(DD)和辅助分离信息插座(ADO)合设在一起,它是整个住宅建筑内部布线系统的核心,是屋内外线路连接的枢纽设备,通常安装在屋外线路引入进口处,屋外线路引入该设备,屋内线路由该设备引出后,采用星型网络拓扑结构,分布到住宅建筑内各个房间。

② 配线设备选用封闭式的盒体结构、密封性能好,便于用户连接使用和自行改变线路,操作简单。主要是其连接硬件和跳线设施适合于普通居民普遍使用的需要。

③ 布线系统缆线选用高性能的五类非屏蔽对绞线对称电缆(UTP)和 75Ω 同轴电缆,敷设到各个房间,保证在传输信息的过程中系统性能有较好的稳定性,不需配置适配器,简化了网络设备,且可满足目前和今后话音、数据和图像信息传送要求。

④ 在设计中对布线系统的通信引出端选用二孔或四孔的模块化结构,根据用户需求配置相应的接续模块。在典型布线系统中为四个孔的通信引出端(信息插座),通常是一个孔用同轴电缆接续模块连接电视,两个孔是用 RJ45 对绞线对称电缆接续模块,以便连接电话机和计算机。另外一个孔预留给未来的信息发展需要。两个 RJ45 接续模块上的标识盖,既便于区别模块的功能,又可起到防尘的作用。

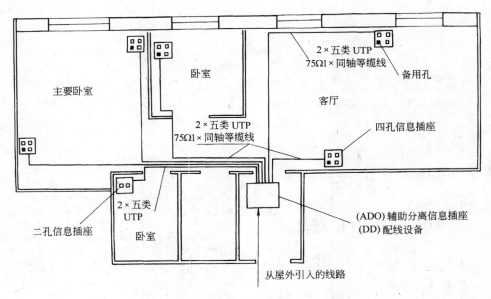

图 5.32　智能化住宅建筑内的典型布线系统

⑤ 典型布线系统缆线路由,均采取水平或垂直的布置方式,不允许斜穿不规则敷设,这样有利于利用房屋结构的缝隙敷设管线。新建的住宅建筑中的整个布线系统均采用暗敷管路安装方式,不得采用毫无保护措施,缆线暴露在外的敷设方式。所有缆线敷设和通信引出端安装应注意与内部装修工程协调配合,以免增加矛盾,发生相互损坏的现象。

2．智能化居住小区综合布线系统设计的总体布局方案和网络拓扑结构

智能化居住小区(简称智能化小区)的性质和特点与其他小区(例如商贸区或校园区)有所不同,它是以居民住宅建筑为主,其他辅助建筑仅为少数,显然与其他小区有很大区别。为此,在智能化居住小区综合布线系统设计时,必须根据小区的房屋平面布置、建筑物的性质和用户信息需求等实际情况考虑。关于智能化小区综合布线系统的网络建设方案、网络系统结构、总体设计等主要内容,已在前面叙述,均应遵循和考虑。具体到居住小区综合布线系统设计时还需注意因设备不同而影响组网方案和网络结构,这里加以补充和叙述。

(1) 组网的基本方案和网络拓扑结构

由于国内外生产的设备和布线部件各异,以及配置不同,其组成的基本方案和网络拓扑结构也有很大差别,甚至采用同一个生产厂家的产品,根据工程实际情况,配置不同设备和布线部件,可以组成不同的总体布局方案和网络拓扑结构。这点必须予以注意。现以国内生产的普天智能化小区综合布线系统的产品为例,可以组成三种不同的网络,分别为多幢智能化住宅建筑楼群、单幢或两幢高层智能化建筑和低层别墅式住宅建筑服务的总体布局方案。如图 5.33 所示。

从图中可以得出它们共同的特点是分别以多媒体室外交接箱、多媒体室内配线箱或多媒体中间配线箱或家庭多媒体配线箱为中心,向外分散敷设的星型网络拓扑结构。从智能化小区整个范围来看,也是以小区物业管理中心的总配线间为枢纽,采用光纤光缆线路分别敷设到多媒体室外或室内的配线(或交接)设备,其网络拓扑结构也是星型,这种网络结构是综合布线系统中较为常用的。

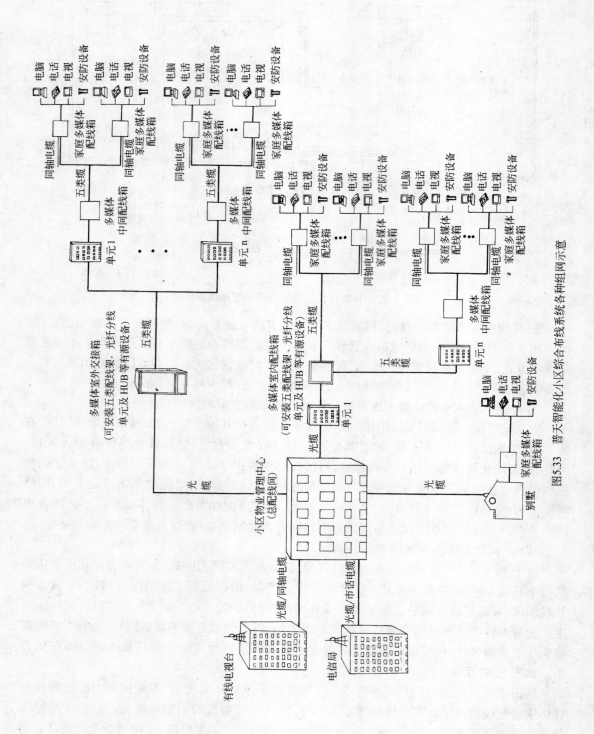

图5.33 普天智能化小区综合布线系统各种组网示意

322

智能化居住小区的建设在国内已经开始,且这方面的产品正在开发生产,目前尚无统一的标准和较为成熟的工程经验,根据国外资料和国内初步得到的知识,其综合布线系统的基本总体布局和网络拓扑结构如图5.34所示。

(2)组网的基本原则和具体要求

从图5.34中可以看出,目前智能化居住小区综合布线系统传送的信息业务,需要三种类型的布线。

第一类是通信系统信息类布线。主要提供通信类的信息服务平台,传送各种信息业务,成为小区内部互相联系和对外通信的传输媒介,利用这一类布线为小区具体提供话音、数据、传真、电子邮件、Internet或附加的越来越多的信息服务。

第二类是监控系统信号类布线。主要用于对小区内部各种服务功能和生活环境的设备或装置进行遥控监测。它是传送各种监测或控制信号和指令联动或监督控制设备的重要传输媒介,其具体应用的内容较多,例如有消防报警、闭路电视监控、出入口管理、空调自控系统、照明控制以及水、电、燃气三表自动计量等,为这些应用提供了定时、准确、有效、简便的自动化和智能化的服务条件。

第三类是家庭文化娱乐和多媒体类的布线。主要为住宅建筑提供用于传送音乐、图像等音响和视频信号,具体应用如有线电视、卫星电视、家庭影院、交互式视频点播以及有线电视网络或其他系统所能提供的所有服务项目。

这三种类型的布线系统有所不同,在具体选用传输媒介时,应根据智能化小区的住宅用户的客观需要、今后发展和各种条件来配置。目前,常用的有对绞线对称电缆、同轴电缆和光纤光缆。这些传输媒介都是属于有线传输方式,具有安全性高、通路容量大、传输速率快等方面的优势。此外,还有红外遥控等多种多样的传输方式(包括无线传输方式)。从设备和装置以及配件来看,目前,国内外生产厂家的产品和其配置以及其他方面(如外形结构、服务水平等)都有区别。因此,在工程设计中必须根据实际情况和具体要求,选用相应的配套设备和技术方案是极为重要的。

从图5.34中所示,在组网设计时应注意以下的基本原则和具体要求:

1)智能化居住小区的综合布线系统的总体布局方案和网络拓扑结构,基本与智能建筑相同或类似,都采用星型网络拓扑结构,所有缆线基本采取分别独立供线,缆线之间的互相连接均通过配线接续设备,一般不采取直接连通。

2)智能化居住小区中都有低层、多层或高层房屋建筑,但不论其工程建设规模和网络拓扑结构,都必须在建筑物内设置引进缆线终端连接设备(如建筑物配线架(BD)),它是外界网络与建筑物内(或小区内)网络的界面。引进缆线终端连接设备的装设位置一般都在每幢楼的一层,以便连接建筑物内外的缆线。

在小区内的适中位置(如A楼),设置建筑群配线架(CD),也可以与该楼的建筑物配线架(BD)合设,且靠近共用设备(如计算机主机或用户电话交换机),成为小区网络布线系统的汇接中心,如有条件将所有设备(如用户电话交换机等)集中装在楼内设备间,也可以在其附近另设配线架房间。这样可以减少设备和缆线长度,有利于互相连接和维护管理,且能降低工程建设投资。如另设配线架间时,其位置也要便于对外与公用通信网和建筑物内部所有主干缆线的连接(包括无线传输系统)。在配线架间的设备上应设有保护装置。上述设备间和配线架间的工艺要求可见第四章。

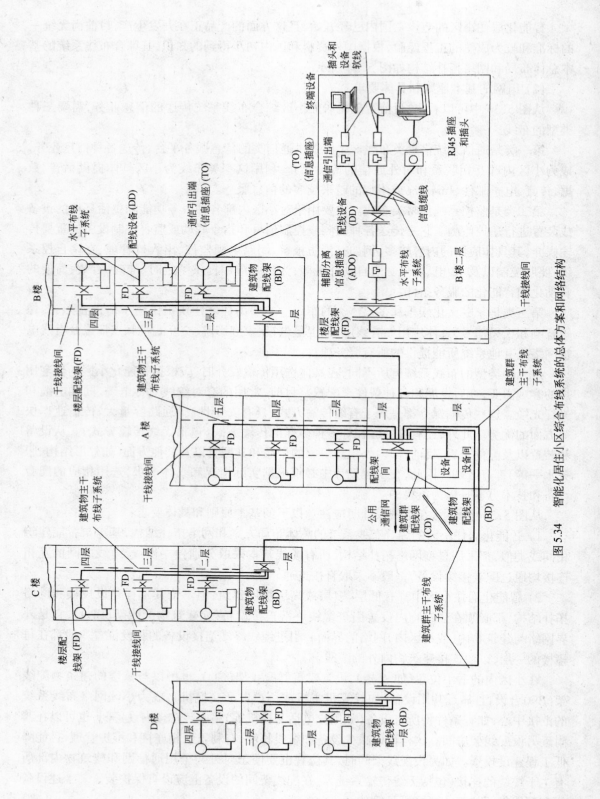

图 5.34　智能化居住小区综合布线系统的总体方案和网络结构

3）根据我国通信行业标准《大楼通信综合布线系统》和 ANSI/TIA/EIA《商务建筑电信布线标准》中规定,每幢楼内设在各个楼层的楼层配线架(FD)或每个住宅建筑配线设备(DD)与通信引出端(TO 信息插座)之间的最远距离应在 90m 以内,如超过这个距离应设法调整或增加楼层配线架的数量。在实际工程设计时,要根据智能化住宅建筑的分布状况,采取多种多样的组网方案,一般有以下几种方案,供设计中参考。

① 在住宅建筑分布较稀,且楼层不超过三层的别墅式建筑群体或智能化居住小区时,可采取每幢建筑以建筑物配线架(BD)为中心,90m 为半径来划分区域。但要注意建筑物配线架(BD)如设在第一层或临近屋外低层房间时,应采取切实有效的通风、防水和防潮等措施,以保证通信设备安全运行。

② 当每个楼层的用户信息点很少时,可以采用集中配线的布局方案,即由建筑物配线架(BD)直接与每个住宅建筑的配线设备(DD)连接,节省楼层配线架(FD)的数量,且可降低工程建设投资和日常维护工作。

③ 在多层或中高层,甚至高层智能化住宅建筑楼房中,通常每层设有楼层配线架(FD);有时为了节省设备,可以采用楼层分组的配线布局方案,例如三个楼层组成一组,在特定的中间楼层设置 FD,由建筑物配线架(BD)直接与它相连,中间楼层配线架(FD)分别向其上下楼层供给线对,以单独的缆线连接到三个楼层的每个住宅建筑内的配线设备(DD)上。

有时可以不单独采用一种连接方式,根据各个楼层情况采用不同连接方式。因此,在一个智能化建筑楼中允许采取混合组网的布线方案。

此外,要求楼层配线架安装的地方应是一个便于管理的安全环境,通常设在专用的干线接线间,其内部空间应能容纳装置有关设备和配线架,并需适当估计今后发展预留的空间。国外标准要求楼层配线架的最小空间要求见表 5.25 中所列。

楼层配线架的最小空间要求 表 5.25

序　号	空　间　要　求	等级一[mm(英寸)]	等级二[mm(英寸)]
1	对于最初有五个家庭单元的最小空间	370(14.5)宽　610(24)高	775(30.5)宽　610(24)高
2	对于新增的每个家庭单元所需的最小空间	32270mm²(50 平方英寸)	64540mm²(100 平方英寸)

4）每个住宅建筑内均装有一个配线设备和辅助分离信息插座(DD 和 ADO)。根据住宅用户信息需求的终端设备需要,可选用不同款式、规格和技术要求的连接模块、信息端口接插件以及面板,即可组成所需的通信引出端(或称信息插座),其安装方式有明装或暗装(如装在墙壁内或地板上),其连接信息端口面板的孔眼数量有 1 孔、2 孔、4 孔和 6 孔几种,应根据目前需要,并结合今后可能发展的因素来决定。

5）智能化居住小区综合布线系统所用的传输媒介是与智能建筑相同,主要有对绞线对称电缆、同轴电缆和光纤光缆,应视网络需要和客观环境条件来选用。由于国内外对住宅等级划分有所不同,所以选用的缆线品种和规格也有区别。国内规定智能化住宅建筑分为普及型、提高型和超前型三个等级,国外 TIA/EIA 570A 规定为二个等级,目前尚无统一的规定划分级别。因此在设计中应结合工程实际来选用。现将国内外的等级划分和选用的缆线汇集在一起,列于表 5.26,可以从中看出它们之间的区别和相同之处。

智能化住宅建筑不同级别的传输媒介　　表 5.26

序号	传输媒介类型	国内规定的住宅建筑级别			ANSI／TIA／EIA 570A《家居电信布线标准》	
		一星级（普及型★）	二星级（提高型★★）	三星级（超前型★★★）	等级一	等级二
1	三类 4 对 UTP 对绞线对称电缆	最少 1 根			最少 1 根	
2	五类 4 对 UTP 对绞线对称电缆		1～2 根（★基本配置 1 根）	2 根（★综合配置 2 根）	推荐采用以便升到等级二	1～2 根
3	75Ω 同轴电缆	1 根	1 根（★基本配置 1 根）	1～2 根（★综合配置 1～2 根）	1 根	1～2 根
4	光纤光缆		可选用	1 根（★综合配置 2 芯 1 根）	不采用	可选用

　　表中括弧中的内容是国内中国工程建设标准化协会推荐性标准《城市住宅建筑综合布线系统工程设计规范》(CECS 119:2000)中分为基本配置和综合配置两个级别,其缆线配置与国内规定基本相同,主要区别是无普及型一级,应该说是不够全面的。

　　这里还应该说明的是国内规定三个星级是根据智能化居住示范小区总体的技术内涵,予以划分,它不是按布线系统来划分。为了便于对应和使用,布线系统的划分与小区总体划分不一致是不妥的,有时难以执行。为此,应该考虑以智能化居住示范小区总体技术内涵划分为好,这是有主次之别,布线系统虽有国外标准,但必须结合我国国情,便于执行才是正确的。建议在工程设计中应以国内规定的三个等级内容考虑较为妥当。

　　3. 低层、多层或高层智能化住宅建筑综合布线系统设计

　　(1)国内有关住宅建筑标准的概况

　　目前,我国尚未制定智能化住宅建筑的有关标准。所以智能化居住小区的住宅建筑只能参照国家标准《住宅设计规范》(GB 50096—1999)中的规定执行,有关内容如下:

　　1)住宅建筑的楼层数

　　住宅建筑楼层的层数划分主要是依据垂直交通和防火要求考虑,具体划分如表 5.27 中所列。

住宅建筑楼层的层数划分类型　　表 5.27

序号	住宅建筑类型名称	层　数	最高总高度(m)	垂直交通情况	其他设施要求	备　注
1	低层住宅建筑	1～3 层	10 左右	一般为自用楼梯或共用楼梯		别墅式住宅都为自用楼梯
2	多层住宅建筑	4～6 层	20 左右	都为共用楼梯		
3	中高层住宅建筑	7～9 层	30 左右	7 层以上应设电梯	视要求应设防火措施	
4	高层住宅建筑	10 层以上	30 以上	12 层及以上电梯不应少于两台	应设防火电梯和防火措施	

2) 住宅建筑的套型和面积

在《住宅设计规范》中按不同使用面积和居住空间个数分为四种不同套型,一般不宜小于表5.28中的规定。

住宅建筑套型分类　　　　　　　　　　　　　　　表5.28

序　　号	住宅建筑套型分类	居住空间数(个)	使用面积(m²)	备　　注
1	一　　类	2	34	表内使用面积均未包括阳台面积
2	二　　类	3	45	
3	三　　类	3	56	
4	四　　类	4	68	

标准中规定普通住宅建筑的层高不宜高于2.8m。室内净高不应低于2.4m;局部净高不应低于2.1m,且其面积不应大于室内使用面积的1/3;利用坡屋顶内空间作卧室或起居室(厅)时,其1/2面积的室内净高不应低于2.1m。

3) 住宅建筑的通信和信息部分

在标准中对于通信和信息系统有以下规定的内容:

① 有线电视系统的线路应预埋到住宅建筑内,并应满足有线电视网的要求,一类住宅建筑每套设一个终端插座,其他类住宅建筑每套设两个终端插座。

② 电话通信线路应预埋管线到住宅建筑内,一类和二类住宅建筑每套设一个电话终端出线口(即通信引出端),三类和四类住宅建筑每套设两个电话终端出线口。

③ 每套住宅建筑宜预留门铃管路。高层和中高层住宅建筑宜设置楼宇对讲系统。

显然上述配置是没有达到智能化住宅建筑的要求。该标准只是考虑非智能化住宅建筑中电话的普及程度,所以规定的数量是较少的,且未考虑计算机网络系统。因此,在智能化居住小区和智能化住宅建筑的设计中,应以智能化的要求来考虑。

(2) 智能化住宅建筑的典型布线方案

目前,国内智能化住宅建筑楼房的类型有低层(或校园区、别墅式)、多层、中高层或高层几种。在上述类型的建筑物内部的综合布线系统总体布局和网络结构,一般有以下几种典型的技术方案。

1) 低层(或校园区、别墅式)住宅建筑的布线系统技术方案

在低层高级住宅建筑或校园区、别墅式住宅建筑的小区内,一般建筑物布置较为分散,但环境美观、整齐有序,其楼层数量不多,一般不会超过三层,内部设置自用楼梯,且是单门独院一家居住。显然这种住宅建筑内的信息点不会很多,但所需信息业务种类和技术功能要求是不低的。它的布线系统技术方案如图5.35所示的D楼即是低层住宅建筑的布线系统,其ADO和DD相当于楼层配线架(FD),并可看成是单个智能化住宅建筑的布线系统。

2) 多层住宅建筑的布线系统技术方案

在多层智能化住宅建筑楼群组成的小区中,其主干布线系统技术方案如图3.35所示的A、B和C楼组成的多层智能化住宅楼群。A楼地理位置较为适中,处于信息网络系统的枢纽点。图中为了简化示意,只画了三个楼层,应看作多层住宅建筑楼。A楼设建筑群配线架(CD)与该楼建筑物配线架(BD)合而为一,各幢多层建筑楼(如B楼和C楼)均设有相当于建筑物配线架(BD),并均有建筑群主干布线子系统缆线敷设到A楼,与建筑群配线架相连,

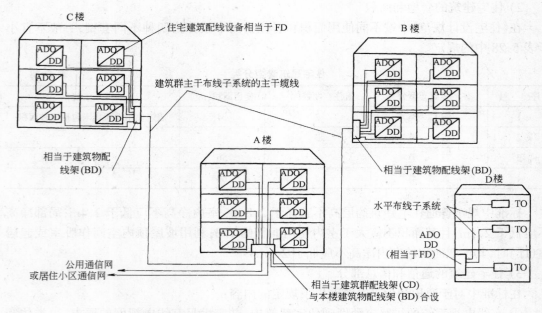

图 5.35 低层或多层智能化居住小区的主干布线系统

形成智能化居住小区内整个主干布线系统。此外,A 楼的建筑群配线架(CD)与公用通信网和小区内的网络布线系统连接,形成信息网络系统的整体。

3) 中高层和高层住宅建筑的布线系统技术方案

中高层和高层住宅建筑的综合布线系统,与前面所述的多层智能化住宅建筑的方案基本相同或类似。但一般有两种主干布线系统技术方案,主要区别是有无设置楼层配线架(FD)。即一种是从建筑物配线架(BD)直接连接到各个楼层住宅建筑的配线设备(DD 和ADO);另一种是从建筑物配线架(BD)不直接连接到各个楼层住宅建筑的配线设备(DD 和ADO),在主干布线子系统的中间设有楼层配线架(FD),并采取在中间楼层设置 FD,分别向上下的楼层供应线对,以减少楼层配线架数量,但要求 FD 至通信引出端之间的缆线长度不应超过 90m。中高层和高层智能化住宅建筑的主干布线系统如图 5.36 所示。

对于上述技术方案应注意区别和适用场合,以便设备配置。具体要求有以下几点:

① 采用几个楼层合用一个楼层配线架(FD)的方案,如每套住宅建筑中的房间较多,面积较大,且有多台计算机终端时,其集线器(HUB)宜分散设置。如每套住宅建筑仅有 1 台计算机终端,集线器(HUB)宜设在 FD 处,这就要求楼层配线架(FD)至通信引出端之间的缆线总长度不应超过 90m。

② 如采用直接连接不设 FD 的方案,它是适用于每个楼层的住宅建筑用户较少,采取按住宅建筑的单元垂直配线方式。在底层建筑物配线架(BD)处或分界点(DP)处,集中设置HUB,这时要求 BD 至每个通信引出端(TO)的电缆总长度不应超过 90m。如该建筑物规模较大,集中设置 HUB 有困难,也可在每个单元的底层设置 FD,在各 FD 处设置 HUB,选择其中易与城市业务提供者衔接的 FD 作为分界点(DP),也可选择居住小区的物业管理单位所在地。此时,每个 FD 至每个通信引出端之间的电缆总长度不应超过 90m。BD 至 FD 之间以及 FD 至DP 之间的电缆长度应按标准规定核算其允许距离。光纤光缆长度不应超过 500m。

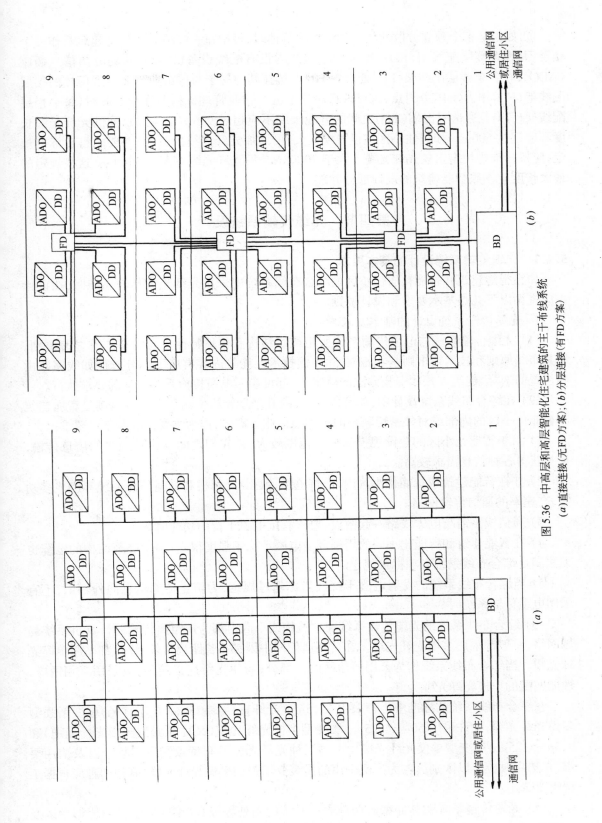

图 5.36 中高层和高层智能化住宅建筑的主干布线系统
(a)直接连接(无FD方案);(b)分层连接(有FD方案)

329

③ 如果是多个独立分散的住宅建筑组成群体时,可把每一幢独立的住宅建筑看作一个楼层,并设置楼层配线架(FD),每个住宅建筑内设有配线设备(DD)和辅助分离信息插座(ADO),在各个楼层配线架(FD)处设置 HUB,选择其中易于与城市业务提供者衔接的楼层配线架(FD)作为(DP)分界点,也可选择居住小区的物业管理机构所在地。此时,每个楼层配线架(FD)至通信引出端(TO)之间的电缆长度不应超过 90m,BD 至 FD 间的光纤光缆长度不应超过 500m。如居住小区建设规模很大,可增加光纤光缆的长度,并要求符合标准规定,应按标准中规定多模光纤光缆不大于 2000m;单模光纤光缆不大于 3000m。这些规定的最大长度应参照智能建筑的设计部分办理。

第四节　光缆传输系统设计

5.4.1　光缆传输系统设计的基本要求

如在智能建筑和智能化居住小区的综合布线系统中采用光纤光缆传输系统时,在设计中应遵循以下几点基本要求和设计原则。

1. 光缆传输系统设计的基本要求

(1) 光缆传输系统与电缆传输系统所用缆线结构和传输特性以及材料均有显著差别,但其布线原则和技术要求则基本相同(除传输技术性能等内容有所不同外),例如线路路由和位置的选择、建筑方式和安装方法的确定等,都可参照电缆传输系统设计的要求执行。

(2) 在综合布线系统设计中,如有以下情况,宜采用光缆传输系统。应以满足智能建筑和智能化小区的内部或对外密切联系的各种通信业务需要,作为主要目标和基本要求。

1) 由于智能化小区的建设规模和分布范围较大,在它们之间需作长距离的信息传输,且对获得各种信息需求较高。

2) 如在智能建筑或智能化小区内,需将电话、数据、计算机和其他信息系统等组成多功能、高速率的通信传输网络。

3) 通信线路需与电力线路一起敷设,要求有抗电磁干扰的功能时。

4) 在智能建筑和智能化小区的周围环境电磁干扰场强度很高,采用屏蔽结构的电缆也无法满足综合布线系统各项标准规定时。

5) 当综合布线系统的发射电磁干扰波指标超过规定,为防止传输信息向外辐射,不宜采用电缆传输系统时。

(3) 综合布线系统的光缆传输系统在建筑物或小区内都为短距离传输的计算机系统局域网络,一般都采用多模光纤光缆。在公用通信网中因都是长距离传输系统,都采用单模光纤光缆。当综合布线系统作为公用通信网的一部分,为使光纤连接简便,应采用互相适应,性能匹配的单模光纤光缆为好。

在综合布线系统的标准中推荐采用 $62.5\mu m$(光纤直径)/$125\mu m$(包层直径)缓变增强型多模光纤光缆;允许采用 $50\mu m/125\mu m$ 缓变型多模光纤光缆(又称渐变型多模光纤光缆)和 $8.3\mu m/125\mu m$ 突变型单模光纤光缆。上述三种光纤光缆各有特点和适用场合以及使用要求,在选用时应予以区别。较为广泛采用的是缓变增强型多模光纤光缆,其他两种应根据工程需要选用。

(4) 光缆传输系统的脉冲编码调制通信系统的系列等级和 PDH 数字系列比特率以及

比特率偏差等特性,都必须分别符合我国国家标准《脉冲编码调制通信系统系列》(GB 4110—83)或《脉冲编码调制通信系统网络数字接口参数》(GB 7611—87)中的规定。

2. 光缆传输系统的设计原则

在光缆传输系统设计中应按以下原则考虑:

(1) 选用光缆传输系统时,必须根据所在地区的经济状况、客观需求和网络现状等因素考虑,尤其是要紧密结合公用通信网和接入网等有关部分,采取因地制宜、区别对待,相应的发展步骤,选用不同类型和等级的网络技术。

1) 在我国沿海大中城市或经济发展较快的地区,要创造条件将光纤光缆敷设到路边(FTTC)或到小区(FTTZ),甚至敷设到高层的智能建筑内部(FTTB)。争取在今后一定时期内将光缆连接到智能建筑内部的办公室(FTTO)或每个住宅用户(FTTH)。

2) 对于我国中西部地区或经济发展缓慢的边远城市,不宜盲目仓促地采用光缆传输系统,应根据具体经济条件、客观需要和网络状况等因素考虑,应适当放缓、分期实施,尤其要与当地网络结合,尽量互相协调配合。

(2) 对于城市边缘的新建智能建筑或智能化小区,因距离较远有各种建设方案,为满足其信息需要,应根据当地通信网络现状、工程建设条件和用户信息需求程度等因素,采取不同的光缆传输系统的技术方案,例如全部光缆或与电缆结合使用等。

(3) 对于城市中迫切要求各种信息,且信息数量较多,用户信息需求点高度集中的金融贸易、新闻通讯和交通枢纽等高层的智能建筑,或由高级别墅式住宅建筑组成的智能化小区,宜将光缆传输系统的范围扩大到大楼(FTTB),或敷设到小区的每个住宅用户(FTTH)。

5.4.2 光缆传输系统的网络拓扑结构和光缆及部件的选用

1. 光缆传输系统的网络拓扑结构

光缆传输系统主要是由光纤光缆、光电连接设备和其他部件组成的。光纤光缆的类别和结构以及光纤芯数均与网络拓扑结构型式有关,而网络拓扑结构又与传输信息的业务性质和业务流量有关。因此,网络拓扑结构对于选用缆线等部件和设备是有密切关系的。

目前,与综合布线系统工程有关的光缆传输网络有一般用户光缆传输系统和综合布线系统的光缆传输系统两种,且它们之间有着密切相联的关系。

(1) 用户光缆传输系统网络拓扑结构

用户光缆传输系统是本地通信网中较为常用的,它的网络拓扑结构是根据交换局所、节点及用户分布等因素进行组织。目前,国际建议推荐应用较广,具有代表性的网络拓扑结构有单星型网、多星型网、树型网、环型网和总线型网以及星型——总线型网等多种。它是利用本地区已有的通信线路等设施,采取合理布局和切实可行的技术方案。因此,它与公用通信网及其接入网都有密切的关系,尤其是接入网是与智能建筑或智能化小区的综合布线系统是结伴而行,共同发展的。因此,必须统筹兼顾、全面考虑。

(2) 综合布线系统光缆传输网络拓扑结构

在智能建筑或智能化小区内部的综合布线系统,它是信息网络系统的组成部分,且要与公用通信网的接入网相连接。光缆传输系统是综合布线系统的一部分,常用于计算机系统的局域网。因此,光缆传输系统也是整个信息网络系统中的网络组成部分,从几何学抽象进行分析主要是局域网。局域网的网络拓扑结构有点对点、星型和环型三种基本网络。它们的具体内容可见计算机方面的书籍。

2．光缆及部件的选用

在综合布线系统中常用的光纤光缆和各种部件(包括各种接续设备和连接硬件)较多，且因国内外都有生产，它们的类型、品种、规格和型号极为繁多。在光缆传输系统设计中，应根据工程的实际情况和用户具体需要来选用。这里仅以它们的主要内容予以叙述。

(1) 光纤光缆的选用

光纤光缆的选用应按国内通信行业标准 YD/T 926.1—2001 中的规定办理，具体光缆可见前面介绍。

目前，在国内生产光纤光缆的类型、品种、规格和数量均已达到一定规模，当然还不能说是种类繁多、品种齐全，尤其是还缺乏适合于在智能建筑和智能化小区中使用的小芯数、要求高、性能多和品种全的产品。从充分满足目前和今后信息网络的需要来分析，可以说光纤光缆的类型、品种和规格都需要补缺配套、充实完善。例如在建筑物内的阻燃性能要求极高；智能化小区内要求防雷或防电磁干扰等性能，上述要求都需要有相应的产品来满足。此外，光纤光缆本身的结构和技术性能都需迅速提高和加快发展。现在通常使用的光纤光缆分为屋内和屋外两大类型。综合布线系统的建筑群主干布线子系统采用的光纤光缆，通常为屋外敷设的品种；在建筑物内部敷设的光纤光缆，都用屋内安装的品种。屋外光纤光缆的敷设方式有架空(包括在电杆上吊挂或墙壁上敷设)和地下(包括在管道和隧道内敷设以及直接埋在土壤中)两种。光纤光缆除在直埋敷设时，其外护套必须有金属铠装层保护外，其他敷设方式的光纤光缆都不需要金属铠装层保护。屋内光纤光缆一般不采用保护措施，但需考虑阻燃性能。因此，在光纤光缆的选用时，应予以重视和区别。

目前，屋内或屋内的光纤光缆的类型、品种和规格以及结构较多，单以光纤芯数来说，从单芯、两芯到百余芯，有的生产厂家已能生产几百芯。在综合布线系统中，除特殊性质和重要的单位，需要较多的光纤芯数外，一般所用光纤芯数较少，大都是几十芯和十几芯以下为多数，甚至有单芯和双芯光纤光缆，它们分别用于不同场合，单芯和双芯光缆基本用于设备的尾缆或作为活动连接和跳线使用，其他光纤芯数的光缆都用于屋内外主干布线的路由。

(2) 光纤光缆部件的选用

在综合布线系统中采用光缆传输系统属于刚刚开始阶段，且使用场合较少、工程经验不多。光纤光缆部件品种较多，例如有光纤配线架(柜)、光纤配线箱、光缆交接箱、光纤终端盒(箱)、光缆接头盒光纤分线盒和光纤连接硬件等。此外，目前，国内外生产的各种设备和连接硬件，不论开发使用或正在开发，其设备外形结构、部件组合配置和技术功能要求都有区别，各具特色，尚无统一的标准、模式和要求。因此，这方面的产品还无法兼容或通用，所以在选用时要特别注意，切勿拼凑采用各厂产品。因此，这里所述只是以某个产品作为示例进行简略介绍，在具体工程设计中，还应根据选用的具体产品来考虑。

① 综合布线系统采用光缆传输系统时，其设备间可作为光缆的主要交接设备设置地点，屋内外的光纤光缆在设备间内集中终端连接，主干光缆向各个楼层馈线，并通过各个楼层的主干线接线间内安装的连接装置，采用分支光缆沿水平方向分布到各个楼层的光纤连接硬件(包括光纤信息插座)，上述主要交接设备、楼层连接装置和光纤连接硬件都需选配相应配套的连接部件。

② 光缆传输系统应采用标准的光纤连接器(又称适配器)，它可以用于交接或互连。光纤连接器有陶瓷头和塑料头两种(均指 ST Ⅱ 型)。陶瓷头连接器可保证光纤的端点能自动

对准,因此,可保证每个连接点的衰减只有 0.4dB,且可重复连接达到 1000 次,所引起的衰减变化量均小于 0.2dB。塑料头连接器重复连接仅为 200 次,且每个连接点的衰减量为不大于 0.5dB。因此,塑料头连接器适用于重新连接次数不多,且允许衰减较大的场合。从上面可见塑料头连接器不如陶瓷头连接器经久耐用,且其技术性能也差。

③ 光纤连接装置(LIU)是光缆传输系统中的重要设备,它又称光纤互连装置,该装置有不同规格可以连接不同根数的光纤。在装置上设有 STⅡ型连接器面板,提供 STⅡ型所需终端连接的能力。光纤连接装置的规格应根据网络需要来选定。

5.4.3 光缆传输系统工程设计

光缆传输系统工程设计与电缆工程设计类似,有些内容可以参考,这里予以简略。

光缆传输系统设计中凡属与整个网络组织和技术性能等主要问题,例如传输速率、线路码型和光源选择、系统容量、光纤芯数和备用方式等与方案有关的内容,应在总体方案中首先研究确定。这里主要是线路建筑方式的确定、光缆路由的选择、与外界的配合以及设备安装等具体细节。

1．光缆传输线路部分

(1) 应根据智能化小区的建设规划,结合用户信息点数量和分布状况,确定工程建设规模、网络拓扑结构、光缆线路分布和设备配置方案(包括线路路由、具体位置、光纤芯数和设备数量等)。网络拓扑结构应具有一定的灵活性,既能满足近期通信需要,又能适应今后发展,做到近远期相结合。

(2) 光纤光缆型式的选用是极为重要的,应根据所在小区中的环境条件、网络的具体段落和用户信息需求程度,认真进行技术和经济比较,确定相应的光纤衰减和带宽,选用相应的光缆类型和品种。此外,要适当考虑今后信息业务种类和信息点数量的增加和发展,选用的缆线和设备应有一定的适应能力,例如光纤芯数适当增加,设备配置相应超前,但必须注意不能盲目追求大而全,且是攀比过高的标准,这是不对的。必须把握好适当分寸才是优良设计。

(3) 光缆传输线路的路由要求短捷稳定,便于施工和维护,而且应符合智能化小区的总体建设规划和区内各种管线综合协调要求,尽量做到隐蔽安全。同时,把上述方案(包括光缆路由和位置)纳入小区建设规划和具体实施方案。光缆传输线路的建筑方式应该优先选用在地下通信管道中敷设为好。在小区内应避免采用架空或直埋光缆的建筑方式,有利于维护管理。

2．光缆传输设备部分

(1) 安装光缆传输设备房间的位置必须慎重考虑和选择。如单独有房间设置时,要便于光缆线路引入和连接,应在缆线汇集点或中心邻近处,有利于缩短缆线长度和降低工程建设投资。

为了节省房间和便于维护管理,光缆传输设备可在装设用户电话交换机等设备的交换机房、计算机主机房、综合布线系统的设备间或配线架间内设置。但不得与其他系统的专用房间合设,更不应与电力机房等合用,以减少互相干扰,避免产生后患。

安装光缆传输设备的房间应远离易爆、易燃等场所(如厨房或汽车库等),其上下左右不应有安装排放或可能渗漏有害于通信设备的液体或气体等装置的房间(如厕所、浴室或锅炉房等),也不要过于邻近安装振动较大设备的房间(如油机房、空调机房或水泵房等)。

（2）在设计中应充分合理利用机房面积，做到整个机房的平面布置合理，符合机房标准规定的工艺要求。要求设备布置尽量紧凑、相对集中，密切相关的设备应邻近布置，有利于缩短缆线长度。机房内部布置和机架设备排列，务必统一考虑，力求整齐美观，便于安装和维护。机架和设备之间或与墙壁、柱子间的最小净距要符合标准规定，以保证正常运行和维护管理。如所在地区对安装设备有抗震加固要求时，必须按有关规范规定进行抗震加固，采取切实有效的防震措施。

（3）安装光缆传输设备的房间，对于温度、湿度、照度等都应按通信设备机房的有关标准规定执行，房间内应尽量自然采光。

此外，房间内应有安全可靠的交流电源插座和规定的照明设施。必要时应采取或配置保证不会阻断的电源供应设施，以保证通信设备正常运行。

为了达到通信机房的标准规定和工艺要求，可参照电话交换机房或电子计算机房以及其他系统的机房的规定，采取相应的措施解决。同时，还应按照国家标准消防防火的规定，在机房内设置性能优越的防火装置和采用切实有效的消防措施，以保证通信设施安全运行。

思 考 题

（1）试述智能建筑和智能化小区综合布线系统工程设计的基本依据。

（2）分别简述智能建筑或智能化小区综合布线系统工程设计的内容。它们主要的区别在哪里？对于它们的设计要求是否相同？

（3）综合布线系统工程设计的基本流程分为几个阶段，简述每个阶段中的主要内容。

（4）在智能建筑综合布线系统工程的总体方案设计中包含哪些内容？你认为其中最为重要的是哪些？

（5）在智能建筑中管槽系统的设计要点有哪些？试述暗敷管槽系统的设计要点内容。

（6）在智能建筑中综合布线系统的上升部分有哪几种建筑结构类型？试述它们的特点和适用场合。

（7）上升管路为什么有各种连接方式？它们是由什么来决定的？它们的主要特点是什么？

（8）为什么综合布线系统上升部分采用专用电缆竖井最好？如合用电缆竖井有什么缺点？应该采取什么措施？

（9）如采用上升房的方案在设计中应注意哪些？

（10）试述水平部分配线管路的特点和适用场合。水平部分配线管路的分布方式有哪几种？

（11）建筑物主干布线子系统的设计内容由哪几部分组成？简述其要求。

（12）设备间部分的设计包含哪些内容？主干布线部分设计内容有哪些？

（13）设备间内的缆线敷设方式有哪几种？试述它们的主要优缺点和适用场合。

（14）智能建筑综合布线系统的建筑物主干布线子系统的缆线部分设计有哪些主要内容？

（15）综合布线系统的网络管理方式有哪几种？它们选用的原则是什么？

（16）试述水平布线子系统的设计要点。

（17）在新建或扩建的智能建筑中，水平布线子系统的缆线敷设方法有哪几种？在原有建筑物中的缆线敷设方法有哪几种？

（18）电源设计中应注意什么？

（19）屏蔽和接地在什么情况时必须考虑？试述屏蔽和接地设计中的要点？在综合布线系统设计中有哪些保护接地需要考虑？它们的要求是什么？

（20）智能化居住小区综合布线系统工程设计原则主要有哪几条？

（21）国内有关部门对智能化居住小区的划分等级是几级？划分的主要依据是什么？

（22）智能化小区的网络建设方案按传输信息载体可分为几类？试述它们的特点，目前较为常用的是哪个类型?

(23) 智能化小区网络系统结构是由哪几部分组成? 简述它们的具体内容。

(24) 智能化小区网络布线系统总体布局的设计要点有哪些?

(25) 建筑群主干布线子系统的具体设计要求有哪些? 简述有关管道电缆敷设的要点。

(26) 试述地下通信电缆管道设计的主要内容。其中管道和人孔的具体设计时,应注意哪些要求?

(27) 在地下通信管道平面设计时,应考虑哪些内容? 目前国内人孔或手孔的规格尺寸有几种? 适用于智能化小区的是哪一种?

(28) 单个智能化住宅建筑内的典型布线系统主要特点是什么?

(29) 智能化小区内有不同楼层数量的各种住宅建筑,它们的组网方案有各种各样形式,要求简述它们的大致情况。

(30) 智能化住宅建筑综合布线系统划分的等级有所不同,应该以什么为标准较好?

(31) 在什么样的情况下宜采用光纤光缆传输系统? 优先采用是哪种光纤光缆? 为什么?

(32) 光纤光缆传输系统工程设计的主要内容有哪些? 试述光纤光缆传输线路和光缆传输设备两部分的主要要求。

第六章 综合布线系统工程施工

第一节 综合布线系统工程施工的基本要求和施工准备

智能建筑和智能化小区的综合布线系统工程建设的安装施工阶段是工程付诸具体实施的阶段,且对工程质量优劣起到一定的决定性作用,它是确保综合布线系统工程整体质量的关键性工作,所以是极为重要的阶段。

6.1.1 综合布线系统工程施工的依据

综合布线系统工程施工中的主要依据(包括指导性文件)较多,有现行的国内外有关标准和规范,它包含设计、施工及验收等内容。指导性文件或有关文件有工程设计文件、施工图纸、承包施工合同和操作规程等。现分别予以介绍。

1. 设计和施工及验收标准与规范

在前一时期,由于国内大多数综合布线系统工程均采用国外厂商生产的产品,且其工程设计和安装施工绝大部分是由国外厂商或代理商组织实施。当时因缺乏统一的工程建设标准(包括设计、施工及验收规范),所以,在具体设计和施工以及与房屋建筑的互相配合等方面都存在一些问题,取得应有的理想效果较少。为此,我国主管建设部门和有关单位近几年来组织编制和批准发布了一批有关综合布线系统工程设计和施工及验收规范,为我国智能建筑和智能化小区的综合布线系统工程提供重要的依据和应遵循的法规。这方面的主要标准和规范如下所列:

(1) 国家标准《建筑与建筑群综合布线系统工程设计规范》(GB/T 50311—2000),由国家质量技术监督局和建设部联合批准发布,2000年8月1日起实施,该规范系信息产业部主编。

(2) 国家标准《建筑与建筑群综合布线系统工程验收规范》(GB/T 50312—2000),由国家质量技术监督局和建设部联合批准发布,2000年8月1日起实施,该规范系信息产业部主编。

(3) 通信行业标准《建筑与建筑群综合布线系统工程设计施工图集》(YD 5082—99),由信息产业部批准发布,2000年1月1日起实施。

(4) 通信行业标准《城市住宅区和办公楼电话通信设施设计标准》(YD/T 2008—93),由建设部和原邮电部联合批准发布,1994年1月1日起实施。

(5) 通信行业标准《城市住宅区和办公楼电话通信设施验收规范》(YD 5048—97),由原邮电部批准发布,1997年9月1日起实施。

(6) 通信行业标准《城市居住区建筑电话通信设计安装图集》(YD 5010—95),由原邮电部批准发布,1995年7月1日起实施。

(7) 通信行业标准《通信电缆配线管道图集》(YD 5062—98),由信息产业部批准发布,

1998 年 9 月 1 日起实施。

（8）国家标准《智能建筑设计标准》(GB/T 50314—2000)，由国家质量技术监督局和建设部联合批准发布，2000 年 10 月 1 日起实施，该标准系建设部主编。

（9）中国工程建设标准化协会标准《城市住宅建筑综合布线系统工程设计规范》(CECS 119:2000)，该规范为推荐性，由协会下属通信工程委员会主编，经中国工程建设标准化协会批准，2000 年 12 月 1 日起实施。

此外，在综合布线系统工程施工中，还可能涉及本地电话网。因此，还应遵循我国通信行业标准《本地电话网用户线线路工程设计规范》(YD 5006—95)、《本地电话网通信管道与通道工程设计规范》(YD 5007—95)和《本地网通信线路工程验收规范》(YD 5051—97)等规定。

2．工程设计和施工图等指导性文件

指导性文件和有关文件都有与具体施工紧密结合的重要内容，它们直接影响工程质量的优劣、施工进度的安排和今后运行的效果。所以，在综合布线系统工程施工时，必须始终以这些文件来指导和监督工程的进度，否则，将会降低工程质量和延缓施工进行，造成极为恶劣的后果。指导性文件和有关文件主要有以下几种：

（1）由建设部批准的具有房屋建筑或住宅小区内智能化系统工程设计资质的单位所编制的综合布线系统工程设计文件和施工图纸。安装施工单位应该按照上述文件和图纸的意图及要求，进行安装施工，如有疑义或改进时，应征得设计单位的书面同意后，才能改变原设计的内容和要求进行施工。

（2）经建设单位和施工单位双方协商共同签订的承包施工合同或有关协议。安装施工单位应按照签订的合同或协议中约定的条款和要求，保质保量地进行，按期完成施工任务。

（3）有关综合布线系统工程中的施工操作规程和生产厂家提供的产品安装手册。

（4）具有智能化系统集成资质或智能化子系统集成资质的单位所做的深化系统设计，这些设计必须是在负责智能建筑或智能化小区的工程主体设计单位负责和指导下进行，只有这样的深化系统设计文件才具有指导性作用，安装施工单位应按照其文件要求和意图进行施工。如果不是这样的程序，就不应作为指导施工的文件，以保证工程质量，并可分清职责范围。

（5）在工程设计会审和施工前技术交底以及施工过程中发生客观条件变化或建设单位要求安装施工单位改变原设计方案，在这些会议或过程中的会议纪要和重要记录都应留存，作为今后查考验证的文件或依据。

6.1.2 综合布线系统工程施工及验收的基本要求

1．安装施工的基本要求

（1）在新建或扩建的智能建筑或智能化小区中，如采用综合布线系统时，必须按照《建筑与建筑群综合布线系统工程验收规范》(GB/T 50312—2000)中的有关规定进行安装施工。在现有已建或改建的建筑物中采用综合布线系统，在安装施工时，应结合现有建筑物的客观条件和实际需要，可以参照该规范执行。

在综合布线系统工程安装施工中，如遇到上述规范中没有包括的内容时，可按照《建筑与建筑群综合布线系统工程设计规范》(GB/T 50311—2000)等的规定要求执行，也可以根据工程设计要求办理。

（2）智能化小区的综合布线系统工程中，其建筑群主干布线子系统部分的施工，与本地电话网络有关，因此，安装施工的基本要求应遵循我国通信行业标准《本地电话网用户线线路工程设计规范》（YD 5006—95）等标准中的规定。

（3）综合布线系统工程中所用的缆线类型和性能指标，布线部件的规格以及质量等均应符合我国通信行业标准《大楼通信综合布线系统第 1—3 部分》（YD/T 926—1—3—2001）等标准或设计文件的规定，施工中不得使用未经鉴定合格的器材和设备。

（4）在智能建筑内部的综合布线系统工程安装施工时，力求做到不影响房屋建筑结构强度，不有损于内部装修美观要求，不发生降低其他系统使用功能和有碍于用户通信畅通的事故。

在智能化小区内安装施工时，要做好与各方面的协调配合工作，不损害其他地上地下管线或构筑物，力求文明施工，保证安全生产。

2. 竣工验收的基本要求

（1）综合布线系统工程的竣工验收工作，是对整个工程的全面验证和施工质量评定。因此，必须按照国家规定的工程建设项目竣工验收办法和工作要求实施，不应有丝毫草率从事或形式主义的做法，力求工程总体质量符合预定的目标要求。

（2）在综合布线系统工程施工过程中，施工单位必须重视质量，按照《建筑与建筑群综合布线系统工程验收规范》的有关规定，加强自检、互检和随工检查等技术管理措施。建设单位的常驻工地代表或工程监理人员必须按照上述工程验收规范的要求，在整个安装施工过程中，认真负责，一丝不苟，加强工地的技术监督及工程质量检查工作，力求消灭一切因施工质量而造成的隐患。所有随工验收和竣工验收的项目内容和检验方法等均应按照《建筑与建筑群综合布线系统工程验收规范》的规定办理。

（3）由于智能化小区的综合布线系统既有屋内的建筑物主干布线子系统和水平布线子系统，又有屋外的建筑群主干布线子系统。因此，对于综合布线系统工程的工程验收，除应符合《建筑与建筑群综合布线系统工程验收规范》外，尚应符合国家现行的《本地网通信线路工程验收规范》、《通信管道工程施工及验收技术规范》、《电信网光纤数字传输系统工程施工及验收暂行技术规定》、《市内通信全塑电缆线路工程施工及验收技术规范》等有关的规定。

各生产厂商提供的施工操作手册或测试标准均不得与国家标准或通信行业标准相抵触，在施工验收时，应按我国现行标准贯彻执行。

6.1.3 综合布线系统工程的施工准备

在综合布线系统工程施工前，各项准备工作必须做好，它是安装施工的前期工作，对于确保综合布线系统施工的进度和工程质量都是非常重要。

1. 检查工程环境的施工条件、了解工程设计文件和编制施工组织计划

施工单位接受综合布线系统工程安装施工项目后，首先要做好以下几项准备工作。

（1）熟悉掌握和全面了解设计文件和施工图纸

1）详细阅读工程设计文件和施工图纸。对其中主要内容如设计说明、施工图纸和工程概算等部分，相互对照，认真核对。尤其是要弄清在技术上有无问题，安装施工中有无困难，与其他工程有无矛盾。对于工程概算部分，重点是工程量有无缺项或漏项，概算的费率有无用错，设备和材料的规格和数量有无错误等。对于设计文件和施工图纸上交待不清或有疑问的地方，应及早向设计单位提出，必要时可以会同设计人员同到现场，以求解决安装施工

的难题。

2）会同设计单位现场核对施工图纸，进行安装施工技术交底。设计单位有责任向施工单位对设计文件和施工图纸的主要设计意图和各种因素考虑进行介绍。施工单位在设计文件和施工图上发现交待不清或有疑问之处，应向设计单位提出，设计单位应作出解释或提供解决方法，也可在现场经双方协商，提出更加完善的技术方案。经过现场技术交底，施工单位应全面了解工程全部施工的基本内容。

(2) 现场调查工程环境的施工条件

现场调查工程环境的施工条件可以与设计单位一起进行，也可由施工单位自己单独调查。在现场调查中必须注意以下几点：

1）由于综合布线系统的缆线绝大部分是采取隐蔽的敷设方式，在设计中一般不可能全部做到具体和细致。因此，对于建筑结构，例如吊顶、地板、电缆竖井和技术夹层等的位置、数量、建筑结构、空间尺寸等进行调查了解，以便真正全面掌握各个安装场合敷设缆线的可能性和难易程度，对决定选择缆线路由和敷设位置有极大的帮助。

如果是已建成的建筑，在现场调查过程中要更加重视其建筑结构，内部有无暗敷管路，如有管路，对其路由、位置和转弯角度、个数、曲率半径以及是否被占用等具体情况要进行充分了解是否满足施工规范要求，以便考虑是否利用原有管路；如无管路等设施，应在现场进行了解其采取明敷或暗敷管线的可能性和具体条件，以便在施工中决定敷设缆线的具体技术方案。

2）在现场调查中，要复核设计的缆线敷设路由和设备安装位置是否正确适宜，有无安装施工的足够空间或需要采取补救措施或变更设计方案。事先预留的暗管、地槽、洞孔的数量和位置、规格尺寸，应该符合设计中的规定要求。对于安装施工中必须注意的细节，例如在暗敷管路的管孔内有无放置牵引缆线的引拉线，检查暗管管口是否装有绝缘套管，管口伸出的长度是否满足要求，这些具体细小问题都必须调查清楚，全面掌握，以利于组织施工。

3）对于设备间和干线交接间等专用房间必须对其环境条件和建筑工艺要求进行调查和检验，只有具备以下条件时，才能安装施工。

① 由于设备间是综合布线系统的网络中心，它是安装用户电话交换机、计算机主机和配线接续设备以及日常维护管理各种设备的场所，其房间内部环境条件都必须具备上述设备所需的安装工艺的基本要求。因此，这些房间的土建工程必须全部完工，要求墙壁和地面均平整，室内通风、干燥、光洁，门窗齐全，门的高度和宽度均符合工艺要求，不会影响设备和器材搬入室内。门锁性能良好，钥匙齐全，以保证房间安全可靠，真正具备安装施工的基本条件。

② 房间内按设计要求预先设置的地槽、暗敷管路和洞孔的位置、数量和尺寸均正确无误，满足安装施工要求。

③ 对设备间内铺设的活动地板应认真检查其施工质量，要求地板板块铺设表面平整，板缝严密，安装牢固，无凹凸现象，地板支柱安装坚固可靠，地板水平面的允许偏差每平方米不应大于 2mm。活动地板应有防静电措施和接地装置。

④ 设备间和交接间内均应设置应用可靠的交流单相 50Hz、220V 的施工电源，其接地电阻值及接地装置均应符合设计要求，以便安装施工使用。

⑤ 设备间和交接间的面积大小，环境温、湿度条件，防尘和防火措施，内部装修等都要

符合工艺设计提出的要求或标准有关规定。

（3）编制安装施工进度顺序和施工组织计划

根据综合布线系统工程设计文件和施工图纸以及施工承包合同的要求，结合施工现场的客观条件、设备器材的供应和施工人员的数量等情况，安排施工进度计划和编制施工组织设计，力求做到合理有序地进行安装施工。因此，要求安装施工计划必须详细、具体、严密和有序，便于监督实施和科学管理。

在安排施工计划时，应注意与建筑和其他系统的配合等问题。由于综合布线系统的设备和器材及缆线的价格均较昂贵，为了避免在施工现场丢失和被损坏，一般宜在建筑的土建工程和室内装修施工的同时或稍后的适当时间安排施工，这样既能确保安装施工顺利进行，也可减少与上述工程的施工发生矛盾，但应避免彼此脱节。为此，必须注意建筑物和内部装修及其他系统工程的施工进度，必要时可随时修改施工计划，以求密切配合，协作施工，有利于保证工程质量和施工进度顺利进行。

施工组织计划一般可根据建设单位的合同要求，施工组织力量和施工项目内容按周、旬和月进行安排，具体进度应视实际情况来定。

2. 设备、器材、仪表和工具的检验

综合布线系统工程中所需的设备、器材，仪表和工具均较多，在安装施工前必须认真检验、核对和测试，做好一切准备工作。具体的内容如下。

（1）设备和器材检验的一般要求

1）在安装施工前，应对工程中所用的设备、缆线、配线接续设备、布线的连接硬件等主要器材的规格、型号、数量和质量进行外观检查，详细清点和抽样测试。

2）工程中所需的设备、缆线和配线接续设备及布线的连接硬件等主要器材型号、规格、程式和数量都应符合设计规定要求。为了保证工程质量，如无出厂检验证明合格的材料或与设计文件规定不符的设备和器材，不得在工程中安装使用。

3）缆线和主要设备和器材数量必须满足连续施工的要求，主要缆线和关键性的器材应全部到齐，以免因器材不足而影响整个工程的施工进度，产生更多的矛盾。

4）经清点、检验和抽样测试的主要器材应做好记录，对不符合标准要求的缆线和器材，应单独存放，不应混淆，以备核查与处理，并不允许在工程中使用。

（2）缆线的具体检验要求

1）工程中使用的对绞线对称电缆和光纤光缆的型号、规格和程式及数量应符合设计中的规定和合同要求。

2）根据材料运单对照检查对绞线对称电缆和光纤光缆的包装标志或标签，要求内容齐全，字迹清晰。外包装应注明电缆或光缆的型号、规格、线径、线对数（或纤芯数）、端别、盘号和长度等情况，并要与出厂产品质量合格证一致，以便施工时调配使用。

对绞线对称电缆的识别标记有电缆标志和标签两种，前者直接印在电缆外护套上，后者是放置在外包装或标记在电缆盘上。电缆标志是在电缆护套上以 1m 的间隔标明生产厂家名称或其代号以及电缆型号，有时还标明产品生产年份。标签是附设在每根成品电缆的产品外包装外面（包括电缆盘上），标有电缆型号、生产厂家名称或专用标志、制造年份和电缆长度。

光缆的识别标记也有上述类似的做法。

3）电缆和光缆的外包装应无外部破损,对缆身应检查外护套是否完整无损,有无压扁或裂纹等现象,光缆端头是否密封包好,如发现有上述不正常现象,应做记录,以便抽样测试。对外包装有严重损坏或外护套有损伤时,要在测试合格后才允许在工程中使用,并应详细记录,以便查考。电缆和光缆均应附有出厂质量检验合格证。如用户需要电缆的电气性能检验报告时,生产厂家应提供附有本批量电缆的电气性能检验报告和测试记录,供用户查阅。

4）对于电缆的电气性能测试,应从本批量电缆的任意 3 盘中(目前电缆一般以 305m,500m 和 1000m 配盘)截出 100m 长度进行抽样测试,测试结果应符合工程验收基本连接要求。一般使用现场五类电缆测试仪对电缆的绝缘电阻、衰减和近端串音衰减等技术性能进行测试。

5）对于电缆和光缆有端别要求时,应剥开缆头,分清 A、B 端别,并在电缆或光缆的两端外部标记出端别和序号,以便敷设时予以识别。

6）根据光缆出厂产品质量检验合格证和测试记录,审核光纤的几何、光学和传输特性及机械物理性能是否符合设计要求。光缆开盘后,同时检查光缆外表有无损伤,光缆端头封装是否良好。

在综合布线系统工程中大都采用 $62.5\mu m/125\mu m$ 或 $50\mu m/125\mu m$ 多模渐变型光纤光缆或单模光纤光缆。因此,在施工现场应检测光纤衰减和光纤长度,具体测试要求如下:

① 衰减测试　一般采用光时域反射仪(OTDR)进行测试。如测试结果超出标准、出现异常或与出厂测试数值相差很大时,应查找分析原因,可用光功率计测试,并加以比较,以便断定是测试误差还是光纤本身衰减过大。

② 长度测试　要求对每根光纤进行测试对比,测试结果应一致。如在同一盘光缆中,发现光纤的长度有差异较大等现象,应从另一端进行复测或作通光检查,以判定是否有断纤现象。如发现存在严重缺陷或断纤现象,应进行处理,待检查合格后,才允许使用。

光缆检查测试完毕后,光缆端头应密封固定,恢复外包装以便保护。

7）光纤、跳线(又称光纤接插软线或光纤调度软线)是一种软线,其检验应符合以下要求:

① 光纤跳线外面应有经过防火处理的光纤保护外皮,以增强其保护性能,跳线的两端的活动连接器(活接头用)的端面应装配有合适的保护盖帽。

② 每根光纤跳线应标有该光纤的类型等明显标记,以便选用。

(3) 配线接续设备的具体检验要求

1）工程中使用的配线架或交接设备等的型号、规格和数量以及接续方式、均应符合设计的规定要求。

2）光、电缆交接设备的编排及标志名称应与设计相符,标志名称应统一,其位置应正确、清晰。

3）配线接续设备(包括过线盒、接线盒等)如有箱体时,要求箱体外壳应密封,防尘和防潮。箱体表面应平整、互相垂直、不变形,无裂损、发翘、受潮、锈蚀现象。箱体表面涂覆或镀层应完整无损,无挂流、裂纹、起泡、脱落和划伤等缺陷,箱门开启关闭或外罩装卸灵活。

4）箱内的接续模块或接线端子及零部件应装配齐全,牢固有效,所有配件应无漏装、松动、脱落、移位或损坏等现象。

5) 配线接续设备的各项电气性能指标,均应符合我国现行标准规定的要求。

(4) 连接硬件(接插部件)的检验要求

1) 接线模块(包括接线排等)、通信引出端(信息插座)和其他接插部件应完整无缺,它们所用的塑料材质应具有阻燃性能。

2) 保安接线排的保安单元,其过压、过流保护的各项性能指标应符合原邮电部发布的有关标准规定。

3) 光纤插座的连接器使用的型号和规格以及数量等都应与设计中规定相符合。

4) 光纤插座的面板应有明显标志表示发射(TX)和接收(RX),以示区别,而便于使用。

5) 光缆接续盒及其附件的规格均应符合设计要求。各种粘接材料、粘接剂应检查其使用有效期,凡超过有效期的,一律不得在工程中使用,以保证粘接部分的质量。

(5) 型材、管材和铁件及金属槽道的检验要求

1) 各种型材、管材和铁件及金属槽道的材质、规格、型号均应符合设计文件的规定,要求表面涂覆或镀层均匀、光滑、平整,不得变形(如显著扭曲),无断裂、破损或腐蚀等现象。

2) 综合布线系统工程中采用钢管和硬聚氯乙烯塑料管较多,检验其管身应光滑、均匀、无裂纹、伤痕和变形,管孔内壁光滑、孔径和壁厚均应符合设计要求。

3) 在建筑群主干布线子系统中如采用水泥管块时,其管材质量应符合原邮电部批准发布的《通信管道工程施工及验收技术规范》(YDJ 39—90)中有关水泥制品的规定。如采用双壁波纹管时,其管材质量应符合原邮电部批准发布的《地下通信管道用塑料管》(YD/T 841—1996)中的有关规定要求。

4) 各种铁件的材质和规格均应符合原邮电部发布的通信行业标准《架空通信线路铁件》(YD/T 206.1~29—1997)等标准中规定的质量要求,以满足工程安装施工需要,不得有歪斜、扭曲、断裂、飞刺和破损等缺陷。

铁件的表面处理和镀锌层应均匀完整、光洁,牢固地附着在铁件表面,不应有气泡、脱落、砂眼、裂纹、针孔和锈蚀斑痕,其安装部位与其他接合处也不应有锌渣或锌瘤残存,以免影响安装施工质量。

上述设备、缆线、连接硬件等的电气性能、机械特性、光缆的传输特性等具体技术指标和要求,应符合信息产业部批准发布的通信行业标准《大楼通信综合布线系统》(YD/T 926.1~3—2001)中的规定和设计的要求。

(6) 综合布线系统工程中所有设备,连接硬件的备品、备件及附件等(包括发运设备和器材的有关资料)均应完整、齐全,不应缺少或错误。

(7) 仪表和工具的检验

为了确保综合布线系统工程顺利进行,必须在事先对安装施工过程中需要的仪表和工具进行全面的测试和检查,如发现问题应及早检修或更换,以求工程质量和施工进度得以保证。

1) 测试仪表的检验和要求

① 综合布线系统的测试仪表应能测试工程中采用相应类别对绞线对称电缆的各种电气性能。在安装施工前应检查仪表有无损坏或有较大误差,如发现问题应及时调试和校正,以备使用。

② 综合布线系统电气性能测试仪表的精度要求,是按 T/A/E/ATSB67 中规定的二级

精度要求考虑。

在必要时,电气性能测试仪表应经过相关专业的计量部门进行校验,并取得确认的合格证后,方可在工程中使用。

③ 综合布线系统工程中一些重要,且贵重的仪器或仪表,如光纤熔接机,光时域反射仪和切割器等,应建立保管责任制,设专人负责使用、搬运、维修和保管,以保证这些仪器仪表能正常工作。

2) 施工工具的检验

在综合布线系统工程中所用的施工工具是进行安装施工的必要条件,随施工环境和安装工序的不同,有不同类型和品种的工具。例如建筑群主干布线子系统的缆线敷设,是屋外施工,主要有挖掘沟槽的工具,如铁锹、十字镐、电镐和电动蛤蟆夯等。在屋内、外施工的工具,主要有登高的工具,如梯子,高凳等;牵引缆线的工具有牵引绳索、牵引缆套、拉线转环、滑车轮和防磨装置(俗称铜瓦,置于管孔口以防牵引电缆时外护套受损)以及人工牵引器(又称钢绳鬼爪或紧线器)和电动牵引绞车等;电缆或光缆的接续工具有剥线器、光缆切断器、光纤磨光机、光纤熔接机、各种手动剪钳(例如扁口钳、尖头钳、斜口钳和电缆剪刀等);安装工具有射钉枪、切割机、电钻和活动扳手等。在安装施工前应对上述各种工具进行清点和检验,以免在施工过程中因这些工具失效造成人身安全事故或影响施工进程。尤其是对于登高工具中的梯子和高凳必须重视,检查是否坚固牢靠,有无晃动和损坏现象,如有上述情况,必须修复完好后才允许在工地现场使用,以免发生人员受伤事故。此外,应检查牵引工具是否切实有效,有无磨损或断裂现象以及是否存在失灵和严重缺陷等,必要时应更换新的工具,不宜使用带有严重缺陷的工具施工,防止产生其他危害工程质量和人员安全的事故。凡是电动施工工具因在施工时,都为带电作业,必须详细检查和通电测试,测试这些电动工具的连接软线有无外绝缘护套破损,有无产生漏电的隐患,其使用功能是否切实有效,只有证实确无问题时,才可在工程中使用。

第二节 综合布线系统工程设备和管槽的安装

6.2.1 综合布线系统工程的设备安装

1. 设备安装工程范围和特点

(1) 设备安装工程范围

在综合布线系统的设备间内安装有各种设备,例如用户电话交换机、计算机主机和自动监控等其他系统设备,这些设备的安装施工要求有所不同,不属于综合布线系统工程范围之内。以综合布线系统在设备间的设备来说,其工程范围是有限的,只是建筑群配线架或建筑物配线架和相应设备。

此外,在智能建筑中各个楼层装设的楼层配线架等设备(包括二次交接设备)和所有通信引出端的设备安装,均属于综合布线系统工程范围之内。如果综合布线系统建设规模较大,设有建筑群主干布线子系统时,各个建筑物中设有建筑物配线架和主要建筑中设有建筑群配线架,这时综合布线系统工程中应包括上述各个建筑的建筑物配线架和建筑群配线架,这些配线架的附属设备也应属于本工程中配备,统一纳入综合布线系统的工程范围。

(2) 设备类型和特点

在综合布线系统中常用的主要设备是配线架等设备,由于国内外设备类型和品种有所不同,其安装方法也有很大区别。目前较为常用的型式基本分为双面或单面配线架的落地安装方式和单面配线架的墙上安装方式两种,其设备的结构有敞开式的列架式,也有外设箱体外壳保护的柜式,前者一般用于容量较大的建筑群配线架或建筑物配线架,后者通常用于中、小容量的建筑物配线架或楼层配线架,它们分别装在设备间或干线交接间(又称干线接线间)以及二级交接间中,作为连接缆线的设备,进行日常的配线管理。

目前,国内外所有配线接续设备的外形尺寸基本相同,其宽度均采用通用的19英寸(48.26cm)标准机柜(架),这对于设备统一布置和安装施工是极为有利的。

此外,目前国内外生产的通信引出端(信息插座),其外形结构和内部零件安装方式大同小异,基本为面板、接续模块(或接线模块)和盒体几部分组装成整体,连接用的插座插头都为 RJ45 型配套使用。因此,在安装方法上是基本一致的。

2. 设备安装的要求

(1)设备安装的基本要求

1)机架、设备的排列布置、安装位置和设备面向都应按设计要求,并符合实际测定后的机房平面布置图中的需要。

2)在综合布线系统工程中采用的机架和设备,其型号、品种、规格和数量均应按设计文件规定配置,经核查与设计要求完全相符时,才允许在工程中安装施工。如果设备不符合设计要求时,必须会同设计单位共同协商处理。

3)在安装施工前,必须对国内外生产厂家提供的产品使用说明和安装施工资料熟悉掌握,了解其设备特点和施工要点,在安装施工过程中应根据其要求执行,以保证设备安装工程质量良好。

4)在机架、设备安装施工前,如发现外包装不完整或设备外观存在严重缺陷,主要零配件数量不符合要求时,应对其做出详细记录,只有在确实证明整机完好,主要零配件数量齐全等前提下,才能将设备和机架安装。凡质量不合格的设备不应安装使用,主要零配件数量必须符合要求。

(2)机架设备安装的具体要求

1)机架、设备安装完工后,其水平度和垂直度都必须符合生产厂家的规定,若厂家无规定时,要求机架和设备与地面垂直,其前后左右的垂直偏差度均不应大于 3mm。

2)机架和设备上各种零部件不应缺少或损坏,设备内部不应留有线头等杂物,表面漆面如有损坏或脱落,应予以补漆,其颜色应与原来漆色协调一致。各种标志应统一、完整、清晰、醒目。

3)机架和设备必须安装牢固可靠。在有抗震要求时,应根据施计规定或施工图中防震措施要求进行抗震加固。各种螺丝必须拧紧,无松动、缺少等缺陷,机架更不应有摇晃现象。

4)为便于施工和维护人员操作,机架和设备前应预留 1.5m 的空间,机架和设备背面距离墙面应大于 0.8m,以便人员施工、维护和通行。相邻机架设备应靠近,同列机架和设备的机面应排列平齐。

5)建筑群配线架或建筑物配线架如采双面配线架的落地安装方式时,应符合以下规定要求:

① 如果缆线从配线架下面引上走线方式时,配线架的底座位置应与成端电缆的上线孔

相对应,以利缆线平直引入架上。

② 各个直列上下两端垂直倾斜误差不应大于 3mm,底座水平误差每平方米不应大于 2mm。

③ 跳线环等装置牢固,其位置横竖、上下、前后均应整齐平直一致。

④ 接线端子应按电缆用途划分连接区域,以便连接,且应设置各种标志,以便区别。

6) 建筑群配线架或建筑物配线架如采用单面配线架的墙上安装方式时,要求墙壁必须坚固牢靠,能承受机架重量,其机架(柜)底边距地面宜为 300～800mm,或视具体情况取定。其接线端子应按电缆用途划分连接区域,以便连接,并设置标志,以示区别。

此外,在干线交接间中的楼层配线架,一般采用单面配线架或其他配线接续设备,其安装方式都为墙上安装,机架(柜)底边距地面宜为 300～800mm,或视具体情况决定。

7) 在新建的智能建筑中,综合布线系统使用容量较小的配线设备宜采用暗敷方式,埋装在墙壁内。为此,在建筑设计中应根据综合布线系统要求,在规定装设设备的位置处,预留墙洞,并先将设备箱体埋在墙内,内部连接硬件和面板由综合布线系统工程中安装施工,以免损坏连接硬件和面板。箱体的底部距离地面宜为 300～1000mm。在已建的建筑物中因无暗敷管路,配线设备等宜采取明敷方式,以减少凿打墙洞的工作量和影响建筑物的结构强度。

8) 机架、设备、金属钢管和槽道内接地装置应符合设计和施工及验收规范规定的要求,并保持良好的电气连接。

(3) 连接硬件和通信引出端(信息插座)安装的具体要求

综合布线系统中所用的连接硬件(如接续模块等)和通信引出端(信息插座)都是重要的零部件,具有量大、面广、体积小、密集型、技术要求高等特点,其安装质量的优劣直接影响连接质量的好坏,也决定传输信息质量。因此,在安装施工中必须注意以下要求。

1) 接续模块(又称接线模块)等连接硬件的型号、规格和数量,都必须与设备配套使用。根据用户需要配置,做到连接硬件正确安装、对号入座、完整无缺,缆线连接区域划界分明,标志应完整、正确、齐全、清晰和醒目,以利维护管理。

2) 接续模块等连接硬件要求安装牢固稳定,无松动现象,设备表面的面板应保持在一个水平面上,做到美观整齐、平直一致。

3) 缆线与接续模块相接时,根据工艺要求,按标准剥除缆线的外护套长度,如为屏蔽电缆时,应将屏蔽层连接妥当,不应中断。利用接线工具将线对接续模块卡接,同时,切除多余导线线头,并清理干净,以免发生线路障碍而影响通信质量。

4) 综合布线系统的通信引出端(又称信息插座)多种多样,例如有 8 位模块式通用插座,多用户信息插座或集合点配线模块等。它们的安装位置应符合工程设计的要求,既有安装在墙上的;又有埋于地板上,且信息插座也因缆线对数不同分为单孔或多孔等。因此,安装施工方法也有区别。

① 安装在地面上或活动地板上的地面通信引出端(又称地面信息插座),是由接线盒体和插座面板两部分组成。插座面板有直立式(可以倒下成平面)和水平式等几种;缆线连接固定在接线盒体内的接续装置上,接线盒体均埋在地面下,其盒盖面与地面齐平,可以开启,要求必须有严密防水、防尘和抗压功能。在不使用时,插座面板与地面齐平,不得影响人们日常行动。地面信息插座的各种安装方法可见图 6.1 中的示意。

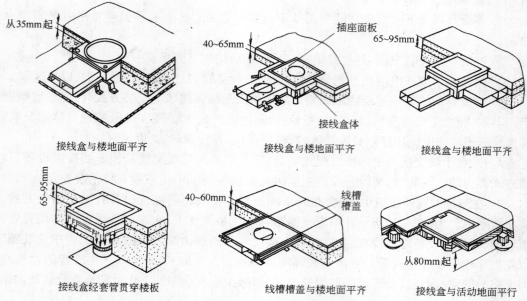

图 6.1　地面信息插座的各种安装方法示意

② 安装在墙上的通信引出端(信息插座),其位置宜高出地面 30cm 左右。如房间地面采用活动地板时,装设位置离地面的高度,在上述距离应再加上活动地板内的净高尺寸。安装在墙上的信息插座的示意见图 6.2 中所示。

③ 信息插座的具体数量和装设位置以及规格型号应根据设计中的规定来配备。

④ 信息插座底座的固定方法应以现场施工的具体条件来定,可以用扩张螺钉、射钉或一般螺钉等方法安装,安装必须牢固可靠,不应有松动现象。

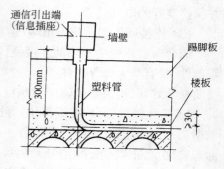

图 6.2　安装在墙上的信息插座示意

⑤ 信息插座应有明显的标志,可以采用颜色、图形和文字符号来表示所接终端设备的类型,以便使用时区别,不致混淆。

⑥ 在新建的智能建筑中,信息插座宜与暗敷管路系统配合,信息插座盒体采用暗装方式,在墙壁上预留洞孔,将盒体埋设在墙内,综合布线系统施工时,只需加装接续模块和插座面板。在已建成的智能建筑中,信息插座的安装方式可根据具体环境条件采取明装或暗装方式。

6.2.2　综合布线系统工程管槽系统的安装

1. 管路和槽道(桥架)安装的一般要求

在智能建筑内的综合布线系统缆线,常用暗敷管路或利用桥架和槽道进行安装敷设,它们虽然是辅助的保护或支撑措施,但它在工程中是极为重要的内容。在施工中应该注意以下要求和规定。

(1) 在智能建筑内综合布线系统的缆线和所需的管槽系统等设施,必须与公用通信网络的管线连接。为了使全程全网能畅通无阻地联系,有利于安装施工和今后维护管理,智能建筑内的通信管槽工程的施工图设计,应经当地主管通信部门审查批准。当地主管通信部门应责无旁贷地予以指导和帮助,未经审查批准不宜施工。

(2) 建筑物内的暗敷管路和槽道系统要求预留的洞孔位置和规格尺寸,都应符合设计文件或施工图纸的要求,如有问题应与设计单位协商解决。

(3) 建筑物内的暗敷管路路由在墙壁内敷设时,应采取水平或垂直方向敷设,不得任意斜穿,以免影响其他管线施工,增加互相交叉和产生矛盾。屋内暗敷管路也不得穿越非通信设备类的基础部分。

(4) 建筑物主干布线子系统如采用上升管路,且利用电缆竖井敷设时,在电缆竖井的墙壁上应预埋安装上升管路的支承铁件,其间距应按设计要求。此外,不应与燃气、电力、供水和热力管线合用电缆竖井,以保证通信网络安全运行。在电缆竖井中,应根据防火标准做好防火隔离措施。

(5) 暗敷管路是一种永久性设施,一旦建成后,使用年限必然与房屋建筑相同。为此,选用的管材品种和管孔内径都必须根据所在环境段落的客观条件和通信缆线的品种及外径来考虑。既要从目前的需要考虑,也要充分估计今后有可能发展的需要和各种变化因素,在安装施工中如发现问题,应结合工程现场的实际情况,对选用的管材和管孔内径适当修正,必要时可与设计单位协商研究确定。

(6) 配线接续设备、过路箱(盒)和通信引出端(即信息插座)等安装位置和所预留洞孔规格应符合设计要求。屋内暗敷配线接续设备及其附近,不允许有其他管线穿越。进入暗装的过路箱(盒)和通信引出端内的暂不使用管路的管孔,应用易取的堵塞物堵封严密,以免泥土或其他杂物进入管孔内部,影响今后使用,务必使这些设备内部清洁干净。

(7) 暗敷管路和槽道所用的预埋件,其预埋的位置应正确,安装牢固可靠,裸露在潮湿环境中的金属部件应及时做好防腐处理,管口及管子的连接处要做密封处理。

(8) 所有暗敷管路和槽道(包括地面暗装的线槽)安装固定后,为了便于牵引缆线,应及时穿放牵引缆线的引线,引线宜用尼龙绳。如长时间不穿放缆线的管孔中不宜穿引镀锌钢线,以免钢线锈蚀而产生后患。

(9) 暗敷管路的路由应尽量避免穿越房屋建筑物的沉降缝和伸缩缝,如必须穿越时,应设有补偿装置,在跨越处的两侧应将管子固定。

(10) 暗敷管路或槽道敷设安装完毕以后,应及时做好完整的隐蔽工程记录和经过工程监理人员签证等一系列的规定手续,以便日后备查。

所有管路或槽道及桥架穿越楼板或墙壁的洞孔,必须按防火标准和设计中规定的防火要求和具体措施执行,并经有关主管单位检查验收。

(11) 桥架和槽道一般用于线路路由集中且缆线条数较多的段落,例如电缆竖井或上升房以及设备间内,这些桥架和槽道均采取明装方式。其装设的路由和位置应以设计文件要求为依据,尽量做到隐蔽安全和便于缆线敷设或连接,尽量将其布置在设备间内和电缆竖井或上升房中的合理部位,并要求安装必须牢固可靠。如果设计中所定的装设位置和相关布置不合理需要改变时,在安装施工中应与设计单位协商后再定。

(12) 目前,国内生产桥架和槽道的厂家较多,由于产品标准尚未统一制定,各有其特点。虽然桥架和槽道的型号品种大同小异,但其产品结构、规格尺寸和安装方式都有所不同,差异不少。因此,在施工时,必须根据生产厂家的产品特点,熟悉掌握其安装方法和具体要求,结合现场环境的实际情况,进行组装施工。

目前,桥架和槽道产品的长度、宽度和高度等规格尺寸均按厂家规定的标准生产,例如直线段长度为 2m、3m、4m、6m;转弯角度都为 30°、45°、60°、90°比较固定。在新建的智能建筑中安装槽道时,要根据施工现场的具体尺寸,进行切割锯裁后加工组装,因而安装施工费时费力,不易达到美观要求。尤其是在已建的建筑物中施工更加困难。为此,最好在订购桥架和槽道时,由生产厂家做好售前服务,到现场根据实地测定槽道和桥架的各段尺寸和转弯角度等,尤其是梁、柱等突出部位。根据实际安装的槽道规格尺寸和外观色彩,进行生产(包括槽道、桥架和有关附件及连接件)。在安装施工时,只需按照组装图纸顺序施工,做到对号入座,这样既便于施工,又达到美观要求,且节省材料和降低工程造价。

上述安装施工顺序和具体方法,必须在工程中对设计和施工等进度有通盘考虑的前提下,作出订货要求和供货期限,才可以满足安装施工的要求。

(13) 槽道和桥架安装施工是综合布线系统工程中的辅助部分,它是为综合布线系统缆线服务的。因此,它与配线接续设备的安装位置、缆线敷设路由以及与管路等连接都有密切关系;同时,它又涉及建筑设计和施工以及内部装修等各个方面,所以必须加强协调配合工作。例如在墙壁或楼板上预留槽道穿越的槽洞,其具体位置和规格尺寸必须与安装的槽道吻合;此外,在建筑物内还有可能与其他管线设施发生互相交叉或平行间隔过近等问题,这些管线有电力线路、给水管和供暖管等;在吊顶内安装槽道时,需要统一考虑采取吊挂或支承方式,并应与其他系统互相配合。

2. 设备间和主干布线桥架和槽道安装施工的具体要求

设备间和主干布线的桥架和槽道安装施工时,采用槽道(或桥架)的规格尺寸、组装方式和安装位置均应按设计规定和施工图要求,具体安装的要求如下:

(1) 水平桥架和槽道的安装位置应符合施工图的要求,正确无误。其左右偏差不应超过 50mm。垂直桥架和槽道应与地面保持垂直,不应有倾斜现象,其垂直度的偏差不应超过 3mm。力求装设位置上下左右均端正平直,偏差度尽量降低。

电缆槽道和桥架离地面的架设高度宜在 2.2m 以上。如在吊顶内安装时,槽道和桥架顶部距吊顶上的楼板或其他障碍物不应小于 0.30m。如为封闭型槽道,其槽盖开启需有一定垂直净空,要求应有 80mm 的操作空间,以便槽盖开启和盖合。

(2) 水平桥架和槽道应与设备和机架的安装位置平行或直角相交,其水平度每米偏差不应超过 2mm。两段直线段桥架和槽道相接处,应采用连接件连接、并装置牢固、端正,相接处的桥架和槽道的水平度偏差也不应超过 2mm。槽道截断处及两段槽道拼接处应平滑,无毛刺。

(3) 桥架和槽道采用吊装或支架安装方式时,要求吊装或支架件与桥架和槽道保持垂直,形成直角,各个吊装件应保持同一直线上安装,安装间隔均匀整齐,牢固可靠,无歪斜和晃动现象。

(4) 沿着墙壁安装的水平桥架和槽道,在墙上埋设的支持铁件位置应水平一致,安装牢固可靠,间距均匀,安装后的桥架和槽道应整齐一致,不应有起伏不平或扭曲歪斜现象,其水平度偏差每米不应超过 2mm。

(5) 为了保证金属桥架和槽道的电气连接性能良好,除要求连接处的连接必须安装牢固外,还应使节与节之间接触良好,必要时应增设电气连接线(编织铜线),以保证桥架和槽道电气连通和有利于接地。

机柜、机架、设备和缆线屏蔽层以及钢管和槽道应就近接地,保持良好的连接。当利用桥架和槽道构成接地回路时,桥架和槽道应有可靠的接地装置,应在其连接处测量其接头电阻。按标准规定不得大于 0.00033Ω。关于接地电阻值和接地装置等安装施工方法和要求均应按设计和施工规范规定办理。

(6)设备间和干线交接间中的桥架和槽道的油漆颜色应尽量与环境的色彩协调或一致,所有桥架和槽道的表面涂料层应完整无损,均无脱落现象,如需补涂油漆时,其颜色应与原有漆色基本一致。

(7)桥架和槽道穿越楼板或墙壁洞孔处,应加装木框保护。缆线敷设完毕后,除用盖板盖严桥架和槽道外,还应用密封的防火堵料封好洞口,木框和盖板的漆色应与地板或墙壁的颜色协调一致。

(8)在设备间内如设有多条平行的桥架和槽道时,应注意房间内的整体布置美观有序,要便于缆线的敷设和连接,并要求相邻的桥架和槽道之间应有一定间距,以便维护和施工。平行的槽道或桥架其安装的水平度偏差不应超过 2mm。

3.水平布线的管槽安装施工的具体要求

在水平布线子系统中缆线的支撑保护方式是最多的,且类型不同,形式多样,所遇到的客观条件也有区别,不似主干部分比较单一。在安装敷设缆线时,必须根据施工现场实际条件和采用的支撑保护方式来考虑。为此,要求支撑保护方式必须符合设计规定和施工需要,更要满足现场的实际要求,注意协调配合。现将主要的几种在下面介绍:

(1)预埋暗敷管路

预埋暗敷管路一般是与建筑同时施工建成,它是水平布线子系统中最广泛采用的支撑保护方式之一。在施工安装暗敷管路时,必须按照以下要求。

1)预埋暗敷管路应力求采用直线管道为好,尽量不采用弯曲管道,直线管道超过 30m处再需延长距离时,宜设置暗线箱等设置,以利于牵引敷设电缆时使用。如必须采用弯曲管道时,要求每隔 15m 处设置暗线箱等装置。

2)暗敷管路如必须转弯时,其转弯角度不宜过小,应大于 90°,但要求每根暗敷管路在整个路由上需要转弯的次数不得多于两个,暗敷管路的弯曲处不应有折皱、凹穴和裂缝,更不应出现"S"弯或"U"形弯等现象。此外,暗敷管路除必须满足上述转弯角度要求外,还应在转弯时保证曲率半径不应过小,在一般情况下,曲率半径不应小于该管路外径的 6 倍;如暗敷管路的外径大于 50mm 时,曲率半径不应小于管路外径的 10 倍。

3)暗敷管路的内部不应有铁屑等异物存在,以防堵塞不通,必须保证畅通。要求管口光滑无毛刺,为了保护缆线,管口应锉平,并加设护口圈或绝缘套管,在设备内管端伸出的长度约有 25~50mm,要求在管路中放有牵引线或拉绳,以便牵引缆线。在管路的两端应设有标志,其内容有序号、长度等,以便与所放设的缆线相配合,不会发生错误,有利于缆线的施工。

4)暗敷管路如采用钢管,其管材接续的连接应符合下列要求:

① 丝扣连接(即套管套接)的管端套丝长度不应小于套管接头长度的 1/2;在套管接头的两端应焊接跨接连线,以利连成电气通路。薄壁钢管的连接必须采用丝扣连接。

② 套管焊接适用于暗敷管路,套管长度为连接管外径的 1.5~3 倍;两根连接管的对口应处于套管的中心,焊口应焊接严密,牢固可靠。

暗敷管路采用硬质塑料管,其管材的连接为承插法,在接续处两端塑料管应紧插到接口中心处,并用接头套管,内涂胶合剂粘接,要求接续必须牢固坚实,密封可靠。

5) 暗敷管路如以金属管材为主时,在管路中间段落如设有过渡箱体时,应采用金属板材制成的箱(盒)体配套连接,以利于连成电气通路,不得混杂采用塑料材料等绝缘壳体连接。如确难以避免时,应采用跨接联线或接地补偿措施。

6) 暗敷管路在与通信引出端(又称信息插座)或接线盒、过线箱(过线盒,又称拉线盒)等设备连接,因在安装场合或具体位置以及所用材料不同,就有不同的安装方法。例如是在墙壁内或梁、柱侧;是普通砖墙或是轻型材料的石膏板墙;是现浇构件或是砌筑墙体等等各种组合。上述设备和管路是有不同的具体施工做法,由施工单位自行决定。

(2) 明敷配线管路

明敷配线管路简称明配管,在智能建筑内部较少采用或尽量不用,但在有些场合或短距离的段落使用较多。在安装明敷配线管路时,需注意以下几点:

1) 明敷配线管路采用的管材,应根据敷设场合的环境条件选用不同的材质和规格。

① 在潮湿场所中明敷或短距离埋设于建筑物底层地面内的钢管,均应采用管壁厚度大于 2.5mm 以上的厚壁钢管;如在干燥场所(含在混凝土或水泥砂浆层内)的钢管,可采用管壁厚度为 1.6~2.5mm 的薄壁钢管。

② 如钢管明敷在有可能腐蚀的场所时,应按设计要求进行防腐处理。使用镀锌钢管时,必须检查管身的镀锌层是否完整,如有镀锌层剥落或有锈蚀的地方应刷防腐漆或采用其他防腐措施。

2) 明敷配线管路应排列整齐,横平竖直,且要求固定点(或支承点)的间距均匀。由于管路采用的管材不同,其间距也有区别。

① 采用钢管时,其管卡、吊装件(如吊架)与终端、转弯中点和过路箱(盒)等设备边缘的距离应为 150~500mm,中间管卡或吊装件的最大间距应符合表 6.1 中的规定。

钢管中间支承件的最大间距　　　　　　　　　　　表 6.1

钢管敷设方式	钢管名称	钢 管 直 径 (mm)			
		15~20	25~32	40~50	50 以上
		最 大 允 许 间 距 (m)			
吊架、支架敷设或沿墙管卡敷设	厚壁钢管	1.5	2.0	2.5	3.5
	薄壁钢管	1.0	1.5	2.0	3.5

② 采用硬质塑料管时,其管卡与终端、转弯中点和过路箱(盒)等设备边缘的距离应为 100~300mm。中间管卡的最大间距应符合表 6.2 中的规定。

硬质塑料管中间支承件最大间距　　　　　　　　　表 6.2

敷 设 方 向		硬质塑料管公称直径(mm)		
		15~20	25~40	50 及以上
中间支承件最大间距(m)	水平	0.8*	1.2*	1.5
	垂直	1.0	1.5	2.0

注:表中"*"表示所列允许间距内穿放一般电话线来计算,如管内穿放通信电缆时,可前进一档选用,如水平间距 1.2m,前进一档为 0.8m,以此类推。

3）明敷配线管路不论采用钢管或塑料管及其他管材，与其他室内管线同侧敷设时，其最小净距应符合有关标准的规定。

（3）预埋金属槽道（线槽）

在新建智能建筑内有时采用预埋金属槽道（线槽）支撑保护方式，这种暗敷方式适用于大空间，且今后变化多的场所，一般是预埋于现浇的混凝土地面、现浇楼板中或楼板垫层内。通常金属槽道可以预先定制，根据客观环境条件可有不同的规格尺寸。在地板下可以采取一层或两层设置的布置方式，应视工程需要来决定。

（4）明敷缆线槽道或桥架

明敷缆线槽道或桥架的支撑保护方式是新建或现有的建筑中较常用的一种，它适用于正常环境的屋内场所，但对金属槽道有严重腐蚀的场所不应采用。

1）为了保证槽道（桥架）的牢固稳定，必须在其有关部位加以支承或悬挂加固。当槽道（桥架）在水平敷设时，支撑加固的间距，直线段的间距不大于 3m，一般为 1.5～2.0m，垂直敷设时，应在建筑的结构上加固，其间距一般宜小于 2m。间距大小视槽道（桥架）的规格尺寸和敷设缆线多少来决定，槽道（桥架）规格较大和缆线敷设重量过重，其支承加固的间距应小，相反则支承加固间距可大些。槽道垂直敷设在屋内距地面 1.8m，以下部分应加金属盖板保护，以免缆线受损。

2）金属槽道（桥架）因本身重量较大，为了使它牢固可靠，在槽道（桥架）的接头处、转弯处、离槽道两端的 0.5m（水平敷设）或 0.3m（垂直敷设）处以及中间每隔 2m 等地方，应设置支承构件或悬吊架，以保证槽道（桥架）安装稳固。

3）明敷的塑料线槽一般规格较小，通常采用粘结剂粘贴或螺钉固定，要求螺钉固定的间距一般为 1m。

4）为了适应不同类型的缆线在同一个金属槽道中敷设需要，应采用同槽分室敷设方式，即用金属板隔开，形成不同的空间，在这些空间分别敷设不同类型的缆线。此外，槽道内的净空面积和各室的净空面积和适当余量等，均应根据不同类型的缆线具体要求，应通盘统一考虑。

5）金属槽道不得在穿越楼板的洞孔或在墙体内进行连接。在这些场合，应对楼板或墙壁的洞孔采取防火堵塞密封措施。

6）金属槽道在水平敷设时，应整齐平直；沿墙垂直明敷时，应排列整齐，横平竖直，紧贴墙体。

7）金属槽道内有缆线引出管时，引出管材可采用金属管、塑料管或金属软管。金属槽道至通信引出端间的缆线宜采用金属软管敷设。

8）金属槽道应有良好接地系统，金属槽道本身的电气连接都应符合设计要求。槽道间应采用螺栓固定法连接，在槽道的连接处应焊接跨接线。如槽道与通信设备的金属箱（盒）体连接时，应采用焊接法或铆固法，使接触电阻降到最小值，有利于保护。

除上述安装保护方式外，尚有在活动地板下敷设缆线和利用公用立柱中的空间敷设缆线等布线方式，这些方式的施工都要与安装活动地板和公用立柱施工结合进行。

第三节　综合布线系统工程建筑群主干布线子系统的施工

在建筑群体或智能化小区的综合布线系统工程中，建筑群主干布线子系统的施工是不可缺少的组成部分。它主要是在屋外建设的通信线路部分,包括地下通信电缆管道(又称地下电缆管道、地下通信管道、简称地下管道)、架空杆路、架空(包括缆线利用房屋建筑墙壁吊挂或附设方式)和地下(包括缆线穿放在管道中或直接埋在土壤中方式)敷设的缆线。

6.3.1 地下通信电缆管道的施工

在建筑群体或智能化小区中的建筑群主干布线子系统,采用地下电缆管道是主要的建筑方式,它是城市市区街坊或智能化小区内的公用管线设施之一,也是整个城市地下电缆管道系统的一个组成部分。对于它的建筑标准和技术要求与市区的地下电缆管道完全是一样的,只是它的管道长度较短,管孔数量较少,工程范围不大而已。在施工中的一些重大技术问题(例如管道路由和人孔位置的确定,管孔数量和管孔直径的取定,管道的埋深和坡度,与其他地下管线或构筑物之间的间距和保护措施等),在前面设计的一章中均已经叙述,这些内容在设计或施工中都较密切,且必须注意和考虑。这里主要就与施工极为密切相关,在设计中又不可能解决的问题予以介绍。

1. 管道施工前的准备工作

由于地下电缆管道工程是一项永久性的隐蔽建筑物施工项目,在整个施工过程中必须保证工程质量,尤其是在管道施工前的准备工作,有着极为重要作用,它关系到整个管道工程的施工进度和工程质量,必须十分重视和认真做好。

(1)器材检验

管道工程所用的器材较多,其规格、程式和质量与工程质量是有密切的关系。为此,在施工前必须进行严格检验,发现问题应及时处理,严禁在工程中使用质量不合格的器材。

1)在通信管道工程中采用各种强度等级的水泥应符合国家规定的产品质量标准。施工中不应使用过期失效的水泥,严禁使用受潮变质的水泥,以免造成工程后患。

2)人孔和手孔铁盖应符合下列要求:

①人孔和手孔铁盖装置(包括外盖、内盖和铁口圈等)应配套齐全,规格和重量应符合标准图的规定。

②人孔或手孔铁盖装置应用灰口铁铸造,铸铁质地应坚实,铸件表面应完整,无毛刺、砂眼等缺陷。铸件表面应做均匀完好的防锈处理。

③铁盖与口圈应紧密吻合,要求铁盖的外缘与口圈的内缘是隙应不大于3mm;盖合后应平稳、不翘动,铁盖边缘应高出口圈1~3mm。

3)人孔或手孔内装设的铁支架和电缆托板,应用铸钢(玛钢或球墨铸铁)或型钢制成,不得用铸铁制造。

4)人孔或手孔内设置的拉力环(作为牵引缆线用),应用$\phi16$mm普通碳素圆钢制造,应做好镀锌防锈处理。拉力环表面不应有裂纹、节瘤和锻接等缺陷,以免降低它的机械强度。

5)通信管道工程用于砌筑的普通黏土砖或混凝土砌块等材料,其强度等级应符合设计文件规定,要求外形完整,质地密实,耐水性能好,强度符合规定。在工程中严禁使用耐水性能差、质地疏松、遇水后强度降低的炉渣砖或硅酸盐砖等。

6)工程中应采用天然砾石或人工碎石,不得使用风化石等不符合规定要求的石料。石料中不得含有树叶、草根和泥土等杂物。

7)通信工程中应采用天然砂,其平均粒径应符合标准,砂中不得含有树叶、草根等杂物。

352

8）工程中用水应使用可供饮用的水，不得采用工业废水或生活污水以及含有硫化物的泉水；如发现水质可疑时，应取样水送有关部门化验，经检测鉴定后再确定可否使用。

(2) 工程测量

在管道施工以前，必须对设计和施工图纸充分了解和掌握，尤其是工程的要点和难点。根据设计施工图纸和现场技术交底，对确定智能小区内的地下电缆管道路由附近的地形和地貌进行工程测量。工程测量包括直线测量、平面测量和高程测量。如当地城市市政建设部门或智能化小区建设主管单位能提供较为详尽，且符合管道施工要求的平面图或高程图时，也应到现场作简单的复测工作，以便核对有无错误。

1）直线测量。由于智能化小区内通信线路长度很短，范围较小，直线测量只需对已确定的管道路由附近的地形、地貌、房屋建筑物和其他地上构筑物或地下管线设备的位置进行测量调查，并校核设计施工图纸是否正确。这项工作有时也可与平面测量一并进行。

2）平面测量。在测量平面图时，应将管道段长和位置，人孔或手孔位置，引上或引入建筑物的管道以及弯曲管道等的具体路由和位置等内容，测量和绘制成可供管道施工的平面图，在平面测量中还应将智能化小区内道路界线，房屋建筑红线和各种地下管线及地上构筑物的位置一一标明示意。如智能化小区建设中具有较完整的资料和图纸，且设计施工图表示比较正确时，平面测量工作可以适当简化，甚至不必测量。

3）高程测量。高程测量是对管道路由上地形的高低进行测量，在测量时，高程的测点主要是选择在人孔或手孔的设置处、与其他地下管线相互交叉点、地面有显著高差的地方以及对管道施工有关的测点（例如基准点等）。通过高程测量和计算，绘制出管道纵断面施工图，在图中应注明管道沟底高程、复土厚度、人孔坑底高程，人孔间的距离等内容。如果施工图纸与高程测量的结果相符，则可不必再绘制管道断面施工图，只需在施工图上作必要的修正或补充，以便指导施工。

(3) 复测定线

复测定线包含有定位的内容，通过复测在施工现场并按工程测量的结果，结合设计施工图纸，对管道在现场进行定线和定位。

1）管道定线。根据施工图和现场测定的基准点，将各基准点相连成线，划定地下电缆管道位置的中心线和管道沟两侧边线，这就是管道定线和定位，并以此为据进行施工。

2）设置定位桩。根据管道中心线为基准，从人孔或手孔中心 3～5m 处开始，沿管道路由的中心线每隔 20～25m 设置桩点，使管道和人孔在现场均被定位。

3）复测定线的技术要求。管道施工虽然是屋外作业，但技术要求较高，因此，要求复测定线的误差较小，以节省施工费用和减少劳力消耗。在复测定线工作中允许的偏差如下：

① 电缆管道中心线的允许偏差不大于 ±1cm；

② 直通型人孔（即在直线上的人孔）或手孔的中心位置允许偏差不大于 10cm；

③ 转角弯曲管道处的人孔或手孔的中心位置允许偏差不大于 2cm。

④ 对桩点的技术要求。管道复测定线中心须设置桩点，以便施工。

a. 管道直线段的两个桩点间距离不大于 150m，在智能化小区内因管道长度较短，可以缩短为不大于 100m；如在特殊场合时，也可不大于 50m。

b. 桩点必须设置牢固可靠，不易被移动，桩点的顶部应与地面齐平稳定。在智能化小区内一般均有永久性房屋建筑或地面上构筑物，可利用其特定部位（如墙角）测量到管道桩点的相关距离,作为定位桩点,并在现场做好明显标志和图纸上记录。

c. 基准点、水平桩应按管道方向顺序编号,并测量其相应高程,计算出管道路由上各点的相应沟底深度和人孔或手孔的坑底深度,且做好记录,以便为日后挖掘沟槽等施工做好准备。

2. 铺设管道

铺设管道是地下电缆管道工程中最为主要的施工项目,它的质量好坏直接影响工程质量。我国目前采用的管材,仍以多孔的干打水泥管(简称混凝土管)为主,其他尚有塑料管、钢管和铸铁管多种单孔管材。

在智能化小区内铺设管道的主要施工细节有地基平整和加固、浇灌混凝土基础和铺设管道三部分。有关管道埋设深度和管道坡度已在设计内容中叙述,这里予以简略。

(1) 基础的平整和加固

沟底的地基是承受其上面所有的全部荷重(其中包括路面车辆、行人、堆积物、管顶到路面的覆土、电缆管道、基础和电缆等所有重量)的地层(也有称为沟底土层),因此地基的结构必须坚实稳定,否则会影响电缆管道的施工质量,不能保证今后通信安全可靠。地基分为天然地基和人工地基两种,天然地基必须是土壤坚实稳定,地下水位在管道沟槽底以下,土壤承载能力大于或等于全部荷重两倍的情况,因此,只有岩石类或坚硬的老黏土层是天然地基,才有可能将沟坑底部稍加平整夯实(允许偏差不大于 ±1cm),但地面高程必须符合设计要求,这时才可以直接铺设管道。一般都需进行人工加固才能符合建筑管道的要求,经过人工加固的地基称为人工地基。

挖掘管道沟槽或人孔坑位后,如地基的土壤松软,且不稳定,除必须将沟槽底部平整夯实,无突出的尖石砖块外,还应经过人工加固,才能在它的上面浇灌建成管道的混凝土基础。目前地基人工加固的方法很多,经济实用的方法有铺垫碎石加固和铺垫砂石加固两种。

1) 碎石加固法。碎石加固法又称碎石地基法。在管道沟槽内铺垫 10cm 厚度的碎石,并夯实使其表面平整,要求沟底坚实稳定,土壤密实。

2) 砂石加固法。砂石加固法又称砂垫层法。在管道沟槽内,先挖去地基表面的松软土壤,换以分层夯实的砂石,每层厚度约为 15cm,以提高地基的承载能力。砂石垫层一般采用中砂或粗砂和 1:2 的级配砂石,并要求其含土量不大于 2%,如砂石太干,必须洒水后再夯实。砂石加固法的砂石垫层的宽度,其底部宽度一般与沟槽宽度同宽,顶部宽度可比基础底面每边各宽 15cm。

(2) 浇筑混凝土基础

目前混凝土管管道均采用混凝土基础,一般均在现场浇筑。

1) 支设和固定基础模板

在管道沟槽中底部先按设计规定测定基础中心线,并钉好固定标桩,以中心线为基准,支设和钉固基础两边的模板,要求两边模板对中心线的左右偏差不大于 1cm,高程偏差不大于 1cm,支设和钉固的模板必须平直,稳固不动。基础模板的宽度的厚度的负偏差不应大于 1cm。

2) 现场浇筑混凝土

基础所用混凝土的配料及水灰比,应按设计规定进行试配,经证明合格后再进行正式搅拌。要求搅拌的混凝土必须均匀合适,颜色一致。搅拌好的混凝土要在初凝时间内(约

45min)浇灌,否则容易产生离析现象,影响混凝土的质量。浇灌混凝土基础时,应边浇灌边振捣密实,要求混凝土基础表面平整、不起皮、不粉化、无断裂和无欠茬等现象产生。在浇筑过程中要注意不要中断时间太长,必须连续作业,以保证混凝土基础的质量。

3)养护和拆除模板

混凝土基础初凝后,应加强养护管理,一般应覆盖草帘,并洒水养护。基础模板拆除后,基础表面和两边侧面均不允许有蜂窝、掉边、断裂或欠茬等现象,如有这些缺陷现象时,应及时进行修补完好。

采用硬聚氯乙烯塑料管等(除钢管外)单孔管材的电缆管道,一般宜采用混凝土基础,当地基坚实时也可采取砂土垫层基础,砂土基础要求不含杂物,并有一定含水量,并夯实紧密。

(3)铺设管道

铺设管道前,必须根据设计文件中所选用管材的规格、材质和程式进行检验,只有符合技术要求才能在工程中使用,并按施工图要求的管群组合断面排列铺设管道。由于混凝土管与钢管、硬聚氯乙烯管等单孔管的铺设方法不同,其技术标准和质量要求也不一样,但在多根单孔管组成管群时,其接续点都应错开,与混凝土管相似。

1)铺设混凝土管

混凝土管如组成较大的管群断面时,一般是由几个混凝土管采取平行铺设或叠放铺设方式。在铺设时组成管群的技术标准要求如下:

① 混凝土管块的顺向连接间隙不得大于 0.5cm,上下两层管块之间及管块与基础之间的垫层应为 1.5cm,允许偏差不大于 0.5cm。两层管块或两行管块的接缝应错开,无论层间或行间均宜错开管块长度的 1/2 左右。铺设管道所用的水泥砂浆的强度均应按设计文件要求,在铺设管道的底下(混凝土基础上面)垫层的砂浆饱满度应不低于 95%,要求砂浆垫层表面不准出现凹心,管块应铺放在水泥砂浆垫层上,不允许用石块垫在管块边角找平的作法。两行管块间的竖缝应填充水泥砂浆,其强度应符合设计的规定,填充的竖缝砂浆饱满度不应小于 75%。

在组成整体的管群上的管顶缝、管边缝、管底八字等处均采用 1:2.5 的水泥砂浆抹缝,严禁不按设计要求任意使用其他用途或不符合抹缝要求的水泥砂浆进行抹堵或抹缝。

② 混凝土管的接续目前为平口接续方式,以抹浆法为主,其优点是施工简便和节省工料,但机械强度较差,适用于地基土质好,地下水位低的场合。

混凝土管道铺设后,应对接续质量进行检验。主要采取拉棒试通方法。试通用的拉棒规格,直径应比管孔直径小 3~5mm,长度为 0.9~1.5m(拉棒的具体规格也可由施工单位自定),一般是直线管道拉棒采用长度为 1.2~1.5m,弯曲管道为 0.9~1.2m。在试通时,拉棒应在每个管块的对角管孔中穿放试拉,随着铺设管道过程,随时进行牵拉试通管孔。

2)铺设钢管

钢管一般采用对缝焊接钢管,严禁采用不相同直径的钢管连接使用。钢管接续方法一般采取管箍套接法。铺设钢管管道一般对地基不加工,也不需制筑基础,采取直接铺设,管材间回填细土夯实。

3)铺设单孔双壁波纹塑料管(HDPE)

单孔双壁波纹塑料管(HDPE)的特点是重量轻、便于运输和施工,管道接续少,容易弯曲加工,躲让障碍物简便,无污染、阻燃、密闭性能和绝缘性能均好、使用寿命长等。所以目

355

前在智能化小区内使用较多,其施工方法简单,主要需注意有以下几点:

① 沟槽的地基土壤结构必须坚实稳定,否则会影响管道工程质量,难以保证今后通信安全可靠。因此,当地基土壤松软,且不稳定时,必须将沟槽底部平整夯实,还应在上面进行人工加固,再在其上面浇筑混凝土基础。

② 当由多根单孔双壁波纹塑料管组成管群时,其断面组合排列应按设计规定。其铺设方法和管材接续与混凝土管有所不同,在铺设管道前,应先将所需的多根单孔双壁波纹塑料管捆扎成按设计要求的管群断面(也有采用工厂专制的塑料管架组成管群的方法,但因与水泥砂浆结合较差,不常使用),捆扎带采用4mm直径的钢筋预先制成用作捆扎框体,一般以1~2m为捆扎间距,同时,将多根单孔双壁波纹塑料管连接,接续都采用专制的短段塑料套管和配套的弹性密封胶圈,采取承插法接续。各根管子接续处都应互相错开。在敷设时,将整个捆扎成管群的管道慢慢放入沟槽内,管群应按设计要求的位置放平放稳,取直不歪斜,管群管孔端在人孔或手孔墙壁上的引出处放妥,其管孔端应用水泥砂浆抹成喇叭口,以利于牵引缆线。管群放在沟槽中,在其周围填灌水泥砂浆,尤其是捆扎带处形成钢筋混凝土的整体,使管群的牢固程度大为增加。

4）铺设硬聚氯乙烯塑料管和硅芯管

硬聚氯乙烯塑料管和硅芯管都是单孔实壁塑料管,它们的敷设方法和标准要求等内容,与前面的单孔双壁波纹塑料管相同,也采用组合多孔的管群方法。上述各种塑料管的管群断面组合应符合设计要求。为了防止管群敷设于地下,因外力影响产生管径变形,管孔组群宜采用以下方法固定。

① 金属定位架混凝土包封法,这种方法与双壁波纹管采用的钢筋框体方法相同。常用于壁厚1.5~3mm范围内的硬质聚氯乙烯管材。

② 鞍形塑料架混凝土包封法,常用于壁厚3mm以上的硬质聚氯乙烯管材。

③ 塑料打包带固定法,它适用于4管以下(一字形排列)的小管群聚氯乙烯管或高压低密度聚乙烯管材。通常采用普通打包机用打包带把管群捆扎牢固,捆扎间距为1.5~2m。捆扎管群后是否采用混凝土包封应按设计要求办理。

塑料管的组群管间隙宜为10~15mm,如采用混凝土包封时,管材之间的间隙应适当放大,以便混凝土包封的砂浆填满坚实。

管群的各根管子接续应互相错开,常用的塑料管接续方法有承插法、管箍法、焊接法和塑——钢过渡法,应根据管材需要来选用。

由于硅芯管是一种较先进而新颖的管材,且配合采用气吹光纤敷设法,因此,技术要求较高,在施工中应注意以下几点要求。其他要求与前述铺设混凝土管、钢管和单孔双壁波纹塑料管基本相同。

a. 在敷设硅芯管前,应根据工程设计图纸,对管道的路由进行复测和核实地面长度、路由上各种障碍物的位置,硅芯管接头或人孔(或手孔)的位置等,以便根据现场复测的数据,对硅芯管进行合理配盘,务必不使硅芯管接头设在不合理的地方(例如智能化小区重要建筑物的门口或交通要道等),造成今后维护检修和日常管理的困难。

b. 因硅芯管本身较硬,因此在管盘装车敷设时,要考虑硅芯管的出盘方向是从管盘上方,还是下方,以减少敷设管材时管身的反向弯曲会导致敷设困难,或硅芯管在沟槽内弓起,影响敷设质量和存在后患。为避免管身反向弯曲,硅芯管应从管盘上方拉出为好。

c. 敷设硅芯管的沟槽应尽量平直,沟底无硬坎、无突出的尖石或砖块,以免管材受伤。沟槽的宽度应根据硅芯管群排列宽度确定。一般情况下,沟槽下底宽度应大于硅芯管群排列宽度10cm左右。其最小沟槽下底宽度不小于30cm,以便于施工人员下沟操作。

d. 硅芯管有时可作为子管穿放在已建成(或待建)的大口径钢管或混凝土管中。在敷设时,除硅芯管应从管盘管架上方拉出外,因是多根硅芯管穿放在同一大口径管孔中,必须同时一起穿放,并使用牵引绳或牵引网套。

e. 硅芯管铺设在沟槽内应有序摆放,尽量顺直(多根硅芯管群也应摆放平直),如硅芯管在沟槽内有连续微弯或多次高低起伏,将会对气吹敷缆产生明显的不良影响。更不应使硅芯管扭绞、缠绕、死弯和环扣等现象。

当管道沟槽内有积水时,敷设管材前应将水抽干或采用砂袋加重方法,防止硅芯管因有水飘浮导致埋设深度不够。如硅芯管必须从障碍物下方穿过时,应设法将硅芯管抬高拉放,尽量减少硅芯管因长距离拉放时拖地摩擦,以免划伤管身而留有后患。

f. 硅芯管的埋设深度和与其他地下管线的最小间距与其他管材一样。

g. 硅芯管如经过有可能被挖掘的地段时,应在硅芯管上面10cm处铺设红砖或混凝土盖板;也可在硅芯管上面10cm处敷设带有"禁止挖掘,下有光缆"警告字句的标志带。在回填土时,离管身15cm处均应先填细土,严禁将石块、砖头和尖石直接填入沟内,以免损坏管材。当天敷设的管材,应当天回土掩埋,应尽量减少硅芯管裸露的时间,以免受到外力损伤或被盗窃等事故的发生。

h. 硅芯管如因路由转弯,地形高低起伏较大或进入人(手)孔导致硅芯管必须弯曲时,要求硅芯管的弯曲半径必须大于1m。个别有特殊困难处,其硅芯管弯曲半径不应小于该管材外径的10倍。在人(手)孔中硅芯管群因排列方式改变或必须弯曲处,应使硅芯管形成平滑的自然弧状,严禁出现管材折弯(又称硬弯)。

i. 为保证气吹敷缆需要和今后缆线的更换,硅芯管的连接应采用配套的连接部件,并使用专用切割工具施工操作,要求管壁内外平整。硅芯管接头采用塑料气密封接头,保证接头内的橡胶垫圈处在应设的位置,两端管材插入接头内应插入到位并旋紧,使接头密封。

3. 建筑人孔或手孔

(1) 建筑人孔

在智能化小区内的道路一般不会有极重的重载车辆通行,所以地下通信电缆管道上所用人孔均为砖砌人孔,以混合结构的建筑方式为主,即人孔上覆为钢筋混凝土制成,一般采取预制构件分成若干块,运到现场组装拼成整体。人孔基础为素混凝土,人孔四壁为水泥砂浆砌砖形成墙体,人孔基础和人孔四壁均为现场浇灌和砌筑。

1) 浇灌人孔基础

① 现场浇灌人孔基础之前,必须对人孔坑底进行平整,切实对天然地基夯实抄平,并采取碎石加固措施,碎石铺垫厚度为20cm,夯实到设计规定的高程,人工加固的地基面积应比浇灌人孔的素混凝土基础四周各宽出30~40cm。

② 根据设计规定和施工要求使用人孔标准规格尺寸,认真校核人孔基础的形状、尺寸、方向和地基高程等细节,确认完全正确无误后,才装设钉固人孔基础模板。模板形成的基础外形和尺寸应符合设计规定,其外形偏差不应大于±2cm,厚度偏差不应大于±1cm。在基础模板围成的中间挖出安装积水罐的土坑,坑的尺寸要求应比积水灌外形四周大10cm,坑

深比积水罐高度深10cm,积水罐的中心应对正人孔口圈中心,其偏差不应大于5cm。

③ 人孔基础一般采用C10或C15素混凝土,其配合比均应符合设计规定。在浇灌混凝土前,应将模板内的杂草废物清理干净,检查模板有无变形不稳现象。混凝土的配合比和水灰比要严格执行,搅拌必须均匀,在混凝土初凝期内必须浇灌完毕,如浇灌前发现有离析现象,应重新搅拌后再浇灌。浇灌时要不断捣动,使混凝土密实,不得出现跑模、漏浆等现象。混凝土基础表面应从四壁向积水罐方向做2cm泛水(即有一定坡度,以利四周积水向中心流入积水罐中),基础表面应平滑光亮。

④ 人孔基础灌注完毕,经过初凝后,应覆盖草帘等物,以避免被阳光直晒或有物件掉下,损坏基础表面,并进行洒水养护,在寒冷地区还应注意防冻。人孔基础的模板必须按规定的要求和时间拆除。

2) 砌筑人孔四壁墙体

砖砌人孔为现场人工操作制成,又是地下永久性建筑,在施工中必须严格执行操作规程和施工质量标准,否则将是难以解决的后患,应注意以下几点:

① 砖砌人孔墙体的四壁必须与人孔基础保持垂直,允许偏差应不大于±1cm,砌体顶部四角应水平一致,墙体顶部的高程允许偏差不应大于±2cm。人孔四壁砌体的形状和尺寸应符合施工图纸要求。

② 人孔四壁与基础部分应结合严密,做到不漏水和不渗水。墙体和基础的结合部内外侧应用1:2.5的水泥砂浆抹八字角,要求严密贴实,表面光滑,无欠茬和断裂等现象。

③ 砌筑人孔墙体的水泥砂浆强度应符合设计规定,应使用不低于M7.5或M10水泥砂浆,不得使用掺有白灰的混合砂浆,或水泥失效的砂浆,确保墙体砌筑质量。砌筑的墙体表面应平整、美观,不得出现竖向通缝,砂浆缝的宽度要求尽量均匀一致,一般为1~1.5cm。砖缝砂浆必须饱满严实,不得出现跑漏和空洞现象。墙角砌砖的咬茬两侧应一致,不得歪斜或松动。

④ 砖砌人孔四壁如按设计规定抹面时,应先将墙面清扫干净,采用1:2.5的水泥砂浆,内墙抹面厚度为1.5cm,外墙厚度为2cm,要求抹面表面平整、压光、不空鼓,无裂纹,墙角垂直整洁。

⑤ 人孔四壁墙体上预埋铁件(穿钉、拉力环等)的规格和位置均应符合规定,安装必须牢固,不应松动,具体要求有以下几点:

a. 电缆支架穿钉与墙体应保持垂直,上下穿钉应在同一垂直线上,允许垂直偏差不大于0.5cm,间距偏差小于1cm。相邻两组穿钉间距应符合设计要求,其偏差应小于2cm。穿钉露出墙面的长度一般为5~10cm,不宜过长或过短,露出部分应干净无砂浆等附着物,穿钉螺纹和螺母应完整齐全有效。

b. 拉力环的安装位置应符合设计要求,一般与管道底有大于20cm的间距,露出墙面部分应为8~10cm。拉力环本身机械强度必须符合规定。

⑥ 管道进入人孔四壁的窗口位置,应符合设计规定,允许偏差应不大于1cm。管道四周与墙体应抹筑成圆弧形的喇叭口,要求窗口内外堵抹严密,不得松动或留有空隙,人孔内喇叭口的外表整齐光滑、匀称,其抹面层应与人孔四壁墙体抹面层结合成整体,无欠茬和没有断裂及不光滑现象。如管道进入人孔的窗口宽度大于70cm,或使用因受到承重容易产生变形的管材(如塑料管),应按实际要求加筑钢筋混凝土过梁或其他能承重的保护装置,以确

保管道的安全。

3) 现场组装人孔上覆

智能化小区内的地下电缆管道一般管孔数量不多,大都采用小号人孔。由于智能化小区内道路较为狭窄,施工场地有限,为加快施工进度,人孔上覆一般采取预制构件在现场组装拼成。在现场组装人孔上覆时,需注意以下要求:

① 在组装人孔上覆预制构件以前,对预制构件的形状、尺寸、组成件的数量等必须符合设计规定。对于预制件的质量必须严格检验是否合格。例如预制件的表面应平整、光滑、不露筋和无蜂窝等缺陷,尤其是其设计强度和承载能力必须符合规范要求。如发现疑问或预制件存在严重质量问题,不得吊装和运输及施工拼装。

② 吊装人孔上覆是一项细致又繁重的施工项目,在施工过程中除必须保证组装质量外,更应注意施工人员安全。为此,要求施工组织严密,施工人员服从统一指挥,吊装工具和部件必须事先检查,在确保人员安全操作的前提下才能施工。组装过程应按人孔上覆分块的组装顺序吊装,并以人孔基础中心为准进行定位,吊装构件必须轻吊轻放,以免碰伤人员或损坏人孔墙体,预制件在对准位置后,要平稳轻放,预制件之间的缝隙应尽量缩小,互相对准定位形成整体。

③ 人孔上覆定位组装后,其拼缝必须用 1:2.5 的水泥砂浆堵抹,主要涂抹的部位有上覆预制件之间的搭接缝的内外侧,上覆预制件与人孔四壁墙体间的内外侧,要求抹制的水泥砂浆外表面严密无缝隙和无空鼓现象,必须光滑平整。

4) 人孔铁口圈安装和管道及人孔的回填土

① 人孔铁口圈安装。人孔口圈安装必须注意其与人孔上覆配套,其承载能力必须等于或大于人孔上覆的承载能力。在安装时应注意以下几点:

a. 人孔铁口圈的顶部高程应符合设计规定,允许正偏差不得大于 2cm。

b. 为了稳固人孔铁口圈,应在人孔铁口圈的四周,砌筑混凝土(或称缘石),并要求按设计规定。混凝土的表面要求自人孔铁口圈外缘应向四周地表面作相应的泛水坡度,以利向四周流水。

c. 在安装人孔铁口圈时,人孔铁口圈与人孔上覆之间用砖砌筑一个高度不小于 20cm 的口腔,口腔应与上覆预留洞口形成一个同心圆的圆筒状,口腔内外均应用水泥砂浆抹面。口腔与上覆搭接处应抹八字,要求严密贴实、表面光滑,无欠茬、无飞刺和无断裂现象。

d. 人孔铁盖和铁口圈,应配套齐全、完整无损,其规格尺寸应符合标准图纸的规定。

② 管道和人孔的回填土。管道和人孔的回填土应在管道工程施工基本完成后进行,一般宜在养护 24h 以上,且经隐蔽工程检验合格后为好。以免影响智能化小区内居民生活和车辆通行。

在回填土前,应注意先清除沟槽内遗留的工具、木料、草帘和纸袋等杂物,沟槽内如有积水和淤泥时,必须排除后方可回填土壤。在管道顶部 30cm 以内及靠近管道两侧的回填土内,不应含有直径大于 5cm 的砾石、碎砖等坚硬物,以免损伤或移动塑料管材。回填土应分层(每层填土层为 15cm)夯实,不得采用只在地表面回填土层夯实的作法。回填土完工后,应及时清理和运走现场的余留土壤和杂物(如破管等)。

在人孔坑两端管道沟槽的回填土与前述相同要求。靠近人孔四壁的周围回填土时,不可将直径大于 10cm 的砾石、碎砖等坚硬物填入坑内,以免回填土时损伤人孔四壁外表面的水泥砂浆抹面层,形成今后渗漏水的后患。人孔坑的每次回填土厚度为 30cm,应用木夯排夯三遍或蛤蟆夯排夯两遍,回填土完毕后,土层面的高程不应超过人孔铁口圈的高程。当管道段落处在道路路面时,回填土后应夯实到原有路面齐平为止,在绿化地带或土路面时,回填土应高出路面 5～10cm。

(2) 建筑手孔

随着我国逐渐向信息化社会发展,新建智能建筑组成的建筑群体或智能化小区会大量建设,小区对环境布置有严格要求,迫使各种线路(包括通信线路)采取地下化和隐蔽化的措施。但区内道路直线段短,弯曲较多,道路宽度有限,各种地下管线错综复杂,地下断面极为窄小,过去和现行的标准中的手孔有时也难以设置。为此,根据我国实际情况(小区内道路通行车辆较少,且车速缓慢、负载较轻,区内的通信线路都为分支部分,一般属于外径不粗的配线电缆、专用电缆、有线电视电缆和用户光缆以及综合布线系统的建筑群主干布线子系统的缆线),可以采用信息产业部于 1998 年 7 月批准发布的通信行业标准《通信电缆配线管道图集》(YD 5062—98)中规定的手孔。

该图集的手孔规格是基于考虑缆线接续一般在地面接封完工后,再放入手孔中。因此,手孔内部规格尺寸较小,且是浅埋(最深仅 1.1m),所以手孔内部空间很小,施工和维护人员难以在其内部操作主要工艺。手孔结构基本是砖砌结构,通常为 240mm 厚的四壁砖墙,如因现场断面的限制,也可改为 180mm 或 115mm 砖墙,其结构更为单薄。进入手孔的管道,其最低层的管孔与手孔的基础之间的最小距离不应小于 80mm。手孔按大小规格尺寸分为五种,即小手孔、一号手孔、二号手孔、三号手孔和四号手孔。其具体规格尺寸见表 5.22 中所列。

从上述介绍可以看出手孔的主体结构与人孔主体结构基本相同,但较人孔简单。因此,手孔的砌筑也分为浇灌手孔基础,砌筑手孔四壁墙体,组装手孔上覆和手孔外盖及回填土等几部分。其操作工艺和具体要求可参照人孔的建筑方法施工。此外,在施工中还应注意以下两点:

① 在土壤较为坚实地段敷设塑料管时,尤其石质地段,为防止石质尖角或碎砖块损伤管材,需增设 10cm 左右的细砂或细土层作为垫层,予以保护。在非石质地段,一般不用垫层或视具体情况决定是否选用垫层。

② 在手孔间的塑料管应整根敷设,中间不应作管道接头,尤其是管道采用硅芯管或多孔管(即梅花管)等管材,有利于快速施工,提高施工效率和保证管道工程质量。

6.3.2 地下管道电缆的敷设

在智能化小区综合布线系统的建筑群主干布线子系统,其缆线的建筑方式主要采用在地下通信管道中敷设。因此,其施工的具体内容以地下管道电缆的敷设为主,其他敷设方式均不作介绍。地下管道电缆敷设的主要工序有施工前准备、敷设电缆和接续封合等几项。

1. 地下管道电缆敷设前的准备工作

地下管道电缆敷设前应做好以下准备工作,以求顺利敷设和施工,主要有检验核查电缆、器材和工具,清刷和试通管孔以及穿放牵引电缆的引线(或尼龙管)等。

(1) 清刷和试通管孔

在敷设电缆前,应根据设计文件的要求,对设计中选定的管孔进行核查,并要清刷和试通。目的是核对所选管孔是否正确无误(有无电缆占用管孔和位置是否合理),同时,将管孔中的淤泥和杂物清除干净,检验选用的管孔是否畅通无阻,有无管孔错口或变形的障碍,以便最后确定能否穿放电缆。如管孔确有不畅通无法穿放的现象时,除及时与设计单位联系解决外,也可在工程现场采取检修等措施尽快解决。

目前,国内采用的清刷和试通管孔的方法都是人工牵引操作,劳动强度大、费时费力。国内主要采用竹板牵引法、预放尼龙绳法和尼龙管法等。竹板牵引法的最大缺点是竹板太重、不易盘放、运输和操作不便;预放尼龙绳法因消耗材料多,需要预放大量尼龙绳,费时费力,尼龙绳长期在管孔中也会发生腐烂形成杂物,反使管孔不够畅通。因此,这两种方法都逐渐不用或很少采用。现在以尼龙管法较为经济实用,且得到推广。在国内有些厂家已生产类似产品,供施工单位使用。这种产品称为玻璃钢管道穿孔器,具有效率高、体积小、重量轻、使用寿命长、耐腐蚀、适用温度范围广和绝缘性能好等特点。平时可以将尼龙管缠绕在专制的钢管制成的卷盘上,卷盘放在装有轮子的铁架上,可以方便地推行。因此,便于运输到施工现场,尼龙管的两端装有便于牵引和连接的弯钩,以便连接和牵引电缆时使用。由于尼龙管具有一定的刚性和弯曲性能,所以穿放、牵引和盘绕都较方便,深受施工单位欢迎。玻璃钢管道穿孔器的具体技术指标见表 6.3 中所列。

玻璃钢管道穿引器的技术指标　　　　　　　　　表 6.3

管　径	管　长	温度范围	最小弯曲半径	线密度	牵引断裂张力	整机最大重量	整机最大尺寸
φ11mm	100m、160m、200m	−40～＋80℃	295mm	150g/m	4.5t	50kg	1.3m×1.35m ×0.35m

(2) 管道电缆核对检查

在管道电缆敷设前,必须对其核对检查,以确保施工不发生错误,从而提高工程质量和施工效率。对管道电缆主要核对和检查以下几点:

1) 对运到工地的电缆在现场核实检查,其核查的主要内容有电缆型号、规格、电缆每盘的长度等。要根据各个管道段落的不同长度,对已到的电缆进行合理配盘,安排敷设顺序,以求合理使用和节省电缆(应注意每段电缆应预留盘留、接续和测试所需的长度)及有利于施工。

2) 管道电缆如采用非填充型的电缆时,在敷设前应进行保气试验和检查,经检测后确认电缆的密闭性能合格,才允许在管道中穿放。

3) 在电缆敷设前,应按照设计要求核对电缆的 A、B 端别,以便按规定的电缆端别布放。在核对电缆端别时,应在电缆的 A、B 端部作好明显的标记,以便电缆连接,要求将电缆 A 端与另一电缆的 B 端相接,不致发生接线错误的事故。

当电缆标记不清或无标记时,应将电缆外护套剥去 5～8cm,根据电缆芯线的单位扎带色谱来识别电缆端别。按规定电缆端别通常以网络始端为 A 端,网络终端为 B 端。例如在建筑群主干布线子系统的电缆端别,一般是建筑群配线架侧为 A 端,建筑物配线架侧为 B 端;在建筑物主干布线子系统时,建筑物配线架侧为 A 端,用户侧为 B 端。总之,从整个网络系统来看,应以网络中心或网络枢纽的一侧为 A 端,而用户侧为 B 端。因此,在敷设电缆前,应进行核查和合理配盘,除电缆长度和规格外,还必须注意电缆端别,使敷设电缆的顺序不致混乱,以保证施工质量。

4) 将运到的电缆盘按施工顺序,运送到放缆地点。在工地上整盘电缆的运输应以车运为主,特殊情况或短距离时,允许采取人力推动电缆盘直接滚动搬运方法,但要求滚动距离不应过长,一般不宜超过150m。在滚动搬动时,电缆盘的滚动方向应与电缆盘上的电缆缠绕方向相反,并要将电缆端部捆扎固定,以免电缆盘滚动时,电缆松动拖地,使电缆外护套被磨蹭受损而造成潜伏性的电缆障碍。在工地搬运电缆盘到敷设点处,均要十分小心照顾电缆盘,务必不能发生损伤电缆的事故。在支架起电缆盘时,应平稳放妥和固定牢靠,以防电缆盘滚动或不稳倾倒,造成电缆受损或人员受伤等事故。

2.地下管道电缆敷设和安排布置

(1)地下管道电缆的敷设

在智能化小区中敷设地下管道电缆时,应注意以下几点:

1)如当地气候条件的气温低于−5℃时,因电缆外护套是塑料会受过低的气温影响而变硬,在牵引敷设时容易损坏电缆外护套,产生裂痕等现象,形成今后发生障碍的隐患。因此,在寒冷地区或气候温度过低时,不宜敷设塑料外护套的管道电缆。

2)在管道电缆的端部应装设电缆网套等牵引装置,要求绑扎牢固,但要注意使电缆端部的外护套完整无损,必须保证在牵引电缆过程中,电缆端部虽受拉力,但外护套无损、密封良好、没有进入水分或潮气。为了有利于牵引和保护电缆顺利敷设,在牵引钢丝绳与电缆网套等牵引装置之间加装铁转环等连接装置,以便进入管孔内的电缆保持平直牵引,不会转动,避免使电缆产生扭转而损坏电缆外护套,且使牵引省力和操作简便。敷设电缆必须从电缆的上方放出,且电缆盘应支放在敷设电缆段的同侧,即人孔(甲)的一侧。如图6.3所示。

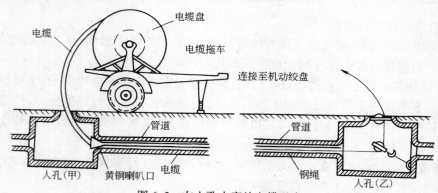

图6.3 在人孔内穿放电缆示意

3)在智能化小区内,因管道段长较短,电缆对数不多,牵引电缆方法应尽量采用机械施工。在不得已时(如区内道路狭窄、操作空间很少),可采用人工牵引。不论采用哪种牵引方法,牵引电缆的拉力应缓和均匀,不应猛拉紧拽,最大牵引力不应超过电缆本身允许的牵引力标准,即敷设电缆的牵引力应小于电缆允许拉力的80%。

4)为了减少在牵引电缆时对电缆外护套的磨损,有利于加快牵引电缆的速度,在电缆外护套上涂抹石蜡油、滑石粉等润滑剂,以减少摩擦阻力。严禁使用有机油脂等润滑剂,以免对塑料护套有损。在牵引电缆时,对有可能产生被拖、磨、刮、蹭的地方,宜用衬垫弯铁、铜瓦或杂布等物衬垫保护。在牵引电缆时,应有专人随时检查电缆外护套的表面,要求无划痕和无损伤,电缆弯曲处不应出现凹凸折痕或裂纹。如发现电缆外护套受到损伤或可疑部分,应立即停止牵引敷设,及时检查和修复完好,并采取妥善的保护措施后,再继续牵引敷设。

严禁将已划伤的电缆拉进管孔,造成今后发生障碍的隐患,对维护检修带来更大的困难,也严重影响通信质量。

5) 敷设管道电缆时应有防潮措施,例如要保持施工现场无积水,人孔中如有积水,必须抽干,尽量要求人孔内干燥清洁。电缆端部必须保护不受损伤,以防进入水分和潮气,对电缆的电气特性等技术指标有所影响。如是非填充型的充气电缆,应保持一定气压带气敷设,以便随时检查电缆的密封性能,电缆敷设完毕后应立即进行保气和检测气压状况,如有疑问必须设法检查原因和及时修复。

(2) 管道电缆的安排布置和敷设后的工作

1) 管道电缆敷设完毕后,应检查电缆在人孔或手孔内的位置是否正确,排列是否整齐妥善,电缆应平直放妥,不得有扭绞或变形的现象,电缆外护套表面无刮痕和损伤。电缆在人孔或手孔中的弯曲部分的曲率半径应符合标准规定,必须大于电缆外径的 15 倍。

2) 管道电缆在人孔或手孔中应按设计要求要预留足够的长度,以便测试和接续消耗。电缆接头位置应合理安排,以利于施工接续和封合以及今后维护检修。同时,要照顾到在人孔或手孔内电缆走向合理,布置整齐,且不会妨碍今后增设电缆或装设其他设备或装置。

3) 管道电缆在引出管孔的 150mm 以内不应有弯曲,敷设后的电缆应紧靠人孔或手孔墙壁,并以扎带绑扎固定在电缆支架的托板上。同时,按设计要求用堵塞材料将穿放电缆的管孔四周空隙严密堵塞,以防水分或潮气从空隙渗入人孔或手孔。

4) 在每个人孔或手孔中应及时将电缆的型号、用途或编号等内容,书写标志牌,栓在电缆缆身的显著地方,以便今后检修,同时,应将上述内容记录,输入计算机管理系统备查。

3. 地下管道电缆接续和封合

地下管道电缆敷设完毕后,电缆芯线接续和接头套管的封合是管道电缆施工中的重要工序,要求在施工操作时,必须精心细致,严格按照施工规范和操作规程执行,以确保管道电缆的传输质量达到标准规定的要求。

(1) 管道电缆的芯线接续

1) 放置管道电缆接头的位置应符合人孔或手孔中的合理安排,有利于施工和维护的要求。在电缆接续前,应将两端电缆分别平直放在电缆托板上,并要绑扎牢固,以防电缆芯线接续时发生移动,影响芯线接续质量。

2) 在电缆芯线接续前,应根据设计中规定的要求,复核两端电缆的规格程式,端别是否正确吻合,在人孔或手孔中预留电缆的外护套有无机械损伤或可疑地方,并对电缆的密闭性能进行检查。为了便于施工操作和保证通信质量,应在人孔或手孔内整理和清扫出有利于电缆芯线接续的干净清洁场地。如附近有其他通信缆线,为了防止施工时遭受误伤和腾出操作空间,可以将它们适当暂时挪移位置、临时妥善固定,待施工完毕后再移还原处恢复原状,在挪移其他缆线的过程中必须保证其安全地正常运行。

3) 电缆芯线接续部分的电缆外护套剥除长度和切口应符合规定要求,切口处应保留1.5cm 长度的缆芯包带,以防切口损伤电缆芯线的绝缘层。电缆芯线排列顺序应以规定的色谱编排。如需对号时,应同时编扎芯线排列顺序。在对号时不允许采用锋利工具刺破电缆芯线绝缘层的对号方法,以免造成日后隐患而影响通信质量。

电缆芯线接续完毕后,应达到电缆的标称对数,如遇有障碍线对,且无法修复时,应用预备线对替代,并应做好标记和记录以便备查。严禁差对拼凑连接,以免产生传输质量低劣的后果。

电缆芯线接续应采用接线子,不允许采用剥离电缆芯线绝缘层的导线直接扭绞的接续方法。电缆芯线接续应做到色谱顺序正确、连接松紧适度。芯线全部接续后,应排列整齐,绑扎妥善。如有单位色谱扎带,应在单位线束根部保留,并缠紧不散,以便今后检验和维修。

有关接线子的排列规定和具体要求参见电缆施工操作规程中的规定。

(2) 管道电缆接头的封合

1) 管道电缆接头封合的方法

管道电缆接头封合是保证通信线路正常运行的重要措施。目前,管道电缆接头封合的方法主要是采用热可缩套管法(简称热缩套管法),具有操作简单、密闭性能好等优点,缺点是套管不能重复使用,不太经济。

热可缩套管的原理是利用电子加速器以电子束照射聚乙烯(PE)或聚氯乙烯(PVC)套管,使其径向大幅度扩张而制成,它具有热可缩性能和高密度的特性。施工安装时,对它进行加热烘烤,当被加热到 $120\sim140℃$ 时,它的直径收缩比约为 $1/3$,套管紧紧包在电缆接头和两端电缆外护套外面,形成整体的封闭型结构件。

2) 管道电缆接头封合的具体要求

在管道电缆接头封合时应注意以下要求:

① 目前,国内生产的热可缩套管有适用于填充型、非填充型和带有气塞型三种电缆。在选用套管时,应根据管道电缆型号、品种和规格等基本要素选用相应的接续套管。例如非填充型管道电缆采用充气维护方式,热可缩套管必须采用非填充型(即充气维护方式用)的品种,如管道电缆采用填充型时,套管应采用填充型的品种。

② 在热可缩套管的施工过程中,应严格按照其操作顺序进行,以下的具体工艺要求必须满足,以求保证封合的质量:

a. 首先将铝质纵剖的内衬管包封在电缆接头外面,其位置应在接头中间,内衬管两端应与电缆外护套重合不少于 40mm,并用胶带缠扎固定。内衬管对于电缆芯线起到保护、隔热和屏蔽的作用,同时,可以衬垫热可缩套管,以便套管收缩均匀,使热可缩套管收缩变形后的外表光滑和匀称圆整,达到外形美观的要求。

b. 为了保护管道电缆接头两端的电缆外护套,以免在烘烤热可缩套管时损坏,在电缆接头两端(即热可缩套管两端管口与电缆外护套接合处)以外的电缆外护套上,缠扎纵包宽度为 $25\sim50mm$ 的隔热铝箔胶带,要求重合相压不少于 20mm,纵包的长度不小于 60mm。

c. 将热可缩套管的不锈钢金属拉链导轨和夹子均置于电缆接头的上方,并妥善安装,金属拉链导轨的两端应留有同样长度,要求对准形成直线,以求整齐美观。

d. 热可缩套管内壁涂有热熔胶粘剂,套管外表面涂有显示温度变化的物质,一般涂绿色或白色的显示剂。对套管烘烤加热时,应先从套管中间起向两端加热(先中间,后两端),在套管周围均匀加热,烘烤到一定程度时,套管直径会逐渐收缩,热熔胶粘剂迅速熔化,同时,套管外表面的显示剂因受火烘烤,由白色或绿色变成黑色,逐步加热到一定温度,使套管收缩到预计的效果。这时应停止烘烤加热,否则套管过于受到烘烤,容易变质失效。在烘烤套管时,在不锈钢金属拉链导轨下套管接口处应出现两种白线,如未显示白线时,应继续加热至显出白线为止。同时,在套管的两端口及拉链处,应有少量热熔胶溢出,上述现象出现表明已能保证接头套管封合质量良好。

e. 热可缩套管封合后,在未完全冷却前,不宜过多地振动或搬移,完全冷却后将电缆接头套管妥善放置在电缆托板上,并加以固定衬垫平稳。

要求热可缩套管封合的总体形状平直、表面光亮整洁、无折皱、无异样。套管外表面的所有显示剂均已变化,且较均匀,颜色黑亮;热熔胶粘剂应全部充分熔化。

③ 在热可缩套管封合的整个操作过程中,因使用喷灯明火,容易发生火灾等事故。为此必须注意以下几点:

a. 在施工人员进入人孔或手孔前,应事先检查有无可燃气体(尤其在智能化小区中要注意燃气管道泄漏跑气),在确认无害时,才能进入人孔或手孔内操作。同时,还应配置鼓风机等设备,以便调节人孔或手孔中的空气,以保证施工人员的人身安全。

根据施工现场的实际情况,配备防火器械和灭火装置,做好安全防备工作。配置防火手套、保护眼镜等劳动保护的用具和装备。

b. 在施工中如用喷灯烘烤套管时,应将喷灯不断均匀移动,避免火焰过于集中套管的某一部位,致使套管变质或烧坏而影响工程质量。同时,更需注意的是当喷灯移动过程中,一定要避免烘烤邻近的易燃物质或其他物品,以防发生火灾或其他物品被烧的事故。

c. 在人孔或手孔中操作完毕后,应清点和整理电缆接续和封合的专用工具和设备以及工余的器材,同时清扫施工现场,检查有无火种隐患,以防发生火灾。即将离开现场撤出人孔或手孔前,应对热可缩套管再次进行复查,观察有无遗漏和不妥之处,以便及时采取补救措施。此外,对于附近的原有缆线要进行检查,有无因施工操作时疏忽而受到损伤或破坏,原有电缆在挪移和恢复过程有无遗留问题,当确认无事后才能撤离现场。

第四节 智能建筑内布线系统的施工

这里以智能建筑内部综合布线系统工程施工的内容为主。对于智能化小区中的智能化住宅建筑的布线系统,其施工内容基本与智能建筑相同或类似,只是工程建设规模较小、涉及外界因素也少,不如智能建筑的施工内容复杂,且技术要求也不多,因此,可以参照智能建筑的施工内容办理。对于智能化住宅建筑中某些特殊情况的施工内容,在这里附带予以简单介绍。

6.4.1 建筑物主干布线子系统的缆线施工

建筑物主干布线子系统的缆线施工范围,主要是从设备间建筑物配线架(BD)到建筑物内各个楼层配线架(FD)之间的主干路由上所有缆线的施工。它的施工环境全部在屋内,且已有电缆竖井或专用的干线接线间等客观条件。因此,现场施工的环境条件较屋外好,且涉及面不宽,都属于屋内部分,由于它与房屋建筑和屋内各种管线有较为密切的关系,在施工中应加强与有关单位协作配合、互相协调,以求建筑物主干布线子系统的所有缆线敷设施工顺利进行,保证工程质量。

1. 建筑物主干布线子系统缆线施工的基本要求

建筑物主干布线子系统的缆线条数较多,且较集中,所以它是综合布线系统中的重要骨干线路。在安装敷设前和施工过程中应注意以下基本要求,以保证缆线敷设的质量。

(1) 在敷设缆线前,应在施工现场对设计文件和施工图纸进行核对,尤其是对主干路由上所用的缆线型号、规格、程式、数量、起讫段落以及安装位置,要重点复核,如有疑问时,应及早与设计单位和建设单位共同协商解决，以免耽误工程进度，影响施工计划。

根据施工图纸要求和施工组织计划，将需要布放的缆线正确丈量、整理妥善，在其两端应贴显著的标签，其内容有缆线用途或名称（也可用代号）、规格、长度、起始端和终止端等，要求清楚、正确，以便按施工顺序、对号入座施工。

（2）根据建筑物主干布线子系统缆线长度，选用相应的施工方法，例如牵引缆线是从房屋顶层向下层敷设，或从底层向上层牵引；是采用机械牵引或人工牵引，目前，一般是从顶层向下敷设，并以人工牵引方法为主。如为高层建筑，且缆线对数较多，可选用机械牵引方式，还可根据敷设缆线的长度、施工现场条件和缆线允许的牵引张力等因素，选用集中牵引或分散牵引等方式，也可采用两者相结合的牵引方式，即除在一端集中机械牵引外，在中间楼层有专人协助牵引人工拉放，使缆线受力分散，既不损伤缆线，又可加快施工进度。但采用这种方式时，必须利用通信工具统一指挥、加强联络，同步牵引，且要注意不要猛拉紧拽，以免损伤缆线。

为了保证缆线不受损伤，在牵引缆线时的牵引力不宜过大，应小于缆线允许张力的80%。在牵引过程中为防止缆线被拖、磨、刮、蹭等损伤，应均匀设置吊挂或支承缆线的支点或采用保护措施。吊挂或支承点的间距不应大于2m或根据实际情况来定。

缆线在牵引敷设过程中，缆线不应产生扭绞或打圈等有可能影响缆线本身质量的现象。缆线布放后，应平直安排处于安全稳定的状态，不应有可能受到外界挤压或遭受损伤而产生障碍的隐患。

（3）在智能建筑内部通常有电缆竖井和上升房（又称干线接线间或干线交接间），在其内部有时设有暗敷管路或槽道（包括桥架）等装置，以便敷设主干缆线。

如在同一路由上的槽道内，与计算机系统和电视监控系统等缆线一起敷设时，在槽道内应分离布放，用隔板分开。并要求金属槽道设有可靠的接地装置，各个系统缆线间的最小间距和防护措施应符合设计要求。在施工时应统一安排，并互相配合敷设。

2．建筑物主干布线子系统缆线的敷设施工

（1）引入缆线的敷设

引入智能建筑内的缆线有智能化小区的建筑群主干布线子系统，或来自公用通信网以及其他系统（如有线电视网）的线路，从工程范围分析，它们都不是属于建筑物主干布线子系统。但是从网络系统的作用分析，引入缆线的部分是从邻近智能建筑的屋外人孔或手孔引入，到设备间为止的所有缆线，显然它是综合布线系统非常重要的组成部分。因此，在不是建筑群体或智能化小区的单幢独立的智能建筑时，这部分线路既不是建筑群主干布线子系统的缆线，也不是建筑物主干布线子系统的缆线，通常被忽略而毫不提到，这点需要特别注意。对于从屋外引入建筑物管道部分已在前面叙述，其引入缆线敷设部分，除应按设计中规定办理外，还需注意以下几点：

1）由屋外人孔或手孔到设备间内的配线接续设备（如建筑群配线架或建筑物配线架）上终端连接的引入缆线，其线路长度一般较短，少则十几米，多则几十米，甚至百余米。因此，除有特殊要求外（例如屋内要求具有阻燃性能的缆线或要求引入缆线经过保安设备等），引入缆线必须连接有关设备，一般不允许在这个引入段落中有缆线接头。

2）由于引入段落分为屋内和屋外两种客观环境，它们客观条件不同，其要求也不一样。因此，其保护支撑措施也有区别，对于缆线的敷设和固定也采取不同的方法。例如屋外部分采用地下通信管道和人孔或手孔;屋内部分采用暗敷管路或明敷槽道,因此,必须使它们互相配合和衔接。此外,屋外缆线的重点应是防水和防潮,屋内缆线除防水和防潮外,重点还需防火。所以在采用保护缆线的措施上是有不同要求。例如按施工验收要求,在屋内管路或槽道中缆线敷设完毕后,宜在管路或槽道中的两端出口处用防火堵料进行密封严堵,以免火灾扩大;在引入管道口处,应采用防水材料堵塞管孔和缆线四周缝隙,以防屋外渗水和潮气进入屋内。

3)引入缆线在屋内布置和槽道内敷设都应按规定排列整齐,布置有序,要求安全可靠。此外,应根据缆线管理要求,设置明显标志,内容正确齐全、文字清晰醒目。

此外,引入缆线与其他管线之间的平行或交叉的最小净距都必须符合标准的规定。

(2)建筑物主干缆线的敷设

在智能建筑中的建筑物主干缆线都是从房屋底层直到顶层垂直(或称上升)敷设的通信线路,建筑物主干缆线通常是智能建筑中长度最长、线对数(或纤芯数)最多,且最重要的线路。因此,在施工中是最为关键的部分。

目前,在智能建筑中的电缆竖井或上升房(又称干线接线间或干线交接间)内敷设缆线有两种施工方法。一种是由建筑物的高层向低层敷设,利用缆线本身自重的有利条件向下垂直布放的施工方法。另一种是由低层向高层牵引敷设,即将电缆向上牵引的施工方法。这两种施工方法虽然仅是敷设方向不同,但差别较大,向下垂直布放远比向上牵引简单、容易,减少劳动工时和劳力消耗;相反,向上牵引费时费工,困难较多。因此,通常采用向下垂直布放的施工方法,只有在电缆搬运到高层确有很大困难时,才采用由下向上牵引的施工方法。在电缆敷设施工时,一般应注意以下几点:

1)向下垂直布放的施工方法

① 应将电缆搬到建筑物的顶层,电缆由高层楼层向低层楼层垂直布放,要求每个楼层有人引导下垂和观察电缆敷设过程中的情况,及时解决敷设中的问题。在整个布放过程中应统一指挥,利用移动通信工具联络,同步布放。

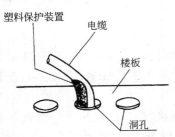

图 6.4　洞孔中的保护装置

② 为了防止电缆洞孔或管路管孔的边缘不够光滑,可能磨破电缆的外护套,造成今后发生障碍的隐患,应在洞孔中放置一个塑料保护装置,以便保护。如图 6.4 所示。

③ 在向下垂直布放电缆的过程中,要求布放的速度适中,不宜过快,使电缆从电缆盘中慢速放出下垂进入洞孔。各个楼层的施工人员都应将经过本楼层的电缆徐徐引导到下一楼层的洞孔,直到电缆逐层布放到要求的楼层,并将电缆引接到设备间或配线架间的接续设备处,缆线要预留足够的长度,以便布置、测试和连接的需要。最后要在统一指挥下宣布整个电缆敷设完毕后,各个楼层的施工人员才将电缆绑扎固定稳妥。如为多条主干缆线同时布放时,应根据具体情况,分别以逐条下垂布放方法较为妥当和安全。

④ 如果各个楼层不是预留直径较小的电缆洞孔,而是大的洞孔或通槽,这时不需使用保护装置,应采用滑车轮的装置,将它安装在建筑物的顶层,用绳索固定在洞孔或通槽的中央,然后电缆通过滑车轮徐徐向下垂放,这种施工方法,既快速省力,又安全稳妥,是极为简便的施工方法,应广泛采用。如图 6.5 所示。

2）向上牵引敷设的施工方法

向上牵引的方法需要较大的动力,一般采用电动牵引绞车,电动牵引绞车的型号和性能(包括最大牵引能力)应根据被牵引电缆的单位重量和长度来选择。其施工方法是由建筑物的顶层下垂一条布放牵引的拉绳,其强度应足以牵引电缆的所有重量(电缆单位重量乘以楼房顶层到底层的长度),将电缆端部的牵引装置与拉绳连接牢固妥当,再由统一指挥者发令启动绞车,慢速地将电缆逐层向上牵引,在牵引过程中,每个楼层应有专人照顾,直到电缆牵引到顶层,应预留足够的长度后,才停止绞车。最后,统一指挥各个楼层的施工人员进行检查,在电缆牵引过程中有无受损,确认无误后,每个楼层必须采取加固措施,将电缆布置妥当、绑扎牢固,以便连接。

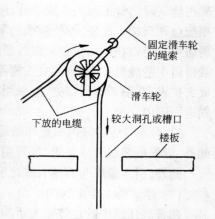

图6.5　利用滑车轮向下垂放通过大的洞孔或槽口

不论何种施工方法,对于电缆布放后,在有些地方均应有一定余量,在干线交接间(或干线接线间)或设备间内,电缆预留长度一般为3~6m,主干电缆的最小曲率半径最少应是电缆外径的10倍,以便缆线妥善布置、缆线连接和维护检修时使用,且能保证通信畅通无阻。

此外,建筑物主干布线子系统缆线与其他管线之间的最小净距应按工程设计中规定执行。缆线的安装和固定布置等因内容均为具体施工操作部分,且较细致繁杂,本书均不作叙述。

3. 缆线的终端和连接

缆线的终端和连接是综合布线系统工程施工中极为重要的部分,它具有量大、点多、细小和面广等特点,其施工范围包括建筑群主干布线子系统、建筑物主干布线子系统和水平布线子系统三部分。建筑群主干布线子系统的电缆或光缆部分的终端和连接分别在前面介绍或光缆章节中叙述。水平布线子系统的缆线终端和连接将在下面叙述,这里主要介绍建筑物主干布线子系统的电缆部分,不包括光缆的内容。

(1) 缆线的终端和连接的要求

1) 缆线的终端和连接虽然不像敷设缆线需要大量人力和材料,其施工特点是工作量大而集中,精密程度和技术要求极高,因为缆线的终端和连接的施工质量优劣,直接影响正常运行和传输质量。因此,必须严格按照施工规范要求执行。

2) 综合布线系统的建筑物主干布线系统缆线的终端和连接,都是通过配线接续设备和连接硬件(包括通信引出端)进行,一般不采用缆线直接连接的方式,即缆线中间不应有接头。

3) 由于综合布线系统工程中所用的配线接续设备和连接硬件,国内外生产品种和型号较多,其产品结构和连接方式有些区别。因此,在安装施工时,必须根据选用产品的具体情况和其安装手册,进行缆线终端和连接的安装和施工。

4) 目前,缆线的终端和连接有两种,一种是配线接续设备(如配线架等),另一种是通信引出端(即信息插座),上述两种不同设备和器材有所不同,终端和连接方式也有区别。因此,在施工前必须了解。在建筑物主干布线子系统缆线的终端和连接属于前一种,应按配线架规定的连接区域(有时称连接场)或色标进行施工。

5) 在配线接续设备上进行终端或连接时,必须严格执行施工操作规程,要求缆线走向布置合理、捆扎妥善、整齐有序。如采用卡接连接方式时,必须牢固可靠、接触良好,不应有松动等现象,以免留有发生障碍的隐患。

(2) 缆线的终端和连接

在建筑物主干布线子系统缆线的终端和连接,主要是建筑群配线架(CD)、建筑物配线架(BD)和楼层配线架(FD)上的终端和连接,其施工应满足以下要求:

1) 在缆线的终端连接前,应核对缆线标志内容是否正确,要求缆线布置整齐合理,缆线的曲率半径和固定捆扎均符合规定。

2) 缆线终端连接顺序正确,按照标准规定剥除缆线外护套,以求保持缆线线对的原始状态,保证电气特性不变。

3) 按照规定进行施工操作。采用卡接方法进行缆线终端连接。保证连接牢固可靠、电气性能不变,使用效果较好。

4) 配线接续设备上的跳线连接均符合标准规定。做到连接正确无误、接触质量良好、标志清楚齐全、缆线走向合理,真正符合系统设计的要求。此外,要及时做好记录,以便维护管理和日后备查。

6.4.2 水平布线子系统的缆线敷设施工

1. 水平布线子系统缆线敷设的要求

(1) 预留缆线的长度

为了便于维护检修和今后使用,水平布线子系统在以下地方,缆线应预留一定长度,以满足上述需要。通常规定在干线交接间(或称干线接线间)或二级交接间(又称卫星接线间)的电缆每端一般预留为 0.5~1.0m,工作区为 0.1~0.3m。如有特殊需要,可适当增加长度或按设计规定预留长度。

(2) 缆线的曲率半径

由于缆线结构不同(如有无屏蔽),电缆外径的粗细也有区别。因此,电缆的曲率半径应根据有无屏蔽结构来定。

1) 非屏蔽 4 对对绞线对称电缆敷设后,静止状态的曲率半径应至少为电缆外径的 4 倍;在施工动态过程中应至少为 8 倍。

2) 屏蔽结构的对绞线对称电缆的曲率半径应至少是电缆外径的 6~10 倍范围内取定。

(3) 缆线允许的牵引拉力

在水平布线子系统的缆线敷设时,应注意牵引拉力不宜过大过猛,要求牵引拉力适宜,牵引节奏缓和。对于电缆芯线直径为 0.5mm,4 对对绞线对称电缆时的牵引拉力不应超过 110N,如电缆芯线直径为 0.4mm 的 4 对对绞线对称电缆时的牵引拉力不应超过 70N。

(4) 缆线和管径适配的规定

目前,有两种缆线和管径适配方法,即管径利用率和截面利用率。

1) 管径利用率

穿放缆线的管径利用率的计算公式:

$$管径利用率 = \frac{d}{D}$$

式中 d——缆线的外径;

D——管孔的内径。

布放主干缆线或双护套缆线时,直线管道的管径利用率应为 50%~60%;弯曲管道应为 40%~50%。

2)截面利用率

穿放 4 对对绞线对称电缆的暗管管径截面利用率的计算公式:

$$截面利用率 = \frac{A_1}{A}$$

式中　A——暗管管径的内截面积;

　　　A_1——穿放在暗管内对称电缆的总截面积(包括缆线内的芯线和绝缘层的所有截面积)。

布放 4 对对绞线对称电缆或 4 芯以下的光缆时,暗管管径的截面利用率为 25%~30%。

2. 缆线的各种敷设方式

水平布线子系统的缆线虽然是综合布线系统的分支部分,但它具有面最广、量最大、具体情况繁多而复杂等特点,涉及的施工范围遍布在智能建筑中的所有角落。由于智能建筑的类型较多、各种施工环境有所不同,其缆线的敷设方式也大不相同。因此,在敷设缆线时,必须结合施工现场的实际情况来考虑缆线的施工方法。

目前,水平布线子系统的缆线敷设方式有预埋暗管、明敷管路和明敷槽道等几种。这些保护措施又因安装的地方不同又有在吊顶内或地板下和墙壁中以及它们三种混合组合方式。现分别在下面叙述。

(1)吊顶内的布线

1)吊顶内的布线方法

在吊顶内的布线方法有装设槽道和不装槽道两种方法。

① 装设槽道方法　在吊顶内利用悬吊支撑物装置槽道,这种方法会使吊顶增加重量,必须加强支承结构。缆线直接敷设在槽道中,较整齐有序,有利于施工和维护,也便于今后扩建和有利于适应变化。

② 不装槽道方法　利用吊顶内的支撑构件,例如 T 型钩、吊索等支撑物,来支撑和固定缆线。这种方法不需装设槽道,它适用于缆线条数较少的楼层,因缆线重量较轻,可以减少吊顶所承担的重量,使吊顶的建筑结构简单,减少工程建设费用。缆线在吊顶内的支撑构件上分束附挂,并要求缆线应具有阻燃性能。

2)吊顶内布线施工的具体要求

① 根据施工图要求、结合现场实际条件,确定吊顶内的缆线路由。为此,应将缆线路由经过的吊顶每块活动镶板推开,详细检查吊顶内的净空间距、有无影响敷设缆线的障碍,如有无槽道或桥架,是否安装正确和牢固可靠,吊顶的安装稳定牢固程度等,检查后确未发现问题才能敷设缆线。

② 在吊顶内敷设缆线应采用人工牵引。大对数电缆可以单根直接牵引,不需拉绳;如是小对数缆线,可以多根缆线组成缆束,采用拉绳牵引的方法。如缆束长度较长、缆线根数多、重量较大时,可在路由中间设置专人负责照料或帮助牵引,以减少牵引人力和防止缆线在牵引中受损。具体人工牵引方法示意如图 6.6 所示。

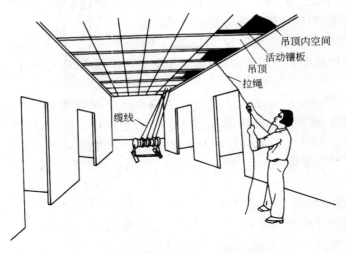

图 6.6　用拉绳牵引缆线拉进吊顶内

　　为了防止距离较长的缆线在牵引过程中发生被磨、刮、蹭、拖等损伤,可在缆线进吊顶的入口处和出口处以及中间增设保护措施和支承装置。在牵引缆线时,牵引速度宜慢速缓和,不应猛拉紧拽,如发生缆线被障碍物绊住,应查明原因,排除障碍后再继续牵引,必要时,可将缆线拉回重新牵引。

　　③ 水平布线子系统的缆线在吊顶内敷设后,需将缆线穿放在墙壁或柱子中预埋的管路内,向下牵引至安装通信引出端的洞孔处。缆线根数少,且线对数不多时可直接穿放;如缆线根数多,宜采用牵引绳拉放到安装通信引出端处,以便连接,缆线在工作区处应适当预留长度,一般为 0.1～0.3m。

　　(2) 地板下的布线

　　1) 地板下的布线方法

　　目前,在综合布线系统工程中采用地板下的布线方法较多,除原有建筑在楼板上面直接敷设导管布线方法不设地板外,其他类型的布线方法都设有固定地板或活动地板。因此,这些布线方法都是比较隐蔽美观、安全方便。例如新建建筑主要有地板下预埋管路布线法、蜂窝状地板布线法和线槽埋在地面垫层中的布线法等,它们的管路或线槽,甚至地板结构,都是在楼层的楼板中与建筑同时建成的。此外,在新建或原有建筑的楼板上安装固定或活动地板,在其下面敷设的有地板下管道布线法和高架地板布线法等多种。

　　由于上述各种布线方法各有其特点和要求,在施工前,必须充分了解其技术要求,施工难点,并拟订具体施工程序。

　　在敷设缆线前,应根据施工图要求,对采用的布线方法与现场实际进行校核,了解布线方法和缆线路由,如预埋管路和线槽必须核查有无可能施工的具体条件,在管槽中有无牵引缆线的绳索或铁丝。

　　在原有建筑或没有预埋管槽的新建建筑时,在施工前应根据该建筑的图纸进行核查,主要是建筑物的楼层高度、楼板结构和内部各种管线的分布状况等,这些情况必须弄清,以便根据调查拟定采用相应的地板布线方法,例如在没有预埋管槽的新建建筑时,可以结合其内部装修同步施工,利用装设活动地板或踢脚板等敷设缆线。这样,既便于敷设缆线,又不影响建筑内部环境美观。对于原有建筑,可根据楼层高度确定是否安装地板或地板下的预留空间的高低尺寸等,以便考虑缆线敷设的具体方法。

2) 地板下布线的具体要求

不论采用哪种地板下布线方法,都需注意以下具体要求,以保证布线质量,有利于今后使用和维护。

① 选择缆线的路由应短捷平直,敷设位置安全稳定,安装附件结构力求简单,保护缆线设施符合质量要求,真正适合使用需要,更要便于今后维护检修和有利于扩建改建。

② 敷设缆线的路由和位置应尽量远离电力、给水和燃气等管线设施,以免遭受这些管线的危害而影响通信质量。为此,对于它们之间的最小净距与建筑物主干布线子系统的缆线要求相同。

(3) 墙壁中的布线

在墙壁内预埋管路提供敷设水平布线子系统缆线是较经济合理的方法,它既美观隐蔽,又安全稳定,连接通信引出端也是最方便的。因此,在水平布线子系统中是以墙壁中布线为主要方式,且使用较多。但是在已建成的建筑物中没有预埋管槽,现在只能采取明敷管槽方式,通常是采用小线槽,且费用较高,扩建也有困难。此外,有将缆线直接在墙壁上敷设,这种布线方式是灵活方便、施工简单、造价很低,缺点是既不隐蔽美观,缆线又易被碰蹭而受损伤,所以这种布线方式只能用在缆线对数少的单根水平缆线的场合。通常沿着墙壁的画镜线或踢脚板上敷设,一般采用塑料线码和圆钢钉将缆线固定。为了防潮起见,应以画镜线内敷设为好。具体情况见图 6.7 所示。

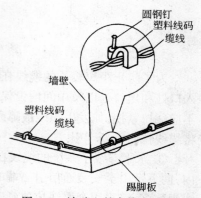

图 6.7 墙壁上的布线方式

每个塑料线码需配置圆钢钉一根,塑料线码的规格和适用的缆线如表 6.4 所列。

塑料线码的规格和适用的缆线 表 6.4

塑料线码规格(mm)		φ3.5	φ4.0	φ5.0	φ6.0	φ7.0	φ9.0	φ12.0	φ16.0	φ18.0	φ22.0
适用的缆线的名称	室内双股绞合花线	适用	适用			多股室内线					
	室内线和平行线		4×0.5mm	1.0×2mm	1.13×2mm						
	0.4mm 线径缆线							*20×2×	50×2×	80×2×	100×2×
	0.5mm 线径缆线						5×2×	10×2×	20×2×	50×2×	80×2×

注: * 表中 20×2× 即是 20×2×0.4mm 线径缆线,其余同样类推。

3. 水平布线子系统缆线的终端和连接

综合布线系统的水平布线子系统缆线的终端和连接,主要是有楼层配线架(FD)和通信引出端(即信息插座,TO),楼层配线架的终端和连接已在前面叙述。通信引出端(信息插座)主要是 RJ45 的插座和插头,缆线在这些连接硬件终端连接时,应按以下规定。

(1) 目前,综合布线系统所用的通信引出端品种较多,大同小异,但不论哪个品种,其核心部件是模块化结构的插座孔面板和内部连接硬件(又称接续模块或接线模块)。现以

RJ45 的信息插座和 RJ 插头为例,模块化结构的插座孔面板采取整体锁定方式,内部连接硬件的簧片接触点采用镀金,因此,模块化插座孔面板使插头与内部连接硬件的簧片保持可靠的电连接。当插头继续插入,使接续模块与插头之间的接触面增大,产生最大的抗拉拔强度,电连接得到进一步加强而保证接触可靠。为此,在施工前,必须对通信引出端的内部连接硬件检查,做好固定线的连接,以保证电连接完美无缺。如果连接不当,有可能增加链路衰减和近端串音等问题。

(2) 对绞线在通信引出端上终端连接时(包括插头),必须按缆线色标、线对组成以及排列顺序进行卡接。如为 RJ45 系列的连接硬件,其色标和线对组成以及排列顺序应按 TIA/EIA T568 A 或 T568 B 的规定办理,一般以 T568 A 连接方式为主,在同一个工程中两种连接方式不应混合使用。

对绞线对称电缆与成组的 RJ45 信息插座采取卡接接续方式时,应按先近后远,先下后上的接续顺序进行卡接。如与接续模块等连接硬件连接,应按设计规定或生产厂家产品要求进行施工。

(3) 当综合布线系统采用屏蔽结构的缆线时,要求在安装施工中,将缆线屏蔽层与连接硬件终端处的屏蔽罩要有可靠的接触,一般是将缆线屏蔽层与连接硬件的屏蔽罩形成 360°圆周的接触,它们之间的接触长度不宜小于 10mm。

(4) 通信引出端(信息插座)的结构通常为盒体、接续模块和插座面板三部分组装成整体。因此,宜采用分阶段安装施工方式,一般在土建施工时,先将盒体装在墙壁上预留的洞孔中且与暗敷管路连接。为了保证接续模块不受损坏和插座面板不致弄脏,应等内部装修施工的工作完成后施工较好,尤其是全部粉刷工艺完成,才安装接续模块、穿放和连接缆线以及安装插座面板等施工事宜。如在粉刷前安装接续模块和插座面板,在粉刷时的石灰水或涂料以及尘土等会直接侵入接续模块,引起接续质量下降,有时会损坏模块,造成返工检修或更换模块等事故。同时会把面板弄脏或损坏,必须进行整洁和检修,增加工料消耗。因此,建筑物内的综合布线系统工程施工必须与其他工程的施工时间配合协调,要事先妥善计划安排为好。

第五节　光纤光缆敷设施工

6.5.1　光纤光缆敷设施工的一般要求

1. 光纤光缆敷设施工的特点

光纤光缆与电缆虽然同是传输媒介,其敷设施工方法类似,建筑方式也大都相同,但是它们之间有较大区别,除传输信号分别为光信号或电信号外,由于光纤是以二氧化硅为主要成分的石英光导纤维(简称二氧化硅玻璃系光纤)制成,它不同于电缆中的金属材料铜导线。此外,还有以下区别和各自特点,这些对于敷设施工都有密切关系,应加以注意。

(1) 机械强度

由于光纤是由玻璃纤维制成,在制造和敷设及运用中,要求具有一定的机械强度,以保证其不会断裂。但光纤直径很细、性能脆弱、容易断裂,如表面有伤痕,光纤断裂现象有可能发生,从而降低光纤的机械强度。为了保证光纤光缆施工质量,需注意以下几点:

1) 光纤光缆弯曲时不能超过最小曲率半径。在安装敷设完工后,其最小曲率半径不应小于光缆外径的 15 倍;在施工过程中不应小于光缆外径的 20 倍。

2) 光缆敷设时的张力、扭转力和侧压力均应符合标准规定。要求光缆的牵引力不应超过光缆允许张力的 80%,瞬时最大牵引力不得大于光缆允许张力。主要牵引力应加在光缆的加强构件上,光纤不应直接承受拉力,其最小伸长率只有 0.5%。

3) 在敷设光纤光缆时,应避免直接受到外界的冲击力和重物碾压,不得使光缆变形或光纤受损而使光学特性发生变化。如果发现光缆有变形情况时,应对其外护套进行检验,必要时要对光缆的密封性能和光纤衰减特性等进行测试,如光缆不符合要求,就不能在工程中使用。

(2) 接续方式

光缆的光纤和电缆的导线的接续方式不同。铜导线的连接操作技术简单、不需高新技术和相应设备,连接是电接触式的接续方式,各方面要求较低。光纤的连接较为困难,它不仅要求连接处的接触良好,且要求两端光纤的接触端中心完全对准,其偏差极小。因此,技术要求极高,如要求配备有高新技术的接续设备和监测仪器以及具有相应水平的技术人员。否则无法保证光纤连接的质量。

(3) 劳动保护

使用光纤光缆连接设备时,如连接不好或光纤发生断裂,会使人们受到光波辐射,对人的眼睛有可能受到损害。为此,要求参加光纤光缆施工的人员必须经过严格培训,有一定专业知识,才可参加施工和维修。在施工中,必要时应采取一定的保护措施。

2. 光纤光缆敷设施工的一般要求

(1) 必须判定光缆端别,正确确定 A、B 端,A 端应是网络枢纽一侧,B 端是用户一侧,敷设光缆的端别应方向一致,不得使端别排列混乱。

(2) 对运到工地的光缆,要结合工程实际进行合理配盘,与光缆敷设顺序密切结合,应充分利用光缆的盘长,在施工中宜整盘敷设,以减少光缆接头,不得任意配盘和切断光缆。管道光缆接头位置应避开繁忙路口或有碍于人们的工作和生活以及休息等场所。

(3) 光纤接续的操作人员必须经过严格培训,取得操作和使用设备的合格证明才准上岗。光纤熔接机等贵重仪器和设备,应有专人负责使用、搬运和保管。

(4) 在装卸光缆盘时,应使用叉车或吊车,如采用跳板时,应小心细致从车上慢慢滚卸,严禁将光缆盘从车上直接推落到地。在工地滚动光缆盘的方向应与光缆盘绕方向相反,其滚动距离应在 50m 以内,当滚动距离超过 50m 时应使用运输工具。在车上装运光缆盘时,应固定牢靠,不得歪斜和平放。在车辆行驶时车速宜缓慢、注意安全,防止发生事故。

(5) 光缆采用机械牵引时,应用拉力计监视,牵引力不得大于规定值。光缆盘转动速度应与光缆布放速度同步,要求牵引的最大速度为 15m/min,并保持恒定。光缆出盘处要保持松弛的弧度,并留有缓冲的余量,又不宜过多,避免光缆出现背扣、扭转或小圈。牵引过程中不得突然启动或停止,应互相照顾呼应,严禁硬拉猛拽,以免光纤受力过大而损害。在敷设光缆的全过程,应保证光缆外护套不受损伤,密封性能良好。

(6) 光缆如在地下通信管道中敷设时,应单独占用管孔。如管材是多孔的混凝土管,且管孔内径为 90mm 时,应在管孔中穿放塑料子管,塑料子管的内径应为光缆外径的 1.5 倍,光缆在塑料子管中敷设。在建筑物内光缆与其他弱电系统的缆线平行敷设时,应有一定间距分开敷设,并固定绑扎妥当。

（7）采用吹光纤系统时，应根据穿放光纤的客观环境条件（屋内或屋外），微管的管径粗细和弯曲次数以及管孔有无异状、光纤芯数和长度等诸多因素，拟定吹光纤的施工方案，选用压缩空气机的大小和吹光纤机等相应设备。

6.5.2 光纤光缆的敷设施工

在智能建筑和智能化小区中的综合布线系统都有采用光缆传输系统，前者为建筑物内的主干光缆，后者是在小区内建筑群体间的主干光缆，上述两种情况虽同是光缆敷设施工，但有很大的区别，不论施工客观环境、缆线建筑方式和具体施工操作都有明显差别。为此，分别予以介绍。

1. 建筑群体间或智能化小区的光缆敷设施工

在智能化小区中的主干光缆一般采用地下通信管道中敷设，不宜采用直埋或架空敷设方式，这里主要介绍地下管道敷设的内容。

（1）在敷设光缆前，根据设计文件和施工图纸对选用穿放光缆的管孔进行核对，如所选管孔需要改变时，应征求设计单位同意。

（2）在敷设光缆前，应逐段将管孔清刷干净和试通，检查合格后才可穿放光缆。如利用已有的多孔水泥管（又称混凝土管）穿放塑料子管，在施工前应对塑料子管的材质、规格、盘长进行检查，均应符合设计要求。一个水泥管孔中布放两根以上的塑料子管时，其子管等效总外径不宜大于管孔内径的85%。穿放塑料子管的方法基本与穿放光缆相同，但需注意以下几点：

1）敷设两根以上的塑料子管、如管材已有不同颜色可以区别时，其端头可不必做标志，如无颜色区别，应在其端头做好有区别的标志，具体标志内容由工程实际需要决定。

2）布放塑料子管的环境温度应在 −5～35℃ 之间，在过低或过高的温度时，尽量避免施工，以保证塑料子管的质量不受影响。

3）连续布放塑料子管的长度不宜超过300m，并要求塑料子管不得在管孔中间有接头。

4）牵引塑料子管的最大拉力不应超过管材的抗张强度，在牵引时的速度要求缓和均匀。

5）穿放塑料子管的水泥管孔，应采用塑料管堵头（也可采用其他方法）在管孔口处安装，使塑料子管固定。塑料子管布放完毕应将子管口临时堵塞，以防异物进入管内；近期不会穿放缆线的塑料子管必须在其端部安装堵塞或堵帽。塑料子管在人孔或手孔中应按设计规定预留足够的长度，以备使用。

（3）光缆的牵引端部的端头应预先制成。为防止在牵引过程中产生扭转而损伤光缆，在牵引端头与牵引绳索之间应加装转环，避免牵引光缆时产生扭转而损伤光缆。

（4）光缆采用人工牵引布放时，每个人孔或手孔中应有专人帮助牵引，同时，予以照顾和解决牵引过程中可能出现的问题。在机械牵引时，一般不需每个人孔有人，但在拐弯人孔或重要人孔处应有专人照看。整个光缆敷设过程，必须有专人统一指挥，严密组织，并配有移动通信工具进行联络。不应有未经训练的人员上岗和在无通信联络工具的情况下施工。

（5）光缆一次牵引长度一般不应大于1000m。超长距离时，应将光缆采取盘成倒8字形状，分段牵引或在中间适当地点增加辅助牵引，以减少光缆张力，提高施工效率。

（6）为了在牵引过程中保护光缆外护套不受损伤。在光缆穿入管孔或管道拐弯处或与其他障碍物有交叉时，应采用导引装置或喇叭口保护管等保护。此外，根据需要可在光缆四周涂抹中性润滑剂等材料,以减少牵引光缆时的摩擦阻力。

(7) 光缆敷设后,应逐个在人孔或手孔中将光缆放置在规定的托板上,并应留有适当余量,避免光缆过于绷紧。在人孔或手孔中的光缆需要接续时,其预留长度应符合表6.5中的规定。

光缆敷设的预留长度 表6.5

敷设方式	自然弯曲增加长度(m/km)	人孔或手孔内弯曲增加的长度(m/人孔或手孔)	接续每侧预留长度(m)	设备间每侧预留长度(m)	备 注
管道光缆	5	0.5~1.0	一般为6~8	一般为10~20	① 其他预留按设计要求 ② 管道光缆引上地面部分每处增加6~8m

在设计中如有特殊预留长度的要求,应按规定的位置妥善留足和放置,例如预留光缆是为了将来引入新建的建筑物内,光缆可放在建筑物附近的人孔内。

(8) 光缆在管道中间的管孔内不得有接头。当光缆在人孔中不设接头时,要求将光缆弯曲放置在电缆托板上固定绑扎牢靠,光缆不得在人孔中间悬空通过。它将会影响人员进出人孔,且有碍于施工和维护,增加对光缆的损害机会。

(9) 光缆敷设后,应检查外护套有无损伤,不得有压扁、扭伤和折裂等缺陷。光缆与其接头在人孔或手孔中均应放置在铁架的电缆托板上予以固定绑扎,并应按设计要求采取保护措施,保护材料可以采用蛇形软管或软塑料管等管材,也可在上面或周围设置绝缘板材隔断,以便保护。此外,还应注意以下几点:

1) 穿放光缆的管孔出口端应封堵严密,以防水分或杂物进入管内。

2) 光缆及其接续应有识别标志,标志内容应按规定要求,如光缆型号和规格及用途等。

3) 在严寒地区应按设计要求采取防冻措施,以防光缆受冻损伤。

(10) 当管道的管材为硅芯管(简称硅管)时,敷设光缆的外径与管孔的内径大小有关,因为硅管的内径与光缆外径的比值会直接影响其敷设光缆的长度,尤其是采取气吹敷设光缆方法,工程中常把这个比值作为参照系数,根据以往工程经验,此系数选择在2~2.3时最佳,它有利于采用气吹敷设光纤光缆的长度增加。现以目前最常用的几种硅管规格为例,列于表6.6中,供使用参考。

硅芯管内径和光纤光缆外径适配 表6.6

光纤光缆外径(mm)	11 以下	12	12.5	13.5	14	15	16	17
硅芯管内径(mm)	26	26.28	26.28	28	28.33	28.33	33	33
光纤光缆外径(mm)	18	19	20	21	21.5	23	24	25
硅芯管内径(mm)	33.42	33.42	33.42	33.42	42	42	42	42

如光缆外径大于22mm时,为了使气吹敷设较为顺利,硅芯管的内径应比表中规定适当增大,可采用大一级的管孔内径。

2. 建筑物内光缆的敷设施工

建筑物内光纤光缆的敷设施工基本要求与电缆相似。光缆敷设施工方法也是两种,即由顶层向下垂直布放和由底层向上牵引,通常采用前面一种,具体施工细节与电缆相似。在光缆敷设时需注意以下几点。

(1) 建筑物内主干布线子系统的光缆一般装在电缆竖井或上升房中,从设备间到各个楼层的干线交接间(又称干线接线间)之间敷设,成为建筑物中的主要骨干线路。为此,光缆应敷设在槽道内(或桥架)或走线架上,缆线应排列整齐,不应溢出槽道(或桥架)。槽道等的安装位置应正确合理,安装牢固可靠。为了防止光缆下垂或脱落,尤其是垂直敷设段落。因此,在穿越每个楼层的槽道上、下端和中间,均应对光纤光缆采用切实有效的固定装置,例如用尼龙绳、塑料带捆扎,使光缆捆扎牢固稳定,但捆扎要适度,不宜过紧,避免使光缆的外护套变形或损伤,影响光纤传输光信号的质量。

(2) 光纤光缆敷设后应细致检查,要求外护套完好无损,不得有压扁、扭伤、折痕和裂缝等缺陷。如出现异常,应及时检测,予以解决,尤其是严重缺陷或有断纤现象,应经检修测试合格后才能使用。此外,光缆敷设后的预留长度必须符合设计要求或按需要来决定。光缆的走向合理、曲率半径符合规定,缆线的转弯状态应圆顺,不得有死弯和折痕。

(3) 在光纤光缆的同一路由上,如有其他弱电系统的缆线或管线,且与它们平行或交叉敷设时,应有一定间距,要分开敷设和固定,各种缆线间的最小净距应符合标准,以保证光缆安全运行。

(4) 光缆全部固定牢靠后,应将光缆穿越各个楼层的所有槽洞或管孔等空隙部分,先用堵封材料严密封堵,再加堵防火堵料,以求防潮和防火效果。

3. 光纤光缆的接续和终端

(1) 光纤光缆连接的类型和施工内容

光纤光缆连接是综合布线系统工程中极为重要的施工项目,按其连接类型可分为光纤光缆接续和光纤光缆终端两类。它们虽然都是光缆连接形成光通路,但有很大区别。光缆接续是光纤光缆互相直接连接,中间没有任何设备,它是固定连接或称固定接续;光缆终端是中间安装接续设备,例如光缆接线箱(LIU,又称光纤互连装置或光缆接续箱)和光缆配线架(LGX,又称光纤接线架),两端光缆分别终端连接在这些设备上,利用光纤跳线或连接器进行互连或交叉连接,形成完整的光通路,它是活动连接或称非永久接续。因此,它们的施工内容和技术要求有所不同,且各有特点和规定要求。在综合布线系统工程中如果采用光缆传输系统,必然有上述两种光缆连接,在施工中必须按设计要求和有关操作规程进行,以保证光纤光缆能正常使用。

光纤光缆接续的施工内容包括光纤接续、铜导线、金属护层和加强芯的连接、接头损耗(或称衰减)测试、接头套管(盒)的封合(或安装)以及光缆接头的保护措施的安装等。上述施工内容均应按操作工艺的顺序依次进行,以便确保施工质量。

光纤光缆终端的施工内容一般不包括光纤光缆终端设备的安装。主要是光纤光缆本身终端连接部分,通常是光缆布置(包括光纤终端连接的位置)、光纤整理安排和固定、连接器的制作及插接,铜导线、金属护层和加强芯的终端连接及接地装置等施工内容。

目前,国内外生产厂商提供的光缆终端设备在产品结构和连接方式都有所区别,其附件也有些不一。因此,光缆终端的施工内容会有差别,应根据选用的光缆终端设备和连接硬件的具体情况予以调整,不可能与上面叙述完全一致。

(2) 光纤光缆连接施工的一般要求

1) 在光纤光缆连接前,必须做好以下核对和检查工作,确认正确无误才能施工。

① 核对光纤光缆的型号和规格以及程式等,应与设计要求相符。如有疑问必须查询清楚,正确验证才能施工。

② 光纤光缆的端别必须符合规定,必要时开头检验识别。光纤光缆的端别规定应按标准执行或以生产厂家提供的产品说明书为准。经核对光纤和铜导线的端别均正确无误后,应按顺序进行编号,并作好永久性标记,以便施工和今后维修。

③ 要对光缆的预留长度进行核实,根据光缆接续或光缆终端位置合理的前提下,要求在光缆接续的两端或光缆终端设备的两侧,预留的光缆长度必须留足,以利于光缆接续或光缆终端。按规定预留在光缆终端设备侧的光缆,可放在该设备的机房或缆线进线室内,视具体情况来定,但要求是安全位置,当处于易受外界损伤的段落,应采取穿管保护等切实有效的保护措施。

④ 应检查和测试光缆的光纤和铜导线的质量,光纤质量主要是光纤衰减常数、光纤长度等;铜导线质量主要是电气特性等各项指标。

2) 由于光纤光缆的接续和终端都要求光纤端面极为清洁干净,以确保光纤连接后传输特性良好。为此,对光纤光缆连接时的所在环境要求极高,必须清洁干净、整齐有序。在屋内应是干燥无尘、温度适宜、清洁干净的机房;在屋外应是专用光缆接续作业车或工程车内,如因具体条件限制,应在临时搭盖的帐篷内施工操作,严禁在有粉尘的地方或毫无遮盖的露天作业。在光缆接续和终端过程中应特别注意防尘、防潮和防振。光缆各个连接部位和工具以及材料均应保持清洁干净、施工操作人员在作业过程中应穿工作服、戴工作帽,都应保持清洁状态,以确保光纤的连接质量和密封效果。对于采用填充材料的光缆,在连接前,应采用专用的清洁剂去除填充物,并应擦洗干净、整洁,光纤表面不得留有残污和遗渍,以免影响光纤的连接质量。在施工现场对光纤光缆整理清洁过程中,严禁使用汽油等易燃剂料清洁,尤其在屋内更不应使用,以防止发生火灾。

在屋外的光缆连接工作时,如逢不适宜操作的风、雷、雨、雪等潮湿多尘的天气,必须立即停止施工,以免影响光纤接续质量。此外,在屋外作业时,应连续操作不间断,如当日确无法全部完成光缆接续时,应采取切实有效的保护措施,不得使光纤光缆内部受潮或遭到外力损伤,以确保光纤接续质量良好。

3) 在光纤光缆连接施工的全过程,都必须严格执行操作规程中规定的工艺要求。例如在切断光缆时,必须使用光缆切断器切断,严禁使用钢锯以免拉伤光纤;严禁用刀片去除光纤的一次涂层,或用火焰法制备光纤端面等;在剥除光缆外护套时,应根据光缆接头套管的工艺要求和尺寸开剥长度,不宜过长或过短,在剥除外护套过程中不应损伤光纤,以免留有后患。

4) 光纤接续的平均损耗、光缆接头套管的封合或光缆接头盒的安装以及防护措施都应符合设计文件中的要求,或有关标准的规定。

(3) 光纤光缆的接续

光纤光缆接续的施工,应按其操作规程和技术要求执行。

1) 光纤接续

目前,光纤接续一般采用熔接法。为了保证接续质量良好,降低光纤连接损耗,在光纤接续的全过程中应采取质量监视。具体监视方法可见《电信网光纤数字传输系统工程施工及验收暂行技术规定》(YDJ 44—89)中的规定,在光纤接续中应注意以下要求。

① 光纤接续采用熔接法的操作程序如图6.8所示。

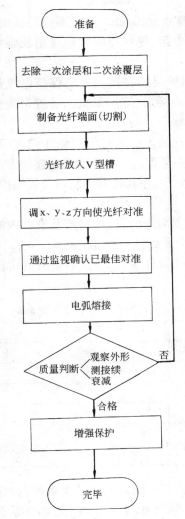

图6.8 光纤接续熔接法流程图

② 使用光纤熔接机时,应严格遵照厂家提供的说明书及要求操作,每次熔接作业前,应将光纤熔接机的有关部位清洁干净。

③ 在光纤熔接前,必须将光纤端面按要求切割,务必合格后才能熔接。在光纤接续时,应将两端光纤按排列顺序一一对应排好,依次接续,不得接错。

④ 在光纤接续全过程中应进行监测,如使用的光纤熔接机缺乏接续质量检验功能,或虽有检测功能但不能保证光纤接续质量时,应使用光时域反射仪(OTDR)进行监测,务必使光纤接续质量符合规定要求,必要时在光纤接续每道工序完成后就进行测试。

⑤ 光纤熔接完成并经测试合格后的光纤接续部位,应立即做好增强保护措施。目前,主要采用热可缩管法,要求加强管收缩均匀,管中无气泡等缺陷。

⑥ 整个光纤接续施工过程的工艺操作(即光纤护套和涂层的去除、光纤端面切割制备、光纤熔接、热可缩管的加强保护等),应连续完成,不得任意中断,使光纤接续程序完整而正确实施,确保光纤接续质量优良。

⑦ 光纤接续全部完成后,应按以下要求将光纤接续固定和收容盘放光纤余长。

a. 光纤接续应按顺序排列整齐,布置合理,应将光纤接头固定,平直安排稳定,不应受力。

b. 根据光缆接头套管(盒)的不同结构,按工艺要求将光纤余长收容盘放在骨架上,光纤的盘绕方向应一致,松紧适度。

c. 余长的光纤盘绕弯曲时的曲率半径应大于规定要求,一般收容光纤的曲率半径不应小于40mm,光纤收容余长的长度不应少于1.2m。

d. 光纤盘留后按顺序收容,不应有扭绞或受压现象,应用海绵等缓冲材料压住光纤形成保护层,并移放入接头套管或接头盒中。

e. 光纤接续的两侧余长应贴有光纤纤芯的标记,以便今后检查修理使用。

⑧ 光纤接续损耗值应符合设计要求和表6.7中的规定。

光纤接续损耗(衰减) 表6.7

光纤类别和光纤损耗(衰减)	多模光纤接续损耗(衰减)(dB)		单模光纤接续损耗(衰减)(dB)	
	平 均 值	最 大 值	平 均 值	最 大 值
光纤接续熔接法	0.15	0.30	0.15	0.30

2）铜导线、金属护层和加强芯的连接

① 如光缆内有铜导线时，铜导线的连接方法有绕接、焊接或接线子连接几种，有塑料绝缘层的铜导线应采用接线子接续。

② 铜导线接续点应距光缆接头中心10cm左右，允许偏差±10mm。有几对铜导线时，可分两排接续。对远供用的铜导线，在接续后应测试直流电阻、绝缘电阻和绝缘耐压强度等，并检查铜导线接续是否良好。

③ 光缆接头两侧如是综合护套和金属护层（一般为铝护层），在接头处应保持电气连接，并按规定要求接地，或按设计要求处理。铝护层的连线连接后，应用聚氯乙烯胶带绕包固定。

④ 加强芯是根据需要长度截断后，再按工艺要求进行连接。一般是将两侧加强芯（不论是金属或非金属材料）按要求处理，再分别固定在金属接头套管（盒）上。加强芯连接方法通常采用压接，要求牢固可靠，并互相绝缘。如是金属接头套管，在其外面用塑料套管保护。

3）接头套管（盒）的封合和安装

① 光缆接头套管的封合应按工艺要求进行。如为铅套管封焊时，应严格控制套管内的温度，封焊时应采取适当的降温措施，要保证光纤被覆层不会受到过高温度的影响。

② 光缆接头套管内应放入防潮剂（以专用袋包装）和接头责任卡，以便日后备查。责任卡的格式如表6.8所示。

光纤光缆接续工作责任卡　　　　　　　　　　　　　　表6.8

施工单位名称		施工单位负责人				
施工日期时间			年	月	日	
			上午　　时至　　时　下午　　时至　　时			
气候条件		天气　　风力　　温度				
施工人员姓名	光纤接续					
	护套封合					
记事						

③ 光缆接头套管若采用热可缩套管时，操作工序应由套管中间向两端依次烘烤，加热应均匀，热可缩套管冷却后才能移动。要求热可缩套管的外形圆整，表面美观，无烧焦等不良现象。

④ 光缆接续和套管封合全部完毕后，应检查和测试有无问题，并做记录备查。如需安装地线时，应注意引出方法和安装的工艺应符合设计要求和标准规定。

⑤ 管道光缆接头应放在人孔正上方的电缆接头托架上，预留光缆的余长应盘成"O"型圈，用扎线捆扎在人孔铁架上固定，"O"型圈应紧贴人孔侧壁，其曲率半径不得小于光缆外径的20倍。

目前，国内外生产的光缆接头盒品种较多，各有特点和适用场合，在选用时，应根据光纤光缆的芯数、光缆外径和敷设方式以及使用场合来考虑。

（4）光纤光缆的终端

1）光缆终端的连接方式

综合布线系统的光纤光缆终端都在设备上或终端盒，在设备上是利用其装设的连接硬件,如耦合器、适配器等器件,使光纤互相连接。终端盒则采用光缆尾纤与盒内的光纤连接器连接。这些光纤连接方式都是采用非永久性的活动接续,且分为光纤交叉连接(又称光纤跳接)和光纤互相连接(简称光纤互连,又称光纤对接)两种。

① 光纤交叉连接

光纤交叉连接与铜导线电缆在建筑物配线架或交接箱上进行跳线连接是基本相似,它是一种以光缆终端设备为中心,对线路进行集中和管理的设施。目的是为了便于线路维护管理而考虑设置,既可简化光纤连接;又便于重新配置,新增或拆除线路等调整工作。在需要调整时,一般采用两端均装有连接器的光纤跳线或光纤跨接线,按标准规定,它们的长度都不应超过10m。在终端设备上安装的耦合器、适配器或连接器面板进行插接,使终端连接在设备上的输入和输出光纤光缆互相连接,形成完整的光通路。目前,这种光缆终端设备较多,有光缆配线架(LGX)、光缆接线箱(又称光缆连接盒、光缆端接架、光缆互连单元 LIU)和光缆终端盒等多种类型和品种,它们的规格和容量都有很大的区别,有几芯到几十芯,甚至百芯以上,选用时应根据网络需要、装设场合和光缆规格以及敷设方式等来考虑。

② 光纤互相连接

光纤互相连接是综合布线系统中较常用的光纤连接方法,有时也可作为线路管理使用。它的主要特点是直接将来自不同的光缆的光纤(例如分别是输入端和输出端的光纤),通过连接套箍互相连接,在中间不必通过光纤跳线或光纤跨接线连接。因此,在综合布线系统工程中如考虑对线路不是经常性的进行调整工作时,且要求降低光能量的损耗,常常使用光纤互连模块,因为光纤互相连接的光能量损耗远比光纤交叉连接要小。这是由于光纤互相连接中的光信号只通过一次插接性连接,而在光纤交叉连接中,光信号需要通过两次插接性连接,还有一段跳线或跨接线的损耗。两者相比,各有其特点和用途,光纤交叉连接在使用时较为灵活,但它的光能量损耗会增加一倍。光纤互相连接是固定对应连接,灵活运用性差,但其光能量损耗较小。这两种连接方法应根据网络需要和设备配置来决定选用。

这两种连接方法所用的连接硬件,均有用作插接连接器的光纤耦合器(如 ST 耦合器)、固定光纤耦合器的光纤连接器面板或嵌板等装置,以及其他附件。此外,还有识别线路的标志,都是在光缆终端处必须配备的元器件。具体数量的配置和安装方法因生产厂家的产品不同而有区别,在安装施工时,必须加以熟悉和了解。

2) 光纤连接器的种类和与光纤的连接

在综合布线系统中使用的光纤连接器种类较多,如 ST 连接器、SC 连接器、FC 连接器、FDDI 介质界面连接器(MIC)和 ESCON 连接器等,其中以 ST 光纤连接器使用最多,它主要用在单根光纤的端部,以便在光电终端设备上交叉连接或互相连接,在综合布线系统所有单根终端应用时均采用 ST 光纤连接器,它与光缆接线箱(又称光缆互连单元,LIU)和光缆配线架上的 ST 光纤连接耦合器配合使用。目前,常用的标准型 STⅡ 光纤连接器有陶瓷和塑料两种,其长度为 2.26cm,平均损耗陶瓷的为 0.4dB,塑料为 0.5dB,运行温度为 −40℃ 到80℃(有 ±0.1 的平均性能变化)。

现以常用的 STⅡ 光纤连接器的光纤安装方法为主进行介绍。

STⅡ 光纤连接器在光纤端部安装的操作工艺较为复杂细致,且技术要求也高,通常的程序是:

① 在剥除光缆外护套时,用刀切割外护套的深度和剥除外护套的长度,均应按标准规

定的要求,在剥除外护套时不得损伤光纤。

② 根据不同类型的光纤和不同类型的STⅡ插头,对需要安装的光纤做好标记。

③ 根据光纤不同的外衣和涂覆层采用不同的剥线器,将光纤的涂覆层和外皮剥除。在整个剥除过程中应注意以下几点:

a. 剥线器的刀片等必须清刷干净,不应留有粉尘,剥线前后均应清刷刀片。

b. 用浸有酒精的纸或软布,擦去光纤上残留的外皮或粉尘,要求细心擦拭两次才合格,擦拭时不能使光纤弯曲或受损。

c. 不要用干纸或干布擦拭已无外衣的光纤,以免造成光纤表面毛糙的缺陷,不应触摸裸露而且干净的光纤,或将光纤与其他物体接触,使光纤表面产生油污不洁的地方。

④ 将准备妥当的干净光纤存放在事先处理干净的专用"保持块"中,光纤按顺序依次存放,裸露的光纤部分应悬空,如光纤弄脏,应重新加工再用浸有酒精的纸或软布细心擦拭两次。

⑤ 将光纤安装到STⅡ型连接器的插头中,并用注射器把环氧树脂注入连接器插头内,使光纤上涂上一薄层均匀环氧树脂外衣。要求光纤必须从连接器中间正确插入,与连接器的洞孔关系符合标准要求,光纤插入后不应中断或受损,以免造成今后的隐患。

⑥ 将光纤与连接器放在专用的电烘烤箱中烘烤约 10min 后取出,放在"保持块"上冷却,使环氧树脂固定光纤、连接牢靠。在烘烤前后的整个过程,不得用手拿光纤部分,只能拿连接器的主体,以保持光纤清洁、牢固,以免受力损坏或弄断光纤。

⑦ 用专用刀具在连接器插头的尖端伸出的光纤上刻痕,去除多余光纤的端部,要求光纤在连接器插头尖端内不能有折裂等缺陷,应完美无损,以便将光纤端面磨光处理。此外,在连接器的插头尖部不得有残留的环氧树脂,如发现,应用干净的单边剃须刀细心去除干净。

⑧ 对光纤端部磨光,这是光纤连接器制作的最关键的工艺。要求所有磨光工具和物品都应清洁干净,采用浸有酒精的纸或软布擦拭清洁。要按规定的操作工艺和施工程序磨光光纤端部,在磨光时要特别小心不得使光纤末端粉碎或折裂,要及时检查连接器尖端的平滑区的磨光情况,经过最终磨光和最后检查,确认所磨的光纤末端可以使用,即是符合要求的连接器。如不是立即使用,应用保护帽将其端部覆盖保护。如检查不符合要求,应重新端接加工。

3) 光纤光缆终端的基本要求

① 在安装光纤光缆终端设备的机房内,光缆和光缆终端接头的布置应合理有序,安装位置应安全稳定,其附近应没有可能损害它的外界设施,例如热源或易燃物质等。

② 为保证连接质量,从光缆终端接头引出的尾巴光缆或单芯光缆的光纤所带的连接器,应按设计要求和规定插入光纤配线架上的连接硬件中。如暂时不用的光纤连接器,可以不插接,但应在连接器插头端盖上塑料帽,以保证其清洁干净,不受污染。

③ 光纤在机架上或设备内(如光纤连接盒),应对光纤接续要妥善保护。光纤连接盒储纤装置的内部结构有固定和活动两种,活动结构有如抽屉式、翻转式(又称书页式)、层叠和旋转式等。不论哪种储纤装置中,光纤盘绕应有足够的空间,其曲率半径应符合标准规定,以保证光纤正常运行。

④ 利用屋外光缆中的光纤制作连接器时,其制作工艺要求应严格按照操作规程执行。光纤芯径与连接器接头的中心位置的同心度偏差,应达到以下要求(采用光显微镜或数字显

微镜检查):

    a. 多模光纤同心度偏差应小于或等于 $3\mu m$;

    b. 单模光纤同心度偏差应小于或等于 $1\mu m$。

    此外,其连接的接续损耗也应达到规定指标。如上述两项不能达到规定指标,尤其是超过光纤接续损耗指标时,不得使用,应剪掉接续重新制作,务必合格才准使用。

    ⑤ 所有的光纤接续处(不论哪种接续方法)都应有切实有效的保护措施,并要妥善固定,牢固可靠。

    ⑥ 光缆中的铜导线应分别引入业务盘或远供盘等进行终端连接。金属加强芯、金属屏蔽层(铝护层)以及金属铠装层均应按设计要求,采取接地或终端连接。要求必须检查和测试上述措施是否符合规定。

    ⑦ 光纤跳线或光纤跨接线等的连接器,在插接入适配器或耦合器前,应用沾有试剂级的丙醇酒精的棉花签擦拭连接器插头和耦合器或适配器内部,进行清洁干净,才能插接。并要求耦合器的两端插入的 ST 连接器端面在其中间接触紧密。

    ⑧ 在光纤、铜导线和连接器的面板上均应设有醒目的标志,标志内容应正确无误,清晰完整(如有光纤序号、用途等)。

    4. 光纤光缆的测试

    目前,光缆传输系统都采用标准类型的光纤、发射器和接收器。例如,在综合布线系统工程中大都使用 $62.5\mu m/125\mu m$ 的多模光纤、发光二极管(LED)光源,标称工作波长在 850nm。这样,就大大便于测试工作,且减少测试中的不确定性,更有利于不同生产厂家的设备能够适应。因此,在测试工作时,很简便地将光纤与仪器连接使用,其可靠性和重复性均很好。

    光缆测试的项目较多,其中主要是对光纤损耗的测试,目的是要知道光信号在光纤路径上的传送情况,以便保证和提高传输质量。

    光信号是光纤路径的一端的光源所发出,这个光信号从光纤路径的发送端传送至接收端,经历了相当长的光纤路径,会有一定的光能量损耗。这个光能量损耗的大小决定于光纤本身的长度和传输特性,且与连接器的数量和接续多少有关。当光纤损耗值超过某个标准规定的限值后,表明这条光纤路径是有缺陷的。因此,在光纤光缆施工完毕后,应对光纤进行测试,有助于检验光纤光缆施工质量。

    (1) 测试仪器的校核和测试前的准备

    1) 测试仪器的校核调整

    目前,在综合布线系统中对光缆传输系统测试的仪器不少,较常用的是光纤损耗测试仪,它的主机是由检波器、光源模块接口、发送和接收电路以及供电电源等部分组成。此外,还有光源模块、光连接器的适配器和 AC 电源适配器等。

    为了保证取得准确的测试结果,除必须保持仪器的光界面的清洁干净外,还应进行初始的校核调整和能级测试。上述校核调整和能级测试应按仪表说明书进行,并在施工前进行。

    在施工现场应对光纤损耗测试仪进行调零,以消除能级偏移量,因测试非常低的光能级时,不调零会引起很大误差,调零后还能消除测试光纤跳线的损耗。为此,在位置 A 用跳线将仪器的光源(输出端口)和检波器插座(输入端口)连成环路,在另一端位置 B 同样连接,测试人员应在两个位置分别对仪器调零。如图 6.9 所示。

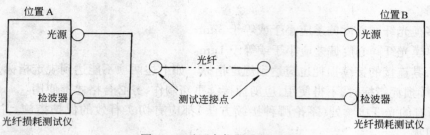

图 6.9　对两台仪器进行调零

2）测试前的准备工作

在光纤光缆测试过程中必须有一定条件。为此,在测试前应做好以下工作,有利于测试顺利进展。

① 为了有利于在发送或接收两端均可进行测试,要有两个光纤损耗测试仪,并各备有 2 条光纤测试跳线,分设在被测试的光纤两端,以备测试光纤传输损耗。

② 为了便于光纤两端的测试人员及时联络,应有互相联系的移动通信工具。

③ 要准备红外线显示器,可用作确定光能量是否存在,以便判断。

④ 劳动保护用品应配备齐全。例如眼镜,每个测试人员必须配备和戴上,以保护眼睛不受损伤。

（2）光纤的测试

光纤损耗测试通常采取两个方向进行,如图 6.10 所示。

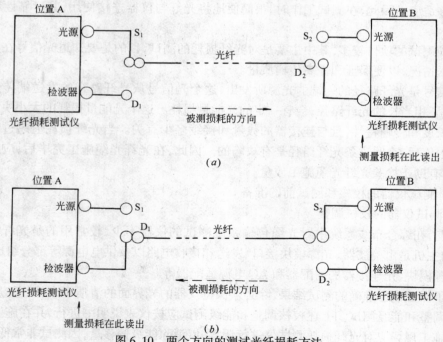

图 6.10　两个方向的测试光纤损耗方法

（a）在位置 B 测试的损耗;（b）在位置 A 测试的损耗

1）由位置 A 向位置 B 的方向测试光纤损耗,如图 6.10（a）所示:

① 在位置 A 的光纤损耗测试仪上,将检波器插座处断开跳线 D_1,把跳线 S_1 连接到被

384

测试的光纤上。

② 在位置 B 的光纤损耗测试仪上从光源插座处断开跳线 S_2，不与被测光纤连接。

③ 在位置 B 的光纤损耗测试仪上从检波器插座处用跳线 D_2 与被测光纤连接形成通路。

④ 在位置 B 处的光纤损耗测试仪测试 A 到 B 方向的光纤损耗，在位置 B 的光纤损耗测试仪上读出 A 到 B 方向的光纤损耗值。

2) 由位置 B 向位置 A 的方向测试光纤损耗，如图 6.10(b)所示：

① 在位置 B 处的光纤损耗测试仪上，将检波器插座处断开跳线 D_2，把跳线 S_2 连接到被测的光纤上。

② 在位置 A 的光纤损耗测试仪上从光源插座处断开跳线 S_1，不与被测光纤连接。

③ 在位置 A 的光纤损耗测试仪上，从检波器插座处用跳线 D_1 与被测光纤连接形成通路。

④ 在位置 A 处的光纤损耗测试仪测试 B 到 A 方向的光纤损耗，在位置 A 的光纤损耗测试仪上读出 B 到 A 方向的光纤损耗值。

3) 为了消除在双向测试过程中有可能产生的任何方向性的偏差。通常将上述两个方向的光纤损耗值取平均光纤损耗值作为结果值(L)，其计算公式为：

$$L = (L_{AB} + L_{BA})/2$$

式中　L_{AB}——A 到 B 方向的光纤损耗；

　　　L_{BA}——B 到 A 方向的光纤损耗。

4) 逐条测试并记录测试数据

对光缆中所有光纤逐条测试，按上述测试方法测出结果后，按照上述公式计算出每条光纤的平均光纤损耗值(L)，作为综合布线系统工程的原始记录，其记录表格形式见表 6.9。

光纤损耗测试记录　　　　　　　　　　表 6.9

光缆编号		测试日期		测试要求最大期望损耗小于(dB)	
测试地点	A 的位置		测试人员姓名签字	A 的位置	
	B 的位置			B 的位置	
光纤编号	工作波长(nm)	在 A 位置的光纤损耗读数 L_{BA}(dB)	在 B 位置的光纤损耗读数 L_{AB}(dB)		平均光纤损耗 L 为 $(L_{AB}+L_{BA})/2$(dB)
1					
2					
3					
4					
5					
6					
7					
8					
9					
10					
11					
12					

在今后运行过程中,如发现某条光纤工作不正常时,需要进行检查测试,并将现在测试值与上表中最初测试值的原始数据记录进行比较,若高于最初测试的损耗值,说明存在问题,例如测试设备误差或测试方法不正确等问题,也有可能是光纤本身存在问题,这些必须进行细致检查,弄清症结所在。

5) 重复测试

为了更正确地反映或查清光纤实际情况,有必要再次重复测试,如果测试结果的数据高于最初记录的光纤损耗值,说明光纤本身质量不符合使用要求。为此,应对所有的光纤连接器进行清洗干净。此外,应检查测试过程中的方法是否正确,测试跳线本身有无质量问题和连接条件有无错误。如经多次反复测试,重复出现较高的光纤损耗数值时,应检查整个光纤光缆路由上有无不合格的光纤接续、连接器损坏或插接不良、光纤受压或折弯使之变形等各种原因。要求彻底查明光纤损耗值增大的根本原因,并予以解决。最后应进行检修或查清障碍,恢复正常后再次进行校核测试,务必使光纤损耗等传输质量要求符合标准规定时为止,真正达到满足综合布线系统的传输要求。

思 考 题

(1) 目前,国内综合布线系统工程施工和验收的主要依据是什么?

(2) 综合布线系统工程安装施工和竣工验收的基本要求有哪些?

(3) 试述综合布线系统工程的施工准备工作有哪几项?

(4) 综合布线系统在施工前,必须对其主要设备和器材进行检验,其中最主要的是什么?

(5) 综合布线系统工程中设备安装的基本要求有哪些?简述其具体要求。

(6) 试述综合布线系统连接硬件和通信引出端安装的具体要求。

(7) 综合布线系统工程管槽系统安装的一般要求是什么?

(8) 设备间和主干路由上的槽道安装有哪些具体要求?

(9) 水平布线系统的管槽安装有哪些具体要求?其中最主要的是哪些?

(10) 地下电缆管道施工前的准备工作有哪几项?

(11) 地下电缆管道铺设的施工工序主要有哪些,简述其主要要点。

(12) 管道采用的管材有多孔管和单孔管,在施工铺设中有哪些是相同的,又有哪些是不同的?

(13) 建筑手孔或人孔的施工工序有几项?它们之间的差别在哪里?

(14) 地下管道电缆敷设前的准备工作有哪些?为什么要注意电缆的端别,端别是以什么来规定的?

(15) 地下管道电缆敷设时需主要注意哪几个问题?

(16) 地下管道电缆敷设后,需要做哪些后期工序?为什么?

(17) 试述地下管道电缆接续和封合的要点。采取热可缩套管封合时应注意哪些问题?

(18) 为什么要特别注意引入房屋建筑的缆线部分施工?主要注意哪些问题?

(19) 建筑物主干缆线敷设方法有几种?你认为哪种施工方法较理想?为什么?

(20) 试述管径利用率和截面利用率的特点。

(21) 水平布线子系统的缆线有几种敷设方式?较为理想的敷设方式是哪一种?

(22) 光纤光缆和铜线电缆的敷设施工有哪些相同或类似?但有哪些不同?

(23) 光纤光缆在屋内或屋外敷设施工有什么区别?

(24) 为什么光纤光缆在人孔或手孔中以及设备间或交接间内要预留足够的长度,有什么用途?

(25) 硅芯管内径与光缆的外径的适配关系有什么作用?

(26) 分别叙述光纤光缆的接续或终端的施工内容。

(27) 试述光纤接续的施工要点。

(28) 光纤交叉连接和光纤互相连接有什么不同点？它们分别适用在什么场合。

(29) 光纤光缆测试项目较多,其中主要测试项目是什么?

(30) 为什么光纤损耗测试要采取两个方向进行,其目的是什么?

第七章 综合布线系统的工程建设监理

第一节 工程建设监理的梗概

7.1.1 工程建设监理的定义、目的和作用

1. 工程建设监理的定义

工程建设项目监理又称工程建设监理(简称工程监理)本书统称为工程建设监理。

目前,国内对工程建设监理一词尚无真正表示其本质特征或能确切而简要的定义,但从字面上分析和运用中证实,它的确切涵义应该是对一个工程建设项目,需要采取全过程、全方位、多目标的方式进行公正客观和全面科学的监督管理,也就是说在一个工程建设项目的策划决策、工程设计、安装施工、竣工验收、维护检修等阶段组成的整个过程中,对其投资、工期和质量等多个目标,在事先、中期(又称过程)和事后进行严格控制和科学管理。

目前,在某些通信工程建设项目中却常常把工程建设监理与施工监理混为一起,看作等同的涵义。从上面定义可以看出施工监理只是工程建设监理全过程中的一个短暂的施工阶段,显然不是全过程监理。因此,这两个词不宜等同混用,必须予以区别。

2. 工程建设监理的目的

在我国建设部、国家计委于 1995 年联合颁布的《工程建设监理规定》的文件和有关规定中,对工程建设监理的目的有明确的规定,主要是为了确保工程建设项目的质量,提高工程建设项目的管理水平,充分发挥投资效益,并使我国工程建设监理事业适应国际建设市场要求,建立具有中国特色的工程建设监理制度,促进我国各项工程建设事业健康发展。

工程建设监理是一项综合性的管理业务,主要是按照行政法规(如监理法规和合同法等)和各种制度(如财务制度)进行监督管理。它的工作内容既包含有经济的(如工程概、预算定额和各种费率),又有技术性(如各种设计和施工技术标准及规范)等各方面监督管理,其工作性质涉及咨询、顾问、监督、管理、协调、服务等多种业务。它们之间错综复杂、互相渗透、不易独立或分割。具体来说一个工程建设项目在实施过程中,要严格要求工程建设监理单位和从事这项工作的管理人员,必须依据工程建设行政法规、经济指标和技术标准以及有关规定,综合运用法律、经济、行政、技术各个方面的规定要求以及相关政策,约束所有参与工程建设项目的单位和成员,减少和消除在实施过程中所有行为的随意性和盲目性,以免造成错误或不良后果,确保在工程建设项目整个过程中各种建设活动和行为的合法性和科学性,从而得到正确而理想的目标。

工程建设监理的全面要求是对工程建设项目的投资、质量和进度等目标,进行切实有效的控制和管理,对参与工程建设项目的各方,要求共同实现合同的约定,这就是具体实现工程建设项目最佳的综合效益,也是最终的目的。

3. 工程建设监理的作用

在我国实行工程建设监理起步较晚，目前，在通信工程建设领域中仍处于初级阶段，但是工程建设监理体制的实施，已经成为我国通信工程建设领域中的一项基本制度。在不少通信工程中（包括综合布线系统工程），实践结果证明，工程建设监理制对于确保工程质量、控制工程造价和加快建设工期以及在协调参与各方的权益关系都发挥了重要的作用，这是国家、社会各界以及有关方面都已接受和认可的。这就证明，实施工程建设监理制是势在必行，且是一项重要的关键性举措。

根据我国于1988年开始实施工程建设监理制，迄今已有十余年，在不少工程（包括通信工程）中都普遍具有以下作用和效果：

(1) 全面提高工程建设项目的整体质量，确保各项工程建设项目都能正常运行，为国家增加各项效益和增强综合国力创造有力的物质基础。

(2) 有利于提高基本建设领域中的工作效率，缩短工程建设周期，加快和促进建设进度，形成平稳而高速发展的态势。

(3) 充分发挥各方面的潜力，共同采取切实有效的措施，全面控制工程建设投资，在保证工程质量和工程进度的前提下，节约工程建设费用。

(4) 由于工程建设监理单位和人员直接参与工程建设监督管理，有利于精简建设单位的组织机构和减少管理人员。

(5) 引入工程建设监理的先进管理体制，不仅提高我国工程建设事业的管理水平，也有利于尽快与国际惯例接轨，且可参与国际市场竞争。

7.1.2 我国工程建设监理体制和监理方式

1. 工程建设监理体制的改革

众所周知，过去传统的工程建设项目管理体制主体是由建设单位（有时称业主）与设计或施工单位组成的两元结构，而且是以建设单位与施工单位为主。显然，这种两元结构必然产生主从关系，任何一方都难以从整个工程建设项目全面考虑，所以要公正客观地来判断和处理工程建设过程中出现的矛盾和问题，一般是较困难的或不易完善解决。

根据我国建设部和国家计委于1995年联合发布的《工程建设监理规定》中，明确规定"工程建设监理是指监理单位受项目法人的委托，依据国家批准的工程项目建设文件、有关工程建设的法律、法规和工程建设监理合同以及其他工程建设合同，对工程建设实施的监督管理"。

上述规定为我国工程建设监理体制的改革，提供了法规和依据。根据规定在国内工程建设领域中，采取的工程建设监理体制形成三元结构，增加了秉公依法监理的第三方，以施工阶段来说，其管理体制是由建设单位、工程监理和承包施工的三方组成。按照国家法规和建设项目要求，以签订的合同为纽带，规定各方面的职、权、利和责任范围，对各方都必须按合同中约定的条款执行，以提高工程建设项目的工程整体质量和科学技术水平为目的，采取既互相协作，又彼此制约的新体制，从工程建设管理组织体系上改变了传统的单纯管理模式的体制，这就避免过去经常发生的弊病，有利于公正、客观地判断和处理工程建设过程中出现的问题。因此，实行工程建设监理是在基本建设领域中较为重大的改革，其效果和作用已在前面叙述，是极为显著的。

2. 工程建设监理方式

工程建设监理方式如按监理机构或单位的性质来分，目前主要有以下两种：

（1）行政监理方式

行政监理方式有时称政府监理方式，它是指由国家主管建设的部门（例如建设部和各省市建委等政府机构）对工程建设领域中的所有项目，依法进行监督和管理，实现政府监理职能，以维护国家和人民利益为根本，保证建设市场规范化和法制化，使工程建设项目顺利进行。

行政监理方式主要包含以下内容：

1）制定各种法规、标准和规范以及规定

政府主管建设的部门根据社会主义市场经济的需要，并与国际惯例相吻合，制定相应的监理法规、标准和规范以及规定。这些法规等依据是政策性文件，以便在具体执行中有章可循、有法可依，具体实现行政监理的职能。法规、标准和规范以及规定，目前主要有建设监理法规、发包和招投标法规及合同管理法规；设计、施工和竣工验收技术标准；工程质量检验和评定的方法，施工安全监督规程，以及各种概预算定额、费率等规定。

2）依法对建设市场等进行监督管理

依法监督管理包含有对建设市场监理，对法规、标准和规定的实施监理以及对监理单位资质的管理等。依法监督管理是为了使建设市场健康发展、各项工程顺利进行。必须监督管理发包和招投标的规定实施、审查和批准设计、施工、监理等单位的资质，监督合同的履行，甚至审核工程设计是否符合技术标准、安装施工是否符合保证工程质量和满足防火、安全等具体规定。有时还应主持正义，正确处理工程建设项目中的各种争议，协调各方面的矛盾和关系等。

从上面可以看出行政监理方式是一种政府行为，它是具体实现政府监理职能。因此，具有强制性和法律性等特点，对于工程建设领域中的具体监督管理侧重于全面性和综合性，所以它是对工程建设领域的总体进行宏观的监督管理。

（2）专业监理方式

专业管理方式有时称社会监理方式，它是指由建设单位委托和授权给具有独立性、社会化和专业化的工程建设监理单位，按照工程建设项目的性质和特点，对其实施的全过程进行监督管理，依据国家法规、政策、经济合同和技术标准等规定要求实现监督管理，采取组织、技术、经济、合同等各种措施或手段，对工程建设项目的投资、质量和工期等目标以及合同的执行进行有效控制，以求工程建设项目保质、低耗和如期完成。有关这方面的内容较多，将在以下各节详细介绍。

从上面介绍可以看出专业监理方式是专业工程建设监理单位接受建设单位委托和授权，对工程建设项目全面、全程进行微观性的具体监理，且是以合同方式约定的有偿服务。因此，在具体实施监督管理中都必须具有独立性和公正性以及科学性等特点，工程监理单位和监理人员在工程现场进行监理时，必须以客观和科学的态度，实事求是地来处理一切事项。所以，要求每个工程监理人员应具有相应的职业道德，承担一定的法律责任。

为此，从事工程监理的工作人员必须具备相应的基本素质，它包含有专业技能和组织管理的水平、工作经历和职业道德以及法律知识等。具体内容可见下面对工程建设监理单位和监理人员的要求。

3．工程建设监理的基本管理体制

目前，我国实行工程建设监理的基本管理体制是由以下两部分组成有机结合的整体，即是统一管理、集成整体的系统，又是分工负责、相辅相成的模式，它们是不可分割的完整体制。

（1）统一管理、集成整体的系统

这是指在组织上和法规上形成一个具有强有力的监督管理系统。它把过去传统的由建设单位自行组织管理工程建设的落后封闭式体制，改革为由国家和社会相结合对工程建设实施监督管理的先进开放式体制。这种管理体制是由国家主管建设的部门从组织机构和管理方式以及各种法规上，对工程建设实行宏观管理和有效控制；同时通过公开、公正、公平的竞争，经建设单位与工程监理单位签订委托合同进行微观管理和专业监督。因此，整个工程建设的监督管理的目的和内容是统一和连贯的，虽有分工却集成为一个系统，具有全局性和系统性，具体体现行政监理方式的宏观监理和专业监理方式的微观监理两者相结合，共同构成工程建设监理的完整管理系统。

（2）分工负责、相辅相成的模式

行政监理方式和专业监理方式分别由国家政府部门和社会专业单位实施，各有其分工和职责，它们是互为补充，相辅相成的管理模式。

行政监理方式是依法实施强制性的宏观管理。它的工作范围较宽，覆盖工程建设项目的两个阶段，即工程建设项目的决策阶段和实施阶段。此外，还负责制定各种法规、标准和依法管理建设市场等。其监督管理内容是全面的且具有政策性的。

专业监理方式是对具体的一个工程建设项目的全过程，或某一个阶段实施监理。因此，负责工程建设项目的专业监理单位应按照"公正、独立、自主"的原则，既与建设单位签订委托合同，代表建设单位监督管理，又处于独立的第三方地位，开展工程建设监理工作。在监理工作中自成体系，有独立的组织、方法和手段，按照守法、诚信、公正、科学的行为准则，坚持按照工程合同、国家法律、行政法规、技术标准和有关规定办事，既不受委托监理的建设单位任意指挥和控制，也不应受施工单位或材料供应和生产厂商的干扰和操纵。在整个工程建设监督管理的全过程和所有活动中，要从工程建设项目的全局考虑和整体要求对工程投资、工程质量和建设进度进行全面的严格控制，同时要公正客观地维护建设单位和安装施工单位双方的合法利益和权利。

因此，行政监理和专业监理两者是各负其责，相辅相成，缺一不可的管理模式。虽然，它们分别由不同组织机构或单位负责监督管理，但是它们的对象是统一的工程建设项目主体，任何一项监督管理都不能忽视，这对于工程建设项目的质量、投资和进度都是极为重要的监督管理模式。

7.1.3　国内工程建设监理的法规和依据

由于国内实施工程建设监理工作的时间较晚，处于初级阶段，所以工程建设监理的法规极不完整，相应的政策和规定也不配套。尤其是综合布线系统工程进入国内历史较短，且有种种客观因素，工程建设项目的监理工作处于空白。为此，工程建设监理的法规和依据，急需成龙配套，迅速解决为好，以便加快综合布线系统工程的建设，为我国在智能建筑和智能化小区中的信息网络系统的建设提供有力的依据和标准，为全面作好工程建设监理工作创造条件。

1．工程建设监理的法规

目前，我国工程建设监理的法规主要是国家主管建设的部门——建设部或国家计委制定和发布。从通信工程建设项目领域来看,除通信房屋建筑外,应实施工程建设监理的工程很多,其中有光缆线路工程、地下通信管道工程和综合布线系统工程等,在宏观上都属于市政、公用工程建设项目,且是依附于城市建设、房屋建筑或智能化小区内,它们都是上述项目的基础设施,也是工程建设范畴内的重要部分。因此,按照《工程建设监理规定》文件中的规定,它们是在工程建设监理的范围内,应按该文件中规定的原则执行。

为此,现将我国工程建设监理的主要法规列于表 7.1 中,以便参考查阅。

我国工程建设监理主要法规文件   表 7.1

序号	法规文件名称和文号	颁布部门	颁布时间	说　明	备注
1	《工程建设监理规定》建监[1995]737 号	建设部、国家计委	1995.12.15	该文件自 1996 年 1 月 1 日起实施,原建设部于 1989 年 7 月 28 日颁布的《建设监理试行规定》同时废止 本文件是国内工程建设监理的重要法规,在我国内从事工程建设监理活动,都必须遵守本文件中的规定	在本书附录中列入
2	《工程建设监理单位资质管理试行办法》(即建设部 1992 年第 16 号令)	建设部	1992.1.28	本办法是为了加强对工程建设监理单位的资质管理保障其依法经营业务,促进工程建设监理的健康发展,本办法自 1992 年 2 月 1 日起实施。此外,建设部建设监理司对上述办法发布了实施意见进一步阐明和补充	
3	《监理工程师资格考试和注册试行办法》(即建设部 1992 年第 18 号令)	建设部	1992.6.4	本办法为建设部 1992 年第 18 号令。目的是加强监理工程师的资格考试和注册管理,保证监理工程师的素质,本办法自 1992 年 7 月 1 日起施行	
4	《关于进行监理工程师注册工作的通知》建监工[1994]35 号	建设部监理司	1994.12.9	根据 1992 年第 18 号令,为加强监理工程师队伍管理,促进建设监理工作规范化,本通知从 1995 年 1 月开始监理工程师注册	
5	《建设工程质量管理办法》(即建设部 1993 年第 29 号令)	建设部	1993.11.16	为了加强对建设工程质量的监督管理,明确建设工程质量责任,保护建设工程各方的合法权益,维护建设市场秩序而制本办法 本办法自发布之日起实施,原城乡建设环境保护部颁发的《建筑工程保修办法(试行)》和《建筑工程质量责任暂行规定》同时废止	
6	《工程建设项目报建管理办法》建监[1994]482 号	建设部	1994.8.13	为了有效掌握建设规模,规范工程建设实施阶段程序管理,统一工程项目报建的规定而制定本办法,本办法自发布之日实施	
7	关于印发《工程建设监理合同》示范文本的通知建监[1995]547 号	建设部、国家工商行政管理局	1995.10.9	为了便于双方签订工程建设监理委托合同,特发布本示范文本,该文件包含有《工程建设监理合同标准条件》、《工程建设监理合同专用条件》等内容。此外,还有监理委托函或中标函以及在实施过程中共同签署的补充与修正文件	

上述主要法规基本上都是我国国务院主管工程建设的行政部门——建设部颁发的,这些法规文件中对于工程建设监理单位的资质和管理;对从事工程建设监理工作的监理工程师都有严格的要求,例如他们的基本素质和必备的条件以及考试、注册等管理都有明确的规定。因此,所有工程建设监理单位和工作人员都应严格执行。

2.工程建设监理的依据

工程建设监理的依据是较多的,如仅从总体来说,对于工程项目目标的文件就有项目建议书、可行性研究报告、项目设计任务书、工程设计文件和施工图纸以及各种合同和协议等文件。

此外,还应包括以下几部分,都是工程建设监理的重要依据。

(1)各种技术和经济等方面的标准。例如有设计标准、施工规范、概预算定额和各种费率等。

(2)对工程适用的法律、法规等文件。目前与综合布线系统工程有关的有《中华人民共和国电信条例》、《中华人民共和国建筑法》、《中华人民共和国招标投标法》、《中华人民共和国合同法》和国家有关法规中有关通信及计算机的保密规定等。在工程建设中的一切活动都必须符合这些法律和法规中规定的要求。

(3)在工程项目实施过程中发生或出现的变更文件。如修改设计的变更通知书、技术交底会审记录和建设单位要求减少或增加工程项目内容的文件等。

上述各种依据都对综合布线系统工程的质量控制、投资控制和进度控制有着密切关系和决定性作用。因此,在工程建设监理工作中必须熟悉和掌握,以便监理工作顺利开展。

7.1.4 工程建设监理的分类

任何一个工程项目采用工程建设监理时,有各种类型的监理方式,一般有以下几种划分(或称分解)方法:

1.按工程项目的实施阶段来划分

如按工程建设项目的全过程来划分各个阶段,实施监理。综合布线系统工程一般分为项目策划决策阶段(有时称项目规划阶段)、工程设计阶段(包括勘察工作)、安装施工阶段、竣工验收阶段和运行保修阶段共五个阶段。规模较大,且技术复杂的综合布线系统工程项目有可能增加其他阶段,例如系统检验测试阶段等。各个阶段的监理内容有所不同,且各有其重点和要求。上述项目策划决策阶段的内容在工程项目管理和工程建设规划中都有叙述。工程设计和安装施工阶段中的内容较多,且是工程建设监理工作的重点,将在以后各节详述。

2.按工程项目的系统内容来划分

在综合布线系统工程中有采用建筑群主干布线子系统、建筑物主干布线子系统、水平布线子系统和工作区布线来划分。如是较大型的智能建筑应增加屋内暗敷管槽系统;如是智能化小区时,除上述几个子系统外,有可能增加地下通信管道。可以看出其内容较多,比较复杂化,这种监理方式有时因工作进度或计划安排发生冲突,难免发生实施监理不便的问题,其特点是被监理的对象相对较为集中,不易灵活机动地安排工作。

3.按工程项目的监理和控制内容来划分

在综合布线系统工程中如按监理和控制内容来分,可分为工程项目质量控制、工程项目进度控制和工程项目投资控制以及工程项目合同管理等几种。

上述几种分类方式各有利弊,目前,综合布线系统通常采用第一种和第三种结合的方式,也有只采用第三种的方式。

7.1.5 工程建设监理单位和监理人员的要求

1. 工程建设监理单位

对工程建设监理单位应有以下基本要求：

(1) 工程建设监理单位的机构应相对独立,组织稳定,从事监理工作的人员必须相对固定,一般不宜临时招聘。

(2) 从事工程建设监理工作的人员,应有相应的文化水平和业务素质,尤其是工程管理和施工实践的经验。

(3) 具有中级或中级以上专业技术职称的工程技术和管理人员数量,应按国家和有关部门规定,达到相应等级的监理单位的应有的人数,且专业配套齐全。

(4) 工程建设监理单位的负责人均应经过国家机关认定的监理工作培训单位学习,并取得结业证书,具有高级职称的人员担任。

(5) 工程建设监理单位应按国家规定进行工商企业营业登记和向主管工程监理单位的部门申请定级。核定资质等级后,才能承担相应等级的工程建设监理工作,不得越级承揽任务。

2. 工程监理人员

从事工程建设监理的工作人员主要是监理工程师,他对于工程建设监理工作顺利进行和保证工程项目圆满成功是有十分重要的作用。因此,要求必须具有以下的必备条件和基本素质以及职业道德,才能从事这项监理工作。

(1) 监理工程师必须具备的必备条件

1) 按照国家统一规定的标准,已取得工程师、建筑师或经济师的职称资格;

2) 除取得上述职称资格外,应具有两年以上的工程设计或现场施工的经历,具有一定经验;

3) 取得城市和部门主管建设监理的机关颁发的监理工程师证书或有效证件。

(2) 监理工程师的基本素质

1) 具备一定的政治和经济理论水平。除专业技术知识外,还必须具有经济、管理和法律方面的知识;

2) 具有组织和管理才能,例如制定计划、监督质量、组织施工、管理合同、解决矛盾等。此外,还应具备内外协调能力,灵活应变技巧和迅速处理问题的魄力等;

3) 对从事本身的专业应有较高的技术水平和熟悉的业务知识,通常应是该专业业务的骨干,具有能够完全独立处理的才能和敢于承担责任的气魄;

4) 应具备大学本科以上的学历,并要有丰富的工程实践经验;

5) 应具备爱国遵纪和守法的品质,严格律己,模范遵守监理工程师职业道德的要求;

6) 具有熟练运用计算机、网络的能力,充分运用计算机软件辅助监督管理活动,以适应信息高度发达的现代化社会的需要。

(3) 监理工程师的职业道德守则

1) 全面公正地维护国家、社会、工程项目的建设单位(或业主)、承包单位(如施工单位或供应厂商等)各方的利益,遵循"守法、诚信、公正、科学"的职业准则;

2) 不得以个人名义私自承揽工程建设监理业务;

3) 不得在政府机关或施工、设备制造、材料供应等单位兼职,也不得是施工、设备制造、材料构配件供应单位的合作经营者;

4) 不得出卖、出借、转让、涂改《监理工程师岗位证书》；

5) 不得为监理项目指定承包单位、建筑构配件、设备、材料和施工方法；

6) 不得接受任何可能导致其监理业务判断不公的报酬；

7) 不得泄露所承担监理的工程项目各方认为需要保密的事项；

8) 按照"公正、独立、自主"的原则开展监理工作；

9) 努力学习现代专业技术和监理知识，强化、更新、提高业务能力和监理水平。

此外，还有未取得政府主管部门核发的《监理工程师资格证书》等文件的其他监理工作人员，包括具有一定工作经验和技术专长的监理员、检查员、实验员以及施工现场经验丰富的老工人。他们的主要工作是巡查工程现场、详细记录工程进展等情况(包括与施工有关情况)，他们接受驻地监理工程师的直接领导。所以对他们有关上述基本素质和职业道德等要求相应要低些，适当要求即可，因为他们的职责和权力范围是有限制的。

7.1.6　工程建设监理的组织管理形式

工程建设监理的组织管理形式应根据所监理的工程项目建设规模，系统工程范围和技术复杂程度以及客观环境条件等因素，按照工程建设项目的具体特点，一般采取分层逐级管理的原则，建立相应的管理组织机构。目前，按前述的工程建设监理分类，主要有以下几种工程建设监理的组织管理形式。

1. 按工程建设监理和控制的职能设置组织管理形式

这种组织管理形式一般用于中小型的综合布线系统工程项目，如图 7.1 中所示。

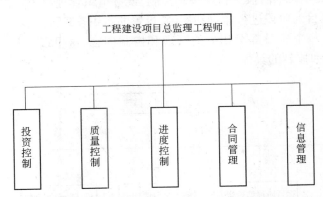

图 7.1　按工程建设监理和控制的职能设置的组织管理形式

当工程建设规模极小的综合布线系统工程项目时，还可将图中某些相关的监理和控制职能加以归并，予以简化；或由项目总监理工程师兼管某个职能，以减少专业监理工作人员数量和提高工程建设监理工作效率。

2. 按工程建设项目的系统内容，分项监理和控制，设置组织管理形式。

按工程建设项目的系统内容，分项监理和控制，设置相应的组织管理形式，通常用于大、中型工程建设项目(包括综合布线系统工程)。由于工程建设项目建设规模较大，尤其是综合布线系统工程中的子系统多而复杂，在建设过程中必须同时进行监理和控制，以达到保证工程质量、进度和投资控制等要求。为此，需要将工程项目分成若干个子系统或单项工程，成立若干个分项目的子项监理组(或称子系统监理组)，分别对子项工程的投资、质量和进度予以控制，达到监督和管理的目的和要求。分项监理和控制的组织管理形式如图 7.2 所示。

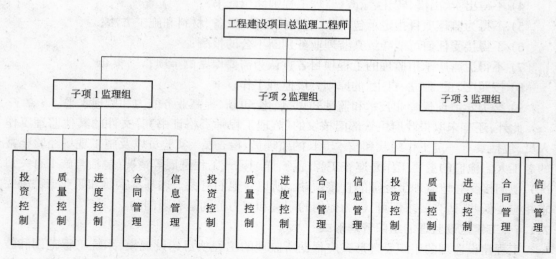

图 7.2 按工程项目的系统内容、分项监理和控制的组织管理形式

    有时为了便于集中管理,统一配置设备和工作人员,图中的合同管理和信息管理直接由工程建设监理单位或工程项目总监理工程师直接负责,或由某个子项监理组兼职,这就形成两级监理的组织管理形式。

    3. 按工程建设项目的阶段进行监理和控制,设置组织管理形式

    按工程建设项目的阶段进行监督和控制,设置的组织管理形式,通常用于大型或特大型的工程建设项目。每个阶段都有相应的管理和控制内容,这里以工程设计阶段为例,在图7.3 中表示其监理和控制的具体内容。

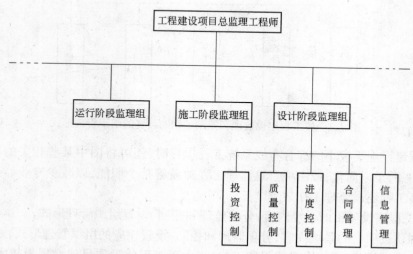

图 7.3 按工程建设项目的阶段监理组织管理形式

    4. 按矩阵制交叉监理和控制的组织管理形式

    矩阵制交叉监理和控制的组织管理形式,适用于大型或特大型的工程建设项目,尤其是专业较多而技术复杂以及工期紧迫的工程,采用这种组织管理形式是将按监理职能和分项

监理交叉管理形成综合监控形式。如图 7.4 所示。

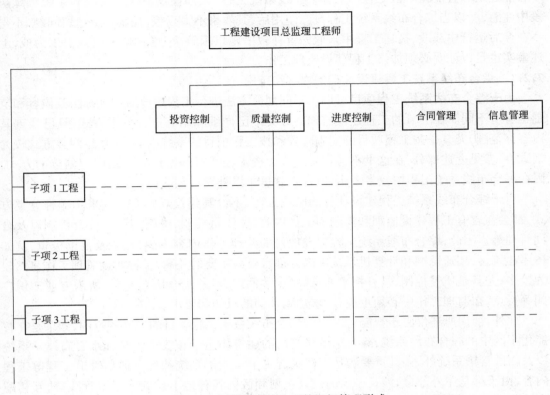

图 7.4 矩阵制交叉监理的组织管理形式

这种组织管理方式的特点是既有利于对各个子项进行监督和控制,并有相应的责任和要求;又有利于职能的监理和控制,达到对整个工程建设项目(包括各个子项)全面的总体管理和控制的目标和要求。由于两者监督管理互相补充和完善,使得工程建设监理工作程序化和标准化。但是应该看到,这种组织管理形式要求极高,它们之间的监理工作必须互相配合协作,监理工作具体实施必须计划细致、周密安排,工作方法必须简便、有效。否则将适得其反,出现监理工作互相矛盾或彼此脱节,甚至产生不应有的少检或漏检等问题,对工程建设项目可能产生严重质量事故。

第二节　综合布线系统工程建设监理的具体实施

在智能建筑和智能化小区中有各种公用设施,综合布线系统是与其他自动化系统有着密切联系的基础设施,尤其它是通信自动化的信息网络系统中的关键环节,其工程质量的优劣对于各个系统能否正常运行都是十分重要的,由于它是通信和计算机组成的信息网络系统中的传输媒介和重要部分,所以对它的工程质量、投资,甚至进度都必须加以重视。

当然,综合布线系统工程的建设规模,不像房屋建筑工程那样庞大,其工程质量也不会像房屋建筑工程因可能发生国家财产损失或人民生命安全的事故而要求极高,显然,它的工程建设投资额度与主体的房屋建筑工程相比,其所占比例是很小的,正由于上述因素,过去对综合布线系统工程建设项目的监理工作有所忽视,没有放在应有的地位来考虑,国内有不少智能建筑和智能化小区工程中的综合布线系统工程,大都仅仅在竣工验收和系统测试阶段中注意,所以当综合布线系统工程投产使用后,其效果不太理想,且有不少遗留问题,不得不在今后运行中或改、扩建工程中采取完善补救措施以求解决,这种现象应该引以为戒,上述事实也足以证明必须加强工程建设监理工作。

7.2.1 综合布线系统工程建设监理的内容和范围

由于综合布线系统工程项目可以用不同划分方法进行工程建设监理,因此,其内容和范围也有所不同。在上节的工程建设监理的分类中已详细介绍有三种分类方式,且已谈到其内容和范围,尤其是按工程项目的实施阶段和按工程项目的系统内容分类,这两类方式较为细致,可参见上述部分,在这里不再叙说。对于按工程项目的监理和控制内容划分的方式,因在综合布线系统工程中较多采用,所以在这里予以补充。

对于综合布线系统工程建设项目的监理工作,不论其建设规模大小或采用哪种分类方式,都会包含有工程建设监理和控制的工作内容,即质量控制、进度控制和投资控制以及合同管理等。因此,综合布线系统工程建设项目的监理工作内容不少,且涉及范围极宽,例如房屋建筑、公用通信网和计算机系统等部分都有极为重要的关系,工程建设监理工作显然较为繁多,尤其是质量控制,具有技术要求高、点多面广、对外配合协调复杂、所需专业知识广阔等特点,在监理工作中必须重视,以求达到预期的目的和要求。

此外,前面所述仅限于智能建筑中的综合布线系统工程项目的内容和范围,如果是在智能化小区中的综合布线系统,除有房屋建筑内的建筑物主干布线子系统和水平布线子系统以及暗敷管槽系统外,尤其重要的是有建筑群主干布线子系统和地下通信管道工程等工程内容,由于都是屋外部分,涉及小区的建设规划和区内各种地上设施或地下管线等,互相配合协作内容较多,且较复杂,必然增加很多对外协调配合事宜。这些工作内容要求在工程建设监理工作中必须认真监督和严格管理,尤其是大部分为重要的隐蔽工程,应该加以重视。同时质量控制点的增多,必然涉及工期进度和工程投资,它们三者有着密切关系,互相制约和彼此影响,在工程建设监理工作必须注意平衡,不宜偏废。

7.2.2 综合布线系统设计的工程建设监理

当智能建筑或智能化小区的工程建设目标、任务及其要求一经确定以后,同时对其配套建设的综合布线系统工程也同样有类似的课题。综合布线系统工程设计是工程建设具体实施的重要步骤,它为整个工程的实施奠定坚实的技术基础,也是确保工程质量和效果的决定因素。因此,工程能否高质量地建成和取得优良效果,是取决于工程设计的工作质量和技术水平。为此,建设单位(业主)和工程建设监理单位应认真审定设计方案、监督设计进度、把好设计质量关。

1. 设计阶段工程建设监理的主要工作

在综合布线系统工程设计阶段,工程建设监理单位应按建设单位授权和委托的要求,做好以下几项工作:

(1)根据建设单位(或业主)对综合布线系统工程的目标和要求以及委托设计任务书的内容,编制勘察设计资金使用、设计进度和工程建设监理等计划;按设计质量标准和工程总体计划要求,督促设计单位要严格执行委托设计合同;与工程设计单位同心协力,配合协调做好工程设计工作和如期完成设计任务。

（2）在整个工程设计阶段要进行跟踪检查或阶段审查,参与由建设单位组织的工程设计方案会审评议和施工前技术交底等活动。对综合布线系统工程设计中的技术方案等重大问题,提出合理建议和改进意见,便于建设单位在决策时有所帮助。如在设计阶段中发现问题应及时向设计单位提出,以便改进和完善;如有不同意见或存在难以定论的议题时,可提请建设单位(或业主)组织专家咨询和讨论,以求妥善处理和协商解决,达到提高工程设计质量的目的。

（3）工程建设监理单位应协助和配合建设单位组织专门会议,对综合布线系统工程设计进行全面的技术和经济评估和质量等级审议,尤其在具体实施后,在工程建设项目中实际的效果和在工程设计中存在的问题,以便使设计单位更好地总结经验教训,提高工作水平。

此外,工程建设监理单位还可以帮助建设单位(或业主)对外协调各方关系,控制工程建设投资额度等,使工程设计中减少失误和矛盾,避免资金浪费和影响工程进度,最终要求是保证工程质量,如期完成设计任务,达到提高综合布线系统工程的实用性和经济性等目标。由于智能建筑和智能化小区的综合布线系统工程规模和系统内容不同,上述的主要工作也有些区别,这点要予以注意。

2．工程设计阶段监理的主要依据

综合布线系统工程设计质量是决定工程质量优劣的主要关键。为此,在工程建设监理工作中必须按照下述几部分主要依据进行监督管理。

（1）各种设计标准和规定

目前,国内现行的与综合布线系统工程有关的主要设计标准和规定有:

1)《大楼通信综合布线系统第1部分:总规范》(YD/T 926.1—2001);

2)《大楼通信综合布线系统第2部分:综合布线用电缆、光缆技术要求》(YD/T 926.2—2001);

3)《大楼通信综合布线系统第3部分:综合布线用连接硬件技术要求》(YD/T 926.3—2001);

4)《建筑与建筑群综合布线系统工程设计规范》(GB/T 50311—2000);

5)《建筑与建筑群综合布线系统工程验收规范》(GB/T 50312—2000);

6)《综合布线系统电气特性通用测试方法》(YD/T 1013—1999);

7)《本地电话网通信管道与通道工程设计规范》(YD 5007—95);

8)《通信管道工程施工及验收技术规范》(YDJ 39—90);

9)《通信管道人孔和管块组群图集》(YDJ 101—90);

10)《建筑与建筑群综合布线系统工程设计施工图集》(YDJ 5082—99);

11)《城市住宅建筑综合布线系统工程设计规范》(CECS 119:2000);

12)《通信管道和电缆通道工程施工监理暂行规定》(YD 5072—98);

13)信息产业部颁发的《建筑与建筑群综合布线系统预算定额》等规定(2000.9)。

（2）其他文件和重要依据

1)综合布线系统工程建设项目申请立项和批复的文件;

2)建设单位(或业主)与工程设计、工程建设监理单位签订的委托设计和监理的合同以及委托任务书等;

3)工程设计和施工图纸;

4）在综合布线系统工程实施过程中发生修改设计的变更通知书（或变更设计）；技术交底会上的会审记录；建设单位要求增减或改变工程内容的文件；设计单位与外界互相协调或协作配合商定和签订的协议；当地政府或有关主管建设的部门对工程中有关问题（如占地等）签发批准的文件等。

3．工程设计的质量控制

在综合布线系统工程设计的质量控制主要体现在以下几个方面，务必各方面均达到要求。

（1）全面完整性

综合布线系统工程设计应力求文件完整无缺，内容尽量系统全面，图纸表达清楚准确，文字叙述条理确切。向建设单位（或业主）提交符合标准，质量优良的工程设计文件。

（2）技术先进性

综合布线系统工程设计中的总体方案和工程技术以及设备器材的选用，应反映当代的科学技术水平，要求结合工程实际，符合标准规定、适当超前配置，不宜采用过于落后的技术和产品，但要反对盲目攀比和追求高新的做法。

（3）实用可能性

工程设计中的技术方案和具体措施都具有切实可行、符合使用需要，且有良好效果，充分体现实用性和可能性。

（4）安全可靠性

工程设计中的总体方案和技术措施应都具有较高的安全可靠性，即其适应变化的能力较强。设计中对于网络组织、设备配置、路由分布和容量确定等重要环节，均有一定的弹性，以便适应今后发生难以估计的变化，达到既能满足目前需要，又能照顾今后发展要求，做到在通常状态和特殊情况下都能适应客观需要。

（5）经济合理性

在设计中要紧抓经济合理性，因为不切合实际地追求技术先进、配备过高标准，都会造成浪费、加大建设投资，在经济上是极不合理的。为此，在设计中必须公正而客观地进行技术经济综合比较分析，以便正确取定结果，真正满足工程实际需要。此外，要对工程设计中的概预算定额和取费规定进行认真审定和使用，以求准确和合理。同时，要考虑工程建设单位的投资能力和有无可能。

上述工程设计几个方面的质量控制要求是最基本的，工程建设监理单位必须重视和予以监管。

综合布线系统工程在智能建筑或智能化小区中是一个附属于主体的工程项目，与其主体工程相比，其设计内容较少、涉及范围不多。因此，在工程设计阶段的监理工作也相对较简单，所以，工程建设监理事宜常与主体工程的监理相结合，以提高工效和减少费用。

7.2.3　智能建筑(居住小区)综合布线系统施工的工程建设监理

智能建筑（居住小区）的综合布线系统在国内正处于开始发展阶段，其工程建设监理尚是新兴的工作，尤其是安装施工阶段的工程建设监理（简称施工监理）。为此，在今后的工程实践中，应继续总结、完善和提高。

1．综合布线系统工程施工监理的一般规定和监理内容以及监理程序

（1）施工监理的一般规定

施工监理是包含有对工程监督和管理以及技术咨询等内容。工程建设监理单位（这里

简称为施工监理单位)是接受建设单位的委托,对建设单位和承包安装施工单位共同建设的综合布线系统工程,实行全方位、全过程的控制和管理,它是必不可少的一个重要环节,以帮助建设单位实现预定的目标和要求。因此,上述三方的地位是平等的,作为施工监理单位应是独立自主的,在施工监理工作中应以公正客观的态度来处理工程中的一切事宜。要以事实为根据,以技术标准为原则,以签订的合同和有关法规及法律为准绳,公正而客观地进行分析研究、采取充分协商、互相谅解、统一认识和妥善解决的方法。施工监理的核心是控制和管理综合布线系统工程的质量目标、进度目标和投资目标,力争在安装施工阶段内对上述三个目标得以严格控制和科学管理,且确保工程全面质量管理,达到预计的成果。根据上述对施工监理的要求,必须遵循以下规定:

1) 施工监理工作的基本要求,是以提高工程质量、控制工程进度和合理使用投资的综合性效益为目标,作为施工监理的指导准则。

2) 施工监理工作应按我国现行的设计、施工和验收的各种标准及规定办理,并要严格执行国家发布的各种法规和法律(如合同法和财经纪律等)。

3) 施工监理工作的内容、规则、程序和方法等,都必须按照我国主管建设或主管信息产业的部门批准发布的有关施工监理的规定严格执行。

4) 参与施工监理的工作人员都必须是严格律己、实事求是、不偏不倚、公正客观地处理工程中的矛盾和问题。尤其是甲乙双方各执己见,难以取得一致时,必须始终不渝,以理服人,绝不应掺杂个人私心杂念或其他不良的因素。处理工程中的问题要求以保证质量和达到标准为中心予以妥善解决。

(2) 施工监理内容

在综合布线系统工程中施工监理的主要内容如下:

1) 工程施工的进度控制和管理

① 工程进度控制的依据和要求

a. 进度控制的依据是由建设单位(或业主)确定智能建筑或智能化居住小区(简称智能化小区)工程建设项目的总目标,其总目标和要求包含工期和投资等内容组成目标体系。

b. 工程施工期限的长短应符合有关合理工期的规定,且应在承包施工合同和工程监理合同中明确写入,各方都应视作贯彻执行和督促检查的依据。工程施工期限的计算,应从施工单位提出的开工日期起算,至工程竣工验收后进入保修阶段日期的前一天为止。

c. 施工单位根据与建设单位签订合同中约定的工期要求,结合综合布线系统工程所在环境和客观条件(例如屋内外各种管线施工状况、屋内装修等诸多专业施工进度等),充分考虑工程施工中互相配合和协作事宜、从施工的关键部位和结合节点进行分析,编制施工进度的具体计划,经审查批准后,应严格按计划执行,把计划看成工程进度控制的主要依据。

② 编制和执行工程施工进度计划

施工单位根据综合布线系统工程中的主要施工工序,按日或周或旬绘制起止日期、工程量完成数、编成工程进度计划。施工单位应严格按照进度计划执行,并按周或旬向建设单位和工程监理单位报送"完成施工工程量申报表"和施工进度情况。工程施工监理单位应派员常驻工地,监督管理和检查核实工程施工进度的实际情况。

③ 及时监督和协调施工进度

为了严格按工程进度计划施工,应由建设单位或委托工程监理单位定期召开现场会议,及时监督和协调施工进度,对工程实际进程采取阶段性核定。对于确有客观因素造成工程进度产生偏差时,应找出原因,采取有力的补救措施,必要时,也可适当调整进度计划,但务必设法使工程进度预计目标得以如期实现。如保证工程进度预计目标不变确有困难而需要调整时,应经施工单位与工程监理单位商定,报请建设单位认可,由建设单位发送书面文件,通知各方作相应的变动或调整。施工单位和工程监理单位都无权限随意改变工程施工进度预计目标。

2) 工程施工的投资控制和管理

综合布线系统工程的投资控制和管理主要体现在控制和核定工程付款(包括预付款和进度款)以及工程结算,工程监理单位应负有投资控制和管理的责任。因此,在工程中使用的工程款项,都必须经工程监理单位签注意见同意后,建设单位才能拨付。具体要求如下:

① 控制和核定工程预付款

a. 在工程开工前,建设单位应按承包施工合同规定的时间和预付款额拨付给施工单位,以便筹备材料和组织施工。但在拨付前,应经工程监理单位审定预付款额是否正确,并予以签字认可。如建设单位逾期不付应按违约处理,如确实因工程预付款不到位,无法按时施工时,工程监理单位应该书面确认证实。

b. 工程预付款额和拨付办法应在承包施工合同中明确,并经工程监理单位核定。

② 控制和核定工程进度款

工程进度款的拨付办法应在承包施工合同中写明。一般情况下施工单位应按周或旬报送施工工程量完成情况的报表,分别发送建设单位和工程监理单位。工程监理单位核实工程量的完成情况,签注意见送交建设单位,建设单位按合同规定的拨付办法拨款给施工单位。当工程监理单位如核实施工情况与施工单位报表不符时,应进一步查证,必要时建议建设单位可不拨发工程进度款。

③ 增减工程款项的控制和管理

当综合布线工程中发生工程量变更、设备和器材以及劳力等价格或费用调整、因设计变更或外界因素等增加或减少费用时,施工单位应根据有效文件或真实情况,向建设单位和工程监理单位提交增减工程款项的变更申请报告。经工程监理单位核定后,作为拨付款项的依据,再经建设单位审定确认后拨付。

④ 工程结算

当综合布线系统工程施工全部竣工,并经测试验收后,在工程质量监督部门对工程质量已作评定,这时工程监理单位与建设单位商定可签发竣工移交书。施工单位应按合同规定进行工程结算,分别向建设单位和工程监理单位提交竣工结算文件。在结算中应详细列出完成的施工工程量、每项工程量的造价以及其他费用,准确详实地列出整个工程施工款项、预付工程款和工程进度款以及累计拨付款等清单。工程监理单位应及时审核和确定竣工结算的款项,并经建设单位审定确认,按工程结算要求结算清楚。

建设单位应按签订的合同规定竣工结算办法和时限进行结算,余留的部分保修金额应按合同规定,在保修期满后拨付给施工单位。

3) 工程施工的质量控制和管理

在综合布线系统工程中的质量控制和管理,要求在整个施工阶段,通过全过程、全方位和多目标的施工监理工作来具体实现。由于其内容很多,且较复杂,又是工程监理的关键内容。在这里仅作提纲性的罗列,详细内容见下面专节叙述。

4）工程施工的其他管理（包括合同管理）

工程监理单位应配合和协助建设单位做好各种管理工作，其中合同管理是重要管理内容之一，工程监理单位负责与工程设计和安装施工单位搞好业务联系和协调合同中规定的事宜。

此外，工程监理单位应负责建立工程档案中的监理文件，以便今后备查。同时，应做好工程监理单位本身的监理档案工作，为工程监理单位自身建设积累资料。监理档案的内容和要求以及保管、查阅都应有相应的规定和制度。

（3）施工监理程序

在综合布线系统工程的整个施工阶段的施工监理程序一般如下：

1）根据综合布线系统工程建设规模和范围，确定建立施工监理组织或配备施工监理人员，进驻工程施工现场。

2）熟悉和掌握工程设计和施工图纸的内容，按照设计、施工及验收规范中对工程质量的规定和要求，明确综合布线系统质量控制的目标和要点。依照施工组织设计和工艺操作流程选定重要的施工关键部位，并设置相应的质量控制点和监理范围。

3）根据工程设计文件或施工图纸以及施工组织计划（又称施工组织设计），编制工程施工监理的工作计划和质量控制图表，制定施工监理内容和要求等监理实施细则，以便具体执行。

4）参与工程设计会审会议和施工技术交底会议以及工程监理例会等活动。此外，配合和协助建设单位组织召开各方面参加的协调配合会，及时做好对外各种协调联系工作。

5）工程监理单位或专职常驻现场施工监理人员负责随工监督、检验和管理以及签证等具体监理工作。

在施工现场应根据施工进度、操作工序和施工要点（例如敷设地下通信管道时，在管材接续工序中必须注意管孔通畅），选用相应的控制和管理的工作方法。

6）及时收集和记录工程施工监理的原始记录和基础数据，整理汇总和总结积累工程中的技术资料和有关文件，进行归类保存和档案管理。

7）参与和组织工程施工竣工验收和交接等具体事宜，做好工程结束后所有的善后工作。

8）根据工程中参与施工监理实际工作，总结施工监理的经验和教训以及遗留问题，提出改进意见，编写成书面报告以便作为工作业绩和今后参考。

2．综合布线系统工程施工监理的主要依据和监管阶段

（1）工程施工监理的主要依据

1）各种设计、施工和验收标准和规定

在综合布线系统工程施工监理质量控制的主要设计、施工和验收标准和规定可见工程设计阶段监理的主要依据。此外，还应按《本地网通信线路工程验收规范》（YD 5051—97）、《电信网光纤数字传输系统工程施工及验收暂行技术规定》（YDJ 44—89）、《城市住宅区和办公楼电话通信设施验收规范》（YD 5048—97）、《工业企业通信接地设计规范》（GBJ 79—85）、《城市居住区建筑电话通信设计安装图集》（YD 5010—95）等规范和规定执行。如工程中尚无现行规范规定的部分，应按工程设计文件要求办理。

2）其他文件和重要依据

基本与工程设计阶段的内容相同，可参见上述部分，不再细列。

（2）工程施工的监管阶段

综合布线系统工程整个安装施工过程，如果细分有施工准备、安装施工、阶段测试、系统

测试和竣工验收准备五个小的时间段。工程监督管理工作也相应按此顺序进行。

1）施工准备阶段

工程监理单位应督促施工单位制订施工进度计划，做好以下施工准备工作。

① 对综合布线系统工程设计和施工图充分熟悉，根据建设项目的总目标和要求，结合综合布线系统工程特点和技术要求，编制施工进度计划和有关施工管理制度，并及早考虑具体施工方案和操作方法等。

② 对已到施工现场的设备、器材、仪器和工具的规格、数量、参数和质量等进行核对、清点、检查和测试，做好记录、登记建账和妥善保管等各项准备工作。如发现有设备或器材不符合工程要求时，工程监理单位必须严格监督管理，不允许在工程中使用，以保证工程质量。

2）安装施工阶段

① 根据设计文件和施工图纸，结合施工现场的具体条件，将设备和器材分别运送到安装地点，落实设备和器材的保管措施，以免发生人为的损坏或丢失，影响施工进度和造成经济损失。工程监理单位必须派监理人员到施工现场进行检查和管理，督促施工单位具体实施。

② 在施工中应按设计要求或技术标准规定，安装设备、敷设缆线和终端连接等事宜。工程监理人员应随工检验，尤其是隐蔽工程的段落和重要关键的部位，必须严格监督控制管理。在施工完毕后，应按施工验收规范和质量管理办法进行检查，不符合标准或不规范操作都必须及时纠正完善。具体内容可见下面质量控制要点和监督管理工作方法。

③ 在安装施工中如需与其他施工单位交叉作业、互相配合时，应事先请建设单位或委托监理单位早日协调或互相联系，协商施工中配合的具体细节，以便双方合理安排，互相支持，配合施工。尤其是重要场所和关键部位（例如合用的电缆竖井、设备间等公用地方），务必使双方施工单位承担的工程任务顺利完成，且不会产生后遗问题。

3）阶段测试

在综合布线系统的子系统以下部分的分段测试称为阶段测试。为了及早发现工程质量问题和有利于检查障碍，工程监理单位应督促施工单位进行分段测试，监理人员应在测试现场监管。例如建筑群主干布线子系统、建筑物主干布线子系统和水平布线子系统，它们分别为屋内外两个部分，应分别测试。又如地下通信电缆管道敷设完毕后，应进行管孔试通；直埋光缆和管道光缆敷设后，应分段测试其对地绝缘电阻等。以保证分段部分的施工质量符合要求，也有利于及时发现问题进行检测和修复。

4）系统测试

系统测试包括综合布线系统的全程测试和各个布线子系统范围内的测试，这是一个极为重要的检验过程。为此，工程监理单位应监督和参与系统测试，分析研究各种测试数据，如有问题应督促施工单位分析症结所在，及早进行整修完善，务必达到指标要求，以保证工程质量，为竣工验收做好准备。

5）竣工验收准备阶段

综合布线系统工程的竣工验收是保证工程质量最重要的工作，也是一个关键环节。为了做好竣工验收工作，工程监理单位必须协助有关单位搞好以下准备事宜：

① 督促和检查施工单位编制竣工验收文件和绘制竣工图纸；整理、收集、汇总和归类各种技术资料和原始数据。此外，各种随工检验签证、与外界签订的协议以及各种会议纪要都要编辑装订成册，作为竣工验收的文件移交给建设单位，以便日后维护管理中参考。

404

② 要求施工单位对施工完毕后剩余的设备、缆线和器材、检查清点、妥善保管,并有详细清单,其内容有设计数、到货数、安装数、消耗数和结余数等。如因设备和器材本身质量或安装施工中损坏等情况,应说明其原因和简况,以便竣工验收时移交给今后维护管理单位。

③ 在竣工验收时如建设单位或参与单位临时要求进行系统测试或检验,为此,工程监理单位可要求施工单位应事先作好各种测试检验的准备工作,例如调测校准好仪表的精度、准备测试器材和工具,组织和配备测试人员等,以免临阵仓促准备。

3. 综合布线系统工程施工监理的工作方法

综合布线系统工程质量控制的施工监理工作方法应根据施工工序的重要程度、操作工艺的要求高低、施工技术的难易程度等因素来选用。虽然综合布线系统的建设规模和工程范围不会过于庞大,但因其技术复杂、涉及面广、互相配合协作较多等诸多因素。施工监理的工作方法应采取相应的监管方式为好。目前,有以下几种方法:

(1) 宏观控制和流动检查法

这种施工监理方法主要用于综合布线系统工程中的建筑群主干布线子系统,尤其是地下通信管道工程和敷设地下直埋光缆或管道光缆工程,此外,对于建设规模和工程范围都较大的智能化校园网或智能化居住小区等综合布线系统工程中也宜使用。

根据工程的施工内容和其技术要点,采取事先或事后、定时或不定时、局部抽查或全部普检等各种流动检查方式,全面地宏观控制整个施工过程的质量状况。必要时,辅以在施工过程中使用少而精的重点检查和控制监督。这种控制监督方法通常用于检查直埋光缆的埋设深度、管道的管材接续后的管孔试通等施工内容。

(2) 微观控制和重点检查法

这种施工监理方法通常适用于建设规模和工程范围都不大的智能建筑或智能化居住小区综合布线系统工程,尤其是在智能建筑内的建筑物主干布线子系统和水平布线子系统更宜适用。工程监理单位对施工阶段中所有工序进行全面地全过程、全方位的质量监督控制。特别是在关键部位和隐蔽工程的重点工序,必须有专人固定监督控制。例如光缆中的光纤连接;建筑群(物)配线架的缆线终端连接;地下通信管道的管孔试通、地下直埋光缆埋设深度,直埋光缆对地绝缘电阻的测试和竣工验收前的系统检测等,对于这些重要工序必须重点查验和严格控制。如有问题应及时修正完善,不得草率从事。

(3) 宏观和微观、流动和固定检查相结合的方法

这种施工监理方法主要适用于智能建筑、中等建设规模,或者其工程范围不大的建筑群体中的综合布线系统工程。通常采取在普遍检查和宏观控制基础上,重点选择若干个关键部位或重要工序,进行全过程、全方位的微观监督管理和重点控制。这种工作方法既照顾全局,也突出重点,对于保证工程质量是较为可靠的举措。

除上述三种监理方法外,还必须同时采用辅助控制管理方法,其中文件资料和各种凭证的检查更为重要,必须予以重视,其主要的内容有以下几项:

1) 在综合布线系统工程中使用的设备、缆线和器材(包括连接硬件等)的规格、型号和性能都应符合工程设计和供货合同的要求;要求各个生产厂商提供的生产许可证、产品合格证、设备入网证以及技术参数测试记录等重要的原始凭证齐全完整、清晰正确。除认真核查复验外,必要时,按规定采取与实物对照检验,抽样测试,以防不合格的器材进入施工现场,混杂使用后产生隐患。

2) 对于参加施工的人员,应认真考核其是否经过专业培训,尤其是重要的工序岗位(如光纤连接等关键工序),应坚持持证上岗制度、工程监理单位应对证件进行检验。此外,测试仪表的鉴定和校准等工作也应重视,并要及时检查。

3) 对于施工单位提供与施工有关的各种文字记载的文件和资料(如设计变更单、与外界洽商配合协作的记录、承包厂商的质量保证承诺证件和有关部门批准有关施工的文件等)应收集汇总、归类保存,以便今后查考。

此外,上述几种质量控制的监理工作方法各有其特点,都涉及人员数量和组织结构。因此,工程监理单位应根据综合布线系统工程范围、建设规模、现场环境、技术难度和客观条件等因素来考虑。同时,必须结合工程监理人员的业务素质和管理水平以及责任心态等予以组织和配备。今后还应该提倡采用先进的检验手段和科学的监理方法,加强对工程监理人员的培养和提高,其内容涉及科学、技术、法规和经济各个方面,以求提高工作效率和管理水平,使在今后的综合布线系统工程能达到优质高效和投资合理的目标和要求。

4. 综合布线系统工程质量控制要点

工程监理单位应根据综合布线系统工程的实际情况、结合施工进度计划,有计划和有程序地对各个子系统的重要部位或关键工序设置质量控制点,以便重点监督和控制。

(1) 智能建筑内部的管路槽道系统

在智能建筑的内部设有暗敷管路和槽道系统,当综合布线系统的缆线敷设或设备安装前,应对暗敷的管路或槽道系统进行全面检查。以下所述的内容应作为质量控制点,进行监督和管理。

1) 各种管材、型材、槽道(桥架)和铁件的材质、规格、型号等应符合工程设计或施工规范的要求,其表面处理(包括镀层、面漆等)应符合有关标准中的规定,不得有破损、或严重缺陷等现象(例如型材弯曲不直等)。

2) 暗敷的管路、槽道(桥架)和洞孔等的位置、数量和规格尺寸与工程设计和施工图纸应该一致;管路和槽道的安装高度、支撑固定和相互间距以及与其他管线间的净距均符合标准中的规定。

3) 暗敷管路与接线盒或通信引出端之间的连接、管路的最小曲率半径和具体安装工艺(如管口有无绝缘套管、管路内有无穿放缆线的引线)等应满足技术标准和工艺要求。

(2) 建筑物主干布线子系统

智能建筑内部的建筑物主干布线子系统可分为设备间、主干缆线和主干光缆三部分。

1) 设备间部分

① 机架(柜)各直列上下两端的垂直度和其底座的水平度必须符合标准规定。当发现垂直度偏差相差 3mm;或水平度误差大于 2mm 时,都应通知施工单位进行矫正。机架(柜)底座位置与上线孔应互相对应和安装正确。

② 机架(柜)和建筑物配线架等应按照设计或标准要求采取抗震加固措施;防雷和接地装置应配置齐全、连接有效,且符合规范规定;机架(柜)和建筑物配线架上的各种标志应齐全无缺、书写清楚和内容完整。

2) 主干缆线部分

主干缆线部分主要指电缆部分,它是综合布线系统的骨干线路,具体质量控制点较多,必须重视予以监督管理。

① 主干缆线敷设的路由应平直,安装位置应正确,与工程设计要求一致。检查缆线端部标志(尤其是起始端),要求端别正确无误,齐全清晰,端头堵封严密、护套无破损现象。

电源线、信号电缆和其他系统的缆线与综合布线系统的缆线之间的净距和敷设,要求满足有关规范的要求。

② 主干缆线在设备间、交接间(又称配线间或接线间)内的预留长度应满足今后接续测试等需要,并符合施工规范要求;尤其是建筑物主干布线子系统的大对数对称电缆,在设备间内的预留长度和最小曲率半径以及敷设走向等都要满足规定。

③ 主干缆线敷设在垂直的管路或槽道内,应注意缆线固定的间隔正确均匀和绑扎牢固可靠。槽道中的富裕量应按标准留足,能够适应今后发展需要,在管路或槽道中的主干缆线严禁有接头存在。

④ 主干缆线在机架(柜)或建筑物配线架上终端连接时,要求缆线的标志与设备连接硬件相对应、要求一致、色谱正确无误,方可按规定顺序将线对终端连接。缆线连接工序符合设备和设计的要求,保证连接牢固、接触良好,严禁发生缆线和连接硬件不匹配或出现缆线错接等缺陷。各项测试指标符合标准要求,必要时应进行抽测检验。

3) 主干光缆部分

主干光缆部分是综合布线系统中的骨干线路,它是一种重要的传输媒介,具有技术要求高、施工难点多等特点,在工程监理工作中应作为重点加以严格控制,以保证工程质量优良。主干光缆部分的具体质量控制点较多,一般有以下几点内容。

① 主干光缆敷设的路由、位置、端别、预留长度和曲率半径都应符合工程设计或施工规范的要求。光缆在上升管路、槽道和机架(柜)等处应按标准规定,布置有序、绑扎牢固。在设备终端连接处应注意光缆安排和预留长度的布置,要求达到妥善和美观。

② 光缆在光缆连接盒或终端盒等设备中,其光纤应根据设备的不同结构和工艺要求,余长收容应按顺序盘放在骨架上,盘绕方向应一致,松紧适度,其曲率半径不应小于 40mm,光纤收容余长的总长度不应小于 1.2m。光纤盘留部分应用海绵等材料压好形成保护层。光纤连接标志正确,光纤熔接接续和增强保护措施均符合规定;光纤活动连接部件应干净、整齐,适配器插接紧密牢靠。

③ 光纤连接损耗(又称光纤接续损耗)的最大值和平均值应符合设计要求,测试记录应翔实详尽,必要时应进行抽测检验。

(3) 水平布线子系统

水平布线子系统是综合布线系统的分支部分,具有面广、点多,遍及智能建筑内各处和不同场合,环境各异、条件不同等特点。因此,工程中要结合客观环境和使用要求,确定质量控制点。

1) 水平布线子系统的缆线敷设,应按暗敷管路、槽道、吊顶内或地板下各种支撑措施的特点和要求施工。缆线敷设后,要求缆线外护套无损、走向合理、布置有序,便于维护检修。

2) 水平布线子系统的缆线在设备上终端连接时,要求松开电缆线对的扭绞长度、电缆护套剥除尺寸和线对排列顺序都应按施工规范要求,施工操作后要力求电缆护套和线对绝缘层等均完好无损。

3) 缆线与通信引出端(又称信息插座)终端连接时,要求线对排列顺序和标准规定色谱对应正确,线对卡接牢固可靠、接触严密,保证性能良好,剩余线头要清除干净。当水平布线子系统采用屏蔽结构的缆线时,要注意缆线的屏蔽层与终端处连接硬件的屏蔽罩应采取 360°的可靠接触,接触面积和接触长度都应符合规范要求,其接地装置应按设计标准中规定设置。

(4)建筑群主干布线子系统

上述三部分都是在智能建筑内部,当综合布线系统用于智能建筑群体或智能化居住小区时,必须配置建筑群主干布线子系统。由于其建筑方式应以地下通信电缆管道敷设为主(其他敷设只有在迫不得已时使用,所以简略)。因此,建筑群主干布线子系统可分为人孔或手孔、地下通信电缆管道和电缆或光缆三部分,现分别叙述其质量控制要点。

1)人孔或手孔部分

从施工程序来看,有挖掘人孔或手孔坑槽和坑槽底部处理(包括对坑底平整夯实和加固等)、浇筑人孔或手孔混凝土基础、砌筑人孔或手孔的四侧墙体、墙体内外抹面平整光滑、安装人孔或手孔的上覆预制构件、安装人孔或手孔的铁口圈和铁盖、安装人孔或手孔内部的各种铁件和回填土夯实平整等八道工序。其中以浇筑混凝土基础、砌筑四侧墙体和安装上覆预制构件为隐蔽工程内容,且是重点质量控制工序。其主要控制和监管的内容有人孔或手孔基础的形状、尺寸、方向等应符合设计或规范要求;基础所用的混凝土强度等级(或加配钢筋)等应符合设计规定,基础浇灌必须坚固密实、表面平滑光亮;人孔或手孔的四侧墙体与基础部分应结合牢固严密,砌筑墙体的水泥砂浆强度等级应符合设计规定,墙体的垂直高度和顶部高程以及允许偏差均不得超过标准规定;人孔或手孔上覆预制构件的强度等级、外形尺寸、设置高程和安装位置,均应符合通用标准施工图的要求,上覆预制构件之间的缝隙应适宜、互相对位正确形成整体,缝面堵抹水泥砂浆严密平整、光滑美观。其他施工工序的质量应基本符合施工及验收规范的要求。

2)铺设管道部分

铺设管道是地下通信电缆管道工程中最为主要的施工内容,且为隐蔽工程,其施工质量的好坏直接影响工程质量和使用效果。因此,工程监理单位必须派专人长期驻守工地,随工检验施工质量,经查验确认合格后才予以签证。由于目前管材有多孔的混凝土管(又称水泥管)或塑料管,也有单孔的钢管或塑料管,其施工方法有所不同,但其基本施工工序大致类似,主要有挖掘管道沟槽和沟槽底部地基处理、浇筑管道混凝土基础、铺设管道和管材接续、混凝土包封和加固处理、回填土夯实平整共五道工序,其中以挖掘管道沟槽和沟槽底部地基处理、浇筑管道混凝土基础和铺设管道及管材接续都是隐蔽工程,且为重点质量控制工序。主要控制内容有挖掘管道沟槽的形状尺寸和沟槽深度应符合设计要求、沟槽底部地基平整夯实;浇筑管道基础的混凝土强度等级、宽度和厚度均符合设计和规定,混凝土基础应振捣密实,混凝土初凝后应覆盖草帘等物,按规定时间洒水养护,拆除基础模板后必须检查,要求基础表面平整、无断裂、无波浪、无明显接茬、欠茬;基础侧面应无蜂窝、掉边、断裂或缺损等现象。如发现有上述缺陷,应认真采取修整、补强等措施。铺设管道不论是多孔的水泥管和单孔的塑料管,其管孔组合应符合标准规定,铺设管道和管材接续的施工工序应按操作规程和工艺要求。不论采用哪种管材,在施工过程中,应随时用两根拉棒对每个管群的对角管孔进行试通,以保证管道施工质量,应使管孔无不通畅的迹象。

3)敷设电缆或光缆部分

地下电缆或地下光缆都是建筑群主干布线子系统的重要组成部分,且是综合布线系统的重要骨干线路,其施工质量的优劣会直接影响综合布线系统整个工程。因此,工程监理单位对此必须重点进行监督控制,以求保证工程质量优良。

敷设地下电缆或地下光缆的主要施工工序有清刷管孔、以便穿放电缆或放设塑料子管（穿放光缆用）、牵引敷设电缆或光缆、电缆或光缆接续和封合以及测试等。其中以牵引敷设电缆或光缆、电缆或光缆接续和封合以及测试为重要控制点。主要控制内容有穿放电缆或光缆（包括塑料子管）占用管孔的位置应符合设计规定，不得任意改变；占用的管孔必须清刷干净，并经试通，如采用塑料子管要求材质、规格和长度符合设计要求，在穿放塑料子管的过程中不应有损伤或压瘪等管孔不通畅现象；如在多段人孔间连续敷设塑料子管时，其长度一般不宜超过300m，并要求塑料子管不得在穿放的管孔中间有接头，塑料子管穿放后，其管端应安装堵塞或堵帽，以免异物进入管内，影响使用和穿放缆线；牵引电缆或光缆的施工方法正确，包括缆线端别、牵引力的大小和牵引速度等都符合施工规范要求，电缆或光缆在施工过程中外护套都完好无损和无扭转缺陷，在人孔或手孔中电缆或光缆均余留适当长度，且符合规定要求，以便接续和测试以及盘留，在人孔或手孔中电缆或光缆的安排布置合理有序，妥善安放在规定的缆线托板上，并固定牢靠，或采用软塑料管套包缆线外面加以保护；电缆或光缆的接续和封合都按施工规范要求，电缆线对的绝缘电阻和衰减或光缆的光纤连接损耗和护套对地绝缘性能等技术指标，均满足设计标准、施工规范和测试规定的要求。

（5）工程测试

在智能建筑和智能化居住小区中的综合布线系统工程质量和各种性能，不仅取决于施工安装的操作工艺，更主要取决于所采用的设备、缆线和连接硬件的本身质量，工程测试是对两者结合后的整体和系统的总体检验，以便确认采用的设备、缆线和连接硬件以及施工工艺和安装质量是否达到设计要求和符合有关标准。根据《建筑与建筑群综合布线系统工程验收规范》（GB/T 50312—2000）中的规定，综合布线系统工程测试有电缆传输系统电气性能测试和光缆传输系统光学性能测试两类。为此，工程监理单位应注意以下几个控制要点。

1）测试的基本条件或环境要求

在综合布线系统工程测试时，所处环境的客观条件、测试仪表的技术性能和测试精度要求等的基本状况，以及采用的测试连接方法（包括测试用的缆线等）都会有直接影响测试结果的准确程度。因此，在工程测试前，应做好以下工作：

① 在工程测试前，应对测试仪表进行检查校验。例如检查仪表有无合格证、校验其性能有效性和测试精度，必要时，应将测试仪表经过有权威性的计量单位校验，确实证明合格、符合测试要求，才可在工程中使用。如测试仪表达不到要求，不得在工程测试中使用，以免发生其他问题。

② 在综合布线系统测试时的环境温度和湿度对于某些测试结果（如衰减）影响较大，必须根据测试时的温度和湿度进行修正。在一般情况下综合布线系统的现场测试温度宜在20～30℃左右，相对湿度宜在30%～85%。为此，在工程测试前应复查环境的温度和湿度等。

③ 为了保证综合布线系统在工程测试过程中，不因外界各种客观条件的影响，能够取得准确度较高的测试数据。要求测试现场和附近周围，应没有产生严重电火花的电焊、电钻和产生较强的电磁干扰的设备和施工操作作业。

④ 被测试的综合布线系统必须是无源网络，在工程测试前，应事先断开所有与之相连的有源或无源的通信设备，确认在无源状态时，才能进行测试。

2）工程测试要求

在工程测试时，要求按正确的测试方法全面实施。例如仪表测试操作顺序和连接测试软线方法都按标准规定;测试人员互相配合、密切协作;要求测试过程简短、测试速度快捷、测试结果准确无误,并及时如实记录备查。

由于电缆传输系统电气性能测试和光缆传输系统光学性能测试的内容和要求有显然差别。为此,应根据国家标准或通信行业标准中的规定要求进行,不宜漏项少测,以避免影响综合布线系统的整体效果。例如电缆测试的主要参数有接线图、长度、衰减和近端串音衰减等;光缆测试的主要参数有最小模式带宽、光回波损耗、衰减和长度等。上述参数的标准值可见我国通信行业标准和国家标准,尤其是最近由我国信息产业部于 2001 年 10 月 19 日批准发布的通信行业标准《大楼通信综合布线系统第 1 部分:总规范》(YD/T 926.1—2001)已代替 1997 年发布的 YD/T 926.1 通信行业标准,有些参数值有所改变或增加。为此,应要特别注意予以执行。

7.2.4 综合布线系统工程的竣工验收

智能建筑和智能化居住小区的综合布线系统是公用通信网的延伸,也是国家信息网络系统最最临近用户的最后 100m。因此,它的工程质量优劣不仅关系到所在地区的用户通信质量,也直接影响公用通信网的畅通无阻和安全可靠。所以综合布线系统工程的竣工验收是极为重要的环节,它是保证工程质量和投产后正常运行的一项关键程序。为此,工程监理单位必须协助建设单位和会同设计、施工等有关单位做好这项工作。具体内容和要求如下:

1. 综合布线系统工程竣工验收的依据和原则

(1) 工程竣工验收的依据

综合布线系统工程的竣工验收工作主要依据是我国现行与综合布线系统工程有关的国家标准、通信行业标准和相关规定。

此外,还有综合布线系统工程设计和施工图纸以及有关文件。例如建设单位委托施工的承包合同、设计变更洽商纪要、随工检验的签证和与外界协商互相配合协作的协议等,以便据此进行验收。

(2) 竣工验收的原则和基本条件

1) 竣工验收的原则

综合布线系统工程竣工验收的关键是施工质量必须达到施工验收规范和设计文件要求的目标。通过竣工验收和测试检验,对综合布线系统工程作出全面的、公正的评价,这是极为重要的衡量标准和客观要求,评价的标准就是前面所述的依据,这是在工程竣工验收时必须遵循的原则。

2) 竣工验收的基本条件

① 施工阶段中的隐蔽工程和非隐蔽工程的随工验收均已完成,且验收合格和随工检验签证等文件齐全。

② 综合布线系统工程中的所有设备都经调整测试、调测记录完整;各个布线子系统的系统测试和初次验收均已完成,且符合规定的竣工验收的基本要求(如已经试运行结果良好)。

③ 竣工资料和竣工图纸均完整齐全,重要的有关工程的文件和资料以及原始基本素材(包括各种测试记录和基础数据),均收集汇总,编辑整理和装订成册,基本满足工程归档要求。

④ 竣工验收时的各项配合工作(如提供抽测检验的仪表和器材等)都已妥善准备。

2. 综合布线系统工程竣工验收项目及其内容

综合布线系统工程竣工验收项目及其内容按国家标准《建筑与建筑群综合布线系统验

收规范》(GB/T 50312—2000)执行。如发现不合格项目时,应由主持工程竣工验收的部门或单位,责成施工单位查明原因、分清责任,要求及时检修和限期解决,以确保工程质量符合标准规定。综合布线系统工程竣工验收项目及其内容可见表7.2中所列。

综合布线系统工程竣工验收项目及其内容　　　　　　　　　　　表7.2

序号	施工阶段	验收项目	验收目的	竣工验收项目内容和要求	验收方式	备注
1	施工前准备工作	1. 施工环境条件要求	检查工程环境是否满足安装施工条件和要求	(1) 房屋建筑施工情况,如墙面和地面是否平整、门窗、接地装置是否符合要求	施工前准备应重点检查	不属于工程竣工验收内容,但与工程质量优劣有关,今后应加强维护管理
				(2) 机房面积是否标准;预留洞孔、槽道、电缆竖井(包括交接间)应满足工艺要求(如位置、规格尺寸等)		
				(3) 电源装置应满足施工要求		
				(4) 吊顶、活动地板等是否敷设完善		
		2. 设备器材质量检查	对设备、器材的规格、数量、质量进行核对检测,以保证工程质量	(1) 设备器材的外观有无破损或明显缺陷无法使用		
				(2) 设备、器材的品种、规格和数量等应满足工程要求		
				(3) 电缆的电气性能和其他性能的检测应符合标准要求		
				(4) 光缆的光学特性的检测应符合工程要求		
		3. 防火安全措施和要求	保证施工人员安全和妥善保管设备器材	(1) 设备、器材堆放场合是否安全可靠,有无可能被损坏或遭到丢失		
				(2) 消防器材的准备和危险物品存放均应妥善解决		
				(3) 预留洞孔的防火措施和防火材料的准备是否已有考虑和准备		
2	设备安装	1. 设备机架的安装	设备机架的安装应符合施工规范规定,以确保工程质量	(1) 设备机架的规格程式应符合设计要求	随施工工序进行检验	属于工程竣工验收范围
				(2) 设备机架的外观整洁,油漆无脱落,标志完整齐全		
				(3) 设备机架的安装齐全、正确无误;垂直和水平度均符合标准规定		
				(4) 各种附件安装齐全,所有螺丝应紧固牢靠、无松动现象		
				(5) 有切实有效的防震加固措施,保证设备安全牢靠		
				(6) 接地措施齐全、良好		

序号	施工阶段	验收项目	验收目的	竣工验收项目内容和要求	验收方式	备注
2	设备安装	2. 通信引出端的安装	通信引出端的位置数量以及安装质量均满足用户使用要求	(1) 通信引出端的规格、位置、数量等均符合设计要求和用户需要，质量可靠	随施工工序进行检验	属于工程竣工验收范围
				(2) 外观整洁、配件完整、标志齐全、连接良好，螺丝等配件安装牢固，正确无误，安装工艺符合标准		
				(3) 屏蔽层连接良好，坚固牢靠，符合施工规范要求		
3	建筑物内电缆、光缆的敷设和安装	1. 电缆桥架（槽道）和其他装置的安装	保证各种缆线敷设和安装	(1) 桥架（槽道）等安装位置正确无误，附配件配套齐全	随施工工序进行检验	属于工程竣工验收范围
				(2) 所有铁件安装牢固可靠，保证质量、工艺要求符合标准规定		
				(3) 接地措施齐备良好，符合标准规定		
		2. 缆线的敷设和安装	各种缆线敷设和安装均符合标准规定和满足使用需要	(1) 各种缆线的规格、长度均符合设计要求		
				(2) 缆线的路由和位置正确无误，敷设和安装操作均符合工艺要求		
				(3) 缆线终端连接按标准规定，连接质量良好		
4	建筑物间的地下通信管道敷设	1. 管道铺设和人孔或手孔建筑	管道铺设和人孔或手孔建筑符合标准要求，所有管道管孔畅通	(1) 管道埋设深度与其他管线的最小净距，以及管道位置，均符合设计要求或施工规范	随施工工序检验，并按隐蔽工程及时签证的要求办理	属于工程竣工验收范围
				(2) 管道接续质量良好，管孔正常试通，满足使用要求		
				(3) 人孔或手孔四侧墙体和基础均符合标准要求，内部铁件配套齐全，铁盖口圈均安装正确，质量符合标准		
				(4) 回填土密实度、施工现场清理均符合要求		
5	建筑物间电缆、光缆的敷设安装	1. 架空缆线的安装施工（包括墙壁式敷设缆线）	架空缆线的敷设安装符合标准规定	(1) 电缆、光缆和吊线的规格和质量符合使用要求	随施工工序检验	
				(2) 吊线的附件装设，电缆、光缆和吊线的装设位置，垂度和吊挂卡钩间隔均符合标准规定		
				(3) 各种缆线的引入安装方式和固定缆线的装置（包括墙壁式敷设缆线）均满足工艺要求		

412

序号	施工阶段	验收项目	验收目的	竣工验收项目内容和要求	验收方式	备注
5	建筑物间电缆、光缆的敷设安装	2. 管道缆线的敷设	管道缆线的敷设应符合标准规定	(1) 管道缆线的规格和质量符合设计规定	按隐蔽工程要求及时检验签证办理	属于工程竣工验收范围
				(2) 占用管道管孔位置合理,符合设计要求;缆线在人孔或手孔内部走向合理和布置有序,不影响其他管孔的使用		
				(3) 管道缆线的保护措施切实有效,施工质量有一定保证		
		3. 直埋电、光缆的敷设	直埋电、光缆的敷设符合标准规定	(1) 直埋缆线的规格和质量均符合设计要求	随施工工序检验并按隐蔽工程及时签证办理	
				(2) 缆线敷设位置、埋设深度、敷设路由等均符合设计,缆线的保护措施切实有效		
				(3) 回土夯实、无塌陷后患,施工现场清理符合要求		
		4. 其他	符合相关标准规定	(1) 缆线与其他设施的间距或保护措施均符合标准规定	随施工工序检验	
				(2) 引入房屋建筑部分的缆线敷设安装均符合标准或设计要求		
6	缆线终端连接	1. 通信引出端 2. 配线接续设备 3. 光缆接插件 4. 各类跳线	符合相关标准规定	符合施工规范和有关工艺要求	随施工工序检验	
7	系统测试	1. 电气性能测试	电缆布线系统和整体性能符合标准规定	(1) 连接图正确无误,符合标准规定	竣工验收进行检验	工程竣工验收的重要内容
				(2) 布线长度满足标准规定,符合永久链路和信道的性能要求		
				(3) 衰减、近端串音衰减等传输特性测试结果,均符合标准规定		
				(4) 特殊规定和要求需作测试的项目		
		2. 光纤特性测试	光缆布线系统和整体性能符合标准规定	(1) 多模或单模光纤的类型、规格均满足要求		
				(2) 衰减、回波损耗、长度等测试结果符合标准规定		
		3. 接地系统	符合标准或设计规定	接地系统和所有要求符合设计要求		

序号	施工阶段	验收项目	验收目的	竣工验收项目内容和要求	验收方式	备注
8	工程竣工验收	1．竣工文件的评价	满足工程验收要求	（1）清点、核对和交接设计文件和有关竣工验收资料	竣工验收进行检验清点和评论	工程竣工验收的重要内容
				（2）查阅分析设计文件和竣工验收技术资料是否符合归档保管要求		
		2．工程验收总体评价	具体考核和对工程进行评价	（1）考核工程质量（包括设计和施工质量）		
				（2）确认竣工验收评价结果，正确审定评估工程质量的等级和给予结论		

注：① 在智能建筑内的设备间、电缆竖井、暗敷管路和预留洞孔等施工内容，均为房屋建筑工程范畴，其竣工验收内容和验收方式等均由房屋建筑工程设计和施工以及监理单位另行安排。

② 系统测试中的部分内容和验收细节，也可根据施工工序进行随工检验。

③ 随施工工序检验和对隐蔽工程签证记录，可以作为工程竣工验收时备查的原始资料，同时也是在确认和评价工程的质量等级时参考。

④ 在工程竣工验收时，如对隐蔽工程某些段落或部位有疑问，需要进行重复检查或测试时，应按规定进行。

3．综合布线系统工程竣工验收结论和等级评定

综合布线系统工程竣工验收是一项极为严肃而重要的工作，它不单是对本次工程的质量进行全面检查和总结，而且是为今后的工程积累经验教训，尤其是国内综合布线系统工程的经验和教训都很缺乏，急待提高和完善。

为此，对于综合布线系统工程竣工验收的结论，必须遵循以下原则来评议和确定：

（1）综合布线系统工程总的目标和要求，应符合国家现行有关工程建设的各种技术经济政策和规章制度。

（2）综合布线系统工程的总体方案、网络结构和技术功能都能满足用户的信息需要。经过检测和实际验证是符合使用要求，且稳定可靠，这是工程的基本要求，也是评议的核心内容。

（3）对综合布线系统工程竣工验收结论，应从科技水平、经济效益和社会效果各方面进行综合评价，切忌只从某一方面作出结论。

（4）在评议时必须坚持实事求是的原则，要以公正、科学和客观的议事态度，开诚布公地合议，不应掺杂外界干扰的因素和无原则性的迁就来讨论，更不应在这种情况下草率地予以结论。

建设单位应会同工程设计、安装施工和工程监理等单位共同搞好综合布线系统工程竣工验收事宜。在评议结论和公正评价时，都要按照上述原则和工程竣工验收规定的要求来考虑。此外，要以工程设计文件和现行标准规定为准绳，结合工程实际情况来进行分析，经过各方代表认真分析和充分议论，应对综合布线系统工程做出公正而客观的评价或综合性结论，最后各方代表应在竣工验收报告或对工程的综合性结论等文件上正式签字同意，以便上报有关主管单位或发送建设单位存档备查。

关于综合布线系统工程质量的等级评定，应根据国家或主管建设部门制定的工程质量等级标准和有关规定进行评论，慎重研究，提出评议报告和初步评定等级的意见，以便报送

给主管部门进行审查和核定。

思 考 题

(1) 工程建设监理的目的是什么?

(2) 工程建设监理有哪几种? 它们的具体内容有哪些?

(3) 国内工程建设监理的法规和依据有哪些? 试述工程建设监理的依据。

(4) 对于工程建设监理单位和监理人员的基本要求有哪些?

(5) 工程建设监理的组织管理形式在目前有几种? 适用于综合布线系统工程的是哪几种管理形式?

(6) 在综合布线系统设计时,工程建设监理的主要工作有哪些? 在设计阶段监理的主要依据是什么? 简述其内容。

(7) 综合布线系统工程设计的质量控制主要体现在哪几个方面?

(8) 综合布线系统施工的工程建设监理的主要内容有哪几项? 简述其要点。

(9) 在综合布线系统工程施工监理的主要依据是什么? 简述其内容。

(10) 在综合布线系统工程整个施工过程中分为几个监督管理阶段? 试述各个阶段的工程建设监理工作内容。

(11) 综合布线系统工程施工监理的工作方法有几种? 它们在哪些综合布线系统工程中适用?

(12) 辅助控制管理方法内容有哪些?

(13) 综合布线系统工程质量控制要点有哪几个部分?

(14) 试述设备间部分的质量控制要点。

(15) 试述主干电缆和主干光缆部分的质量控制要点。

(16) 试述水平布线子系统的质量控制要点。

(17) 试述建筑群主干布线子系统的质量控制要点有哪几个部分。简述各个部分的主要内容。

(18) 试述综合布线系统工程测试的基本条件和其要求。

(19) 综合布线系统工程竣工验收的基本条件有哪些?

(20) 简述综合布线系统工程竣工验收项目和内容的要点。对工程竣工验收结论和评定应遵循哪些原则?

附录

关于印发《工程建设监理规定》的通知

建监[1995]737 号

各省、自治区、直辖市建委(建设厅)、计委,计划单列市建委、计委,国务院各有关部门建设司(局),解放军总后营房部:

现将《工程建设监理规定》印发给你们,请贯彻执行。

1996 年,我国的建设监理将转入全面推行阶段。请各地方、各部门进一步加强组织领导,充分发挥监理工作的效用,努力提高建设监理质量和水平,为我国的经济建设作出新的贡献。在执行本规定中有什么问题和建议,请及时告建设部建设监理司。

建设部　国家计委

1995 年 12 月 15 日

工程建设监理规定

第一章 总 则

第一条 为了确保工程建设质量,提高工程建设水平,充分发挥投资效益,促进工程建设监理事业的健康发展,制定本规定。

第二条 在中华人民共和国境内从事工程建设监理活动,必须遵守本规定。

第三条 本规定所称工程建设监理是指监理单位受项目法人的委托,依据国家批准的工程项目建设文件、有关工程建设的法律、法规和工程建设监理合同及其他工程建设合同,对工程建设实施的监督管理。

第四条 从事工程建设监理活动,应当遵循守法、诚信、公正、科学的准则。

第二章 工程建设监理的管理机构及职责

第五条 国家计委和建设部共同负责推进建设监理事业的发展,建设部归口管理全国工程建设监理工作。建设部的主要职责:

(一) 起草并商国家计委制定、发布工程建设监理行政法规,监督实施;

(二) 审批甲级监理单位资质;

(三) 管理全国监理工程师资格考试、考核和注册等项工作;

(四) 指导、监督、协调全国工程建设监理工作。

第六条 省、自治区、直辖市人民政府建设行政主管部门归口管理本行政区域内工程建设监理工作,其主要职责:

(一) 贯彻执行国家工程建设监理法规,起草或制定地方工程建设监理法规并监督实施;

(二) 审批本行政区域内乙级、丙级监理单位的资质,初审并推荐甲级监理单位;

(三) 组织本行政区域内监理工程师资格考试、考核和注册工作;

(四) 指导、监督、协调本行政区域内的工程建设监理工作。

第七条 国务院工业、交通等部门管理本部门工程建设监理工作,其主要职责:

(一) 贯彻执行国家工程建设监理法规,根据需要制定本部门工程建设监理实施办法,并监督实施;

(二) 审批直属的乙级、丙级监理单位资质,初审并推荐甲级监理单位;

(三) 管理直属监理单位的监理工程师资格考试、考核和注册工作;

(四) 指导、监督、协调本部门工程建设监理工作。

第三章 工程建设监理范围及内容

第八条 工程建设监理的范围:

(一) 大、中型工程项目;

（二）市政、公用工程项目；

（三）政府投资兴建和开发建设的办公楼、社会发展事业项目及住宅工程项目；

（四）外资、中外合资、国外贷款、赠款、捐款建设的工程项目。

第九条　工程建设监理的主要内容是控制工程建设的投资、建设工期和工程质量；进行工程建设合同管理，协调有关单位间的工作关系。

第四章　工程建设监理合同与监理程序

第十条　项目法人一般通过招标投标方式择优选定监理单位。

第十一条　监理单位承担监理业务，应当与项目法人签订书面工程建设监理合同。工程建设监理合同的主要条款是：监理的范围和内容、双方的权利与义务、监理费的计取与支付、违约责任、双方约定的其他事项。

第十二条　监理费从工程概算中列支，并核减建设单位的管理费。

第十三条　监理单位应根据所承担的监理任务，组建工程建设监理机构。监理机构一般由总监理工程师、监理工程师和其他监理人员组成。

承担工程施工阶段的监理，监理机构应进驻施工现场。

第十四条　工程建设监理一般应按下列程序进行：

（一）编制工程建设监理规划；

（二）按工程建设进度、分专业编制工程建设监理细则；

（三）按照建设监理细则进行建设监理；

（四）参与工程竣工预验收，签署建设监理意见；

（五）建设监理业务完成后，向项目法人提交工程建设监理档案资料。

第十五条　实施监理前，项目法人应当将委托的监理单位、监理的内容、总监理工程师姓名及所赋予的权限，书面通知被监理单位。

总监理工程师应当将其授予监理工程师的权限，书面通知被监理单位。

第十六条　工程建设监理过程中，被监理单位应当按照与项目法人签订的工程建设合同的规定接受监理。

第五章　工程建设监理单位与监理工程师

第十七条　监理单位实行资质审批制度。

设立监理单位，须报工程建设监理主管机关进行资质审查合格后，向工商行政管理机关申请企业法人登记。

监理单位应当按照核准的经营范围承接工程建设监理业务。

第十八条　监理单位是建筑市场的主体之一，建设监理是一种高智能的有偿技术服务。

监理单位与项目法人之间是委托与被委托的合同关系；与被监理单位是监理与被监理的关系。

监理单位应按照"公正、独立、自主"的原则，开展工程建设监理工作，公平地维护项目法人和被监理单位的合法权益。

第十九条　监理单位不得转让监理业务。

第二十条　监理单位不得承包工程，不得经营建筑材料、构配件和建筑机械、设备。

第二十一条　监理单位在监理过程中因过错造成重大经济损失的,应承担一定的经济责任和法律责任。

第二十二条　监理工程师实行注册制度。

监理工程师不得出卖、出借、转让、涂改《监理工程师岗位证书》。

第二十三条　监理工程师不得在政府机关或施工、设备制造、材料供应单位兼职,不得是施工、设备制造和材料、构配件供应单位的合伙经营者。

第二十四条　工程项目建设监理实行总监理工程师负责制。总监理工程师行使合同赋予监理单位的权限,全面负责受委托的监理工作。

第二十五条　总监理工程师在授权范围内发布有关指令,签认所监理的工程项目有关款项的支付凭证。

项目法人不得擅自更改总监理工程师的指令。

总监理工程师有权建议撤换不合格的工程建设分包单位和项目负责人及有关人员。

第二十六条　总监理工程师要公正地协调项目法人与被监理单位的争议。

第六章　外资、中外合资和国外贷款、赠款、捐款建设的工程建设监理

第二十七条　国外公司或社团组织在中国境内独立投资的工程项目建设,如果需要委托国外监理单位承担建设监理业务时,应当聘请中国监理单位参加,进行合作监理。

中国监理单位能够监理的中外合资的工程建设项目,应当委托中国监理单位监理。若有必要,可以委托与该工程项目建设有关的国外监理机构监理或者聘请监理顾问。

国外贷款的工程项目建设,原则上应由中国监理单位负责建设监理。如果贷款方要求国外监理单位参加的,应当与中国监理单位进行合作监理。

国外赠款、捐款建设的工程项目,一般由中国监理单位承担建设监理业务。

第二十八条　外资、中外合资和国外贷款建设的工程项目的监理费用计取标准及付款方式,参照国际惯例由双方协商确定。

第七章　罚　　则

第二十九条　项目法人违反本规定,由人民政府建设行政主管部门给予警告、通报批评、责令改正,并可处以罚款。对项目法人的处罚决定抄送计划行政主管部门。

第三十条　监理单位违反本规定,有下列行为之一的,由人民政府建设行政主管部门给予警告、通报批评、责令停业整顿,降低资质等级、吊销资质证书的处罚,并可处以罚款。

(一) 未经批准而擅自开业;

(二) 超出批准的业务范围从事工程建设监理活动;

(三) 转让监理业务;

(四) 故意损害项目法人、承建商利益;

(五) 因工作失误造成重大事故。

第三十一条　监理工程师违反本规定,有下列行为之一的,由人民政府建设行政主管部门没收非法所得,收缴《监理工程师岗位证书》,并可处以罚款。

(一) 假借监理工程师的名义从事监理工作;

(二) 出卖、出借、转让、涂改《监理工程师岗位证书》;

（三）在影响公正执行监理业务的单位兼职。

第八章　附　则

第三十二条　本规定涉及国家计委职能的条款由建设部商国家计委解释。

第三十三条　省、自治区、直辖市人民政府建设行政主管部门、国务院有关部门参照本规定制定实施办法，并报建设部备案。

第三十四条　本规定自 1996 年 1 月 1 日起实施，建设部 1989 年 7 月 28 日发布的《建设监理试行规定》同时废止。

参 考 文 献

1 邮电部．接入网技术体制（暂行规定）（YDN 061—1997）．北京：人民邮电出版社,1998

2 邮电部．接入网技术要求高比特率数字用户线(HDSL)(暂行规定)（YDN 056—1997）．北京：人民邮电
出版社,1998

3 邮电部．接入网技术要求——不对称数字用户线(ADSL)（YDN 078—1998）．北京：人民邮电出版社,
1999

4 邮电部．工业企业通信设计规范（GBJ 42—81）．北京：中国建筑工业出版社,1982

5 邮电部．工业企业通信接地设计规范(GBJ 79—85)．北京：国家计委基本建设标准定额研究所,1985

6 信息产业部．综合布线系统电气特性通用测试方法(YD/T 1013—1999)．北京：人民邮电出版社,1999

7 信息产业部．大楼通信综合布线系统第 1 部分：总规范(YD/T 926.1—2001)．北京：人民邮电出版社,
2001

8 信息产业部．大楼通信综合布线系统第 2 部分：综合布线用电缆、光缆技术要求(YD/T 926.2—2001)．
北京：人民邮电出版社,2001

9 信息产业部．大楼通信综合布线系统第 3 部分：综合布线用连接硬件技术要求(YD/T 926.3—2001)．
北京：人民邮电出版社,2001

10 邮电部．数字通信用对绞/星绞对称电缆第 1 部分：总规范(YD/T 838.1—1996)．北京：中国标准出
版社,1996

11 邮电部．数字通信用对绞/星绞对称电缆第 2 部分：水平对绞电缆——分规范(YD/T 838.2—1997)．
北京：人民邮电出版社,1997

12 邮电部．数字通信用对绞/星绞对称电缆第 3 部分：工作区对绞电缆——分规范(YD/T 838.3—1997)
．北京：人民邮电出版社,1997

13 邮电部．数字通信用对绞/星绞对称电缆第 4 部分：主干对绞电缆——分规范(YD/T 838.4—1997)．
北京：人民邮电出版社,1997

14 信息产业部．数字通信用实心聚烯烃绝缘水平对绞电缆(YD/T 1019—1999)．北京：人民邮电出版
社,1999

15 邮电部．接入网用馈线光缆技术要求(YDN 042—1997)．北京：人民邮电出版社,1997

16 信息产业部．接入网用同轴电缆第 2 部分：同轴配线电缆一般要求(YD/T 8972—1998)．北京：人民
邮电出版社,1998

17 信息产业部．接入网用光纤带光缆第 1 部分：骨架式(YD/T 981.1—1998)．北京：人民邮电出版社,
1999

18 信息产业部．接入网用光纤带光缆第 2 部分：中心管式(YD/T 981.2—1998)．北京：人民邮电出版
社,1999

19 信息产业部．接入网用光纤带光缆第 3 部分：松套层绞式(YD/T 981.3—1998)．北京：人民邮电出版
社,1999

20 信息产业部．接入网中传输性能指标的分配(YD/T 1007—1999)．北京：人民邮电出版社,1999

21 信息产业部．接入网名词术语(YD/T 1034—2000)．北京：人民邮电出版社,2000

22 信息产业部．接入网技术要求——综合数字环路载波（IDLC）(YD/T 1054—2000)．北京：人民邮电出版社，2000

23 信息产业部．接入网技术要求——混合光纤同轴电缆网（HFC）(YD/T 1063—2000)．北京：人民邮电出版社，2000

24 信息产业部．接入网技术要求——无话音分离器的低速不对称数字用户线（ADSL.lite）(YD/T 1064—2000)．北京：人民邮电出版社，2000

25 邮电部，建设部．城市住宅区和办公楼电话通信设施设计标准（YD/T 2008—93)．北京：人民邮电出版社，1993

26 邮电部．本地电话网用户线线路工程设计规范（YD 5006—95)．北京：北京邮电大学出版社，1995

27 邮电部．本地电话网通信管道与通道工程设计规范（YD 5007—95)．北京：北京邮电大学出版社，1995

28 信息产业部．接入网工程设计规范（YD/T 5097—2001)．北京：北京邮电大学出版社，2001

29 邮电部．城市住宅区和办公楼电话通信设施验收规范（YD 5048—97)．北京：北京邮电大学出版社，1997

30 邮电部．本地网通信线路工程验收规范（YD 5051—97)．北京：北京邮电大学出版社，1997

31 信息产业部．通信管道和电缆通道工程施工监理暂行规定（YD 5072—98)．北京：北京邮电大学出版社，1998

32 邮电部．通信管道工程施工及验收技术规范（YDJ 39—90)．北京：人民邮电出版社，1990

33 邮电部．市内通信全塑电缆线路工程施工及验收技术规范（YD 2001—92)．北京：人民邮电出版社，1992

34 邮电部．城市居住区建筑电话通信设计安装图集（YD 5010—95)．北京：北京邮电大学出版社，1995

35 信息产业部．通信电缆配线管道图集（YD 5062—98)．北京：北京邮电大学出版社，1998

36 信息产业部．建筑与建筑群综合布线系统工程设计施工图集（YD 5082—99)．北京：北京邮电大学出版社，2000

37 邮电部．中国公用计算机互联网工程设计暂行规定（YD 5037—97)．北京：北京邮电大学出版社，1997

38 信息产业部．公用计算机互联网工程验收规范（YD 5070—98)．北京：北京邮电大学出版社，1999

39 邮电部．电信网光纤数字传输系统工程施工及验收暂行技术规定（YDJ 44—89)．北京：人民邮电出版社，1990

40 中国通信建设总公司．光缆通信干线线路工程施工操作规程（试用本）．北京，1991

41 国家技术监督局、建设部、火警自动报警系统施工及验收规范（GB 50166—92)．北京：中国计划出版社，1993

42 国家技术监督局，建设部．电子计算机机房设计规范（GB 50174—93)．北京：中国计划出版社，1993

43 国家技术监督局，建设部．城市居住区规划设计规范（GB 50180—93)．北京：中国建筑工业出版社，1993

44 广播电影电视部．民用闭路监视电视系统工程技术规范（GB 50198—94)．北京：中国计划出版社，1994

45 广播电影电视部．有线电视系统工程技术规范（GB 50200—94)．北京：中国计划出版社，1994

46 国家质量技术监督局，建设部．城市工程管线综合规划规范（GB 50289—98)．北京：中国建筑工业出版社，1998

47 国家质量技术监督局，建设部．住宅设计规范（GB 50096—1999)．北京：中国建筑工业出版社，1999

48 国家质量技术监督局，建设部．建筑与建筑群综合布线系统工程设计规范（GB/T 50311—2000)．北京：中国计划出版社，2000

49 国家质量技术监督局，建设部．建筑与建筑群综合布线系统工程验收规范（GB/T 50312—2000)．北京：中国计划出版社，2000

50 国家质量技术监督局,建设部,智能建筑设计标准(GB/T 50314—2000). 北京:中国计划出版社,2000
51 建设部,国家质量监督检验检疫总局 . 建筑工程施工质量验收统一标准(GB 50300—2001). 北京:中国建筑工业出版社,2001
52 邮电部 . 中国邮电百科全书(电信卷). 北京:人民邮电出版社,1993
53 中国工程建设标准化协会 . 城市住宅建筑综合布线系统工程设计规范(CECS 119:2000). 北京,2000
54 钱宗珏,区惟煦,寿国础,唐余亮 . 光接入网技术及其应用 . 北京:人民邮电出版社,1998
55 吴达金 . 市内电话线路技术手册(修订本). 北京:人民邮电出版社,1996
56 吴达金 . 街坊和屋内通信线路工程手册 . 北京:人民邮电出版社,1996
57 吴达金 . 综合布线系统工程设计和施工 . 北京:人民邮电出版社,1999
58 吴达金 . 综合布线系统产品的选型 . 电信工程技术与标准化,2000(1)
59 吴达金 . 对综合布线工程中几个问题的认识 . 中国勘察设计,2000(3)
60 吴达金 .《综合布线系统》技术讲座共十讲 . 邮电设计技术,2000(3)~2000(12)
61 吴达金 . 智能化建筑(小区)综合布线系统 . 北京:人民邮电出版社,2000
62 纪越峰 . 接入网 . 北京:人民邮电出版社,1998
63 陆宏琦,韩宁 . 智能建筑通信网络系统 . 北京:人民邮电出版社,2001
64 吴达金 . 智能化建筑(小区)综合布线系统实用手册 . 北京:中国建筑工业出版社,2002
65 吴达金 .《通信工程建设项目监理知识讲座》共五讲 . 电信技术,2002(6)~2002(12)